제2판

Elementary Differential Geometry

미분기하학

Andrew Pressley 지음

전재복 • 채영도 • 김병학 옮김

ELEMENTARY DIFFERENTIAL GEOMETRY

KYOWOOSA 교우사

Translation from English language edition:
Elementary Differential Geometry
by A.N. Pressley

본 교재의 제목인 "미분기하학"은 미적분을 사용하여 3차원 공간에서 곡선과 곡면의 기하학을 연구하는 것이다. 이 주제는 수학에서 가장 아름다운 몇 가지 이론을 포함하고 있으며, 대부분은 광범위한 배경지식이 없어도 이해할 수 있다. 사실상 본 교재에서 필요한 사전 지식은 편미분을 포함한 미적분학, 행렬과 행렬식을 포함한 벡터해석학과 선형대수학 정도면 충분하다.

본 교재에서 다루는 곡선과 곡면에 관한 대부분의 이론은 고차원 공간의 환경에서 적용되는 더 일반적인 이론들에 대한 본보기이다. 예를 들면, 제11장에서 다루는 가우스-본네의 정리는 기하학의 국소적 특징과 대역적 특징을 잇는 많은 이론들의 모델이다. 두 특징의 연관성에 대한 연구는 20세기 수학에서 중요한 주제로 자리매김을 하고 있다.

그러나 본 교재에서 사용하는 방법들은 반드시 고차원 공간의 환경으로 일반화되지 않는다는 것을 강조하고 싶다. 오히려 언제든지 바라는 결과를 얻을 수 있는 가장 간단한 방법을 사용하려고 노력했다. 더욱이 사전 지식을 최소화하려고 했을 뿐만 아니라, 고차원 공간에서 미분기하학을 고려할 때 가끔 만나는 개념상의 어려움을 피할 수도 있다. 이러한 방법으로 많은 독자들이 기하학의 아름다운 주제에 접근할 수 있기를 바란다.

상투적인 문구에도 불구하고 사실이지만, 수학이란 소설을 읽듯이 읽어서 되는 학문이 아니고, 그것을 수행, 즉 풀어 봄으로써 알 수 있는 학문이다. 따라서 본 교재는 200문제 이상의 연습문제를 수록하고 있다. 독자들은 능력이 허용하는 대로 연습문제를 해결하려고 시도해야 한다. 연습문제에 대한 전체적인 해답을 교재의 끝 부분에 실어두었지만, 먼저 독자 스스로 풀어 본 다음이거나 도저히 해결할 수 없을 경우에만 참조하길 바란다. 쉽지 않은 문제들에는 힌트를 주어서 자포자기의 경우를 최소화하려고 노력하였다.

제2판 머리말

보통 어떤 책이든 제2판이 나올 때 양이 적어지는 책은 거의 없고, 이 교재도 그런 책 중의 하나지만 제2판에서 가장 많이 추가된 곳은 쌍곡(또는 비유클리드)기하학 부분이다. 대부분 합리적으로 이 주제에 대한 기본적인 취급법은 평면기하학의 유클리드적인 공리적 방법을 흉내 내는 것이다. 중요한 결과에 대한 대부분 빠른 길을 이용할 수 있지만, 곡면 미분기하학의 기초들은 이미 확립되어 있어서 그것을 이용할 수 없다는 게 안타까웠다.

다른 두 가지 가장 중요한 변화는 초판에서 해설자들이 제안을 했는데, 그 중 하나는 접평면을 보다 더 기하학적으로 취급하였으며 이것을 나중에 우리들로 하여금 사물을 (행렬처럼 보다도) 기하학적 대상으로 제1, 제2기본형식과 와인가르텐 사상 같은 것을 정의할 수 있게 한다. 둘째는 평행이동을 활용하는 것이다. 이 교재의 기본정신을 유지하고자 하는 제안에 아주 일부는 동의했지만, 제2판에서는 평행이동을 정의하였고 이것은 측지선과 가우스곡률에 연결되어 있다. (그러나 이 교재를 읽는 전문가들을 위하여 접속의 소개를 별문제로 하고 그만두었다.)

작은 변화들을 나열하기엔 너무나 많지만, 아마도 저는 (가우스-본네의 응용으로서) 지도채색에 관한 절과 구면기하학에 대한 독립적인 취급을 말하고 싶다. 그것에 대한 본질적인 재미는 차치하더라도 구면기하학은 가장 간단한 '비유클리드'기하학을 제공하며 여러 관점에서 이것은 사촌간인 쌍곡기하학과 닮아있다. 또한 초판에서 저나 투고자들(대부분은 투고자들이지만)이 지적한 많은 잘못을 수정하였다.

이 교재로 강의하려는 분들을 위하여, 저는 11, 12, 13장 중 하나를 끝내고 1-10장으로부터 필요한 기본적인 것들을 이해하는 식으로 한 학기에 끝낼 수 있는 세 가지 길이 있다는 점을 제안한다. 예를 들면 구면기하학 상에서 새로운 절은 강의의 마지막 목표가 쌍곡기하학일 경우에만 다룬다.

초판에서와 같이 모든 연습문제에 대한 해답을 교재 끝부분에 실었다. 해답 대부분은 전 세계적으로 학생들은 좋아했지만 교수들은 대체로 싫어했다! 저도 한 사람의 교육자로서 교육자들의 입장을 이해하고, 굳이 말씀드리면 이런 문제를 해결하기 위해서 교재의 모든 독자들이 온라인상에서 접근할 수 있는 새로운 연습문제를 고안하였으며 교육자들을 위하여 문제를 해답집과 함께 www.springer.com에 실어 두었다.

초보학생부터 전문가에 이르기까지 초판에 제안을 보내 준 모든 사람들에게 감사를 표한다. 저는 모든 분들의 제안을 그대로 쫓아 하진 않았지만! 저는 그들을 정중히 대했고, 제2판의 독자들은 이 교재에 내용을 바꾼 것이 더욱 유익하고 흥미로운 결과를 낳았다는 데 동의하기를 희망한다.

옮긴이 머리말

수학은 모든 교과목의 기초로서는 물론, 인간의 삶을 풍요롭게 해주는 필수교과목이다. 과거 10여 년 동안 수학과 교과과정에는 많은 변화가 있었지만 그 중에서도 미분기하학 교재들의 전개방식은 추상적이면서 매우 구조적이고 이론 지향적이어서 독자들로 하여금 쉽게 흥미를 잃어버리게 한 결과를 낳았고, 미분기하학을 아주 어려운 과목으로 만드는데 일조를 하였다. 기하학은 다른 과목과는 달리 단순 계산보다는 정리나 공식마다 개념의 의미를 부여해야한다는 점이다. 아무리 복잡한 식도 의미를 이해하면(의미에 대한 설명 때문에 학생들이 기하학을 어려워하는 이유이기도 하지만) 더욱 흥미가 생긴다. 영국 킹스칼리지(King's College)의 수학과 교수로 재직하고 있는 원저자인 앤드류 프레슬리(Andrew Pressley) 교수는 이 분야의 탁월한 연구자로서 미분기하학에 관하여 독자 위주로 이해하기 쉽고 좋은 교재들을 다수 집필한 뛰어난 저술가이다.

원저자는 이 교재를 통하여 미분기하학을 초심자 위주의 매우 쉬운 방법으로 풀어가고 있다. 3차원 이상의 추상적인 일반화를 피하면서 독자들로 하여금 명확한 이해에 이르도록 논리를 전개하고 있다. 미분기하학 이론들을 설명하는데 있어서 가능한 한 추상적인 방법들은 배제하고 가장 단순하고 직관적인 방법들을 사용하고 있다. 공변미분 개념 대신 국소좌표계에 관한 도함수를 사용하고, 접속의 개념을 언급하는 대신에 이동좌표계를 사용하고 있으며, 크리스토펠 기호를 언급하지만 필요한 곳에서만 한정적으로 사용하는데 그치고 있는 것이 대표적이다. 특히 완전한 해답을 주고 있는 200여개의 연습문제는 독자들로 하여금 본 교재를 통하여 공부한 이론과 개념을 스스로 확인할 수 있도록 하고 있으며 응용력을 높이는데 큰 도움을 줄 것이다.

역자들은 프레슬리 교수의 학부수준인 미분기하학 교육의 관점에 동의한다. 더 이상 미분기하학을 접근하기 어렵고 배우기 까다로운 과목이라는 오랫동안 굳어있던 선입견에서 탈피하고, 이제는 더욱 흥미롭고 재미있으며 누구나 쉽게 펼쳐서 볼 수 있는 친근한 교과목으로 자리매김하는데 일조하기 위해서 우리말로 번역하게 되었다. 이러한 취지를 살려 수학을 전공하는 학생들은 물론 물리학, 공학 등 미분기하학의 지식을 필요로 하는 관련 분야의 연구자들에게도 많은 도움이 되기를 기대한다.

마지막으로 어려운 시기임에도 수학에 대한 열정 하나로 기꺼이 출판하여 주신 교우사 오판근 사장님과 편집부의 적극적인 협조에 지면을 통하여 감사드린다.

2015년 1월
역자 일동

차 례

차 례

제 1 장

평면과 공간상의 곡선

1.1 곡선이란 무엇인가
1.2 호의 길이
1.3 재매개변수화
1.4 폐곡선
1.5 등위곡선 대 매개변수화된 곡선

제1장 평면과 공간상의 곡선

이 장에서는 곡선의 직관적 개념에 대한 두 가지 수학적인 공식화를 다룬다. 그들 사이의 구체적인 관계가 미묘해서 각각에 대한 몇 가지 예와 상호 유도하는 실질적인 방법을 먼저 제공하고자 한다.

1.1 곡선이란 무엇인가?

곡선의 예로서 $y-2x=1$과 같은 직선(비록 굽어있지 않더라도)이나 $x^2+y^2=1$로 주어지는 원 또는 $y-x^2=0$과 같은 포물선을 들 수 있다.

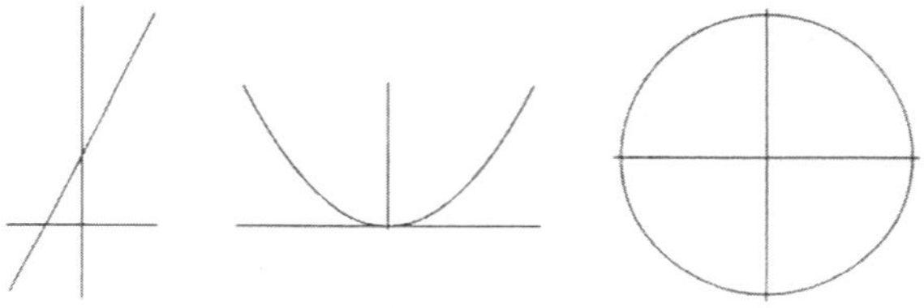

이런 곡선들은 모두 f가 x와 y에 관한 함수이고 c가 상수일 때, 직교좌표방정식

$$f(x,\ y)=c$$

로 나타낼 수 있다. 이런 관점에서, 곡선은 점의 집합 즉,

$$C=\{(x,\ y)\in\mathbb{R}^2\,|\,f(x,\ y)=c\} \tag{1.1}$$

이다.

이런 곡선들은 모두 평면 $\mathbb{R}^2$ 안에 들어있지만 공간 $\mathbb{R}^3$에서도 생각할 수 있다. 예를 들면, $\mathbb{R}^3$에서 x-축은

$$\{(x,\ y,\ z)\in\mathbb{R}^3\,|\,y=z=0\}$$

으로 주어지는 직선이며, 보다 일반적으로 $\mathbb{R}^3$에서의 곡선은 방정식들의 쌍

$$f_1(x,\ y,\ z)=c_1,\ \ f_2(x,\ y,\ z)=c_2$$

로 정의할 수 있다.

이러한 종류의 곡선들을 **등위곡선**(level curve)이라 하는데, 그 개념은 예를 들어 방정식 (1.1)로 주어지는 곡선은 평면에서 값 $f(x,\ y)$가 '높이' c에 이르는 점 $(x,\ y)$들의 집합을 나타낸다.

그러나 여러 가지 상황에서 보다 유용하다고 판명된 또 다른 곡선의 표현방법이 있다. 그것은 곡선을 움직이는 점의 자취로 보는 것이다.

따라서 만일 $\boldsymbol{\gamma}(t)$가 시각 t일 때, 한 점의 위치벡터라면 곡선은 평면곡선의 경우는 $\mathbb{R}^2$에서 그리고 공간곡선의 경우는 $\mathbb{R}^3$에서 벡터값을 갖는 스칼라 매개변수 t에 관한 함수 $\boldsymbol{\gamma}$로써 나타낸다. 이러한 아이디어를 $\mathbb{R}^n$ 상의 곡선에 관한 첫 번째 공식적인 정의를 내리는데 사용한다(우리는 $n=2,\ 3$인 경우에만 관심이 있지만 두 경우를 동시에 취급하는 것이 편리하다).

정의 1.1.1

$\mathbb{R}^n$ 상에서 **매개변수화된 곡선**(parametrized curve)은 $-\infty \le \alpha < \beta \le \infty$ 안의 어떤 $\alpha,\ \beta$에 대하여 사상

$$\boldsymbol{\gamma}:\ (\alpha,\ \beta) \to \mathbb{R}^n$$

으로 정의한다.

기호 $(\alpha,\ \beta)$는 열린구간

$$(\alpha,\ \beta) = \{t \in \mathbb{R}^3 \mid \alpha < t < \beta\}$$

를 나타낸다.

상이 등위곡선 C에 포함되는 매개변수화된 곡선을 C(또는 그의 일부분)의 **매개변수화**(parametrization)라고 한다. 다음의 예는 등위곡선으로부터 매개변수화된 곡선까지 어떻게 지나는가를 보여주며 또 그 역과정을 보여준다.

예제 1.1.2 포물선 $y=x^2$의 매개변수화를 구해보자. 만일 $\boldsymbol{\gamma}(t)=(\gamma_1(t),\ \gamma_2(t))$라면, $\boldsymbol{\gamma}$의 성분 γ_1과 γ_2가 γ가 정의되는 구간 $(\alpha,\ \beta)$ 안의 모든 t값에 대하여

$$\gamma_2(t) = \gamma_1(t)^2 \tag{1.2}$$

를 만족하고 개념상으로 포물선 위의 모든 점은 구간 $(\alpha,\ \beta)$ 안의 어떤 t값에 대하여 $(\gamma_1(t),\ \gamma_2(t))$와 같아야한다. 물론 포물선 위의 모든 점을 얻기 위하여 t는 모든 실수값을 갖도록 해야 한다 ($\gamma(t)$의 x-좌표가 t이므로 포물선 위의 한 점의 x-좌표는 임의의 실수값이다). 따라서 $(\alpha,\ \beta)$는 $(-\infty,\ \infty)$라야 한다. 그러므로 원하는 매개변수화는

$$\gamma:\ (-\infty,\ \infty) \to \mathbb{R}^2,\ \gamma(t) = (t,\ t^2)$$

이다. 그렇지만 이것만이 포물선의 매개변수화인 것은 아니다.

$(\alpha,\ \beta)=(-\infty,\ \infty)$일 때, $\gamma(t)=(t^3,\ t^6)$도 또 다른 매개변수화가 될 수 있다. $(2t,\ 4t^2)$도 마찬가지이며 또 다른 매개변수화도 무수히 많다. 그러므로 어떤 주어진 등위곡선의 머개변수화는 하나만

있는 것이 아니다.

예제 1.1.3 원 $x^2+y^2=1$의 매개변수화를 구해 보자. 앞의 예와 같이 $x=t$로 두면 $y=\sqrt{1-t^2}$이다($y=-\sqrt{1-t^2}$ 으로도 가능하다). 따라서 매개변수화는 다음과 같다.

$$\boldsymbol{\gamma}(t)=(t,\ \sqrt{1-t^2}\ )$$

그러나 이것은 상반원에 대해서는 유일한 매개변수화이다.
왜냐하면 $\sqrt{1-t^2}\geq 0$이기 때문이다. 같은 모양으로 만일 $y=-\sqrt{1-t^2}$ 을 취한다면 이것은 하반원에 대한 매개변수화이다.
만일 원 전체에 대한 매개변수화를 원한다면 달리 시도해야만 한다. 모든 $t\in(\alpha,\ \beta)$에 대하여

$$\gamma_1(t)^2+\gamma_2(t)^2=1 \tag{1.3}$$

이고 원주 위의 모든 점이 어떤 $t\in(\alpha,\ \beta)$에 대하여 $(\gamma_1(t),\ \gamma_2(t))$와 같은 함수 $r_1(t)$와 $\gamma_2(t)$가 필요하다. 방정식 (1.3)에 대한 해 $\gamma_1(t)=\cos t,\ \gamma_2(t)=\sin t$가 있다 (왜냐하면 t의 모든 값에 대하여 $\cos^2 t+\sin^2 t=1$이기 때문이다).
$(\alpha,\ \beta)=(-\infty,\ \infty)$로 잡지만, 이것은 지나친 면도 있다. 길이가 2π보다 긴 열린구간이면 충분하다.

반대로 다음의 예는 매개변수화된 곡선으로부터 등위곡선을 어떻게 유도해 내는가를 보여준다.

예제 1.1.4 **별모양 곡선**(astroid)이라 부르는 매개변수화된 곡선

$$\gamma(t)=(\cos^3 t,\ \sin^3 t),\quad t\in\mathbb{R}$$

를 보자. 모든 t에 대하여 $\cos^2 t+\sin^2 t=1$이므로, 점 $\gamma(t)$의 좌표 $x=\cos^3 t,\ y=\sin^3 t$는

$$x^{\frac{2}{3}}+y^{\frac{2}{3}}=1$$

을 만족한다. 이 등위곡선은 사상 $\boldsymbol{\gamma}$의 상과 일치한다. 별모양곡선의 그림은 연습문제 1.1.5를 참조하여라.

이 교재에서 곡선(그리고 나중에는 곡면)을 미적분을 이용하여 고찰한다. 그러한 곡선과 곡면은 대개 미분가능한 함수에 관한 항으로 표현한다:

함수 $f:\ (\alpha,\ \beta)\to\mathbb{R}$은 만일 모든 $n\geq 1$과 $t\in(\alpha,\beta)$에 대하여 도함수 $\dfrac{d^n f}{dt^n}$이 존재할 때 매끄럽다(미분가능하다)고 한다. 만일 $f(t)$와 $g(t)$가 매끄러운 함수라면, 그들이 정의되는 곳에서 합 $f(t)+g(t)$와 곱 $f(t)g(t)$, 몫 $f(t)/g(t)$ 그리고 합성함수 $f(g(t))$도 매끄러운 함수이다.

정의 1.1.1에서처럼 $\gamma(t)$와 같은 벡터값 함수를 미분하기 위해서는 성분별로 미분한다; 만일

$$\gamma(t) = (\gamma_1(t),\ \gamma_2(t),\ \cdots,\ \gamma_n(t))$$

라면

$$\frac{d\gamma}{dt} = \left(\frac{d\gamma_1}{dt},\ \frac{d\gamma_2}{dt},\ \cdots,\ \frac{d\gamma_n}{dt}\right), \qquad \frac{d^2\gamma}{dt^2} = \left(\frac{d^2\gamma_1}{dt^2},\ \frac{d^2\gamma_2}{dt^2},\ \cdots,\ \frac{d^2\gamma_n}{dt^2}\right),$$

$$\vdots$$

등과 같다. 간단하게 나타내기 위하여 $\frac{d\gamma}{dt}$를 $\dot{\gamma}(t)$, $\frac{d^2\gamma}{dt^2}$을 $\ddot{\gamma}(t)$와 같이 나타낸다.

$\boldsymbol{\gamma}$의 각 성분 $\gamma_1,\ \gamma_2,\ \cdots,\ \gamma_n$이 **매끄러운**(smooth) 함수일 때, $\boldsymbol{\gamma}$를 매끄러운 함수라고 한다. 모든 $n \geq 1$과 $t \in (\alpha, \beta)$에 대하여 도함수 $\frac{d^n\gamma}{dt^n}$가 존재할 때 $\boldsymbol{\gamma}$는 매끄럽다고 한다. 이것은 $\boldsymbol{\gamma}$의 각 성분 $\gamma_1, \gamma_2, \cdots,\ \gamma_n$이 매끄러운 것과 동치이다.

지금부터, 이 교재에서 고려하는 모든 매개변수화된 곡선은 전부 매끄럽다고 가정한다.

정의 1.1.5

$\gamma(t)$가 매개변수화된 곡선일 때, 도함수 $\frac{d\gamma}{dt}$는 점 $\gamma(t)$에서 γ의 **접선벡터**(tangent vector)라고 한다.

그 이유를 알아보기 위하여, 벡터

$$\frac{\gamma(t+\delta t) - \gamma(t)}{\delta t}$$

는 $\boldsymbol{\gamma}$의 상인 곡선 C의 두 점 $\gamma(t)$와 $\gamma(t+\delta t)$를 잇는 현과 평행하다는 것을 알 수 있다.

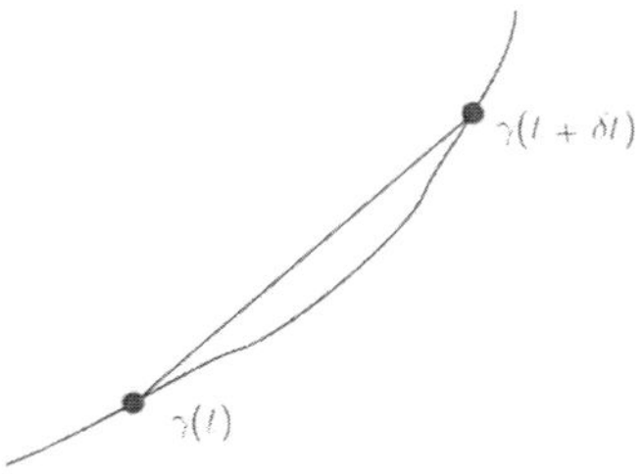

δt가 0에 가까워질 때 현의 길이도 0에 가까워지지만, 현의 방향이 $\gamma(t)$에서 C의 접선방향과 평행하게 될 것을 기대한다. 그러나 현의 방향은 벡터

$$\frac{\gamma(t+\delta t) - \gamma(t)}{\delta t}$$

의 방향과 같고, 이 벡터는 δt가 0에 가까워질 때 $d\gamma/dt$에 가까워진다. 물론 이것은 $d\gamma/dt$가 영이 아

닐 때, 곡선에 접하는 방향을 결정한다. 만일 그 조건이 성립하면, 곡선 C의 점 p에서 C의 접선(tangent line)을 점 p를 지나고 벡터 $d\gamma/dt$에 평행한 직선으로 정의한다.

다음 결과는 직관적으로 분명하다.

명제 1.1.6 매개변수화된 곡선의 접선벡터가 상수(일정)라면, 곡선의 상은 직선(또는 그의 일부)이다.

증명 a가 상수벡터일 때, 모든 t에 관하여 $\gamma(t) = \mathbf{a}$라면, 이를 성분별로 적분하여 다음을 얻는다.

$$\gamma(t) = \int \frac{d\gamma}{dt}dt = \int \mathbf{a}dt = t\mathbf{a} + \mathbf{b},$$

단 b는 다른 상수벡터이다. 만일 $\mathbf{a} \neq 0$라면, 이것은 b를 지나고 a에 평행한 직선의 매개변수 방정식이다.

만일 $\mathbf{a} = 0$이면, γ의 상은 한 점이다(즉 b를 위치벡터로 갖는 점).

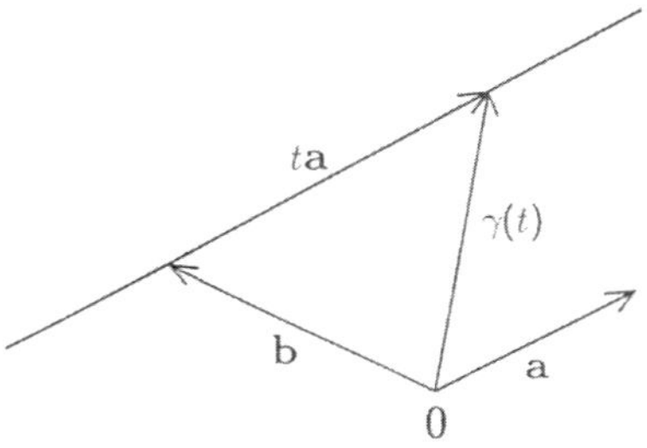

■

곡선에 관하여 더욱 깊게 탐구를 하기 전에, 매개변수화된 곡선을 논할 때 혼동의 가능성이 있는 원인을 지적한다. 그러한 곡선상의 '점'이 무엇인가라는 질문에 관한 것이다. 다음 예에서 그러한 어려움을 볼 수 있다.

예제 1.1.7 **와우선**(리마송)은 매개변수화된 곡선(아래 그림을 보아라)

$$\gamma(t) = ((1+2\cos t)\cos t, (1+2\cos t)\sin t), \quad t \in \mathbb{R}$$

이다.

γ는 $t = 2\pi/3$과 $t = 4\pi/3$일 때 $\gamma(t) = 0$이라는 의미로 원점에서 자신과 만난다. 접선벡터는

$$\gamma'(t) = (-\sin t - 2\sin 2t, \cos t + 2\cos 2t)$$

이다. 특히,

$$\gamma'(2\pi/3) = (\sqrt{3}/2, -3/2), \gamma'(4\pi/3) = (-\sqrt{3}/2, -3/2)$$

이다. 원점에서 이 곡선의 접선벡터는 무엇일까? 비록 $\gamma'(t)$는 모든 t의 값에서 정의되지만, $t = 2\pi/3$와 $t = 4\pi/3$에서 다른 값을 갖는데 둘 다 이것은 곡선위에서 원점에 해당한다.

■

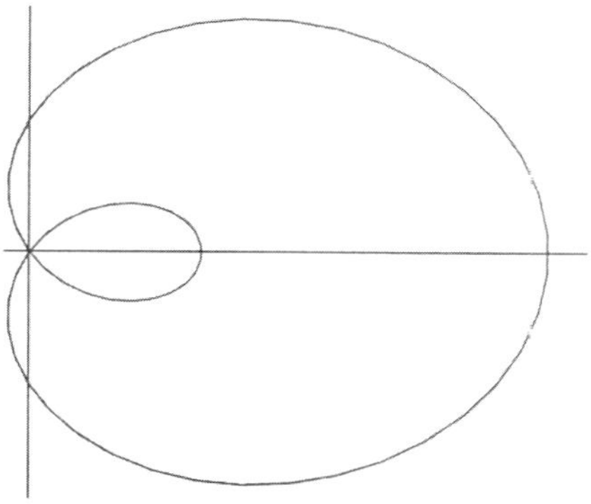

이 예는 매개변수화된 곡선 γ의 '점'에 대하여 얘기할 때 주의해야한다는 점을 보여주고 있다. 엄격히 말하자면, 이것은 곡선 매개변수 t의 값으로 같아야 하고, 대응하는 기하학적 점 $\gamma(t) \in \mathbb{R}$으로서는 같지 않다. 따라서 정의 1.1.5는 "$\gamma(t)$가 매개변수화된 곡선일 때, 일차도함수 $\gamma'(t)$는 매개변수 값 t에서 γ의 접선벡터라고 한다."라고 읽어야 한다. 그렇지만 기하학적 관점과 구별짓고 정의 1.1.5를 얘기할 때 범하는 잘못을 자주 반복하는 이런 차이점을 주장하기 위해서인 것 같다. 그래서 앞서 얘기한 주의점을 명심하면 혼동이 생기지 않을 것이다.

연습문제

1.1.1 $\gamma(t) = (t^2,\ t^4)$은 포물선 $y = x^2$의 매개변수화인가?

1.1.2 다음 등위곡선들의 매개변수화를 구하여라.

(1) $y^2 - x^2 = 1$ (2) $\dfrac{x^2}{4} + \dfrac{y^2}{9} = 1$

1.1.3 다음 매개변수화된 곡선들의 직교좌표 방정식을 구하여라.

(1) $\gamma(t) = (\cos^2 t,\ \sin^2 t)$ (2) $\gamma(t) = (e^t,\ t^2)$

1.1.4 문제 1.1.3의 곡선들의 접선벡터을 구하여라.

1.1.5 예제 1.1.4의 별모양곡선을 스케치하고 각 점에서 접선벡터을 구하여라. 어느 점에서 접선벡터가 영인가?

1.1.6 $p > q > 0$일 때, 타원(아래 그림)

$$\frac{x^2}{p^2} + \frac{y^2}{q^2} = 1$$

을 보자.

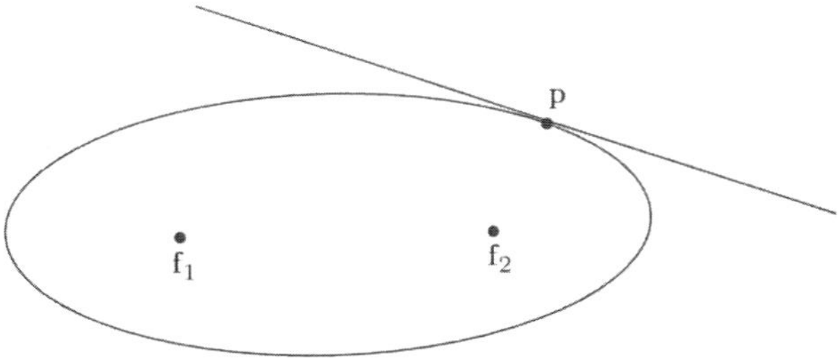

이심율(eccentricity)은 $\epsilon = \sqrt{1 - \frac{q^2}{p^2}}$ 이고 x-축상의 점 $(\pm \epsilon p, 0)$은 **초점**(foci)이라 하고 f_1, f_2로 나타낸다. 이 때 타원의 매개변수표현은 $\gamma(t) = (p\cos t, q\sin t)$임을 보여라. 그리고 다음이 성립함을 보여라.

(i) f_1과 f_2로부터 타원위의 임의의 점 p까지 거리의 합은 p와는 독립이다.

(ii) f_1과 f_2로부터 타원위의 임의의 점 p에서의 접선까지 거리의 곱은 p와는 독립이다.

(iii) 만일 p가 타원상의 임의의 점이라면, f_1과 p를 잇는 직선과 f_2와 p를 잇는 직선이 이루는 사잇각은 점 p에서 타원의 접선과 이루는 사잇각과 같다.

1.1.7 **굴렁쇠선**(cycloid)은 원주상의 한 점이 직선상을 미끄러지지 않고 구를 때 생기는 평면곡선이다. 만일 직선이 x-축이고 원의 반지름이 $a(>0)$라면, 굴렁쇠선은 다음과 같이 매개변수화됨을 보여라.

$$\gamma(t) = a(t - \sin t,\ 1 - \cos t)$$

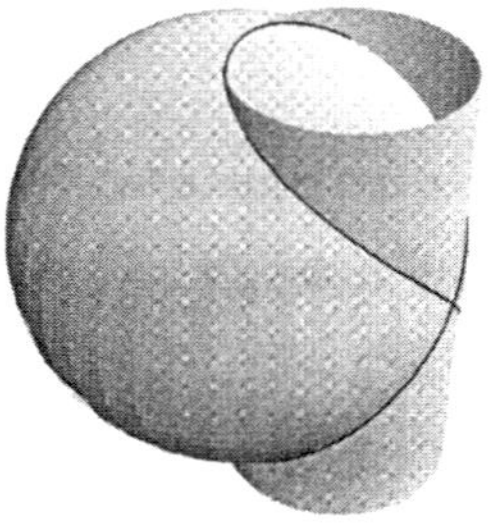

1.1.8 반지름이 $\frac{1}{2}$ 이고 z-축을 축으로 하는 원기둥과 반지름이 1이고 중심이 $\left(-\frac{1}{2},\ 0,\ 0\right)$인 구면이 만나서 생기는 곡선의 매개변수화는

$$\gamma(t)=\left(\cos^2 t-\frac{1}{2},\ \sin t\cos t,\ \sin t\right)$$

임을 보여라(이것을 **비비아니곡선**(Viviani's curve)이라 한다).

1.1.9 점 $\mathbf{p}$에서 곡선의 **법선**(normal line)은 점 $\mathbf{p}$에서 접선과 수직이고 점 $\mathbf{p}$를 지나는 직선이다. 곡선 $\gamma(t)=(2\cos t-\cos 2t, 2\sin t-\sin 2t)$의 $t=\frac{\pi}{4}$에 해당하는 점에서 접선과 법선을 구하여라.

1.2 호의 길이

만일 $\mathbf{v}=(v_1,\ v_2,\ \cdots,\ v_n)$이 $\mathbb{R}^n$상의 벡터라면 $\mathbf{v}$의 **길이**(length) $\|\mathbf{v}\|$는 다음과 같다는 것을 기억하자.

$$\|\mathbf{v}\|=\sqrt{v_1^2+v_2^2+\cdots+v_n^2}\ .$$

만일 $\mathbf{u}$가 $\mathbb{R}^n$상의 다른 벡터라면, $\|\mathbf{u}-\mathbf{v}\|$는 위치벡터 $\mathbf{u}$, $\mathbf{v}$를 갖는 $\mathbb{R}^n$상의 두 점을 잇는 직선선분의 길이이다.

매개변수화된 곡선 γ의 길이에 관한 공식을 구하기 위하여, δt가 아주 작은 양일 때 $\gamma(t)$와 $\gamma(t+\delta t)$ 사이에서 γ의 상 C의 부분은 거의 직선과 같다는 사실에 주목하면 그의 길이는 대략 다음과 같다.

$$\|\gamma(t+\delta t)-\gamma(t)\|$$

한편 δt가 작은 양이므로 $\frac{\|\gamma(t+\delta t)-\gamma(t)\|}{\delta t}$는 $\dot{\gamma}(t)$와 거의 같기 때문에 길이는 다음과 같다.

$$\|\dot{\gamma}(t)\|\,\delta t \tag{1.4}$$

만일 C의 일부분(반드시 작을 필요는 없다)의 길이를 구하려면, 선분으로 잘게 쪼개어 각 선분들을 작은 증분 δt에 대응시킨 다음, (1.4)를 이용하여 각 선분의 길이를 계산하여 합한다. 그런 다음, δt를 0에 가까이 보내면 그것이 구하고자 하는 길이이다.

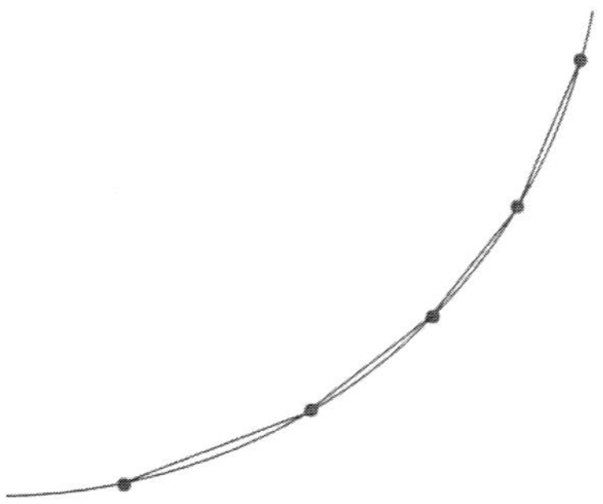

이 원리로부터 다음 정의를 내릴 수 있다.

정의 1.2.1

점 $\gamma(t_0)$에서 출발하는 곡선 γ의 **호의 길이**(arc-length)는

$$s(t) = \int_{t_0}^{t} \|\dot{\gamma}(u)\| \, du$$

로 주어지는 함수 $s(t)$이다.

따라서 $s(t_0) = 0$이고 $s(t)$는 t가 t_0보다 더 크든지 또는 작음에 따라서 양수 또는 음수가 된다. 만일 다른 출발점 $\gamma(\overline{t_0})$를 잡으면 결과적으로 호의 길이 $\overline{s}$는 상수 $\int_{t_0}^{\overline{t_0}} \|\dot{\gamma}(u)\| du$만큼 s와 다르다. 왜냐하면

$$\int_{t_0}^{t} \|\dot{\gamma}(u)\| \, du = \int_{\overline{t_0}}^{t} \|\dot{\gamma}(u)\| \, du + \int_{t_0}^{\overline{t_0}} \|\dot{\gamma}(u)\| \, du$$

이기 때문이다.

예제 1.2.2 k가 영이 아닌 상수일 때, **대수나선**(logarithmic spiral)

$$\gamma(t) = (e^{kt}\cos t,\ e^{kt}\sin t)$$

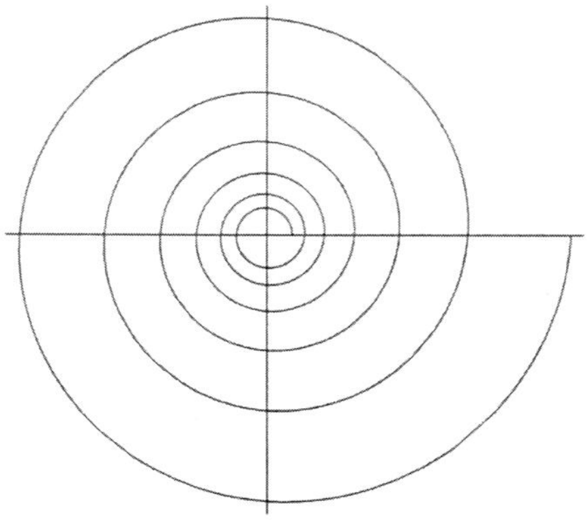

에 대하여 다음이 성립한다.

$$\dot{\gamma} = (e^t(\cos t - \sin t),\ e^t(\sin t + \cos t)),$$
$$\therefore \|\dot{\gamma}\|^2 = e^{2t}(\cos t - \sin t)^2 + e^{2t}(\sin t + \cos t)^2 = 2e^{2t}.$$

따라서 만일 $\gamma(0) = (1,\ 0)$에서 출발한다면 γ의 호의 길이는

$$s = \int_0^t \sqrt{2e^{2u}}\, du = \sqrt{2}\,(e^t - 1)$$

이다. 호의 길이는 미분가능한 함수이다. 만일 s가 $\gamma(t_0)$에서 출발하는 곡선 γ의 호의 길이라면 다음이 성립한다.

$$\frac{ds}{dt} = \frac{d}{dt}\int_{t_0}^t \|\dot{\gamma}(u)\|\, du = \|\dot{\gamma}(t)\| \tag{1.5}$$

$\gamma(t)$를 시각 t일 때 움직이는 점의 위치로 생각하면, $\frac{ds}{dt}$는 그 점에서의 속력(곡선을 따라서 거리의 변화율)이다. 이런 이유는 결국 다음 정의를 제안한다.

정의 1.2.3

만일 $\gamma: (\alpha,\ \beta) \to \mathbb{R}^n$이 매개변수화된 곡선이라면, 점 $\gamma(t)$에서의 **속력**(speed)은 $\|\dot{\gamma}(t)\|$이고 모든 $t \in (\alpha,\ \beta)$에 대하여 $\dot{\gamma}(t)$가 단위벡터라면 γ는 **단위속력 곡선**(unit-speed curve)이라 한다.

단위속력 곡선일 때, 더 간단한 모양을 취하는 곡선과 관련된 결과나 공식의 예를 많이 볼 수 있다. 이러한 간결함에 대한 이유를 다음 명제에서 볼 수 있다. 이것이 처음 보기에는 별로 흥미롭게 보이지 않지만 나중에 매우 유용하다.

$\mathbb{R}^n$에서 두 벡터 $\mathbf{a} = (a_1, a_2, \cdots, a_n)$과 $\mathbf{b} = (b_1, b_2, \cdots, b_n)$에 대하여 **내적**(dot product) 또는 **스칼라곱**(scalar product)은

$$\mathbf{a} \cdot \mathbf{b} = \sum_{i=1}^n a_i b_i$$

인 것을 기억하자. 만일 $\boldsymbol{a}$와 $\boldsymbol{b}$가 매개변수 t에 관한 매끄러운 함수라면, 다음 곱셈공식을 활용할 수 있다.

$$\frac{d}{dt}(\mathbf{a} \cdot \mathbf{b}) = \frac{d\mathbf{a}}{dt} \cdot \mathbf{b} + \mathbf{a} \cdot \frac{d\mathbf{b}}{dt}.$$

내적의 정의와 스칼라함수에 관한 보통 곱셈공식으로부터 다음이 성립하는 것을 쉽게 알 수 있다.

$$\frac{d}{dt}(a_i b_i) = \frac{da_i}{dt} b_i + a_i \frac{db_i}{dt}.$$

명제 1.2.4 $\mathbf{n}(t)$를 매개변수 t에 관한 매끄러운 함수인 단위벡터라 하자. 그러면 모든 t에 대하여 내적은 다음과 같다.

$$\dot{\mathbf{n}}(t) \cdot \mathbf{n}(t) = 0.$$

즉, $\dot{\mathbf{n}}(t)$는 모든 t에 대하여 영벡터이든지 $\mathbf{n}(t)$와 수직이다. 특히, γ가 단위속력 곡선이라면, $\ddot{\gamma}$는 영벡터이든지 $\dot{\gamma}$와 수직이다.

증명 곱셈공식을 이용하여 방정식 $\mathbf{n} \cdot \mathbf{n} = 1$의 양변을 t에 관하여 미분하면 다음을 얻는다.

$$\dot{\mathbf{n}} \cdot \mathbf{n} + \mathbf{n} \cdot \dot{\mathbf{n}} = 0.$$

따라서 $2\dot{\mathbf{n}} \cdot \mathbf{n} = 0$. γ가 단위속력의 경우는 여기에서 $\mathbf{n} = \dot{\gamma}$를 대입하면 얻는다. ■

연습문제

1.2.1 점 $(0, 1)$에서 출발하는 **현수선**(catenary) $\gamma(t) = (t, \cosh t)$의 호의 길이를 구하여라. 이 곡선은 두 끝을 매단 무거운 줄 모양을 하고 있다. 연습문제 2.2.4를 보아라.

1.2.2 다음 곡선들은 단위속력임을 보여라.

(1) $\gamma(t) = \left(\frac{1}{3}(1+t)^{\frac{3}{2}}, \ \frac{1}{3}(1-t)^{\frac{3}{2}}, \ \frac{t}{\sqrt{2}}\right)$,

(2) $\gamma(t) = \left(\frac{4}{5}\cos t, \ 1-\sin t, \ -\frac{3}{5}\cos t\right)$

1.2.3 r이 θ에 관한 매끄러운 함수일 때,

$$\gamma(\theta) = (r\cos\theta, \ r\sin\theta)$$

로 주어지는 평면곡선이 있다((r, θ)는 $\gamma(\theta)$의 극좌표이다). 어떤 조건 아래에서 γ는 정칙일까? γ가 단위속력이 되는 모든 함수 $\gamma(\theta)$를 찾아라. 만일 γ가 단위속력이라면, γ의 상은 원임을 보이고 그 때 반지름은 얼마인가?

1.2.4 이 문제는 '직선은 임의의 두 점을 잇는 최단곡선'인 것을 보여준다. $\mathbf{p}$와 $\mathbf{q}$는 두 점이라 하고 $a < b$일 때, γ는 가령 두 점 $\gamma(a) = \mathbf{p}$, $\gamma(b) = \mathbf{q}$를 지나는 곡선이라 하자. 이 때, 만일 $\mathbf{u}$가 임의의 단위벡터라면

$$\dot{\gamma} \cdot \mathbf{u} \leq \| \dot{\gamma} \|$$

를 보이고

$$(\mathbf{q}-\mathbf{p}) \cdot \mathbf{u} \leq \int_a^b \| \dot{\gamma} \| \, dt$$

인 것을 유도하여라. $\mathbf{u}=(\mathbf{q}-\mathbf{p})/\|\mathbf{q}-\mathbf{p}\|$ 로 잡아 $\mathbf{p}$와 $\mathbf{q}$사이의 호 γ의 길이는 최소한 직선 거리 $\|\mathbf{q}-\mathbf{p}\|$ 인 것을 보여라.

1.3 재매개변수화

예제 1.1.2와 예제 1.1.3에서 등위곡선은 여러 가지 매개변수화를 가질 수 있으며 그들 사이의 관계를 이해하는데 중요하다는 사실을 알았다.

정의 1.3.1

매끄러운 전단사 함수 $\phi: (\tilde{\alpha}, \tilde{\beta}) \to (\alpha, \beta)$가 존재하여 역사상 $\phi^{-1}: (\alpha, \beta) \to (\tilde{\alpha}, \tilde{\beta})$도 매끄러운 함수이며 모든 $\tilde{t} \in (\tilde{\alpha}, \tilde{\beta})$에 대하여

$$\tilde{\gamma}(\tilde{t}) = \gamma(\phi(t)) \tag{1.6}$$

를 만족할 때, 매개변수화된 곡선 $\tilde{\gamma}: (\tilde{\alpha}, \tilde{\beta}) \to \mathbb{R}^n$을 매개변수화된 곡선 $\gamma: (\alpha, \beta) \to \mathbb{R}^n$의 **재매개변수화**(reparametrization)라 한다.

ϕ가 매끄러운 역사상을 가지므로 γ는 $\tilde{\gamma}$의 재매개변수화이다. 즉, 모든 $t \in (\alpha, \beta)$에 대하여

$$\tilde{\gamma}(\phi^{-1}(t)) = \gamma(\phi(\phi^{-1}(t))) = \gamma(t).$$

각각 서로 다른 것의 재매개변수화인 두 곡선은 상이 서로 같다. 따라서 그들의 기하학적 성질도 같다.

예제 1.3.2 예제 1.1.3에서 $\gamma(t) = (\cos t, \sin t)$는 원 $x^2+y^2=1$의 매개변수화임을 알았다. 이 원의 또 다른 매개변수화가

$$\tilde{\gamma}(t) = (\sin t, \cos t)$$

이다. 왜냐하면 $\sin^2 t + \cos^2 t = 1$이기 때문이다. $\tilde{\gamma}$가 γ의 재매개변수화인 것을 보기 위하여

$$(\cos\phi(t), \sin\phi(t)) = (\sin t, \cos t)$$

인 재매개변수화 사상 ϕ를 찾아야 한다. 그 중 하나의 해가 $\phi(t) = \frac{\pi}{2} - t$이다.

앞의 1.2절에서도 본 것처럼, 곡선이 단위속력을 가질 때 곡선을 분석하기가 쉬워진다. 그러므로 어떤 곡선들이 단위속력의 재매개변수화를 갖는지 아는 것이 중요하다.

정의 1.3.3

매개변수화된 곡선 γ의 점 $\gamma(t)$는 $\dot{\gamma}(t) \neq 0$일 때 **정칙점**(regular point)이라 하고 $\dot{\gamma}(t) = 0$일 때 **특이점**(singular point)이라 한다. 모든 점이 정칙점인 곡선을 **정칙곡선**(regular curve)이라 한다.

정칙성과 단위속력의 매개변수화 사이의 관계를 알아보기 전에, 정칙곡선에 관한 두 가지 성질을 알아본다. 두 가지 결과가 특별히 마음을 끌지는 못하지만 나중에 매우 중요한 역할을 할 것이다.

명제 1.3.4 정칙곡선에 대한 모든 재매개변수화는 정칙이다.

증명 γ와 $\tilde{\gamma}$가 정의 1.3.1과 같이 연결되어 있다고 하자. $t = \phi(\tilde{t})$라 하고 $\tilde{t} = \psi(t)$가 되도록 $\psi = \phi^{-1}$라 하자. t에 관한 방정식 $\phi(\psi(t)) = t$의 양변을 미분하고 연쇄법칙을 사용하면

$$\frac{d\phi}{d\tilde{t}} \frac{d\psi}{dt} = 1$$

이다.

이 사실로부터 $\frac{d\phi}{d\tilde{t}} \neq 0$이다. $\tilde{\gamma}(\tilde{t}) = \gamma(\phi(\tilde{t}))$이므로 다시 연쇄법칙을 사용하면

$$\frac{d\tilde{\gamma}}{d\tilde{t}} = \frac{d\gamma}{dt} \frac{d\phi}{d\tilde{t}}$$

이고 여기에서 $\frac{d\gamma}{dt} \neq 0$이면 $\frac{d\tilde{\gamma}}{d\tilde{t}} \neq 0$임을 알 수 있다. ■

명제 1.3.5 만일 $\gamma(t)$가 정칙곡선이면, γ의 임의의 점에서 출발하는 곡선의 호의 길이 s(정의 1.2.1을 보아라)는 t에 관한 매끄러운 함수이다.

증명 γ가 정칙이든 아니든 s는 t에 관한 미분가능한 함수이고

$$\frac{ds}{dt} = \|\dot{\gamma}(t)\|$$

인 것은 이미 알고 있다. 기호를 간단히 하기 위하여, 지금부터 γ는 평면곡선이라 하자. 즉 u, v가 t에 관한 매끄러운 함수일 때

$$\gamma(t) = (u(t),\ v(t))$$

라 하자. 그러면 $\frac{ds}{dt} = \sqrt{\dot{u}^2 + \dot{v}^2}$ 이다.

결정적인 사실은 함수 $f(x) = \sqrt{x}$가 개구간 $(0, \infty)$에서 매끄럽다는 것이다. 왜냐하면

$n \geq 1$일 때 귀납법에 의하여 다음을 쉽게 증명할 수 있다.

$$\frac{d^n f}{dx^n} = (-1)^{n-1} \frac{1.3.5.....(2n-1)}{2^n} x^{-(2n+1)/2}$$

u와 v는 t에 관한 매끄러운 함수이므로 $\dot{u}$와 $\dot{v}$도 마찬가지이며 따라서 $\dot{u}^2 + \dot{v}^2$도 매끄러운 함수이다. γ는 정칙이므로, t의 모든 값에 대하여 $\dot{u}^2 + \dot{v}^2 > 0$이므로 합성함수 $\frac{ds}{dt} = f(\dot{u}^2 + \dot{v}^2)$는 t에 관한 매끄러운 함수이다. 따라서 s 자신은 매끄러운 함수이다. ■

우리가 원하는 중요한 결과는 다음과 같다.

명제 1.3.6 매개변수화된 곡선이 단위속력의 재매개변수화를 갖기 위한 필요충분조건은 그것이 정칙인 것이다.

증명 먼저, 매개변수화된 곡선 $\gamma : (\alpha, \beta) \to \mathbb{R}^n$이 재매개변수화 사상 ϕ를 갖는 단위속력의 재매개변수화 $\tilde{\gamma}$를 갖는다고 하자. $t = \phi(\tilde{t})$라면, $\tilde{\gamma}(\tilde{t}) = \gamma(t)$이다. 그러므로

$$\frac{d\tilde{\gamma}}{d\tilde{t}} = \frac{d\gamma}{dt}\frac{dt}{d\tilde{t}},$$

$$\therefore \left\|\frac{d\tilde{\gamma}}{d\tilde{t}}\right\| = \left\|\frac{d\gamma}{dt}\right\| \left|\frac{dt}{d\tilde{t}}\right|.$$

$\tilde{\gamma}$가 단위속력을 가지므로 $\|d\tilde{\gamma}/d\tilde{t}\| = 1$이다. 따라서 $d\gamma/dt$는 절대로 0이 될 수 없다.

역으로, 접선벡터가 $d\gamma/dt \neq 0$이라고 하자. (1.5)에 의하여, 모든 t에 대해 $ds/dt > 0$이다. 단, s는 곡선상의 임의의 점에서 출발하는 γ의 호의 길이이고 명제 1.3.5에 의하여 s는 t에 관한 매끄러운 함수이다. 다변수함수의 역함수정리로부터, $s : (\alpha, \beta) \to \mathbb{R}$은 단사함수이며 그의 상은 개구간 $(\tilde{\alpha}, \tilde{\beta})$이고, 역사상 $s^{-1} : (\tilde{\alpha}, \tilde{\beta}) \to (\alpha, \beta)$는 매끄러운 함수이다(역함수정리를 잘 이해하지 못하는 독자는 지금 이 명제를 받아들이기를 바란다. 이 정리는 1.5절에서 비공식적으로 다루고 형식적으로는 5.6절에서 취급한다). $\phi = s^{-1}$라 하고 $\tilde{\gamma}$가 γ의 대응하는 재매개변수화 라면

$$\tilde{\gamma}(s) = \gamma(t)$$

이다(식 1.6을 보아라). 그러면 다음이 성립한다.

$$\frac{d\tilde{\gamma}}{ds}\frac{ds}{dt} = \frac{d\gamma}{dt},$$

$$\therefore \left\|\frac{d\tilde{\gamma}}{ds}\right\| \frac{ds}{dt} = \left\|\frac{d\gamma}{dt}\right\| = \frac{ds}{dt} \qquad \text{(식 1.5에 의하여)}$$

$$\therefore \left\|\frac{d\tilde{\gamma}}{ds}\right\| = 1.$$

■

명제 1.3.6의 증명은 호의 길이가 필수적으로 정칙곡선 상에서 유일한 단위속력의 매개변수인 것을 말해주고 있다.

따름정리 1.3.7

γ가 정칙곡선이며 $\tilde{\gamma}$는 γ의 단위속력의 재매개변수화라고 하자. 즉, 모든 t에 대하여

$$\tilde{\gamma}(u(t)) = \gamma(t).$$

단, u는 t에 관한 매끄러운 함수이다. 그러면, 만일 s가(임의의 점에서 출발하는) γ의 호의 길이라면

$$u = \pm s + c(c\text{는 상수}) \tag{1.7}$$

이다. 역으로, 만일 u가 양쪽 부호를 가지면서 c의 어떤 값에 대하여 식 (1.7)로서 주어진다면, $\tilde{\gamma}$는 γ의 단위속력을 갖는 재매개변수화이다.

증명 명제 1.3.6의 증명의 첫 부분에서 계산은 u가 γ의 단위속력을 갖는 재매개변수화를 주기 위한 필요충분조건이

$$\frac{du}{dt} = \pm\left\|\frac{d\gamma}{dt}\right\| = \pm\frac{ds}{dt} \qquad (\text{식 1.5에 의하여}).$$

인데, 이것은 어떤 상수 c에 대하여, $u = \pm s + c$와 동치이다. ■

비록 모든 정칙곡선이 단위속력의 재매개변수화를 갖지만, 다음 예제가 보여주듯이 복잡하거나 때로는 '구체적으로' 표현하는 것이 불가능하기도 하다.

예제 1.3.8 대수나선

$$\gamma(t) = (e^{kt}\cos t,\ e^{kt}\sin t)$$

에 대하여 예제 1.2.2에서

$$\|\dot{\gamma}\|^2 = (k^2+1)e^{2kt}$$

인 것을 알았다. 이것은 절대로 0이 아니므로, γ는 정칙이다. 점 $(1,\ 0)$에서 출발하는 γ의 호의 길이는 $s = \sqrt{k^2+1}\,(e^{kt}-1)/k$이었다. 따라서 $t = \dfrac{1}{k}\ln\left(\dfrac{ks}{\sqrt{k^2+1}}+1\right)$이므로 γ의 단위속력 재매개변수화는 더 다루기 힘든 다음 공식으로 주어진다.

$$\tilde{\gamma}(s) = \left(\left(\frac{ks}{\sqrt{k^2+1}}+1\right)\cos\left(\frac{1}{k}\ln\left(\frac{ks}{\sqrt{k^2+1}}+1\right)\right),\right.$$
$$\left.\left(\frac{ks}{\sqrt{k^2+1}}+1\right)\sin\left(\frac{1}{k}\ln\left(\frac{ks}{\sqrt{k^2+1}}+1\right)\right)\right)$$

■

예제 1.3.9 **뒤틀린 3차곡선**(twisted cubic)은

$$\gamma(t) = (t,\ t^2,\ t^3),\ t \in \mathbb{R}$$

로 주어지는 공간곡선이다.

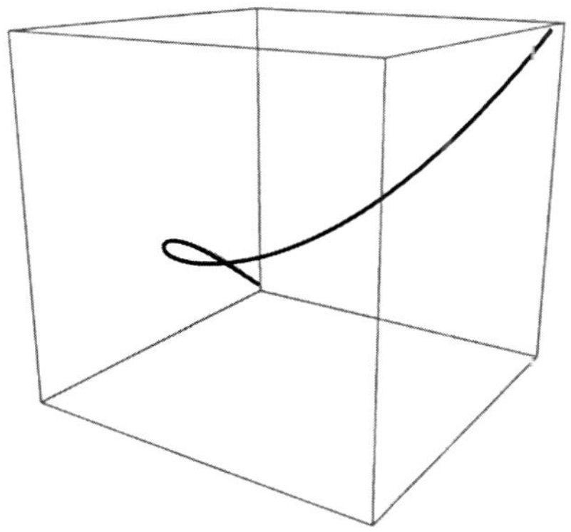

$$\dot{\gamma}(t) = (1,\ 2t,\ 3t^2)$$
$$\therefore \|\dot{\gamma}(t)\| = \sqrt{1 + 4t^2 + 9t^4}\ .$$

이것은 절대로 0이 아니므로 γ는 정칙이다. $\gamma(0) = \mathbf{0}$에서 출발하는 호의 길이는

$$s = \int_0^t \sqrt{1 + 4u^2 + 9u^4}\, du$$

이다. 이 적분은 지수함수, 로그함수 또는 삼각함수와 같은 우리에게 익숙한 함수로써는 계산할 수 없다(이것은 타원적분의 예이다).

다음 마지막 예제는, 주어진 등위곡선은 정칙과 비정칙인 매개변수화를 모두 가질 수 있다는 것을 보여준다.

예제 1.3.10 포물선 $y = x^2$에 대한 매개변수화

$$\gamma(t) = (t,\ t^2)$$

에 대하여, $\dot{\gamma}(t) = (1,\ 2t)$는 분명히 $\mathbf{0}$이 아니므로 γ는 정칙이다. 그러나

$$\tilde{\gamma}(t) = (t^3,\ t^6)$$

도 마찬가지로 같은 포물선에 대한 매개변수화지만, $\dot{\tilde{\gamma}} = (3t^2,\ 6t^5)$인데, 이것은 $t = 0$일 때는 영벡터이다. 따라서 $\tilde{\gamma}$는 정칙이 아니다.

연습문제

1.3.1 다음 중 어느 곡선이 정칙인가?

(1) $\gamma(t) = (\cos^2 t,\ \sin^2 t),\ t \in \mathbb{R}$

(2) $\gamma(t) = (\cos^2 t,\ \sin^2 t),\ 0 < t < \dfrac{\pi}{2}$

(3) $\gamma(t) = (t,\ \cosh t),\ t \in \mathbb{R}$

정칙곡선인 경우는 그의 단위속력의 재매개변수화를 구하여라.

1.3.2 **디오클의 질주선**(cissoid of Diocles) (아래 그림)은 극좌표 $(r,\ \theta)$에 관한 방정식

$$r = \sin\theta \tan\theta,\ -\frac{\pi}{2} < \theta < \frac{\pi}{2}$$

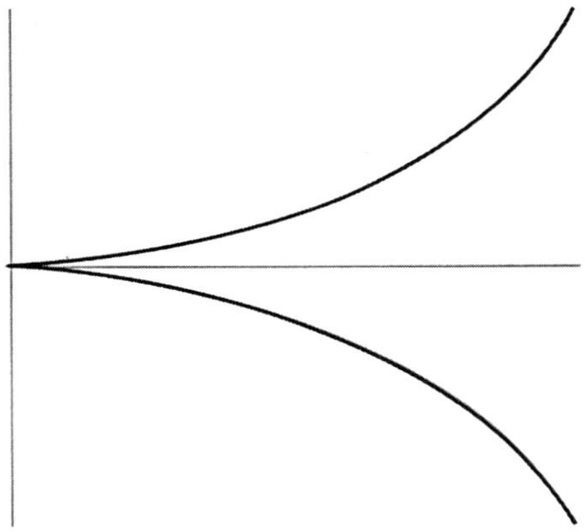

로 주어지는 곡선이다. 매개변수 θ를 사용하여 질주선의 매개변수화를 구하고,

$$\gamma(t) = \left(t^2,\ \frac{t^3}{\sqrt{1-t^2}}\right),\ -1 < t < 1$$

이 그것의 재매개변수화인 것을 보여라.

1.3.3 곡선 γ의 가장 간단한 특이점은 보통의 **첨점**(cusp): 가령 매개변수 값 t_0에 해당하는 γ의 점 p는, 만일 $\dot{\gamma}(t_o) = \mathbf{0}$이고 두 벡터 $\ddot{\gamma}(t_0)$와 $\dddot{\gamma}(t_0)$가 일차독립(특히, 이 두 벡터는 영벡터가 아니라야 한다)이라면 보통의 첨점이다. 이 때 다음을 보여라.

(i) m과 n이 자연수일 때, 곡선 $\gamma(t) = (t^m,\ t^n)$이 원점에서 보통의 첨점을 갖기 위 한 필요충분조건은 $(m,n) = (2,3)$ 또는 $(3,2)$이다.

(ii) 연습문제 1.3.2에서 질주선은 원점에서 보통의 첨점을 갖는다.

(iii) 만일 γ가 점 p에서 보통의 첨점을 가지면, γ의 어떤 재매개변수화도 첨점을 갖는다.

1.3.4 다음이 성립함을 보여라.

(i) 만일 $\tilde{\gamma}$가 곡선 γ의 재매개변수화라면 γ는 $\tilde{\gamma}$의 재매개변수화이다.

(ii) 만일 $\tilde{\gamma}$가 곡선 γ의 재매개변수화이고 $\hat{\gamma}$가 $\tilde{\gamma}$의 재매개변수화라면, $\hat{\gamma}$는 γ의 재매개변수화이다.

1.4 폐곡선

원이나 타원처럼 어떤 곡선은 완전히 닫혀있고(close up), 직선이나 포물선처럼 그렇지 않은 곡선도 있다. 한 점이 가령 일정한 속력으로 닫혀있는 곡선을 따라 움직일 때, 일정한 시간 뒤에는 원래의 출발점으로 돌아오며 계속 같은 곡선을 그릴 것이다. 반면에 한 점이 일정한 속력으로 직선이나 포물선을 따라서 움직인다면 점은 출발점으로 영원히 돌아오지 않을 것이다. 그러나 만일 출발점이 원점이라면 원점으로 돌아오지만, 그렇지 않으면 돌아오지 않는 곡선을 다라서 일정한 속력으로 점이 움직이는 경우의 다음 곡선과 같은 중간자적인 경우가 있다.

$$\gamma(t) = (t^2 - 1,\ t^3 - t)$$

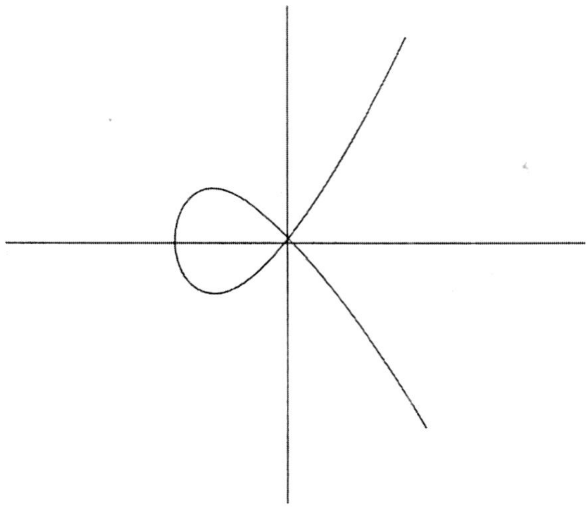

따라서 어떤 곡선이 완전히 닫혀있다는 것이 무엇을 의미하는지에 대한 정의가 필요하다.

정의 1.4.1

$\gamma : \mathbb{R} \rightarrow \mathbb{R}^n$ 을 매끄러운 곡선, $T \in \mathbb{R}$ 이라 하자. 이때,

$$\gamma(t+T) = \gamma(t)$$

를 만족할 때, γ는 T-**주기적**(periodic)이라고 한다. 만일 γ가 상수함수가 아니고 어떤 $T \neq 0$에 대하여 T-주기적이라면, γ는 **닫혀있다**(closed)고 한다.

따라서, 만일 γ가 T-주기적이라면 γ둘레를 움직이는 점은 출발점이 어디든 상관없이 T시간 뒤에는 되돌아온다.

주의 만일 γ가 T-주기적이라면, 길이가 $|T|$인 구간으로 제한함으로써 γ는 결정된다. 역으로, 폐곡선은 가령 $\gamma : [a,b] \rightarrow \mathbb{R}^n$ 처럼 폐구간 상에서 정의되는 곡선으로 주어진다. 만일 곡선 γ와 자신의 모든 도함수가 a와 b[1]에서 함수값이 같다면, γ를 $(b-a)$-주기적 (매끄러운) 곡선 $\gamma : \mathbb{R} \rightarrow \mathbb{R}^n$ 로 확장하는 유일한 방법이 있다. 따라서 아래의 논의들은 폐구간에서 정의된 곡선으로 응용될 수 있다.

만일 γ가 T-주기적이라면,

$$\gamma(t-T) = \gamma((t-T)+T) = \gamma(t)$$

이므로 γ는 $(-T)$-주기적인 것은 분명하다. 또한 만일 γ가 어떤 $T \neq 0$에 대하여 T-주기적이라면, γ는 어떤 $T > 0$에 대하여 T-주기적이다.

정의 1.4.2

폐곡선 γ의 **주기**(period)는 γ가 T-주기적인 최소의 양수 T를 말한다.

이러한 수 T가 확실하게 있다는 것은 분명하지 않다(모든 양수의 실수집합이 최소원을 가지는 것은 아닌 것을 기억하자). 그러한 수가 존재한다는 증명은 연습문제에서 찾을 수 있다.

예제 1.4.3 타원 $\gamma(t) = (p\cos t, q\sin t)$(연습문제 1.1.6)은, 잘 알고 있는 삼각함수의 성질로부터 모든 성분이 주기가 2π이므로, 주기가 2π인 곡선이다.

1) 끝 점 a와 b에서 도함수는 한쪽 방향에서 정의되어야 한다.

만일 γ가 정칙 폐곡선이라면 γ의 단위속력 재매개변수화는 항상 폐곡선이다. 이러한 사실을 보기 위하여, 주기가 T인 폐곡선 γ의 상(image)에서 모든 점은 길이가 T인 구간, 예를 들어 $0 \le t \le T$ 전체를 통하여 변하는 γ의 매개변수 t로서 그려지므로 γ의 **길이**(length)를

$$\ell(\gamma) = \int_0^T \| \dot{\gamma}(t) \| \, dt$$

로 정의하는 것은 자연스럽다. 명제 1.3.6의 증명에 의하여 매개변수로서 γ의 호의 길이

$$s = \int_0^t \| \dot{\gamma}(u) \| \, du$$

를 사용하면 γ의 단위속력 재매개변수화 $\tilde{\gamma}$를 갖는다(따라서 $\tilde{\gamma}(s) = \gamma(t)$).

$$s(t+T) = \int_0^{t+T} \| \dot{\gamma}(u) \| \, du = \int_0^T \| \dot{\gamma}(u) \| \, du + \int_T^{t+T} \| \dot{\gamma}(u) \| \, du = l(\gamma) + s(t)$$

가 성립하는 것에 주의하자. $v = u - T$라 두고 $\gamma(u-T) = \gamma(u)$(그러므로 미분하면 $\dot{\gamma}(u-T) = \dot{\gamma}(u)$)를 사용하면

$$\int_T^{t+T} \| \dot{\gamma}(u) \| \, du = \int_0^t \| \dot{\gamma}(v) \| \, dv = s(t)$$

를 얻는다. 따라서 k가 정수일 때

$$\tilde{\gamma}(s(t)) = \tilde{\gamma}(s(t')) \Leftrightarrow \gamma(t) = \gamma(t') \Leftrightarrow t' - t = kT \Leftrightarrow s(t') - s(t) = k\ell(\gamma)$$

가 성립한다. 이것은 $\tilde{\gamma}$가 주기가 $\ell(\gamma)$인 폐곡선인 것을 나타낸다. 그래서 $\tilde{\gamma}$가 단위속력이므로, 이것도 $\tilde{\gamma}$의 길이인 것에 주의하라. 간단히 말하자면, 항상 폐곡선은 단위속력이고 주기가 자신의 길이와 같게 가정할 수 있다.

이 절의 시작부분에서 언급한 곡선으로 돌아가면, 이 곡선은 분명히 폐곡선이 아니다: 그럼에도 불구하고, 만일 한 점이 원점에서 출발하고 영역 $x < 0$에서 자폐선(고리)둘레를 일정속력으로 움직이면 점은 원점으로 돌아올 것이다. 그래서 다음을 정의할 수 있다.

정의 1.4.4

만일 곡선 γ가 두 조건

(i) $\gamma(a) = \gamma(b) = \mathrm{p}$,

(ii) γ가 주기 T인 폐곡선이라면, $a - b$는 T의 정수배가 아니다

를 만족하는 매개변수 값 $a \neq b$가 존재할 때, 곡선은 점 p에서 **자기교차**(self-intersection)를 갖는다고 한다.

예제 1.4.5 예제 1.1.7에서 와우선은 주기가 2π인 폐곡선이다. 그림에서 보는 것처럼 이 곡선은 원점에서 자기교차하고 있다(이 사실은 연습문제 1.4.1에서도 해와 함께 해석적으로 증명할 수 있다).

연습문제

1.4.1 Cayley 6차곡선(sextic)

$$\gamma(t) = (\cos^3 t\cos 3t,\ \cos^3 t\sin 3t),\ t\in\mathbb{R}$$

은 오직 한 점에서 자기교차하는 폐곡선임을 보여라. 주기는 얼마인가? (이 곡선의 이름은 자신의 직교좌표방정식이 6차의 다항식이라는 사실로부터 유래되었다.)

1.4.2 폐곡선의 재매개변수화는 닫혀있을 필요가 없는 예를 보여라.

1.4.3 만일 곡선 γ가 T_1-주기적이며 동시에 T_2-주기적이라면, 이 곡선은 어떤 정수 k_1, k_2에 대하여 $(k_1 T_1 + k_2 T_2)$-주기적임을 보여라.

1.4.4 $\gamma : \mathbb{R} \to \mathbb{R}^n$이 곡선이고 T_0를 γ가 T_0-주기적인 가장 작은 양수라 하자. 이 때, γ 가 T-주기적일 필요충분조건은 어떤 정수 k에 대하여 $T = kT_0$인 것임을 보여라.

1.4.5 어떤 $T \neq 0$에 대하여 상수가 아닌 함수 $\gamma : \mathbb{R} \to \mathbb{R}$이 T-주기적이라 하자. 이 연습문제는 γ가 T_0-주기적인 가장 작은 양수 T_0가 있다는 것을 보여준다. 증명은 실함수론을 약간 사용한다. 그런 T_0가 없다는 모순을 가정한다.

(i) $T_1 > T_2 > T_3 > \cdots > 0$인 수열 $T_1,\ T_2, \cdots$이 존재하고 γ는 모든 $r \geq 1$에 대하여 T_r-주기적임을 보여라.

(ii) (i)의 수열 $\{T_r\}$은 $r \to \infty$ 일 때 $T_r \to 0$ 이 되도록 할 수 있음을 보여라.

(iii) $r \to \infty$ 일 때 $T_r \to 0$을 만족하는 (i)의 수열이 존재한다는 것은 γ가 상수라는 것을 보여라.

1.4.6 $\gamma : \mathbb{R} \to \mathbb{R}^n$은 어떤 $T > 0$에 대하여 T-주기적인 상수가 아닌 곡선이라 하자. 이때 γ는 폐곡선임을 보여라.

1.5 등위곡선 대 매개변수화된 곡선

지금부터 앞 절에서 다루었던 두 가지 형태의 곡선 사이의 구체적인 관계를 알아본다. 일반적으로 그들을 정의한 등위곡선은 항상 곡선으로 부르려는 대상의 종류는 아니다. 예를 들면, 등위 '곡선' $x^2 + y^2 = 0$은 한 점이다.

c가 상수일 때, $f(x,\ y) = c$이기 위한 함수 $f(x,\ y)$에 부과되는 옳은 조건은 평면상의 만족스러운 등위곡선이고 그러한 등위곡선은 매개변수화될 수 있다. (f 대신에 $f - c$로 바꿀 수 있으므로) $c = 0$

도 가정할 수 있다는 점을 기억하여라.

정리 1.5.1

$f(x, y)$를 2-변수의 매끄러운 함수(즉, f의 모든 차수의 모든 편도함수가 존재하고 그들이 연속함수인 경우)라 하자. 등위곡선

$$C = \{(x, y) \in \mathbb{R}^2 \mid f(x, y) = 0\}$$

의 모든 점에서 $\frac{\partial f}{\partial x}$와 $\frac{\partial f}{\partial y}$가 둘 다 영이 아니라고 가정한다. 만일 $\mathbf{p}$가 좌표 (x_0, y_0)를 갖는 C의 한 점이라면, $t = 0$일 때 γ는 $\mathbf{p}$를 지나며 $\gamma(t)$는 모든 t에 관하여 C에 포함되는 영을 포함하는 열린 구간상에서 정의된 정칙인 매개변수화된 곡선 $\gamma(t)$가 존재한다.

정리의 증명은 역함수정리(이 정리에 대한 한 가지 설명은 이미 명제 1.3.6의 증명에서 사용했다)를 이용한다. 우선, 이 정리가 사실이라고 받아들이자. 증명은 역함수정리가 정식으로 소개되고 곡면의 이론에서 사용한 다음, 연습문제 5.6.2에서 하기로 한다.

정리 1.5.1에서 함수 f에 관한 조건의 중요성을 알기 위하여 $(x_0 + \Delta x, y_0 + \Delta y)$가 $f(x_0 + \Delta x, y_0 + \Delta y) = 0$이 되는 점 $\mathbf{p}$에 가까운 곡선 C의 한 점이라 하자.

2변수함수에 관한 테일러정리

$$f(x_0 + \Delta x, y_0 + \Delta y) = f(x_0, y_0) + \Delta x \frac{\partial f}{\partial x} + \Delta y \frac{\partial f}{\partial y}$$

에 의하여 작은 양 Δx와 Δy(편도함수는 (x_0, y_0)에서 계산된 값)의 결과들을 무시한다. 따라서,

$$\Delta x \frac{\partial f}{\partial x} + \Delta y \frac{\partial f}{\partial y} = 0. \tag{1.8}$$

Δx와 Δy가 작기 때문에, 벡터 $(\Delta x, \Delta y)$는 점 $\mathbf{p}$의 근방에서 거의 곡선 C에 접한다. 따라서 방정식 (1.8)은 벡터 $\mathbf{n} = \left(\frac{\partial f}{\partial x}, \frac{\partial f}{\partial y}\right)$가 점 $\mathbf{p}$에서 C에 수직인 것을 말한다.

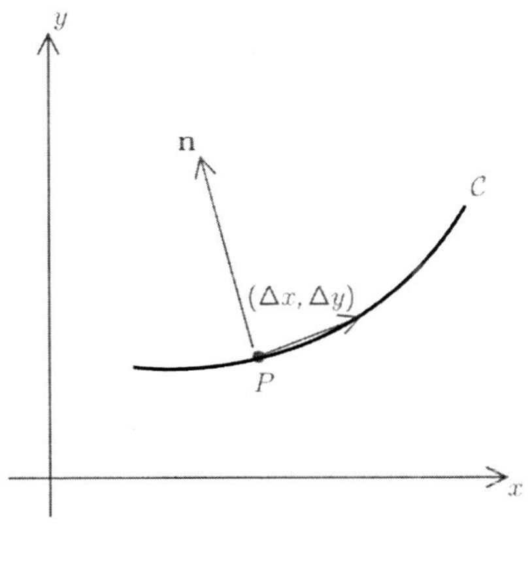

정리 1.5.1의 가정은 벡터 $\mathbf{n}$이 C의 모든 점에서 영벡터가 아닌 것을 말한다. 예를 들어, 점 $\mathbf{p}$에서 $\frac{\partial f}{\partial y} \neq 0$이라고 가정하자. 그러면, $\mathbf{n}$은 점 $\mathbf{p}$에서 x-축에 평행하지 않다. 따라서 점 $\mathbf{p}$에서 C의 접선은 y-축에 평행하지 않는다.

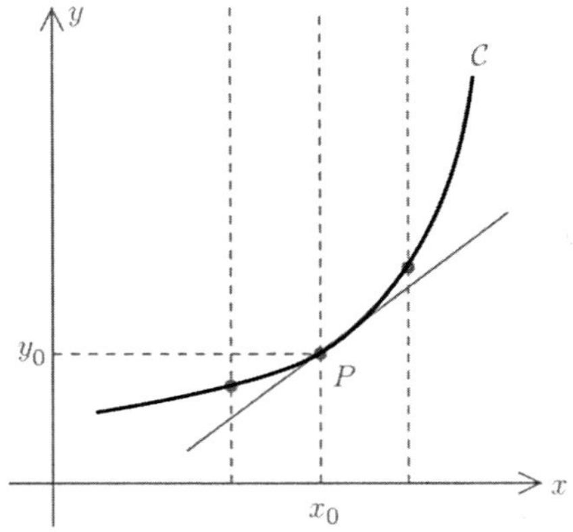

이것은 $x = x_0$ 근처에 있는 수직선 $x =$상수는 점 $\mathbf{p}$ 근방의 유일한 점 $(x,\ y)$에서 모두 곡선 C와 만난다는 것을 의미한다. 달리 말하자면, *방정식*

$$f(x,\ y) = 0 \tag{1.9}$$

는 x_0-근방의 모든 x-에 대하여 y_0-근방의 유일한 해 y를 갖는다는 것이다.

그러나 만일 점 $\mathbf{p}$에서의 접선이 y-축에 평행하다면(즉, $\frac{\partial f}{\partial y} = 0$), 이 사실이 성립하지 않는다는 것을 주의해야 한다.

이 예에서, $x = x_0$의 왼쪽에 있는 직선 $x =$상수는 점 $\mathbf{p}$근방에서 C와 만나지 않지만, $x = x_0$의 오른쪽에 있는 직선은 점 $\mathbf{p}$근방에서 곡선 C와 한 점 이상에서 만난다.

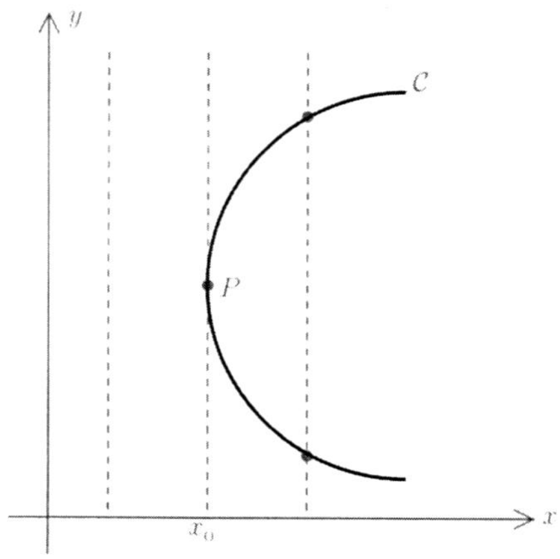

위의 (1.9)에서 비스듬한 글자체 문장의 함수 f에 관한 의미는 $y = g(x)$가 y_0-근방에서 방정식 (1.9)의 유일한 해가 되는 x_0-근방에서 x에 관하여 정의된 함수 $g(x)$가 존재한다는 것을 뜻한다. 지금 점 p근방에서 C의 일부분의 매개변수화 γ를

$$\gamma(t) = (t,\ g(t))$$

로 정의할 수 있다.

g가 매끄러운 함수(이것은 역함수정리로부터 가능하다)라고 받아들이면, $\dot{\gamma} = (1,\ \dot{g})$가 영벡터가 아니므로 γ는 분명히 정칙이다. 따라서 정리 1.5.1이 증명되었다.

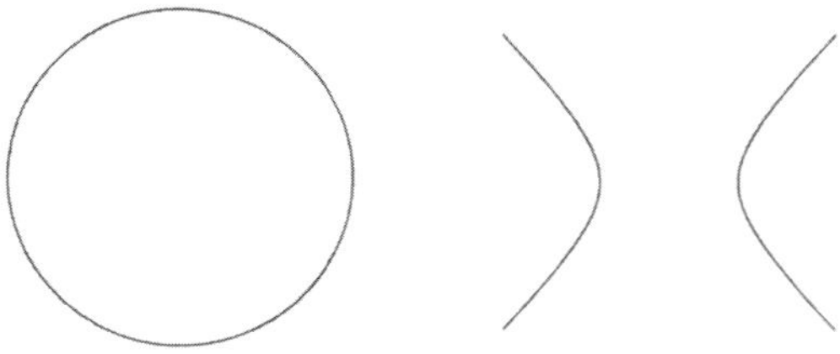

$x^2 + y^2 = 1$ $\quad$ $x^2 - y^2 = 1$

실제로 정리 1.5.1에서 언급한 것보다 쉽게 증명할 수도 있다. $f(x,\ y)$가 정리의 조건을 만족하고 $f(x,\ y) = 0$으로 주어지는 등위곡선이 **연결**(connected)이라고 가정하자. 일반 우상수학에 익숙하지 못한 독자들을 위하여 간편하게 말하자면 C가 '한 조각'이라는 것을 의미한다. 예를 들면, 원 $x^2 + y^2 = 1$은 연결곡선이지만 쌍곡선 $x^2 - y^2 = 1$은 그렇지 않다.

f에 대한 이러한 가정 하에서, 상이 C 전체인 정칙 매개변수화 곡선 γ가 존재한다. 더욱이 만일 C가 '닫혀있지 않다면'(직선이나 쌍곡선처럼), γ는 단사로 잡을 수 있고 만일 C가 '닫혀 있다면'(원이나 타원처럼), γ는 폐구간 $[\alpha,\ \beta]$에서 C 위에로의 함수라고 할 수 있고, $\gamma(\alpha) = \gamma(\beta)$이며 γ는 개구간 $(\alpha,\ \beta)$ 위에서는 단사로 잡을 수 있다.

비슷한 논법을 매개변수화 곡선에서 등위곡선으로 옮겨 사용할 수 있다.

정리 1.5.2

γ를 정칙인 매개변수화 평면곡선이라 하고, $\gamma(t_0) = (x_0,\ y_0)$를 γ의 상 안의 한 점이라 하자. 그러면, 각각 $x_0,\ y_0$을 포함하는 개구간 안의 x와 y에 관하여 정의가 되고, $\gamma(t)$가 t_0를 포함하는 어떤 개구간 안의 모든 t에 대하여 등위곡선 $f(x,\ y) = 0$ 안에 포함되는 정리 1.5.1의 조건을 만족하는 매끄러운 실수치 함수 $f(x,\ y)$가 존재한다.

정리 1.5.2의 증명은 정리 1.5.1의 증명과 비슷하다. $u,\ v$가 매끄러운 함수일 때,

$$\gamma(t) = (u(t),\ v(t))$$

라 하자. γ가 정칙이므로 $\dot{u}(t_0)$와 $\dot{v}(t_0)$ 중 적어도 하나는 영이 아니다. $\dot{u}(t_0)$가 영이 아니라고 하자. 이것은 t에 관한 함수로서 u의 그래프가 t_0에서 t-축과 평행이 아님을 의미한다.

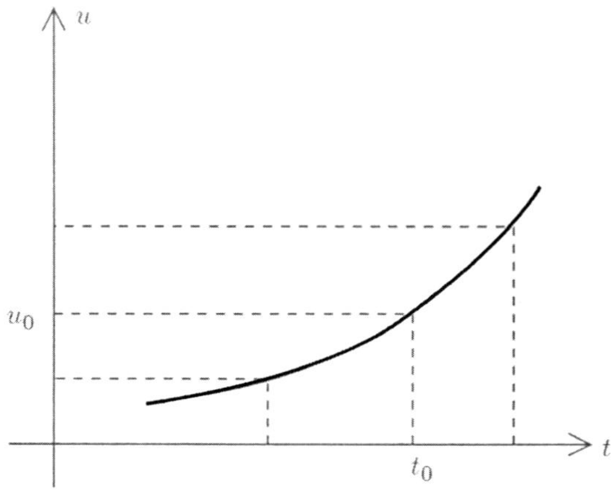

정리 1.5.1의 증명에서와 같이, 이것은 $u = x_0$에 가까운 t-축에 평행한 어떤 직선도 t_0에 가까운 t에 대하여 유일한 점 $u(t)$에서 u의 그래프와 만난다는 것을 말한다. 만일 x가 x_0에 가깝고 t가 t_0에 가까울 때, $t = h(x)$가 $u(t) = x$의 유일한 해인 x_0을 포함하는 개구간 안의 x에 관하여 함수 $h(x)$가 정의된다. 역함수정리에 의하여 h는 매끄러운 함수가 된다. 함수

$$f(x,\ y) = y - v(h(x))$$

는 우리가 원하는 성질을 갖는다.

일반적으로, γ의 상이 등위곡선 $f(x,\ y) = 0$ 안에 포함되는 정리 1.5.1의 조건을 만족하는 단 하나의 함수 $f(x,\ y)$를 찾기란 불가능하다. 왜냐하면, γ는 예제 1.1.7에 있는 와우선처럼 자신과 다시 만날 수 있기 때문이다.

연습문제

1.5.1 직교좌표방정식

$$y^2 = x(1 - x^2)$$

으로 주어지는 곡선 C가 연결이 아님을 보여라.

$$\gamma(t) = (t,\ \sqrt{t - t^3}\,)$$

은 어떤 t값의 범위에서 곡선 C의 매개변수화인가? 이 매개변수화의 상은 무엇인가?

1.18 $f(x,y,z) = g(x,y,z) = 0$로 주어지는 $\mathbb{R}^3$안의 등위곡선에 대하여 정리 1.5.1을 다시 말하여라.

1.19 $\mathbb{R}^3$(또는 $\mathbb{R}^n$) 안의 곡선에 대하여 정리 1.5.2를 일반화하고 증명하여라.

본 교재의 뒷부분에서는 독자들에게 '등위' 나 '매개변수화' 라는 용어를 의도하려는 심각한 혼동이 없는 한 단순히 그냥 '곡선' 이라고 하겠다.

제2장

곡선이 얼마나 굽었는가?

제2장 곡선이 얼마나 굽었는가?

이 장에서는 $\mathbb{R}^3$ 안의 곡선에 대하여 곡률과 열률이라는 두 개의 스칼라함수를 살펴볼 것이다. 곡률은 곡선이 얼마나 직선에 포함되지 않는지의 정도를 측정하고(직선은 곡률이 영이다), 열률은 곡선이 평면에 포함되지 않은 정도를 측정한다(평면곡선은 열률이 영이다). 곡률과 열률은 둘 다 곡선의 모양을 결정짓는 양인 것을 알 수 있다.

2.1 곡률

우리는 곡선이 얼마나 굽었는지 그 양을 재려고 하며, 우선 평면상에서 먼저 시작한다. 직선은 분명히 곡률이 영이며 곡선상의 점 p에서 곡률의 정도는 점 p에서 접선으로부터 떨어진 편차이다.

그러면 γ가 $\mathbb{R}^2$에서 단위속력곡선이라 하자. γ의 매개변수가 t에서 $t+\triangle t$까지 변할 때, 곡선은 점 $\gamma(t)$에서 접선으로부터 거리 $(\gamma(t+\triangle t)-\gamma(t))\cdot \mathbf{n}$ 만큼 떨어진다. 단, $\mathbf{n}$은 점 $\gamma(t)$에서 곡선 γ의 접선벡터 $\dot{\gamma}(t)$에 수직인 단위벡터이다.

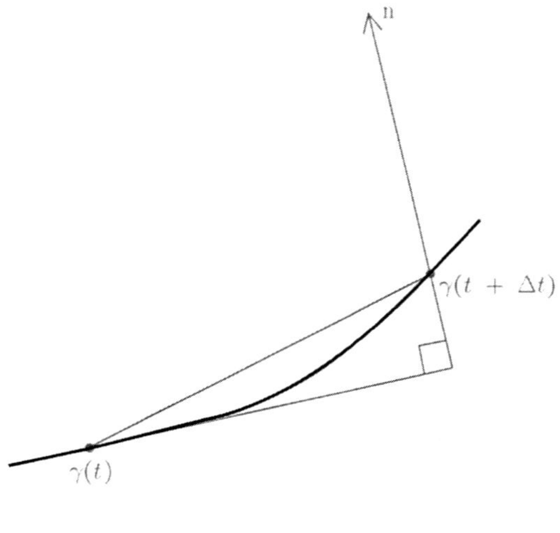

테일러정리에 의하여

$$\gamma(t+\triangle t)=\gamma(t)+\dot{\gamma}(t)\triangle t+\frac{1}{2}\ddot{\gamma}(t)(\triangle t)^2+\text{나머지} \tag{2.1}$$

단, $\triangle t$가 영에 가까워질 때 (나머지)$/(\triangle t)^2$은 영에 가까워진다. 한편 $\dot{\gamma}\cdot\mathbf{n}=0$이므로 점 $\gamma(t)$에서의 접선으로부터 γ의 편차는

$$\frac{1}{2}\ddot{\gamma}(t) \cdot n(\triangle t)^2 + \text{나머지}$$

이다. γ는 단위속력이므로, $\ddot{\gamma}$는 $\dot{\gamma}$와 수직이며 따라서 $\mathbf{n}$과 평행하다. 그러므로 나머지 항을 버리고, 접선으로부터 γ의 편차의 크기는

$$\frac{1}{2} \| \ddot{\gamma}(t) \| (\triangle t)^2$$

이다. 이 사실로부터 다음 정의를 내린다.

정의 2.1.1

만일 γ를 매개변수가 t인 단위속력곡선이라면, 점 $\gamma(t)$에서의 **곡률**(curvature) $\kappa(t)$는 $\|\ddot{\gamma}(t)\|$로 정의한다.

이 정의는 모든 $n \geq 2$에 대하여 $\mathbb{R}^n$ 안의 단위속력곡선에서 할 수 있다. 또한, 이 정의는, 모든 곳에서 $\ddot{\gamma}$가 영이면 γ는 직선의 일부이고 따라서 곡률이 영이어야 한다는 명제 1.1 6과 일치한다. 정의 2.1.1이 원의 곡률에 대해 우리가 기대하는 것과 일치하는지를 보자.

중심이 $(x_0,\ y_0)$이고 반지름이 R인 $\mathbb{R}^2$안의 원을 생각하자. 이대 단위속력의 매개변수화는

$$\gamma(t) = \left(x_0 + R\cos\frac{t}{R},\ y_0 + R\sin\frac{t}{R}\right)$$

이므로

$$\dot{\gamma}(t) = \left(-\sin\frac{t}{R},\ \cos\frac{t}{R}\right),$$

$$\therefore \|\dot{\gamma}(t)\| = \sqrt{\left(-\sin\frac{t}{R}\right)^2 + \left(\cos\frac{t}{R}\right)^2} = 1$$

이 성립한다. 따라서 γ는 단위속력곡선이므로

$$\ddot{\gamma}(t) = \left(-\frac{1}{R}\cos\frac{t}{R},\ -\frac{1}{R}\sin\frac{t}{R}\right),$$

$$\therefore \|\ddot{\gamma}(t)\| = \sqrt{\left(-\frac{1}{R}\cos\frac{t}{R}\right)^2 + \left(-\frac{1}{R}\sin\frac{t}{R}\right)^2} = \frac{1}{R}$$

이다. 그러므로 원의 곡률은 반지름의 크기에 반비례한다. 이것은 우리가 기대한 대로, 작은 원은 곡률이 크고 큰 원은 반대로 곡률이 작다.

지금까지는 단위속력곡선만 생각해 왔다. 만일 γ가 임의의 정칙곡선이라면, 명제 1.3.6에 의하여 γ는 가령 $\tilde{\gamma}$ 같은 단위속력 매개변수화를 가지고 γ의 곡률이 $\tilde{\gamma}$의 곡률이 되도록 정의할 수 있다. 이것이 사리에 맞기 위해서, 만일 $\hat{\gamma}$가 γ의 또 다른 단위속력 매개변수화라면 $\tilde{\gamma}$와 $\hat{\gamma}$의 곡률이 같다는 것을

알 필요가 있다. 이러한 사실을 알기 위하여, $\hat{\gamma}$가 $\tilde{\gamma}$의 재매개변수화(연습문제 1.3.4)이므로 따름정리 1.3.7에 의하여 $u = \pm t + c$이고 c가 상수일 때

$$\tilde{\gamma}(t) = \hat{\gamma}(u)$$

이다. 그러면 연쇄법칙에 의하여

$$\frac{d\tilde{\gamma}}{dt} = \pm \frac{d\hat{\gamma}}{du},$$
$$\therefore \frac{d^2\tilde{\gamma}}{dt^2} = \pm \frac{d}{du}\left(\pm \frac{d\hat{\gamma}}{du}\right) = \frac{d^2\hat{\gamma}}{du^2}.$$

이것은 $\hat{\gamma}$와 $\tilde{\gamma}$의 곡률이 같다는 것을 보여주고 있다.

모든 정칙곡선이 단위속력의 재매개변수화를 가지지 못해도 그것을 구체적으로 표현하는 게 복잡하거나 불가능할 수도 있다(예제 1.3.8과 1.3.9를 보아라). 따라서 γ의 재매개변수화보다는 γ자체에 관한 곡률공식을 갖는 것이 바람직하다.

명제 2.1.2 $\gamma(t)$를 $\mathbf{R}^3$안의 정칙곡선이라 하자. 이때 곡률은 다음과 같다.

$$\kappa = \frac{\|\ddot{\gamma} \times \dot{\gamma}\|}{\|\dot{\gamma}\|^3}. \tag{2.2}$$

단, $\times$는 벡터곱을 나타내고 $\cdot$ 은 $\dfrac{d}{dt}$를 나타낸다.

물론 $\mathbb{R}^2$ 안의 곡선은 $\mathbb{R}^3$ 안의 가령, xy-평면안의 곡선으로 볼 수 있으므로, 식 (2.2)는 평면곡선의 곡률을 계산하는데도 사용할 수 있다.

증명 s를 γ의 단위속력 매개변수라 하자. 그러면 연쇄법칙에 의하여

$$\dot{\gamma} = \frac{d\gamma}{dt} = \frac{d\gamma}{ds}\frac{ds}{dt}$$

이므로

$$\kappa = \left\|\frac{d^2\gamma}{ds^2}\right\| = \left\|\frac{d}{ds}\left(\frac{d\gamma/dt}{ds/dt}\right)\right\| = \left\|\frac{\frac{d}{dt}\left(\frac{d\gamma/dt}{ds/dt}\right)}{ds/dt}\right\| = \left\|\frac{\frac{ds}{dt}\frac{d^2\gamma}{dt^2} - \frac{d^2s}{dt^2}\frac{d\gamma}{dt}}{(ds/dt)^3}\right\|. \tag{2.3}$$

지금

$$\left(\frac{ds}{dt}\right)^2 = \|\dot{\gamma}\|^2 = \dot{\gamma} \cdot \dot{\gamma}$$

이고 이것을 t에 관하여 미분하면

$$\frac{ds}{dt}\frac{d^2s}{dt^2} = \dot{\gamma} \cdot \ddot{\gamma}$$

이다. 이 식과 식 (2.3)으로부터 다음을 얻는다.

$$\kappa = \left\| \frac{\ddot{\gamma}\left(\dfrac{ds}{dt}\right)^2 - \dot{\gamma}\dfrac{d^2s}{dt^2}\dfrac{ds}{dt}}{(ds/dt)^4} \right\| = \frac{\|\ddot{\gamma}(\dot{\gamma}\cdot\dot{\gamma}) - \dot{\gamma}(\dot{\gamma}\cdot\ddot{\gamma})\|}{\|\dot{\gamma}\|^4}.$$

벡터삼중적에 관한 항등식

$$\mathbf{a}\times(\mathbf{b}\times\mathbf{c}) = (\mathbf{a}\cdot\mathbf{c})\mathbf{b} - (\mathbf{a}\cdot\mathbf{b})\mathbf{c} \text{ (단 } \mathbf{a},\ \mathbf{b},\ \mathbf{c}\in\mathbb{R}^3)$$

을 이용하면

$$\dot{\gamma}\times(\ddot{\gamma}\times\dot{\gamma}) = (\dot{\gamma}\cdot\dot{\gamma})\ddot{\gamma} - (\dot{\gamma}\cdot\ddot{\gamma})\dot{\gamma}$$

을 얻는다. 더욱이 $\dot{\gamma}$와 $\ddot{\gamma}\times\dot{\gamma}$은 서로 수직벡터이므로

$$\|\dot{\gamma}\times(\ddot{\gamma}\times\dot{\gamma})\| = \|\dot{\gamma}\|\ \|\ddot{\gamma}\times\dot{\gamma}\|$$

이 성립한다. 따라서 다음 식을 얻는다.

$$\begin{aligned}\frac{\|(\dot{\gamma}\cdot\dot{\gamma})\ddot{\gamma} - (\dot{\gamma}\cdot\ddot{\gamma})\dot{\gamma}\|}{\|\dot{\gamma}\|^4} &= \frac{\|\dot{\gamma}\times(\ddot{\gamma}\times\dot{\gamma})\|}{\|\dot{\gamma}\|^4} \\ &= \frac{\|\dot{\gamma}\|\ \|\ddot{\gamma}\times\dot{\gamma}\|}{\|\dot{\gamma}\|^4} \\ &= \frac{\|\ddot{\gamma}\times\dot{\gamma}\|}{\|\dot{\gamma}\|^3}.\end{aligned}$$

■

식 (2.2)는 $\dot{\gamma}\neq 0$일 때 의미가 있다는 것을 주의하자. 따라서 곡률은 곡선상의 모든 정칙점에서 정의된다.

예제 2.1.3 $a,\ b$가 상수일 때, z-축을 축으로 갖는 **원형나선**(circular helix)은

$$\gamma(\theta) = (a\cos\theta,\ a\sin\theta,\ b\theta),\ \theta\in\mathbb{R}$$

이다.

만일 $(x,\ y,\ z)$가 원형나선상의 한 점이라면, θ의 적당한 값에 대하여

$$x = a\cos\theta,\ y = a\sin\theta,\ z = b\theta$$

이므로 $x^2 + y^2 = a^2$이다. 이것은 원형나선이 z-축을 축으로 하고 반지름이 $|a|$인 원기둥 위에 놓여 있음을 나타낸다. 이때 양수 $|a|$를 원형나선의 **반지름**(radius)이라 부른다. θ가 2π만큼씩 증가할 때, 점$(a\cos\theta,\ a\sin\theta,\ b\theta)$는 z-축 둘레를 한 바퀴씩 회전하고 z-축을 따라 $2\pi b$만큼씩 위로 움직인다. 이때 양수 $2\pi|b|$를 원형나선의 **경사도**(pitch)라고 한다(a 또는 b를 양수라고 가정하지 않았기 때문에 절대값을 택했다).

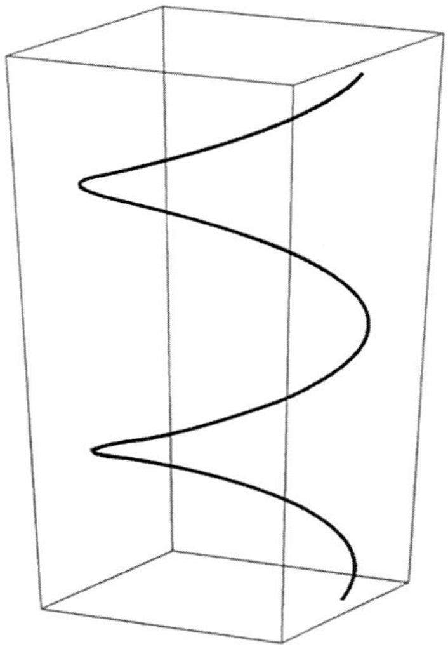

명제 2.1.2에 주어진 공식을 이용하여 원형나선의 곡률을 구해 보자. $\dfrac{d}{d\theta}$를 $\cdot$ 으로 나타내면

$$\dot{\gamma}(\theta) = (-a\sin\theta,\ a\cos\theta,\ b),$$
$$\therefore \|\dot{\gamma}(\theta)\| = \sqrt{a^2+b^2}.$$

이 식에서 $\dot{\gamma}(\theta)$는 영벡터가 아니므로 γ는 정칙이다. 따라서 명제 2.1.2를 사용하면

$$\ddot{\gamma} = (-a\cos\theta,\ -a\sin\theta,\ 0),$$
$$\therefore \ddot{\gamma}\times\dot{\gamma} = (-ab\sin\theta,\ ab\cos\theta,\ -a^2),$$
$$\therefore \kappa = \frac{\|(-ab\sin\theta,\ ab\cos\theta,\ -a^2)\|}{\|(-a\sin\theta,\ a\cos\theta,\ b)\|^3} = \frac{(a^2b^2+a^4)^{1/2}}{(a^2+b^2)^{3/2}} = \frac{|a|}{a^2+b^2}. \tag{2.4}$$

따라서 원형나선의 곡률은 상수이다.

우리가 이미 알고 있는 사실과 이 결과가 일치하는지 여부를 알아보기 위하여 몇 가지 극단적인 경우를 조사해 보자.

먼저 $b=0\,(a\neq 0)$라 가정하면, 원형나선은 단지 xy-평면에 놓여있는 반지름이 $|a|$인 원이므로 정의 2.1.1을 따라서 계산해 보면 곡률이 $\dfrac{1}{|a|}$이다. 반면에 식 (2.4)로부터 곡률은

$$\frac{|a|}{a^2+0^2} = \frac{|a|}{a^2} = \frac{|a|}{|a|^2} = \frac{1}{|a|}$$

이다. 다음으로 $a=0\,(b\neq 0)$라 가정해보면, 원형나선의 상은 직선인 z-축 자신이다. 따라서 곡률은 영이다. 한편 식 (2.4)로부터 $a=0$이면 곡률도 영이 된다.

연습문제

2.1.1 다음 곡선들의 곡률을 계산하여라.

(1) $\gamma(t)=\left(\frac{1}{3}(1+t)^{3/2},\ \frac{1}{3}(1-t)^{3/2},\ \frac{t}{\sqrt{2}}\right)$

(2) $\gamma(t)=\left(\frac{4}{5}\cos t,\ 1-\sin t,\ -\frac{3}{5}\cos t\right)$

(3) $\gamma(t)=(t,\ \cosh t)$

(4) $\gamma(t)=(\cos^3 t,\ \sin^3 t)$

(4)의 별모양곡선에 대하여 점 $(\pm 1,\ 0)$, $(0,\ \pm 1)$중 어느 하나에 가까워질 때 곡률은 ∞ 에 접근하는 것을 보여라. 연습문제 1.1.5에서 스케치한 그림과 비교하여라.

2.1.2 만일 정칙곡선 $\gamma(t)$의 곡률 $\kappa(t)$가 모든 곳에서 양이면, $\kappa(t)$는 t에 관한 매끄러운 함수임을 보여라. $\kappa > 0$이란 가정이 없이는 이렇게 되는 경우가 없다는 것을 보여주는 예를 하나 들어라.

2.2 평면곡선

평면곡선에 대해서는 곡률의 정의를 조금 더 섬세하게 할 수 있고 매력적인 기하학적 해석을 할 수 있다.

$\gamma(s)$를 $\mathbb{R}^2$안의 단위속력곡선이라 하자. $\frac{d}{ds}$를 $\cdot$ 로 나타낼 때,

$$\mathbf{t}=\dot{\gamma}$$

가 γ의 접선벡터라 하자. 그러면 $\mathbf{t}$는 단위벡터임을 알 수 있다.

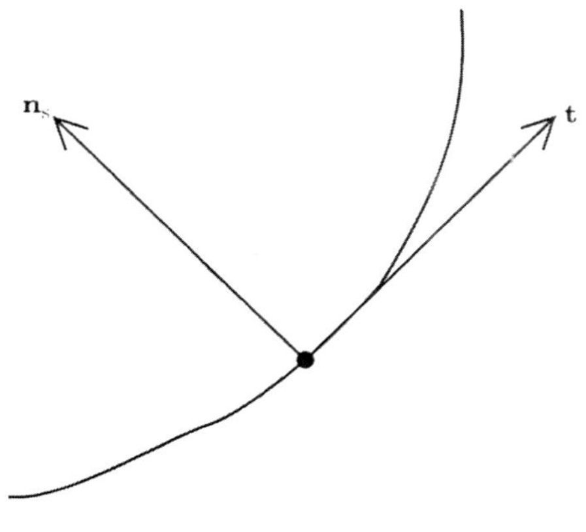

그러면 $\mathbf{t}$에 수직인 단위벡터가 두 개 있다. 이때 γ의 **부호가 붙은 단위법선**(signed unit normal)을 $\mathbf{t}$를 시계반대방향으로 $\frac{\pi}{2}$만큼 회전하여 얻을 수 있는데, 이것을 $\mathbf{n}_s$로 나타낸다.

명제 1.2.4에 의하여, $\dot{\mathbf{t}} = \ddot{\gamma}$는 $\mathbf{t}$에 수직이므로 $\mathbf{n}_s$와 평행하다. 따라서

$$\ddot{\gamma} = \kappa_s \mathbf{n}_s$$

를 만족하는 스칼라 κ_s가 존재한다. 이 스칼라 κ_s를 γ의 **부호가 붙은 곡률**(signed curvature)이라 한다(이것은 양수, 음수 또는 영이 될 수 있다). $\|\mathbf{n}_s\| = 1$이므로

$$\kappa = \|\ddot{\gamma}\| = \|\kappa_s \mathbf{n}_s\| = |\kappa_s| \tag{2.5}$$

가 성립한다. 따라서 γ의 곡률은 부호가 붙은 곡률의 절대값이다. 다음의 그림은 부호가 붙은 곡률의 부호가 어떻게 결정되는지를 보여준다(각 경우에, 곡선상의 화살표는 증가하는 s의 방향을 나타낸다).

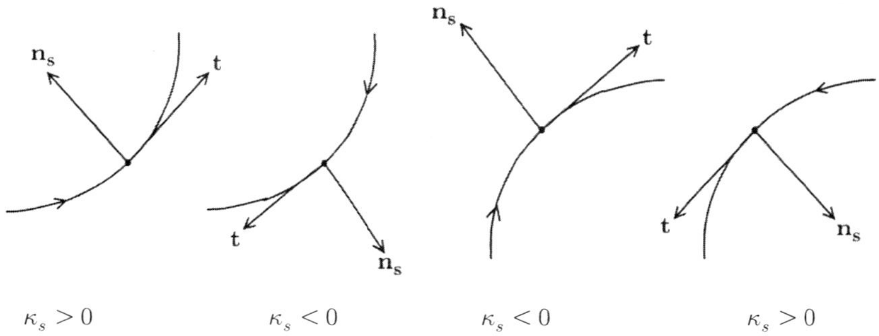

부호가 붙은 곡률은 위와 같은 간단한 기하학적 해석을 갖는다.

반드시 단위속력일 필요는 없지만, 만일 $\gamma(t)$가 정칙곡선이라면 γ의 단위접선벡터 $\mathbf{t}$, 부호가 붙은 단위법선 $\mathbf{n}_s$, 부호가 붙은 곡률 κ_s를, s가 γ의 호의 길이일 때 γ의 단위속력 매개변수화 $\tilde{\gamma}(s)$의 그것들로 정의한다. 따라서

$$\mathbf{t} = \frac{d\gamma/dt}{ds/dt} = \frac{d\gamma/dt}{\| d\gamma/dt \|}$$

이고 $\mathbf{n}_s$는 $\mathbf{t}$를 시계반대방향으로 $\frac{\pi}{2}$만큼 회전하여 얻고,

$$\frac{d\mathbf{t}}{dt} = \frac{d\mathbf{t}}{ds}\frac{ds}{dt} = \kappa_s \frac{ds}{dt}\mathbf{n_s} = \kappa_s \left\| \frac{d\gamma}{dt} \right\| \mathbf{n_s}$$

이다. 부호가 붙은 곡률은 접선벡터가 회전하는 비율에 따른 항으로서 간단한 기하학적 해석을 내릴 수 있다. 만일 γ가 단위속력곡선이라면 접선벡터 $\dot{\gamma}(s)$의 방향은

$$\dot{\gamma}(s) = (\cos\varphi(s), \sin\varphi(s)) \tag{2.6}$$

를 만족하는 각 $\varphi(s)$에 의하여 측정된다. 각 $\varphi(s)$는 유일하지는 않지만 특별한 선택에는 2π의 정수배만큼 더할 수 있다. 다음 결과는 항상 부드러운 선택을 할 수 있다는 것을 보장한다.

명제 2.2.1 $\gamma:(\alpha,\beta)\to\mathbb{R}^2$ 를 단위속력곡선, $s_0\in(\alpha,\beta)$, φ_0를

$$\dot{\gamma}(s_0)=(\cos\varphi_0,\sin\varphi_0)$$

를 만족한다고 하자. 그러면 $\varphi(s_0)=\varphi_0$이고 모든 $s\in(\alpha,\beta)$에 대하여 식 (2.6)이 성립하는 유일한 매끄러운 함수 $\varphi:(\alpha,\beta)\to\mathbb{R}$이 존재한다.

증명 $\dot{\gamma}(s)=(f(s),g(s))$라 하고 γ가 단위속력이므로 모든 s에 대하여

$$f(s)^2+g(s)^2=1 \tag{2.7}$$

인 것에 주의하자. 다음을 정의한다.

$$\varphi(s)=\varphi_0+\int_{s_0}^{s}(f\dot{g}-g\dot{f})dt.$$

이 정의로부터 분명히 $\varphi(s_0)=\varphi_0$이다. 더욱이 함수 f와 g는 매끄러운 함수이므로 $\dot{\varphi}=f\dot{g}-g\dot{f}$도 매끄러우므로 ϕ도 매끄럽다.

$$F=f\cos\varphi+g\sin\varphi,\qquad G=f\sin\varphi-g\cos\varphi$$

라고 가정하자. 그러면

$$\dot{F}=(\dot{f}+g\dot{\varphi})\cos\varphi+(\dot{g}-f\dot{\varphi})\sin\varphi$$

이다. 그러나

$$\dot{f}+g\dot{\varphi}=\dot{f}(1-g^2)+fg\dot{g}=f(f\dot{f}+g\dot{g})=0,$$

여기에서 두 번 째 등식은 식 (2.7)을 사용했고, 마지막 등식은

$$f\dot{f}+g\dot{g}=0$$

을 사용하였다. 마찬가지로 $\dot{g}-f\dot{\varphi}=0$이므로 $\dot{F}=0$, 즉 F는 상수이다. 비슷한 논리로 G도 상수이다. 그러나

$$F(s_0)=f(s_0)\cos\varphi_0+g(s_0)\sin\varphi_0=\cos^2\varphi_0+\sin^2\varphi_0=1$$

이고 비슷하게 $G(s_0)=0$이다. 그러므로 모든 s에 대하여

$$f\cos\varphi+g\sin\varphi=1,\qquad f\sin\varphi-g\cos\varphi=0$$

이다. 이 방정식들로부터 $f=\cos\phi$, $g=\sin\phi$이므로 매끄러운 함수 φ는 식 (2.6)을 만족한다.

유일성에 대해서는, 만일 ψ가 $\psi(s_0)=\psi_0$이고 모든 $s\in(\alpha,\beta)$에 대하여 $\dot{\gamma}(s)=(\cos\psi(s),\sin\psi(s))$인 다른 매끄러운 함수라면, 모든 $s\in(\alpha,\beta)$에 대하여

$$\psi(s)-\varphi(s)=2\pi n(s)$$

인 정수 $n(s)$가 있다. φ와 ψ가 매끄럽고 n이 매끄러우므로 따라서 s의 연속함수이다. 이것으로부터 n은 상수이다: 그렇지 않으면 어떤 $s_1 \in (\alpha,\beta)$에 대하여 $n(s_0) \neq n(s_1)$이고 중간값정리에 의하여 연속함수 $n(s)$는 $s_0 \le s \le s_1$에서$n(s_0)$과 $n(s_1)$사이의 모든 값을 가져야한다. 그러나 대부분 $n(s_0)$과 $n(s_1)$사이의 실수는 정수가 아니다! 따라서 n은 실제로 s와 독립이고, $\psi(s_0)=\varphi(s_0)=\varphi_0$이므로 $n=0$라야 한다. 따라서 모든 $s\in(\alpha,\beta)$에 대하여 $\psi(s)=\varphi(s)$ 이다. ■

정의 2.2.2

명제 2.2.1에 있는 매끄러운 함수 φ를 조건 $\varphi(s_0)=\varphi_0$에 의해 결정되는 γ의 **선회각**(turning angle)이라 한다.

지금부터 앞에서 약속한 부호가 붙은 곡률의 기하학적 해석을 내린다.

명제 2.2.3 $\gamma(s)$를 단위속력의 평면곡선이라 하고 $\varphi(s)$를 한 고정된 단위벡터가 γ의 단위접선벡터 $\mathbf{t}$와 일치하도록 이동시키기 위하여 시계반대방향으로 회전해야 할 선회각이라 하자. 그러면 다음이 성립한다.

$$\kappa_s = \frac{d\varphi}{ds}.$$

따라서 부호가 붙은 곡률은 곡선의 접선벡터가 회전하는 비율이다. 식 (2.5) 아래 그림에서 보여주는 것처럼, 부호가 붙은 곡률은 $\mathbf{t}$가 곡선을 따라서 s가 증가하는 방향으로 움직일 때, 시계반대방향 또는 시계방향으로 회전함에 따라서 양수이거나 음수이다.

증명 식 (2.6)에 의하여 접선벡터는 $\mathbf{t}=(\cos\varphi,\ \sin\varphi)$ 이다. 따라서

$$\dot{\mathbf{t}}=\dot{\varphi}(-\sin\varphi,\cos\varphi)$$

이다. 한편 $\mathbf{n}_s=(-\sin\varphi,\cos\varphi)$이므로 $\dot{\mathbf{t}}=\kappa_s\mathbf{n}_s$로부터 원하는 결과를 얻을 수 있다. ■

예제 2.2.4 현수선(연습문제 1.2.1)의 부호가 붙은 곡률을 구해보자. 현수선의 매개변수화 $\gamma(t)=(t,\cosh t)$를 이용하면 $\dot{\gamma}=(1,\sinh t)$를 얻는다. 따라서

$$s=\int_0^t \sqrt{1+\sinh^2 t}\,dt=\sinh t$$

이다. 그러므로 만일 φ가 $\dot{\gamma}$와 x-축 사이의 각이라면,

$$\tan\varphi = \sinh t = s,$$

$$\therefore \sec^2\varphi \frac{d\varphi}{ds} = 1,$$

$$\therefore \kappa_s = \frac{d\varphi}{ds} = \frac{1}{\sec^2\varphi} = \frac{1}{1+\tan^2\varphi} = \frac{1}{1+s^2}.$$

명제 2.2.3은 길이가 ℓ인 단위속력의 폐곡선 γ의 **총 부호화 곡률**(total signed curvature), 즉

$$\int_0^\ell \kappa_s(s)ds \tag{2.8}$$

에 관하여 재미있는 결과를 갖는다.

따름정리 2.2.5

평면 폐곡선의 총 부호화 곡률은 2π의 정수배이다.

증명 γ를 단위속력을 갖는 평면 폐곡선이라 하고, ℓ을 그의 길이라 하자. 명제 2.2.3에 의하여 γ의 총 부호화 곡률은 φ가 γ의 선회각일 때,

$$\int_0^l \frac{d\varphi}{ds} ds = \varphi(\ell) - \varphi(0)$$

이다. 지금 γ는 ℓ-주기적(1.4절을 보아라)이다. 즉,

$$\gamma(s+\ell) = \gamma(s).$$

윗 식의 양변을 미분하면

$$\dot{\gamma}(s+\ell) = \dot{\gamma}(s)$$

이고 특히 $\dot{\gamma}(\ell) = \dot{\gamma}(0)$이다. 따라서 식 (2.6)에 의하여

$$(\cos\varphi(\ell),\ \sin\varphi(\ell)) = (\cos\varphi(0),\ \sin\varphi(0))$$

을 얻는데 이것은 $\varphi(\ell) - \varphi(0)$가 2π의 정수배인 것을 나타낸다. ■

다음의 결과는 곡선의 각 점에서 일단 그의 부호가 붙은 곡률을 알면 단위속력의 평면곡선은 '본질적으로' 결정되는 것을 보여주고 있다. 여기에서 '본질적으로'의 뜻은 '$\mathbb{R}^2$의 직접 등장사상까지'를 말한다. 즉, ρ_θ가 원점을 중심으로 하는 각 θ만큼의 시계반대방향의 회전, 즉

$$\rho_\theta(x,\ y) = (x\cos\theta - y\sin\theta,\ x\sin\theta + y\cos\theta)$$

이고 $T_{\mathbf{a}}$는 임의의 벡터 $(x,\ y)$와 $\mathbf{v} \in \mathbb{R}^2$에 대하여, 벡터 $\mathbf{a}$만큼의 평행이동, 즉

$$T_{\mathbf{a}}(\mathbf{v}) = \mathbf{v} + \mathbf{a}$$

일 때,

$$M = T_{\mathbf{a}} \circ \rho_\theta$$

모양의 사상 $M : \mathbb{R}^2 \to \mathbb{R}^2$를 말한다(부록 1을 보아라).

정리 2.2.6

$k : (\alpha,\ \beta) \to \mathbb{R}$을 임의의 매끄러운 함수라면, 부호가 붙은 곡률이 k인 단위속력의 곡선 $\gamma : (\alpha,\ \beta) \to \mathbb{R}^2$가 존재한다.
더욱이, 만일 $\tilde{\gamma} : (\alpha,\ \beta) \to \mathbb{R}^2$를 부호가 붙은 곡률이 k인 다른 단위속력곡선이라면, 모든 $s \in (\alpha,\ \beta)$에 대하여

$$\tilde{\gamma}(s) = M(\gamma(s))$$

를 만족하는 $\mathbb{R}^2$의 직접 등장사상 M이 존재한다.

증명 먼저, $s_0 \in (\alpha,\ \beta)$를 고정하고 임의의 $s \in (\alpha,\ \beta)$에 대하여 $\varphi(s) = \int_{s_0}^{s} k(u)du$, (명제 2.2.3과 비교하여라)

$$\gamma(s) = \left(\int_{s_0}^{s} \cos\varphi(t)dt,\ \int_{s_0}^{3} \sin\varphi(t)dt \right)$$

를 정의한다. 그러면 γ의 접선벡터는

$$\dot{\gamma}(s) = (\cos\varphi(s),\ \sin\varphi(s))$$

이고 이것은 x-축과 각 $\varphi(s)$를 만드는 단위벡터이다. 따라서 γ는 단위속력곡선이고 명제 2.2.3에 의하여, γ의 부호가 붙은 곡률은

$$\frac{d\varphi}{ds} = \frac{d}{ds}\int_{s_0}^{s} k(u)du = k(s)$$

이다. 둘째로, $\tilde{\varphi}(s)$를 $\tilde{\gamma}$의 매끄러운 선회각이라 하면

$$\dot{\tilde{\gamma}}(s) = (\cos\tilde{\varphi}(s),\ \sin\tilde{\varphi}(s)),$$

$$\therefore\ \tilde{\gamma}(s) = \left(\int_{s_0}^{s} \cos\tilde{\varphi}(t)dt,\ \int_{s_0}^{s} \sin\tilde{\varphi}(t)dt \right) + \tilde{\gamma}(s_0). \tag{2.9}$$

명제 2.2.3에 의하여,

$$\frac{d\tilde{\varphi}}{ds} = k(s),$$

$$\therefore\ \tilde{\varphi}(s) = \int_{s_0}^{s} k(u)du + \tilde{\varphi}(s_0).$$

이것을 식 (2.9)에 대입하고, 상수벡터 $\tilde{\gamma}(s_0)$를 $\mathbf{a}$, 상수인 스칼라 $\tilde{\varphi}(s_0)$를 θ로 나타내면 다음을 얻는다.

$$\begin{aligned}\tilde{\gamma}(s) &= T_{\mathbf{a}}\left(\int_{s_0}^{s} \cos(\varphi(t)+\theta)dt,\ \int_{s_0}^{s} \sin(\varphi(t)+\theta)dt\right)\\ &= T_{\mathbf{a}}\left(\cos\theta\int_{s_0}^{s}\cos\varphi(t)dt - \sin\theta\int_{s_0}^{s}\sin\varphi(t)dt,\right.\\ &\qquad \left.\sin\theta\int_{s_0}^{s}\cos\varphi(t)dt + \cos\theta\int_{s_0}^{s}\sin\varphi(t)dt\right)\\ &= T_{\mathbf{a}}\rho_\theta\left(\int_{s_0}^{s}\cos\varphi(t)dt,\ \int_{s_0}^{s}\sin\varphi(t)dt\right)\\ &= T_{\mathbf{a}}\rho_\theta(\gamma(s)).\end{aligned}$$

■

예제 2.2.7 곡률이 양의 상수인 정칙 평면곡선은 원의 일부이다. 이 사실을 알기 위하여, κ를 곡선 γ의 곡률(상수)이라 하고, κ_s를 부호가 붙은 곡률이라 하자. 그러면 식 (2.5)에 의하여,

$$\kappa_s = \pm\kappa$$

이다.

먼저, 곡선상의 어떤 점에서는 $\kappa_s = \kappa$이고, 다른 점에서는 $\kappa_s = -\kappa$일 수 있다. 그러나 이런 일은 일어날 수 없다. 왜냐하면, κ_s는 s에 관한 연속함수이므로(연습문제 2.2.2를 보아라), 중간값정리로부터, 만일 κ_s가 κ와 $-\kappa$를 둘 다 갖는다면, 사이의 모든 값을 가져야하기 때문이다. 따라서 곡선상의 모든 점에서 $\kappa_s = \kappa$이든지 아니면 $\kappa_s = -\kappa$이다. 특히 κ_s는 상수이다.

지금의 아이디어는 κ_s의 값이 무엇이든지간에 부호가 붙은 곡률이 κ_s인 매개변수화된 원을 발견할 수 있다는 것을 보여준다. 이 정리는 부호가 붙은 곡률이 κ_s인 어떤 곡선도 이 원에 직접 등장사상을 적용하여 얻어질 수 있다는 것을 말해주고 있다. 회전이동과 평행이동은 분명히 원을 원으로 옮겨주기 때문에 부호가 붙은 곡률이 상수인 어떤 곡선도 원이나 그의 일부이다.

중심이 원점이고 반지름이 R인 원의 단위속력 매개변수화는

$$\gamma(s) = \left(R\cos\frac{s}{R},\ R\sin\frac{s}{R}\right)$$

이다. 그의 접선벡터

$$\mathbf{t} = \dot{\gamma}(s) = \left(-\sin\frac{s}{R},\ \cos\frac{s}{R}\right)$$

는 x-축의 양의 방향과 $\frac{\pi}{2} + \frac{s}{R}$의 각을 이루는 단위벡터이다.

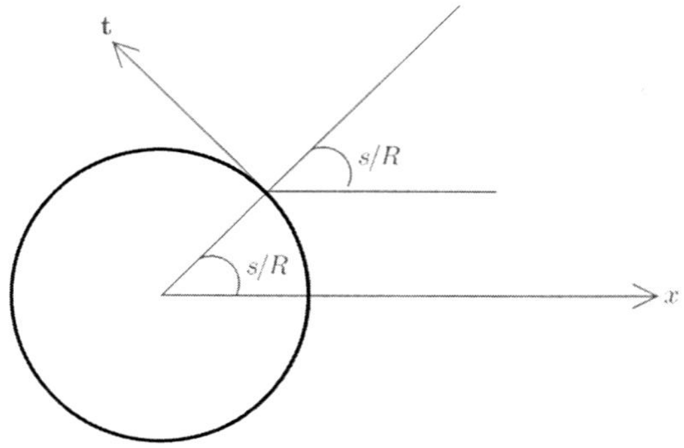

따라서 γ의 부호가 붙은 곡률은

$$\frac{d}{ds}\left(\frac{\pi}{2} + \frac{s}{R}\right) = \frac{1}{R}$$

이다. 그러므로, 만일 $\kappa_s > 0$이라면, 반지름이 $\frac{1}{\kappa_s}$인 원은 부호가 붙은 곡률 κ_s를 가진다. 만일 $\kappa_s < 0$이라면, 곡선

$$\tilde{\gamma}(s) = \left(R\cos\frac{s}{R},\ -R\sin\frac{s}{R}\right)$$

(이것은 중심이 원점이고 반지름이 R인 또 다른 원의 매개변수화이다)은 부호가 붙은 곡률 $-\frac{1}{R}$을 갖는다. 따라서, 만일 $R = -\frac{1}{\kappa_s}$이라면, 다시 부호가 붙은 곡률 κ_s를 갖는 원을 얻는다.

이 계산들은 정의 2.1.1 다음에 있는 곡률(반대인 부호가 붙은 곡률)의 비슷한 계산과 비교할 수 있다.

예제 2.2.8 정리 2.2.6은 주어진 부호가 붙은 매끄러운 곡률 함수를 갖는 평면곡선을 얻을 수 있다는 사실을 보여주고 있다. 그러나 곡률은 간단하지만 곡선의 모양은 복잡한 경우도 있다. 예를 들면, 부호가 붙은 곡률을 $\kappa_s(s) = s$라 하자. 정리 2.2.6의 증명을 따르고 $s_0 = 0$이라 하자. 그러면 다음을 얻는다.

$$\varphi(s) = \int_0^s u\,du = \frac{s^2}{2},$$

$$\gamma(s)=\left(\int_0^s \cos\left(\frac{t^2}{2}\right)dt,\ \int_0^s \sin\left(\frac{t^2}{2}\right)dt\right).$$

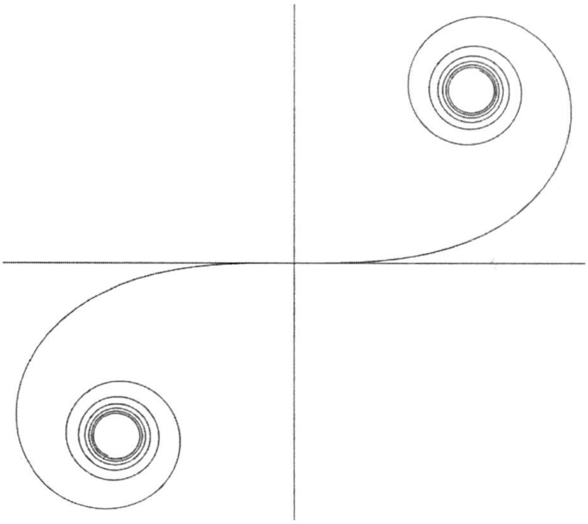

이 적분들은 '초등함수'로써 계산할 수가 없다(이들은 **프레스넬 적분**(Fresnel's integrals)이라는 것으로서 빛의 회절이론에서 발생한다. 이 곡선은 오일러가 최초로 고안한 것으로서 **코누 소용돌이선**(Cornu's Spiral)이라 한다). 위의 γ의 그림은 적분을 수치적으로 계산하여 얻은 것이다.

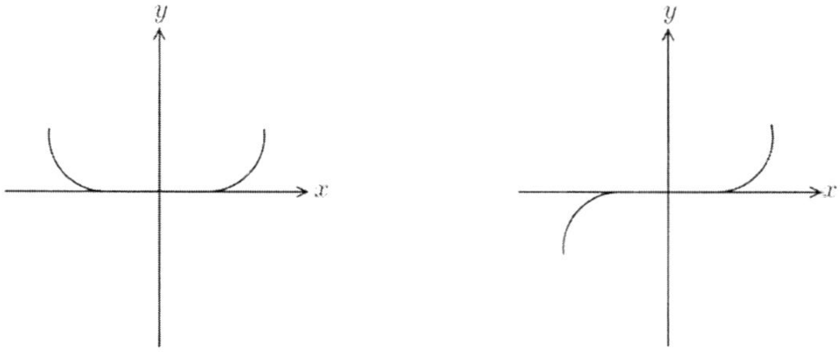

만일 '부호가 붙은 곡률'을 그냥 '곡률'로 대체할 때 정리 2.2.6이 그대로 사실인지 여부를 묻는 것은 자연스러운 일이다. $k \geq 0$이라면 첫 부분이 성립한다. 왜냐하면 그때 부호가 붙은 곡률 k, 따라서 곡률 k를 갖는 곡선 γ를 선택할 수 있기 때문이다. 그러나 정리 2.2.6의 두 번째 부분은 더 이상 성립하지 않는다. 왜냐하면, 위 그림에서 보는 것처럼, 가령 $-1 \leq x \leq 1$에서 x-축과 일치하며 다른 곳에서는 x-축보다 위에 있는 (매끄러운) 곡선 γ를 잡을 수 있기 때문이다(그러한 곡선을 구체적으로 그리고 싶은 사람은 연습문제 9.4.3의 해가 도움이 된다는 것을 알 수 있을 것이다).

$x \leq 0$인 곡선 부분을 x-축에 대칭시킨다. 그러면 새로운 곡선은 γ와 곡률이 같지만(연습문제 2.2.3을 참조), γ에 등장사상을 작용시켜서는 분명히 얻을 수 없다. 부호가 붙은 곡률 대신에 곡률에 대하여 성립하는 정리 2.2.6의 다른 형태에 관해서는 연습문제 2.2.3을 보아라.

연습문제

2.2.1 만일 γ가 단위속력의 평면곡선이라면 다음 식이 성립함을 보여라.

$$\dot{\mathbf{n}}_s = -\kappa_s \mathbf{t}.$$

2.2.2 어떤 정칙인 평면곡선 $\gamma(t)$의 부호가 붙은 곡률은 t에 관한 매끄러운 함수임을 보여라(연습문제 2.1.2와 비교하여라).

2.2.3 γ와 $\tilde{\gamma}$가 평면곡선이라 하자. 만일 $\tilde{\gamma}$는 $\mathbb{R}^2$의 등장사상 M을 적용하여 γ로부터 얻은 곡선이라면, γ와 $\tilde{\gamma}$의 부호가 붙은 곡률 κ_s, $\widetilde{\kappa_s}$는 M이 직접 등장사상이라면 같고, M이 반대 등장사상이라면 $\tilde{\kappa}_s = -\kappa_s$임을 보여라(특히, γ와 $\tilde{\gamma}$는 곡률이 같다).

2.2.4 k를 자신의 호의 길이로 표현된 평면곡선 C의 부호가 붙은 곡률이라 하자. 만일 C_a가 평면의 확대변환 $\mathbf{v} \mapsto a\mathbf{v}$ 아래에서 C의 상이라면(a는 영이 아닌 상수), 호의 길이 s에 관하여 C_a의 부호가 붙은 곡률은 $\frac{1}{a}k\left(\frac{s}{a}\right)$임을 보여라.

끝점에서 느슨하게 걸려있는 무거운 체인은 평면곡선 C 모양을 하고 있다. 만일 s가 가장 아래 점에서 측정한 곡선 C의 호의 길이, φ는 C의 접선과 수평선사이의 각, T는 체인의 장력이라면, λ, μ가 영이 아닌 상수일 때,

$$T\cos\varphi = \lambda, \quad T\sin\varphi = \mu s$$

임을 보여라(체인은 단위길이마다 상수질량을 갖는다고 가정한다). $a = \frac{\lambda}{\mu}$일 때, C의 부호가 붙은 곡률은

$$\kappa_s = \frac{1}{a}\left(1 + \frac{s^2}{a^2}\right)^{-1}$$

임을 보이고 C는 평면의 확대변환과 등장사상을 적용하여 예제 2.2.4에 있는 현수선으로부터 얻을 수 있음을 유도하여라.

2.2.5 $\gamma(t)$를 정칙인 평면곡선, λ를 상수라 하자. γ의 **평행곡선**(parallel curve) γ^λ를

$$\gamma^\lambda(t) = \gamma(t) + \lambda \mathbf{n}_s(t)$$

로 정의하자. t의 모든 값에 대하여 $\lambda\kappa_s(t) \neq 1$이라면, γ^λ는 정칙곡선이고 부호가 붙은 곡률이 $\kappa_s/|1-\lambda\kappa_s|$임을 보여라.

2.2.6 점 $\gamma(s_0)$에서 단위속력의 평면곡선 γ의 곡률에 관한 다른 접근은 이 점에서 '가장 근사한 원'을 찾는 것이다. 그래서 γ의 곡률을 이 원의 반지름의 역수르 정의할 수 있다. γ 위에 세 개의 가까운 점 $\gamma(s_0), \gamma(s_0 \pm \delta_s)$을 지나는 원의 중심은 $\delta_s \to 0$일 때 점

$$\epsilon(s_0) = \gamma(s_0) + \frac{1}{\kappa_s(s_0)} \mathbf{n}_s(s_0)$$

에 접근한다는 것을 보이면서 이 프로그램을 실행하여라. $\gamma(s_0)$를 지나고 중심이 $\epsilon(s_0)$인 원 C를 점 $\gamma(s_0)$에서 γ의 **접촉원**(osculating circle)이라 하고, $\epsilon(s_0)$를 $\gamma(s_0)$에서 γ의 **곡률중심**(center of curvature)이라 한다. κ가 γ의 곡률일 때, C의 반지름은 $\frac{1}{|\kappa_s(s_0)|} = \frac{1}{\kappa_s(s_0)}$이다. 이것을 $\gamma(s_0)$에서 γ의 **곡률반경**(radius of curvature)이라 한다.

2.2.7 연습문제 2.2.6과 같은 기호로써, ϵ을 새로운 곡선(이것을 γ의 **축폐선**(evolute)이라 한다)의 매개변수화로 간주한다(만일 γ가 정칙 평면곡선이라면, 그의 축폐선은 γ의 단위속력의 재매개변수화가 되도록 정의한다). s의 모든 값에 대하여 $\dot{\kappa}_s(s) \neq 0$이라 가정하자. 가령 모든 s에 대하여 $\dot{\kappa}_s(s) > 0$이라 하자(필요하다면 s 대신에 $-s$를 대체하면 된다). ϵ의 호의 길이는 (상수를 더하는 것 까지 포함하여) $-\frac{1}{\kappa_s(s)}$임을 보이고, ϵ의 부호가 붙은 곡률을 계산하여라. 또한 γ의 모든 법선은 ϵ에 접하는 것을 보여라(이런 이유 때문에 γ의 축폐선은 때로는 γ에 법선의 덮개로서 그릴 수 있다). 상수 $a > 0$일 때, 굴렁쇠선

$$\gamma(t) = a(t - \sin t,\ 1 - \cos t),\ 0 < t < 2\pi$$

의 축폐선은

$$\epsilon(t) = a(t + \sin t,\ -1 + \cos t)$$

임을 보이고(연습문제 1.1.7을 참조), 적당히 재매개변수화한 다음에 ϵ은 평면의 평행이동에 의하여 γ로부터 구할 수 있음을 보여라.

2.2.8 길이가 ℓ인 실이 단위속력인 평면곡선 $\gamma(s)$의 점 $\gamma(0)$에 붙어있다. 실이 이 곡선에 단단히 감겨있을 때 곡선의 끝점은 곡선

$$\iota(s) = \gamma(s) + (\ell - s)\dot{\gamma}(s)$$

의 윤곽을 지나가는 것을 보여라. 단 $0 < s < \ell$이고 $\cdot$ 은 $\frac{d}{ds}$를 나타낸다. 곡선 ι를 γ의 **신개선**(involute)라고 한다(만일 γ가 정칙인 평면곡선이라면, 그의 신개선은 γ의 단위속력인 재매개변수화의 것으로 정의한다). γ의 부호가 붙은 곡률이 영이 아니라고 하자. 즉 모든 s에 관하여 $\kappa_s(s) > 0$이라고 하면, ι의 부호가 붙은 곡률은 $1/(\ell - s)$임을 보여라.

2.2.9 $l = 0$인(연습문제 2.2.8을 보아라) 현수선

$$\gamma(t) = (t, \cosh t)$$

의 신개선은 호곡선(tractrix)

$$x = \cosh^{-1}\left(\frac{1}{y}\right) - \sqrt{1 - y^2}$$

임을 보여라. 이 곡선에 대한 간단한 기하학적 특성은 8.3절을 보아라.

2.2.10 단위속력의 평면곡선 $\gamma(s)$가 미끄러지지 않고 단위벡터 $\mathbf{a}$에 평행한 직선 l을 따라서 구르고 최초로 점 $\mathbf{p} = \gamma(0)$에서 직선 l과 만난다. $\mathbf{q}$를 γ에 비례하는 고정점이라 하자. $\Gamma(s)$를 γ가 l을 따라서 거리 s만큼 굴렀을 때 $\mathbf{q}$가 움직인 점이라 하자(Γ는 보통 단위속력이 아님에 주의하자). $\theta(s)$를 $\mathbf{a}$와 접선벡터 $\dot{\gamma}$사이의 각이라 하자. 이 때 ρ_φ를 원점 둘레에 각 φ만큼의 회전이라면

$$\Gamma(s) = \mathbf{p} + s\mathbf{a} + \rho_{-\theta(s)}(\mathbf{q} - \gamma(s))$$

임을 보여라. 더욱이

$$\dot{\Gamma}(s) \cdot \rho_{-\theta(s)}(\mathbf{q} - \gamma(s)) = 0$$

임을 보여라. 기하학적으로 이것은, Γ상의 점은 직선 l과 구르는 곡선의 동시 접촉점 둘레를 회전하는 것처럼 움직인다는 것을 의미한다. 특수한 경우로 연습문제 1.1.7을 보아라.

2.3 공간곡선

이 책의 주된 관심사는 $\mathbb{R}^3$ 안의 곡선(그리고 곡면), 즉 공간곡선이다. 평면곡선은 본질적으로 자신의 곡률(정리 2.2.6을 보아라)에 의하여 결정되지만, 공간곡선에 대해서는 더 이상 그렇지 않다. 예를 들면, xy-평면에서 반지름이 1인 원과 $a = b = \frac{1}{2}$인 원형나선(예제 2.1.3을 보아라)은 둘 다 모든 곳

에서 곡률이 1 이다. 그러나 $\mathbb{R}^3$ 안의 등장사상에 의하여 한 곡선을 다른 곡선으로 바꾸는 것은 분명히 불가능하다. 공간곡선에 대하여 열률이라고 부르는 다른 모양의 곡률을 정의하고, 곡선의 곡률과 열률은 함께 $\mathbb{R}^3$ 안의 등장사상에 이르기까지 곡선을 결정한다는 것을 보인다.

$\gamma(s)$를 $\mathbb{R}^3$ 안의 단위속력곡선이라 하고 $t=\dot{\gamma}$를 단위접선벡터라 하자. 만일 곡률 $\kappa(s)$가 영이 아니라면, 점 $\gamma(s)$에서 γ의 **주법선**(principal normal)벡터를 다음과 같이 정의한다.

$$\mathbf{n}(s)=\frac{1}{\kappa(s)}\dot{\mathbf{t}}(s). \tag{2.10}$$

$\|\dot{\mathbf{t}}\|=\kappa$이므로, $\mathbf{n}$은 단위벡터이다. 더욱이 명제 1.2.4에 의하여, $\mathbf{t}\cdot\dot{\mathbf{t}}=0$이다. 따라서 $\mathbf{t}$와 $\mathbf{n}$은 서로 수직인 단위벡터이다. 한편,

$$\mathbf{b}=\mathbf{t}\times\mathbf{n} \tag{2.11}$$

은 $\mathbf{t}$와 $\mathbf{n}$에 각각 수직인 단위벡터이다. 벡터 $\mathbf{b}(s)$를 점 $\gamma(s)$에서 γ의 **종법선**(binormal)벡터라 한다. 따라서 $\{\mathbf{t},\ \mathbf{n},\ \mathbf{b}\}$는 $\mathbf{R}^3$의 한 정규직교기저이고 우수계(right-handed)이다. 즉,

$$\mathbf{b}=\mathbf{t}\times\mathbf{n},\ \mathbf{n}=\mathbf{b}\times\mathbf{t},\ \mathbf{t}=\mathbf{n}\times\mathbf{b}.$$

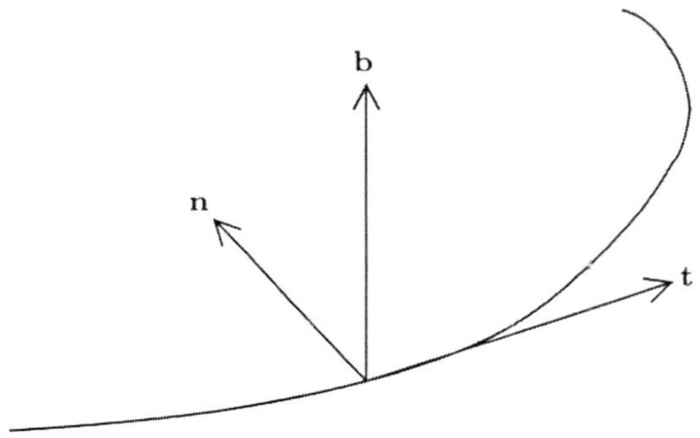

$\mathbf{b}(s)$가 모든 s에 대하여 단위벡터이므로, $\dot{\mathbf{b}}$는 $\mathbf{b}$에 수직이다. 지금, 매개변수 s의 벡터값 함수 $\mathbf{u}$와 $\mathbf{v}$의 벡터곱을 미분할 때 '곱셈법칙'을 이용한다.

$$\frac{d}{ds}(\mathbf{u}\times\mathbf{v})=\frac{d\mathbf{u}}{ds}\times\mathbf{v}+\mathbf{u}\times\frac{d\mathbf{v}}{ds}.$$

(이것은 양변을 성분 모양으로 나타내어 스칼라함수를 미분하기 위한 보통의 곱셈법칙을 이용하면 쉽게 증명할 수 있다.) 이것을 $\mathbf{b}=\mathbf{t}\times\mathbf{n}$에 적용하면

$$\dot{\mathbf{b}}=\dot{\mathbf{t}}\times\mathbf{n}+\mathbf{t}\times\dot{\mathbf{n}}=\mathbf{t}\times\dot{\mathbf{n}}. \tag{2.12}$$

여기에서 $\mathbf{n}$의 정의식 (2.10) 때문에 $\dot{\mathbf{t}}\times\mathbf{n}=\kappa\mathbf{n}\times\mathbf{n}=0$을 이용하였다.

식 (2.12)는 $\dot{\mathbf{b}}$가 $\mathbf{t}$와 수직임을 나타낸다. 결국 $\dot{\mathbf{b}}$는 $\mathbf{t}$와 $\mathbf{b}$에 수직이므로, $\dot{\mathbf{b}}$는 $\mathbf{n}$에 평행하다. 그러므로 적당한 스칼라 τ에 관하여

$$\dot{\mathbf{b}} = -\tau \mathbf{n} \tag{2.13}$$

이라 두고, 이 때 τ를 γ의 **열률**(torsion)이라 한다(여기에서 마이너스 부호를 넣는 것은 나중에 마이너스 부호의 총수를 줄일 수 있다). 열률은 곡률이 영이 아닐 때에만 정의된다는 사실을 유의하기 바란다.

물론 임의의 정칙곡선 γ의 열률을 γ의 단위속력 재매개변수화의 열률이 되도록 정의한다. 곡률의 경우처럼, 이것이 의미가 있음을 보이기 위하여, c가 상수일 때

$$u = \pm s + c$$

모양으로 γ의 단위속력 매개변수를 바꾸어도 τ는 변하지 않는다는 것을 보여주어야 한다.

그러나 이렇게 매개변수를 바꾸면 위에서 소개한 벡터들에게 다음과 같은 변화가 있다.

$$\mathbf{t} \mapsto \pm \mathbf{t},\ \dot{\mathbf{t}} \mapsto \dot{\mathbf{t}},\ \mathbf{n} \mapsto \mathbf{n},\ \mathbf{b} \mapsto \pm \mathbf{b},\ \dot{\mathbf{b}} \mapsto \dot{\mathbf{b}}.$$

그렇지만, 식 (2.13)으로부터 $\tau \mapsto \tau$가 된다. 따라서 곡률과 열률은 모든 정칙곡선에 대하여 잘 정의된다(well-defined).

명제 2.1.2에서 곡률의 경우에 했던 것처럼, 단위속력의 재매개변수화의 항보다도 γ만의 항으로써 정칙 공간곡선 γ의 열률에 관한 공식을 얻을 수 있다.

명제 2.3.1 $\gamma(t)$를 모든 곳에서 곡률이 영이 아닌 $\mathbb{R}^3$안의 정칙곡선이라면, 열률 τ는 다음과 같다. 단, $\cdot$ 은 $\frac{d}{dt}$ 이다.

$$\tau = \frac{(\dot{\gamma} \times \ddot{\gamma}) \cdot \dddot{\gamma}}{\| \dot{\gamma} \times \ddot{\gamma} \|^2}. \tag{2.14}$$

이 공식은, $\tau(t)$가 곡률 $\kappa(t)$가 영이 아닌 곡선상의 모든 점 $\gamma(t)$에서 정의된다는 것을 보여주고 있음을 명심하자. 왜냐하면, 명제 2.1.2에 의하여 이것은 우변의 분모가 영이 아니라는 조건이기 때문이다.

증명 명제 2.1.2의 증명을 따르면서 식 (2.14)를 유도할 수 있다. 그러나 이 방법이 미리 공식 (2.14) 안의 τ에 관한 식을 알아야 한다는 불편은 있지만, 다음과 같이 진행하는 것이 보다 더 쉽고 분명하다.

먼저 γ가 단위속력인 경우를 다룬다. 식 (2.11)과 (2.13)을 사용하면 다음을 얻는다.

$$\tau = -\mathbf{n} \cdot \dot{\mathbf{b}} = -\mathbf{n} \cdot (\dot{\mathbf{t}} \times \mathbf{n} + \mathbf{t} \times \dot{\mathbf{n}}) = -\mathbf{n} \cdot (\mathbf{t} \times \dot{\mathbf{n}}).$$

지금

$$\mathbf{n} = \frac{1}{\kappa}\dot{\mathbf{t}} = \frac{1}{\kappa}\ddot{\gamma}$$

이고

$$\ddot{\gamma} \cdot (\dot{\gamma} \times \ddot{\gamma}) = 0 \text{ 와 } \ddot{\gamma} \cdot (\dot{\gamma} \times \dddot{\gamma}) = -\dddot{\gamma} \cdot (\dot{\gamma} \times \ddot{\gamma})$$

이므로 다음 식이 성립한다.

$$\begin{aligned}\tau &= -\frac{1}{\kappa}\ddot{\gamma}\cdot\left(\dot{\gamma}\times\frac{d}{dt}\left(\frac{1}{\kappa}\ddot{\gamma}\right)\right)\\ &= -\frac{1}{\kappa}\ddot{\gamma}\cdot\left(\dot{\gamma}\times\left(\frac{1}{\kappa}\dddot{\gamma}-\frac{\dot{\kappa}}{\kappa^2}\ddot{\gamma}\right)\right)\\ &= \frac{1}{\kappa^2}\dddot{\gamma}\cdot(\dot{\gamma}\times\ddot{\gamma}).\end{aligned}$$

이것은 식 (2.14)와 일치한다. 왜냐하면, γ가 단위속력이므로, $\dot{\gamma}$과 $\ddot{\gamma}$은 수직이다. 따라서

$$\|\dot{\gamma}\times\ddot{\gamma}\| = \|\dot{\gamma}\|\,\|\ddot{\gamma}\| = \|\ddot{\gamma}\| = \kappa$$

이기 때문이다.

다음은 일반적인 경우이다. s를 γ를 따라서 호의 길이라 하자. 그러면 다음이 성립한다.

$$\frac{d\gamma}{dt}=\frac{ds}{dt}\frac{d\gamma}{ds},\quad \frac{d^2\gamma}{dt^2}=\left(\frac{ds}{dt}\right)^2\frac{d^2\gamma}{ds^2}+\frac{d^2s}{dt^2}\frac{d\gamma}{ds},$$
$$\frac{d^3\gamma}{dt^3}=\left(\frac{ds}{dt}\right)^3\frac{d^3\gamma}{ds^3}+3\frac{ds}{dt}\frac{d^2s}{dt^2}\frac{d^2\gamma}{ds^2}+\frac{d^3s}{dt^3}\frac{d\gamma}{ds}.$$

따라서

$$\dot{\gamma}\times\ddot{\gamma}=\left(\frac{ds}{dt}\right)^3\left(\frac{d\gamma}{ds}\times\frac{d^2\gamma}{ds^2}\right),$$
$$\dddot{\gamma}\cdot(\dot{\gamma}\times\ddot{\gamma})=\left(\frac{ds}{dt}\right)^6\left(\frac{d^3\gamma}{ds^3}\cdot\left(\frac{d\gamma}{ds}\times\frac{d^2\gamma}{ds^2}\right)\right).$$

이 성립한다. 그러므로 γ의 열률은 다음과 같다.

$$\tau=\frac{\left(\dfrac{d^3\gamma}{ds^3}\cdot\left(\dfrac{d\gamma}{ds}\times\dfrac{d^2\gamma}{ds^2}\right)\right)}{\left\|\dfrac{d\gamma}{ds}\times\dfrac{d^2\gamma}{ds^2}\right\|^2}=\frac{\dddot{\gamma}\cdot(\dot{\gamma}\times\ddot{\gamma})}{\|\dot{\gamma}\times\ddot{\gamma}\|^2}.$$ ■

예제 2.3.2 예제 2.1.3에서 배운 원형나선 $\gamma(\theta)=(a\cos\theta,\ a\sin\theta,\ b\theta)$의 열률을 구해보자. 먼저 3차까지 미분은 다음과 같다.

$$\begin{aligned}\dot{\gamma}(\theta) &= (-a\sin\theta,\ a\cos\theta,\ b),\\ \ddot{\gamma}(\theta) &= (-a\cos\theta,\ -a\sin\theta,\ 0),\\ \dddot{\gamma}(\theta) &= (a\sin\theta,\ -a\cos\theta,\ 0).\end{aligned}$$

그러므로

$$\dot{\gamma}\times\ddot{\gamma}=(ab\sin\theta,\ -ab\cos\theta,\ a^2),\ \|\dot{\gamma}\times\ddot{\gamma}\|^2=a^2(a^2+b^2),$$
$$(\dot{\gamma}\times\ddot{\gamma})\cdot\dddot{\gamma}=a^2b$$

이 성립하므로 열률은 다음과 같다.

$$\tau = \frac{\dddot{\gamma} \cdot (\dot{\gamma} \times \ddot{\gamma})}{\| \dot{\gamma} \times \ddot{\gamma} \|^2} = \frac{a^2 b}{a^2(a^2+b^2)} = \frac{b}{a^2+b^2}.$$

■

예제 2.3.2에서 원형나선의 열률은 $b=0$일 때 영이 된다. 이 경우는 나선이 xy-평면에서 원이 된다. 이것은 다음 명제에 포함되어 있는 열률에 관한 기하학적 해석에 대한 실마리를 주고 있다.

명제 2.3.3 γ의 열률이 정의되도록, γ를 모든 곳에서 곡률이 영이 아닌 $\mathbb{R}^3$ 안의 정칙곡선이라 하자. 그러면 γ의 상이 평면에 포함되기 위한 필요충분조건은 곡선상의 모든 점에서 열률이 영인 것이다.

증명 γ가 단위속력이라고 가정할 수 있다(왜냐하면, 이것은 γ를 재매개변수화 함으로써 가능하고 재매개변수화는 열률을 바꾸지도 않으며 γ가 평면에 포함되든 포함이 되지 않든 그 사실도 바꾸지 않기 때문이다). γ의 매개변수를 s라 하고 $\frac{d}{ds}$를 $\cdot$ 로 나타내기로 하자.

$\mathbf{N}$이 상수벡터, d가 상수 스칼라이며 $\mathbf{v}\in\mathbb{R}^3$라 하자. 먼저 γ의 상이 평면 $\mathbf{v}\cdot\mathbf{N}=d$에 포함된다고 가정하자. $\mathbf{N}$은 단위벡터로 가정할 수 있다. $\gamma\cdot\mathbf{N}=d$를 s에 관하여 미분하면

$$\mathbf{t}\cdot\mathbf{N}=0. \tag{2.15}$$

$$\therefore \dot{\mathbf{t}}\cdot\mathbf{N}=0 \quad (\dot{\mathbf{N}}=\mathbf{0}\text{이므로}).$$

$\dot{\mathbf{t}}=\kappa\mathbf{n}$이므로

$$\kappa\mathbf{n}\cdot\mathbf{N}=0$$

이고 $\kappa\neq 0$이기 때문에

$$\mathbf{n}\cdot\mathbf{N}=0 \tag{2.16}$$

을 얻는다. 식 (2.15)와 (2.16)은 $\mathbf{t}$와 $\mathbf{n}$이 $\mathbf{N}$에 수직임을 나타낸다. 그러므로 $\mathbf{b}=\mathbf{t}\times\mathbf{n}$은 $\mathbf{N}$과 평행하다. $\mathbf{N}$과 $\mathbf{b}$가 단위벡터이고 $\mathbf{b}(s)$는 s에 관한 매끄러운(따라서 연속인)함수이므로, 모든 s에 관하여 $\mathbf{b}(s)=\mathbf{N}$ 또는 $\mathbf{b}(s)=-\mathbf{N}$이라야 한다. 두 경우 모두 $\mathbf{b}$는 상수벡터이다. 그러면 $\dot{\mathbf{b}}=\mathbf{0}$이므로 $\tau=0$이다.

역으로, 모든 곳에서 $\tau=0$이라고 하자. 식 (2.13)에 의하여 $\dot{\mathbf{b}}=\mathbf{0}$이므로 $\mathbf{b}$는 상수벡터이다. 증명의 첫 부분은 γ가 평면 $\mathbf{v}\cdot\mathbf{b}=$상수에 포함된다는 것을 시사한다. 그러므로

$$\frac{d}{ds}(\gamma\cdot\mathbf{b})=\dot{\gamma}\cdot\mathbf{b}=\mathbf{t}\cdot\mathbf{b}=0$$

을 고려하면 $\gamma\cdot\mathbf{b}$는 상수(스칼라)이다. 이것을 d라 하자. 이것은 γ가 분명히 평면 $\mathbf{v}\cdot\mathbf{b}=d$ 안에 포함된다는 것을 나타낸다. ■

여기에서 메웠으면 하는 계산상의 틈이 있다. 즉, 단위속력곡선이 대하여

$$\dot{\mathbf{t}} = \kappa\mathbf{n},\ \dot{\mathbf{b}} = -\tau\mathbf{n}$$

은 알고 있다(이들은 각각 $\mathbf{n}$과 τ의 정의이다). 그러나 $\dot{\mathbf{n}}$은 계산을 하지 않았다. 이것은 어렵지 않다. 왜냐하면 $\{\mathbf{t},\ \mathbf{n},\ \mathbf{b}\}$는 $\mathbb{R}^3$의 오른손 정규직교기저이므로

$$\mathbf{t}\times\mathbf{n} = \mathbf{b},\ \mathbf{n}\times\mathbf{b} = \mathbf{t},\ \mathbf{b}\times\mathbf{t} = \mathbf{n}$$

이다. 따라서 다음이 성립한다.

$$\dot{\mathbf{n}} = \dot{\mathbf{b}}\times\mathbf{t} + \mathbf{b}\times\dot{\mathbf{t}} = -\tau\mathbf{n}\times\mathbf{t} + \kappa\mathbf{b}\times\mathbf{n} = -\kappa\mathbf{t} + \tau\mathbf{b}.$$

이상의 사실을 종합하면 다음 정리를 얻을 수 있다.

정리 2.3.4

γ를 아무데에서도 곡률이 영이 아닌 $\mathbb{R}^3$ 안의 단위속력곡선이라 하자. 그러면 다음이 성립한다.

$$\begin{aligned} \dot{\mathbf{t}} &= \kappa\mathbf{n} \\ \dot{\mathbf{n}} &= -\kappa\mathbf{t} + \tau\mathbf{b} \\ \dot{\mathbf{b}} &= -\tau\mathbf{n} \end{aligned} \tag{2.17}$$

식 (2.17)을 **프레네-세레의 방정식**(Frenet-Serret equations)이라 한다.

$\mathbf{t},\ \mathbf{n},\ \mathbf{b}$의 항으로 $\dot{\mathbf{t}},\ \dot{\mathbf{n}},\ \dot{\mathbf{b}}$를 나타내는 행렬

$$A = \begin{pmatrix} 0 & \kappa & 0 \\ -\kappa & 0 & \tau \\ 0 & -\tau & 0 \end{pmatrix}$$

은 **반대칭**(skew-symmetric) 행렬(또는 교대행렬)이다. 즉 $A^T = -A$이다. 이것은 방정식을 기억할 때 도움이 된다(반대칭에 대한 이유는 연습문제 2.3.6에서 볼 수 있다).

다음 명제는 프레네-세레의 방정식에 관한 간단한 응용이다.

명제 2.3.5 γ가 $\mathbb{R}^3$ 안에서 곡률이 상수이고 열률이 영인 단위속력곡선이라면, γ는 원이거나 또는 그의 일부이다.

증명 이 결과는 예제 2.2.7과 명제 2.3.3으로부터 바로 얻을 수 있지만, 다음의 증명은 도움이 되고 원의 중심과 반지름 그리고 곡선이 놓여 있는 평면에 관한 정보를 제공해 준다.

명제 2.3.3의 증명에 의하여 종법선벡터 $\mathbf{b}$는 상수벡터이고 γ는 $\mathbf{b}$에 수직인 평면, 가령 Π에 들어있다. 곡률 κ가 상수이고 프레네-세레의 방정식 $\dot{\mathbf{n}} = -\kappa\mathbf{t} + \tau\mathbf{b} = -\kappa\mathbf{t}$(왜냐하면 $\tau = 0$

이므로)을 사용하면 다음을 얻는다.

$$\frac{d}{ds}\left(\gamma + \frac{1}{\kappa}\mathbf{n}\right) = \mathbf{t} + \frac{1}{\kappa}\dot{\mathbf{n}} = 0.$$

따라서 $\gamma + \frac{1}{\kappa}\mathbf{n}$은 상수벡터이다($\gamma + \frac{1}{\kappa}\mathbf{n}$을 생각하는 이유는 연습문제 2.2.6에서 발견할 수 있다). 이것을 $\mathbf{a}$라 두면,

$$\therefore \|\gamma - \mathbf{a}\| = \left\|-\frac{1}{\kappa}\mathbf{n}\right\| = \frac{1}{\kappa}.$$

이것은 γ가 중심이 $\mathbf{a}$이고 반지름이 $\frac{1}{\kappa}$인 구면, 가령 S위에 놓여 있다는 것을 나타낸다. 평면 Π 와 구면 S의 공통부분은 원, 가령 C이고 γ는 C의 일부에 대한 매개변수화인 것을 보였다. 만일 r이 C의 반지름이라면 $\kappa = \frac{1}{r}$이므로 $r = \frac{1}{\kappa}$도 S의 반지름이다. 이 사실로부터 C는 S위에서 **대원**(great circle)이다. 즉, Π 는 S의 중심 $\mathbf{a}$를 지난다. 따라서 $\mathbf{a}$는 C의 중심이고 Π 의 방정식은 $\mathbf{v} \cdot \mathbf{b} = \mathbf{a} \cdot \mathbf{b}$이다. ■

공간곡선에 관한 정리 2.2.6의 닮은 정리를 소개하고 이 장을 끝내려고 한다.

정리 2.3.6

$\gamma(s)$와 $\tilde{\gamma}(s)$는 모든 s에 관하여 곡률 $\kappa(s) > 0$이 같고 열률 $\tau(s)$도 같은 $\mathbb{R}^3$ 안의 두 개의 단위속력곡선이라 하자. 그러면, 모든 s에 관하여

$$\tilde{\gamma}(s) = M(\gamma(s))$$

가 성립하는 $\mathbb{R}^3$의 직접 등장사상 M이 존재한다. 더욱이, 만일 k와 t가 모든 곳에서 $k > 0$인 매끄러운 함수라면, 곡률이 k이고 열률이 t인 $\mathbb{R}^3$ 안의 단위속력곡선이 존재한다.

증명 $\mathbf{t}$, $\mathbf{n}$, $\mathbf{b}$를 각각 γ의 접선벡터, 주법선벡터, 종법선벡터라 하자. 또한 $\tilde{\mathbf{t}}$, $\tilde{\mathbf{n}}$, $\tilde{\mathbf{b}}$를 각각 $\tilde{\gamma}$의 그것들이라 하자. s_0을 매개변수 s의 한 고정값이라 하고, θ를 $\mathrm{t}(\mathrm{s}_0)$와 $\tilde{\mathrm{t}}(\mathrm{s}_0)$사이의 각, ρ를 원점을 지나며 이들 모든 벡터에 수직인 축 둘레에 각 θ만큼의 회전이동이라 하자. 그러면 $\rho(\mathbf{t}(\mathrm{s}_0) = \tilde{\mathbf{t}}(\mathrm{s}_0)$이다. $\hat{\mathbf{n}} = \rho(\mathbf{n}(\mathrm{s}_0))$, $\hat{\mathbf{b}} = \rho(\mathbf{b}(\mathrm{s}_0))$라 하자. 만일 φ가 $\hat{\mathbf{n}}$과 $\tilde{\mathbf{n}}(\mathrm{s}_0)$의 사잇각이라면, ρ'을 $\tilde{\mathbf{t}}(s_0)$에 평행한 원점을 지나는 축 둘레에 각 φ만큼의 회전이동이라 하자. 그러면 ρ'은 $\tilde{\mathbf{t}}(s_0)$를 고정하며 $\hat{\mathbf{n}}$을 $\tilde{\mathbf{n}}(\mathrm{s}_0)$으로 보낸다. 한편 $\{\mathbf{t}(s_0),\ \mathbf{n}(s_0),\ \mathbf{b}(s_0)\}$와 $\{\tilde{\mathbf{t}}(s_0),\ \tilde{\mathbf{n}}(s_0),\ \tilde{\mathbf{b}}(s_0)\}$은 둘 다 $\mathbf{R}^3$의 오른손 정규직교기저이므로, $\rho' \circ \rho$는 $\mathbf{t}(s_0)$, $\mathbf{n}(s_0)$, $\mathbf{b}(s_0)$을 각각 $\tilde{\mathbf{t}}(s_0)$, $\tilde{\mathbf{n}}(s_0)$, $\tilde{\mathbf{b}}(s_0)$으로 보낸다. 지금 M을 직접 등장사상 $M = T_{\tilde{\gamma}(s_0) - \gamma(s_0)}$

$\circ\ \rho' \circ \rho$라 하자. 연습문제 2.3.5에 의하여 곡선 $\Gamma = M(\gamma)$는 단위속력이고, 만일 $\mathbf{T}, \mathbf{N}, \mathbf{B}$가 각각 이 곡선의 단위접선벡터, 단위주법선벡터, 단위종법선벡터라면,

$$\Gamma(s_0) = \tilde{\gamma}(s_0),\ \mathbf{T}(s_0) = \tilde{\mathbf{t}}(s_0),\ \mathbf{N}(s_0) = \tilde{\mathbf{n}}(s_0),\ \mathbf{B}(s_0) = \tilde{\mathbf{b}}(s_0) \tag{2.18}$$

이다. 지금 요령은 다음 식을 생각하는 것이다.

$$A(s) = \tilde{\mathbf{t}} \cdot \mathbf{T} + \tilde{\mathbf{n}} \cdot \mathbf{N} + \tilde{\mathbf{b}} \cdot \mathbf{B}.$$

식 (2.18)을 생각하면 $A(s_0) = 3$이다. 반면에 $\tilde{\mathbf{t}}$와 $\mathbf{T}$는 단위벡터이므로 $\tilde{\mathbf{t}} \cdot \mathbf{T} \le 1$이고 등호가 성립할 필요충분조건은 $\tilde{\mathbf{t}} = \mathbf{T}$이며 $\tilde{\mathbf{n}} \cdot \mathbf{N}$과 $\tilde{\mathbf{b}} \cdot \mathbf{B}$에 대해서도 마찬가지다. 따라서 $A(s) \le 3$이 성립하고 등호가 성립하는 경우는 $\tilde{\mathbf{t}} = \mathbf{T}$, $\tilde{\mathbf{n}} = \mathbf{N}$, $\tilde{\mathbf{b}} = \mathbf{B}$인 경우뿐이다. 따라서 A가 상수인 것을 증명할 수 있으면, 특히 $\tilde{\mathbf{t}} = \mathbf{T}$, 즉 $\dot{\tilde{\gamma}} = \dot{\Gamma}$가 성립한다. 따라서 $\tilde{\gamma}(s) - \Gamma(s)$는 상수벡터이다. 그러나 다시 식 (2.18)에 의하여, 이 상수벡터는 영이라야 한다. 즉, $\tilde{\gamma} = \Gamma$이다.

그러므로 정리의 첫 부분에 관하여, A가 상수인 것을 증명하는 것으로 줄어든다. 프레네-세레의 방정식을 사용하면 다음이 성립한다.

$$\begin{aligned}\dot{A} &= \dot{\tilde{\mathbf{t}}} \cdot \mathbf{T} + \dot{\tilde{\mathbf{n}}} \cdot \mathbf{N} + \dot{\tilde{\mathbf{b}}} \cdot \mathbf{B} + \tilde{\mathbf{t}} \cdot \dot{\mathbf{T}} + \tilde{\mathbf{n}} \cdot \dot{\mathbf{N}} + \tilde{\mathbf{b}} \cdot \dot{\mathbf{B}} \\ &= \kappa\tilde{\mathbf{n}} \cdot \mathbf{T} + (-\kappa\tilde{\mathbf{t}} + \tau\tilde{\mathbf{b}}) \cdot \mathbf{N} + (-\tau\tilde{\mathbf{n}}) \cdot \mathbf{B} + \tilde{\mathbf{t}} \cdot \kappa\mathbf{N} \\ &\quad + \tilde{\mathbf{n}} \cdot (-\kappa\mathbf{T} + \tau\mathbf{B}) + \tilde{\mathbf{b}} \cdot (-\tau\mathbf{N}).\end{aligned}$$

그리고 이것은 항들 끼리 짝을 지워 소거되기 때문에 영이다.

정리의 두 번째 부분에 관하여, 먼저 상미분방정식으로부터 연립방정식

$$\dot{\mathbf{T}} = k\mathbf{N} \tag{2.19}$$

$$\dot{\mathbf{N}} = -k\mathbf{T} + t\mathbf{B} \tag{2.20}$$

$$\dot{\mathbf{B}} = -t\mathbf{N} \tag{2.21}$$

은 $\mathbf{T}(s_0)$, $\mathbf{N}(s_0)$, $\mathbf{B}(s_0)$가 각각 정규기저벡터가

$$\mathbf{i} = (1,\ 0,\ 0),\ \mathbf{j} = (0,\ 1,\ 0),\ \mathbf{k} = (0,\ 0,\ 1)$$

인 유일한 해 $\mathbf{T}(s)$, $\mathbf{N}(s)$, $\mathbf{B}(s)$를 갖는다는 것을 알 수 있다. 한편 행렬

$$\begin{pmatrix} 0 & k & 0 \\ -k & 0 & t \\ 0 & -t & 0 \end{pmatrix}$$

은 $\mathbf{T}$, $\mathbf{N}$, $\mathbf{B}$의 항으로써 $\dot{\mathbf{T}}$, $\dot{\mathbf{N}}$, $\dot{\mathbf{B}}$를 나타내고 이 행렬은 반대칭이므로, 벡터 $\mathbf{T}$, $\mathbf{N}$, $\mathbf{B}$는 s의 모든 값에 관하여 정규직교벡터이다(연습문제 2.3.6을 보아라). 지금

$$\gamma(s) = \int_{s_0}^{s} \mathbf{T}(u)\,du$$

로 정의하면, $\dot{\gamma} = \mathrm{T}$이고 T가 단위벡터이므로 γ는 단위속력곡선이다. 다음에, 식 (2.19)에 의하여 $\dot{\mathrm{T}} = k\mathrm{N}$이고 N은 단위벡터이므로 k는 γ의 곡률이고 N은 γ의 주법선벡터이다. 마찬가지로 B는 T와 N에 수직인 단위벡터이므로, λ가 s의 매끄러운 함수일 때, $\mathrm{B} = \lambda \mathrm{T} \times \mathrm{N}$인데 이것은 모든 s에 관하여 ± 1이다. 따라서 B는 γ의 종법선벡터이고 식 (2.21)에 의하여 t는 γ의 열률이다. ■

연습문제

2.3.1 다음 각 곡선에 대하여 κ, τ, $\mathbf{t}$, $\mathbf{n}$, $\mathbf{b}$를 계산하고 프레네-세레의 방정식이 만족되는지 확인하여라.

(1) $\gamma(t) = \left(\frac{1}{3}(1+t)^{3/2},\ \frac{1}{3}(1-t)^{3/2},\ \frac{t}{\sqrt{2}}\right)$

(2) $\gamma(t) = \left(\frac{4}{5}\cos t,\ 1-\sin t,\ -\frac{3}{5}\cos t\right)$

곡선 (2)는 원임을 보이고, 중심과 반지름을 구하고 그것이 놓여있는 평면을 구하여라.

2.3.2 $\mathbb{R}^3$ 안에서 곡률 $\kappa > 0$이 상수이고 열률 τ가 상수인 모든 곡선을 그려라.

2.3.3 $\mathbb{R}^3$ 안에서 자신의 접선벡터가 고정된 단위벡터 $\mathbf{a}$와 상수각 θ를 이루는 양의 곡률을 갖는 정칙곡선 γ를 **일반나선**(generalized helix)이라 한다. 이때, γ의 곡률 κ와 열률 τ 사이에는 $\tau = \pm\kappa\cot\theta$ 라는 관계가 있음을 보여라. 역으로, $\lambda =$ 상수일 때, 정칙곡선의 곡률과 열률 사이에 $\tau = \lambda\kappa$인 관계가 성립하면, 이 곡선은 일반나선임을 보여라. 이 결과를 보면 예제 2.1.3과 예제 2.3.2는 원형나선이 일반나선인 것을 나타낸다. 이것을 직접 증명하여라.

2.3.4 $\gamma(t)$가 모든 t에 대하여 $\kappa(t) > 0$이고 $\tau(t) \neq 0$인 단위속력곡선이라 하자. 만일 γ가 **구면적**(spherical), 즉 γ가 구면 위에 놓여 있으면

$$\frac{\tau}{\kappa} = \frac{d}{ds}\left(\frac{\dot{\kappa}}{\tau\kappa^2}\right) \tag{2.22}$$

임을 보여라. 역으로, 만일 식 (2.22)가 성립하면 적당한 양의 상수 r에 관하여 $\rho = \frac{1}{\kappa}$, $\sigma = \frac{1}{\tau}$일 때,

$$\rho^2 + (\dot{\rho}\sigma)^2 = r^2$$

이 성립함을 보이고 γ는 반지름이 r인 구면 위에 놓여 있음을 유도하여라. 식 (2.22)는 비비아니곡선(연습문제 1.1.8)에 관하여 성립함을 증명하여라.

2.3.5 P를 $(n\times n)$-행렬이라 하고 $\mathbf{a}\in\mathbb{R}^n$라 하고 $M(\mathbf{v})=P\mathbf{v}+\mathbf{a}$가 $\mathbb{R}^3$의 등장사상이라 하자(부록 1을 보아라). 만일 γ가 $\mathbb{R}^n$에서 단위속력곡선이라면, 곡선 $\Gamma=M(\gamma)$도 단위속력곡선임을 보여라. 또한 만일 $\mathbf{t}$, $\mathbf{n}$, $\mathbf{b}$와 $\mathbf{T}$, $\mathbf{N}$, $\mathbf{B}$가 각각 γ와 Γ의 접선벡터, 주법선벡터, 종법선벡터라면, $\mathbf{T}=P\mathbf{t}$, $\mathbf{N}=P\mathbf{n}$, $\mathbf{B}=P\mathbf{b}$임을 보여라.

2.3.6 (a_{ij})를 반대칭 3×3 행렬(즉, 모든 i, j에 관하여 $a_{ij}=-a_{ji}$)이라 하자. $\mathbf{v}_1$, $\mathbf{v}_2$, $\mathbf{v}_3$을 모든 $i=1, 2, 3$에 관하여 미분방정식

$$\dot{\mathbf{v}}_i=\sum_{j=1}^{3}a_{ij}\mathbf{v}_j$$

을 만족하는 매개변수 s에 관한 매끄러운 함수라 하고, 어떤 매개변수 값 s_0에 대하여 벡터 $\mathbf{v}_1(s_0)$, $\mathbf{v}_2(s_0)$, $\mathbf{v}_3(s_0)$가 정규직교라고 가정하자. 이때 벡터 $\mathbf{v}_1(s)$, $\mathbf{v}_2(s)$, $\mathbf{v}_3(s)$는 s의 모든 값에 대하여 정규직교임을 보여라.

본 교재의 나머지 부분에서는 모든 매개변수화 곡선들이 정칙임을 가정한다.

제3장

곡선의 대역적 성질

제3장 곡선의 대역적 성질

지금까지 다룬 곡선의 모든 성질들은 주어진 점의 근방에서 곡선의 행동에만 의존한 '국소적'인 것이었고 곡선의 '대역적'인 모양은 아니었다. 곡선에 관한 대역적 결과들을 증명하는데, 앞의 두 장에서 사용했던 해석적 기법 이외에도 위상수학적 개념을 종종 원한다. 이 책의 독자들이 위상적 개념을 아주 잘 알고 있다고 가정하지 않으므로 이 장에서 다루는 몇몇 대역적 결과들의 상세한 증명은 줄 수 없을 것이다.

3.1 단순폐곡선

이 장에서는 다음 모양의 평면곡선들을 다룰 것이다.

정의 3.1.1

$\mathbb{R}^2$ 안의 **단순폐곡선**(simple closed curve)은 자기교차점이 없는 폐곡선이다.

평면안의 모든 단순폐곡선이 '내부'와 '외부'를 가진다는 다음 성질을 갖는 '**조르당 곡선 정리**'(Jordan Curve Theorem)로 불리는 $\mathbb{R}^2$의 공인된 매우 중요한 위상 이론이다. 이 정리를 보다 상세하게 말하자면, γ의 상의 여집합(즉, 곡선의 상에 있지 않은 $\mathbb{R}^2$의 점들의 집합)은, 다음 성질을 만족하는 $\mathrm{int}(\gamma)$와 $\mathrm{ext}(\gamma)$로 나타내는 $\mathbb{R}^2$의 두 부분집합의 서로소인 합집합(disjoint union)이다.

(1) $\mathrm{int}(\gamma)$는 유계(bounded)이다. 즉, 반지름이 충분히 큰 원안에 포함된다.

(2) $\mathrm{ext}(\gamma)$는 유계가 아니다.

(3) 영역 $\mathrm{int}(\gamma)$와 $\mathrm{ext}(\gamma)$는 둘 다 연결집합(connected set)이다. 즉, 같은 영역 안에 있는 임의의 두 점은 그 영역 안에 완전히 포함되는 곡선으로 연결될 수 있다(그러나 $\mathrm{int}(\gamma)$의 점과 $\mathrm{ext}(\gamma)$의 점을 잇는 곡선은 반드시 곡선 γ를 지나야 한다).

예제 3.1.2 p, q가 영이 아닌 상수일 때, 타원 $\gamma(t) = (p\cos t, q\sin t)$는 주기가 2π인 단순폐곡선이다. 물론 γ의 내부(int)와 외부(ext)는 각각 다음과 같다.

$$\mathrm{int}(\gamma) = \left\{(x,\ y) \in \mathbb{R}^2 \mid \frac{x^2}{p^2} + \frac{y^2}{q^2} < 1\right\},$$

$$\mathrm{ext}(\gamma) = \left\{(x,\ y) \in \mathbb{R}^2 \mid \frac{x^2}{p^2} + \frac{y^2}{q^2} > 1\right\}.$$

그렇지만 모든 단순폐곡선이 내부와 외부가 분명한 것은 아니다. 아래 그림에서 보여주는 단순폐곡선의 점 p는 폐곡선의 내부에 있는가 또는 외부에 있는가?

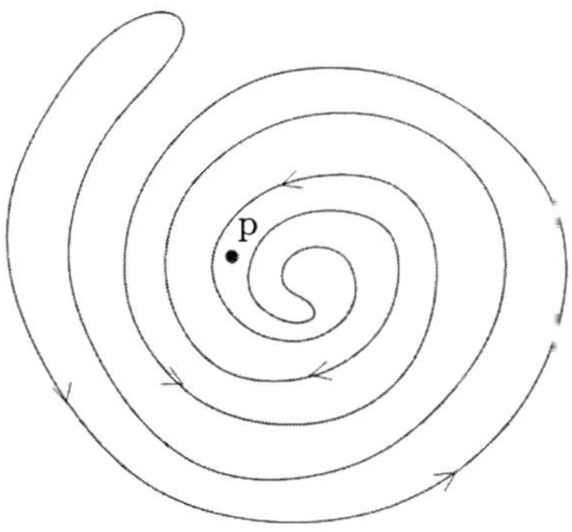

예제 3.1.3 예제 1.1.7의 와우선은 닫혀있지만, 자기교차를 하는 단순폐곡선은 아니다-연습문제 3.11을 보아라.

단순폐곡선이 내부와 외부를 갖는다는 사실은 γ의 가능한 두 방향을 구분할 수 있게 해준다. 부호가 붙은 γ의 단위법선벡터 $\mathbf{n}_s$(2.2절을 참조)가 γ의 모든 점에서 $\mathrm{int}(\gamma)$를 가르킨다면 γ는 **양의 방향**(positively-oriented)이라고 말할 수 있다. 이것은 필요하다면 γ의 매개변수 t를 $-t$로 바꾸면 항상 가능하다. 아래 그림에서 곡선의 화살표는 매개변수가 증가하는 방향을 가르킨다. 위쪽에 있는 단순폐곡선은 양의 방향인가?

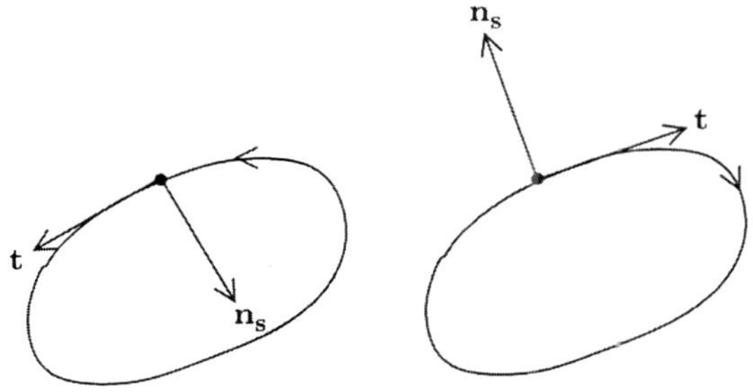

(양의 방향) (양의 방향 아님)

다음 정리를 소개해 두면서 이 절을 끝낸다.

정리 3.1.4 (Hopf의 회전정리)

$\mathbb{R}^2$안의 단순폐곡선의 총 부호화 곡률은 $\pm 2\pi$이다.

정리 3.1.4의 증명은 이 교재에서 적당하다기 보다는 위상수학의 영역에 속한다. 학생 스스로 발견하게 하는 (조금 더 보다 일반적인 결과의) 증명은 13.1절에 있다.

따름정리 2.2.5는 $\mathbb{R}^2$ 안의 임의의 폐곡선의 총 부호화 곡률이 2π라는 사실을 보여주고 있다는 것을 주의하여라. 이 Hopf의 정리의 요점은, 만일 곡선이 단순폐곡선이라면 이 정수는 ± 1이라는 것이다. 독일어 단어 'Umlaufsatz'는 '회전정리'를 의미한다: 따름정리 2.2.5의 증명으로부터 Hopf의 정리는 곡선 둘레를 한 번 돌아갈 때(이것은 접선벡터가 $\pm 2\pi$만큼 회전한다는 의미), 단순폐곡선의 선회각 φ는 $\pm 2\pi$씩 변한다는 것을 말해주고 있다. 독자들은 이 성질이 미로 같은 단순폐곡선에 대하여 성립하는지를 체크해 보기 바란다.

연습문제

3.1.1 a가 상수일 때, 곡선

$$\gamma(t) = ((1+2\cos t)\cos t,\ (1+2\cos t)\sin t)$$

는 만일 $|a| < 1$이면 단순폐곡선이고, $|a| > 1$이면 이 곡선의 여집합이 $\mathbb{R}^2$ 안의 세 연결인 부분집합 중 두 개는 유계이고 하나는 유계가 아닌 것의 직화(disjoint union)인 것을 보여라. $a = \pm 1$이면 어떤 일이 생기는가?

3.2 등주부등식

단순폐곡선 γ에 의하여 둘러싸인 영역의 넓이(area)는

$$A(\gamma) = \int_{\mathrm{int}(\gamma)} dx\,dy \tag{3.1}$$

이다. 이것은 다음의 정리로써 계산할 수 있다.

그린 정리 (Green's Theorem)

$f(x,y)$와 $g(x,y)$가 매끄러운 함수(즉, 모든 차수의 연속인 편도함수를 가지는 함수)라고 하자. γ가 양의 방향의 단순폐곡선이라 하자. 그러면 다음 식이 성립한다.

$$\int\int_{\mathrm{int}(\gamma)} \left(\frac{\partial g}{\partial x} - \frac{\partial f}{\partial y}\right) dx\,dy = \int_{\gamma} f(x,\ y)dx + g(x,\ y)dy.$$

증명은 보통 다변수함수론 책에서 발견할 수 있다.

명제 3.2.1 $\gamma(t)=(x(t),\ y(t))$가 $\mathbb{R}^2$안에서 주기가 T인 양의 방향인 단순폐곡선이라면 다음이 성립한다.

$$A(\gamma)=\frac{1}{2}\int_0^T(x\dot{y}-y\dot{x})dt. \tag{3.2}$$

증명 그린 정리에서 $f=-\frac{1}{2}y,\ g=\frac{1}{2}x$라 두면

$$A(\gamma)=\frac{1}{2}\int_\gamma xdy-ydx$$

이 성립하는데, 이것이 곧 식 (3.2)이다. ■

비록 식 (3.2) 안의 식은 γ의 매개변수 t를 포함하지만, 정의 3.1.1로부터 만일 γ가 재매개변수화 된다면 $A(\gamma)$는 변하지 않는다는 것이 분명하다는 것에 주의하여라.

다음은 평면곡선에 관한 가장 중요한 대역적 결과중의 하나이다

정리 3.2.2 등주부등식(Isoperimetic Inequality)

γ를 단순폐곡선이라 하고 $\ell(\gamma)$를 그의 길이, $A(\gamma)$를 그것에 포함되는 넓이라 하자. 그러면 다음 부등식이 성립하고 등호가 성립하기 위한 필요충분조건은 γ가 원일 때이다.

$$A(\gamma)\le\frac{1}{4\pi}\ell(\gamma)^2$$

물론, γ가 원인 경우에 R을 반지름이라면, $\ell(\gamma)=2\pi R$이고 $A(\gamma)=\pi R^2$이므로 등호가 분명히 성립한다.

이 정리를 증명하기 위하여 다음 해석학의 한 결과가 필요하다.

명제 3.2.3 **비르팅거 부등식**(Wirtinger's Inequality): $F:\ [0,\ \pi]\rightarrow\mathbb{R}$이 $F(0)=F(\pi)=0$을 만족하는 매끄러운 함수라 하자. 그러면 다음 부등식이 성립하고, 등호가 성립할 필요충분조건은, D가 상수일 때 모든 $t\in[0,\ \pi]$에 대하여 $F(t)=D\sin t$인 것이다.

$$\int_0^\pi\left(\frac{dF}{dt}\right)^2dt\ge\int_0^\pi F(t)^2dt.$$

이 결과를 가정하고, 이 명제로부터 등주부등식을 어떻게 유도할지를 보인다.

증명 증명을 간단하게 해줄 γ에 대한 가정을 만들면서 시작하기로 한다. 먼저 원한다면 γ가 호의 길이 s에 의하여 매개변수화된다고 가정할 수 있다. 그렇지만, 정리 3.2.2에서 나오는 π 때문에 γ의 주기를 π로 가정하는 것이 더욱 편리하다는 것이다. 만일 γ의 매개변수를 s에서

$$t = \frac{\pi s}{\ell(\gamma)} \tag{3.3}$$

로 바꾸면, 바뀐 곡선은 여전히 단순폐곡선이고, s가 $\ell(\gamma)$만큼 증가할 때 t는 π만큼 증가하므로 주기는 π이다. 그러므로 지금부터 γ가 식 (3.3)에 있는 매개변수 t를 사용하여 매개변수화된다고 가정한다.

두 번째 단순화를 위하여, b가 상수벡터일 때 γ가 평행이동 $\gamma(t) \mapsto \gamma(t) + \mathrm{b}$을 따라서도 $\ell(\gamma)$와 $A(\gamma)$는 바뀌지 않는다는 것을 명심한다(연습문제 3.2.1을 참조). $\mathrm{b} = -\gamma(0)$로 잡으면, 우선 첫째로 $\gamma(0) = 0$이라고 가정한다. 즉, γ는 원점에서 시작하여 원점에서 끝난다고 가정한다.

정리 3.2.2를 증명하기 위하여, 극좌표

$$x = r\cos\theta,\ y = r\sin\theta$$

를 사용하여 $\ell(\gamma)$와 $A(\gamma)$를 계산한다.

연쇄법칙을 사용하면 $\dfrac{d}{dt}$를 $\cdot$ 으로 나타낼 때 다음이 성립하는 것을 쉽게 알 수 있다.

$$\dot{x}^2 + \dot{y}^2 = \dot{r}^2 + r^2\dot{\theta}^2, \qquad x\dot{y} - y\dot{x} = r^2\dot{\theta}.$$

식 (3.3)을 사용하면 $\left(\dfrac{dx}{ds}\right)^2 + \left(\dfrac{dy}{ds}\right)^2 = 1$이므로 다음 식이 성립한다.

$$\dot{r}^2 + r^2\dot{\theta}^2 = \left(\frac{dx}{dt}\right)^2 + \left(\frac{dy}{dt}\right)^2 = \left(\left(\frac{dx}{ds}\right)^2 + \left(\frac{dy}{ds}\right)^2\right)\left(\frac{ds}{dt}\right)^2 = \frac{\ell(\gamma)^2}{\pi^2}. \tag{3.4}$$

더욱이 식 (3.2)에 의하여 다음을 얻는다.

$$A(\gamma) = \frac{1}{2}\int_0^{\pi}(x\dot{y} - y\dot{x})dt = \frac{1}{2}\int_0^{\pi} r^2\dot{\theta}dt. \tag{3.5}$$

정리 3.2.2를 증명하기 위하여, 부등식

$$\frac{\ell(\gamma)^2}{4\pi} - A(\gamma) \geq 0$$

이 성립하고 등호가 성립하기 위한 필요충분조건이 γ가 원이라는 것을 보여야 한다. 식 (3.4)에 의하여 다음이 성립한다.

$$\int_0^{\pi}(\dot{r}^2 + r^2\dot{\theta}^2)dt = \frac{\ell(\gamma)^2}{\pi}.$$

따라서 식 (3.5)를 이용하면

$$I=\int_0^{\pi}(\dot{r}^2+r^2\dot{\theta}^2-2r^2\dot{\theta})dt \tag{3.6}$$

일 때 다음 식을 얻는다.

$$\frac{\ell(\gamma)^2}{4\pi}-A(\gamma)=\frac{1}{4}\int_0^{\pi}(\dot{r}^2+r^2\dot{\theta}^2)dt-\frac{1}{2}\int_0^{\pi}r^2\dot{\theta}dt=\frac{1}{4}I$$

따라서 정리 3.2.2를 증명하기 위하여, $I\geq 0$과 $I=0$이기 위한 필요충분조건이 γ가 원이라는 것을 보여야만 한다.

간단한 대수성질에 의하여 다음이 성립한다.

$$I=\int_0^{\pi}r^2(\dot{\theta}-1)^2dt+\int_0^{\pi}(\dot{r}^2-r^2)dt. \tag{3.7}$$

식 (3.7)의 우변의 첫 적분은 분명히 ≥ 0이고 두 번째 적분은 비르팅거 부등식($F=r$로 두고 $\gamma(0)=\gamma(\pi)=\mathbf{0}$이므로 $r(0)=r(\pi)=0$인 것에 유의한다)에 의하여 ≥ 0이다. 따라서 $I\geq 0$이다. 더욱이 식 (3.7)의 우변의 두 적분이 ≥ 0이드로 그들의 합 I가 영이 되기 위한 필요충분조건은 두 적분 모두 영인 것이다. 그러나 첫 적분은 모든 t에 대하여 $\dot{\theta}=1$일 때만 영이고, 두 번째 적분은 어떤 상수 D(비르팅거 부등식에 의하여)에 관하여 $r=D\sin t$일 때만 영이다. 그러므로 α가 상수일 때 $\theta=t+\alpha$이고 따라서 $r=D\sin(\theta-\alpha)$이다. 결국 이것은 지름이 D인 원에 대한 극방정식인 것을 쉽게 알 수 있으므로 정리 3.2.2의 증명이 끝난다(아래 그림을 참조).

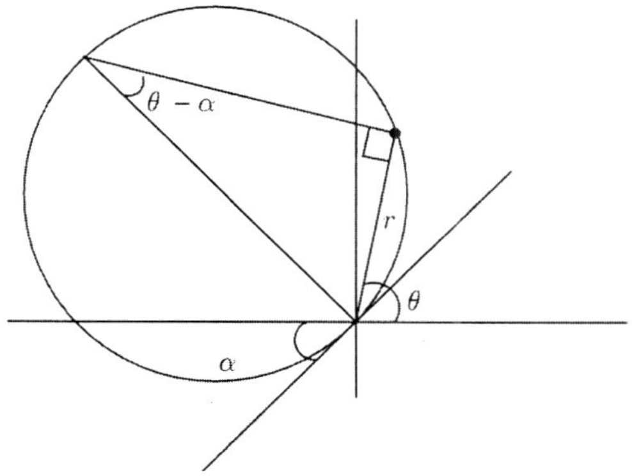

지금부터 비르팅거 부등식을 증명한다.

$G(t)=F(t)/\sin t$라 두면 $\frac{d}{dt}$를 · 로 나타낼 때 다음 식이 성립한다.

$$\begin{aligned}\int_0^{\pi}\dot{F}^2dt&=\int_0^{\pi}(\dot{G}\sin t+G\cos t)^2dt\\&=\int_0^{\pi}\dot{G}^2\sin^2 t\,dt+2\int_0^{\pi}G\dot{G}\sin t\cos t\,dt+\int_0^{\pi}G^2\cos^2 t\,dt.\end{aligned}$$

부분적분[1])에 의하여 다음 식을 얻는다.

$$2\int_0^\pi G\dot{G}\sin t\cos t\,dt = G^2\sin t\cos t\,|_0^\pi - \int_0^\pi G^2(\cos^2 t - \sin^2 t)dt$$

$$= \int_0^\pi G^2(\sin^2 t - \cos^2 t)dt.$$

따라서 다음 식이 성립한다.

$$\int_0^\pi \dot{F}^2\,dt = \int_0^\pi \dot{G}^2\sin^2 t\,dt + \int_0^\pi G^2(\sin^2 t - \cos^2 t)dt + \int_0^\pi G^2\cos^2 t\,dt$$

$$= \int_0^\pi (G^2 + \dot{G}^2)\sin^2 t\,dt = \int_0^\pi F^2\,dt + \int_0^\pi \dot{G}^2\sin^2 t\,dt.$$

그러므로

$$\int_0^\pi \dot{F}^2\,dt - \int_0^\pi F^2\,dt = \int_0^\pi \dot{G}^2\sin^2 t\,dt$$

을 얻는다. 위의 식에서 우변은 분명히 ≥ 0이고, 그것이 영이기 위한 필요충분조건은 모든 t에 대하여 $\dot{G}=0$, 즉 $G(t)$가 모든 t에 관하여 상수인 것이다. 여기서 그 상수를 D라고 하면 모든 t에 관하여 $F(t) = D\sin t$인 것을 의미한다. ■

연습문제

3.2.1 γ에 등장사상을 작용시키면 길이 $\ell(\gamma)$, 넓이 $A(\gamma)$는 변하지 않는 것을 보여라.

3.2.2 등주부등식을 타원

$$\frac{x^2}{p^2} + \frac{y^2}{q^2} = 1$$

에 적용하여(p, q는 양의 상수), 다음 부등식을 증명하고, 여기에서 등호가 성립할 필요충분조건은 $p = q$임을 증명하여라.

$$\int_0^{2\pi} \sqrt{p^2\sin^2 t + q^2\cos^2 t}\,dt \geq 2\pi\sqrt{pq}.$$

---

1) 부분적분을 할 때, G는 연속적으로 미분가능하다고 가정한다(왜냐하면 함수 $G(t)^2\sin t\cos t$는 자신의 도함수의 적분과 같다는 것을 가정하기 때문이다). 불행하게도 $G(t)$는 비$F(t)/\sin t$가 그기에서 $0/0$이므로 $t=0$ 또는 π에서 조차도 정의되지 않는다. 그러므로 G가 모든 곳에서 연속적으로 미분가능하도록 이들 점에서 정의될 수 있다는 것을 보여야한다. 이것은 로피탈의 법칙을 사용하면 할 수 있다.

3.3 네 꼭지점 정리

평면상의 볼록 곡선에 관한 유명한 결과를 소개하고 이 장을 마치기로 한다. $\mathrm{int}(\gamma)$ 안의 임의의 두 점을 잇는 직선선분이 완전히 $\mathrm{int}(\gamma)$에 포함된다는 의미로 단순폐곡선 γ의 내브 $\mathrm{int}(\gamma)$가 볼록할 때, γ는 **볼록**(convex)하다고 한다.

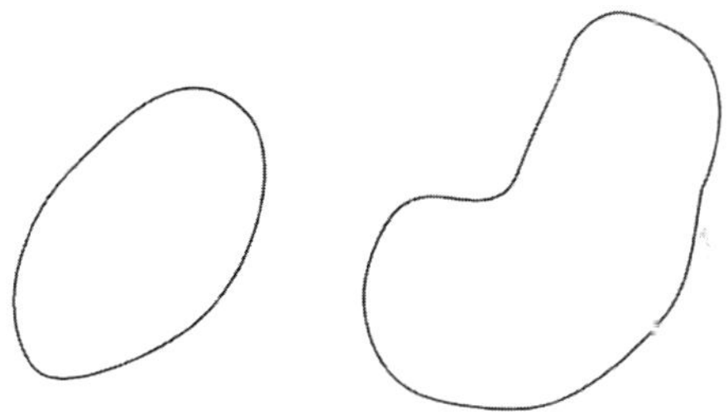

(볼록 곡선) (볼록이 아닌 곡선)

정의 3.3.1

$\mathbb{R}^2$안의 곡선 $\gamma(t)$의 **꼭지점**(vertex)은 부호가 붙은 곡률 κ_s가 정류점, 즉 $d\kappa_s/dt=0$인 점이다.

이 정의는 곡선 γ의 매개변수화에는 독립적임을 쉽게 알 수 있다.

예제 3.3.2 $p,\ q$가 양의 상수일 때, 타원 $\gamma(t)=(p\cos t,\ q\sin t)$의 부호가 붙은 곡률은

$$\kappa_s(t)=\frac{pq}{(p^2\sin^2 t+q^2\cos^2 t)^{3/2}}$$

임을 쉽게 알 수 있다. 따라서 타원의 두 축의 양 끝점인 $t=0,\ \frac{\pi}{2},\ \pi,\ \frac{3}{2}\pi$에서

$$\frac{d\kappa_s}{dt}=\frac{3pq(q^2-p^2)\sin t\cos t}{(p^2\sin^2 t+q^2\cos^2 t)^{5/2}}$$

는 영이다.

다음 정리는 이것이 단순폐볼록곡선이 가질 수 있는 가장 작은 개수의 꼭지점이라는 것을 말해 준다.

정리 3.3.3 네 꼭지점 정리(Four vertex Theorem)

$\mathbb{R}^2$안의 모든 단순폐볼록곡선은 적어도 4개의 꼭지점을 갖는다.

실제로 볼록성에 대한 가정이 없어도 이 정리의 결과는 사실이지만, 그럴 경우 증명이 더욱 어렵다.

증명 곡선 γ가 $\mathbb{R}^2$안에서 단순폐볼록곡선이라 하고 ℓ을 그의 길이라 하자. γ는 꼭지점이 4개보다 적다는 모순을 가정하자. 먼저 γ를 두 부분으로 나누는 직선 L이 있는데, 그 중에 하나에서는 $\dot{\kappa}_s > 0$이고 다른 하나에서는 $\dot{\kappa}_s \le 0$(또는 하나에서는 $\dot{\kappa}_s \ge 0$, 다른 하나에서는 $\dot{\kappa}_s < 0$)인 것을 보인다. 사실, κ_s는 폐구간 $[0,\ell]$에서 모든 값을 가진다. 그러므로 κ_s는 γ의 어떤 점 $\mathbf{p}$와 $\mathbf{q}$에서 최댓값과 최솟값을 가져야 한다. $\mathbf{p} \neq \mathbf{q}$라고 가정할 수 있다. 왜냐하면 그렇지 않으면 κ_s는 상수가 되어 곡선 γ는 원이 되어(예제 2.2.7에 의하여), γ의 모든 점이 꼭지점이 된다. 만일 $\mathbf{p}$와 $\mathbf{q}$가 유일한 γ의 꼭지점이었다면, $\mathbf{p}$와 $\mathbf{q}$를 지나는 직선이 γ를 나누는 한 부분 위에서는 $\dot{\kappa}_s > 0$이고 다른 부분에서는 $\dot{\kappa}_s < 0$였을 것이다. 지금 가령 $\mathbf{r}$이라는 또 하나의 꼭지점이 있다고 가정하자. 그러면 점 $\mathbf{p}$, $\mathbf{q}$, $\mathbf{r}$은 γ를 세 부분으로 나누고, 각 부분에서 $\dot{\kappa}_s$는 항상 > 0이든지 항상 < 0이어야 한다. 따라서 $\dot{\kappa}_s > 0$인 곳에서 두 인접한 부분이 있거나 $\dot{\kappa}_s < 0$인 곳에서 (두 부분이 만나는 점을 제외하고) 두 인접한 부분이 있다. 그러므로 우리 주장이 증명되었다. ■

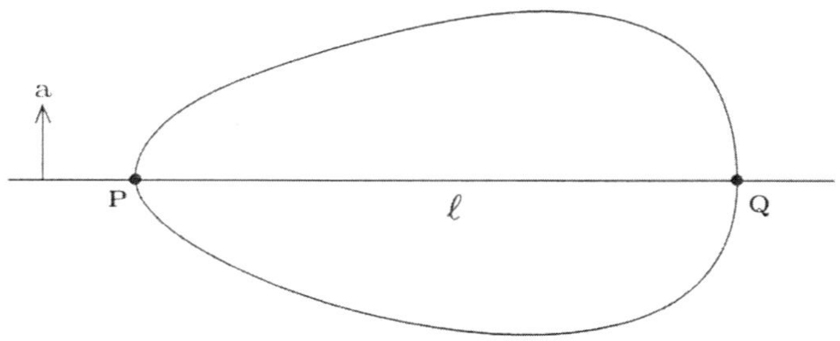

$\mathbf{a}$를 L에 수직인 단위벡터라 하자. 그래서 L의 한 쪽에서 $\gamma \cdot \mathbf{a} > 0$이고 다른 쪽에서 $\gamma \cdot \mathbf{a} < 0$라 하자. 그러면 양 $\dot{\kappa}_s(\gamma \cdot \mathbf{a})$는 L이 곡선과 만나는 두 점을 제외하고, 항상 >0이든지 항상 <0이다. 그러면 양 $\dot{\kappa}_s(\gamma \cdot \mathbf{a})$는 L이 곡선과 만나는 두 점을 제외하고, 항상 >0이거나 <0이다. 따라서

$$\int_0^\ell \dot{\kappa}_s(\gamma \cdot \mathbf{a})dt \neq 0 \tag{3.8}$$

인데, 이 적분은 첫 경우는 확실하게 >0이고 두 번째 경우는 <0이다. 그러나 방정식 $\dot{\mathbf{n}}_s = -\kappa_s \mathbf{t}$(연습문제 2.2.1을 보아라)를 사용하면

$$\dot{\kappa}_s \gamma = (\kappa_s \gamma)^{\cdot} - \kappa_s \dot{\gamma} = (\kappa_s \gamma + \mathbf{n_s})^{\cdot}$$

을 얻고, 그러므로 식 (3.8)의 좌변의 피적분함수는 가령 $(\kappa_s \gamma + \mathbf{n_s}) \cdot \mathbf{a} = \lambda$의 도함수이다. γ는 ℓ-주기적이므로, 모든 t에 대하여

$$\gamma(t+\ell)=\gamma(t)$$

이고 이것을 t에 대하여 미분하면 γ의 접선벡터 $\mathbf{t}$도 ℓ-주기적이 되어 다음이 성립한다.

$$\mathbf{t}(t+\ell)=\dot{\gamma}(t+\ell)=\dot{\gamma}(t)=\mathbf{t}(t).$$

이것을 $\frac{\pi}{2}$ 만큼 회전이동하여

$$\mathbf{n}_s(t+\ell)=\mathbf{n}_s(t)$$

를 얻고, 따라서 $\kappa_s(t+\ell)=\kappa_s(t)$이 된다. 그러므로 모든 t에 대하여 $\lambda(t+\ell)=\lambda(t)$이 되어 식 (3.8)의 적분은

$$\int_0^\ell \dot{\lambda}(t)dt=\lambda(\ell)-\lambda(0)=0$$

과 같다. 이 모순은 γ가 최소한 4개의 꼭지점을 가져야한다는 것을 증명하고 있다. ■

연습문제

3.3.1 연습문제 3.1.2에 있는 타원은 볼록임을 보여라.

3.3.2 예제 1.1.7에 있는 와우선은 꼭지점이 단 2개임을 보여라(예제 3.1.3과 비교하여라).

3.3.3 평면곡선 γ가 $t=t_0$에서 꼭지점을 갖기 위한 필요충분조건은 γ의 축폐선 ϵ(연습문제 2.2.7)이 $t=t_0$에서 특이점을 갖는 것임을 보여라.

제4장

3차원상의 곡면

제4장 3차원상의 곡면

이 장에서는 곡면의 개념을 수학적으로 정형화할 수 있는 몇 가지 방법을 소개한다. 예를 들면, 구면은 하나의 곡면조각사상은 아니지만, 적당한 두 개의 곡면조각사상을 붙여서 나타낼 수 있다. 이러한 붙이는 과정 뒤에 숨은 아이디어는 아주 간단하지만 그것을 구체화하는 것은 다소 복잡하다. 다음 장(5.6절)에서 가장 필요로 하는 증명을 모아 그러한 어려움을 최소화하려고 한다.

4.1 곡면이란 무엇인가?

지구의 표면은 실제로 거의 구면과 같지만, 수평선만 바라보는 지구표면 위에 서있는 관찰자에게는 평평한 평면처럼 보이는 것과 같이, 곡면은 어떤 주어진 점의 근방에서 $\mathbb{R}^2$의 한 조각처럼 보이는 $\mathbb{R}^3$의 부분집합이다. '~처럼 보이는'과 '근방에서'라는 구절을 구체적으로 살펴보기 위하여, 먼저 몇 가지 준비를 해 둔다. $\mathbb{R}^n$은 $n=1,\ 2,\ 3$인 경우만 필요하지만 $n \geq 1$인 경우를 나타낸다.

먼저, $\mathbb{R}^3$의 부분집합 U가 **열린 집합**(open set)이라는 것은, $\mathbf{a}$가 U 안의 한 점일 때, $\mathbf{a}$에서 거리가 ϵ만큼 안에 있는 모든 점 $\mathbf{u} \in \mathbb{R}^3$이 다시 U 안에 있기 위한 양수 ϵ이 존재할 때를 말한다. 즉, 다음과 같이 나타낼 수 있다.

$$\mathbf{a} \in U,\ \|\mathbf{u}-\mathbf{a}\| < \epsilon \ \Rightarrow\ \mathbf{u} \in U.$$

예를 들면

$$D_r(\mathbf{a}) = \{\mathbf{u} \in \mathbb{R}^n \mid \|\mathbf{u}-\mathbf{a}\| < r\}$$

을 $\mathbf{a}$를 중심으로 하고 반지름이 $r>0$인 **열린 공**(open ball)이라 하는 것처럼, $\mathbb{R}^n$ 자신은 열린 집합이다(만일 $n=1$이면 열린 공은 열린 구간이고 $n=2$이면 열린 원판(open disc)이다). 그러나

$$\overline{D}_r(\mathbf{a}) = \{\mathbf{u} \in \mathbb{R}^n \mid \|\mathbf{u}-\mathbf{a}\| \leq r\}$$

은 열린 집합이 아니다. 왜냐하면, ϵ이 아무리 작은 양수라 하더라도 점 $(a_1+r, a_2,\ \cdots,\ a_n) \in \overline{D}^n$에서 ϵ거리 안에 있는 점으로서, 가령 $\overline{D}_r(\mathbf{a})$ 안에 들어 있지 않은 점(예를 들면, $a_1+r+\dfrac{\epsilon}{2},\ a_2,\ \cdots,\ a_n)$이 있기 때문이다.

다음으로, 만일 X와 Y가 각각 $\mathbb{R}^m$, $\mathbb{R}^n$의 부분집합일 때, 점 $\mathbf{a}$ 근방에 있는 X 안의 임의의 점들이 $f : X \rightarrow Y$에 의하여 모든 $f(\mathbf{a})$ 근방의 Y 안의 점으로 사상될 때, 사상 f를 점 $\mathbf{a} \in X$에서 연속(continuous)이라고 한다. 기호로 나타내면, 임의의 주어진 수 $\epsilon > 0$에 대하여

$$\mathbf{u} \in X,\ \|\mathbf{u}-\mathbf{a}\| < \delta \quad \Rightarrow \quad \|f(\mathbf{u}) - f(\mathbf{a})\| < \epsilon$$

을 만족하는 수 $\delta > 0$가 존재할 때 f가 $\mathbf{a}$에서 **연속**이라고 한다. 또 f가 X의 모든 점에서 연속일 때 그냥 연속이라고 한다. 연속사상의 합성도 연속사상이다. 열린 집합의 정의에서 브면, 다음은 동치이다. 즉 f가 연속이기 위한 필요충분조건은 $\mathbb{R}^n$의 임의의 열린 집합 V에 대하여, f가 $U \cap X$을 $V \cap Y$로 사상하는 $\mathbb{R}^n$의 열린 집합 U가 존재하는 것이다.

$f : X \to Y$가 연속이고 전단사이며, 역사상 $f^{-1} : Y \to X$가 다시 연속일 때, f를 **위상동형사상**(homeomorphism)이라 하고 X와 Y는 **위상동형**(homeomorphic)이라고 한다.

지금부터 $\mathbb{R}^3$안의 곡면의 개념을 정의해보자.

정의 4.1.1

$\mathbb{R}^3$의 부분집합 S로서, 모든 점 $\mathbf{p} \in S$에 대하여 $\mathbb{R}^2$의 열린 집합 U와 $S \cap W$가 U와 위상동형인 점 $\mathbf{p}$를 포함하는 $\mathbb{R}^3$의 열린 집합 W가 존재할 때, S를 **곡면**(surface)이라 한다. W가 $\mathbb{R}^3$의 열린 부분집합일 때, $S \cap W$모양의 곡면 S의 부분집합을 S의 **열린 부분집합**(open subset)이라 한다. 정의에서처럼, 위상동형사상 $\sigma : U \to S \cap W$를 S의 열린 부분집합 $S \cap W$의 **곡면조각사상**(surface patch) 또는 매개변수화(parametrization)라 한다. 상이 S 전체를 덮는 그러한 곡면조각사상들의 모임을 S의 **좌표근방계**(atlas)라고 한다.

예제 4.1.2 $\mathbb{R}^3$ 안의 모든 평면은 단일 곡면조각사상을 포함하는 좌표근방계를 갖는 곡면이다.
왜냐하면 $\mathbf{a}$를 평면상의 한 점, $\mathbf{p}$와 $\mathbf{q}$를 주어진 평면에 평행한 두 개의 단위벡터로서 서로 직교한다고 하자. 만일 $\mathbf{v}$가 그 평면상의 임의의 점이라면, $\mathbf{v}-\mathbf{a}$는 그 평면에 평행하다. 그러므로 어떤 스칼라 u, v에 대하여,

$$\mathbf{v} - \mathbf{a} = u\mathbf{p} + v\mathbf{q}.$$

그러므로 구하고자 하는 곡면조각사상은

$$\sigma(u, v) = \mathbf{a} + u\mathbf{p} + v\mathbf{q}$$

이고 역사상은

$$\sigma^{-1}(\mathbf{v}) = ((\mathbf{v}-\mathbf{a}) \cdot \mathbf{p}, (\mathbf{v}-\mathbf{a}) \cdot \mathbf{q})$$

이다. 두 식으로부터 σ와 σ^{-1}는 연속사상임이 분명하므로 σ는 위상동형사상이다(구체적으로 이 사실을 증명하지는 않겠다).

다음 예제는 왜 곡면을 고려해야 하고 곡면조각사상은 고려하지 않는지를 보여준다.

예제 4.1.3 원기둥(circular cylinder)은 고정된 직선(그것의 축)으로부터 거리가 일정한(원기둥의 반지름) $\mathbb{R}^3$ 안의 점의 집합이다. 예를 들면, 단위기둥(unit cylinder)이라 부르는, 반지름이 1이고 축이 z

z-축인 원기둥은

$$S=\{(x,y,z)\in\mathbb{R}^3 | x^2+y^2=1\}$$

이다. S의 가장 간단한 매개변수화는

$$\boldsymbol{\sigma}(u,v)=(\cos u, \sin u, v)$$

이다. 그러면 분명히 모든 $(u,v)\in\mathbb{R}^2$에 대하여 $\boldsymbol{\sigma}(u,v)\in S$이고 S의 모든 점은 이 모양을 하고 있다. 더욱이 $\boldsymbol{\sigma}$는 연속함수이다. 그러나 $\boldsymbol{\sigma}$는 단사가 아니므로 위상동형사상이 아니다. 왜냐하면, 모든 (u,v)에 대하여 $\boldsymbol{\sigma}(u,v)=\boldsymbol{\sigma}(u+2\pi,v)$이기 때문이다. 단사함수를 얻기 위하여, 길이$\leq 2\pi$인 구간 안에 들어가기 위하여, 가령 $0\leq u<2\pi$로 u를 제한할 수 있다. 그렇지만, $\boldsymbol{\sigma}$를

$$V=\{(u,v)\in\mathbb{R}^2 |\ 0\leq u<2\pi\}$$

에 제한하면 $\boldsymbol{\sigma}|_V$는 단사이지만, V는 $\mathbb{R}^2$의 열린 부분집합이 아니므로 $\boldsymbol{\sigma}|_V$는 곡면조각사상이 아니다. V에 포함되는 가장 큰 열린 부분집합은

$$U=\{(u,v)\in\mathbb{R}^2 |\ 0<u<2\pi\}$$

이고 제한 $\boldsymbol{\sigma}|_U$는 곡면조각사상이다. 그러나 $\boldsymbol{\sigma}|_U$는 S전체를 덮지는 못하지만, S로부터 직선 $x=1, y=0$을 제거하여 얻는 유일한 열린 부분집합이다.

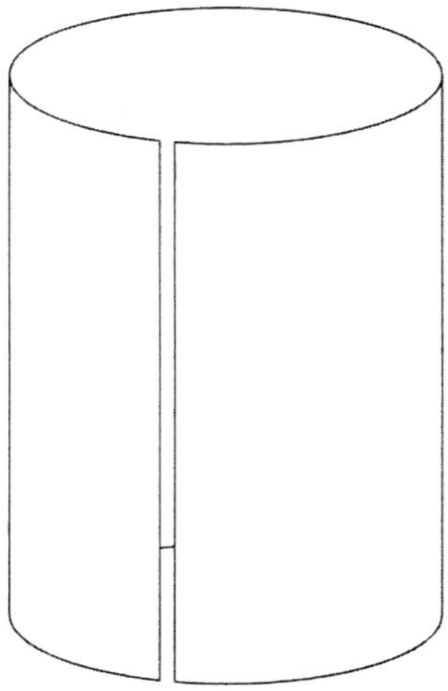

S에 대한 좌표근방계를 얻기 위하여, 적어도 다른 하나의 곡면조각사상이 필요하다.

$$\widetilde{U}=\{(u,v)\in\mathbb{R}^2 |\ -\pi<u<\pi\}$$

일 때, $\boldsymbol{\sigma}|_{\widetilde{U}}$는 직선 $x=-1, y=0$를 제거하고 얻어지는 S의 열린 부분집합을 덮는다. S의 모든 점은 적어도 두 곡면조각사상 $\boldsymbol{\sigma}|_U$와 $\boldsymbol{\sigma}|_{\widetilde{U}}$중 하나의 상 안에 있다. 그러므로 $\{\boldsymbol{\sigma}|_U, \boldsymbol{\sigma}|_{\widetilde{U}}\}$는 S에 대한 좌표근방계이므로 S는 곡면이다. ■

예제 4.1.4 구면(sphere)은 고정점(중심)으로부터 거리(반지름)가 일정한 $\mathbb{R}^3$ 안의 점의 집합이다. 예를 들면 단위구면(unit sphere)

$$S^2 = \{(x,y,z) \in \mathbb{R}^3 | x^2+y^2+z^2=1\}$$

은 반지름이 1이고 중심이 원점인 구면이다. S^2의 가장 일반적인 괘개변수화는 위도 θ와 경도 φ로 주어진다. 만일 p가 구면의 점이고 z-축과 평행하며 점 p를 지나는 직선이 가령 점 q에서 xy-평면과 만나면, θ는 q와 p사이의 각이고 φ는 q와 양의 x-축 사이의 각이다. 상수인 θ값에 대응하는 구면 위의 원을 위선(parallels)이라 하고 상수인 φ값에 대응하는 구면 위의 원을 경선(meridians)이라 한다.

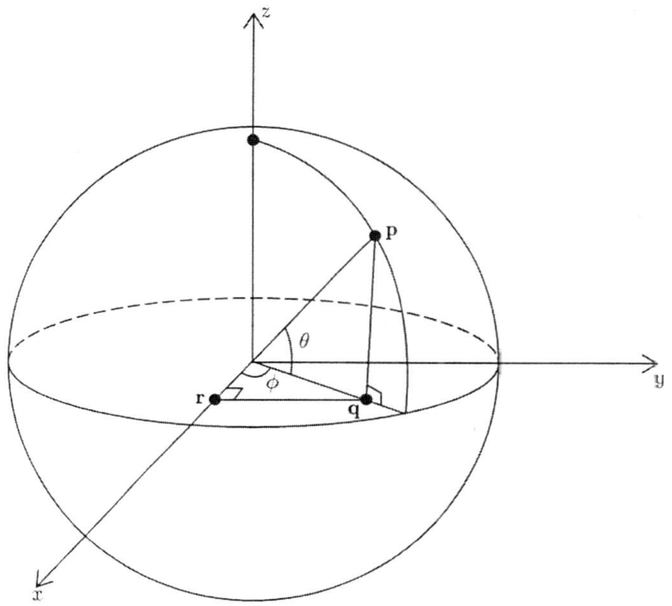

이 매개변수화의 구체적인 식을 얻기 위하여 p를 각 θ와 φ에 관한 항으로 나타내야 한다. 꼭지점이 0, p, q인 직각삼각형으로부터 점 p의 z-성분은 $\sin\theta$인 것을 알 수 있다. r이 q에서 x-축에 내린 수선의 발일 때 점 p의 x-성분과 y-성분은 꼭지점이 0, q, r인 직각삼각형으로부터 알 수 있다. 이 삼각형의 빗변의 길이는 $\| \mathbf{q} \| = \cos\theta$이므로 점 p의 x-성분과 y-성분은 각각

$$\| \mathbf{q} \| \cos\varphi = \cos\theta\cos\varphi \text{와 } \| \mathbf{q} \| \sin\varphi = \cos\theta\sin\varphi$$

이다. 이 성분들은 모두 모으면

$$\mathbf{p} = (\cos\theta\cos\varphi, \cos\theta\sin\varphi, \sin\theta)$$

이다. 이 식의 좌변을 $\sigma(\theta,\varphi)$로 두면 이것이 S^2의 위도-경도 매개변수화(latitude-longitude parametrization)이다.

원기둥의 경우처럼, 예를 들면 $\sigma(\theta,\varphi)=\sigma(\theta,\varphi+2\pi)$이기 때문에 σ는 단사가 아니다. 사실, 조금만

궁리하면 구면 전체를 덮는 것을 생각할 수 있다. 즉 다음과 같이 잡으면 충분하다.

$$-\frac{\pi}{2} \le \theta \le \frac{\pi}{2},\ 0 \le \varphi \le 2\pi.$$

그러나 이 부등식을 만족하는 점 $(\theta,\ \varphi)$들의 집합은 $\mathbb{R}^2$의 열린 부분집합이 아니다. 위의 부등식과 일관된 가장 큰 열린 집합은

$$U = \left\{(\theta,\ \varphi) \middle| -\frac{\pi}{2} < \theta < \frac{\pi}{2},\ 0 < \varphi < 2\pi\right\}$$

이지만, 사상 $\boldsymbol{\sigma}_{|U}$의 상은 구면 전체가 아니고 오히려 $x \ge 0$일 때, $(x,\ 0,\ z)$ 모양의 구면의 점들로 이루어진 **반원**(semi-circle)을 제거하여 얻어지는 열린 부분집합이다.

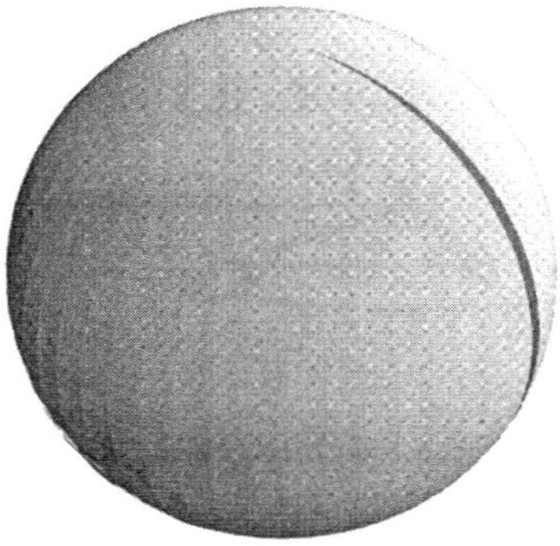

구면이 곡면이라는 것을 보이기 위하여, $\boldsymbol{\sigma}$에 의하여 생략된 구면의 일부를 덮는 적어도 한 개 이상의 곡면조각사상을 만들어야 한다. 한 가지 가능성은 z-축 둘레에 π만큼 $\boldsymbol{\sigma}$를 먼저 회전이동한 다음, x-축 둘레에 $\frac{\pi}{2}$만큼 회전이동하여 얻어지는 조각사상 $\tilde{\boldsymbol{\sigma}}$이다. 엄밀하게 표현하면 $\tilde{\boldsymbol{\sigma}}:\ U \to \mathbb{R}^3$은 다음과 같이 주어진다.

$$\tilde{\boldsymbol{\sigma}}(\theta,\varphi) = (-\cos\theta\cos\varphi,\ -\sin\theta,\ -\cos\theta\sin\varphi).$$

(열린 집합 U는 $\boldsymbol{\sigma}$의 것과 같다). $\tilde{\boldsymbol{\sigma}}$의 상은 $x \le 0$일 때, $(x,\ y,\ 0)$ 모양의 구면의 점들로 이루어진 반원 $\widetilde{C}$를 제거하여 얻는 열린 부분집합이다.

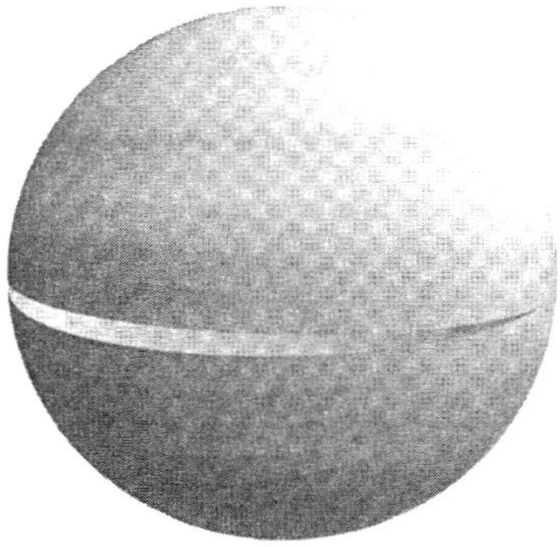

다음 예제는, 아주 완전하지는 않지만, 곡면과 가까운 $\mathbb{R}^3$의 부분집합이다.

예제 4.1.5 v를 꼭지점, v를 지나는 직선 ℓ을 축, $\alpha\left(0 < \alpha < \frac{\pi}{2}\right)$를 각으로 갖는 원추면(circular cone)은, 직선이 v를 지나며 p는 직선 ℓ과 사잇각이 α인 $\mathbb{R}^3$ 안의 점의 집합이다. 예를 들면, 만일 v가 원점이고, ℓ이 z-축, $\alpha = \frac{\pi}{4}$라면, 원추면은

$$S = \{(x,\ y,\ z) \in \mathbb{R}^3 \mid x^2 + y^2 = z^2\}$$

이다.

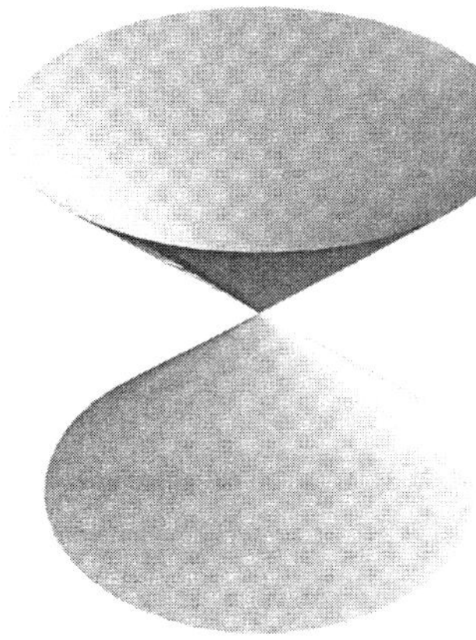

이것이 곡면이 아닌 것을 보기 위하여, $\sigma: U \to S \cap W$가 원추면의 꼭지점 $(0,\ 0,\ 0)$을 포함하는 곡면조각사상이라 하고 $\mathbf{a} \in U$가 꼭지점에 대응한다고 하자. a를 포함하는 임의의 열린 집합 U는 그러한 열린 공을 포함해야 하므로, U를 중심으로 a를 갖는 열린 공이라 하자. 열린 집합 W는 분명히 $z < 0$일 때 S의 하반추면 S_- 안의 점 p와 $z > 0$일 때 S의 상반추면 S_+ 안의 점 q를 포함해야 한다. b와 c를 U 안에서 각각 p, q에 대응하는 점이라 하자. U 안에서 b와 c를 지나지만 a를 지나지 않는 곡선 π가 분명히 존재한다.

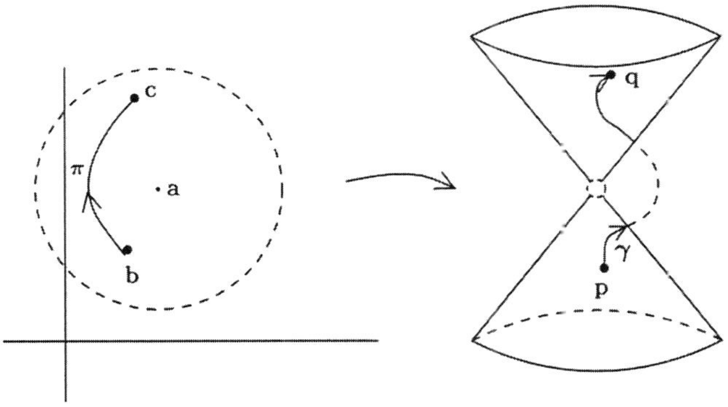

이것은 $\boldsymbol{\sigma}$에 의하여 p와 q를 지나지만 꼭지점은 지나지 않는 S 안에 완전히 포함되는 곡선 $\gamma = \boldsymbol{\sigma} \circ \pi$로 사상된다. (일반적으로 γ는 연속이지만 매끄러운 함수는 아니다. 그렇지만 이것은 논리에 영향은 주지 않는다.) 이것은 분명히 불가능하다. (점집합 위상에 익숙한 독자는 이러한 자기 발견적 논리를 보다 정확하게 할 수 있을 것이다.)

꼭지점을 없애면 곡면 $S_- \cup S_+$를 얻는다. $U = \mathbb{R}^2 \setminus \{(0, 0)\}$일 때 xy-평면상에의 역사영

$$\boldsymbol{\sigma}_{\pm}(u, v) = (u, v, \pm\sqrt{u^2+v^2})$$

에 의해 주어지는 두 개의 곡면조각사상 $\boldsymbol{\sigma}_{\pm} : U \to \mathbf{R}^3$으로 이루어진 좌표근방계를 갖는다.

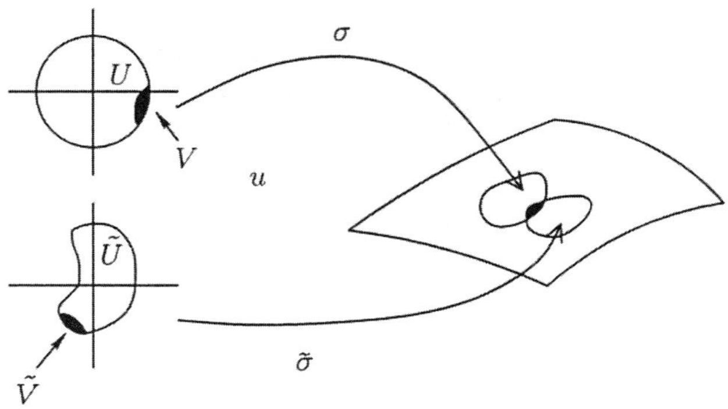

구면의 예제가 보여주는 것처럼, 곡면 S의 한 점 $\mathbf{a}$는 일반적으로 한 개 이상의 곡면조각사상의 상에 놓여있을 것이다. $\boldsymbol{\sigma} : U \to S \cap W$와 $\tilde{\boldsymbol{\sigma}} : \tilde{U} \to S \cap \tilde{W}$를 $\mathbf{a} \in S \cap W \cap \tilde{W}$를 만족하는 두 개의 조각사상이라 하자. $\boldsymbol{\sigma}$와 $\tilde{\boldsymbol{\sigma}}$는 위상동형사상이므로, $\boldsymbol{\sigma}^{-1}(S \cap W \cap \tilde{W})$와 $\tilde{\boldsymbol{\sigma}}^{-1}(S \cap W \cap \tilde{W})$는 각각 열린 집합 $V \subseteq U$와 $\tilde{V} \subseteq \tilde{U}$이다. 합성 위상동형사상 $\boldsymbol{\sigma}^{-1} \circ \tilde{\boldsymbol{\sigma}} : \tilde{V} \to V$는 $\boldsymbol{\sigma}$에서 $\tilde{\boldsymbol{\sigma}}$로의 **추이사상**(transition map)이라 한다. 이 사상을 Φ로 나타내면, 모든 $(\tilde{u}, \tilde{v}) \in \tilde{V}$에 관하여

$$\tilde{\boldsymbol{\sigma}}(\tilde{u}, \tilde{v}) = \boldsymbol{\sigma}(\Phi(\tilde{u}, \tilde{v}))$$

를 갖는다.

연습문제

4.1.1 xy-평면 안의 열린 원판은 곡면임을 보여라.

4.1.2 y와 z에 의하여 x에 관한 방정식 $x^2+y^2+z^2=1$을 풀어서 열린 집합

$$U = \{(u, v) \in \mathbb{R}^2 \mid u^2+v^2 < 1\}$$

상에서 정의된 단위구면에 대한 곡면조각사상 $\boldsymbol{\sigma}_{\pm}^{x}$; $U \to \mathbb{R}^3$ 을 다음과 같이 정의한다.

$$\boldsymbol{\sigma}_{\pm}^{x}(u,\ v) = (\pm\sqrt{1-u^2-v^2},\ u,\ v).$$

같은 U 상에서 y와 z에 대하여 각각 풀어서 비슷한 방법으로 $\boldsymbol{\sigma}_{\pm}^{y}$와 $\boldsymbol{\sigma}_{\pm}^{z}$을 정의한다. 이 때, 6개의 조각사상은 구면의 구조를 나타낸다는 것을 보여라.

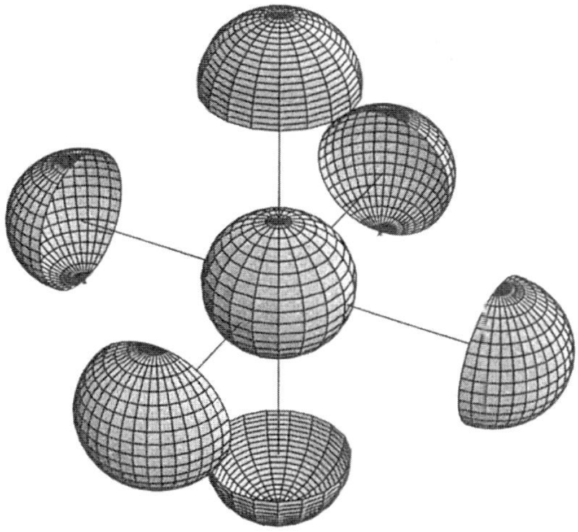

4.1.3 **일엽쌍곡면**(hyperboloid of one sheet)은 다음과 같다.

$$S = \{(x,\ y,\ z) \in \mathbb{R}^3 \mid x^2 + y^2 - z^2 = 1\}.$$

모든 θ 에 관하여, 직선

$$(x-z)\cos\theta = (1-y)\sin\theta,\ (x+z)\sin\theta = (1+y)\cos\theta$$

은 S에 포함된다는 것을 보여라. 일엽쌍곡면의 모든 점은 이 직선들 중 어느 한 직선위에 놓여 있음을 보여라. S는 하나의 곡면조각사상에 의하여 덮일 수 있으므로 곡면임을 보여라(연습문제 4.1.3의 원기둥의 경우와 비교하여라).

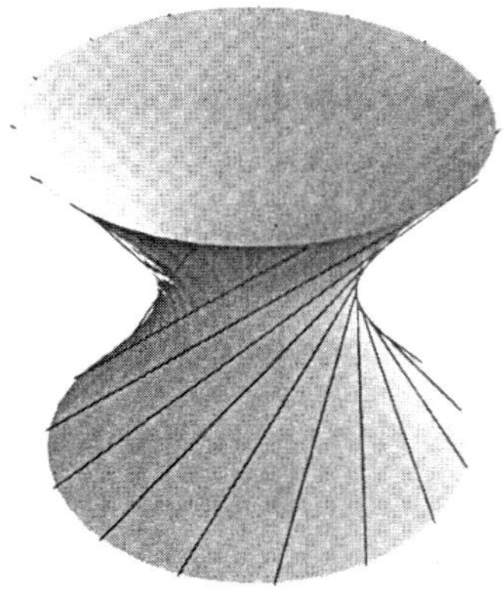

S상에 제2 직선족을 찾고, 제1 직선족의 모든 직선이 한 예외를 가지고 제2 직선족의 모든

직선과 교차하는 동안, 같은 직선족 안의 두 직선은 서로 만나지 않음을 보여라. 이러한 곡면 S를 **이중선직면**(doubly ruled surface)이라 한다.

4.1.4 단위기둥은 하나의 곡면조각사상으로는 덮을 수 있지만, 단위구면은 덮을 수 없음을 보여라 (두 번째 경우는 점집합 위상이 필요하다).

4.1.5 곡면의 모든 열린 부분집합은 곡면인 것을 보여라.

4.2 매끄러운 곡면

미분기하학에서 곡면(과 다른 기하학적 대상)을 분석하기 위하여 미적분학을 사용한다. 그렇다면 예를 들어, 곡면상의 함수는 미분가능해야 한다는 것에 의미를 부여할 수 있어야 한다. 그러기 위해서 어떤 추가적인 구조를 갖는 곡면을 고려한다.

먼저, U가 $\mathbb{R}^m$의 열린 부분집합일 때, 사상 $\mathbf{f}: U \to \mathbb{R}^n$에 대하여, $\mathbf{f}$의 n개의 각 성분이 $U \to \mathbb{R}$인 함수로서 모든 차수의 연속인 편도함수를 가진다면 사상 $\mathbf{f}$는 '**매끄럽다**(smooth)'고 한다. $\mathbf{f}$의 편도함수는 성분별로 계산된다. 예를 들어, $m=2,\ n=3$이고

$$\mathbf{f}(u,\ v) = (f_1(u,\ v),\ f_2(u,\ v),\ f_3(u,\ v))$$

이라면

$$\frac{\partial \mathbf{f}}{\partial u} = \left(\frac{\partial f_1}{\partial u},\ \frac{\partial f_2}{\partial u},\ \frac{\partial f_3}{\partial u}\right),\ \frac{\partial \mathbf{f}}{\partial v} = \left(\frac{\partial f_1}{\partial v},\ \frac{\partial f_2}{\partial v},\ \frac{\partial f_3}{\partial v}\right)$$

이고 같은 방법으로, 고차의 편도함수도 구할 수 있다. 가끔 다음과 같이 간단한 기호를 사용한다.

$$\frac{\partial \mathbf{f}}{\partial u} = \mathbf{f}_u,\ \frac{\partial \mathbf{f}}{\partial v} = \mathbf{f}_v,$$

$$\frac{\partial^2 \mathbf{f}}{\partial u^2} = \mathbf{f}_{uu},\ \frac{\partial^2 \mathbf{f}}{\partial u \partial v} = \mathbf{f}_{uv},\ \frac{\partial^2 \mathbf{f}}{\partial v \partial u} = \mathbf{f}_{vu},\ \frac{\partial^2 \mathbf{f}}{\partial v^2} = \mathbf{f}_{vv}.$$

고등해석학에서 f가 매끄러우면 $\mathbf{f}_{uv} = \mathbf{f}_{vu}$임을 알고 있다.

이제 곡면 S의 좌표근방계 안에서 곡면조각사상 $\boldsymbol{\sigma}: U \to \mathbb{R}^3$이 매끄럽다는 것은 의미를 갖게 된다. 그러나 하나 더 조건을 필요로 한다.

정의 4.2.1

곡면조각사상 $\boldsymbol{\sigma}: U \to \mathbb{R}^3$은, $\boldsymbol{\sigma}$가 매끄럽고 모든 점 $(u,\ v) \in U$에서 벡터 $\boldsymbol{\sigma}_u$와 $\boldsymbol{\sigma}_v$가 일차독립일 때, **정칙**(regular)이라고 한다. 이와 동치관계로서, $\boldsymbol{\sigma}$가 매끄럽고 벡터곱 $\boldsymbol{\sigma}_u \times \boldsymbol{\sigma}_v$가 U의 모든 점에서 영벡터가 아니다.

이 조건을 강요하는 이유는 4.4절에서 나타날 것이다.

마지막으로 본 교재에서 학습할 곡면의 종류를 정의할 수 있다.

정의 4.2.2

만일 곡면 S가 곡면이면, S의 **허용가능한 곡면조각사상**(allowable surface patch)은 σ가 U에서 S의 열린 부분집합으로의 위상동형사상인 정칙 곡면조각사상 $\sigma : U \to \mathbb{R}^3$이다. **매끄러운 곡면**(smooth surface)은, 임의의 점 $\mathbf{p} \in S$에 대하여 $\mathbf{p} \in \sigma(U)$를 만족하는 위와 같은 허용 가능한 곡면조각사상 σ가 존재하는 곡면 S를 말한다. 곡면 S에 대한 허용 가능한 곡면 조각사상의 모음 A는, S의 모든 점이 A 안에 들어있는 적어도 한 조각사상에 들어있을 때, A를 매끄러운 곡면 S에 대한 좌표근방계라고 한다.

예제 4.2.3 예제 4.1.2의 평면은 매끄러운 곡면이다. 왜냐하면

$$\sigma(u,\ v) = \mathbf{a} + u\mathbf{p} + v\mathbf{q}$$

가 분명히 매끄럽고, 원래 $\mathbf{p}$와 $\mathbf{q}$를 서로 직교하는 단위벡터로 선택했으므로, $\sigma_v = \mathbf{q}$와 $\sigma_u = \mathbf{p}$가 일차독립이기 때문이다.

예제 4.2.4 단위기둥(예제 4.1.3)은 매끄러운 곡면이다. 왜냐하면

$$\sigma(u,\ v) = (\cos u, \sin u,\ v)$$

는 분명히 매끄럽고

$$\sigma_u = (-\sin u,\ \cos u,\ 0) \text{와 } \sigma_v = (0, 0, 1)$$

는 모든 (u, v)에 대하여 분명히 일차독립이다. 그러므로 $\sigma|_U$와 $\sigma|_{\tilde{U}}$는 정칙 곡면조각사상이다.

예제 4.2.5 예제 4.1.4의 단위구면 S^2에 대하여, 분명히 σ와 $\tilde{\sigma}$는 매끄럽다. 정칙성에 관하여 다음을 계산한다.

$$\sigma_\theta = (-\sin\theta\cos\varphi,\ -\sin\theta\sin\varphi,\ \cos\theta),$$
$$\sigma_\varphi = (-\cos\theta\sin\varphi,\ \cos\theta\cos\varphi,\ 0),$$
$$\sigma_\theta \times \sigma_\varphi = (-\cos^2\theta\cos\varphi,\ -\cos^2\theta\sin\varphi,\ -\sin\theta\cos\theta).$$

따라서 $\|\sigma_\theta \times \sigma_\varphi\| = |\cos\theta|$이다. 만일 $(\theta,\ \varphi) \in U$라면, $-\frac{\pi}{2} < \theta < \frac{\pi}{2}$이므로 $\cos\theta \neq 0$이다. 같은 방법으로 $\tilde{\sigma}$도 정칙임을 밝힐 수 있다.

예제 4.1.2에서 단위구면 S^2를 덮을 수 있는 또 다른 곡면조각사상족을 얻었다(그들은 정칙임을 쉽게 밝힐 수 있다-연습문제 4.2.2를 참조). 여기에서 다음 질문을 던질 수 있다 -구면을 연구하는데 둘 중 어느 좌표근방계를 사용해야할 것인가? 대답은 어느 쪽이든 또는 둘 다 사용할 수 있다는 것이다. 연습문제 4.1.2와 예제 4.5.1에 있는 여덟 개의 조각사상은 함께 제3의 좌표근방계를 이룬다.

대부분의 환경(전부는 아니지만-정의 4.5.1을 참조)에서, 모든 정칙 곡면조각사상을 이루는 주어진 곡면 S에 관한 **최대 좌표근방계**(maximal atlas)를 사용하기도 한다. 그러한 곡면조각사상을 S에 관한 허용가능한 곡면조각사상이라고 한다. 최대 좌표근방계는 아무런 선택을 해도 무방하다.

처음 보기에는 별로 흥미가 없어 보이지만, 다음의 두 결과는 뒤에서 매우 중요하다.

명제 4.2.6 매끄러운 곡면의 추이사상들도 매끄럽다.

이 명제의 증명은 5.6절에서 할 것이며, 다음 결과는 역명제의 한 종류이다.

명제 4.2.7 U와 $\tilde{U}$를 $\mathbb{R}^2$의 열린 부분집합이라 하고 $\boldsymbol{\sigma}: U \to \mathbb{R}^3$을 정칙 곡면조각사상이라 하자. $\Phi: \tilde{U} \to U$를, 매끄러운 역사상 $\Phi^{-1}: U \to U^{-1}$를 갖는 전단사인 매끄러운 사상이라 하면 $\tilde{\boldsymbol{\sigma}} = \boldsymbol{\sigma} \circ \Phi: \tilde{U} \to U$은 정칙 곡면조각사상이다.

증명 매끄러운 사상의 합성도 매끄럽기 때문에, 조각사상 $\tilde{\boldsymbol{\sigma}}$는 매끄럽다. 정칙성을 증명하기 위하여, $(u, v) = \Phi(\tilde{u}, \tilde{v})$라 하자. 연쇄법칙에 의하여 다음이 성립한다.

$$\tilde{\boldsymbol{\sigma}}_{\tilde{u}} = \frac{\partial u}{\partial \tilde{u}}\boldsymbol{\sigma}_u + \frac{\partial v}{\partial \tilde{u}}\boldsymbol{\sigma}_v, \quad \tilde{\boldsymbol{\sigma}}_{\tilde{v}} = \frac{\partial u}{\partial \tilde{v}}\boldsymbol{\sigma}_u + \frac{\partial v}{\partial \tilde{v}}\boldsymbol{\sigma}_v.$$

따라서

$$\tilde{\boldsymbol{\sigma}}_{\tilde{u}} \times \tilde{\boldsymbol{\sigma}}_{\tilde{v}} = \left(\frac{\partial u}{\partial \tilde{u}}\frac{\partial v}{\partial \tilde{v}} - \frac{\partial u}{\partial \tilde{v}}\frac{\partial v}{\partial \tilde{u}}\right)\boldsymbol{\sigma}_u \times \boldsymbol{\sigma}_v. \tag{4.1}$$

이 식의 우변에 있는 스칼라는 Φ의 **야코비행렬**(Jacobian matrix)

$$J(\Phi) = \begin{pmatrix} \dfrac{\partial u}{\partial \tilde{u}} & \dfrac{\partial v}{\partial \tilde{u}} \\ \dfrac{\partial u}{\partial \tilde{v}} & \dfrac{\partial v}{\partial \tilde{v}} \end{pmatrix}$$

의 행렬식이다. 해석학에서 다음 사실을 기억하자. 만일 Ψ와 $\tilde{\Psi}$가 $\mathbb{R}^2$ 안의 열린 집합 사이의 사상들이라면

$$J(\tilde{\Psi} \circ \Psi) = J(\tilde{\Psi})\, J(\Psi)$$

이 성립한다 (왜냐하면, 이것은 $\tilde{\Psi}$와 Ψ의 항으로 $\tilde{\Psi} \circ \Psi$의 1차편도함수를 나타내는 연쇄법

칙과 동치이기 때문이다). $\Psi=\Phi$로 그리고 $\tilde{\Psi}=\Phi^{-1}$로 잡으면, $J(\Phi^{-1})=J(\Phi)^{-1}$가 성립하는 것을 알 수 있다. 특히 $J(\Phi)$는 가역행렬이기 때문에 그의 행렬식은 영이 아니므로 방정식 4.1은 $\tilde{\sigma}$가 정칙임을 나타낸다. ■

만일 정칙 곡면조각사상 σ와 $\tilde{\sigma}$가 위의 명제에서처럼 연관되어 있을 때, $\tilde{\sigma}$를 σ의 **재매개변수화**(reparametrization)라 하고 Φ를 **재매개변수화 사상**(reparametrization map)이라 한다. 따라서 σ는 다시 $\tilde{\sigma}$의 재매개변수화이다. 왜냐하면 $\sigma=\tilde{\sigma}\circ\Phi^{-1}$이기 때문이다.

또한, 만일 $\sigma: U\to S\cap W$와 $\tilde{\sigma}: \tilde{U}\to S\cap\tilde{W}$가 매끄러운 곡면 S의 허용 가능한 곡면조각사상들이라 하고 $V\subseteq U$와 $\tilde{V}\subseteq\tilde{U}$가, $\sigma(V)=\tilde{\sigma}(\tilde{V})=S\cap W\cap\tilde{W}$를 만족하는 열린 부분집합이라면, $\Phi=\sigma^{-1}\circ\tilde{\sigma}: \tilde{V}\to V$는 전단사이고 매끄러운 사상이며 명제 4.2.6에 의하여 매끄러운 역사상을 갖는다. 따라서 $\tilde{\sigma}$는 σ와 더불어 정의된 곳에서, σ의 재매개변수화이다.

이상의 관찰은 본 교재 전체를 통하여 사용할 매우 중요한 원리를 가르쳐주고 있다. 그 원리는 다음과 같다.

만일 정규인 조각사상이 재매개화될 때도 유지되는 불변인 성질은
임의의 매끄러운 곡면에 대해서도 정의될 수 있다.

이 원리의 중요한 응용을 다음 절에서 언급할 것이다.

이 교재의 나머지 부분에서는, 곡면은 매끄러운 곡면을 말하며,
곡면조각사상은 정칙인 매끄러운 곡면조각사상을 나타낸다.

특별한 언급이 없는 한, 고려하는 모든 곡면은 연결곡면, 즉 S의 임의의 두 점은 S안에 놓여있는 곡선에 의하여 이을 수 있는 것을 말한다. 이 가정은 그렇게 심각한 제한은 아니다. 왜냐하면, 임의의 곡면은 연결곡면의 서로소인 합집합(disjoint union)이라는 것을 증명하는 것은 어렵지 않고, 따라서 연결부분의 각각을 따로따로 연구할 수 있기 때문이다(연습문제 4.2.9를 보아라). 지금까지 대상으로 했던 모든 곡면은 예제 4.1.5의 이중추면을 제외하고는 모두 연결곡면이다. 그런데 이중추면도 꼭지점을 제외하면 두 개의 서로소인 반쪽추면 $S_\pm$의 합으로 쪼갤 수 있다.

연습문제

4.2.1 $f(x, y)$가 매끄러운 함수라면, 그의 그래프

$$\{(x, y, z) \in \mathbb{R}^3 \mid z = f(x, y)\}$$

는 하나의 정칙 곡면조각사상

$$\boldsymbol{\sigma}(u, v) = (u, v, f(u, v))$$

로 이루어진 좌표근방계를 갖는 매끄러운 곡면임을 보여라.

4.2.2 단위구면에 대한 연습문제 4.1.2에서의 6개의 곡면조각사상은 정칙임을 보여라. 그들 사이의 추이사상을 계산하고 이들 사상은 매끄러운 것임을 증명하여라.

4.2.3 다음 중 어느 것이 정칙인 곡면 조각사상인가(각 경우, $u, v \in \mathbb{R}$)?

(i) $\boldsymbol{\sigma}(u,v) = (u, v, uv)$

(ii) $\boldsymbol{\sigma}(u,v) = (u, v^2, v^3)$

(iii) $\boldsymbol{\sigma}(u,v) = (u + u^2, v, v^2)$

4.2.4 p, q, r이 영이 아닌 상수일 때, 타원면

$$\frac{x^2}{p^2} + \frac{y^2}{q^2} + \frac{z^2}{r^2} = 1$$

은 매끄러운 곡면임을 보여라.

4.2.5 **윤환면**(torus)은 원 C와 만나지 않는 평면 Π 안의 직선 $\mathcal{L}$ 둘레에 원 C를 회전하여 얻어진다. Π를 xz-평면, $\mathcal{L}$을 z-축, $a(>0)$를 $\mathcal{L}$에서 C의 중심까지의 거리, $b(<a)$를 C의 반지름이라 하자. 이때 윤환면이 다음 매개변수표현을 갖는 매끄러운 곡면임을 보여라.

$$\boldsymbol{\sigma}(\theta, \varphi) = ((a + b\cos\theta)\cos\varphi,\ (a + b\cos\theta)\sin\varphi,\ b\sin\theta).$$

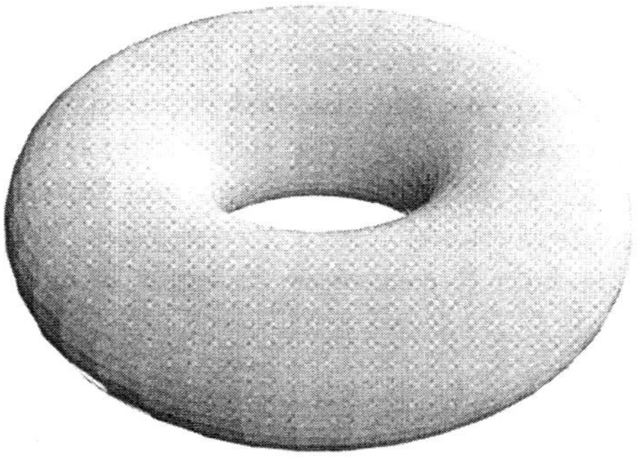

4.2.6 **나선면**(helicoid)은 비행기 프로펠러가 일정한 속력으로 움직일 때, 프로펠러가 스쳐지나간 곡면이다(아래 그림을 보아라). λ가 상수일 때, 만일 비행기가 z-축을 따라서 난다면, 나선면은

$$\boldsymbol{\sigma}(u,v) = (v\cos u, v\sin u, \lambda u)$$

처럼 매개변수화될 수 있는 것을 보여라. 점 $\mathbf{p}$에서 $\boldsymbol{\sigma}$의 표준 단위법선이 z-축과 이루는 각의 코탄젠트가 점 $\mathbf{p}$에서 z-축으로부터의 거리에 비례하는 것을 보여라.

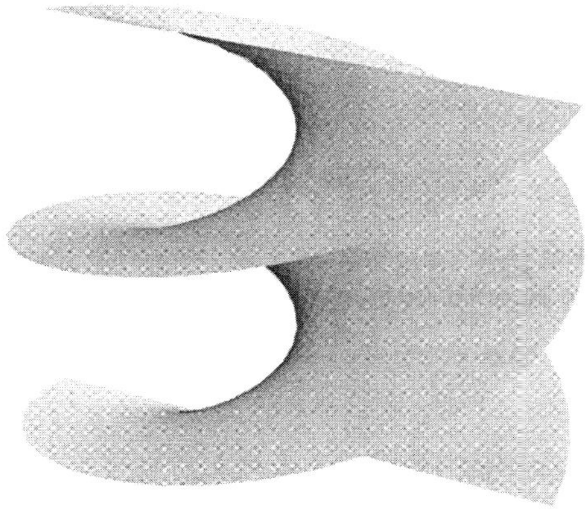

4.2.7 γ를 곡률이 어디에서도 영이 아닌 $\mathbb{R}^3$ 안의 단위속력곡선이라 하자. $\mathbf{n}$이 γ의 주법선이고 $\mathbf{b}$가 종법선일 때, γ둘레에 반지름이 $a>0$인 관(tube)은

$$\boldsymbol{\sigma}(s,\theta) = \gamma(s) + a(\mathbf{n}(s)\cos\theta + \mathbf{b}(s)\sin\theta)$$

처럼 매개변수화되는 곡면이다. 이 곡면의 기하학적 설명을 하여라. 만일 모든 곳에서 γ의 곡률 κ가 a^{-1}보다 작으면 $\boldsymbol{\sigma}$는 정칙임을 증명하여라.

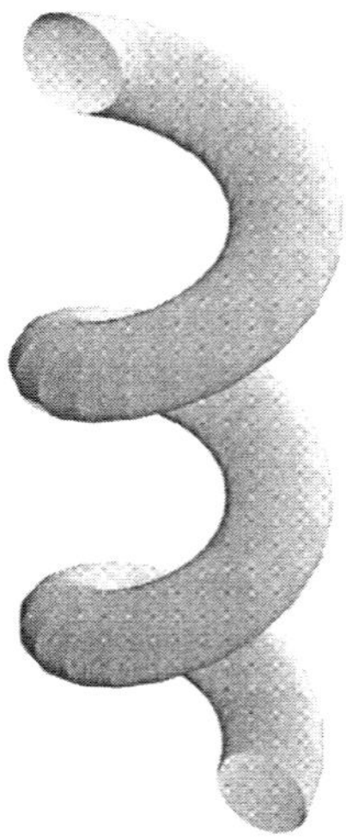

원형나선둘레의 관

만일 곡선 γ가 저절로 거리가 $2a$안으로 들어오면, $\boldsymbol{\sigma}$가 정칙이라 하더라도 곡면 $\boldsymbol{\sigma}$는 자기교차한다는 것에 주의하여라. 이것은 정칙성이 국소적 성질이라는 것을 보여준다: 만일 (s,θ)가 $\mathbb{R}^2$의 충분히 작은 열린 부분집합 안에 들어있다고 제한하면, $\boldsymbol{\sigma}: U \to \mathbb{R}^3$은 매끄럽고 단사이다(그러므로 자기교차가 없을 것이다) – 연습문제 5.6.3을 보아라. 나중에 이것에 대한 다른 예를 볼 것이다 (예를 들면, 예제 12.2.5).

4.2.8 $\mathbb{R}^3$의 평행이동이나 가역 일차변환은 매끄러운 곡면을 매끄러운 곡면으로 보냄을 보여라.

4.2.9 매끄러운 곡면의 모든 열린 부분집합은 매끄러운 곡면임을 보여라.

4.3 매끄러운 사상

S_1과 S_2가 매끄러운 곡면일 때, **매끄러운 사상**(smooth map) $f: S_1 \to S_2$를 정의하고자 한다. 우리는 유클리드 공간의 열린 부분집합사이의 매끄러운 사상을 정의하는 방법만 알고 있기 때문에, 어떻게 정의하는지 분명하지가 않다.

앞 절 마지막에서 언급한 원리에 비추어, $\boldsymbol{\sigma}_1$과 $\boldsymbol{\sigma}_2$의 재매개변수화에 의하여 영향을 받지 않는다는 조건으로 S_1과 S_2가 단일 곡면조각사상들 $\boldsymbol{\sigma}_1: U_1 \to \mathbb{R}^3$과 $\boldsymbol{\sigma}_2: U_2 \to \mathbb{R}^3$에 의하여 덮인다고 가정할 수 있다. $\boldsymbol{\sigma}_1$과 $\boldsymbol{\sigma}_2$가 전단사이므로, 임의의 사상 $f: S_1 \to S_2$는 사상 $\boldsymbol{\sigma}_2^{-1} \cdot f \circ \boldsymbol{\sigma}_1: U_1 \to U_2$를 유도하고, 사상 $\boldsymbol{\sigma}_2^{-1} \circ f \circ \boldsymbol{\sigma}_1$이 매끄러우면 f가 매끄럽다고 말한다($\mathbb{R}^2$의 열린 부분집합들 사이의

사상이 매끄럽다는 의미는 이미 알고 있다). 지금 $\tilde{\sigma}_1 : \tilde{U}_1 \to \mathbb{R}^3$과 $\tilde{\sigma}_2 : \tilde{U}_2 \to \mathbb{R}^3$이 각각 재매개변수화사상 $\Phi_1 : \tilde{U}_1 \to U_1$과 $\Phi_2 : \tilde{U}_2 \to U_2$를 갖는 σ_1과 σ_2의 재매개변수화라고 가정하자. 만일 $\sigma_2^{-1} \circ f \circ \sigma_1 : U_1 \to U_2$가 매끄러우면 대응하는 사상 $\tilde{\sigma}_2^{-1} \circ f \circ \tilde{\sigma}_1 : \tilde{U}_1 \to \tilde{U}_2$가 매끄럽다는 것을 보여야 한다. 실제로 이것은 사실이다. 왜냐하면,

$$\begin{aligned}\tilde{\sigma}_2^{-1} \circ f \circ \tilde{\sigma}_1 &= \tilde{\sigma}_2^{-1} \circ (\sigma_2 \circ \sigma_2^{-1}) \circ f \circ (\sigma_1 \circ \sigma_1^{-1}) \circ \tilde{\sigma}_1 \\ &= (\tilde{\sigma}_2^{-1} \circ \sigma_2) \circ (\sigma_2^{-1} \circ f \circ \sigma_1) \circ (\sigma_1^{-1} \circ \tilde{\sigma}_1) \\ &= \Phi_2^{-1} \circ (\sigma_2^{-1} \circ f \circ \sigma_1) \circ \Phi_1\end{aligned}$$

이고 Φ_1과 Φ_2^{-1}가 ($\mathbb{R}^2$의 열린 부분집합들 사이에서) 매끄러운 사상이기 때문이다. 독자들은 곡면들 사이의 매끄러운 사상들의 합성은 매끄럽다는 사실을 확인해야 한다. 특히 전단사이면서 역사상 $f^{-1} : S_2 \to S_1$이 매끄러운 그러한 매끄러운 사상 $f : S_1 \to S_2$에 흥미를 가지고 있다. 그러한 사상을 **미분동형사상**(diffeomorphisms)이라 하고 그들 사이에 미분동형사상이 존재할 때 S_1과 S_2는 서로 **미분동형**(diffeomorphic)이라고 한다. 다음의 명제는 유용하다.

명제 4.3.1 $f : S_1 \to S_2$를 미분동형사상이라 하자. 만일 σ_1이 S_1상에서 허용가능한 곡면조각사상이라면, $f \circ \sigma_1$은 S_2상에서 허용가능한 곡면조각사상이다.

증명 S_1과 S_2는 각각 단일 허용가능한 조각사상들 $\sigma_1 : U_1 \to \mathbb{R}^3$과 $\sigma_2 : U_2 \to \mathbb{R}^3$에 의하여 덮인다고 가정할 수 있다. f가 미분동형사상이므로, $F : U_1 \to U_2$가 전단사로서 매끄러운 함수이며 F^{-1}가 매끄러운 함수일 때, $f(\sigma_1(u,\ v)) = \sigma_2(F(u,\ v))$이다. 따라서 결과는 명제 4.2.6으로부터 성립된다. ■

미분동형사상이 되는 것보다 약간 더 약한 조건을 만족하는 매끄러운 사상을 생각하는 것이 실제로 유용할 것이다. 매끄러운 곡면들 사이에서, 만일 임의의 점 $\mathrm{p} \in S_1$에 대하여 $f(O)$가 S_2의 열린 집합이고 $f|_O : O \to f(O)$가 미분동형사상인 S_1의 열린 부분집합 O가 있다면, 매끄러운 사상 $f : S_1 \to S_2$을 **국소적 미분동형사상**(local diffeomorphism)이라고 한다(곡면의 열린 부분집합은 곡면이라는 점에 주의하여라–연습문제 4.2.9를 보아라). 모든 미분동형사상은 국소적 미븐동형사상인 것은 분명하다($O = S_1$로 잡아라). 더욱이, σ_1의 상에 f를 제한하는 조건으로, 만일 f가 국소적 미분동형사상이라면 명제 4.3.1이 성립한다.

예제 4.3.2 yz-평면에서 단위 기둥 S위로 가는 사상을 생각한다. 이것은 xy-평면 위로 높이 z에서 기둥의 '허리'를 y-축에 평행한 각 직선을 말면서 기둥 둘레를 감싼다. 이 사상은

$$f(0, y, z) = (\cos y, \sin y, z)$$

로 주어진다.

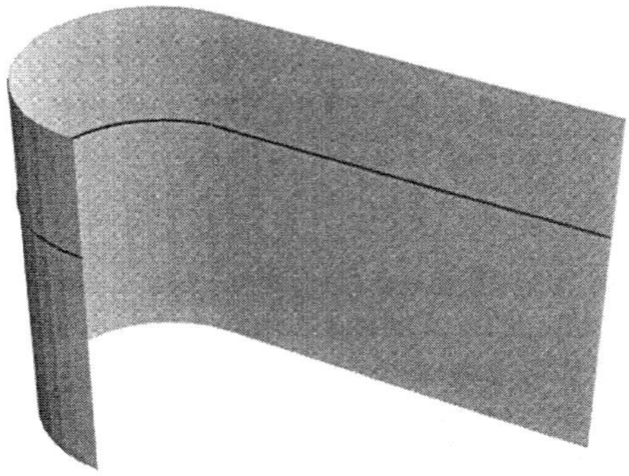

분명히, f는 미분동형사상이 아니다. 왜냐하면 그것은 단사가 아니기 때문이다 - 평면이 S를 무한 번 감싼다. f가 국소적 미분동형사상인 것을 보이기 위하여, yz-평면을 단일 곡면조각사상 $\pi(u,v)=(0,u,v)$로 매개변수화하고 예제 4.1.3에서 S의 좌표근방계 $\{\sigma|_U,\ \sigma|_{\tilde{U}}\}$를 사용한다. p를 yz-평면에서 임의의 점, 가령 $(0,a,b)$라 하자. 만일 a가 2π의 짝수배가 아니라면, $2n\pi < a < 2(n+1)\pi$인 정수 n이 존재하고, $2n\pi < u < 2(n+1)\pi$라면

$$f(\pi(u,\ v)) = \sigma(u-2n\pi,\ v)$$

를 가진다. 이것은 f가 평면의 열린 부분집합

$$O = \{(0,y,z)|\ 2n\pi < y < 2(n+1)\pi\}$$

로부터 S의 열린 부분집합

$$f(O) = \{(x,y,z) \in S\ |x \neq 1\}$$

으로의 미분동형사상을 보여준다. 만일 a가 π의 홀수배가 아니라면, 같은 논리가 $\sigma|_{\tilde{U}}$ 대신에 $\sigma|_U$와 같이 작용한다(상세한 것은 독자들에게 맡긴다). a가 π의 홀수배와 짝수배가 될 수 없으므로, 평면상의 모든 점 p에 대하여 f가 S의 열린 부분집합 위로 미분동형적으로 사상하는 p를 포함하는 평면의 열린 부분집합이 있다는 것을 보였다.

연습문제

4.3.1 만일 S가 매끄러운 곡면이라면, 매끄러운 함수 $S \to \mathbb{R}$의 개념을 정의하여라. 만일 S가 매끄러운 곡면이라면, 포함사상 $S \to \mathbb{R}^3$의 각 성분은 매끄러운 함수 $S \to \mathbb{R}$인 것을 보여라.

4.3.2 S를 반추면 $x^2+y^2=z^2, z>0$이라 하자(예제 4.1.5를 보아라). $f(0,y,\ z)=(y\cos z, y\sin z,\ y)$에 의하여 반평면 $\{(0,y,z)|y>0\}$에서 S로의 사상 f를 정의한다. 이 때 f는 국소적 미분동형사상이지 미분동형사상은 아님을 보여라.

4.4 접선과 도함수

곡면 S를 연구하는 자연스러운 방법은 S 안에 놓여 있는 (매끄러운) 곡선 γ를 이용하는 것이다. 이로써 곡면위에 접선벡터의 개념을 정의할 수 있게 한다.

정의 4.4.1

점 $\mathbf{p} \in S$에서 곡면 S의 **접선벡터**(tangent vector)는 $\mathbf{p}$를 지나는 S안의 곡선의 점 $\mathbf{p}$에서의 접선벡터이다. 점 $\mathbf{p}$에서 S의 **접공간**(tangent space) $T_{\mathbf{p}}S$는 점 $\mathbf{p}$에서 S의 모든 접선벡터들의 집합이다.

접공간 $T_{\mathbf{p}}S$를 이해하기 위하여, $\mathbf{p}$가 $\boldsymbol{\sigma}$의 상, 가령 $\boldsymbol{\sigma}(u_0, v_0) = \mathbf{p}$인 S의 곡면조각사상 $\boldsymbol{\sigma}: U \to \mathbb{R}^3$을 선택한다. 만일 곡선 γ가 S안에 놓여있고 가령 $t = t_0$ 일 때 $\mathbf{p}$를 지난다면, t_0에 가까운 모든 t에 대하여

$$\gamma(t) = \boldsymbol{\sigma}(u(t), v(t)) \tag{4.2}$$

인 함수 $u(t)$와 $v(t)$가 있으며 $u(t_0) = u_0, v(t_0) = v_0$이다. 함수 u와 v는 필수적으로 매끄럽다(이것은 5.6절에서 증명할 것이다); 역으로 만일 $t \mapsto (u(t), v(t))$가 매끄럽다면, 식 (4.2)는 S 안에 놓여 있는 하나의 곡선을 정의한다는 사실은 명백하다.

명제 4.4.2 $\boldsymbol{\sigma}: U \to \mathbb{R}^3$을 점 $\mathbf{p} \in S$를 포함하는 곡면 S의 조각사상이라 하고 (u, v)를 U 안에서 좌표라 하자. 점 $\mathbf{p}$에서 S의 접공간은 벡터 $\boldsymbol{\sigma}_u$와 $\boldsymbol{\sigma}_v$에 의하여 생성되는 $\mathbb{R}^3$의 벡터부분공간이다(도함수는 $\boldsymbol{\sigma}(u_0, v_0) = \mathbf{p}$를 만족하는 점 $(u_0, v_0) \in U$에서 계산된다).

증명 γ를 가령,

$$\gamma(t) = \boldsymbol{\sigma}(u(t), v(t))$$

를 만족하는 S 안의 매끄러운 곡선이라 하자.

$\frac{d}{dt}$를 · 으로 나타내면, 연쇄법칙에 의하여 다음이 성립된다.

$$\dot{\gamma} = \boldsymbol{\sigma}_u \dot{u} + \boldsymbol{\sigma}_v \dot{v}.$$

따라서 $\dot{\gamma}$는 $\boldsymbol{\sigma}_u$와 $\boldsymbol{\sigma}_v$의 일차결합이다.

역으로, $\boldsymbol{\sigma}_u$와 $\boldsymbol{\sigma}_v$에 의하여 생성되는 $\mathbb{R}^3$의 벡터 부분공간 안의 임의의 벡터는 어떤 스칼라 λ와 μ에 대하여 $\lambda\boldsymbol{\sigma}_u + \mu\boldsymbol{\sigma}_v$ 모양으로 나타낼 수 있다.

$$\gamma(t) = \boldsymbol{\sigma}(u_0 + \lambda t, v_0 + \mu t)$$

와 같이 정의하면, γ는 S 안의 매끄러운 곡선이고 $t = 0$, 즉 S 안의 점 $\mathbf{p} \in S$에서 다음이 성

립된다.

$$\dot{\gamma} = \lambda\boldsymbol{\sigma}_u + \mu\boldsymbol{\sigma}_v.$$

이것은 $\boldsymbol{\sigma}_u$와 $\boldsymbol{\sigma}_v$에 의하여 생성되는 벡터공간 안의 모든 벡터는 S 안의 어떤 곡선의 점 p에서 접선벡터임을 나타낸다. ■

σ가 정칙이므로 $\boldsymbol{\sigma}_u$와 $\boldsymbol{\sigma}_v$가 일차독립이다. 따라서 이 벡터공간은 2차원이고, 이것을 지금부터 **접평면**(tangent plane)으로 부른다. 정의 4.4.1은 명제 4.4.2로부터 곧바로 알지 못하더라도 접평면이 점 p를 포함하는 조각사상의 선택에는 독립적임을 나타낸다(연습문제 4.4.2를 보아라).

곡면의 어떤 점 $\boldsymbol{\sigma}(u_0,\ v_0)$에서 접평면의 기저를 이루는 벡터 $\boldsymbol{\sigma}_u$와 $\boldsymbol{\sigma}_v$는 곡면 상에 있는 매개변수 곡선들 즉, 곡선 $u \mapsto \boldsymbol{\sigma}(u, v_0)$와 $v \mapsto \boldsymbol{\sigma}(u_0, v)$의 접선벡터들이다(때로는 이 곡선들을 '매개변수 곡선들 $u = u_0,\ \ v = v_0$' 라고 하기도 한다).

매끄러운 곡면에 대한 첫 응용으로서, 곡면들 사이의 매끄러운 사상의 도함수를 설명한다. $f : S \to \tilde{S}$를 그러한 사상이라 하자. 점 $\mathrm{p} \in S$에서 f의 도함수는 점 p가 S의 근방에 있는 점, 가령 q까지 움직일 때, 점 $f(\mathrm{p}) \in \tilde{S}$ 가 어떻게 변하는지를 잰다. 만일 점 p와 q가 아주 가까운 점이라면, 두 점을 지나는 직선은 점 p에서 거의 곡면 S에 접할 것이다. 따라서 점 p에서 f의 도함수는 점 p에서 S의 접선벡터와 점 $f(\mathrm{p})$에서 $\tilde{S}$의 접선벡터가 관련이 있다는 것을 기대할 수 있다. 달리 말하면, 점 p에서 f의 도함수는 사상 $D_{\mathrm{p}}f : T_{\mathrm{p}}S \to T_{f(\mathrm{p})}\tilde{S}$이다.

$D_{\mathrm{p}}f$의 정의를 구체적으로 주기 위하여, $\mathbf{w} \in T_{\mathrm{p}}S$를 점 p에서 S의 접선벡터라 하자. 정의에 의하여, $\mathbf{w}$는 점 p를 지나는 S안의 곡선 γ의 점 p에서의 접선벡터 가령, $\mathbf{w} = \dot{\gamma}(t_0)$이다. 그러면 $\tilde{\gamma} = f \circ \gamma$는 $t = t_0$일 때 $f(\mathrm{p})$를 지나는 $\tilde{S}$안의 곡선이다. 따라서 $\tilde{\mathbf{w}} = \dot{\tilde{\gamma}}(t_0) \in T_{f(\mathrm{p})}\tilde{S}$ 이다.

정의 4.4.3

위의 기호를 사용하여, 점 $\mathrm{p} \in S$에서 f의 **도함수**(derivative) $D_{\mathrm{p}}f$는 임의의 접선벡터 $\mathbf{w} \in T_{\mathrm{p}}S$에 대하여 $D_{\mathrm{p}}f(\mathbf{w}) = \tilde{\mathbf{w}}$를 만족하는 사상 $D_{\mathrm{p}}f : T_{\mathrm{p}}S \to T_{f(\mathrm{p})}\tilde{S}$이다.

지금 해야 할 첫 번째 일은 이 정의가 의미를 갖는다는 것을 보여주는 것이다. 즉, $D_{\mathrm{p}}f(\mathbf{w})$는 오로지 $f, \mathrm{p}, \mathbf{w}$에만 의존한다는 것이다.

$\boldsymbol{\sigma} : U \to \mathbb{R}^3$을, 가령 $\mathrm{p} = \boldsymbol{\sigma}(u_0, v_0)$인 점 p를 포함하는 곡면 조각사상이라 하고 $\alpha,\ \beta$를

$$f(\boldsymbol{\sigma}(u,v)) = \tilde{\boldsymbol{\sigma}}(\alpha(u,v), \beta(u,v))$$

인 U상의 매끄러운 함수라 하자. $\mathbf{w} = \lambda\boldsymbol{\sigma}_u + \mu\boldsymbol{\sigma}_v$를 u와 v가 $\dot{u}(t_0) = \lambda, \dot{v}(t_0) = \mu$인 매끄러운 함수

일 때, 곡선 $\gamma(t)=\boldsymbol{\sigma}(u(t),v(t))$의 점 $\mathbf{p}$에서 접선벡터라 하자.

$\tilde{u}(t)=\alpha(u(t),v(t))$와 $\tilde{v}(t)=\beta(u(t),v(t))$일 때, $\tilde{S}$상에 대응하는 곡선은 $\tilde{\gamma}(t)=\tilde{\boldsymbol{\sigma}}(\tilde{u}(t),\tilde{v}(t))$ 이므로,

$$D_{\mathrm{p}}f(\mathbf{w})=\dot{\tilde{u}}\tilde{\boldsymbol{\sigma}}_{\tilde{u}}+\dot{\tilde{v}}\tilde{\boldsymbol{\sigma}}_{\tilde{v}}=(\dot{u}\alpha_u+\dot{v}\alpha_v)\tilde{\boldsymbol{\sigma}}_{\tilde{u}}+(\dot{u}\beta_u+\dot{v}\beta_v)\tilde{\boldsymbol{\sigma}}_{\tilde{v}}$$

을 얻으며, u와 v의 도함수들은 t_0에서 계산된다. 따라서

$$D_{\mathrm{p}}f(\mathbf{w})=(\lambda\alpha_u+\mu\alpha_v)\tilde{\boldsymbol{\sigma}}_{\tilde{u}}+(\lambda\beta_u+\mu\beta_v)\tilde{\boldsymbol{\sigma}}_{\tilde{v}} \tag{4.3}$$

이 성립한다. 이 식의 우변은 우리가 원하는 것처럼, $\mathbf{p},f,\lambda,\mu$ 즉, $\mathbf{p},f,\mathbf{w}$에만 의존한다.

또한 식 (4.3)은 다음 명제를 만든다.

명제 4.4.4 만일 $f:S\to\tilde{S}$가 곡면사이의 매끄러운 사상이고 $\mathbf{p}\in S$라면, 도함수 $D_{\mathrm{p}}f:T_{\mathrm{p}}S\to T_{f(\mathrm{p})}\tilde{S}$는 선형사상이다.

왜냐하면, 식 (4.3)은 $T_{\mathrm{p}}f$의 기저 $\{\boldsymbol{\sigma}_u,\boldsymbol{\sigma}_v\}$와 $T_{f(\mathrm{p})}\tilde{S}$의 기저 $\{\tilde{\boldsymbol{\sigma}}_{\tilde{u}},\tilde{\boldsymbol{\sigma}}_{\tilde{v}}\}$에 관하여 선형사상 $D_{\mathrm{p}}f$의 행렬은 매끄러운 사상 $(u,v)\mapsto(\alpha(u,v),\beta(u,v))$의 야코비행렬

$$\begin{pmatrix}\alpha_u & \alpha_v\\ \beta_u & \beta_v\end{pmatrix}$$

인 것을 보여준다.

명제 4.4.5

(i) 만일 S가 곡면이고 $\mathbf{p}\in S$라면, 항등사상 $S\to S$의 점 $\mathbf{p}$에서의 도함수는 항등사상 $T_{\mathrm{p}}S\to T_{\mathrm{p}}S$이다.

(ii) 만일 S_1, S_2, S_3가 곡면이고 $f_1:S_1\to S_2$과 $f_2:S_2\to S_3$이 매끄러운 사상이라면, 모든 $\mathbf{p}\in S_1$에 대하여

$$D_{\mathrm{p}}(f_2\circ f_1)=D_{f_1(\mathrm{p})}f_2\circ D_{\mathrm{p}}f_1$$

이 성립한다.

(iii) 만일 $f:S_1\to S_2$가 미분동형사상이면, 모든 $\mathbf{p}\in S_1$에 대하여 선형사상 $D_{\mathrm{p}}f:T_{\mathrm{p}}S_1\to T_{f(\mathrm{p})}S_2$는 가역행렬이다.

증명 (i)은 분명하다. (ii)에 대하여 $\mathbf{w}\in T_{\mathrm{p}}S_1$이 S_1 위에서 곡선 γ_1의 점 $\mathbf{p}$에서의 접선벡터라 하자. 그러면 $\gamma_2=f_1\circ\gamma_1$는 $f_1(\mathbf{p})$에서 접선벡터 $D_{\mathrm{p}}f_1(\mathbf{w})$를 갖는 S_2위의 곡선이다. 따라서 $\gamma_3=f_2\circ\gamma_2=(f_2\circ f_1)\circ\gamma_1$은 점 $f_2(f_1(\mathbf{p}))$에서 접선벡터 $D_{f_1(\mathrm{p})}f_2(D_{\mathrm{p}}f_1(\mathbf{w}))$를 갖

는 S_3 위의 곡선이다. 그러나 점 $\mathbf{p}$에서 γ_3의 접선벡터는 $D_{\mathbf{p}}(f_2 \circ f_1)(\mathbf{w})$이다.

마지막으로, (iii)에 대해서, $g \circ f$와 $f \circ g$가 각각 항등사상 $S_1 \to S_1$, $S_2 \to S_2$인, $g : S_2 \to S_1$을 f의 역사상이라 하자. (i)과 (ii)는 $D_{f(\mathbf{p})}g$가 선형사상 $D_{\mathbf{p}}f$의 역사상인 것을 보여준다. ■

지금 매끄러운 사상이 국소적 미분동형사상이 되기 위한 간단한 기준을 줄 수 있다.

명제 4.4.6 S와 $\tilde{S}$를 곡면이라 하고 $f : S \to \tilde{S}$를 매끄러운 사상이라 하자. 그러면 f가 국소적 미분동형사상이 되기 위한 필요충분조건은, 모든 $\mathbf{p} \in S$에 대하여 선형사상 $D_{\mathbf{p}}f : T_{\mathbf{p}}S \to T_{f(\mathbf{p})}\tilde{S}$가 가역행렬인 것이다.

증명 먼저 f가 국소적 미분동형사상이라 하고 $\mathbf{p} \in S$라 하자. 그러면 $f(O)$가 $\tilde{S}$의 열린 부분집합이고 $f|O : O \to f(O)$는 미분동형사상인, 점 $\mathbf{p}$를 포함하는 S의 열린 부분집합 O가 존재한다. 명제 4.4.5(iii)에 의하여 $D_{\mathbf{p}}f$는 가역행렬이다($T_{\mathbf{p}}S = T_{\mathbf{p}}O$는 명백하다는 것에 주의하여라). 필요조건 부분의 증명은 역함수정리가 필요하고 5.6절에서 주어진다. ■

연습문제

4.4.1 다음 곡면조각사상들의 지정된 점에서의 접평면의 방정식을 구하여라.

(1) $\boldsymbol{\sigma}(u, v) = (u, v, u^2 - v^2)$, $(1, 1, 0)$

(2) $\boldsymbol{\sigma}(r, \theta) = (r\cosh\theta, r\sinh\theta, r^2)$, $(1, 0, 1)$

4.4.2 만일 $\boldsymbol{\sigma}(u, v)$가 곡면조각사상이면 $\boldsymbol{\sigma}$가 재매개변수화될 때, $\boldsymbol{\sigma}_u$와 $\boldsymbol{\sigma}_v$의 일차결합집합은 변하지 않음을 보여라.

4.4.3 S를 곡면이라 하고 $\mathbf{p} \in S$, $F : \mathbb{R}^3 \to \mathbb{R}$이 매끄러운 함수라 하자. $\nabla_S F$를 $T_{\mathbf{p}}S$위에 F의 기울기벡터 $\nabla F = (F_x, F_y, F_z)$의 직교사영이라 하자. 만일 γ가 점 $\mathbf{p}$를 지나는 S상의 임의의 곡선이라면 $t = t_0$일 때 가령

$$(\nabla_S F) \cdot \dot{\gamma}(t_0) = \left.\frac{d}{dt}\right|_{t=0} F(\gamma(t))$$

임을 보여라. 만일 S에 F를 제한한 것이 $\mathbf{p}$에서 극소나 극대값을 가지면 $\nabla_S F = 0$임을 유도하여라.

4.4.4 $f: S_1 \to S_2$가 국소적 미분동형사상이라 하고 γ를 S_1상에서 정칙곡선이라 하자. 이 때 $f \circ \gamma$는 S_2상에서 정칙곡선임을 보여라.

4.5 법선과 방향성

점 $\mathrm{p} \in S$에서 곡면 S의 접평면 $T_{\mathrm{p}}S$는 $\mathbb{R}^3$의 원점을 지나므로 접평면은 점 p에서 S의 **단위법선**(unit normal)이라 부르는 접평면에 수직인 단위벡터에 의하여 완전히 결정된다. 물론 그러한 벡터가 2개 있지만, 명제 4.4.2는 그러한 벡터가

$$\mathrm{N}_\sigma = \frac{\sigma_u \times \sigma_v}{\|\sigma_u \times \sigma_v\|} \tag{4.4}$$

와 같이 명확히 선택되도록 점 p를 포함하는 곡면조각사상 $\sigma: U \to \mathbb{R}^3$을 고르도록 한다는 것을 나타낸다. 왜냐하면, 이것은 분명히 σ_u와 σ_v의 각 일차결합에 수직인 단위벡터이기 때문이다. 이것을 점 p에서 곡면조각사상 σ의 **표준단위법선**(standard unit normal)이라 한다. 그러나 접평면과는 달리, N_σ는 점 p를 포함하는 조각사상 σ의 선택에는 완전히 독립적이지는 않다. 왜냐하면, 만일 $\tilde{\sigma}: \tilde{U} \to \mathbb{R}^3$이 점 p를 포함하는 S의 좌표근방계안에서 또 다른 하나의 조각사상이라 할 때 명제 4.2.7의 증명에서

$$\tilde{\sigma}_{\tilde{u}} \times \tilde{\sigma}_{\tilde{v}} = \det(J(\Phi))\sigma_u \times \sigma_v$$

가 성립한다고 보였다. 단 $J(\Phi)$는 σ에서 $\tilde{\sigma}$로 추이사상 Φ의 야코비행렬이다. 따라서 $\tilde{\sigma}$의 표준단위법선은

$$\mathrm{N}_{\tilde{\sigma}} = \frac{\tilde{\sigma}_{\tilde{u}} \times \tilde{\sigma}_{\tilde{v}}}{\|\tilde{\sigma}_{\tilde{u}} \times \tilde{\sigma}_{\tilde{v}}\|} = \pm \frac{\sigma_u \times \sigma_v}{\|\sigma_u \times \sigma_v\|} = \pm \mathrm{N}_\sigma$$

이다. 단, 부호는 $J(\Phi)$의 행렬식의 부호이다. 이것으로부터 다음 정의를 끌어낸다.

정의 4.5.1

곡면 S는 다음의 성질

"만일 Φ가 좌표근방계 A 안의 임의의 두 곡면조각사상 사이의 추이사상이라면, Φ가 정의되는 곳에서 $\det(J(\Phi)) > 0$이다"

를 만족하는 S에 대한 좌표근방계 A가 존재할 때, **향을 줄 수 있는**(orientable)곡면이라 한다. ■

앞의 논리로부터 다음 명제를 얻는다.

명제 4.5.2 S를 정의 4.5.1에서 처럼, 좌표근방계 A를 가지고 있는 향을 줄 수 있는 곡면이라 하자. 그러면 S의 각 점에서 매끄러운 단위법선을 선택할 수 있는데 그것은 좌표근방계 A 안에서 각 곡면의 표준단위법선을 택하여 얻어진다.

유향곡면(oriented surface)은 각 점에서 단위법선 $\mathbf{N}$을 매끄럽게 선택할 수 있는 곡면 S를 말한다. 즉, 모든 점 $\mathbf{p} \in S$에 대하여 $\mathbf{N}(\mathbf{p})$가 $T_{\mathbf{p}}S$에 수직인 단위벡터인 매끄러운 사상 $\mathbf{N}: S \to \mathbb{R}^3$($\mathbf{N}$의 세 성분 각각이 $S \to \mathbb{R}$인 매끄러운 함수를 의미한다)인 경우이다.

임의의 유향곡면은 향을 줄 수 있는 곡면이다!

이 사실을 보기 위하여, S의 최대 좌표근방계로써 시작하여, 만일 $\boldsymbol{\sigma}_u \times \boldsymbol{\sigma}_v$가 $\boldsymbol{\sigma}$의 상 안의 모든 점에서 $\mathbf{N}$의 양의 배수이면 조각사상 $\boldsymbol{\sigma}(u, v)$를 유지하고, 그렇지 않으면 버린다. 남아 있는 조각사상들은 명제 4.5.1의 조건을 만족하는 좌표근방계 A를 만든다. 나머지 부분에 대해서는 관심이 있는 독자들에게 남겨두기로 한다(논리는 다음의 예제에서 사용하는 것과 비슷하다). 지금부터는,

우리가 유향곡면 S를 취급할 때는 S의 표준단위법선이 S의 선택된 법선과 같은 곡면조각사상만 사용한다.

우리가 다루는 대부분의 곡면은 향을 줄 수 있다. 그러나 다음 예는 그렇지 못하다.

예제 4.5.3 **뫼비우스 띠**(Möbius band)는 직선분 $\mathcal{L}$을, 그의 중점 $\mathbf{p}$가 원 C 둘레를 한 바퀴 움직일 때, $\mathcal{L}$은 $\mathbf{p}$ 둘레를 반 바퀴 회전하는 식으로, $\mathbf{p}$가 원 C 둘레를 움직이는 것과 동시에, $\mathbf{p}$ 둘레에 회전이동하여 얻어지는 곡면이다. 원 C를 xy-평면에서 $x^2+y^2=1$이라 하고, $\mathcal{L}$을 길이가 1인 선분으로서 중점 $\mathbf{p}$가 $(1, 0, 0)$인 최초로 z-축에 평행하다면, $\mathbf{p}$가 z-축 둘레를 각 θ만큼 회전한 다음, $\mathcal{L}$이 점 $\mathbf{p}$와 z-축을 포함하는 평면에서 $\mathbf{p}$둘레를 $\frac{\theta}{2}$만큼 회전시킨다. 최초로 $(1, 0, t)$에 있던 $\mathcal{L}$의 점은 회전 후, 다음 점의 위치에 있다.

$$\boldsymbol{\sigma}(t, \theta) = \left(\left(1 - t\sin\frac{\theta}{2}\right)\cos\theta,\ \left(1 - t\sin\frac{\theta}{2}\right)\sin\theta,\ t\cos\frac{\theta}{2}\right).$$

$\boldsymbol{\sigma}$의 정의구역을 다음과 같이 잡는다.

$$U = \{(t, \theta) \in \mathbb{R}^2 \mid -\frac{1}{2} < t < \frac{1}{2},\ 0 < \theta < 2\pi\}.$$

$\boldsymbol{\sigma}$와 같지만 정의구역이

$$\widetilde{U} = \{(t, \theta) \in \mathbb{R}^2 \mid -\frac{1}{2} < t < \frac{1}{2},\ -\pi < \theta < \pi\}$$

인 두 번째 조각사상 $\tilde{\boldsymbol{\sigma}}$를 정의한다. 이들 두 조각사상은 뫼비우스 띠가 매끄러운 곡면 S가 되도록 만드는 정칙 곡면조각사상으로 되어있는 뫼비우스 띠의 좌표근방계를 이루고 있음을 점검할 수 있다(연습문제 4.5.1을 보아라).

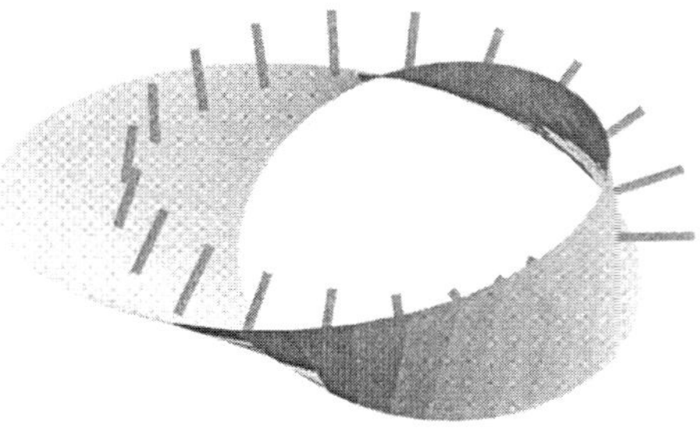

중앙원($t=0$인 곳)상의 점에서 표준단위법선 $\mathbf{N}_\sigma$를 계산한다. 그 점에서 다음이 성립한다.

$$\boldsymbol{\sigma}_t = \left(-\sin\frac{\theta}{2}\cos\theta,\ -\sin\frac{\theta}{2}\sin\theta,\ \cos\frac{\theta}{2}\right),\ \boldsymbol{\sigma}_\theta = (-\sin\theta,\ \cos\theta,\ 0).$$

따라서 벡터곱은 다음과 같다.

$$\boldsymbol{\sigma}_t \times \boldsymbol{\sigma}_\theta = \left(-\cos\theta\cos\frac{\theta}{2},\ -\sin\theta\cos\frac{\theta}{2},\ -\sin\frac{\theta}{2}\right).$$

이것은 단위벡터이므로 $\mathbf{N}_\sigma$와 같다.

만일 뫼비우스 띠가 향을 줄 수 있다면 S의 각 점에서 정의되며 S 전체를 매끄럽게 움직이는 잘 정의된 단위법선 $\mathbf{N}$이 있을 것이다. 중앙원 상의 점 $\boldsymbol{\sigma}(0,\ \theta)$에서 $\lambda : (0,\ 2\pi) \to \mathbb{R}$이 매끄러운 함수이고 모든 θ에 대하여 $\lambda(\theta) = \pm 1$인

$$\mathbf{N} = \lambda(\theta)\mathbf{N}_\sigma$$

를 갖는다. 따라서 모든 $\theta \in (0,\ 2\pi)$에 대하여 $\lambda(\theta) = +1$이든지 모든 $\theta \in (0,\ 2\pi)$에 대하여 $\lambda(\theta) = -1$이 된다. 필요하다면 $\mathbf{N}$ 대신에 $-\mathbf{N}$으로 바꾸면 $\lambda = 1$이라고 가정할 수 있다. 점 $\boldsymbol{\sigma}(0,\ 0) = \boldsymbol{\sigma}(0,\ 2\pi)$에서 $\mathbf{N}$이 매끄러우므로 다음이 성립해야 한다.

$$\mathbf{N} = \lim_{\theta \downarrow 0} \mathbf{N}_\sigma = (-1,\ 0,\ 0).$$

또한

$$\mathbf{N} = \lim_{\theta \uparrow 2\pi} \mathbf{N}_\sigma = (1,\ 0,\ 0)$$

도 성립해야 한다. 이러한 모순은 뫼비우스 띠가 향을 줄 수 있는 것이 아니라는 것을 나타낸다. ■

만일 S가 유향곡면이라면 S의 한 점에서 두 접선벡터 사이의 각에 부호를 줄 수 있다. 이것은 나중에 이 교재에서 많은 경우에 중요하다.

$\mathbf{p} \in S$이고 $\mathbf{N}$이 점 $\mathbf{p}$에서 선택된 단위법선이라 하자. 만일 $T_\mathbf{p}S$에 수직으로 오른손 스크류 방향으로의 회전이 $\mathbf{N}$이 나아가는 방향이라면, 접평면 $T_\mathbf{p}S$에서 회전은 **양의 방향**(positive sense) 또는 **반시계방향**(anticlockwise)이라고 한다. 다른 길로 보면, $\mathbf{N}$의 선택은 $T_\mathbf{p}S$의 두 면을 구별할 수 있다: '양의 쪽'은 $\mathbf{N}$이 가르키는 안쪽 방향의 반 공간이다. 그러면 만일 한 점으르부터 $T_\mathbf{p}S$를 '양의 쪽'에

서 본다면 $T_\mathrm{p}S$에서 양의 방향은 반시계방향으로 보일 것이다.

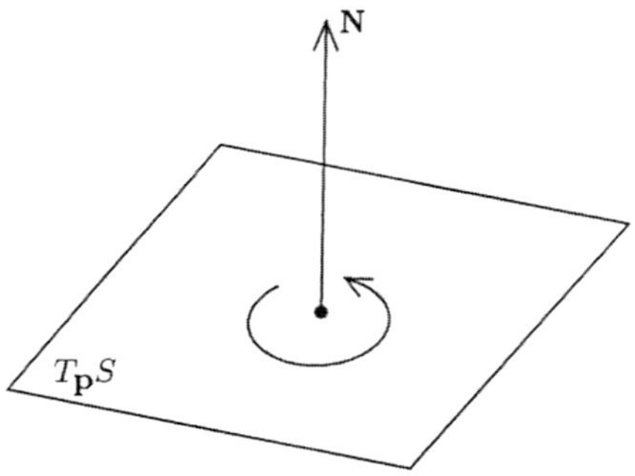

만일 $\mathbf{v}$와 $\mathbf{w}$가 $T_\mathrm{p}S$에서 영이 아닌 벡터라면 $\mathbf{v}$와 $\mathbf{w}$ 사이의 **유향각**(oriented angle)(우리가 자주 그냥 각이라고 부르는)은 결과의 벡터가 $\mathbf{w}$의 양의 스칼라 배가 되도록 $\mathbf{v}$가 양의 방향으로 회전하는 각이다. 이 각을 $\widehat{\mathbf{vw}}$로 나타낸다. 그러면

$$\widehat{\mathbf{wv}} = -\widehat{\mathbf{vw}}$$

이고, $\widehat{\mathbf{vw}}$의 부호는 $T_\mathrm{p}S$에 단위법선의 선택을 바꿀 때 바뀐다는 것을 유의하여라. 또한 $\widehat{\mathbf{vw}}$는 2π의 정수배의 덧셈에만 의존하며 결정된다는 점을 유의하여라.

예제 4.5.4 점 $\mathbf{p} \in S^2$에서 접평면은 $\mathbf{p}$에 수직인 것은 분명하다. $\mathbf{p}$가 단위벡터이므로 $\mathbf{p}$에서 두 개의 단위법선은 바깥방향으로의 $\mathbf{p}$와 안쪽 방향으로의 $-\mathbf{p}$이다. 그래서 S^2에서 항상 안쪽이든 바깥쪽이든 단위법선을 고르는 두 가지 매끄러운 선택이 있다.

예를 들면, 독자가 만일 안쪽 법선을 고르고 $\mathbf{p}$가 적도상의 점 $(1,0,0)$이라면 접선벡터 $\mathbf{v} = (0,1,0)$와 $\mathbf{w} = (0,0,1)$사이의 유향각은 $\widehat{\mathbf{vw}} = -\frac{\pi}{2}$(또는 $\frac{3\pi}{2}, \frac{7\pi}{2}$ 등)이다. 만일 대신에 바깥방향의 법선을 사용했다면 이 유향각의 부호는 바뀔 것이다. ■

연습문제

4.5.1 예제 4.5.3의 뫼비우스 띠에 대한 두 곡면 조각사상사이의 추이사상 Φ를 계산하여라. 그것은 $\mathbb{R}^2$ 안의 두 개의 서로소인 사각형의 합에서 정의된다는 것을 보여라. Φ의 야코비행렬의 행렬식은 한 사각형상에서 $+1$이고 다른 사각형에서는 -1임을 보여라.

4.5.2 두 개의 매끄러운 곡면 S와 $\tilde{S}$가 미분동형이고 S는 향을 줄 수 있다고 하자. 이 때 $\tilde{S}$도 향을 줄 수 있다는 것을 증명하여라.

제5장

곡면의 예

제5장 곡면의 예

이 장에서 아주 간단한 몇 가지 곡면의 부류를 얘기한다. 나머지들은 교재의 뒷부분에서 소개한다.

5.1 등위곡면

앞서 예제 4.1.3-5와 연습문제 4.1.3에서 본 것처럼 곡면은 종종 f가 매끄러운 함수일 때 **등위곡면** (level surface)

$$\{(x,y,z)\in\mathbb{R}^3 \mid f(x,y,z)=0\}$$

으로 나타낼 때가 있다. 그러한 예에서 우리는 아주 특별한 방법으로 좌표근방계를 만들었다. 다음 결과는 일반적인 조건을 주는데, 그 조건 아래서는 등위곡면이 매끄러운 곡면이다. 사실 그 안에서 곡면의 다른 영역이 다른 함수로 정의될 수 있는 조금 더 일반적인 상황을 취급한다.

정리 5.1.1

S를 다음 성질: 즉, 각 점 $\mathbf{p}\in S$에 대하여 두 조건

(i) $S\cap W=\{(x,y,z)\in W \mid f(x,y,z)=0\}$,

(ii) f의 기울기벡터 $\nabla f=(f_x,f_y,f_z)$는 점 $\mathbf{p}$에서 영이 아니다

를 만족하는 $\mathbf{p}$를 포함하는 $\mathbb{R}^3$의 부분집합 W와 매끄러운 함수 $f: W\to\mathbb{R}$이 있을 때 S는 매끄러운 곡면이다.

이 정리의 증명은 5.6절로 미룬다.

예제 5.1.2 단위구면 S^2에 대하여, $W=\mathbb{R}^3$으로 잡고 단일함수 $f(x,y,z)=x^2+y^2+z^2-1$을 사용한다. 그러면 $\nabla f=(2x,\ 2y,\ 2z)$이므로, S^2의 모든 점에서 $\|\nabla f\|=2$이다. 특히 ∇f는 S^2 상에서 아무 곳에서도 영이 아니다. 따라서 정리 5.1.1로부터 S^2는 매끄러운 곡면이다. ■

예제 5.1.3 예제 4.1.5의 원추면에 대하여, $f(x,\ y,\ z)=x^2+y^2-z^2$이다. 따라서 $\nabla f=(2x,\ 2y,\ -2z)$이고 이것은 꼭지점 $(0,0,0)$에서만 영이다. $W=\{(x,\ y,\ z)\in\mathbb{R}^3 \mid z\neq 0\}$로써 정리 5.1.1을 적용하면 꼭지점 $(0,0,0)$을 제외한 원추면은 이미 본 바와 같이 매끄러운 곡면이다. ■

등위곡면에 대한 큰 부류는 다음 절에서 배울 것이다.

연습문제

5.1.1 다음은 매끄러운 곡면임을 보여라.

(i) $x^2+y^2+z^4=1$

(ii) $(x^2+y^2+z^2+a^2-b^2)^2=4a^2(x^2+y^2)$, 단, $a>b>0$은 상수

5.1.2 f가 S의 임의의 점에서 ∇f가 영이 아닌 매끄러운 함수일 때, $f(x,y,z)=0$로 정의되는 곡면 S를 생각한다. 이 때 ∇f는 S의 각 점에서 접평면에 수직임을 보이고, S는 향을 줄 수 있음을 보여라. 지금 $F:\mathbb{R}^3\to\mathbb{R}$이 매끄러운 함수라고 하자. 만일 F를 S에 제한한 것이 점 $\mathbf{p}$에서 극대와 극소를 가지면, 어떤 스칼라 λ에 대하여, 점 $\mathbf{p}$에서 $\nabla F=\lambda\nabla f$임을 보여라. (이것을 **라그랑쥬의 미정승수법**(Lagrange's Method of Undetermined Multipliers)이라 한다.)

5.1.3 조건 $xyz=1$ 아래에서 $x^2+y^2+z^2$의 최솟값은 3인 것을 보여라. 이런 최솟값을 주는 점들 (x,y,z)은 $\mathbb{R}^3$ 안의 정사면체의 꼭지점인 것을 보여라.

5.2 이차곡면

평면과 같은 가장 간단한 등위곡면은 a,b,c,d가 상수일 때, $ax+by+cz=d$와 같은 모양의 직교좌표방정식을 갖는다. 이런 관점에서 다음의 가장 간단한 곡면들은 그들의 직교좌표방정식이 x, y, z에 관하여 이차식으로 주어진다.

이 절에서 임의의 벡터 $\mathbf{v}=(x,y,z)\in\mathbb{R}^3$를 열벡터 $\begin{pmatrix}x\\y\\z\end{pmatrix}$과 동일시 하고, 이것을 또한 $\mathbf{v}$로 나타낸다. 만일 $\mathbf{v}$, $\mathbf{w}\in\mathbb{R}^3$ 이면, $\mathbf{v}^t\mathbf{w}$은 1×1 행렬, 즉 수인데 이것은 내적 $\mathbf{v}\cdot\mathbf{w}$이다.

정의 5.2.1

$\mathbf{v}=(x,\ y,\ z)$, A는 상수의 3×3 대칭행렬, $\mathbf{b}\in\mathbb{R}^3$은 상수벡터이고 $c\in\mathbb{R}$가 상수의 스칼라일 때, **이차식**(quadric)은

$$\mathbf{v}^tA\mathbf{v}+\mathbf{b}^t\mathbf{v}+c=0$$

모양의 방정식으로 정의된다. ■

이것을 보다 확실하게 보기 위하여,

$$A = \begin{pmatrix} a_1 & a_4 & a_6 \\ a_4 & a_2 & a_5 \\ a_6 & a_5 & a_3 \end{pmatrix},\ \mathrm{b} = (b_1,\ b_2,\ b_3)$$

이라 두면, 이차식의 방정식은 다음과 같다.

$$a_1x^2 + a_2y^2 + a_3z^2 + 2a_4xy + 2a_5yz + 2a_6xz + b_1x + b_2y + b_3z + c = 0. \tag{5.1}$$

이차식은 반드시 곡면일 필요는 없다. 예를 들면, 방정식 $x^2 + y^2 + z^2 = 0$으로 주어지는 이차식은 한 점이며, 방정식 $z^2 + y^2 = 0$으로 주어지는 이차식은 직선이다. 조금 더 재미있는 예는 이차식 $xy = 0$인데, 이것은 두 개의 만나는 평면 $x = 0$과 $y = 0$의 합으로서 이것도 곡면이 아니다(직관적으로, 평면들의 교선을 따라서 '각'을 갖는다). 다음의 명제는 방정식이 특별히 간단한 모양을 갖는 이차식을 생각하면 충분하다는 것을 보여주고 있다.

정리 5.2.2

$\mathbb{R}^3$의 직접 등장사상을 작용시켜서 공집합이 아니면서 계수가 동시에는 영이 아닌 이차식 (5.1)은 그것의 직교좌표 방정식이 다음 중 어느 하나로 변환될 수 있다.

① 타원면 : $\dfrac{x^2}{p^2} + \dfrac{y^2}{q^2} + \dfrac{z^2}{r^2} = 1$

② 일엽쌍곡면 : $\dfrac{x^2}{p^2} + \dfrac{y^2}{q^2} - \dfrac{z^2}{r^2} = 1$

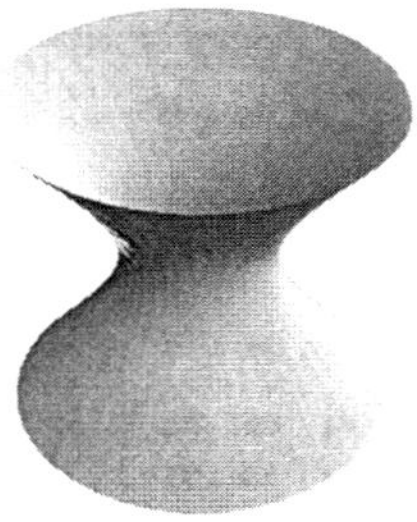

③ 이엽쌍곡면 : $\dfrac{z^2}{r^2} - \dfrac{x^2}{p^2} - \dfrac{y^2}{q^2} = 1$

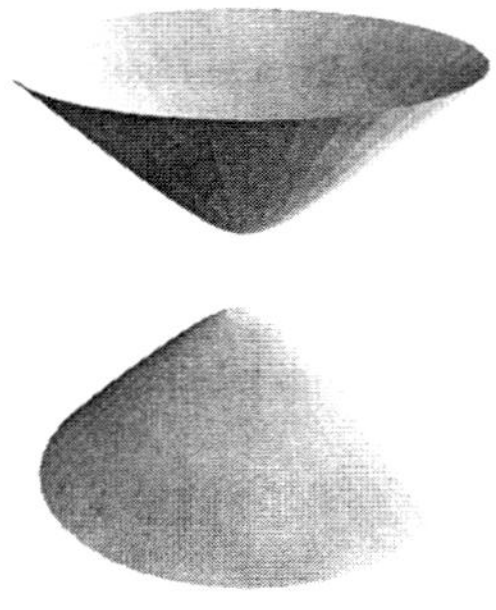

④ 타원포물면 : $\dfrac{z^2}{p^2} + \dfrac{y^2}{q^2} = z$

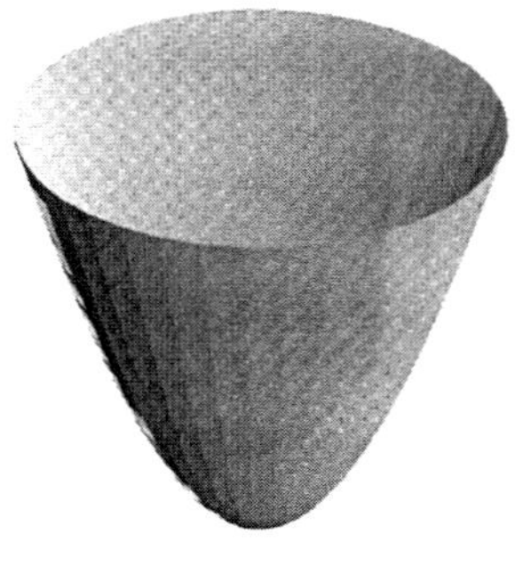

⑤ 쌍곡포물면 : $\frac{x^2}{p^2}-\frac{y^2}{q^2}=z$

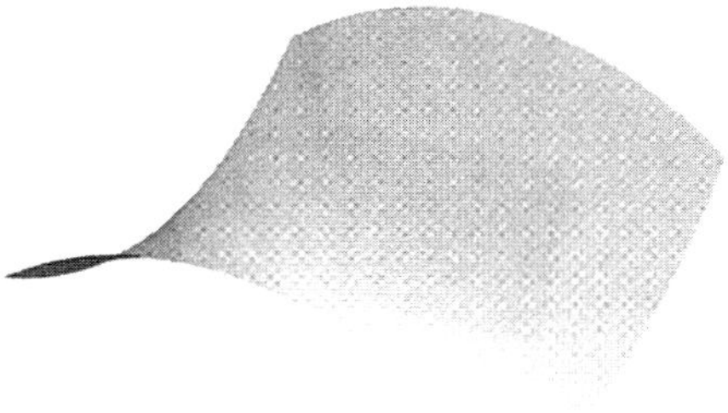

⑥ 이차추면 : $\frac{x^2}{p^2}+\frac{y^2}{q^2}-\frac{z^2}{r^2}=0$

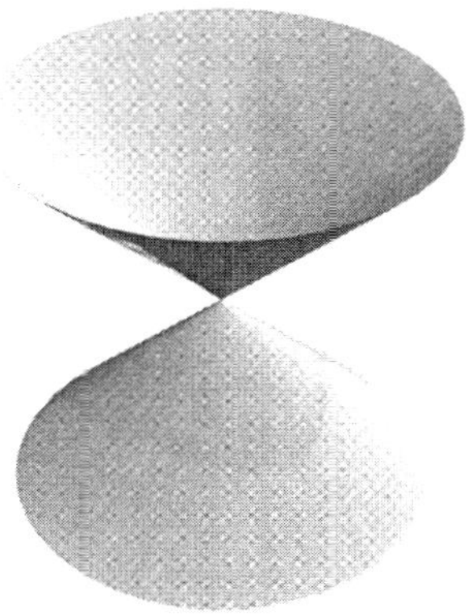

⑦ 타원기둥 : $\frac{x^2}{p^2}+\frac{y^2}{q^2}=1$

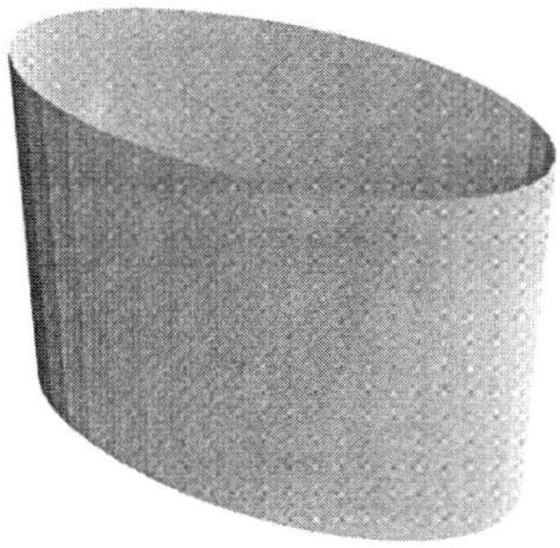

⑧ 쌍곡기둥 : $\frac{x^2}{p^2}-\frac{y^2}{q^2}=1$

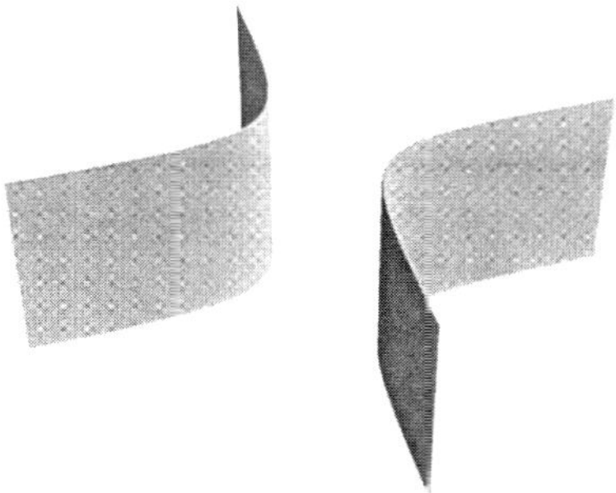

⑨ 포물기둥 : $\frac{x^2}{p^2}=y$

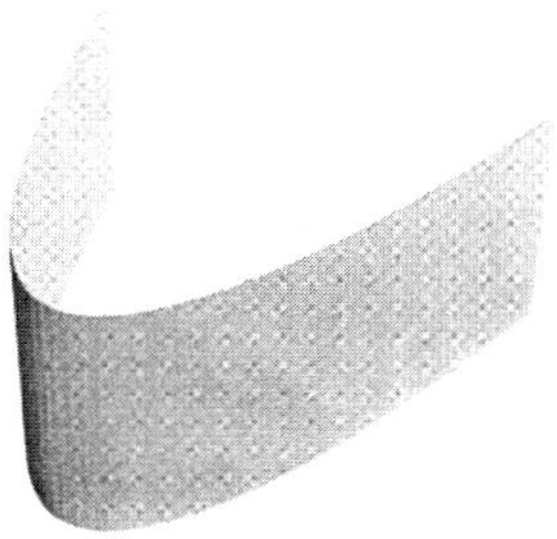

⑩ 평면 : $x=0$

⑪ 두 개의 평행평면 : $x^2=p^2$

⑫ 두 개의 만나는 평면 : $\frac{x^2}{p^2}-\frac{y^2}{q^2}=0$

⑬ 직선 : $\frac{x^2}{p^2}+\frac{y^2}{q^2}=0$

⑭ 한 점 : $\frac{x^2}{p^2}+\frac{y^2}{q^2}+\frac{z^2}{r^2}=0$

각 경우에, $p,\ q,\ r$은 영이 아닌 상수이다.

증명 정리 A.0.4에 의하여 PAP^t가 **대각행렬**(diagonal matrix), 가령

$$A^{'}=\begin{pmatrix} a_1^{'} & 0 & 0 \\ 0 & a_2^{'} & 0 \\ 0 & 0 & a_3^{'} \end{pmatrix}$$

인 직교행렬 P가 있다(P^t는 P의 전치행렬이고 I는 항등행렬이다). 그러면 $\det(P)=\pm 1$이고 필요하다면 P 대신에 $-P$로 바꿈으로써 $\det(P)=1$이라고 가정할 수 있다. A'의 대각성분들은 A의 고유값이고 P의 행들은 그에 대응하는 고유벡터들이다.

$$\begin{pmatrix} x^{'} \\ y^{'} \\ z^{'} \end{pmatrix}=P\begin{pmatrix} x \\ y \\ z \end{pmatrix},\qquad \begin{pmatrix} b_1^{'} \\ b_2^{'} \\ b_3^{'} \end{pmatrix}=P\begin{pmatrix} b_1 \\ b_2 \\ b_3 \end{pmatrix}$$

일 때, $\mathbf{v}'=(x',\ y',\ z')$와 $\mathbf{b}'=(b_1',\ b_2',\ b_3')$을 정의한다.

$$\begin{pmatrix} x \\ y \\ z \end{pmatrix}=P^t\begin{pmatrix} x^{'} \\ y^{'} \\ z^{'} \end{pmatrix},\qquad \begin{pmatrix} b_1 \\ b_2 \\ b_3 \end{pmatrix}=P^t\begin{pmatrix} b_1^{'} \\ b_2^{'} \\ b_3^{'} \end{pmatrix}$$

인 것에 주의하면, 정의 5.2.1에 있는 이차식은

$$(x'\,y'\,z')A'(x'\,y'\,z')^t+(b_1^{'}\,b_2^{'}\,b_3^{'})(x'\,y'\,z')^t+c=0,$$

즉,

$$a_1^{'}x_2^{'}+a_2^{'}y_2^{'}+a_3^{'}z_2^{'}+b_1^{'}x^{'}+b_2^{'}y^{'}+b_3^{'}z^{'}+c=0$$

이 된다. 이 새로운 이차식은 직접 등장사상 $\mathbf{v}\mapsto P\mathbf{v}$를 적용하여 얻어진다(부록 1을 보아라). 따라서 식 (5.1)로 주어진 이차식을 마찬가지로 생각하지만, $a_4=a_5=a_6=0$이라는 것을 가정한다. 즉

$$a_1x^2+a_2y^2+a_3z^2+b_1x+b_2y+b_3z+c=0. \tag{5.2}$$

식 (5.2)에서 $a_1\neq 0$이라고 가정한다. 만일 $x'=x+b_1/2a_1$로 정의하면 $\mathbb{R}^3$의 평행이동에 대응하는데, c'가 상수이면 방정식은 다음과 같다.

$$a_1x'^2+a_2y^2+a_3z^2+b_2y+b_3z+c'=0.$$

달리 말하자면 $a_1\neq 0$일 때, $b_1=0$으로 가정할 수 있고 물론 a_2와 a_3에 대해서도 비슷하다.

만일 식 (5.2)에서 a_1, a_2, a_3이 모두 영이 아니면, 다음 식으로 방정식이 변형된다.

$$a_1x^2 + a_2y^2 + a_3z^2 + c = 0.$$

만일 $c \neq 0$이면, a_1, a_2, a_3, c의 부호에 따라서 ①, ②, ③의 경우를 갖는다.
만일 $c = 0$이라면, ⑥와 ⑭의 경우를 갖는다.
만일, a_1, a_2, a_3 중 어느 하나가 영, 가령 $a_3 = 0$이라면, 다음 식으로 축소된다.

$$a_1x^2 + a_2y^2 + b_3z + c = 0. \tag{5.3}$$

만일 $b_3 \neq 0$라면, $z' = z + c/b_3$으로 정의한다. 따라서 평행이동(그리고 b_3으로 나누어)에 의하여 다음 식으로 바뀜을 알 수 있다.

$$a_1x^2 + a_2y^2 + z = 0.$$

이 식은 ④와 ⑤의 경우이다.
만일 식 (5.3)에서 $b_3 = 0$이라면, 다음 식이 된다.

$$a_1x^2 + a_2y^2 + c = 0.$$

만일 $c = 0$이라면, ⑫와 ⑬ 경우를 갖는다. 만일 $c \neq 0$이라면, c로 나누어 ⑦와 ⑧ 경우를 얻는다.
지금 $a_2 = a_3 = 0$이고 $a_1 \neq 0$이라고 가정하자. 그러면 다음 식을 얻는다.

$$a_1x^2 + b_2y + b_3z + c = 0. \tag{5.4}$$

만일, b_2, b_3이 둘 다 영이 아니면, y-축이 벡터 (b_2, b_3)과 평행하도록 yz-평면을 회전이동하면 $b_2 \neq 0, b_3 = 0$인 경우가 되고 그런 다음 y-축을 따라서 평행이동하면 $c = 0$이 된다. 따라서 방정식은

$$a_1x^2 + y = 0$$

이 되고, 이것은 ⑨의 경우이다. 만일 식 (5.4)에서 $b_2 = b_3 = 0$이라면, $c = 0$이 되어 ⑩의 경우이고, $c \neq 0$이라면 ⑪의 경우가 된다.
마지막으로 만일 $a_1 = a_2 = a_3 = 0$이라면, 식 (5.6)은 평면의 방정식이므로, 따라서 적당한 회전이동과 평행이동의 합성을 작용시키면 다시 ⑩의 경우가 된다. ■

따름정리 5.2.3

모든 ①~⑩ 모양의 이차식은 곡면이다 (⑥의 경우는 원추의 꼭지점을 빼야 한다).

증명 이것은 연습문제 4.2.8, 정리 5.1.1과 정리 5.2.2에 있는 이차방정식의 특별한 모양을 사용하면 쉽게 증명된다. ■

예제 5.2.4 다음 이차식을 생각해보자.

$$x^2+2y^2+6x-4y+3z=7.$$

평행이동을 $x'=x+3,\ y'=y-1$로 두면,

$$x'^2+2y'^2+3z=18$$

이 되고 다시 $z'=z-6$ (다른 평행이동)이라 두면,

$$x'^2+2y'^2+3z'=0$$

이 된다. 마지막으로, $x''=x',\ y''=-y',\ z''=-z'$($x$-축 둘레에 π만큼의 회전이동)이라 두면,

$$\frac{1}{3}x''^2+\frac{2}{3}y''^2=z''$$

이 되어서 이것은 타원포물면이다. $x''=u,\ y''=v,\ z''=\frac{1}{3}u^2+\frac{2}{3}v^2$이라 두면 매개변수화될 수 있다. 이것은

$$x=u-3,\ y=1-v,\ z=6-\frac{1}{3}u^2-\frac{2}{3}v^2$$

에 대응하고 주어진 이차식은 하나의 곡면조각사상

$$\sigma(u,\ v)=\left(u-3,\ 1-v,\ 6-\frac{1}{3}u^2-\frac{2}{3}v^2\right)$$

을 이루는 좌표근방계를 갖는 매끄러운 곡면임을 보여준다. ■

연습문제

5.2.1 정리 5.2.2의 ①~⑪ 부분에서 각 이차곡면의 매개변수화를 만들어라 (⑥의 경우는 원점을 빼야 한다).

5.2.2 이차식

$$x^2+y^2-2z^2-\frac{2}{3}xy+4z=c$$

는 $c>2$일 때는 일엽쌍곡면이고, $c<2$일 때는 이엽쌍곡면임을 보여라. $c=2$라면 무엇인가? (이것은 고유치와 고유벡터에 대한 지식이 필요하다.)

5.2.3 만일 이차곡면이 한 직선상에 세 점을 갖는다면, 그 곡면은 직선 전체(whole line)를 포함하는 것을 보여라. 만일 L_1, L_2, L_3이 $\mathbb{R}^3$에서 만나지 않는 직선들이라면, 세 직선 모두를 포함하는 이차곡면이 존재한다는 것을 유도하여라.

5.2.4 연습문제 5.2.3을 이용하여 임의의 이중선직면은 이차곡면(의 일부)임을 보여라 (곡면이 같은 직선족의 두 직선끼리는 만나지 않지만, 제1직선족의 모든 직선이 제2직선족의 직선과 기껏해야 유한번의 예외를 가지고 교차하는 두 직선족의 각각의 합집합일 때, 이중선직면이라 한다). 어느 이차곡면이 선직면인가?

5.3 선직면과 회전면

등위곡면은 '대수적인' 기원을 가지고 있는데, 그것은 함수 $f(x\ y,z)$로부터 생겨났다. 반면에, 이 절에서 생각하는 두 가지 부류의 곡면은 기하학적인 구조로부터 생겨났다.

예제 5.3.1 **선직면**(ruled surface)은 그 곡면의 **모선**(rulings 또는 generators)이라 부르는 직선들의 합인 곡면이다. C를 이들 직선의 각각과 만나는 $\mathbb{R}^3$ 안의 곡선이라 하자. 이 곡면의 임의의 점 **p**는 가령 **q**에서 C와 만나는 주어진 직선들 중 어느 하나 위에 놓여있다. 만일 $\gamma\ :(\alpha,\beta)\ \rightarrow\mathbb{R}^3$ 가 $\gamma(u)=$ **q** 인 곡선 C의 매개변수화이고, $\delta(u)$가 $\gamma(u)$를 지나는 직선방향으르 영이 아닌 벡터라면, 어떤 스칼라 v에 관하여

$$\mathbf{p}=\gamma(u)+v\delta(u)$$

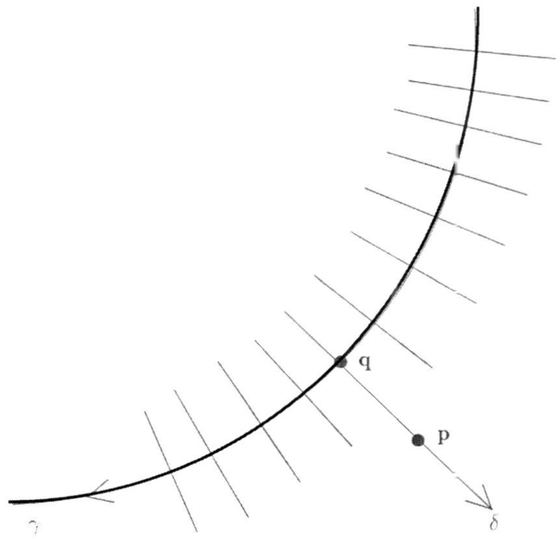

모양의 위치벡터를 갖는다.

우변을 $\boldsymbol{\sigma}(u,v)$로 나타내면 $U=\{(u,v)\in\mathbb{R}^2 | \alpha < u < \beta\}$일 때, $\boldsymbol{\sigma}: U \to \mathbb{R}^3$는 매끄러운 사상이다. 더욱이 $\frac{d}{du}$를 · 으로 나타내면 다음 식이 성립한다.

$$\boldsymbol{\sigma}_u = \dot{\boldsymbol{\gamma}} + v\dot{\boldsymbol{\delta}},\ \boldsymbol{\sigma}_v = \boldsymbol{\delta}.$$

따라서 $\dot{\boldsymbol{\gamma}} + v\dot{\boldsymbol{\delta}}$와 $\boldsymbol{\delta}$가 일차독립이라면 $\boldsymbol{\sigma}$는 정칙이다. 예를 들어, 만일 $\dot{\boldsymbol{\gamma}}$와 $\boldsymbol{\delta}$가 일차독립이고 v가 충분히 작다면 이것은 사실이다. 따라서 곡면을 얻기 위하여, 곡선 C는 모선에 접해서는 안 된다.

중요한 특별한 경우는 모선이 서로서로 모두 평행한 것이다. 이러한 선직면 S를 **일반기둥**(generalized cylinder)이라고 부른다. 위의 기호를 사용하여 $\boldsymbol{\delta}$를 상수인 단위벡터, 가령 $\mathbf{a}$로 잡아 모선에 평행하면 매개변수화는

$$\boldsymbol{\sigma}(u,\ v) = \boldsymbol{\gamma}(u) + v\mathbf{a}$$

가 된다.

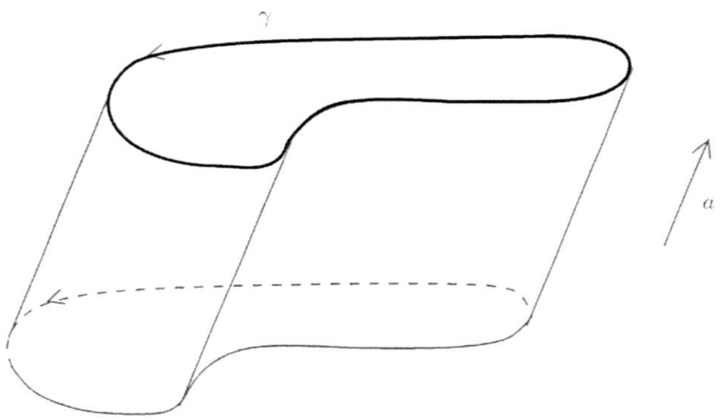

$$\boldsymbol{\sigma}(u,\ v) = \boldsymbol{\sigma}(u',\ v') \Leftrightarrow \boldsymbol{\gamma}(u) - \boldsymbol{\gamma}(u') = (v' - v)\mathbf{a}$$

이므로, 단사인(따라서 곡면조각사상인) $\boldsymbol{\sigma}$에 대하여 $\mathbf{a}$에 평행한 어떤 직선도 $\boldsymbol{\gamma}$와 한 점 이상에서 만나지 못한다. 마지막으로 $\boldsymbol{\sigma}_u = \dot{\boldsymbol{\gamma}}$, $\boldsymbol{\sigma}_v = \mathbf{a}$이므로, $\boldsymbol{\sigma}$가 정칙이기 위한 필요충분조건은 $\boldsymbol{\gamma}$가 모선에 접하지 않은 것이다.

$\boldsymbol{\gamma}$가 $\mathbf{a}$에 수직인 평면 안에 놓여 있을 때 매개변수화는 가장 간단하다 (사실, 일반적인 경우에 있어서는 $\boldsymbol{\gamma}$를 $\mathbf{a}$에 수직인 평면상에 직교사영하여 얻은 곡선으로 대체함으로써 얻어질 수 있다–연습문제 5.3.3을 보아라). '정칙' 조건은 $\dot{\boldsymbol{\gamma}}$가 영이 아니면, 즉 $\boldsymbol{\gamma}$가 정칙이라면 분명히 만족된다. 더욱이 평면을 xy-평면으로 잡고 $\mathbf{a}=(0,\ 0,\ 1)$을 z-축에 평행하게 잡는다. 그러면 어떤 매끄러운 함수 $f,\ g$에 대하여 $\boldsymbol{\gamma}(u) = (f(u),\ g(u),\ 0)$이고 매개변수화는

$$\boldsymbol{\sigma}(u,\ v) = (f(u),\ g(u),\ v)$$

가 된다.

예를 들면, 원을 시작으로 보통의 원기둥을 얻는다. 원의 중심을 원점, 반지름을 1이라 하고 xy-평면 안에 있다고 하면, 가령 $0 < u < 2\pi$와 $-\pi < u < \pi$에서 정의된 다음과 같이 매개변수화 할 수 있다.

$$\gamma(u) = (\cos u,\ \sin u,\ 0).$$

이것은 예제 4.1.3에서 본 단위기둥에 대한 좌표근방계를 주고 있다.

우리가 생각하는 두 번째 특별한 경우는, 모선이 모두 어떤 고정점 가령, $\mathbf{v}$를 지나는 곡면인데, 이것을 꼭지점을 $\mathbf{v}$로 갖는 **일반 원추면**(generalized cone)이다.

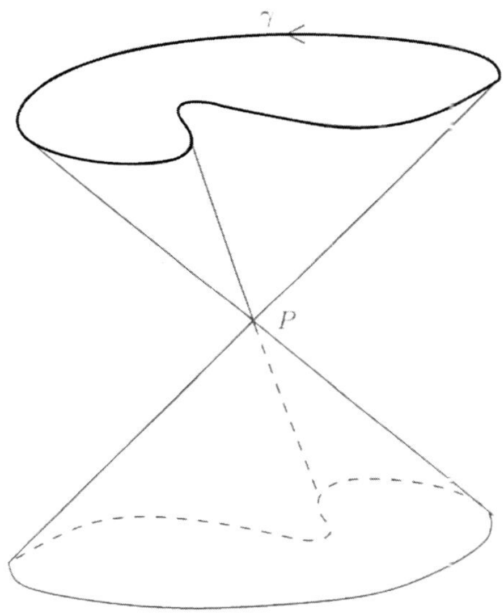

$\boldsymbol{\delta}(u) = \gamma(u) - \mathbf{v}$로 잡으면,

$$\boldsymbol{\sigma}(u,\ v) = (1+v)\gamma(u) - v\mathbf{v}$$

가 된다. 지금

$$\boldsymbol{\sigma}(u,\ v) = \boldsymbol{\sigma}(u',\ v') \Leftrightarrow (1+v)\gamma(u) - (1+v')\gamma(u') + (v'-v)\mathbf{v} = 0$$

이다. $(1+v)-(1+v')+(v'-v)=0$이므로, 우변에 있는 방정식은 세 점 $\mathbf{v}$, $\gamma(u)$, $\gamma(u')$이 동일 직선상에 있음을 의미한다. 따라서, 곡면조각사상이 되는 $\boldsymbol{\sigma}$에 대하여, 점 $\mathbf{v}$를 지나는 직선은 γ의 한 점 이상을 지나지 않는다 (특히, γ는 $\mathbf{v}$를 지나지 않는다). 마지막으로 $\boldsymbol{\sigma}_u = (1+v)\dot{\gamma}, \boldsymbol{\sigma}_v = \gamma - \mathbf{v}$이므로, $v \neq -1$, 즉 원추면의 꼭지점을 빼면 $\boldsymbol{\sigma}$는 정칙이고 (예제 4.1.5와 비교하여라), 원추면을 이루는 어느 직선도 γ에 접하지 않는다.

γ가 평면 안에 들어 있을 때 매개변수화는 가장 간단하다. 만일 이 평면이 $\mathbf{v}$를 포함한다면, 원추면은 단순히 그 평면의 일부이다. 그렇지 않으면, $\mathbf{v}$를 원점으로 그리고 평면을 $z=1$로 잡을 수 있다. 그러면, 어떤 매끄러운 함수 $f,\ g$에 관하여 $\gamma(u) = (f(u),\ g(u),\ 1)$이고, 매개변수화 모양은 재매개변수

화 $v \mapsto v-1$를 만든 후, 다음과 같다.

$$\boldsymbol{\sigma}(u,\ v) = v(f(u),\ g(u),\ 1).$$

예제 5.3.2 **회전면**(surface of revolution)은 평면 안의 한 직선둘레에 **종단면곡선**(profile curve)이라는 평면곡선을 회전하여 얻어지는 곡면이다. 회전축 둘레에 종단면곡선상의 한 고정점을 회전하여 얻어지는 원들을 곡면의 **위선**(parallels)이라 하고, 고정 각을 지나서 종단면곡선을 회전하여 얻어지는 곡면상의 곡선을 **자오선** 또는 **경선**(meridians)이라 한다. (지구를, 극축 둘레에 극을 지나는 대원을 회전하여 얻어지는 곡면으로 생각하고, u와 v를 각각 위도와 경도로 택하면 이것은 지리학에서 이러한 용어를 사용하는 것과 일치한다.)

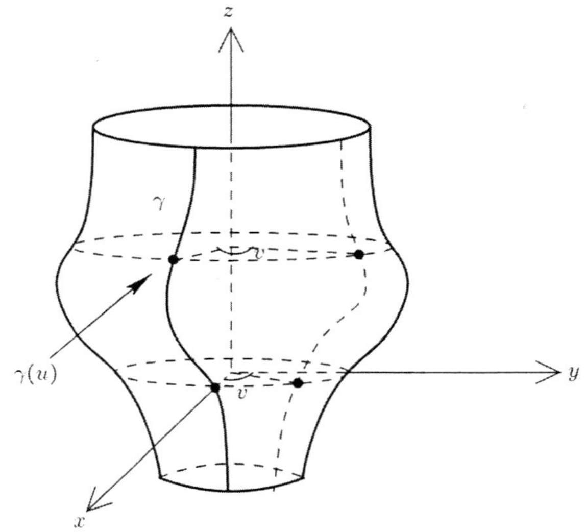

회전축을 z-축으로, 평면을 xz-평면으로 잡는다. 곡면상의 임의의 점 $\mathbf{p}$는 z-축을 회전축으로 하여, 가령 각 v만큼을 지나 종단면곡선의 어떤 점 $\mathbf{q}$를 회전하여 얻는다. 만일

$$\gamma(u) = (f(u),\ 0,\ g(u))$$

가 $\mathbf{q}$를 포함하는 종단면곡선의 매개변수화라면, $\mathbf{p}$의 위치벡터 모양은 다음과 같다.

$$\boldsymbol{\sigma}(u,\ v) = (f(u)\cos v,\ f(u)\sin v,\ g(u)).$$

정칙성을 점검하기 위하여 다음 계산을 한다 ($\cdot$ 은 $\dfrac{d}{du}$를 나타낸다).

$$\boldsymbol{\sigma}_u = (\dot{f}\cos v,\ \dot{f}\sin v,\ \dot{g}),\ \boldsymbol{\sigma}_v = (-f\sin v,\ f\cos v,\ 0).$$

따라서

$$\boldsymbol{\sigma}_u \times \boldsymbol{\sigma}_v = (f\dot{g}\cos v,\ -f\dot{g}\sin v,\ f\dot{f}).$$

그러므로

$$\|\boldsymbol{\sigma}_u \times \boldsymbol{\sigma}_v\|^2 = f^2(\dot{f}^2 + \dot{g}^2).$$

따라서 $f(u)$가 영이 아니고(즉, γ가 z-축과 만나지 않고), $\dot{f}$와 $\dot{g}$가 동시에는 영이 아니면(즉, γ가 정칙이면) $\boldsymbol{\sigma}_u \times \boldsymbol{\sigma}_v$는 영벡터가 아니다. 이 경우, 더욱이 $f(u) > 0$라고 가정하면 $f(u)$는 회전축에서 $\boldsymbol{\sigma}(u, v)$까지의 거리이다. 그러면 γ가 자신과 교차하지 않고 회전각 v를 길이 $\leq 2\pi$인 열린구간 안에 있도록 제한하면, $\boldsymbol{\sigma}$는 단사이다. 이런 조건 아래에서 곡면조각사상 $\boldsymbol{\sigma}$는 매끄러운 곡면구조를 갖는 회전면이 된다.

연습문제

5.3.1 z-축 둘레에 xz-평면 안의 곡선 $x = \cosh z$를 회전하여 생기는 곡면을 **현수면**(catenoid)이라 한다. 이 곡면의 좌표근방계를 만들어라.

5.3.2 다음 식은 단위구면에 대한 정칙 곡면조각사상임을 보여라(이것을 **메르카토르 사영**(Mercator's projection)이라 한다).

$$\boldsymbol{\sigma}(u, v) = (\operatorname{sech} u \cos v,\ \operatorname{sech} u \sin v,\ \tanh u).$$

사상 $\boldsymbol{\sigma}$에 의하여 구면상의 자오선과 위선은 평면안의 수직인 직선들에 대응하는 것을 보여라.

5.3.3 $\boldsymbol{\sigma}(u, v)$가 예제 5.3.1의 일반기둥일 때, 다음을 보여라.

(i) 곡선 $\tilde{\gamma}(u) = \gamma(u) - (\gamma(u) \cdot \mathbf{a})\mathbf{a}$는 $\mathbf{a}$에 수직인 평면에 포함된다.

(ii) $\tilde{v} = v + \gamma(u) \cdot \mathbf{a}$일 때, $\boldsymbol{\sigma}(u, v) = \tilde{\gamma}(u) + \tilde{v}\mathbf{a}$.

(iii) $\tilde{\boldsymbol{\sigma}}(u, \tilde{v}) = \tilde{\gamma}(u) + \tilde{v}\mathbf{a}$는 $\boldsymbol{\sigma}(u, v)$의 재매개변수화이다.

이 연습문제는 일반기둥 $\sigma(u,\ v)=\gamma(u)+v\mathbf{a}$를 생각할 때, 항상 곡선 γ는 벡터 $\mathbf{a}$에 수직인 평면 안에 들어있다고 가정할 수 있다는 것을 보여주고 있다.

5.3.4 u의 모든 값에 대하여 $\|\delta(u)\|=1$이고 $\dot{\delta}(u)\neq 0$일 때, 선직면

$$\sigma(u,\ v)=\gamma(u)+v\delta(u) \tag{5.5}$$

를 생각한다. 그기에서 $\dot{\delta}(u)$가 곡면에 수직인, $\gamma(u)$를 지나는 모선 위에 유일한 점, 가령 $\Gamma(u)$가 있다는 것을 보여라. 그 곡선 Γ를 선직면 σ의 **압축선**(line of striction)이라 부른다 (물론, 직선일 필요는 없다). 이 때 $\dot{\Gamma}\cdot\dot{\delta}=0$ 임을 보여라. $\tilde{v}=v+\dfrac{\dot{\gamma}\cdot\dot{\delta}}{\|\dot{\delta}\|^2}$이고 $\tilde{\sigma}(u,\tilde{v})$가 대응하는 σ의 재매개변수화라 하자. 그러면 $\tilde{\sigma}(u,\ \tilde{v})=\Gamma(u)+\tilde{v}\delta(u)$이다. 이것은 (5.5)에서처럼 선직면을 생각할 때, 항상 $\dot{\gamma}\cdot\dot{\delta}=0$를 가정할 수 있다는 것을 의미한다. 이것을 12장에서 이용할 것이다.

5.4 긴밀곡면

$\mathbb{R}^3$의 부분집합 X를, 만일 X가 닫혀있고 (즉, X에 속하지 않는 $\mathbb{R}^3$의 점의 집합이 열려있다) 유계(bounded) (즉, X가 어떤 열린 공에 포함된다)일 때, **긴밀**(compact)하다고 한다. 교재의 뒷부분에서 여러 경우에 특별히 긴밀곡면에 관계가 있다.

예제 5.4.1 모든 구면은 긴밀하다. 간단히 하게 위해 단위구면 S^2를 생각하자. 분명히 S^2는 열린 공 $D_2(0)$(예를 들어)에 포함되므로 유계이다. S^2가 닫혀있는 것을 보이기 위하여, $\mathbf{p}$가 S^2 밖의 점이라 하자. 그러므로 $\|\mathbf{p}\|\neq 1$이다. 예를 들어, $\|\mathbf{p}\|>1$이라고 하자. $\epsilon=\|\mathbf{p}\|-1$이라 하자. 그러면 열린 공 $D_\epsilon(\mathbf{p})$는 S^2와 만나지 않는다. 왜냐하면, 만일 $\mathbf{q}\in D_\epsilon(\mathbf{p})$라면 삼각부등식

$$\|\mathbf{p}\|=\|(\mathbf{p}-\mathbf{q})+\mathbf{q}\|\leq\|\mathbf{p}-\mathbf{q}\|+\|\mathbf{q}\|$$

로부터

$$\|\mathbf{q}\|\geq\|\mathbf{p}\|-\|\mathbf{p}-\mathbf{q}\|>\|\mathbf{p}\|-\epsilon=1$$

이므로 $\|\mathbf{q}\|>1$이다. 따라서 S^2 안에 들어 있지 않은 $\mathbb{R}^3$의 점의 집합은 열려있다. ■

예제 5.4.2 평면은 분명히 유계가 아니므로 긴밀곡면이 아니다. ■

예제 5.4.3 열린 원판

$$D = \{(x,y,z) \in \mathbb{R}^2 \mid x^2 + y^2 < 1,\ z = 0\}$$

은 긴밀곡면이 아니다. 이것은 분명히 유계이다 (이것은 $D_1(\mathbf{0})$에 포함된다); 그렇지만 닫혀있지 않다, 왜냐하면 점 $\mathbf{p} = (1,0,0)$는 D에 들어있지 않고 임의의 $\epsilon > 0$에 대하여 열린 공 $D_\epsilon(\mathbf{p})$는 D에 들어있는 점 $(1-\frac{1}{2}\epsilon, 0, 0)$을 포함하기 때문이다.

미분동형사상까지 포함하여 $\mathbb{R}^3$ 안에 긴밀곡면은 아주 적다는 것은 놀랄만한 결과이며 이들은 모두 뚜렷하게 그릴 수 있다. 가장 간단한 예가 이미 본 구면이다. 다음으로 간단한 예가 예제 4.2.5에서 본 **원환면**(torus)이다. 보다 일반적인 것이 위 그림에서 보듯이 원환면을 붙인 것이다. 이 곡면을 기호 T_g로 나타내는데, 구멍의 개수를 나타내는 g를 곡면의 **종수**(genus)라고 부른다 (구면의 경우는 $g = 0$이다). 다음 정리는 증명없이 받아들인다.

정리 5.4.4

임의의 정수 $g \geq 0$에 대하여, T_g는 그것을 매끄러운 곡면으로 만드는 좌표근방계를 갖는다. 더욱이 모든 긴밀곡면은 T_g 중 하나와 미분동형이다.

따름정리 5.4.5

모든 긴밀곡면은 향을 줄 수 있다.

증명 곡면 T_g 각각은 분명히 유계인 '내부'와 유계가 아닌 '외부'를 갖는다. 따라서 곡면의 각 점에서 내부 영역을 가르키는 단위법선을 고를 수 있다. 이것은 곡면 T_g의 각 점에 매끄러운 단위법선을 선택할 수 있게 한다. 그러므로 T_g는 향을 줄 수 있다. 모든 긴밀곡면은 곡면 T_g중 하나와 미분동형이므로, 따름정리는 연습문제 4.5.2로부터 성립한다. ■

연습문제

5.4.1 다음 곡면중 하나는 긴밀곡면이고 다른 하나는 아니다:

(i) $x^2 - y^2 + z^4 = 1$.

(ii) $x^2 + y^2 + z^4 = 1$.

어느 것인지 고르고 그 이유를 밝혀라. 긴밀곡면을 스케치하여라.

5.4.2 구체적인 증명을 하지 말고, 자기교차를 하지 않는 $\mathbb{R}^3$ 안의 폐곡선 둘레의 관(연습문제 4.2.7)은 원환면과 미분동형인 긴밀곡면인지를 설명하여라 (관은 반지름이 아주 작다).

5.5 삼중직교계

곡면의 **삼중직교계**(triply orthogonal system)는 조건

(i) 각 곡면족 중 오직 한 곡면이 $\mathbb{R}^3$(또는 $\mathbb{R}^3$의 어떤 열린 부분집합)의 각 점을 지난다.

(ii) 서로 다른 곡면족에 속하는 어떤 두 곡면도 서로 직교한다.

를 만족하는 세 곡면족으로 이루어진다.

그러한 직교계의 가장 간단한 예는 좌표평면에 평행한 평면족 즉,

$$x = u, \; y = v, \; z = w$$

이다. 가령 u의 값을 고정하면 첫 곡면족과 비슷하게 다른 곡면족에서 특별한 평면을 결정한다. 만일 p= $(a,b,c) \in \mathbb{R}^3$라면, 점 p를 지나는 각 곡면족으로부터 유일한 평면이 있다. 즉, 그것들은 $u = a, v = b, \; w = c$에 대응한다. 직교에 관한 성질 (ii)는 분명하게 만족된다.

보다 일반적으로, U, V와 W가 (x,y,z)의 매끄러운 함수일 때 세 곡면족이

$$U(x,y,z) = u, \; V(x,y,z) = v, \; W(x,y,z) = w \tag{5.6}$$

모양이라고 가정하자. 정리 5.1.1에 의하여 이 방정식들은, 벡터 ∇U, ∇V와 ∇W가 모든 곳에서 영이 아니라면, 세 개의 매끄러운 곡면족을 결정한다. 이 조건이 성립한다고 가정하면, 연습문제 5.1.2에 의하여 영이 아닌 벡터 ∇U는 곡면 $U(x,y,z) = u$의 접평면에 수직이다 (V, W에 대해서도 비슷하다). 그러므로 삼중직교계의 정의에서 조건 (ii)는

$$\nabla U \cdot \nabla V = \nabla V \cdot \nabla W = \nabla W \cdot \nabla U = 0 \tag{5.7}$$

이 된다.

지금 매끄러운 함수

$$F(x,y,z) = (U(x,y,z),\, V(x,y,z),\, W(x,y,z))$$

를 생각한다. F의 야코비행렬은

$$J(F) = \begin{pmatrix} U_x & U_y & U_z \\ V_x & V_y & V_z \\ W_x & W_y & W_z \end{pmatrix}$$

이므로 $J(F)$의 행들은 영이 아닌 벡터 ∇U, ∇V와 ∇W의 성분들이다. 식 (5.7)에 의하여 이 벡터들은 직교하므로 일차독립이다. 따라서 행렬 $J(F)$는 가역행렬이다. 역함수정리 (5.6절을 보아라)에 의하여 식 (5.6)은 (u,v,w)의 항으로 (적어도 만일 (u,v,w)가 $\mathbb{R}^3$의 적당한 열린 부분집합에 놓이도록 제한된다면) (x,y,z)에 대하여 풀린다. 가령

$$(x,y,z) = \sum(u,v,w) \tag{5.8}$$

이다. 그러면 u를 상수, 가령 u_0와 같게 두는 것은 곡면 $U(x,y,z) = u_0$ (그리고 다른 두 곡면족에 대해서도 같게)의 매개변수화 $(u,v) \mapsto \sum(u_0,v,w)$를 준다.

식 (5.8)을 경유해서 x,y,z를 (u,v,w)의 함수로 간주하면 u,v,w에 관하여 방정식

$$U(x,y,z) = u$$

의 양변을 미분할 수 있다. 그러면 다음을 얻는다.

$$\begin{aligned} U_x x_u + U_y y_u + U_z z_u &= 1 \\ U_x x_v + U_y y_v + U_z z_v &= 0 \\ U_x x_w + U_y y_w + U_z z_w &= 0. \end{aligned}$$

V와 W에 대응하는 방정식과 함께, 이 세 방정식은 다음과 같은 벡터모양으로 고쳐 쓸 수 있다.

$$\begin{aligned} &\nabla U \cdot \Sigma_u = 1, \quad \nabla U \cdot \Sigma_v = 0, \quad \nabla U \cdot \Sigma_w = 0, \\ &\nabla V \cdot \Sigma_u = 0, \quad \nabla V \cdot \Sigma_v = 1, \quad \nabla V \cdot \Sigma_w = 0, \\ &\nabla W \cdot \Sigma_u = 0, \quad \nabla W \cdot \Sigma_v = 0, \quad \nabla W \cdot \Sigma_w = 1. \end{aligned} \tag{5.9}$$

식 (5.8)과 (5.9)에 의하여, ∇U와 Σ_u는 둘 다 ∇V와 ∇W에 수직이므로, 두 벡터는 서로 평행하다. 따라서 Σ_u는 곡면 $U(x,y,z) = u$의 법선이고, Σ_v와 Σ_w에 접한다 (이 마지막 서술도 앞선 단락의 끝 부분 서술로부터 명백하다).

나중에 삼중직교계에 대하여 예기를 더 할 것이다. 그러나 지금 이 직교계의 가장 아름다운 예 하나를 보일 것이다. 그것은 이차곡면 이론에 의하여 알 수 있다.

$p,\ q,\ r$을 상수라 하고 $0 < p^2 < q^2 < r^2$이라고 가정하자. $(x,\ y,\ z) \in \mathbb{R}^3$에 대하여 $t \neq p^2,\ q^2$ 또는 r^2이라 하고 다음과 같이 두자.

$$F_t(x,\ y,\ z) = \frac{x^2}{p^2 - t} + \frac{y^2}{q^2 - t} + \frac{z^2}{r^2 - t}.$$

$a,\ b,\ c$ 모두가 영이 아닐 때, 점 $(a,\ b,\ c) \in \mathbb{R}^3$을 고정하자. 다음 성질은 분명하다.

(1) $F_t(a,\ b,\ c)$는 각 열린구간 $(-\infty,\ p^2)$, $(p^2,\ q^2)$ $(q^2,\ r^2)$, $(r^2,\ \infty)$에서 t에 관한 연속함수이다.

(2) $t \to \pm\infty$ 일 때, $F_t(a,\ b,\ c) \to 0$.

(3) t가 왼쪽에서 $p^2,\ q^2,\ r^2$에 가까워질 때, $F_t(a,\ b,\ c) \to \infty$ 이고 t가 오른쪽에서 $p^2,\ q^2,\ r^2$에 가까워질 때 $F_t(a,\ b,\ c) \to -\infty$ 이다.

이 성질과 중간값 정리로부터 $F_t(a,\ b,\ c) = 0$이 성립하는 각 열린구간 $(-\infty,\ p^2)$, $(p^2,\ q^2)$, $(q^2,\ r^2)$ 안에서 적어도 한 개의 t값이 존재한다. 반면에 방정식 $F_t(a,\ b,\ c) = 1$은 삼차방정식 $G_t(a,\ b,\ c) = 0$과 동치이다. 단

$$G_t(a,\ b,\ c) = a^2(q^2-t)(r^2-t) + b^2(p^2-t)(r^2-t) + c^2(p^2-t)(q^2-t) - (p^2-t)(q^2-t)(r^2-t) \tag{5.10}$$

이고 따라서 삼차방정식은 기껏해야 세 개의 실근을 갖는다. 그러므로

$$F_u(a,\ b,\ c) = 1,\ F_v(a,\ b,\ c) = 1,\ F_w(a,\ b,\ c) = 1 \tag{5.11}$$

을 만족하는 유일한 수들 $u \in (-\infty,\ p^2)$, $v \in (p^2,\ q^2)$, $w \in (q^2,\ r^2)$ (물론, $(a,\ b,\ c)$에 의존하는)가 존재한다.

세 개의 이차식 $F_u(x,\ y,\ z) = 1$, $F_v(x,\ y,\ z) = 1$, $F_w(x,\ y,\ z) = 1$은 각각 타원면, 일엽쌍곡면, 이엽쌍곡면이고, 어느 좌표평면 위에도 놓여 있지 않은 각 점 $(a,\ b,\ c) \in \mathbb{R}^3$을 지나는 각 곡면족 중에 하나가 존재함을 보였다. 그들이 삼중직교계를 이룬다는 것을 보인다.

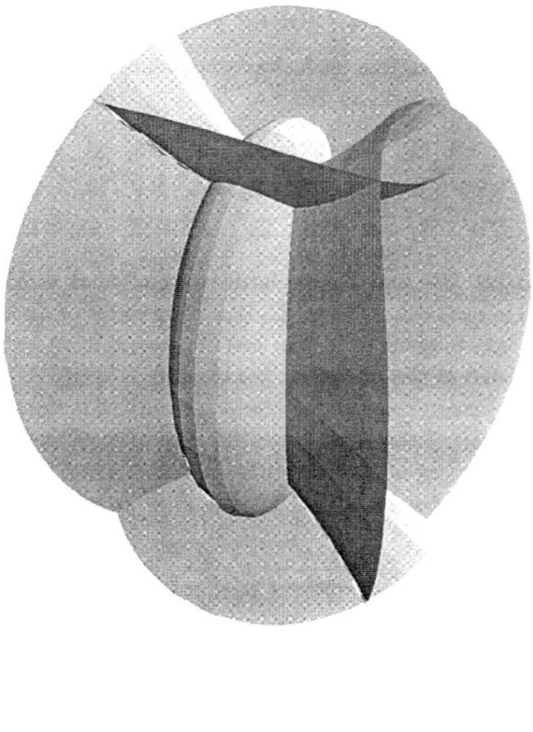

실제로, 벡터

$$\left(\frac{x}{p^2-t},\ \frac{y}{q^2-t},\ \frac{z}{r^2-t}\right)$$

는 $(x,\ y,\ z)$에서 곡면 $F_t(x,\ y,\ z)=1$의 접평면에 수직이다. 따라서 예를 들면 식 (5.11)에 있는 첫 두 곡면이 $(a,\ b,\ c)$에서 수직임을 보이기 위하여, 다음을 보여야 한다.

$$\frac{a^2}{(p^2-u)(p^2-v)}+\frac{b^2}{(q^2-u)(q^2-v)}+\frac{c^2}{(r^2-u)(r^2-v)}=0.$$

그러나 이 방정식의 좌변은

$$\frac{F_u(a,\ b,\ c)-F_v(a,\ b,\ c)}{u-v}=\frac{1-1}{u-v}=0$$

이다. 또한 세 곡면족에 동시에 존재하는 매개변수화를 만들 수 있다. 삼차식 $G_t(a,\ b,\ c)$는 $(t-u)(t-v)(t-w)$임에 유의하여라. 왜냐하면, 삼차식은 이 곱으로 나눌 수 있고 t^3의 계수는 일치하기 때문이다. $t=p^2,\ q^2$ 그리고 r^2으로 두고 결과의 방정식을 $a^2,\ b^2,\ c^2$에 관하여 풀면 다음을 알 수 있다.

$$\begin{aligned} a&=\pm\sqrt{\frac{(p^2-u)(p^2-v)(p^2-w)}{(r^2-p^2)(q^2-p^2)}}, \\ b&=\pm\sqrt{\frac{(q^2-u)(q^2-v)(q^2-w)}{(p^2-q^2)(r^2-q^2)}}, \\ c&=\pm\sqrt{\frac{(r^2-u)(r^2-v)(r^2-w)}{(p^2-r^2)(q^2-r^2)}}. \end{aligned} \tag{5.12}$$

$\sigma(u,\ v,\ w)=(x,\ y,\ z)$를 정의한다. 단 $x,\ y,\ z$는 임의의 부호의 조합을 가지고 각각 식 (5.12)에 있는 세 방정식의 우변이다. 이것은 고정된 u(각각, 고정된 v, 고정된 w)에 대하여, 대응하는 타원면 $F_u(x,\ y,\ z)=1$(각각, 일엽쌍곡면 $F_v(x,\ y,\ z)=1$, 이엽쌍곡면 $F_w(x,\ y,\ z)=1$)에 관한 여덟 개의 곡면조각사상을 준다.

연습문제

5.5.1 다음은 삼중직교계임을 보여라.

(i) 원점이 중심인 구면, z-축을 포함하는 평면, z-축을 축으로 갖는 원추면

(ii) xy-평면에 평행한 평면, z-축을 포함하는 평면, z-축을 축으로 갖는 원기둥

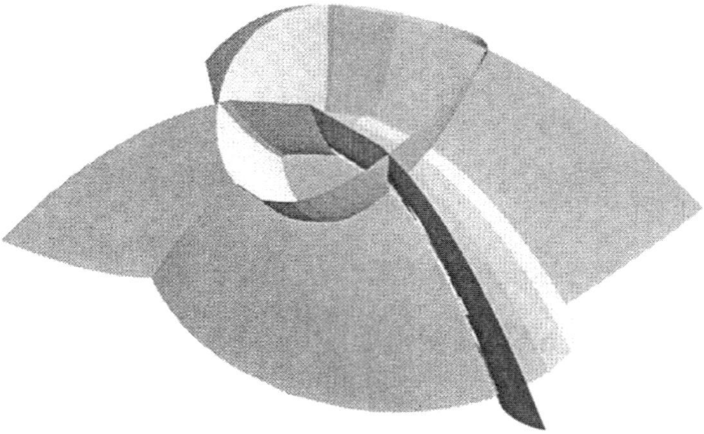

5.5.2 이차곡면 $F_t(x,\ y,\ z)=0$을 생각함으로써, 두 타원포물면족과 하나의 쌍곡포물면족을 이루는 삼중직교계를 만들어라 (위 그림을 참조). 단,

$$F_t(x,\ y,\ z)=\frac{x^2}{p^2-t}+\frac{y^2}{q^2-t}-2z+t$$

이고, 식 (5.12)와 비슷한 이 곡면들의 매개변수화를 구하여라.

5.6 역함수정리의 응용

이 절에서 명제 4.2.6, 명제 4.4.6과 정리 5.1.1을 증명한다.

먼저, U가 $\mathbb{R}^m$의 열린 부분집합일 때, $f : U \to \mathbb{R}^n$이 매끄러운 사상이라고 가정하자. 만일 $(\tilde{u},\ \cdots,\ \tilde{u}_n)=f(u_1,\ \cdots,\ u_m)$이라면, f의 **야코비행렬**(Jacobian matrix)은 다음과 같다.

$$J(f)=\begin{pmatrix} \dfrac{\partial\tilde{u}_1}{\partial u_1} & \dfrac{\partial\tilde{u}_1}{\partial u_2} & \cdots & \dfrac{\partial\tilde{u}_1}{\partial u_m} \\ \dfrac{\partial\tilde{u}_2}{\partial u_1} & \dfrac{\partial\tilde{u}_2}{\partial u_2} & \cdots & \dfrac{\partial\tilde{u}_2}{\partial u_m} \\ \vdots & \vdots & \ddots & \vdots \\ \dfrac{\partial\tilde{u}_n}{\partial u_1} & \dfrac{\partial\tilde{u}_n}{\partial u_2} & \cdots & \dfrac{\partial\tilde{u}_n}{\partial u_m} \end{pmatrix}.$$

이것은 4.2절에서 $m=n=2$인 경우에 이미 사용했지만, 여기에서 다른 경우에도 필요하다. 다음 정리는 우리가 사용하는 주된 도구이다.

정리 5.6.1 역함수정리(Inverse Function Theorem)

$f: U \to \mathbb{R}^n$을 $\mathbf{R}^n (n \geq 1)$의 열린 부분집합 U상에서 정의된 매끄러운 함수라 하자. 어떤 점 $x_0 \in U$에서 야코비행렬 $J(f)$가 가역행렬이라고 가정하면, 다음 조건을 단족하는 $\mathbb{R}^n$의 열린 부분집합 V와 매끄러운 사상 $g: V \to \mathbb{R}^n$이 존재한다.

(1) $y_0 = f(x_0) \in V$

(2) $g(y_0) = x_0$

(3) $g(V) \subseteq U$

(4) $g(V)$: $\mathbb{R}^n$의 열린 부분집합

(5) 모든 $y \in V$에 대하여 $f(g(y)) = y$.

특히, $g: V \to g(V)$와 $f: g(V) \to V$는 역 전단사사상이다.

따라서, 역함수정리는 만일 $J(f)$가 어떤 점에서 가역행렬이라면 f는 그 점의 근방에서 전단사이고 역사상 g는 매끄러운 사상이라는 것을 말하고 있다. 이 정리의 증명은 다변수해석학 교재에서 찾을 수 있다.

정리 5.6.1의 첫 응용으로서, 명제 4.4.6의 증명을 완성한다.

$f: S \to \tilde{S}$를 두 곡면 S와 $\tilde{S}$ 사이의 매끄러운 사상이라 가정하고 $\mathrm{p} \in S$라 하자. 그리고 선형사상 $D_{\mathrm{p}}f: T_{\mathrm{p}}S \to T_{f(\mathrm{p})}\tilde{S}$는 가역이라고 가정하자. $\boldsymbol{\sigma}: U \to \mathbb{R}^3$는 점 p, 가령 $\mathrm{p} = \boldsymbol{\sigma}(u_0, v_0)$를 포함하는 S의 곡면 조각사상이라 하자. $\tilde{\boldsymbol{\sigma}}: \tilde{U} \to \mathbb{R}^3$는 $f(\mathrm{p})$를 포함하는 $\tilde{S}$의 곡면 조각사상이라 하자. 필요하다면 U를 줄여서, f는 $\boldsymbol{\sigma}(U)$에서 $\tilde{\boldsymbol{\sigma}}(\tilde{U})$로의 사상으로 가정할 수 있다. f가 매끄러우므로,

$$f(\boldsymbol{\sigma}(u,v)) = \tilde{\boldsymbol{\sigma}}(\alpha(u,v), \beta(u,v))$$

인 매끄러운 함수 $\alpha: U \to \mathbb{R}$과 $\beta: U \to \mathbb{R}$이 존재한다. 명제 4.4.5 다음의 주의로부터 $T_{\mathrm{p}}S$의 기저 $\{\boldsymbol{\sigma}_u, \boldsymbol{\sigma}_v\}$와 $T_{f(\mathrm{p})}\tilde{S}$의 기저 $\{\tilde{\boldsymbol{\sigma}}_{\tilde{u}}, \tilde{\boldsymbol{\sigma}}_{\tilde{v}}\}$에 관하여 $D_{\mathrm{p}}f$의 행렬은 야코비 행렬

$$\begin{pmatrix} \alpha_u & \alpha_v \\ \beta_u & \beta_v \end{pmatrix}$$

이다. $D_{\mathrm{p}}f$가 가역이므로 이 행렬도 가역이다. 역함수 정리에 의하여 $(u,v) \mapsto (\alpha(u,v), \beta(u,v))$로 주어지는 매끄러운 사상 $U \to \mathbb{R}^2$는 (u_0, v_0)를 포함하는 U의 열린 부분집합, 가령 V로부터 $\tilde{U}$의 열린 부분집합, 가령 $\tilde{V}$로의 미분동형사상이다. 그러면 $O = \boldsymbol{\sigma}(V)$와 $\tilde{O} = \tilde{\boldsymbol{\sigma}}(\tilde{V})$는 각각 S와 $\tilde{S}$의 열린 부분집합이고 f는 O에서 $\tilde{O}$로의 미분동형사상이다. 이로써 f는 국소적 미분동형사상인 것을 증명한다.

지금 명제 4.2.6을 증명한다.

만일, $\boldsymbol{\sigma}: U \to \mathbb{R}^3$과 $\tilde{\boldsymbol{\sigma}}: \tilde{U} \to \mathbb{R}^3$이 곡면 S의 좌표근방계 안에서 두 개의 정칙 조각사상이라면, $\boldsymbol{\sigma}$에서 $\tilde{\boldsymbol{\sigma}}$로의 추이사상은 그것이 정의된 곳에서 매끄럽다는 것을 코이고자 한다.

한 점 p가 양쪽 조각사상 안에 놓여 있다고 가정하자. 가령 $\boldsymbol{\sigma}(u_0, v_0) = \tilde{\boldsymbol{\sigma}}(\tilde{u}_0, \tilde{v}_0) = \mathrm{p}$라 하고 다음과 같이 나타내자.

$$\boldsymbol{\sigma}(u, v) = (f(u, v), g(u, v), h(u, v)).$$

$\boldsymbol{\sigma}_u$와 $\boldsymbol{\sigma}_v$가 일차독립이므로, $\boldsymbol{\sigma}$의 야코비행렬

$$\begin{pmatrix} f_u & f_v \\ g_u & g_v \\ h_u & h_v \end{pmatrix}$$

의 계수(rank)는 어디서든 2이다. 따라서 세 개의 2×2 소행렬 중 적어도 하나는 각 점에서 가역행렬이다. 가령, 소행렬

$$\begin{pmatrix} f_u & f_v \\ g_u & g_v \end{pmatrix}$$

가 점 p에서 가역이라 하자 (증명은 다른 두 경우에서 비슷하다).

$$F(u, v) = (f(u, v), g(u, v))$$

로 주어지는 사상 $F : U \to \mathbb{R}^2$에 역함수정리를 적용하면, $F(u_0, v_0)$을 포함하는 $\mathbb{R}^2$의 열린 부분집합 V와 $F: W \to V$가 전단사이고 매끄러운 역사상 $F^{-1}: V \to W$를 갖는 (u_0, v_0)을 포함하는 U의 열린 부분집합 W가 존재한다. $\boldsymbol{\sigma} : W \to \boldsymbol{\sigma}(W)$가 전단사이므로 $\pi(x, y, z) = (x, y)$로 주어지는 사영 $\pi : \boldsymbol{\sigma}(W) \to V$도 전단사이다. 왜냐하면 $\boldsymbol{\sigma}(W)$상에서 $\pi = F \circ \boldsymbol{\sigma}^{-1}$이기 때문이다. 따라서 $\widetilde{W} = \tilde{\boldsymbol{\sigma}}^{-1}(\boldsymbol{\sigma}(W))$는 $\widetilde{U}$의 열린 부분집합이고 $\widetilde{F} = \pi \circ \tilde{\boldsymbol{\sigma}}$일 때 $\widetilde{W}$상에서

$$\boldsymbol{\sigma}^{-1} \circ \tilde{\boldsymbol{\sigma}} = F^{-1} \circ \widetilde{F}$$

이다. 한편 F^{-1}와 $\widetilde{F}$는 $\widetilde{W}$상에서 매끄러우므로, 추이사상 $\boldsymbol{\sigma}^{-1} \circ \tilde{\boldsymbol{\sigma}}$도 매끄럽다. $\boldsymbol{\sigma}^{-1} \circ \tilde{\boldsymbol{\sigma}}$가 어떤 점 (u_0, v_0)을 포함하는 열린 집합 위에서 매끄럽기 때문에 $\boldsymbol{\sigma}$에서 $\tilde{\boldsymbol{\sigma}}$로의 추이사상도 매끄럽다.

마지막으로 정리 5.1.1을 증명한다.

p, W, f는 정리에 있는 그대로라 하고 p= (x_0, y_0, z_0)이고 p에서 $f_z \neq 0$이라 가정하자 (증명은 다른 두 경우에서도 비슷하다).

$$F(x, y, z) = (x, y, f(x, y, z))$$

로 정의되는 사상 $F : W \to \mathbb{R}^3$을 생각한다.

F의 야코비행렬은

$$\begin{pmatrix} 1 & 0 & 0 \\ 0 & 1 & 0 \\ f_x & f_y & f_z \end{pmatrix}$$

이고 $f_z \neq 0$이므로 이 행렬은 분명히 p에서 가역행렬이다. 역함수정리에 의하여, $F(x_0, y_0, z_0) = (x_0, y_0, 0)$을 포함하는 $\mathbb{R}^3$의 열린 부분집합 V와 $\widetilde{W} = G(V)$가 열린 집합이며 $F : \widetilde{W} \to V$와

$G: V \to \widetilde{W}$가 역 전단사인 매끄러운 사상 $G: V \to W$가 존재한다.

한편 V가 열린 집합이므로, (x_0, y_0)을 포함하는 $\mathbb{R}^2$의 열린 부분집합 U_1과 V가 $(x, y) \in U$, $w \in U_2$일 때 모든 점 (x, y, w)의 부분집합 $U_1 \times U_2$를 포함하는 0을 포함하는 $\mathbb{R}$의 열린 집합 U_2가 존재한다.

따라서 더욱이 $V = U_1 \times U_2$라고 가정한다. F와 G가 역 전단사사상이라는 사실은 어떤 매끄러운 사상 $g: U_1 \times U_2 \to \mathbb{R}$과 모든 $(x, y) \in U_1$, $w \in U_2$에 대하여

$$f(x, y, g(x, y, w)) = w$$

일 때

$$G(x, y, w) = (x, y, g(x, y, w))$$

를 의미한다.

$$\boldsymbol{\sigma}(x, y) = (x, y, g(x, y, 0))$$

인 $\boldsymbol{\sigma}: U_1 \to \mathbb{R}^3$을 정의하자. 그러면, $\boldsymbol{\sigma}$는 U_1에서 $S \cap \widetilde{W}$로의 위상동형사상이다 ($\boldsymbol{\sigma}^{-1}$는 사영 $\pi(x, y, z) = (x, y)$의 $S \cap \widetilde{W}$에 제한한 것이다). 따라서 $\boldsymbol{\sigma}$는 분명히 매끄러운 사상이고

$$\boldsymbol{\sigma}_x \times \boldsymbol{\sigma}_y = (-g_x, -g_y, 1)$$

이 어디서도 영이 아니므로 $\boldsymbol{\sigma}$는 정칙이다. 따라서 $\boldsymbol{\sigma}$는 주어진 점 p를 포함하는 S상의 정칙 곡면 조각사상이다. 한편 p는 S의 임의의 점이므로, S가 매끄러운 곡면이 되도록 S에 관한 좌표근방계를 만들었다.

연습문제

5.6.1 $\gamma: (\alpha, \beta) \to \mathbb{R}^3$이 곡선으로서, 그의 상이 곡면조각사상 $\boldsymbol{\sigma}: U \to \mathbb{R}^3$에 포함된다면, 어떤 매끄러운 사상 $(\alpha, \beta) \to U$, $t \mapsto (u(t), v(t))$에 대하여, $\gamma(t) = \boldsymbol{\sigma}(u(t), v(t))$임을 보여라.

5.6.2 정리 1.5.1을 증명하고, $\mathbb{R}^3$ 안에 등위곡선으로의 이 정리의 일반화를 증명하여라 (연습문제 1.5.1 참조).

5.6.3 $\boldsymbol{\sigma}: U \to \mathbb{R}^3$을 어떤 점 $(u_0, v_0) \in U$에서 $\boldsymbol{\sigma}_u \times \boldsymbol{\sigma}_v \neq \mathbf{0}$인 매끄러운 사상이라 하자. $\boldsymbol{\sigma}$를 W에 제한한 것이 단사인 (u_0, v_0)를 포함하는 U의 열린 부분집합 W가 존재함을 보여라. 이 교재에서 곡면 조각사상은 정의에 의하여 단사이지만, 이 연습문제는 주어진 점 근방의 단사는 정칙성의 결과를 보여주고 있는 것을 주의하여라.

5.6.4 $\boldsymbol{\sigma} : U \to \mathbb{R}^3$이 정칙 곡면조각사상이고 $(u_0, v_0) \in U$, $\boldsymbol{\sigma}(u_0, v_0) = (x_0, y_0, z_0)$라 하자. 단위 법선 $\mathbf{N}(u_0, v_0)$은 xy-평면과 평행하지 않다고 가정한다. 이 때, (x_0, y_0)를 포함하는 $\mathbb{R}^2$ 안의 열린 집합 V와 (u_0, v_0)를 포함하는 U의 열린 부분집합 W가 있음을 보여라. 그리고 $\tilde{\boldsymbol{\sigma}}(x, y) = (x, y, \varphi(x, y))$인 매끄러운 함수 $\varphi : V \to \mathbb{R}$은 $\boldsymbol{\sigma} : W \to \mathbb{R}^3$의 재매개변수화임을 보여라. 따라서 점 p 근방에서, 곡면은 그래프 $z = \varphi(x, y)$의 일부이다.
만일 $\mathbf{N}(u_0, v_0)$가 xy-평면과 평행하다면 무슨 일이 생기는가?

제6장

제1기본형식

제6장 제1기본형식

아마도 곡면 위에 기하학적인 생각을 가지고 있는 미물이 먼저 하고 싶은 것은 곡면 위의 두 점 사이의 거리를 재는 것일 것이다. 물론, $\mathbb{R}^3$ 안에서는 두 점 사이에서 가장 짧은 길은 직선분이지만 이것은 일반적으로 곡면에는 포함되지 않기 때문에, 바깥의 3차원 공간에 살고 있는 생명체가 관찰한 두 점 사이의 거리와는 다르다. 곡면상의 길이나 각도, 넓이를 잴 수 있는 수단은 제1기본형식이다.

6.1 곡면상의 곡선의 길이

만일 곤충 기하학자가 곡면 S상의 곡선 γ를 따라 걷는다면 그가 여행한 거리는

$$\int \| \dot{\gamma}(t) \| \, dt$$

이다(정의 1.2.1참조).이것을 계산하기 위하여 그는 $\dot{\gamma}$과 같은 곡면상의 접벡터의 길이를 계산할 필요가 있을 것이며 이것은 다음 정의에 있는 것을 계산하면 가능할 것이다.

정의 6.1.1

p를 곡면 S상의 점이라 하자. 이때 점 p에 있어서 곡면 S의 제1기본형식(first fundamental form)은 $\mathbf{v}, \mathbf{w} \in T_{\mathrm{p}}S$에 대하여 스칼라양

$$< \mathbf{v}, \mathbf{w} >_{\mathrm{p},S} = \mathbf{v} \cdot \mathbf{w}$$

이다.

따라서 $< \mathbf{v}, \mathbf{w} >_{\mathrm{p},S}$ 는 도트 곱(dot product)이며, S상의 점 p에 한정된다. 보통 혼동의 소지가 없다면 밑의 첨자를 생략하고 쓴다.

제1기본형식 $< , >$ 은 내적의 예 이다(부록0 참조) : 이것은 $\mathbb{R}^3$상의 도트 곱이 내적을 정의하는 사실로 부터 알 수 있다.

이 주제와 관련한 전통적인 것은 제1기본형식과는 약간 다르게 보인다. $\sigma(u, v)$를 S상의 곡면조각사상이라 하자. 그러면 σ안에 있는 점 p에서 S의 접벡터는 σ_u와 σ_v의 일차결합으로 한 가지 방법으로 표현된다.

함수 $du: T_{\mathrm{p}}S \to \mathbb{R}$, $dv: T_{\mathrm{p}}S \to \mathbb{R}$을 $\mathbf{v} = \lambda\sigma_u + \mu\sigma_v$에 대해 $du(\mathbf{v}) = \lambda$, $du(\mathbf{v}) = \mu$로 정의

하자. 여기에서 λ, μ는 실수이다.

이때 du와 dv가 선형사상임은 쉽게 보일 수 있다. $<,>$이 대칭 쌍선형형식임을 이용하면

$$< \mathbf{v}, \mathbf{v} > = \lambda^2 < \sigma_u, \sigma_v > + 2\lambda\mu < \sigma_u, \sigma_v > + u^2 < \sigma_u, \sigma_v > .$$

$E = \|\sigma_u\|^2,\ F = \sigma_u \cdot \sigma_v,\ G = \|\sigma_v\|^2$라 두면

$$< \mathbf{v}, \mathbf{v} > = E\lambda^2 + 2F\lambda\mu + Gu^2 = Edu(\mathbf{v})^2 + 2Fdu(\mathbf{v})dv(\mathbf{v}) + Gdv(\mathbf{v})^2.$$

전통적으로 표현 $Edu^2 + 2Fdudv + G\,dv^2$을 곡면조각사상 $\boldsymbol{\sigma}(u,v)$의 **제1기본형식**(first fundamental form)이라 한다. 계수 E, F, G와 du, dv는 곡면 S의 선택에 영향을 받는다(연습문제 6.14 참조). 그러나 제1기본형식은 $\mathbf{p}$와 S에만 영향을 받는다.

만일 γ가 곡면조각사상 $\boldsymbol{\sigma}$ 안의 곡선이면 함수 $u(t)$와 $v(t)$에 대하여 $\gamma(t) = \boldsymbol{\sigma}(u(t), v(t))$이다. $\frac{d}{dt} = \cdot$ 이라 하면 $\dot{\gamma} = \dot{u}\boldsymbol{\sigma}_u + \dot{v}\boldsymbol{\sigma}_v$이며 $< \dot{\gamma}, \dot{\gamma} > = E\dot{u}^2 + 2F\dot{u}\dot{v} + G\dot{v}$이고 γ의 길이는

$$\int (E\dot{u}^2 + 2F\dot{u}\dot{v} + G\dot{v})^{1/2} dt \tag{6.1}$$

로 주어진다.

예제 6.1.2 $\mathbf{p}$와 $\mathbf{q}$가 서로 수직인 단위벡터일 때 평면(예제 4.1.2 참조)

$$\boldsymbol{\sigma}(u,\ v) = \mathbf{a} + u\mathbf{p} + v\mathbf{q}$$

에 대하여, $\boldsymbol{\sigma}_u = \mathbf{p}, \boldsymbol{\sigma}_v = \mathbf{q}$이므로

$$E = \|\boldsymbol{\sigma}_u\|^2 = \|\mathbf{p}\|^2 = 1,$$
$$F = \boldsymbol{\sigma}_u \cdot \boldsymbol{\sigma}_v = \mathbf{p} \cdot \mathbf{q} = 0,$$
$$G = \|\boldsymbol{\sigma}_v\|^2 = \|\mathbf{q}\|^2 = 1$$

이다. 따라서 제1기본형식은

$$du^2 + dv^2$$

이다. ■

예제 6.1.3 예제 5.3.2에서 정의한 회전면

$$\boldsymbol{\sigma}(u,\ v) = (f(u)\cos v,\ f(u)\sin v,\ g(u))$$

을 생각하자. 모든 u에 대해 $f(u) > 0$라 가정하고 종단면곡선(profile curve) $u \mapsto (f(u), 0, g(u))$가 단일곡선이라 하자. 즉, $\dot{f}^2 + \dot{g}^2 = 1$ $(\cdot = \frac{d}{du})$.

그러면

$$\boldsymbol{\sigma}_u = (\dot{f}\cos v, \dot{f}\sin v, \dot{g}), \boldsymbol{\sigma}_v = (-f\sin v, f\cos v, 0).$$

$$\therefore \; E = \|\boldsymbol{\sigma}_u\|^2 = \dot{f} + \dot{g} = 1,\;\; F = \boldsymbol{\sigma}_u \cdot \boldsymbol{\sigma}_v = 0,\;\; G = \|\boldsymbol{\sigma}_v\|^2 = f^2.$$

따라서 제1기본형식은 $du^2 + f(u)^2\, dv^2$.

특별한 경우는 경도와 위도 좌표를 사용한 단위 구면 S^2이다(예제 4.1.4 참조).

$$u = \theta,\; v = \varphi,\; f(\theta) = \cos\theta,\; g(\theta) = \sin\theta$$

라 하면, S^2의 제1기본형식은 $d\theta^2 + \cos^2\theta\, d\varphi^2$이다.

예제 6.1.4 예제 5.3.1에서 다른 일반 원기둥

$$\boldsymbol{\sigma}(u,\; v) = \gamma(u) + v\mathbf{a}$$

를 생각해 보자. 연습문제 5.3.3에서 본 것처럼 γ를 단위속력이고 $\mathbf{a}$를 단위벡터, 그리고 γ는 $\mathbf{a}$에 수직인 평면에 들어 있다고 가정할 수 있다. 그러면 $\dfrac{d}{du}$를 $\cdot$ 로 나타낼 때,

$$\boldsymbol{\sigma}_u = \dot{\gamma},\; \boldsymbol{\sigma}_v = \mathbf{a}$$

이다. 따라서

$$E = \|\boldsymbol{\sigma}_u\|^2 = \|\dot{\gamma}\|^2 = 1,$$
$$F = \boldsymbol{\sigma}_u \cdot \boldsymbol{\sigma}_v = \dot{\gamma} \cdot \mathbf{a} = 0,$$
$$G = \|\boldsymbol{\sigma}_v\|^2 = \|\mathbf{a}\|^2 = 1$$

이므로 σ의 제1기본형식은

$$du^2 + dv^2$$

이다. 이것은 평면(예제 6.1.2 참조)의 제1기본형식과 같다는 사실을 주목하자. 같아지는 것에 대한 기하학적 이유는 다음 절에서 밝혀질 것이다.

예제 6.1.5 예제 5.3.1에서 정의한 일반 원뿔

$$\boldsymbol{\sigma}(u,\; v) = (1+v)\gamma(u) - v\mathbf{v}$$

를 생각해 보자. 제1기본형식을 계산하기 전에, $\boldsymbol{\sigma}$를 좀더 간략히 해 보자.

먼저, 곡면을 $\mathbf{p}$만큼 평행이동하자(이 경우 연습문제 6.1.2에 의하여, 제1기본형식은 변하지 않는다). 그러면 곡면조각사상 $\boldsymbol{\sigma}_1 = \boldsymbol{\sigma} - \mathbf{v} = (1+v)(\gamma - \mathbf{v})$를 얻는다. 그리고 γ를 $\gamma_1 = \gamma - \mathbf{v}$로 바꾸면, $\boldsymbol{\sigma}_1 = (1+v)\gamma_1$을 얻는다. 이것은 처음부터 $\mathbf{v} = \mathbf{0}$으로 가정한 것을 의미한다.

다음으로, 예제 5.3.1에서 본 것처럼, $\boldsymbol{\sigma}$는 정칙 곡면조각사상이고 γ는 원점을 지나지 않으므로, 새로운 곡선 $\tilde{\gamma}$를 $\tilde{\gamma}(u) = \gamma(u)/\|\gamma(u)\|$로 정의할 수 있다. 그래서 $\tilde{u} = u,\; \tilde{v} = v/\|\gamma(u)\|$로 두면,

$\|\tilde{\gamma}\| = 1$ 인 $\boldsymbol{\sigma}$의 재매개변수화 $\tilde{\boldsymbol{\sigma}}(\tilde{u},\ \tilde{v}) = \tilde{v}\,\tilde{\gamma}(\tilde{u})$를 얻는다. 그러므로 처음부터, u의 모든 값에 대하여 $\|\gamma(u)\| = 1$ 인 $\boldsymbol{\sigma}(u,\ v) = v\gamma(u)$를 가정할 수 있다(기하학적으로, 이것은 γ를 원뿔과 단위구의 공통부분으로 바꿀 수 있다는 것을 뜻한다). 마지막으로, 다시 재매개변수화를 함으로써, γ는 단위속력이고 정칙인 $\boldsymbol{\sigma}$에 관하여 예제 5.3.1에서 보았듯이, γ도 정칙이라고 가정할 수 있다.

위와 같은 가정 하에서, $\dfrac{d}{du}$를 · 로 나타내면,

$$\boldsymbol{\sigma}_u = \dot{v}\dot{\gamma},\ \boldsymbol{\sigma}_v = \gamma$$

이므로

$$E = \|v\dot{\gamma}\|^2 = v^2\|\dot{\gamma}\|^2 = v^2,\ F = v\dot{\gamma}\cdot\gamma = 0\ (\|\gamma\| = 1\text{이기 때문에}),\ G = \|\gamma\|^2 = 1$$

이다. 따라서 제1기본형식은

$$v^2du^2 + dv^2$$

이다.

예제 6.1.4에 있는 일반 원기둥과 같이 일반 원뿔의 제1기본형식은 곡선 γ에 영향을 받지 않는다.

연습문제

6.1.1 다음 곡면의 제1기본형식을 계산하여라.

(1) $\boldsymbol{\sigma}(u,\ v) = (\sinh u \sinh v,\ \sinh u \cosh v,\ \sinh u)$

(2) $\boldsymbol{\sigma}(u,\ v) = (u - v,\ u + v,\ u^2 + v^2)$

(3) $\boldsymbol{\sigma}(u,\ v) = (\cosh u,\ \sinh u,\ v)$

(4) $\boldsymbol{\sigma}(u,\ v) = (u,\ v,\ u^2 + v^2)$

이들은 어떤 종류의 곡면인가?

6.1.2 $\mathbb{R}^3$에서 곡면으로의 등장변환은 제1기본량을 변화시키지 않음을 보여라. 팽창에 영향을 주는 것은 무엇인가 (즉, $\mathbb{R}^3 \to \mathbb{R}^3$ 인 $\mathbf{v} \mapsto a\mathbf{v}$ 에서 상수 $a \neq 0$)?

6.1.3 $Edu^2 + 2Fdudv + G\,dv^2$이 곡면 S의 곡면조각사상 $\boldsymbol{\sigma}(v, v)$의 제1기본형식이라 하자. $\mathbf{p}$가 $\boldsymbol{\sigma}$상에 있는 점이고 $\mathbf{v}, \mathbf{w} \in T_{\mathbf{p}}S$이면

$$<\mathbf{v}, \mathbf{w}> \ = \ Edu(\mathbf{v})du(\mathbf{w}) + F(du(\mathbf{v})dv(\mathbf{w}) + du(\mathbf{w})dv(\mathbf{v})) + Gdv(\mathbf{w})dv(\mathbf{w})$$

임을 보여라.

6.1.4 $\tilde{\sigma}(\tilde{u},\ \tilde{v})$를 곡면 $\sigma(u,\ v)$의 재매개변수화라고 하고

$$\widetilde{E}d\tilde{u}^2+2\widetilde{E}d\tilde{u}d\tilde{v}+\widetilde{G}d\tilde{v}^2\text{과 } Edu^2+2F\,dudv+Gdv^2$$

을 각각 제1기본형식이라 하자. 이때 다음을 증명하여라.

(i) $du=\dfrac{\partial u}{\partial\tilde{u}}d\tilde{u}+\dfrac{\partial u}{\partial\tilde{v}}d\tilde{v},\ dv=\dfrac{\partial v}{\partial\tilde{u}}d\tilde{u}+\dfrac{\partial v}{\partial\tilde{v}}d\tilde{v}$

(ii) $J=\begin{pmatrix}\dfrac{\partial u}{\partial\tilde{u}} & \dfrac{\partial u}{\partial\tilde{v}}\\ \dfrac{\partial v}{\partial\tilde{u}} & \dfrac{\partial v}{\partial\tilde{v}}\end{pmatrix}$

가 재매개변수사상 $(\tilde{u},\ \tilde{v})\mapsto(u,\ v)$의 야코비행렬이고 J^t를 J의 전치행렬이라 하면

$$\begin{pmatrix}\widetilde{E} & \widetilde{F}\\ \widetilde{F} & \widetilde{G}\end{pmatrix}=J^t\begin{pmatrix}E & F\\ F & G\end{pmatrix}J$$

6.1.5 제1기본형식이 $Edu^2+2Fdudv+G\,dv^2$인 곡면조각사상 $\sigma(u,\ v)$에 대하여 다음이 동치임을 보여라.

(1) $E_v=\ G_u=0$.

(2) σ_{uv}가 단위법벡터 N에 평행이다.

(3) σ의 매개변수곡선에 의해 만들어진 임의의 사변형의 반대편들은 같은 길이를 가진다 (명제 4.4.2 참조).

이들 조건이 만족되면 σ의 매개변수곡선들은 체비셰프 망(Chebyshev net)이라 한다.

이때 σ는 제1기본형식이 $d\tilde{u}^2+2\cos\theta d\tilde{u}d\tilde{v}+d\tilde{v}^2$인 재매개변수화 $\tilde{\sigma}(\tilde{u},\tilde{v})$를 가진다. θ는 $(\tilde{u},\tilde{v})$의 미분가능함수이다.

이때 θ가 $\tilde{\sigma}$의 매개변수곡선들 사이의 각임을 보여라. 그리고 만약 $\hat{u}=\tilde{u}+\tilde{v},\ \hat{v}=\tilde{u}-\tilde{v}$로 두면 $\tilde{\sigma}(\tilde{u},\tilde{v})$의 재매개변수화 $\hat{\sigma}(\hat{u},\hat{v})$의 제1기본형식은 $\cos^2\omega\,d\hat{u}^2+\sin^2\omega\,d\hat{v}^2$임을 보여라. 단, $\omega=\theta/2$이다.

6.2 곡면상의 등장변환

앞의 예제 6.1.4에서 적당하게 매개변수화하면 평면과 (일반) 원기둥의 제1기본형식이 같게 됨을 알았다. 이 사실에 대한 기하학적 이유는 어렵지 않게 알 수 있다. 종이의 평면조각은 구기지 않고 자명한 방법으로 원기둥을 감을 수 있다(예제 4.3.2 참조).

우리가 평면에 곡선을 그리고, 감싸면 원기둥상의 곡선이 된다. 구김이 없기 때문에 이 두 곡선은 길이가 같다. 길이는 제1기본량(제곱근의)의 적분으로 계산되기 때문에 두 곡면의 제1기본량은 같게 될

것 같다. 한편 실험을 해보면 구김 없이 구면주위에 종이를 평면조각을 감는 것은 불가능함을 알 수 있다. 따라서 평면과 구면(재매개 변수화를 하여도)은 제1기본량이 같지 않다. 다음 정의는 구김 없이 한 곡면을 다른 곡면에 감는 것이 무엇인지 정확하게 해준다.

정의 6.2.1

S_1과 S_2가 곡면이고 S_1상의 곡선이 미분동형사상 $f : S_1 \to S_2$에 의해 S_2상에 같은 길이를 가지는 곡선으로 옮겨질 때 f를 **국소적 등장변환**(local isometry)이라 한다. 두 곡면 사이에 등장변환이 존재할 때 S_1과 S_2는 **국소적으로 등장적**(locally isometric)이라 한다.

모든 국소적 등장변환은 국소적으로 미분동형사상임을 알 수 있을 것이다. 미분동형이 되는 국소적 등장변환을 등장변환이라 한다. 국소적 등장변환의 합성이 국소적 등장변환임은 명백하다. 그리고 등장변환의 역은 등장변환이다. 국소적 등장변환의 조건을 좀 더 유용한 형태로 표현하기 위하여 다음과 같은 구성을 생각해야 한다.

$f: S_1 \to S_2$를 미분가능한 함수라하고 $\mathbf{p} \in S_1$이라 하자. $\mathbf{v}, \mathbf{w} \in T_{\mathbf{p}}S_1$에 대하여

$$f^* < \mathbf{v}, \mathbf{w} > = < D_{\mathbf{p}}f(\mathbf{v}), D_{\mathbf{p}}f(\mathbf{w}) >_{f(\mathbf{p})}$$

로 정의하자. 그러면 $f^* < \ , \ >_{\mathbf{p}}$는 $T_{\mathbf{p}}S_1$에서 대칭인 쌍선형사상이 된다. 대칭이 되는 것은 자명하며, $\lambda, \lambda' \in \mathbb{R}$, $\mathbf{v}, \mathbf{v}', \mathbf{w} \in T_{\mathbf{p}}S^1$에 대하여

$$\begin{aligned} f^* < \lambda\mathbf{v} + \lambda'\mathbf{v}', \mathbf{w} >_{\mathbf{p}} &= < D_{\mathbf{p}}f(\lambda\mathbf{v} + \lambda'\mathbf{v}'), D_{\mathbf{p}}f(\mathbf{w}) >_{f(\mathbf{p})} \\ &= < \lambda D_{\mathbf{p}}f(\mathbf{v}) + \lambda' D_{\mathbf{p}}f(\mathbf{v}'), D_{\mathbf{p}}f(\mathbf{w}) >_{f(\mathbf{p})} \\ &= \lambda < D_{\mathbf{p}}f(\mathbf{v}), D_{\mathbf{p}}f(\mathbf{w}) >_{f(\mathbf{p})} + \lambda' < D_{\mathbf{p}}f(\mathbf{v}'), D_{\mathbf{p}}f(\mathbf{w}) >_{f(\mathbf{p})} \\ &= \lambda f^* < \mathbf{v}, \mathbf{w} >_{\mathbf{p}} + \lambda' f^* < \mathbf{v}', \mathbf{w} >_{\mathbf{p}}. \end{aligned}$$

정리 6.2.2

미분가능함수 $f: S_1 \to S_2$가 국소적 등장변환이 되기 위한 필요충분조건은 $T_{\mathbf{p}}S_1$상의 대칭인 쌍선형사상인 $< \ , \ >_{\mathbf{p}}$와 $f^* < \ , \ >_{\mathbf{p}}$가 모든 $\mathbf{p} \in S_1$에 대하여 같은 것이다.

증명 만약 γ_1이 S_1상의 곡선이면, 끝점이 $\gamma_1(t_0)$와 $\gamma_1(t_1)$인 γ_1의 부분길이는

$$\int_{t_0}^{t_1} < \dot{\gamma}_1, \dot{\gamma}_1 >^{1/2} dt. \tag{6.2}$$

S_2상의 곡선 $\gamma_2 = f \circ \gamma_1$에 대응하는 부분길이는

$$\int_{t_0}^{t_1} < \dot{\gamma}_1, \dot{\gamma}_1 >^{1/2} dt = \int_{t_0}^{t_1} < Df(\dot{\gamma}_1), Df(\dot{\gamma}_1) >^{1/2} dt = \int_{t_0}^{t_1} f^* < \dot{\gamma}_1, \dot{\gamma}_1 >^{1/2} dt \tag{6.3}$$

만약 정리에 있는 두 대칭인 쌍선형사상이 같다면, 곡선 γ_1과 $f \circ \gamma_1$은 같은 길이를 갖는다. 역으로 만약 (6.2)와 (6.3)의 S_1 상의 모든 곡선 γ에 대하여 적분이 같다면 적분은 모든 γ에 대하여 같게 된다:

$$< \dot{\gamma}, \dot{\gamma}> = f^* < \dot{\gamma}, \dot{\gamma}>.$$

S_1의 모든 접벡터 $\mathbf{v}$가 S_1 상의 곡선에 대한 접벡터이기 때문에 모든 $\mathbf{v}$에 대하여

$$< \mathbf{v}, \mathbf{v}> = f^* < \mathbf{v}, \mathbf{v}> \tag{6.4}$$

가 성립한다. $<,>$와 $f^* < , >$는 대칭이며, 쌍선형사상이므로, (6,4)로부터 두 개가 일치함을 알 수 있다(부록 0 참조). ■

따라서, f가 국소적 등장변환이 되기 위한 필요충분조건은 모든 $\mathbf{p} \in S_1$와 $\mathbf{v}, \mathbf{w} \in T_p S_1$에 대하여

$$< D_{\mathbf{p}} f(v), D_{\mathbf{p}} f(\mathbf{w}) >_{f(\mathbf{p})} = < \mathbf{v}, \mathbf{w} >_{\mathbf{p}}.$$

이 사실은 선형사상 $D_{\mathbf{p}} f = T_{\mathbf{p}} s^1 \to T_{f(\mathbf{p})} S^2$ 가 등장변환인 것이다.

즉 길이를 보존한다(부록1 참조). 간단히 말해서 f가 국소적 등장변환이 되기 위한 필요충분조건은 $D_{\mathbf{p}} f$가 모든 $\mathbf{p} \in S_1$에 대하여 등장변환인 것이다.

이 정리로부터 모든 국소적 등장변환은 국소적으로 미분 동형사상임을 알 수 있다. $f : S_1 \to S_2$를 국소적 등장변환이라 하고, $\mathbf{p} \in S_1$이라 하자. 만약 $D_{\mathbf{p}} f$가 가역이 아니라면 $D_{\mathbf{p}} f(v) = 0$이 되는 영이 아닌 접벡터 $\mathbf{v} \in T_{\mathbf{p}} S_1$ 이 존재한다. 그러나 이것은 모순이다. 왜냐하면 f가 등장변환이므로

$$0 \neq < \mathbf{v}, \mathbf{v} >_{\mathbf{p}} = < D_{\mathbf{p}} f(\mathbf{v}), D_{\mathbf{p}} f(\mathbf{v}) >_{f(\mathbf{p})} = < 0, 0 >_{\mathbf{p}} = 0$$

이기 때문이다. 따라서 $D_{\mathbf{p}} f$는 가역이며, f는 국소적 미분동형사상이다(명제 4.4.6 참조)

정리 6.2.2를 곡면조각사상에 의해 표현하면 유용할 것이다.

따름정리 6.2.3

미분동형사상 $f : S_1 \to S_2$가 등장변환이 되기 위한 필요충분조건은, S_1상의 임의의 조각사상 σ_1에 대하여 σ_1과 $f \circ \sigma_1$이 같은 제1기본형식을 가지는 것이다.

증명 정리에 의해 조각사상 σ_1과 $f \circ \sigma_1 = \sigma_2$가 같은 제 1 기본형식을 가지기 위한 필요충분조건은 대칭인 쌍선형사상 $< , >_{\mathbf{p}}$와 $f^* < , >_{\mathbf{p}}$가 σ_1의 상에서 모든 $\mathbf{p}$에 대해 같게 됨을 보이면 된다. σ_i(i=1, 2)의 제 1기본형식은 $E_i du^2 + 2F_i dudu + G_i dv^2$이다.

$$E_i = < (\sigma_i)_u, (\sigma_i)_v >, F_i = < (\sigma_i)_u, (\sigma_i)_v >, G_i = < (\sigma_i)_u, (\sigma_i)_v >$$

이다.

$$<(\sigma_2)_u, (\sigma_2)_u> = <Df((\sigma_1)_u), Df((\sigma_1)_u) = f^* <(\sigma_1)_u, (\sigma_1)_u>$$

이므로 $<,> = f^*<,>$ 이면 $E_1 = E_2$ 이다. 같은 방법으로 $F_1 = F_2$, $G_1 = G_2$ 이다.
역으로 만약 위의 세 방정식이 성립하면 접벡터 $\mathbf{v}$, $\mathbf{w}$가 $(\sigma_1)_u$ 또는 $(\sigma_1)_v$ 일 때 $<\mathbf{v}, \mathbf{w}> = f^* <\mathbf{v}, \mathbf{w}>$ 이다. 쌍선형성으로부터 모든 $\mathbf{v}$, $\mathbf{w}$에 대해 $<\mathbf{v}, \mathbf{w}> = f^* <\mathbf{v}, \mathbf{w}>$ 이다.
이 증명은 실제로 $\mathbf{p} \in S_1$ 이 곡면조각 σ_1 의 상에 있으면 σ_1과 $f \circ \sigma_1$ 이 같은 제1 기본형식을 갖기 위한 필요충분조건은 $D_1 f$가 등장변환임을 보였다. 따라서 $\mathbf{p}$가 다른 곡면조각 σ_2 의 상에 있으면 σ_1과 $f \circ \sigma_1$ 이 $\mathbf{p}$에서 같은 제 1기본형식을 가지기 위한 필요충분조건은 σ_2와 $f \circ \sigma_2$에 대해서도 같게 되는 것이다. ■

예제 6.2.4 f가 yz-평면에서 예제 4.3.2에서 정의된 단위 원기둥으로 가는 국소적 등장변환이다. 만약 평면에서 곡면조각사상 $\sigma_1(u, v) = (0, u, v)$, 원기둥에서 곡면조각사상 $\sigma_2(u, v) = (\cos u, \sin u, v)$를 이용하면 $f(\sigma_1(u, v)) = \sigma_2(u, v)$ 이고, 예제 6.1.4에 의하여 σ_1 과 σ_2는 같은 제1기본형식을 갖는다.

같은 논리로 일반화된 원뿔은 국소적으로 평면과 등장적이다(예제 6.2.1 참조). 평면과 국소적으로 등장적이 되는 **접전개**(tangent developables)라 불리는 다른 곡면들이 존재한다(이전에는 한 곡면에서 다른 곡면으로의 전개를 등장변환의 용어로 사용했다).

접전개는 $\mathbb{R}^3$에 있는 곡선의 접선들의 합집합이다. 곡선 γ의 점 $\gamma(u)$에서의 접선은 $\gamma(u)$를 지나고 접벡터 $\dot{\gamma}(u)$에 평행한 직선이다.

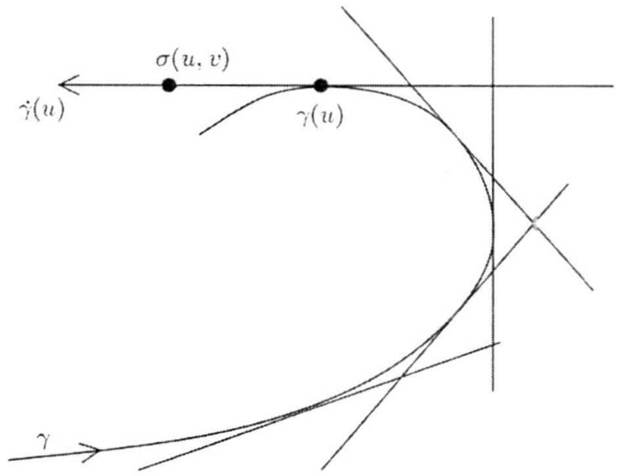

γ가 단위속력곡선이라 하자. $\gamma(u)$에서 접선의 가장 일반적인 점은 스칼라 v에 대하여

$$\sigma(u, v) = \gamma(u) + v\dot{\gamma}(u),$$

이다. 따라서

$$\boldsymbol{\sigma}_u \times \boldsymbol{\sigma}_v = (\dot{\gamma} + v\ddot{\gamma}) \times \dot{\gamma} = v\ddot{\gamma} \times \dot{\gamma}.$$

정칙곡선 $\boldsymbol{\sigma}$에 대하여 $\ddot{\gamma} \neq 0$ 즉, γ의 모든 점에서 곡률 $\kappa = \| \ddot{\gamma} \| > 0$인 조건이 필요하다. $\dot{\gamma} = \mathbf{t}$는 γ의 단위접선벡터이며, $\ddot{\gamma} = \dot{\mathbf{t}} = \kappa \mathbf{n}$이며 따라서

$$\boldsymbol{\sigma}_u \times \boldsymbol{\sigma}_v = \kappa v \mathbf{n} \times \mathbf{t} = -\kappa v \mathbf{b},$$

이다. 단, $\mathbf{n}$은 γ의 주법선벡터이며, $\mathbf{b}$는 γ의 종법선벡터이다. 따라서 모든 곳에서 $\kappa > 0$이고 $v \neq 0$이면 σ는 정칙이 될 것이다. 마지막 조건은 정칙성이 되기 위해서 곡면으로부터 곡선 γ는 반드시 제외되어야 한다는 것이다. 전형적으로, 접전개의 영역 $v > 0$, $v < 0$은 $v = 0$인 곡선 v에 의해 만들어진 날카로운 모서리를 따라 만나는 두 조각으로 된다.

이것은 그림에서 보이는 원나선의 접전개가 보여주는 것과 같다.

접전개에 대한 이해는 다음 결과에서 비롯된다.

명제 6.2.5 모든 접전개는 평면(의 일부분)과 등장적이다.

증명 γ가 단위속력곡선이고 $\kappa > 0$이라 가정하자.

$\dot{\gamma} \cdot \dot{\gamma} = 1$, $\dot{\gamma} \cdot \ddot{\gamma} = 0$, $\ddot{\gamma} \cdot \ddot{\gamma} = \kappa^2$이므로

$$\begin{aligned} E &= \| \boldsymbol{\sigma}_u \|^2 = (\dot{\gamma} + v\ddot{\gamma}) \cdot (\dot{\gamma} + v\ddot{\gamma}) \\ &= \dot{\gamma} \cdot \dot{\gamma} + 2v\dot{\gamma} \cdot \ddot{\gamma} + v^2 \ddot{\gamma} \cdot \ddot{\gamma} = 1 + v^2\kappa^2, \end{aligned}$$

$$F = \boldsymbol{\sigma}_u \cdot \boldsymbol{\sigma}_v = (\dot{\gamma} + v\ddot{\gamma}) \cdot \dot{\gamma} = \dot{\gamma} \cdot \dot{\gamma} + v\dot{\gamma} \cdot \ddot{\gamma} = 1,$$

$$G = \| \boldsymbol{\sigma}_v \|^2 = \dot{\gamma} \cdot \dot{\gamma} = 1$$

따라서 접전개의 제1기본형식은

$$(1 + v^2\kappa^2)du^2 + 2dudv + dv^2. \tag{6.5}$$

이제 평면(또는 일부분)이 매개변수화됨을 보여 주는 제1기본형식을 가짐을 보이자. 그러면 명제의 증명이 되는 것이다.

정리 2.2.5 에 의하여 곡률이 κ인 단위속력 평면곡선 $\tilde{\gamma}$가 존재한다(우리는 그것의 부호가 붙은 곡률이 κ라고 가정할 수 있다). 위 계산에 의하여 $\tilde{\gamma}$의 접전개의 제1기본형식은 식 (6.5)에 의하여 주어진다. 그런데 $\tilde{\gamma}$가 평면곡선이므로 접선은 $\tilde{\gamma}$가 있는 평면을 채우게 된다. ■

명제 6.2.5의 역도 존재한다 : 평면과 국소적으로 등장적인 곡면의 아주 작은 열린 집합은 평면(또는 일부분), (일반화된) 주면, (일반화된) 뿔 또는 접전개이다. 이에 대한 증명은 8.4절에서 주어진다.

연습문제

6.2.1 위와 같이 생각하여 어떻게 원뿔이 어떻게 평면으로 뒤틀리지 않게 갈수 있는지

$$\sigma(u, v) = (u\cos v,\ u\sin v,\ u),\ u > 0,\ 0 < v < 2\pi,$$

에서(직선이 제거된 반원뿔) xy-평면의 열린 부분집합으로 가는 등장변환에 의하여 생각해 보아라.

6.2.2 반원뿔 $x^2 + y^2 = z^2,\ z > 0$이 xy-평면과 $(x, y, z) \mapsto (x, y, 0)$에 의해 등장변환이 되는가?

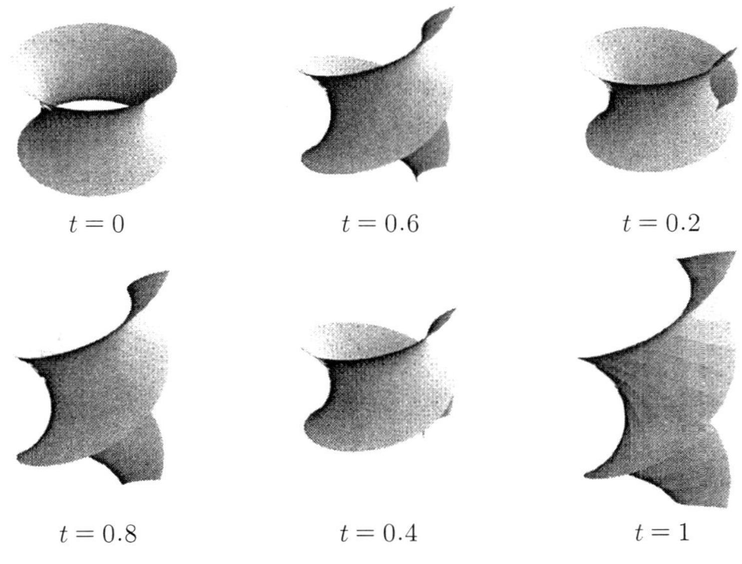

$t = 0$ $t = 0.6$ $t = 0.2$

$t = 0.8$ $t = 0.4$ $t = 1$

6.2.3 다음 곡면조각사상

$$\sigma(u,\ v)=(\cosh u\cos v,\ \cosh u\sin v,\ u),\ 0<v<2\pi,$$
$$\tilde{\sigma}(u,\ v)=(u\cos v,\ u\sin v,\ v),\ 0<v<2\pi$$

은 한 경선이 제거된 현수면과(연습문제 5.3.1 참조), 평면 $z=0$과 $z=2\pi$ 사이의 나선면(연습문제 4.2.6 참조)를 나타낸다. 현수면에서 나선면에 대응하는 함수 $\sigma(u,\ v)\mapsto\ \tilde{\sigma}(\sinh u,\ v)$가 등장변환임을 보여라. 현수면의 어떤 곡선이 나선면의 경선과 위선에 대응되는지 조사하여라. 실제, 현수면에서 나선면으로 가는 등장변환이 있다.

이제

$$\hat{\sigma}(u,\ v)=(-\sinh u\sin v,\ \sinh u\cos v,\ -v)$$

라 하자. 이것은 $xy-$평면상의 나선면 $\tilde{\sigma}$를 반사하고 z축을 따라 $\frac{\pi}{2}$만큼 평행 이동하면 생긴다.

$$\sigma^t(u,\ v)=\cos t\sigma(u,v)+\sin t\hat{\sigma}(u,v),$$

로 정의하면 $\sigma^0(u,v)=\sigma(u,v),\ \sigma^{\frac{\pi}{2}}(u,v)=\hat{\sigma}(u,v)$이다. 이때 모든 t에 대하여 $\sigma(u,v)\mapsto\sigma^t(u,v)$가 국소적 등장변환임을 보여라. 그리고 점 $\sigma^t(u,v)$에서 σ^t의 접평면은 $u,\ v$에만 의존하고 t와는 관계없음을 보여라. 곡면 σ^t는 여러 t에 대해 위에서 보여졌다(이 연습문제의 결과는 연습문제 12.5.3 과 12.5.4에서 설명된다).

6.2.4 단위속력곡선γ의 접전개의 제한선(연습문제 5.3.4참조)은 γ 자신임을 보여라. 또 곡선상의 점 $\gamma(u_0)$를 지나는 평면과 그 점에서 직교하는 곡면 의 교집합은 v의 고차항을 무시하면 다음과 같은 곡선

$$\varGamma(v)=\gamma(u_0)-\frac{1}{2}\kappa(u_0)v^2\boldsymbol{n}(u_0)+\frac{1}{3}\kappa(u_0)\tau(u_0)v^3\boldsymbol{b}(u_0)$$

으로 주어짐을 보여라 ($\gamma(u_0)$에서 γ의 곡률 $\kappa(u_0)$와 비틀림율 $\tau(u_0)$ 모두 영이 아니라 가정한다). 이 곡선은 $\gamma(u_0)$에서 뾰족하다 (연습문제 1.3.3 참조). 따라서 접전개는 날카로운 변을 가지며 두 개의 엽 $v>0$와 $v<0$는 γ를 따라 만난다. 이것은 이 절의 앞에서 보인 원나선의 접전개에 대해 명백하다.

6.3 곡면상의 등각사상

곡면상의 곡선의 길이를 측정하기 위하여 각에 대해 알아보는 것은 당연하다. 곡면 S상의 곡선 γ와 $\tilde{\gamma}$가 곡면 S상의 조각사상 σ 위의 점 P에서 만난다고 하자. 그러면 함수 $u,\ v,\ \tilde{u},\ \tilde{v}$와 매개변수 t_0,

$\tilde{t}_0$에 대하여 $\gamma(t)=\boldsymbol{\sigma}(u(t),\ v(t))$, $\tilde{\gamma}(t)=\boldsymbol{\sigma}(\tilde{u}(t),\ \tilde{v}(t))$가 되며 $\boldsymbol{\sigma}(u(t_0),\ v(t_0))=\mathbf{p}=\boldsymbol{\sigma}(\tilde{u}(\tilde{t}_0),\ \tilde{v}(t_0))$이다.

$\mathbf{p}$에서 γ와 $\tilde{\gamma}$의 교각 θ는 $t=t_0$와 $t=\tilde{t}_0$에서의 접선벡터 $\dot{\gamma}$와 $\dot{\tilde{\gamma}}$와의 교각이다. 벡터들의 교각에 대한 내적공식을 이용하면

$$\cos\theta=\frac{\dot{\gamma}\cdot\dot{\tilde{\gamma}}}{\|\dot{\gamma}\|\|\dot{\tilde{\gamma}}\|}=\frac{<\dot{\gamma},\dot{\tilde{\gamma}}>}{<\dot{\gamma},\dot{\gamma}>^{1/2}<\dot{\tilde{\gamma}},\dot{\tilde{\gamma}}>^{1/2}}. \tag{6.6}$$

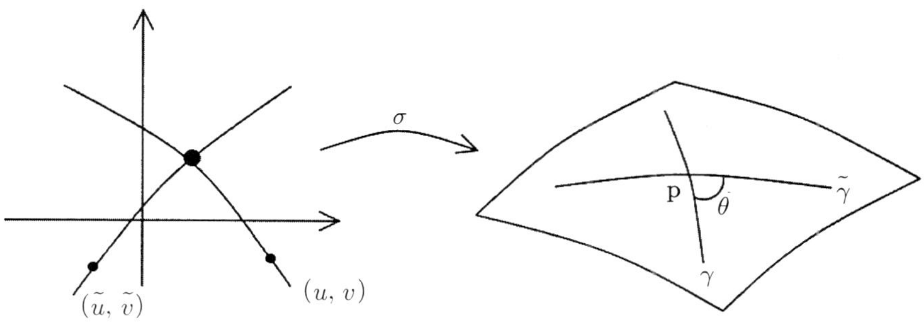

보통 곡면조각사상에 의하여 표현하는 것이 유용하다. γ와 $\tilde{\gamma}$가 S의 곡면조각사상 $\boldsymbol{\sigma}$ 안에 있다고 가정하면 적당한 미분가능한 함수 $u, v, \tilde{u}, \tilde{v}$에 대해 $\gamma(t)=\boldsymbol{\sigma}(u(t),\ v(t))$, $\tilde{\gamma}(t)=\boldsymbol{\sigma}(\tilde{u}(t),\ \tilde{v}(t))$가 된다. 만약 $Edu^2+2Fdudv+Gdv^2$이 $\boldsymbol{\sigma}$의 제 1기본형식이면 (6.6)에 의하여

$$\cos\theta=\frac{E\dot{u}\dot{\tilde{u}}+F(\dot{u}\dot{\tilde{v}}+\dot{\tilde{u}}\dot{v})+G\dot{v}\dot{\tilde{v}}}{(E\dot{u}^2+2F\dot{u}\dot{v}+G\dot{v}^2)^{1/2}(E\dot{\tilde{u}}^2+2F\dot{\tilde{u}}\dot{\tilde{v}}+G\dot{\tilde{v}}^2)^{1/2}} \tag{6.7}$$

예제 6.3.1 곡면조각사상 $\boldsymbol{\sigma}(u,\ v)$ 위의 매개변수곡선은

$$\gamma(t)=\boldsymbol{\sigma}(u_0,\ t),\ \tilde{\gamma}(t)=\boldsymbol{\sigma}(t,\ v_0)$$

와 같이 나타내어진다. u_0와 v_0는 각각 u, v의 상수값이다. 따라서

$$u(t)=u_0,\ v(t)=t,\ \tilde{u}(t)=t,\ \tilde{v}(t)=v_0,$$

$$\therefore\ \dot{u}=0,\ \dot{v}=1,\ \dot{\tilde{u}}=1,\ \dot{\tilde{v}}=0.$$

이 매개변수곡선들은 곡면의 점 $\boldsymbol{\sigma}(u_0,\ v_0)$에서 만난다. 방정식 (6.7)에 의하여 교각 θ는

$$\cos\theta=\frac{F}{\sqrt{EG}}.$$

E, F, G는 (u_0, v_0)에서의 값이다. 특히, 매개변수곡선들이 직교하기 위한 필요충분조건은 $F=0$이다.

정의 6.2.1의 국소적 등장변환에 대응하여 다음을 정의하자.

정의 6.3.2

곡면 S_1과 S_2와 미분동형사상 $f : S_1 \to S_2$에 대하여 $\mathrm{p} \in S_1$상에서 만나는 두 곡선 γ_1과 $\tilde{\gamma}_1$, f에 의하여 S_2상에서 만나는 두 곡선 γ_2와 $\tilde{\gamma}_2$에 대하여 p에서 γ_1과 $\tilde{\gamma}_1$의 교각이 $f(\mathrm{p})$에서 γ_2와 $\tilde{\gamma}_2$의 교각과 같게 될 때 f를 **등각사상**(conformal map)이라 한다.

간단히 말해 각을 보존할 때 f를 등각사상이라 한다.

이 정의에서 f가 미분동형사상임이 필요한 이유는 연습문제 4.4.4에 있다. 교차하는 두 곡선의 각이 잘 정의되기 위해서는 두 곡선이 모두 정칙이어야 한다. 등각사상의 합성이 됨은 자명하며, 등각미분동형사상의 역도 등각사상이다.

특별한 경우로 만약 $\sigma : U \to \mathbb{R}^3$가 곡면이면, σ는 평면의 일부분(U라 하자)으로 간주되며, σ의 상 S에 대하여 σ가 등각사상이 될 때 σ를 **등각매개변수화**(conformal parametrization) 또는 S의 **등각곡면조각사상**(conformal surface patch)이라 한다.

정리 6.3.3

국소 미분동형사상 $f : S_1 \to S_2$가 등각사상이 되기 위한 필요충분조건은 함수 $\lambda : S_1 \to \mathbb{R}$이 존재하여, $f^* < \mathbf{v}, \mathbf{w} >_{\mathrm{p}} = \lambda(\mathrm{p}) < \mathbf{v}, \mathbf{w} >$가 모든 $\mathrm{p} \in S_1$과 $\mathbf{v}, \mathbf{w} \in T_{\mathrm{p}}S_1$에 대하여 성립하는 것이다.

이와 같은 λ가 존재한다면 λ의 미분가능성을 확인하는 것은 어렵지 않다.

증명 γ와 $\tilde{\gamma}$를 $\mathrm{p} \in S_1$에서 만나는 S_1상의 곡선이라 하자. 곡선의 각 θ는 식 (6.6)에서 주어졌다. S_2에서 대응되는 곡선 $f \circ \gamma$와 $f \circ \tilde{\gamma}$의 교각은 식 (6.6)의 우변에서 $\dot{\gamma}$와 $\dot{\tilde{\gamma}}$를 각각 $(f \circ \dot{\gamma})$와 $(f \circ \dot{\tilde{\gamma}})$로 바꾸면 된다. 그리고 $< (f \circ \gamma)^{\cdot}, (f \circ \gamma)^{\cdot} >_{f(\mathrm{p})}$와 $< (f \circ \tilde{\gamma})^{\cdot}, (f \circ \tilde{\gamma})^{\cdot} >_{f(\mathrm{p})}$에 대한 친숙한 표현을 사용하여

$$< (f \circ \gamma)^{\cdot}, (f \circ \tilde{\gamma})^{\cdot} >_{f(\mathrm{p})} = < D_{\mathrm{p}} f(\dot{\gamma}), D_{\mathrm{p}} f(\dot{\tilde{\gamma}}) >_{f(\mathrm{p})} = f^* < \dot{\gamma}, \dot{\tilde{\gamma}} >_{\mathrm{p}}$$

이다.

따라서 S_2 상의 곡선 $f \circ \gamma$와 $f \circ \tilde{\gamma}$의 교각을 구하기 위하여 식 (6.6)의 분자, 분모에 있는 $<\ ,\ >$를 $f^* <\ ,\ >$ 로 바꿔야 한다.

만약 $f^* <\ ,\ > = \lambda <\ ,\ >$ 이면 식 (6.6)의 표현이 변하지 않음은 자명하므로(λ가 없어지므로), f가 등각사상이다.

역을 증명하기 위하여 만약 S_1 상에서 만나는 곡선 γ와 $\tilde{\gamma}$에 대하여

$$\frac{<\dot{\gamma},\ \dot{\tilde{\gamma}}>}{<\dot{\gamma},\ \dot{\gamma}>^{1/2} <\dot{\tilde{\gamma}},\ \dot{\tilde{\gamma}}>^{1/2}} = \frac{f^* <\dot{\gamma},\ \dot{\tilde{\gamma}}>}{f^* <\dot{\gamma},\ \dot{\gamma}>^{1/2} f^* <\dot{\tilde{\gamma}},\ \dot{\tilde{\gamma}}>^{1/2}} \tag{6.8}$$

이면 $f^* <\ ,\ >$는 $<\ ,\ >$에 비례함을 보이면 된다.

S_1의 모든 접벡터는 S_1 상의 곡선에 대한 접벡터이므로 식 (6.8)로부터 S_1 상의 모든 접벡터 $\mathbf{v}, \mathbf{w}$ 에 대하여

$$\frac{<\mathbf{v},\mathbf{w}>}{<\mathbf{v},\mathbf{v}>^{1/2} <\mathbf{w},\mathbf{w}>^{1/2}} = \frac{f^* <\mathbf{v},\mathbf{w}>}{f^* <\mathbf{v},\mathbf{v}>^{1/2} f^* <\mathbf{w},\mathbf{w}>^{1/2}} \tag{6.9}$$

이다. 제1기본형식 $<\ ,\ >$에 대한 S_1의 접평면의 정규기저 $\{\mathbf{v}_1, \mathbf{v}_2\}$를 생각하자. 그리고

$$\lambda = f^* <\mathbf{v}_1, \mathbf{v}_1>\ ,\ \mu = f^* <\mathbf{v}_1, \mathbf{v}_2>\ ,\ \nu = f^* <\mathbf{v}_2, \mathbf{v}_2>$$

라 두고 식 (6.9)에서 $\theta \in \mathbb{R}$에 대하여 $\mathbf{v} = \mathbf{v}_1, \mathbf{w} = \cos\theta\, \mathbf{v}_1 + \sin\theta\, \mathbf{v}_2$을 생각하면

$$\cos\theta = \frac{\lambda\cos\theta + \mu\sin\theta}{\sqrt{\lambda(\lambda\cos^2\theta + 2\mu\sin\theta\cos\theta + \nu\sin^2\theta}}.$$

$\theta = \dfrac{\pi}{2}$ 이면 $\mu = 0$이며 모든 θ에 대하여 $\lambda = \lambda\cos^2\theta + \nu\sin^2\theta$이다.

따라서 $\lambda = \nu$이며, $\mathbf{v}, \mathbf{w}$ 가 기저벡터일 때 $f^* <\mathbf{v}, \mathbf{w}> = \lambda <\mathbf{v}, \mathbf{w}>$이다. 양변은 쌍선형 형식이므로 $f^* <\ ,\ > = \lambda <\ ,\ >$이다.

이 결과를 곡면조각사상에 의해 해석하면 다음을 얻는다.

따름정리 6.3.4

미분동형사상 $f : S_1 \to S_2$가 등각사상이 되기 위한 필요충분조건은 S_1 상의 임의의 곡면조각사상 σ_1에 대하여 σ_1과 $f \circ \sigma_1$의 제1기본형식이 비례하는 것이다.

특히 곡면조각 $\sigma(u.v)$가 등각사상이 되기 위한 필요충분조건은 미분가능함수 $\lambda(u,v)$에 대하여 제1기본형식이 $\lambda(du^2 + dv^2)$이 되는 것이다.

예제 6.3.5 단위구면 S^2를 생각하자. $\mathbf{q}$는 북극점 $\mathbf{n} = (0, 0, 1)$이 아닌 S^2상의 점이면, $\mathbf{n}$ 과 $\mathbf{q}$를 잇는 직선은 xy-평면(예를들면 $\mathbf{p}$) 상의 점에서 만난다. $\mathbf{q}$에 $\mathbf{p}$를 대응시키는 이 함수를 S^2에서 평면으로 가는 **입체사영**(stereographic projection)이라 하고 Π로 표기한다. 이제 Π가 등각사상임을 보이자. $\mathbf{p} = (u, v, 0)$, $\mathbf{q} = (x, y, z)$라 하자. $\mathbf{p}, \mathbf{q}, \mathbf{n}$은 직선상에 있으므로 적당한 스칼라 ρ가 존재하여 $\mathbf{q} - \mathbf{n} = \rho(\mathbf{p} - \mathbf{n})$이며, 따라서

$$(x, y, z) = (0, 0, 1) + \rho((u, v, 0) - (0, 0, 1)) = (\rho u, \rho v, 1 - \rho). \tag{6.10}$$

따라서 $\rho = 1 - z$, $u = x/(1-z)$, $v = y/(1-z)$이며

$$\Pi(x, y, z) = \left(\frac{x}{1-z}, \frac{y}{1-z}, 0\right).$$

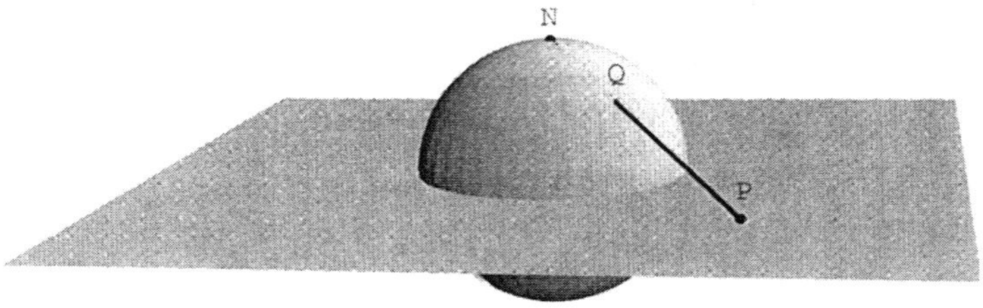

한편 식 (6.10) 과 $x^2 + y^2 + z^2 = 1$ 로부터 $\rho = 2/(u^2 + v^2 + 1)$ 이 되며, 따라서

$$\mathbf{q} = \left(\frac{2u}{u^2+v^2+1}, \frac{2v}{u^2+v^2+1}, \frac{u^2+v^2-1}{u^2+v^2+1}\right)$$

위 식의 우변을 $\boldsymbol{\sigma}_1(u, v)$라 두면, $\boldsymbol{\sigma}_1$은 구면에서 북극점을 제외한 것의 매개변수화가 된다. xy-평면을 $\boldsymbol{\sigma}_2(u, v) = (u, v, 0)$으로 매개변수화 하면 $\Pi(\boldsymbol{\sigma}_1(u, v)) = \boldsymbol{\sigma}_2(u, v)$. 따름정리 6.3.4를 이용하여 이제 입체사영이 등각사상임을 보이기 위하여 $\boldsymbol{\sigma}_1$과 $\boldsymbol{\sigma}_2$의 제1기본형식이 비례함을 보여야 한다. $\boldsymbol{\sigma}_2$의 제1기본형식은 $du^2 + dv^2$이다. $\boldsymbol{\sigma}_1$에 대하여

$$(\boldsymbol{\sigma}_1)_u = \left(\frac{2(v^2-u^2+1)}{(u^2+v^2+1)^2}, \frac{-4uv}{(u^2+v^2+1)^2}, \frac{4u}{(u^2+v^2+1)^2}\right),$$

$$(\boldsymbol{\sigma}_1)_v = \left(\frac{-4uv}{(u^2+v^2+1)^2}, \frac{2(u^2-v^2+1)}{(u^2+v^2+1)^2}, \frac{4v}{(u^2+v^2+1)^2}\right).$$

위 식들로부터

$$E_1 = (\boldsymbol{\sigma}_1)_u \cdot (\boldsymbol{\sigma}_1)_u = \frac{4(v^2-u^2+1)^2 + 16u^2v^2 + 16u^2}{(u^2+v^2+1)^4}$$

$$= \frac{4}{(u^2+v^2+1)^2}.$$

같은 방법으로 $F_1 = 0$, $G_1 = E_1$을 얻는다. 따라서 $\boldsymbol{\sigma}_2$의 제1기본형식은 σ_1의 제1기본형식의 λ배 (단 $\lambda = \frac{1}{4}(u^2 + v^2 + 1)^2$)이다.

가끔 π를 $u + iv \in C$와 $(u, v, 0)$를 동일시하여 xy-평면보다는 복소수평면 C에서의 함수로 생각하는 것이 유용할 때가 있다. 더욱이 $(x, y, z) \in S^2$를 $(x + iy, z)$와 동일시하여 S^2자신을 부분적으로 복소매개화할 수 있다. 이 때 S^2는 $w \in C$, $z \in R$, $|w|^2 + |z|^2 = 1$이 대해 (w, z)의 쌍들의 집합이 된다. 그러면 입체사영은 간단히 $\pi(w, z) = \frac{w}{1 - z}$가 되고 곡면조각사상 σ_1은

$$\sigma_1 = \left(\frac{2w}{|w|^2 + 1}, \frac{|w|^2 - 1}{|w|^2 + 1} \right)$$

로 주어진다.

Π의 정의역에서 북극점을 제거하는 불편함은 '무한대에서의 점 ∞를 도입하고 확장된 복소수 평면 $C_\infty = C \bigcup \{\infty\}$를 도입하면 극복할 수 있다.

만약 우리가 Π가 북극점을 ∞에 대응한다고 하면, 전단사함수 $\Pi : S^2 \to C_\infty$를 정의할 수 있다. 이 함수에 대한 것은 연습문제에서 다루기로 한다.

다시 일반 경우로 돌아와서 두 곡면 사이에 등각사상이 있을 때를 생각해보는 것이 자연스럽다. 놀랄만한 결과는 이것이 항상 국소적이라는 것이다. 만약 $\mathbf{p}_1$과 $\mathbf{p}_2$가 각각 곡면 S_1과 S_2상의 점이면 $\mathbf{p}_1$을 포함하는 S_1상의 열린 집합 O_1과 $\mathbf{p}_2$를 포함하는 S_2상의 개집의 O_2 그리고 등각미분동형사상 $O_1 \to O_2$가 존재한다. 이것으로부터 다음 정리를 얻는다.

정리 6.3.6

모든 곡면은 등각곡면조각사상으로 이루어지는 좌표근방계를 가진다.

$\boldsymbol{\sigma}_1$과 $\boldsymbol{\sigma}_2$는 S_1과 S_2의 등각매개변수화이면 $\boldsymbol{\sigma}_1(u, v) \to \boldsymbol{\sigma}(u, v)$는 등각미분동형사상 $\boldsymbol{\sigma}_1$의 역변환과 등각미분동형사상 $\boldsymbol{\sigma}_2$의 합성으로 생각하여 등각사상이 될 것이다. 뒤에서 정리 6.3.6의 특별한 경우를 증명하게 될 것이나(정리 12.4.1 참조), 일반적인 경우는 이 책의 범위를 넘는다.

연습문제

6.3.1 모든 등장변환은 등각사상임을 보여라. 그리고 등장변환이 아닌 등각사상의 예를 들어라.

6.3.2 에네퍼 곡면의 매개변수화

$$\boldsymbol{\sigma}(u,v)=\left(u-\frac{u^3}{3}+uv^2, v-\frac{v^3}{3}+vu^2, u^2-v^2\right)$$

는 등각사상임을 보여라.

6.3.3 예제 6.1.3 으로부터 S^2의 위도-경도 매개변수화 $\boldsymbol{\sigma}(\theta,\varphi)$의 제1기본형식은 $d\theta^2+\cos^2\theta d\varphi$임을 알 수 있다. 매개변수화 $\tilde{\boldsymbol{\sigma}}(u,v)=\boldsymbol{\sigma}(\psi(u),v)$가 등각사상이 되는 미분가능함수 ψ를 발견하여라. 실제로 $\tilde{\boldsymbol{\sigma}}$는 연습문제 5.3.2의 메르가터 매개변수화이다.

6.3.4 $\varPhi: U\to V$가 $\mathbb{R}^2$상의 열린 집합 사이의 미분동형사상이라 하자. uv-평면에서 미분가능한 함수 f,g에 대해 $\varPhi(u,v)=(f(u,v),g(u,v))$라 하자. 이때 $\varPhi$가 등각사상이 되기 위한 필요충분조건은

$$f_u=g_v,\ f_v=-g_u \text{ 또는 } f_u=-g_v,\ f_v=g_u \tag{6.11}$$

이다. 만약 $J(\varPhi)$가 $\varPhi$의 야코비 행렬이면 첫 번째 경우에는 $\det(J(\varPhi))>0$이고, 두 번째 경우에는 $\det(J(\varPhi))<0$임을 보여라.

6.3.5 (이 문제는 복소해석학의 기본지식을 필요로 한다.)

곡면 S상의 좌표근방계 내의 두 개의 곡면조각 사이의 추이 사상이 $\mathbb{R}^2$의 열린 집합 사이의 미분가능한 함수임을 상기하자. $\mathbb{R}^2$는 복소수 C와 같으므로 $((u,v)\leftrightarrow u+iv)$, 그와 같은 추이 사상이 해석적(holomorphic)이 되는지 생각해 볼 수 있다. 만약 S가 추이사상이 해석적이 되는 좌표근방계를 가질 때 S를 리만곡면이라 한다.

정리 6.3.6과 앞의 연습문제로부터 모든 유향곡면은 그것을 리만곡면이 되게 해주는 좌표근방계를 가짐을 보여라.

(복소해석학으로부터 앞에서의 연습문제에서 미분가능함수 $\varPhi$가 정칙이 되기 위한 필요충분조건은 식 (6.11)을 만족하는 것, 코시-리만 방정식임을 알 수 있다. 만약 식 (6.11)의 두 번째 쌍을 만족하면 $\varPhi$는 비해석적(anti-holomorphic)이라 한다).

6.3.6 $\varPi$와 유사하게 S^2의 남극점에서 xy-평면으로의 사영 $\tilde{\varPi}$를 구하여라. 이것은 두 번째 공형곡면조각사상 $\tilde{\boldsymbol{\sigma}}_1$을 정의하며 S^2에서 남극점을 제외한 모든 부분을 덮는다. 이 두 개의 조각사이의 추이사상은 무엇인가? 왜 곡면조각사상 $\boldsymbol{\sigma}_1$과 $\tilde{\boldsymbol{\sigma}}_1$은 리만곡면의 구조인 S^2가 되지 않는가? 어떻게 하면 $\tilde{\boldsymbol{\sigma}}_1$을 그와 같은 구조를 가지게 할 수 있을까?

6.3.7 입체사영 Π는 S^2상의 원을 C_∞상의 원으로 옮기며, 모든 원은 이와 같이 된다(S^2상의 원은 S^2와 평면과의 교집합이다 : C_∞ 내의 원은 C내의 직선 또는 원이다. 부록 2 참조).

6.3.8 만약 M이 뫼비우스 변환(Möbius transformation) 또는 공액-뫼비우스 변환(conjugate-Möbius transformation, 부록 2 참조)이면 전단사함수 $\Pi^{-1} \circ M \circ \Pi : S^2 \to S^2$는 S^2의 등각미분동형변환임을 보여라. 이와 같이 하여 S^2내의 모든 등각미분동형변환이 이와 같은 형태임을 보일 수 있다.

6.4 등적변환과 아르키메데스 정리

$\sigma : U \to \mathbb{R}^3$가 곡면 S상의 곡면조각사상이라 하자. σ의 상은 $v=$상수, $v=$상수로 두는 것에 의해 얻어지는 두 매개변수곡선군에 의하여 덮여진다. $(u_0, v_0) \in U$를 고정하고, Δu와 Δv를 매우 작다고 하자. u에서 작은 변화 Δu에 대응되는 $\boldsymbol{\sigma}(u, v)$의 변화는 근사적으로 $\boldsymbol{\sigma}_u \Delta u$이고 v에서 Δv에 대응되는 것은 근사적으로 $\boldsymbol{\sigma}_v \Delta v$이다. $u=u_0$, $u=u_0+\Delta u$, $v=v_0$, $v=v_0+\Delta v$에 대응되는 곡면의 매개변수곡선들에 의해 얻어지는 곡면의 일부분은 각 변이 $\boldsymbol{\sigma}_u \Delta u$, $\boldsymbol{\sigma}_v \Delta v$($(u_0, v_0)$에서 계산된 미분계수)인 평행사변형에 가깝게 된다.

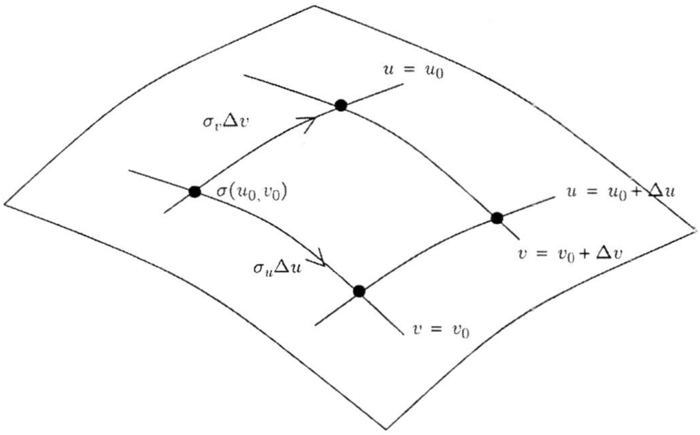

평면에서 벡터 $\mathbf{a}$와 $\mathbf{b}$에 의해 만들어진 평행사변형의 넓이는 $\|\mathbf{a} \times \mathbf{b}\|$임을 이용하면 곡면상의 평행사변형의 넓이는 근사적으로

$$\|\boldsymbol{\sigma}_u \Delta u \times \boldsymbol{\sigma}_v \Delta v\| = \|\boldsymbol{\sigma}_u \times \boldsymbol{\sigma}_v\| \Delta u \Delta v.$$

이 결과로부터 다음 정의를 생각할 수 있다.

정의 6.4.1

영역 $R \subseteq U$에 대응되는 곡면조각사상 $\boldsymbol{\sigma}: U \to \mathbb{R}^3$의 $\boldsymbol{\sigma}(R)$의 넓이 $A_{\sigma}(R)$은

$$\mathrm{A}A_{\sigma}(R) = \iint_R \|\boldsymbol{\sigma}_u \times \boldsymbol{\sigma}_v\| du\, dv.$$

물론 이 적분은 예를 들어 전곡면의 넓이를 생각하여 무한이 될지 모른다. 그러나 R이 경계를 따라 U 안에 완전히 포함되는 직사각형 안에 있다면 유한이 될 것이다.

넓이에서 $\|\boldsymbol{\sigma}_u \times \boldsymbol{\sigma}_v\|$은 $\boldsymbol{\sigma}$의 제1기본형식

$$Edu^2 + 2Fdudv + Gdv^2$$

에 의해 간단히 계산된다.

명제 6.4.2 $\|\boldsymbol{\sigma}_u \times \boldsymbol{\sigma}_v\| = (EG - F^2)^{1/2}$.

증명 $\mathbb{R}^3$상의 벡터대수에 관한 다음 공식을 사용한다.

$$(\mathbf{a} \times \mathbf{b}) \cdot (\mathbf{c} \times \mathbf{d}) = (\mathbf{a} \cdot \mathbf{c})(\mathbf{b} \cdot \mathbf{d}) - (\mathbf{a} \cdot \mathbf{d})(\mathbf{b} \cdot \mathbf{c}).$$

위 공식을

$$\|\boldsymbol{\sigma}_u \times \boldsymbol{\sigma}_v\|^2 = (\boldsymbol{\sigma}_u \times \boldsymbol{\sigma}_v) \cdot (\boldsymbol{\sigma}_u \times \boldsymbol{\sigma}_v)$$

에 적용하면 다음을 얻을 수 있다.

$$\|\boldsymbol{\sigma}_u \times \boldsymbol{\sigma}_v\|^2 = (\boldsymbol{\sigma}_u \cdot \boldsymbol{\sigma}_u)(\boldsymbol{\sigma}_v \cdot \boldsymbol{\sigma}_v) - (\boldsymbol{\sigma}_u \cdot \boldsymbol{\sigma}_v)^2 = EG - F^2.$$ ■

정칙곡면에서 $\boldsymbol{\sigma}_u \times \boldsymbol{\sigma}_v \neq 0$이므로 $EG - F^2 > 0$이다. 따라서 넓이공식은

$$\mathrm{A}_{\sigma}(R) = \iint_R (EG - F^2)^{1/2} dudv. \tag{6.12}$$

$(EG - F^2)^{1/2} dudv$를 $d\mathrm{A}_{\sigma}$로 쓰기도 한다.

이제 이 정의가 의미가 있음을 확인해야 한다. 즉, $\boldsymbol{\sigma}$가 재매개변수화 되어도 변하지 않음을 보여야 한다. 이 사실은 E, F, G가 재매개변수화에 의해 변할 수 있으므로 자명하지는 않다(연습문제 6.1.4를 참조).

명제 6.4.3 곡면의 넓이는 재매개변수화에 의해 불변이다.

증명 $\boldsymbol{\sigma}: U \to \mathbb{R}^3$이 곡면조각사상이고, $\tilde{\boldsymbol{\sigma}}: \tilde{U} \to \mathbb{R}^3$가 재매개변수화 함수 $\Phi: \tilde{U} \to U$에 의한 $\boldsymbol{\sigma}$의 재매개변수화라고 하자. 따라서 만약 $\Phi(\tilde{u}, \tilde{v}) = (u, v)$이면

$$\tilde{\boldsymbol{\sigma}}(\tilde{u}, \tilde{v}) = \boldsymbol{\sigma}(u, v).$$

영역 $\widetilde{R} \subseteq \widetilde{U}$에 대해 $R = \Phi(\widetilde{R}) \subseteq U$라 하고, 다음을 보이자.

$$\iint_R \|\boldsymbol{\sigma}_u \times \boldsymbol{\sigma}_v\| dudv = \iint_{\widetilde{R}} \|\tilde{\boldsymbol{\sigma}}_{\tilde{u}} \times \tilde{\boldsymbol{\sigma}}_{\tilde{v}}\| d\tilde{u}d\tilde{v}.$$

명제 4.2.7의 증명에서 $J(\Phi)$가 Φ의 야코비 행렬일 때

$$\tilde{\boldsymbol{\sigma}}_{\tilde{u}} \times \tilde{\boldsymbol{\sigma}}_{\tilde{v}} = \det(J(\Phi))\boldsymbol{\sigma}_u \times \boldsymbol{\sigma}_v$$

임를 보였다. 따라서

$$\iint_{\widetilde{R}} \|\tilde{\boldsymbol{\sigma}}_{\tilde{u}} \times \tilde{\boldsymbol{\sigma}}_{\tilde{v}}\| d\tilde{u}\, d\tilde{v} = \iint_{\widetilde{R}} |\det(J(\Phi))|\, \|\boldsymbol{\sigma}_u \times \boldsymbol{\sigma}_v\| d\tilde{u}\, d\tilde{v}.$$

이중적분에 관한 변수변환에 의하여 위 식의 우변은

$$\iint_R \|\boldsymbol{\sigma}_u \times \boldsymbol{\sigma}_v\| dudv.$$

■

이제 어떤 함수가 곡면사이의 넓이를 보존할 수 있는 것 인지 생각해 보자.

정의 6.4.4

곡면 S_1과 S_2에 대하여 미분동형사상 $f : S_1 \to S_2$가 S_1에 있는 임의의 영역을 S_2에 있는 같은 면적의 영역으로 옮길 때 f를 **등적변환**(equiareal)이라 한다.

정리 6.2.2.와 비슷한 정리를 얻을 수 있다.

정리 6.4.5

미분동형사상 $f : S_1 \to S_2$가 등적변환이 되기 위한 필요충분조건은 S_1 안의 임의의 곡면조각사상 $\boldsymbol{\sigma}(u, v)$에 대하여 S_1 안의 조각사상 $\boldsymbol{\sigma}$와 S_2 안의 조각사상 $f \circ \boldsymbol{\sigma}$의 제1기본형식인

$$E_1 du^2 + 2F_1 dudv + G_1 dv^2 \text{과 } E_2 du^2 + 2F_2 dudv + G_2 dv^2$$

가

$$E_1 G_1 - F_1^2 = E_2 G_2 - F_2^2 \tag{6.13}$$

을 만족할 때이다.

이 정리의 증명은 정리 6.2.2과 매우 유사하므로 연습문제 6.4.6로 남겨둔다. 등장변환 및 등각사상과 같이 미분 동형인 등적변환의 합성과 역은 역시 등적변환이다.

등적변환중 가장 유명한 것은 아르케메데스에 의하여 발견되었다. 이것은 아르키메데스가 죽은 시

라큐스를 포위한 로마의 장군 마르셀리우스에 의하여 그의 묘비를 통하여 발견되었다. 미적분은 그가 사용할 수 없었으므로 당연히 정리의 아르키메데스의 증명은 우리와 많이 다르다.

단위구면 $x^2+y^2+z^2=1$과 단위 원기둥 $x^2+y^2=1$을 생각하자. 구면은 원기둥 안에 포함되고, 두 곡면은 $xy-$평면상의 원 $x^2+y^2=1$을 따라 만난다. 극점 $(0,\ 0,\ \pm 1)$을 제외한 구면상의 점 $\mathbf{p}$에 대하여 $\mathbf{p}$와 z축을 지나면서 xy평면에 평행인 직선이 단 하나 존재한다. 이 직선은 두 점에서 원기둥과 만나는데 $\mathbf{p}$에 아주 가까운 점을 $\mathbf{q}$라 하자. f를 두 극점을 제외한 구면에서 원기둥으로의 함수로 $\mathbf{p}$를 $\mathbf{q}$로 옮겨주는 함수라 하자.

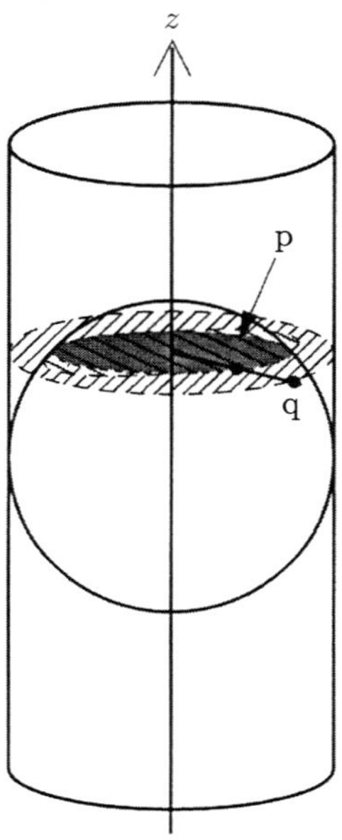

f에 대한 공식을 발견하기 위하여, $(x,\ y,\ z)$를 $\mathbf{p}$의 데카르트 좌표라 하고, $(X,\ Y,\ Z)$를 $\mathbf{q}$의 데카르트 좌표라 하자. 직선 $\mathbf{pq}$가 xy-평면에 평행하므로, 적당한 스칼라 λ에 대하여 $Z=z$와 $(X,\ Y)=\lambda(x,\ y)$를 얻는다. $(X,\ Y,\ Z)$는 주면상에 있으므로

$$1=X^2+Y^2=\lambda^2(x^2+y^2),$$
$$\therefore\ \lambda=\pm(x^2+y^2)^{-1/2}$$

양의 부호 $\mathbf{q}$가 되며, 따라서

$$f(x,\ y,\ z)=\left(\frac{x}{(x^2+y^2)^{1/2}},\ \frac{y}{(x^2+y^2)^{1/2}},\ z\right).$$

다음 정리에서 f가 미분동형사상임을 보이자.

정리 6.4.6 (아르키메데스의 정리)

f는 등적변환이다.

증명 S_1을 구면에서 북극점과 남극점을 각각 제외한 두 개의 조각사상으로 이루어진 곡면이라 하자. 그리고 S_1의 좌표근방계로 열린 집합

$$\left\{\frac{-\pi}{2}<\theta<\frac{\pi}{2},\ 0<\varphi<2\pi\right\}\text{와}\left\{\frac{-\pi}{2}<\theta<\frac{\pi}{2},\ -\pi<\varphi<\pi\right\}$$

에서 정의된

$$\boldsymbol{\sigma}_1(\theta,\ \varphi)=(\cos\theta\cos\varphi,\ \cos\theta\sin\varphi,\ \sin\theta),$$

를 잡는다. $\boldsymbol{\sigma}_1(\theta,\ \varphi)$의 상은 f에 의하여 원기둥 위의 점

$$\boldsymbol{\sigma}_2(\theta,\ \varphi)=(\cos\varphi,\ \sin\varphi,\ \sin\theta) \tag{6.14}$$

가 된다. $\boldsymbol{\sigma}_2$가 S_2의 좌표근방계가 됨은 쉽게 알 수 있다. 즉 $\boldsymbol{\sigma}_1$과 같이 두 열린 집합에서 정의되고 방정식 (10)에 의해 주어진 두 조각사상과 평면 $z=1$과 $z=-1$ 사이의 부분으로 이루어져 있다.

예제 6.1.3에서 $\boldsymbol{\sigma}_1$의 제1기본형식의 $E_1,\ F_1,\ G_1$의 계수를

$$E_1=1,\ F_1=0,\ G_1=\cos^2\theta.$$

로 계산하였다. $\boldsymbol{\sigma}_2$에 대해서 계산하면

$$(\boldsymbol{\sigma}_2)_\theta=(0,\ 0,\ \cos\theta),\ (\boldsymbol{\sigma}_2)_\varphi=(-\sin\varphi,\ \cos\varphi,\ 0),$$

$$\therefore\ E_2=\cos^2\theta,\ F_2=0,\ G_2=1.$$

따라서 식 (6.13)이 성립된다. f는 구면과 원기둥의 매개변수화 $\boldsymbol{\sigma}_1$과 $\boldsymbol{\sigma}_2$에 의해 항등사상 $(\theta,\ \varphi)\mapsto(\theta,\ \varphi)$으로 대응되기 때문에 f는 미분동형사상이다. ■

다음의 고전적인 결과는 아르키메데스 정리의 아름다운 응용을 제공한다. 구면 삼각형은 그 변이 대원의 일부인 구면상의 삼각형이다.

정리 6.4.7

내각이 $\alpha+\beta+\gamma$인 구면 S^2상의 구면 삼각형의 면적은 $\alpha+\beta+\gamma-\pi$이다.

증명 먼저 정리 6.4.6의 아르키메데스 정리를 이용하여 반달모양의 면적을 계산한다. 즉 두 개의 대원으로 둘러싸인 닫힌 호의 면적을 계산한다.

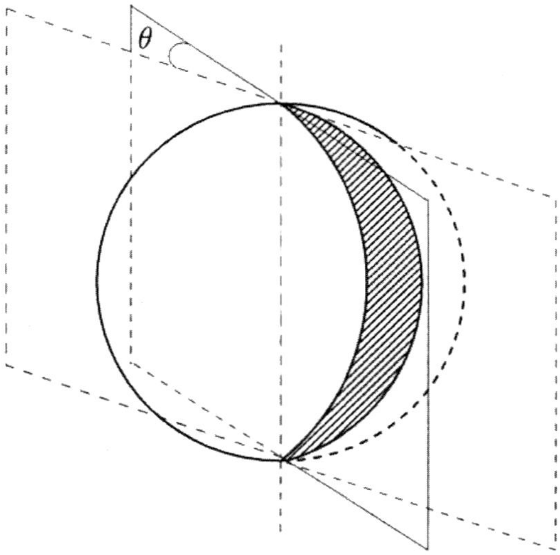

우리는 대원이 극점에서 만난다고 해도 된다. 왜냐하면 S^2의 회전변환을 이용해 얻을 수 있으며 이것은 넓이를 보존하기 때문이다. 만약 θ가 그들 사잇각이라면 함수 f에 의한 반달모양의 상은 높이 2 폭 θ인 원기둥 위의 굽은 직사각형이다.(아래 그림 참조)

만약 평면상의 원기둥을 뒤틀리지 않게 하는 등장변환을 이용하면 원기둥 위의 이 굽은 직사각형은 폭 θ, 높이 2인 평면상의 사각형으로 대응된다.

아르키메데스 정리에 의해, 이 반달 모양은 원기둥 위의 굽은 직사각형과 같은 넓이를 가지며, 모든 등장변환은 등적 변환이므로 (연습문제 6.4.6 참조), 이것은 평면상의 직사각형과 같은 넓이인 2θ를 가진다. 이것으로부터 구의 넓이는 4π임을 알 수 있다

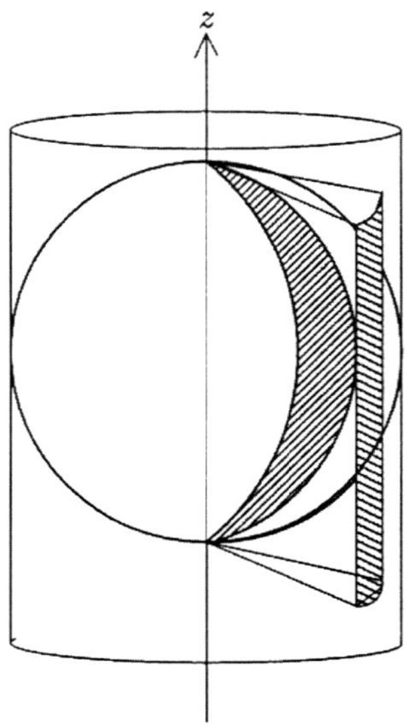

이제 정리의 증명으로 돌아가서, A, B, C를 삼각형의 꼭지점이라 하자 (따라서 α는 A의 각이다.) 삼각형의 변이 호인 세 대원은 S^2를 아래그림에서 보는 것처럼 여덟 개의 삼각형으로 나눈다. (A'은 A의 대척점이다)

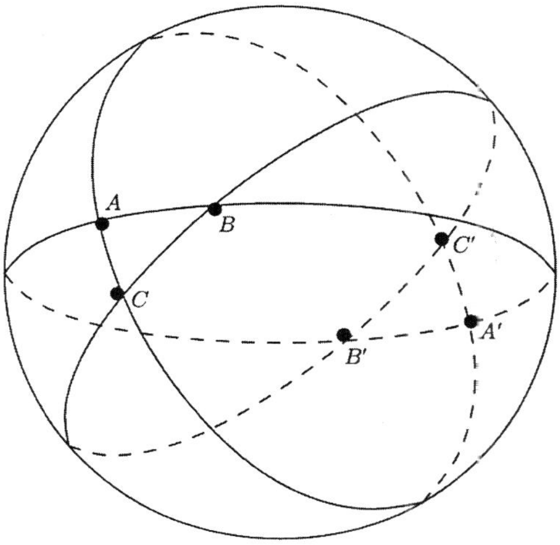

꼭지점이 A, B, C인 삼각형과 A', B', C' 인 두 개의 삼각형은 각도 α인 반달모양이 된다. 따라서 꼭지점이 A, B, C인 삼각형을 ABC로, 그 면적을 $\mathcal{A}(ABC)$로 나타내면

$$\mathcal{A}(ABC)+\mathcal{A}(A'BC)=2\alpha$$
$$\mathcal{A}(ABC)+\mathcal{A}(AB'C)=2\beta$$
$$\mathcal{A}(ABC)+\mathcal{A}(ABC')=2\gamma$$

각각의 방정식을 더하면

$$2\mathcal{A}(ABC)+\{\mathcal{A}(ABC)+\mathcal{A}(A'BC)+\mathcal{A}(AB'C)+\mathcal{A}(ABC')\}$$
$$=2\angle\alpha+2\angle\beta+2\angle\gamma. \tag{6.15}$$

네 삼각형 ABC, $AB'C$, $AB'C'$, ABC'는 반구를 이루므로

$$\mathcal{A}(ABC)+\mathcal{A}(AB'C)+\mathcal{A}(AB'C')+\mathcal{A}(ABC')=2\pi. \tag{6.16}$$

마지막으로 구면 위의 점을 대척점으로 대응시키는 함수는 명백히 등장변환이므로 등적변환이 되며, 따라서

$$\mathcal{A}(A'BC)=\mathcal{A}(AB'C').$$

이 사실을 식 (6.16)에 적용하면 식 (6.15)의 좌변의 { } 에 있는 항이 2π가 됨을 알 수 있다. 따라서 정리의 결과를 얻을 수 있다. ■

13장에서 구면대신 일반적인 곡면을, 대원을 곡면상의 임의의 곡선으로 바꾸어 위 결과의 일반화를 얻는다.

연습문제

6.4.1 포물면 $z=x^2+y^2\ (z\le 1)$의 면적을 계산하고, 반구 $x^2+y^2+z^2=1,\ (z\le 0)$의 넓이를 비교하여라.

6.4.2 선원이 오스트레일리아 주위를 각 변이 대원인 삼각형이므로 구성된 항로를 따라 항해하고 있다. 이때 삼각형의 적어도 한 내각은 $\frac{\pi}{3}+\frac{10}{169}$ 라디안 보다 같거나 크게 됨을 보여라(지구는 구면으로서 반지름이 6500km 이고, 호주의 면적은 $7.5\times 10^5\mathrm{km}^2$ 라고 가정한다).

6.4.3 S^2 상의 구면 다각형은 S^2의 n 반구의 교집합에 의하여 만들어지는 영역이다. n은 3이상인 정수이다. 만약 $\alpha_1, \alpha_2, \ldots \alpha_n$ 이 그 다각형의 내각이라면 넓이는 $\sum_{i=1}^{n}\alpha_i(n-2)\pi$ 임을 보여라.

6.4.4 S^2 가 두 다각형의 교집합이; 공집합이거나 각 다각형의 공통 변 또는 꼭지점이 되는 구면다각형에 의하여 덮혀 있다고 하자. F개의 다각형, E개의 변(두 다각형의 공통인 변 또는 꼭지점은 한 번만 헤아린다), V개의 꼭지점(한개 이상의 다각형의 공통인 꼭지점 또는 변은 한 번만 헤아린다)이 있다고 하자. 이때 모든 다각형의 각의 합은 $2\pi V$ 임을 보여라. 앞의 연습문제를 $V-E+F=2$ 임을 보일 수 있다 (이것은 오일러의 결과이며, 제13장에서 일반화될 것이다).

6.4.5 다음을 증명하여라.

(i) 모든 등장변환은 등적변환이다.

(ii) 등각사상이면서 등적변환이면 국소적 등장변환이다.

6.4.6 정리 6.4.5을 증명하여라.

6.4.7 N 이 곡면조각사상 $\boldsymbol{\sigma}(u,v)$ 상의 표준 단위법선 벡터일 때 다음을 증명하여라.

$$\mathrm{N}\times\boldsymbol{\sigma}_u=\frac{E\boldsymbol{\sigma}_v-F\boldsymbol{\sigma}_u}{\sqrt{EG-F^2}},\ \mathrm{N}\times\boldsymbol{\sigma}_v=\frac{F\boldsymbol{\sigma}_v-G\boldsymbol{\sigma}_u}{\sqrt{EG-F^2}}$$

6.5 구면기하학

이 장에서는 유클리드 기하가 아닌 구면 기하학의 단순한 예에 더하여 간단히 설명하기로 한다. 평면기하와 같이 구면기하는 고대로부터 시작되었다. 그 중요성은 다음과 같은 천문학적인 것에 있다. 즉, 별과 같이 하늘에 있는 물체의 위치, 관측자 위치를 고정된 큰 구면의 중심으로 생각하는 것, 그 위치가 관측자가 별을 관측하기 위하여 반드시 바라봐야할 점을 관측자와 별을 연결하는 직선이 구와 만나는 점으로 생각하는 것 등이다.

따라서 3차원 우주는 구면으로 사영된다. 물론 구면기하는 우리가 살고 있는 구면에 합리적으로 근접할 수 있기 때문에 중요하다.

만약 우리가 유클리드의 평면기하와 같이 구면기하를 발전시킬 수 있다면 먼저 직선의 유사성에 대해 결정해야 한다. 직선은 두 점을 잇는 최단선이며(연습문제 1.2.4 참조), 구에서 이것에 대응하는 가장 짧은 곡선은 무엇인지 생각하는 것은 자연스럽다. 이제 대원(또는 그 일부분)이 이것임을 보이자.

간단히 단위 구면 S^2 부터 시작하자. p와 q가 S^2 상의 서로 다른 점이면 p와 q를 지나는 대원은 적어도 하나 존재한다. 이것을 보이기 위하여 먼저 p와 q가 대척점이라 하자. 즉 $\mathrm{p} = -\mathrm{q}$, 지름을 포함하는 평면과 의 교집합은 p와 q를 지나는 대원이다. 만약 p와 q가 대척점이 아니면 영이 아닌 $\mathrm{p} \times \mathrm{q}$에 직교하며 원점을 지나는 평면은 p와 q를 지나는 대원에서 S^2 와 만난다. 이 논의는 사실 만약 p와 q가 대척점이 아니면 그 두 점을 통과하는 대원이 유일하게 있음을 보여준다. 이 경우 p와 q가 대원을 한 부분이 다른 부분보다 짧게 되는 두 개의 원호로 나누게 된다. 만약 p와 q가 대척점이면 두 점을 지나는 대원은 무한히 많으며 각각은 p와 q를 지나는 반원으로 나눈다.

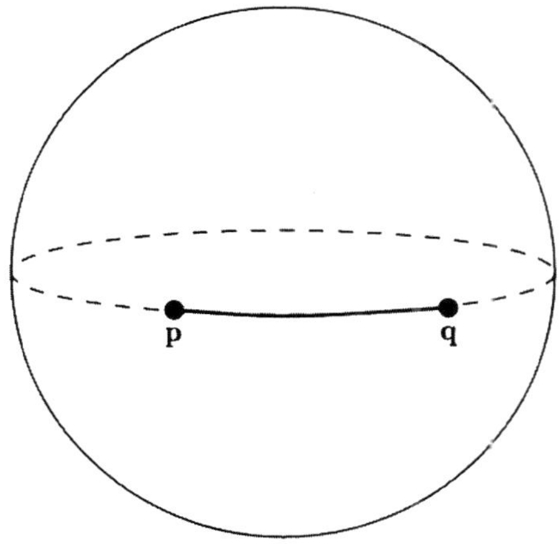

명제 6.5.1 p와 q가 S^2 상의 서로 다른 점이라 하자. 만약 $\mathrm{p} \neq -\mathrm{q}$이면 p와 q를 잇는 짧은 대원은 p와 q를 잇는 가장 짧은 길이를 가지는 유일한 곡선이다.
만약 $\mathrm{p} = -\mathrm{q}$이면 p와 q를 잇는 큰 반원이 두 점을 잇는 가장 짧은 곡선이다.

증명 S^2상의 회전변환(이것은 S^2상의 등장변환이다. 연습문제 6.1.2 참조)을 이용하여 $\mathbf{p} = (0, 0, 1)$이라 가정할 수 있으며, z축에 대한 회전변환을 하여 $\mathbf{q}$가 남극점과 북극점 그리고 $(1, 0, 0)$, 즉 $(\cos\alpha, 0, \sin\alpha)$를 통과하는 반원 C상에 있다고 가정할 수 있다. 이때 $-\frac{\pi}{2} \le \alpha \le \frac{\pi}{2}$이다. 그러면 짧은 대원을 따라 측정한 $\mathbf{p}$와 $\mathbf{q}$의 거리는 $\frac{\pi}{2} - \alpha$이다.

위도-경도 매개변수화 $\sigma(\theta, \varphi)$의 제1기본형식은 $d\theta^2 + \cos^2\theta d\varphi^2$ (예제 6.1.3 참조)이며, 따라서 $\mathbf{p}(t = t_0$ 일 때)와 $\mathbf{q}(t = t_1$ 일 때)를 잇는 곡선 $\gamma(t)$의 길이는

$$\int_{t_0}^{t_1} (\dot{\theta}^2 + \cos^2 \dot{\varphi}^2)^{1/2} dt.$$

적분은 $|\dot{\theta}|$보다 적지 않으며, 따라서 $\mathbf{p}$와 $\mathbf{q}$사이의 γ부분의 길이는 $\mathbf{p}$와 $\mathbf{q}$를 잇는 짧은 대원 부분의 길이인 $\int_{t_0}^{t_1} |\dot{\theta}| dt = \int_{\alpha}^{\pi/2} d\theta = \pi/2 - \alpha$보다 적지 않다.

역으로 만약 γ가 이 길이를 가진다면 t_0와 t_1 사이의 모든 t에 대하여

$$(\dot{\theta}^2 + \cos^2\theta \dot{\varphi}^2)^{1/2} = |\dot{\theta}|.$$

따라서 $t_0 \le t \le t_1$에 대하여 $\cos\theta \dot{\varphi} = 0$이다. 북극점과 남극점인 $(0, 0, \pm 1)$에서만 $\cos\theta = 0$이므로 γ의 다른 점에서는 $\dot{\varphi} = 0$이다. 따라서 φ가 상수이며 γ가 $\mathbf{p}$를 통과하므로 영이 아니며 따라서 γ는 C의 일부분이다. ■

따라서 대원은 유클리드 기하에서 직선과 구면적 유사성을 가진다. 구면기하가 평면기하와 다른 점은 두 개의 대원이 만나게 되는 평행선이 없다는 것이다(두 개의 대원을 포함하는 두 평면은 S^2의 지름에서 만나며, 그것의 종점들은 두 대원의 교점이다).

$\mathbf{p}, \mathbf{q} \in S^2$ 사이의 구면거리 $d_{S^2}(\mathbf{p}, \mathbf{q})$는 $\mathbf{p}$와 $\mathbf{q}$를 잇는 짧은 대원의 길이이다. 이것은 간단히 $\mathbf{p}$와 $\mathbf{q}$ 사이의 각이며 $0 \le d_{S^2}(\mathbf{p}, \mathbf{q}) \le \pi$, 즉 $\cos d_{S^2}(\mathbf{p}, \mathbf{q}) = \mathbf{p} \cdot \mathbf{q}$.

입체사상 Π(예제 6.3.5 참조)에 의해 표현되는 구면거리의 아름다운 공식이 있다. Π가 S^2에서 확장된 복소수평면 C_∞로 전단사임을 상기하고, $d_{S^2}(\Pi^{-1}(w), \Pi^{-1}(z))$을 간단히 $d_{S^2}(w, z)$로 쓰기로 하자.

명제 6.5.2 $w, z \in C$에 대해 입체사영에 의해 w와 z를 잇는 구면거리 $d_{S^2}(w, z)$는

$$\tan\frac{1}{2} d_{S^2}(w, z) = \frac{|w - z|}{|1 + \overline{w} z|}.$$

증명 예제 6.3.5로부터 $w \in C$에 대응하는 S^2의 점은

$$\Pi^{-1}(w) = \left(\frac{w + \overline{w}}{|w|^2 + 1}, \frac{w - \overline{w}}{i(|w|^2 + 1)}, \frac{|w|^2 - 1}{|w|^2 + 1} \right).$$

따라서

$$\cos d_{S^2}(w,\ z) = \Pi^{-1}(w) \cdot \Pi^{-1}(z) \tag{6.17}$$
$$= \frac{(w+\overline{w})(z+\overline{z}) - (w-\overline{w})(z-\overline{z}) + (|w|^2-1)(|z|^2-1)}{(|w|^2+1)(|z|^2+1)}$$
$$= \frac{2(\overline{w}z + w\overline{z}) + (1-|w|^2)(1-|z|^2)}{(|w|^2+1)(|z|^2+1)}.$$

한편, t가 명제에 있는 공식의 우변을 나타낸다고 하면

$$\frac{1-t^2}{1+t^2} = \frac{|1+\overline{w}z|^2 - |w-z|^2}{|1+\overline{w}z|^2 + |w-z|^2} \tag{6.18}$$
$$= \frac{(1+\overline{w}z)(1+w\overline{z}) - (w-z)(\overline{w}-\overline{z})}{(1+\overline{w}z)(1+w\overline{z}) + (w-z)(\overline{w}-\overline{z})}$$
$$= \frac{2(\overline{w}z + w\overline{z}) + (1-|w|^2)(1-|z|^2)}{(|w|^2+1)(|z|^2+1)}.$$

항등식 $\cos\theta = \dfrac{1-\tan^2\frac{1}{2}\theta}{1+\tan^2\frac{1}{2}\theta}$와 식 (6.17), (6.18)을 비교하면 증명이 끝난다. ■

유클리드 기하가 삼각형의 성질에 대하여 설명하듯이 각 변의 길이가 π보다 작은 구면삼각형에 대하여 알아보기로 하자.

명제 6.5.3 구면삼각형의 변의 길이를 A, B, C라 하고 $\alpha,\ \beta,\ \gamma$를 각각의 내각이라 하자(따라서 α는 A의 반대편에 있는 각이며, $0 \le \alpha,\ \beta,\ \gamma < \pi$). 이때

(i) $\cos\gamma = \dfrac{\cos C - \cos A \cos B}{\sin A \sin B}$

(ii) $\dfrac{\sin\alpha}{\sin A} = \dfrac{\sin\beta}{\sin B} = \dfrac{\sin\gamma}{\sin C}$

(i)과 유사한 두 공식은 원 순열 $A \to B \to C \to A,\ \alpha \to \beta \to \gamma \to \alpha$에 의해 얻어질 수 있다.

(i)을 구면삼각형의 코사인법칙(cosine rule)이라 한다. 왜냐하면 A, B, C가 적어지면 보통의 코사인법칙이 되기 때문이다. 이때 구면삼각형은 거의 평면상의 삼각형이 되며 근사 $\cos A = 1 - \frac{1}{2}A^2$와 $\sin A = A$를 이용하면 $C^2 = A^2 + B^2 - 2AB\cos\gamma$를 얻는다. 마찬가지로 (ii)로부터 A, B, C가 작을 때 평면의 사인법칙을 얻을 수 있다.

증명 a, b, c를 삼각형의 꼭지점이라 하면 α는 **a**에서의 각이 된다. A가 단위벡터 **b**와 **c**사이의 (반지름으로 측정한) 각이기 때문에

$$\cos A = \mathbf{b} \cdot \mathbf{c},\ \cos B = \mathbf{c} \cdot \mathbf{a},\ \cos C = \mathbf{a} \cdot \mathbf{b}. \tag{6.19}$$

다음으로 길이가 C인 삼각형의 변은 원점을 지나고 $\mathbf{a}\times\mathbf{b}$에 직교하는 평면 $\Pi_{\mathbf{c}}$와 S^2의 교집합인 대원의 호이다(다른 변도 유사하다). $\Pi_{\mathbf{c}}$를 S^2의 접선에 평행하고 꼭지점 $\mathbf{c}$를 지나는 평면이라 하자. 그러면 $\Pi_{\mathbf{c}}$는 $\mathbf{c}$를 지나는 삼각형의 변에 접하는 두 직선을 포함하는 평면 Π_A, Π_B와 만난다. 이것으로부터 γ는 Π_A와 Π_B 사잇각이 되는 두 선의 사잇각이 된다. 즉 $\mathbf{b}\times\mathbf{c}$와 $\mathbf{a}\times\mathbf{c}$의 사잇각이며

$$\cos\gamma = \frac{(\mathbf{b}\times\mathbf{c})\cdot(\mathbf{a}\times\mathbf{c})}{\|\mathbf{b}\times\mathbf{c}\|\ \|\mathbf{a}\times\mathbf{c}\|}. \tag{6.20}$$

물론 $\cos\alpha$, $\cos\beta$도 같은 방법으로 구할 수 있다.

$$\|\mathbf{b}\times\mathbf{c}\| = \sin A,\ \|\mathbf{a}\times\mathbf{c}\| = \sin B$$

이다. 한편 삼중적 항등식 (명제 6.4.2 참조)과 식(6.19)에 의하여

$$(\mathbf{b}\times\mathbf{c})\cdot(\mathbf{a}\times\mathbf{c}) = (\mathbf{a}\cdot\mathbf{b})(\mathbf{c}\cdot\mathbf{c}) - (\mathbf{b}\cdot\mathbf{c})(\mathbf{a}\cdot\mathbf{c}) = \cos C - \cos A\cos B.$$

위 식을 식 (6.20)에 대입하면 공식 (i)을 얻는다.

한편

$$\sin\alpha = \frac{\|(\mathbf{a}\times\mathbf{c})\times(\mathbf{a}\times\mathbf{b})\|}{\sin B\sin C} = \frac{\|((\mathbf{a}\times\mathbf{c}\cdot\mathbf{b})\mathbf{a} - ((\mathbf{a}\times\mathbf{c}\cdot\mathbf{a})\mathbf{b}\|}{\sin B\sin C} = \frac{|(\mathbf{a}\times\mathbf{c})\cdot\mathbf{b}|}{\sin B\sin C}.$$

따라서

$$\frac{\sin\alpha}{\sin A} = \frac{|(\mathbf{a}\times\mathbf{c})\cdot\mathbf{b}|}{\sin A\sin B\sin C}. \tag{6.21}$$

스칼라 삼중적 $(\mathbf{a}\times\mathbf{c})\cdot\mathbf{b}$는 벡터 $\mathbf{a}, \mathbf{b}, \mathbf{c}$의 어떤 순열의 부호에 대해 변하지 않는다. 따라서 식 (6.21)의 좌변이 삼각형의 꼭지점들의 어떤 순열에 대해서도 변하지 않는다. 따라서 (ii)를 얻는다.

특별한 경우로 평면상의 피타고라스 정리와 유사한 구면상의 결과를 얻는다.

따름정리 6.5.4

구면삼각형의 각 변의 길이가 A, B, C이고 길이 C인 변의 반대편 각이 직각이라 하면 $\cos C = \cos A\cos B$이다. 식 (6.19)와 (6.20)과 유사한 공식을 구하기 위하여 꼭지점

$$\mathbf{a}^* = \frac{\mathbf{b}\times\mathbf{c}}{\|\mathbf{b}\times\mathbf{c}\|},\ \mathbf{b}^* = \frac{\mathbf{c}\times\mathbf{a}}{\|\mathbf{c}\times\mathbf{a}\|},\ \mathbf{c}^* = \frac{\mathbf{a}\times\mathbf{b}}{\|\mathbf{a}\times\mathbf{b}\|}$$

를 갖는 구면삼각형을 생각해야 한다. 이 공식에서 꼭지점을 $\mathbf{a}\to\mathbf{b}\to\mathbf{c}\to\mathbf{a}$와 같은 순환 순서가 보존된다. 만약 순환 순서가 역행하면, 세 벡터들의 부호가 바뀐다. $\mathbf{a}^*$, $\mathbf{b}^*$, $\mathbf{c}^*$와 $-\mathbf{a}^*$, $-\mathbf{b}^*$, $-\mathbf{c}^*$를 꼭지점으로 가지는 삼각형을 $\mathbf{a}, \mathbf{b}, \mathbf{c}$를 꼭지점으로 갖는 삼각형의 쌍대삼각형(dual triangles)이라 한다.

두 쌍대삼각형은 S^2상의 대척변환 $\mathbf{v}\mapsto -\mathbf{v}$에 의해 얻을 수 있다. 이 대척변환은 $\mathbb{R}^3$상의 등장변

환이므로(부록1 참조), S^2상의 등장변환이며(연습문제 6.1.2 참조), 따라서 두 삼각형은 같은 각과 같은 길이의 변을 갖는다. 기하학적으로 $\pm\mathbf{a}^*$는 $\mathbf{b}$와 $\mathbf{c}$를 지나는 대원에서 S^2와 만나는 평면에 직교하는 S^2의 지름의 끝점이다(따라서 S^2의 북극점과 남극점은 적도의 극점이라 한다).
또한 $\pm\mathbf{a}$가 $\mathbf{b}^*$와 $\mathbf{c}^*$를 지나는 대원의 극점이다. 왜냐하면 $\mathbf{a}$가 $\mathbf{b}^*$와 $\mathbf{c}^*$에 직교하기 때문이다. 이것으로부터 $\mathbf{a}^*$, $\mathbf{b}^*$, $\mathbf{c}^*$를 꼭지점으로 갖는 삼각형의 쌍대삼각형은 $\mathbf{a}, \mathbf{b}, \mathbf{c}$를 꼭지점으로 가지며, 대척변환의 상이다. 이것은 필수적으로도 보일 수 있다 :

$$\mathbf{b}^*\times\mathbf{c}^* = \frac{(\mathbf{c}\times\mathbf{a})\times(\mathbf{a}\times\mathbf{b})}{\|\mathbf{c}\times\mathbf{a}\|\ \|\mathbf{a}\times\mathbf{b}\|} = \frac{((\mathbf{c}\times\mathbf{a})\cdot\mathbf{b})\mathbf{a}}{\|\mathbf{c}\times\mathbf{a}\|\ \|\mathbf{a}\times\mathbf{b}\|},$$

$$\therefore\ \frac{\mathbf{b}^*\times\mathbf{c}^*}{\|\mathbf{b}^*\times\mathbf{c}^*\|} = \pm\mathbf{a},\ (\mathbf{c}\times\mathbf{a})\cdot\mathbf{b} = \mathbf{a}\cdot(\mathbf{b}\times\mathbf{c})$$

이다. 따라서 $\mathbf{a}^*$, $\mathbf{b}^*$, $\mathbf{c}^*$를 꼭지점으로 갖는 쌍대삼각형은 $\mathbf{a}\cdot(\mathbf{b}\times\mathbf{c}) > 0$이면 원래의 삼각형이 되며, $\mathbf{a}\cdot(\mathbf{b}\times\mathbf{c}) < 0$이면 대척변환의 상이 된다.

명제 6.5.5 α, β, γ와 A, B, C를 구면삼각형의 각과 변의 길이라 하고, α를 길이 A를 갖는 변의 반대편에 있는 각이라 하자. 그리고 α^*, β^*, γ^*, A^*, B^*, C^*를 대응되는 쌍대 삼각형의 양이라 하면

$$\alpha^* = \pi - A,\ \beta^* = \pi - B,\ \gamma^* = \pi - C,$$
$$A^* = \pi - \alpha,\ B^* = \pi - \beta,\ C^* = \pi - \gamma.$$

증명 식 (6.19)에 의해 $\cos A^* = \mathbf{b}^*\cdot\mathbf{c}^* = \dfrac{(\mathbf{c}\times\mathbf{a})\times(\mathbf{a}\times\mathbf{b})}{\|\mathbf{c}\times\mathbf{a}\|\ \|\mathbf{a}\times\mathbf{b}\|} = -\cos\alpha$.

α와 A^*는 0과 π 사이에 있으므로

$$A^* = \pi - \alpha. \tag{6.22}$$

공식 $\alpha^* = \pi - A$는 식 (6.22)를 쌍대삼각형에 적용하면 얻어진다 ■

따름정리 6.5.6

명제 6.5.3과 같은 기호를 사용하면 $\cos A = \dfrac{\cos\alpha + \cos\beta + \cos\gamma}{\sin\beta\sin\gamma}$,

순열 $A \to B \to C \to A$, $\alpha \to \beta \to \gamma \to \alpha$에 의해 나머지 두 개의 유사한 공식도 얻는다.

증명 명제 6.5.3의 (i)를 쌍대삼각형에 적용하고 명제 6.5.5를 이용하면 된다. ■

이 공식은 크기는 다르지만 각은 같은 평면기하의 닮은 삼각형과 다르게, 각에 의해 구면삼각형의 변이 결정되는 것을 보여주므로 중요하다. 그 이유는 구면기하학에서는 구의 반지름인 길이의 절대적인 표준이 있기 때문이다.

명제 6.5.7 S^2 상의 모든 등장변환은 원점을 통과하는 평면상의 반사의 합성이다. 사실 기껏해야 세 개의 반사가 필요하다.

증명 먼저 S^2 상의 등장변환은 대원을 보존한다. 왜냐하면 이것은 제일 짧은 길이의 곡선이며 등장변환은 길이를 보존하기 때문이다. F를 S^2 상의 등장변환이라 하고

$$e_1 = (1, 0, 0), e_2 = (0, 1, 0), e_3 = (0, 0, 1)$$

이라 하자.

$F(e_1) = e_1$ 이고 G_1을 항등사상이라 하자. 그것이 아니면 G_1을 e_1과 $F(e_1)$을 연결하는 직선에 직교하는 평면상의 반사라 하고 그 중점을 지난다고 하자. $\| e_1 \| = \| F(e_1) \|$ 이므로 이 평면은 원점을 지나며, G_1은 S^2의 등장변환이 된다. 따라서 $G \circ F$는 e_1을 고정한다. 만약 $e_2 = G_1(F(e_2))$이면 G_2를 항등사상이라 하자. 다른 경우에는 G_2를 e_2와 $G_1(F(e_2))$를 잇는 직선의 이등분선에 직교하는 반사라고 하자. $\| e_2 \| = \| G_1 F(e_2) \|$ 이므로 (F와 G_1이 등장변환이므로) 이 평면은 원점을 지나며 따라서 G_2는 S^2 상의 등장변환이다. 그리고

$$\| e_1 - G_1(F(e_2)) \| = \| G_1(F(e_1)) - G_1(F(e_2)) \| = \| e_1 - e_2 \|$$

이므로 e_1은 G_2에 의해 고정된다. 따라서 $G_2 \circ G_1 \circ F$은 e_1과 e_2를 고정한다. 이제 극점 $\pm e_3$는 e_1과 e_2로부터 구면거리가 $\frac{\pi}{2}$인 유일한 두 점이다.

따라서 $G_2 \circ G_1 \circ F$는 e_3를 고정하거나 $-e_3$로 보낸다. 첫 번째 G_3경우를 항등사상이라 하고 두 번째 경우 G_3를 평면의 반사라하자. 그러면 $H = G_3 \circ G_2 \circ G_1 \circ F$는 e_1, e_2, e_3를 고정하는 S^2 상의 등장변환이다.

H는 e_1과 e_2를 고정하므로 적도의 각 점을 고정한다. 왜냐하면 적도는 이 두 점을 지나는 유일한 대원이며 적도상의 모든 점은 그것들로부터 구면거리에 의해 유일하게 결정되기 때문이다. 마찬가지로 H는 e_1과 e_3를 지나는 대원의 각 점을 고정해야 한다. 만약 $\mathbf{a}$가 극점 $\pm e_3$가 아닌 다른 점이면 극점과 $\mathbf{a}$를 지나는 대원 C는 적도와 만난다. 교점을 b라 하면 H는 b와 극점을 고정하므로 앞의 논의에 의해 C의 모든 점을 고정한다. 특히 H는 $\mathbf{a}$를 고정한다. $\mathbf{a}$는 구면상의 임의의 점이므로 H는 항등사상이다. 따라서 $F = G_1 \circ G_2 \circ G_3$는 세 개보다 적은 반사들의 합성이다. ■

유클리드 기하와 구면기하의 가장 큰 차이는 다음 결과에 포함되어 있으며 따름정리 6.5.6에 의하여 제시된다.

명제 6.5.8 구면기하학에서 닮은 삼각형은 합동이다.

이것은 만약 두 구면삼각형이 꼭지점 a, b, c 과 a′, b′, c′를 가지고 a에서 첫째 삼각형의 각이 두 번째 삼각형의 a′에서의 각과 같고 마찬가지로 다른 두각에 대해서도 같다면 a를 a′로 b를 b′로 c를 c′로 보내는 S^2 상의 등장변환이 있음을 보여준다. 이 증명은 연습문제 6.5.2로 남겨둔다.

연습문제

6.5.1 넓이가 구면의 넓이의 $\frac{1}{4}$ 이 되는 등변 구면삼각형의 각 변의 길이와 각을 구하여라.

6.5.2 닮은 구면삼각형은 합동임을 보여라.

6.5.3 중점이 $\mathbf{p} \in S^2$ 이고 반지름이 R인 구면원은 p로부터 구면거리가 R인 S^2 상의 점들의 집합이다. $0 \le R \le \frac{\pi}{2}$ 일 때 다음을 보여라.

(i) 반지름이 R인 구면원은 반지름이 $\sin R$인 원이다.

(ii) 반지름이 R인 구면원의 안쪽 넓이는 $2\pi(1-\cos R)$이다.

만약 $R > \frac{\pi}{2}$ 이면 어떻게 되는지 조사하여라.

6.5.4 이 연습문제는 입체사영 $\Pi : S^2 \to \mathbf{C}_\infty$ (예제 6.3.5)에 의해 S^2의 등장변환에 대응하는 $\mathbf{C}_\infty$의 변환에 대하여 설명한다.

만약 F가 S^2의 등장변환이고 $F_\infty = \Pi \circ F \circ \Pi^{-1}$가 $\mathbf{C}_\infty \to \mathbf{C}_\infty$ 인 대응되는 전단사라 하자.

(i) 뫼비우스 변환

$M(w) = \dfrac{aw+b}{cw+d}$ 이 $d = \bar{a}$, $c = -\bar{b}$ (부록2 참조)일 때 유니타리(unitary)라고 한다. 이때 $a, b, c, d \in \mathbf{C}$ 이고 $ad - bc \ne 0$이다. 두 개의 유니타리 뫼비우스 변환의 합성이 유니타리이고 그 역도 유니타리임을 보여라.

(ii) 만약 F가 원점을 지나고 단위벡터 (a,b)에 직교하는 평면의 반사이면 $F_\infty(w) = \dfrac{-a\bar{w}+b}{b\bar{w}+\bar{a}}$ 임을 보여라. 이때 $a \in \mathbf{c}$, $b \in \mathbb{R}$이다. (예제 5.3.4참조)

(iii) F가 S^2 상의 등장변환이면 $F_\infty = M$ 또는 $F_\infty = M \circ J$가 되는 유니타리 뫼비우스 변환 M이 존재한다. 이때 $J(w) = -\bar{w}$이다.

(iv) 역으로 만약 M이 유니타리 뫼비우스 변환이면 M과 $M \circ J$에 의해 주어지는 전단사 $\mathbf{C}_\infty \to \mathbf{C}_\infty$ 는 S^2 상의 적당한 등장변환 F에 대해 F_∞ 형태로 주어진다.

제7장

곡면의 곡률

제7장 곡면의 곡률

이 장에서는 곡면이 어떻게 굽었는지를 측정하는 문제를 몇 가지 다른 방법으로 다룬다. 꽤 다른 방법으로 다루지만 각 접근방법은 결국 곡면의 제2기본형식에 대한 것이다.

곡면은, 단위속력을 가지는 $\mathbb{R}^2$ 상의 평면곡선이 부호가 붙은 곡률에 의한 강체운동으로 결정되듯이, 제1기본형식과 제2기본형식에 의해 $\mathbb{R}^3$안의 등장변환에 의해 결정된다(정리 10.1.3 참조).

이 장을 통하여 우리는 유향 곡면에 대하여 다룬다. 4.5절에서 모든 곡면조각은 유향임을 알고 있다.

7.1 제2기본형식

먼저 곡면의 곡률을 정의하여 곡선의 곡률의 정의를 유도했던 2.1절에서와 같이 토의를 시작하기로 한다.

$\boldsymbol{\sigma}$를 표준 단위 법벡터 $\mathbf{N}$을 가지는 $\mathbb{R}^3$내의 곡면조각사상이라고 하자. $\boldsymbol{\sigma}$의 매개변수 (u, v)를 $(u+\Delta u, v+\Delta v)$로 움직일 때, 곡면은 $\boldsymbol{\sigma}(u, v)$의 접평면으로부터 거리

$$(\boldsymbol{\sigma}(u+\Delta u, v+\Delta v)-\boldsymbol{\sigma}(u, v)) \cdot \mathbf{N}$$

만큼 멀어진다.

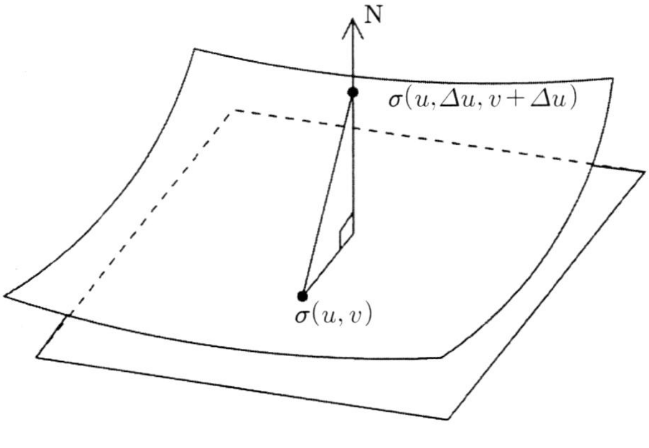

이변수 함수의 테일러 정리로부터

$$\boldsymbol{\sigma}(u+\Delta u, v+\Delta v)-\boldsymbol{\sigma}(u, v)$$
$$=\boldsymbol{\sigma}_u \Delta u+\boldsymbol{\sigma}_v \Delta v+\frac{1}{2}(\boldsymbol{\sigma}_{uu}(\Delta u)^2+2\boldsymbol{\sigma}_{uv}\Delta u \Delta v+\boldsymbol{\sigma}_{vv}(\Delta v)^2)+\text{나머지}$$

이다. 단, $(\Delta u)^2+(\Delta v)^2 \to 0$일 때 $\dfrac{\text{나머지}}{((\Delta u)^2+(\Delta v)^2)} \to 0$이다. σ_u와 σ_v는 곡면에 접하므로 $\mathbf{N}$에 직교하며, 따라서 σ의 접평면으로부터 편차는

$$\frac{1}{2}(L(\Delta u)^2+2M\,\Delta u\Delta v+N(\Delta v)^2)+\text{나머지} \tag{7.1}$$

이며, 이때

$$L=\sigma_{uu}\cdot\mathbf{N},\ M=\sigma_{uv}\cdot\mathbf{N},\ N=\sigma_{vv}\cdot\mathbf{N}. \tag{7.2}$$

식 (7.1)과 (7.2)를 비교하면

$$L(\Delta u)^2+2M\Delta u\Delta v+N(\Delta v)^2$$

이 곡선의 경우 곡률항 $\kappa(\Delta t)^2$과 비슷한 곡면에서의 표현이 됨을 알 수 있다. 이때

$$Ldu^2+2Mdudv+Ndv^2 \tag{7.3}$$

를 곡면조각사상 σ의 **제2기본형식**(second fundamental form)이라 한다.

이것은 곡면조각사상의 제1기본형식과 유사하며, 6.1절에서와 같이 선형사상으로서 du와 dv를 해석하여 의미를 부여할 수 있다. 6.1절에서와 같은 방법으로 접평면의 대칭 쌍선형 형식을

$$<\mathbf{v},\mathbf{w}> = Ldu(\mathbf{v})du(\mathbf{w})+M(du(\mathbf{v})dv(\mathbf{w})+du(\mathbf{w})dv(\mathbf{v}))+Ndv(\mathbf{v})dv(\mathbf{w})$$

와 같이 정의할 수 있다(연습문제 6.1.3 참조). 다음 절에서 이것에 대한 기하학적 해석을 할 것이고, 임의의 유향곡면으로 이 정의를 확장할 것이다.

예제 7.1.1 평면

$$\sigma(u,\ v)=\mathbf{a}+u\mathbf{p}+v\mathbf{q}$$

를 생각하자(예제 4.1.2 참조). $\sigma_u=\mathbf{p}$, $\sigma_v=\mathbf{q}$는 상수벡터이므로 $\sigma_{uu}=\sigma_{uv}=\sigma_{vv}=0$이다. 따라서 평면의 제2기본형식은 영이다.

예제 7.1.2 회전면

$$\sigma(u,\ v)=(f(u)\cos v,\ f(u)\sin v,\ g(u))$$

상의 조각사상 σ를 생각하자. 예제 5.3.2를 참조하면서, 모든 u에 대해 $f(u)>0$라 가정하고 종단면 곡선 $u\mapsto(f(u),\ 0,\ g(u))$가 단일속력을 가진다고 하자. 즉, $\dot f^2+\dot g^2=1$이다($\dot f=\frac{d}{du},\ \dot g=\frac{dg}{du}$).

$$\sigma_u=(\dot f\cos v,\ \dot f\sin v,\ \dot g),\ \sigma_v=(-f\sin v,\ f\cos v,\ 0),$$

$$\therefore\ \ E=\|\sigma_u\|^2=\dot f^2+\dot g^2=1,\ F=\sigma_u\cdot\sigma_v=0,\ G=\|\sigma_v\|^2=f^2,$$

$$\therefore\ \ \sigma_u\times\sigma_v=(-f\dot g\cos v,\ -f\dot g\sin v,\ f\dot f),$$

$$\therefore \ \|\boldsymbol{\sigma}_u \times \boldsymbol{\sigma}_v\| = f \ (\text{since}\ \dot{f}^2 + \dot{g}^2 = 1),$$

$$\therefore \ \mathrm{N} = \frac{\boldsymbol{\sigma}_u \times \boldsymbol{\sigma}_v}{\|\boldsymbol{\sigma}_v \times \boldsymbol{\sigma}_v\|} = (-\dot{g}\cos v,\ -\dot{g}\sin v,\ \dot{f}),$$

$$\boldsymbol{\sigma}_{uu} = (\ddot{f}\cos v,\ \ddot{f}\sin v,\ \ddot{g}),$$

$$\boldsymbol{\sigma}_{uv} = (-\dot{f}\sin v,\ \dot{f}\cos v,\ 0),$$

$$\boldsymbol{\sigma}_{vv} = (-f\cos v,\ -f\sin v,\ 0),$$

$$\therefore \ L = \boldsymbol{\sigma}_{\mathrm{uu}} \cdot \mathrm{N} = \dot{f}\ddot{g} - \ddot{f}\dot{g},\ M = \boldsymbol{\sigma}_{\mathrm{uv}} \cdot \mathrm{N} = 0,\ N = \boldsymbol{\sigma}_{\mathrm{vv}} \cdot \mathrm{N} = f\dot{g}.$$

따라서 제2기본형식은

$$(\dot{f}\ddot{g} - \ddot{f}\dot{g})du^2 + f\dot{g}dv^2.$$

위도-경도 좌표계(예제 4.1.4 참조)가 있는 단위구면 S^2에서는

$$u = \theta,\ v = \varphi,\ f(\theta) = \cos\theta,\ g(\theta) = \sin\theta$$

이며, 단위구면의 제2기본형식은

$$d\theta^2 + \cos^2\theta\, d\varphi^2.$$

이것은 S^2의 제1기본형식과 같다(예제 6.1.3 : 이것에 대한 이유는 8.2절 참조)

곡면이 반지름이 1인 원기둥이면, $f(u) = 1,\ g(u) = u (f > 0,\ \dot{f}^2 + \dot{g}^2 = 1$을 이용)로 잡으면

$$L = M = 0,\ N = 1$$

이며, 따라서 원기둥의 제2기본형식은 dv^2이다.

연습문제

7.1.1 타원포물면

$$\boldsymbol{\sigma}(u,\ v) = (u,\ v,\ u^2 + v^2)$$

의 제2기본형식을 구하여라.

7.1.2 곡면조각사상 $\boldsymbol{\sigma}$의 제2기본형식이 어디에서나 영이면, $\boldsymbol{\sigma}$는 평면의 개부분집합임을 보여라. 이것은 곡선의 곡률이 어디에서나 영이면 직선의 일부가 되는 것과 유사한 곡면에 대한 결과이다.

7.1.3 곡면조각사상 $\tilde{\boldsymbol{\sigma}}(\tilde{u},\ \tilde{v})$가 재매개변수화 $(u,\ v) = \Phi(\tilde{u},\ \tilde{v})$를 갖는 곡면조각사상 $\boldsymbol{\sigma}(u,\ v)$의 재매개변수화라 하자. 이때

$$\begin{pmatrix} \widetilde{L} & \widetilde{M} \\ \widetilde{M} & \widetilde{N} \end{pmatrix} = \pm J^t \begin{pmatrix} L & M \\ M & N \end{pmatrix} J$$

를 증명하여라. 단, J는 Φ의 야코비 행렬이며 $\det(J) > 0$이면 양의 부호를, $\det(J) < 0$이면 음의 부호를 갖는다. 연습문제 6.1.4 로부터 곡면조각의 제2기본형식은 향을 보존하는 조각의 재매개변수화에 의하여 불변이다.

7.1.4 $\mathbf{R}^3$ 상의 등장변환에 의하여 곡면의 제2기본형식에 어떤 영향을 주는가? 또는 확대는 어떤 영향을 주는가?

7.2 가우스 사상과 와인가르텐 사상

유향곡면 S의 곡률을 정의하는 두 번째 방법은 단위 법선벡터 $\mathbf{N}$을 생각하는 것이다. $\mathbf{N}$이 변하여 S가 굽은 것에 대해 영향을 미친다 : $\mathbf{N}$이 곡면위의 점 근방에서 빨리 변하면 많이 굽은 것이고 천천히 변하면 곡면도 완만하게 굽어있다. 만약 S가 평면이면 $\mathbf{N}$은 S상의 모든 점에서 같다. 즉, $\mathbf{N}$은 상수이다. 그리고 곡률은 영이다.

S상의 어떤 점에서 $\mathbf{N}$의 값은 가우스 사상 g_S에 의하여 기록된다(또는 혼돈의 염려가 없다면 g). 이것은 $\mathbf{p} \in S$에 대하여 $\mathbf{N}_\mathbf{p} \in S^2$를 대응하는 S로부터 S^2로 가는 사상이다. $\mathbf{N}_\mathbf{p}$는 $\mathbf{p} \in S$에 있어서 단위 법벡터이다.

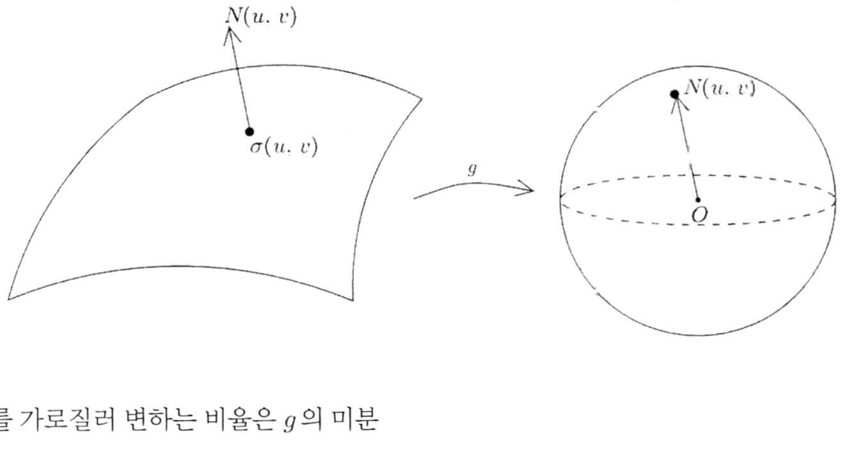

$\mathbf{N}$이 S를 가로질러 변하는 비율은 g의 미분

$$D_\mathbf{p} g : T_\mathbf{p} S \rightarrow T_\mathbf{g} S^2$$

에 의하여 측정된다.

점 $\mathbf{q} \in S^2$에 있어서 접평면은 $\mathbf{q}$에 직교하고 원점을 지나는 평면이다. 따라서 $T_{g(\mathbf{p})}S^2$ 는 $\mathbf{N}_{\mathbf{p}}$ 에 직교하고 원점을 지나는 평면이다. 따라서 g 의 미분은 S의 접평면에서의 선형사상이다: 다시 말하면 g의 미분은 S의 접평면에서 자기 자신으로 가는 선형사상이다.

$$D_{\mathbf{p}}g : T_{\mathbf{p}}S \to T_{\mathbf{p}}S$$

정의 7.2.1

S를 곡면이라 하고 $\mathbf{p} \in S$ 라 하자. $\mathbf{p}$에서 S의 **와인가르텐 사상**(Weingarten map) $W_{\mathbf{p},S}$는

$$W_{\mathbf{p},S} = -D_{\mathbf{p}}g \tag{7.4}$$

에 의하여 정의된다.

$\mathbf{p} \in S$에서 S의 제2기본형식(second fundamental form)은 $\ll \mathbf{v}, \mathbf{w} \gg_{\mathbf{p},S} = < W_{\mathbf{p},S}(\mathbf{v}), \mathbf{w} >_{\mathbf{p},S}$, $\mathbf{v}, \mathbf{w} \in T_{\mathbf{p}}S$에 의하여 주어지는 $T_{\mathbf{p}}S$에서의 쌍선형 형식이다.

마이너스 부호는 식 (7.4)에서 관습적으로 도입되었다(나중에 − 부호의 총 개수를 나타내게 된다). 혼동의 염려가 없다면 와이가르텐 사상의 첨자 $\mathbf{p}, S$는 생략하기로 한다.

이 정의에서 쌍선형성을 보이는 것은 쉽다. $\mathbf{v}_1, \mathbf{v}_2, \mathbf{w} \in T_{\mathbf{p}}S$와 $\lambda_1, \lambda_2 \in \mathbb{R}$에 대하여

$$\begin{aligned} \ll \lambda_1\mathbf{v}_1 + \lambda_2\mathbf{v}_2, \mathbf{w} \gg &= < W(\lambda_1\mathbf{v}_1 + \lambda_2\mathbf{v}_2), \mathbf{w} > \\ &= < \lambda_1 W(\mathbf{v}_1) + \lambda_2 W(\mathbf{v}_2), \mathbf{w} > \\ &= \lambda_1 < W(\mathbf{v}_1), \mathbf{w} > + \lambda_2 < W(\mathbf{v}_2), \mathbf{w} > \\ &= \lambda_1 \ll \mathbf{v}_1, \mathbf{w} \gg + \lambda_2 \ll \mathbf{v}_2, \mathbf{w} \gg \end{aligned}$$

이며, W의 선형성과 $< \ , \ >$ 의 쌍선형성을 이용하였다.

따라서 고정된 $\mathbf{w}$에 대하여 $\ll \mathbf{v}, \mathbf{w} \gg$ 가 $\mathbf{v}$의 선형함수임을 보였다. 고정된 $\mathbf{v}$에 대하여 $\mathbf{w}$에 대해서 선형임을 보이는 것은 같은 방법으로 보일 수 있다.

명제 7.2.2 $\mathbf{p}$를 곡면 S상의 점이라 하자. $\sigma(u,v)$를 S의 곡면조각사상이라 하고 $L du^2 + 2M du dv + N dv^2$을 7.1절에서 정의된 σ의 제2기본형식이라 하자. 이때 $\mathbf{v}, \mathbf{w} \in T_{\mathbf{p}}S$에 대하여

$$\ll \mathbf{v}, \mathbf{w} \gg = L du(\mathbf{v})du(\mathbf{w}) + M(du(\mathbf{v})dv(\mathbf{w}) + du(\mathbf{w})dv(\mathbf{v})) + N dv(\mathbf{v})dv(\mathbf{w}) \tag{7.5}$$

이다.

이것을 증명하기 위하여 다음의 보조정리가 필요하면 이것은 다른 곳에서도 이용될 것이다.

보조정리 7.2.3

$\sigma(u,v)$를 표준적인 법선 벡터 $\mathbf{N}(u,v)$를 가지는 곡면조각사상이라 하면

$$\mathbf{N}_u \cdot \sigma_u = -L,\ \mathbf{N}_u \cdot \sigma_v = \mathbf{N}_v \cdot \sigma_u = -M,\ \mathbf{N}_v \cdot \sigma_v = -N$$

이다. L, M, N은 식 (7.2)에서 정의된 것이다.

증명 σ_u와 σ_v가 곡면조각사상에 접하므로 $\mathbf{N} \cdot \sigma_u = \mathbf{N} \cdot \sigma_v = 0$. 이것을 u와 v에 대하여 미분하면

$$\mathbf{N}_u \cdot \sigma_u = -\mathbf{N} \cdot \sigma_{uu} = -L, \quad \mathbf{N}_v \cdot \sigma_u = -\mathbf{N} \cdot \sigma_{uv} = -M$$
$$\mathbf{N}_u \cdot \sigma_v = -\mathbf{N} \cdot \sigma_{uv} = -M, \quad \mathbf{N}_v \cdot \sigma_v = -\mathbf{N} \cdot \sigma_{vv} = -N.$$

■

7.2.2의 증명

명제에서 방정식의 양변은 $T_{\mathrm{p}}S$ 상의 쌍선형 형식을 정의하므로, $\mathbf{v} = \sigma_u$, $\mathbf{w} = \sigma_v$일 때 일치함을 보이면 충분하다. $du(\sigma_u) = dv(\sigma_v) = 1$, $du(\sigma_v) = dv(\sigma_u) = 0$이므로

$$\ll \sigma_u, \sigma_v \gg\ = L,\ \ll \sigma_u, \sigma_v \gg\ =\ \ll \sigma_v, \sigma_u \gg\ = M,\ \ll \sigma_v, \sigma_v \gg\ = N. \quad (7.6)$$

$\sigma(u_0, v_0) = \mathrm{p}$ 라 하면 (u_0, v_0)에서 계산된 미분에 대하여

$$W(\sigma_u) = -\frac{d}{du}\Big|_{u=u_0} \varsigma(\sigma(u, v_0)) = -\frac{d}{du}\Big|_{u=u_0} \mathbf{N}(u, v_0) = -\mathbf{N}_u,$$

이다. $\mathbf{N}$은 σ의 표준 단위법선벡터이다. 같은 방법으로 $W(\sigma_v) = -\mathbf{N}_v$이다.

따라서 $< \sigma_u, \sigma_u > \ = \ < W(\sigma_u), \sigma_u > \ = -\mathbf{N}_u \cdot \sigma_u$이며, 보조정리 7.2.3에 의하여 L과 같다. (7.6)의 다른 부분도 같은 방법으로 보일 수 있다. ■

$\ll \mathbf{v}, \mathbf{w} \gg$에 대한 공식 (7.5)는 $\mathbf{v}$, $\mathbf{w}$가 바뀌어도 변하지 않는다. 따라서 다음을 알 수 있다.

따름정리 7.2.4

제2기본형식은 대칭인 쌍선형 형식이다. 즉 와인가르텐 사상은 자기수반 사상이다.

연습문제

7.2.1 포물면 $S: z = x^2 + y^2$의 가우스 사상 g를 계산하여라. g의 상은 무엇인가?

7.2.2 와인가르텐 사상은 곡면의 향이 바뀌면 변함을 보여라.

7.3 법곡률과 측지곡률

곡면의 모양은 곡면상의 곡선의 곡률에 영향을 준다. 예를 들면 평면 또는 원기둥 위의 곡선의 곡률은 어디에서나 영이다. 그러나 구면 위의 곡선에 대해서는 가능하지 않다. 왜냐하면 어떤 직선의 일부분도 구면위에 놓일 수 없기 때문이다. 따라서 곡면곡선이 어떤지 근사하는 또 다른 자연스러운 방법은 곡면위의 곡선의 곡률을 보는 것이다.

우리는 이것이 또다시 곡면의 제2기본형식과 관계있음을 보일 것이다.

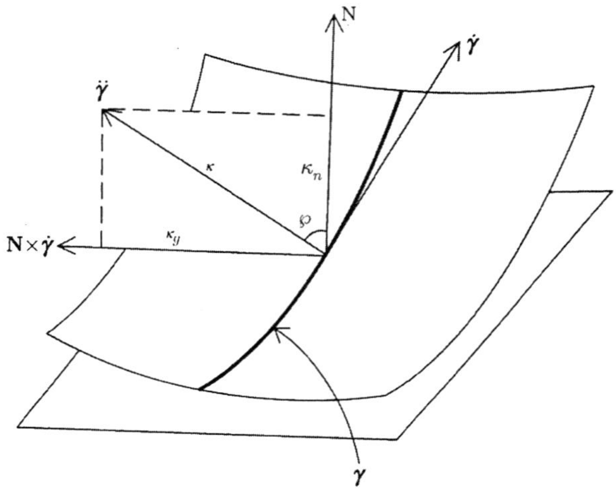

만약 γ가 유향곡면 S의 단위속력곡선이면 $\dot{\gamma}$는 단위벡터이며, 정의에 의하여, S에 접한다. 따라서 $\dot{\gamma}$는 S의 단위법선벡터 $\mathbf{N}$에 직교하고, $\dot{\gamma}$, $\mathbf{N}$, $\mathbf{N}\times\dot{\gamma}$는 서로 직교하는 단위벡터이다. γ가 단위속력곡선이므로 $\ddot{\gamma}$는 $\dot{\gamma}$에 직교하고 따라서 $\mathbf{N}$과 $\mathbf{N}\times\dot{\gamma}$의 일차결합으로 표현된다:

$$\ddot{\gamma}= \kappa_n\mathbf{N} + \kappa_g\mathbf{N}\times\dot{\gamma} \tag{7.7}$$

정의 7.3.1

식 (7.7)의 스칼라 양 κ_n과 κ_g를 각각 γ의 **법곡률**(normal curvature), **측지곡률**(geodesic curvature)이라 한다.

κ_n과 κ_g는 $\mathbf{N}$을 $-\mathbf{N}$으로 하면 부호가 바뀌며, 따라서 일반(유향일 필요는 없다) 곡면 상에서 κ_n과 κ_g의 크기가 잘 정의된다.

명제 7.3.2
$$\kappa_n = \ddot{\gamma} \cdot \mathbf{N},\ \kappa_g = \ddot{\gamma} \cdot (\mathbf{N} \times \dot{\gamma}) \tag{7.8}$$
$$\kappa^2 = \kappa_n^2 + \kappa_g^2 \tag{7.9}$$
$$\kappa_n = \kappa \cos\psi,\ \kappa_g = \pm \kappa \sin\psi \tag{7.10}$$
여기에서 κ는 γ의 곡률이며, ψ는 $\mathbf{N}$과 γ의 주법선 벡터 $\mathbf{n}$사이의 사잇각이다.

증명 식 (7.8), (7.9)는 (7.7)과 $\mathbf{N}$과 $\mathbf{N} \times \dot{\gamma}$이 직교하는 단위벡터라는 사실로부터 알 수 있다. (7.10)의 첫 번째 식은 $\ddot{\gamma} = \kappa \mathbf{n}$으로부터, 두 번째 식은 (7.9)로부터 알 수 있다. ■

만약 γ가 정칙이면(단위속력곡선이 될 필요는 없다) γ의 단위속력 재매개변수화로서 γ의 법곡률과 측지곡률을 정의할 수 있다. 단위속력 매개변수 t가 상수 c에 대해 또 다른 단위매개변수 $\pm t + c$로 바뀐다면, $\kappa_n \mapsto \kappa_n$이며 $\kappa_g \mapsto \kappa_g$임은 명백하며, 따라서 κ_g가 브호차는 같이 보아 잘 정의되는 반면 κ_n은 모든 정칙곡선에 대하여 잘 정의된다. 방정식 (7.9)과 (7.10)은 더욱 일반적인 상황에 대해 성립하도록 계속 이용한다.

다음 명제는 법곡률에 관하여 가장 중요한 단일결과이면 제2기본형식 ≪ , ≫과의 관계를 밝혀준다.

명제 7.3.3 만약 γ가 유향곡면 위의 단위속력곡선이면 법곡률은 $\kappa_n = \ll \dot{\gamma}, \dot{\gamma} \gg$.
만약 $\boldsymbol{\sigma}$가 S의 곡면조각사상이고 $\gamma(t) = \boldsymbol{\sigma}(u(t), v(t))$가 $\boldsymbol{\sigma}$내의 곡선이면 7.1절의 기호를 하여
$$\kappa_n = L\dot{u}^2 + 2M\dot{u}\dot{v} + N\dot{v}^2.$$

이 결과는 곡면의 점 $\mathbf{p}$를 각각 다르게 지나가는 곡선 (즉 $\mathbf{p}$에서 만나고 $\mathbf{p}$에서 평행인 접선벡터를 갖는 경우)에서 같은 법곡률을 가진다는 의미이다.

증명 $\dot{\gamma}$가 S에 접하므로 $\mathbf{N} \cdot \dot{\gamma} = 0$.
따라서
$$\mathbf{N} \cdot \ddot{\gamma} = -\dot{\mathbf{N}} \cdot \dot{\gamma} \text{이고 } \kappa_n = \mathbf{N} \cdot \ddot{\gamma} = -\dot{\mathbf{N}} \cdot \dot{\gamma} = \langle \mathcal{W}(\dot{\gamma}), \dot{\gamma} \rangle = \langle \dot{\gamma}, \dot{\gamma} \rangle$$
이다. 왜냐하면 $\dot{\mathbf{N}} = \dfrac{d}{dt} g(\gamma(t)) = -\mathcal{W}(\dot{\gamma})$이기 때문이다.
두 번째 부분은 명제 7.2.2와 첫 번째 부분으로부터 증명된다. ■

법곡률이 곡면의 제2기본형식에 영향을 받는 반면 측지곡률 κ_g는 제1기본형식에만 영향을 받는다(연습문제 7.3.4 참조). κ_g에 관한 논의는 9장에서 계속하기로 한다

이제 명제 7.3.3의 고전적 응용을 소개한다. 증명에는 긴 시간이 필요하다.

명제 7.3.4 (무니에 정리)

p가 곡면 S상의 점이고 v가 p에서 단위접선벡터라 하자. Π_θ는 p를 지나면서 v에 평행인 직선을 포함하는 평면이고, p에서 S의 접평면과 만나는 각이 θ라 하자. 그리고 Π_θ는 $T_{\mathbf{p}}S$에 평행이 아니라고 하자. 그리고 Π_θ가 S와 만나면서 생겨나는 곡선의 곡률이 κ_θ라 하면 $\kappa_\theta \sin\theta$는 θ에 독립이다.

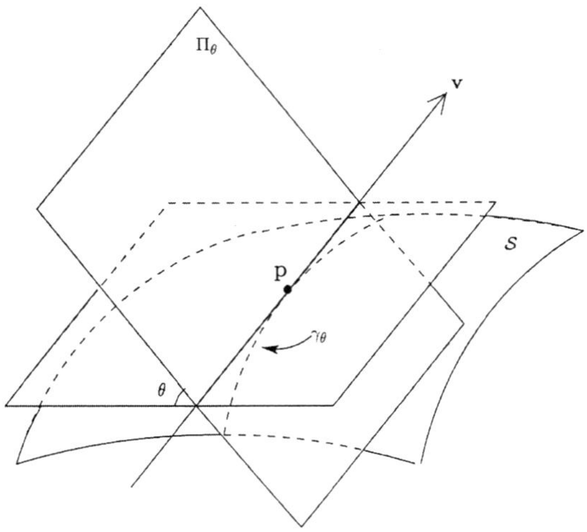

증명 γ_θ를 Π_θ와 S의 교선에 대한 단위속력 재매개변수화라 가정하자. 그러면 P에서 $\dot{\gamma}_\theta = \pm \mathbf{v}$이며, 따라서 $\ddot{\gamma}_\theta$는 v에 직교하고 Π_θ에 평행하게 된다. 명제 7.3.2의 기호를 사용하면 $\psi = \dfrac{\pi}{2-\theta}$이고 식 (7.10)에 의하여

$$\kappa_\theta \sin\theta = \kappa_n$$

이다. 그러나 κ_n은 p와 v에만 의존하며 θ에 독립이다. ■

중요한 특별한 경우는 γ가 곡면의 법단면인 경우이다. 즉, γ가 γ의 모든 점에서 곡면의 접평면에 직교하는 평면 Π와 곡면의 공통부분인 것이다.

따름정리 7.3.5

곡률 κ, 법단면의 법곡률 κ_n과 측지곡률 κ_g의 관계는

$$\kappa_n = \pm \kappa, \ \kappa_g = 0.$$

증명 명제 7.3.3의 증명과 같이 법단면에서는$\theta = \pm \pi/2$ 일 때 $\kappa_n = \kappa \sin\theta$ 이다. 이것으로부터 첫 번째 식이 얻어지며, 두 번째 식은 식 (7.9)로부터 알 수 있다. ■

연습문제

7.3.1 γ가 정칙이고(단위속력곡선일 필요는 없다) 곡면상의 곡선이라 하면 법곡률과 측지곡률은

$$\kappa_n = \frac{\ll \dot{\gamma}, \dot{\gamma} \gg}{< \dot{\gamma}, \dot{\gamma} >} \text{ 와 } \kappa_g = \frac{\ddot{\gamma} \cdot (\mathrm{N} \times \dot{\gamma})}{< \dot{\gamma}, \dot{\gamma} >^{3/2}}.$$

7.3.2 반지름 r인 구면상의 어떤 곡선의 법곡률도 $\pm \frac{1}{r}$임을 보여라.

7.3.3 구면상의 임의의 원(대원일 필요는 없다)의 측지곡률을 계산하여라.

7.3.4 $\gamma(t) = \boldsymbol{\sigma}(u(t), v(t))$가 제1기본형식 $Edu^2 + 2Fdu\,dv + Gdv^2$을 가지는 곡면조각사상 $\boldsymbol{\sigma}$ 위의 단위속력곡선이면 γ의 측지곡률은

$$\kappa_g = (\ddot{u}\dot{v} - \dot{v}\ddot{u})\sqrt{EG - F^2} + A\dot{u}^3 + B\dot{u}^2\dot{v} + C\dot{u}\dot{v}^2 + D\dot{v}^3$$

이다.

이때 A, B, C, D는 E, F, G와 그 미분으로 나타낼 수 있다. $F = 0$일 때 A, B, C, D를 구하여라.

7.3.5 곡률이 κ, 주법선벡터가 $\mathbf{n}$인 단위속력곡선 γ가 단위법선빅터 $\mathbf{N}_1$과 $\mathbf{N}_2$를 각각 가지는 두 곡면 S_1과 S_2의 공통부분의 매개변수화라고 하자. 그리고 κ_1과 κ_2를 γ가 S_1과 S_2상의 곡선이라 생각할 때 곡률이라 하자. 이때

$$\kappa_1 \mathbf{N}_1 - \kappa_2 \mathbf{N}_1 = \kappa(\mathbf{N}_1 \times \mathbf{N}_2) \times \mathbf{n}.$$

임을 보여라. 그리고 α가 두 곡면 사이의 각일 때

$$\kappa^2 \sin^2\alpha = \kappa_1^2 + \kappa_2^2 - 2\kappa_1\kappa_2\cos\alpha.$$

를 증명하여라.

7.3.6 곡면상의 곡선 γ는 모든 곳에서 법곡률이 영일 때 점근적(asymptotic)이라 한다. 곡면상의 모든 직선은 점근곡선임을 보여라. 그리고 양의 곡률을 가지는 곡선 γ가 점근적이기 위한 필요충분조건은 γ의 모든 점에서 종법선벡터 $\mathbf{b}$가 S의 단위법선벡터에 평행하는 것이다.

7.3.7 곡면

$$\sigma(u,\ v) = (u\cos v,\ u\sin v,\ \ln u)$$

상의 점근적 곡선은 임의의 상수 c에 대하여

$$\ln u = \pm(v + c)$$

를 주어짐을 보여라.

7.4 평행이동과 공변미분

지구의 적도를 따라 길이 있고, 여러분이 정해진 속력으로 그 길을 달린다고 가정해보자. 그 길은 아마 완전한 직선이 될 것이다(여러분이 길을 따라 오른쪽 또는 왼쪽으로 돌 필요가 없는). 따라서 여러분은 속도(속력이 아닌)가 일정하다고 인지할 것이다. 반면 공간 내의 관찰자는 여러분이 직선보다 원을 여행하고 있는 것처럼 여러분의 속도가 일정하지 않다고 할 것이다. 이 명백한 역설의 해법은 지구의 곡면에 제한된 관찰자가 곡면에 접하는 가속도의 성분만을 인지할 수 있게 하는 것이다. 공간 내의 관찰자의 입장에서 가속도 벡터는 지구의 중심을 향하며, 따라서 접성분이 영이 된다.

일반적으로 만약 γ가 곡면 S상의 곡선이고 $\mathbf{v}$가 γ를 따르는 접벡터장, 즉 $\mathbb{R}^3$안의 개구간 (α, β)로부터 모든 $t \in (\alpha, \beta)$에 대해 $\mathbf{v}(t) \in T_{\gamma(t)}S$가 되는 미분가능한 곡선이라 하자.

곡선 γ를 따라 관찰자가 이동하여 $\mathbf{v}$의 변화율이 $\dot{\mathbf{v}}$의 접성분이 되게 하자. 즉 $\dot{\mathbf{v}} = \dfrac{d\mathbf{v}}{dt}$의 $T_{\gamma(t)}S$로의 정사영이 되게 하자. 만약 $\mathbf{N}$이 σ의 단위법선 벡터이면 곡면에 직교하는 $\dot{\mathbf{v}}$의 성분은 $(\dot{\mathbf{v}} \cdot \mathbf{N})\mathbf{N}$이며, 따라서 접선성분은

$$\nabla_\gamma \mathbf{v} = \dot{\mathbf{v}} - (\dot{\mathbf{v}} \cdot \mathbf{N})\mathbf{N}. \tag{7.11}$$

만약 $\mathbf{N}$을 $-\mathbf{N}$으로 바꾸어도 이것은 변하지 않는다. 따라서 $\nabla_\gamma \mathbf{v}$는 어떤 곡면에서도 유향 또는 유향이 아니든 잘 정의된다.

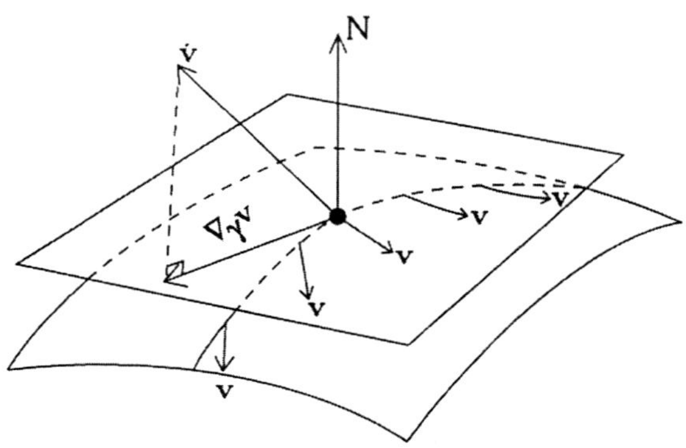

정의 7.4.1

γ가 곡면 S상의 곡선이고 $\mathbf{v}$는 γ를 따르는 접선벡터라 하자. γ를 따르는 $\mathbf{v}$의 **공변미분**(covariant derivative)은 점 $\gamma(t)$에서 $\dfrac{d\mathbf{v}}{dt}$의 접평면 $T_{\gamma(t)}S$로의 정사영 $\nabla_{\gamma}\mathbf{v}$이다.

특히 $\nabla_{\gamma}\mathbf{v}=0$이면 S위에 살고있는 거주자는 $\mathbf{v}$가 γ를 따라 상수라고 인지한다. 이 경우 $\mathbf{v}$는 가끔 공변상수라고 한다. 그러나 보통의 용어는 그 안에 포함되어 있다.

정의 7.4.2

정의 7.4.1에서 γ의 모든 점에서 $\nabla_{\gamma}\mathbf{v}=0$일 때 $\mathbf{v}$는 γ를 따라 **평항**(parallel)이라 한다.

명제 7.4.3 접선벡터 $\mathbf{v}$가 곡면 S상의 곡선 γ를 따라 평행이기 위한 필요충분조건은 $\dot{\mathbf{v}}$가 γ의 모든 점에서 S의 접평면에 직교하는 것이다.

증명 식 (7.11)의 오른쪽이 영이면 $\dot{\mathbf{v}}$는 N에 평행이다.

역으로 적당한 상수 λ에 대해 $\dot{\mathbf{v}}=\lambda\mathrm{N}$이면

$$\nabla_{\gamma}\mathbf{v}=\dot{\mathbf{v}}-(\lambda\mathrm{N}\cdot\mathrm{N})\mathrm{N}=\dot{\mathbf{v}}-\lambda\mathrm{N}=0.$$

■

평행인 접선벡터들의 존재성을 보이기 위하여 곡면의 매개변수화 σ의 매개변 수 $u,\ v$에 의한 공변미분으로 표시할 것이다. 이를 위하여 나중에 쓰일 다음 식을 준비한다.

명제 7.4.4 **(가우스 방정식)**

$\sigma(u,\ v)$의 제1기본형식과 제2기본형식이 각각

$$E\,du^2+2F\,du\,dv+G\,dv^2,\ L\,du^2+2M\,du\,dv+N\,dv^2$$

이면

$$\sigma_{uu}=\Gamma^1_{11}\sigma_u+\Gamma^2_{11}\sigma_v+L\,\mathrm{N},$$

$$\sigma_{uv}=\Gamma^1_{12}\sigma_u+\Gamma^2_{12}\sigma_v+M\mathrm{N},$$

$$\sigma_{vv}=\Gamma^1_{22}\sigma_u+\Gamma^2_{22}\sigma_v+N\mathrm{N}.$$

이때

$$\Gamma^1_{11}=\frac{GE_u-2FF_u+FE_v}{2(EG-F^2)},\qquad \Gamma^2_{11}=\frac{2EF_u-EE_v-FE_u}{2(EG-F^2)},$$

$$\Gamma^1_{12}=\frac{GE_v-FG_u}{2(EG-F^2)},\qquad \Gamma^2_{12}=\frac{EG_u-FE_v}{2(EG-F^2)},$$

$$\Gamma_{22}^{1}=\frac{2GF_v-GG_u-FG_v}{2(EG-F^2)},\qquad \Gamma_{22}^{2}=\frac{EG_v-2FF_v+FG_u}{2(EG-F^2)}$$

이다. 이 공식에 있는 6개의 계수들을 **크리스토펠 기호**(Christoffel symbol)라고 한다.

증명 $\{\boldsymbol{\sigma}_u, \boldsymbol{\sigma}_v, \mathbf{N}\}$ 이 $\mathbb{R}^3$의 기저이므로 스칼라 함수들 $\alpha_1, \cdots, \gamma_3$에 대해서

$$\begin{aligned}\boldsymbol{\sigma}_{uu}&=\alpha_1\boldsymbol{\sigma}_u+\alpha_2\boldsymbol{\sigma}_v+\alpha_3\mathbf{N},\\ \boldsymbol{\sigma}_{uv}&=\beta_1\boldsymbol{\sigma}_u+\beta_2\boldsymbol{\sigma}_v+\beta_3\mathbf{N},\\ \boldsymbol{\sigma}_{vv}&=\gamma_1\boldsymbol{\sigma}_u+\gamma_2\boldsymbol{\sigma}_v+\gamma_3\mathbf{N}\end{aligned}\tag{7.12}$$

이 성립한다. 각 식에 $\mathbf{N}$과의 내적을 취하면

$$\alpha_3=L,\ \beta_3=M,\ \gamma_3=N$$

이 된다.

이제 $\boldsymbol{\sigma}_u$와 $\boldsymbol{\sigma}_v$로 식 (7.12)의 각 식에 내적을 취해보면 나머지 6개의 계수들을 결정하는 6개의 스칼라 식을 얻게 된다. 예를 들어 식 (7.12)의 첫 번째 식에 $\boldsymbol{\sigma}_u$와 $\boldsymbol{\sigma}_v$로 내적을 취하면, 다음 두 개의 식을 얻는다.

$$E\alpha_1+F\alpha_2=\boldsymbol{\sigma}_{uu}\cdot\boldsymbol{\sigma}_u=\frac{1}{2}E_u,$$

$$F\alpha_1+G\alpha_2=\boldsymbol{\sigma}_{uu}\cdot\boldsymbol{\sigma}_v=(\boldsymbol{\sigma}_u\cdot\boldsymbol{\sigma}_v)_u-\boldsymbol{\sigma}_u\cdot\boldsymbol{\sigma}_{uv}=F_u-\frac{1}{2}E_v.$$

이것들을 풀면 $\alpha_1=\Gamma_{11}^1,\ \alpha_2=\Gamma_{11}^2$ 이다. 식 (7.12)의 다른 네 개의 계수들도 같은 방법으로 얻을 수 있다. ■

이제 우리는 곡면조각사상 $\boldsymbol{\sigma}(u,v)$ 위의 곡선 $\gamma(t)=\boldsymbol{\sigma}(u(t),v(t))$를 따르는 접벡터장 $\mathbf{v}$가 평행이 되기 위한 조건을 구성할 수 있다.

$\boldsymbol{\sigma}$의 접평면은 $\boldsymbol{\sigma}_u$와 $\boldsymbol{\sigma}_v$에 의해 생성되므로 미분가능한 함수 α, β가 존재하며 $\boldsymbol{\sigma}(u(t),v(t))$에서 계산된 $\boldsymbol{\sigma}$의 미분이 $\mathbf{v}(t)=\alpha(t)\boldsymbol{\sigma}_u+\beta(t)\boldsymbol{\sigma}_v$가 되는 것이다.

명제 7.4.5 $\gamma(t)=\boldsymbol{\sigma}(u(t),v(t))$가 곡면조각사상 $\boldsymbol{\sigma}$ 위의 곡선이고 α와 β가 t에 관해 미분가능한 곡선일 때 $\mathbf{v}(t)=\alpha(t)\boldsymbol{\sigma}_u+\beta(t)\boldsymbol{\sigma}_v$라 하자. 그러면 $\mathbf{v}$가 γ를 따라 평행이 될 필요충분조건은 다음 식을 만족하는 것이다.

$$\begin{aligned}&\dot{\alpha}+(\Gamma_{11}^1\dot{u}+\Gamma_{12}^1\dot{v})\alpha+(\Gamma_{12}^1\dot{u}+\Gamma_{22}^1\dot{v})\beta=0\\ &\dot{\beta}+(\Gamma_{11}^2\dot{u}+\Gamma_{12}^2\dot{v})\alpha+(\Gamma_{12}^2\dot{v}+\Gamma_{22}^2\dot{v})\beta=0.\end{aligned}\tag{7.13}$$

이 식들은 $\boldsymbol{\sigma}$의 제1기본형식만 가지고 있음에 유의하자.

증명 가우스 방정식을 이용하면

$$\dot{\mathbf{v}} = \dot{\alpha}\boldsymbol{\sigma}_u + \dot{\beta}\boldsymbol{\sigma}_v + \alpha\dot{u}(\Gamma_{11}^1\sigma_u + \Gamma_{11}^2\boldsymbol{\sigma}_v + L\mathbf{N}) \\ + (\alpha\dot{v} + \beta\dot{u})(\Gamma_{12}^1\boldsymbol{\sigma}_u + \Gamma_{12}^2\boldsymbol{\sigma}_v + M\mathbf{N}) + \beta\dot{v}(\Gamma_{22}^1\boldsymbol{\sigma}_u + \Gamma_{22}^2\boldsymbol{\sigma}_v + N\mathbf{N}). \tag{7.14}$$

명제 7.4.3에 의해 $\mathbf{v}$가 γ를 따라 평행이기 위한 필요충분조건은 $\dot{\mathbf{v}}$가 $\mathbf{N}$에 평행인 것이며, 이것은 식 (7.14)의 오른편의 $\boldsymbol{\sigma}_u$와 $\boldsymbol{\sigma}_v$의 계수가 영인 것이다. 그러나 이 계수들은 (7.13)의 두 식의 왼쪽변에 있는 것이다. ■

식 (7.13)은 미분가능한 함수 f, g에 대해

$$\dot{\alpha} = f(\alpha, \beta, t), \ \dot{\beta} = g(\alpha, \beta, t) \tag{7.15}$$

인 것이다. 상미분방정식에서 이와 같은 방정식은 주어진 초기조건 하에서 유일한 해를 갖는다. 즉 t_0가 t의 특별한 점이고, $\alpha_0, \beta_0 \in \mathbb{R}$이면 t_0를 포함하는 구간에서 정의된 $\alpha(t), \beta(t)$가 존재하여 식 (7.16)을 만족하고

$$\alpha(t_0) = \alpha_0, \ \beta(t_0) = \beta_0 \tag{7.16}$$

의 형식입니다.

명제 7.4.5에서 논의된 것은 초기조건 (7.16)이 $\mathbf{v}(t_0) = \alpha_0\boldsymbol{\sigma}_u + \beta_0\boldsymbol{\sigma}_v$가 되는 것이다. 따라서 다음을 알 수 있다.

따름정리 7.4.6

γ가 곡면 S상의 곡선이고 $\mathbf{v}_0$가 점 $\gamma(t_0)$에서 S의 접선벡터라 하자. 그러면 $\mathbf{v}(t_0) = \mathbf{v}_0$이고 γ를 따라 평행인 접선벡터 $\mathbf{v}$가 유일하게 존재한다.

예제 7.4.7 γ가 위도-경도 매개변수화 $\boldsymbol{\sigma}(\theta, \varphi)$(연습문제 4.1.4 참조)를 갖는 단위구면위의 위선으로 된 원 $\theta = \theta_0 \ (-\frac{\pi}{2} < \theta_0 < \frac{\pi}{2})$이라 하자. 즉 $\gamma(\varphi) = \boldsymbol{\sigma}(\theta_0, \varphi)$. 이때 $\boldsymbol{\sigma}$의 제1기본형식은 $d\theta^2 + \cos^2\theta\, d\varphi^2$ (연습문제 6.1.3 참조)이고, 이로부터

$$\Gamma_{11}^1 = \Gamma_{11}^2 = \Gamma_{22}^2 = \Gamma_{12}^1 = 0, \ \Gamma_{12}^2 = -\tan\theta, \ \Gamma_{22}^1 = \sin\theta\cos\theta.$$

미분방정식 (7.13)은

$$\dot{\alpha} = -\beta\sin\theta_0\cos\theta_0, \ \dot{\beta} = \alpha\tan\theta_0. \tag{7.17}$$

만약 $\theta_0 = 0$이면 α, β는 상수함수이다. 만약 $\theta_0 \neq 0$이면 β를 소거하여 $\ddot{\alpha} + \alpha\sin^2\theta_0 = 0$, 일반해는 $\alpha(\varphi) = A\cos(\varphi\sin\theta_0) + B\sin(\varphi\sin\theta_0)$이다. A, B는 상수이다. (7.17)의 두 번째 방정식으로부터

$$\beta = A\frac{\sin(\varphi\sin\theta_0)}{\cos\theta_0} - B\frac{\cos(\varphi\sin\theta_0)}{\sin\theta_0}.$$

이제 $\mathbf{v} = \boldsymbol{\sigma}_\varphi$가 $\varphi = 0$일 때 γ에 접하는 경우를 생각해보자.

이 경우 $\alpha = 0$, $\beta = 1$이며 $A = 0$, $B = -\sin\theta_0$가 되고

$$\mathbf{v}(\varphi) = -\sin\theta_0\sin(\varphi\sin\theta_0)\boldsymbol{\sigma}_\theta + \cos(\varphi\sin\theta_0)\boldsymbol{\sigma}_\varphi$$

가 된다. (이 해는 $\theta_0 = 0$일 때도 성립한다). 일반적으로 $\gamma(\varphi)$에서 $\mathbf{v}(\varphi)$가 γ에 접하지는 않는다. 그러나 $\theta_0 = 0$이면 $\mathbf{v}$는 모든 φ에 대해 γ에 접한다. 따라서 γ를 따라 γ의 접벡터가 평행이 되기 위한 필요충분조건은 γ가 대원인 것이다. 9.1절에서 이것에 대한 이유를 볼 수 있을 것이다.

만약 p와 q가 곡면 S위의 곡선 γ상의 점이면 공변미분은 접평면 $T_\mathrm{p}S$상의 어떤 벡터에 대해서 $T_\mathrm{p}S$의 벡터를 대응시킬 수 있다. 사실, p와 q가 매개변수값 t_0와 t_1에 대응되고 $\mathbf{v}_0 \in T_\mathrm{p}S$이며, $\mathbf{v}(t)$가 $\mathbf{v}(t_0) = t_0$ (따름정리 7.4.6)인 γ를 따르는 유일한 평행벡터장이라 하고, $\mathbf{v}_1 = \mathbf{v}(t_1) \in T_\mathrm{q}S$이라 하자.

정의 7.4.8

위 기호를 이용하여 함수 $\Pi_\gamma^{\mathrm{pq}}: T_\mathrm{p}S \to T_\mathrm{q}S$는 $\mathbf{v}_0 \in T_\mathrm{p}S$에 대해 $\mathbf{v}_1 \in T_\mathrm{q}S$로 보낼 수 있으며, Π_γ^{pq}는 γ를 따르는 p에서 q로의 **평행이동**(parallel transport)이라 한다.

명제 7.4.9 정의 7.4.8의 기호를 이용하여

(i) $\Pi_\gamma^{\mathrm{pq}}: T_\mathrm{p}S \to T_\mathrm{q}S$는 선형사상이다.

(ii) Π_γ^{pq}는 등장변환이다. 즉 길이와 각을 보존한다.

증명 $\mathbf{v}_0, \mathbf{w}_0 \in T_\mathrm{p}S$, $\lambda, \mu \in \mathbb{R}$이라 하자. 그리고 $\mathbf{v}(t), \mathbf{w}(t)$를 $\mathbf{v}(t_0) = \mathbf{v}_0$, $\mathbf{w}(t_0) = \mathbf{w}_0$가 되는 γ를 따르는 평행벡터장이라 하자. 만약 $\mathbf{V} = \lambda\mathbf{v} + \mu\mathbf{w}$이면 $\dot{\mathbf{V}} = \lambda\dot{\mathbf{v}} + \mu\dot{\mathbf{w}}$는 S의 단위법벡터 N에 평행이다. 왜냐하면 $\dot{\mathbf{v}}$와 $\dot{\mathbf{w}}$는 N에 평행이고 따라서 V는 γ를 따라 평행이다. 따라서

$$\Pi_\gamma^{\mathrm{pq}}(\lambda\mathbf{v}_0 + \mu\mathbf{w}_0) = \Pi_\gamma^{\mathrm{pq}}(\mathbf{V}(t_0)) = \mathbf{V}(t_1) = \lambda\mathbf{v}_1 + \mu\mathbf{w}_1 = \lambda\Pi_\gamma^{\mathrm{pq}}(\mathbf{v}_0) + \mu\Pi_\gamma^{\mathrm{pq}}(\mathbf{w}_0),$$

따라서 Π_γ^{pq}는 선형사상이다.

또한

$$\frac{d}{dt}(\mathbf{v}\cdot\mathbf{w}) = \dot{\mathbf{v}}\cdot\mathbf{w} + \mathbf{v}\cdot\dot{\mathbf{w}} = ((\dot{\mathbf{v}}\cdot\mathbf{N})\mathbf{N})\cdot\mathbf{w} + \mathbf{v}\cdot((\dot{\mathbf{w}}\cdot\mathbf{N})\mathbf{N}) = 0$$

이다.

왜냐하면 $\mathbf{v}\cdot\mathbf{N}=\mathbf{w}\cdot\mathbf{N}=0$이기 때문이다($\mathbf{v}, \mathbf{w}$는 곡면에 접한다). 따라서

$$\mathbf{v}_0\cdot\mathbf{w}_1=\mathbf{v}_1\cdot\mathbf{w}_1.$$

따라서 $\Pi_\gamma^{\mathbf{pq}}$는 벡터의 내적을 보존한다. 길이와 각은 내적에 의해 표현되므로 (ii)가 증명되었다. ■

예제 7.4.10 γ를 S^2의 적도라 하자. 예제 7.4.7에서 본 것처럼 γ의 접벡터 $\boldsymbol{\sigma}_\varphi$는 γ를 따라 평행이다. 적도상의 점에서 $\boldsymbol{\sigma}_\theta$는 $\boldsymbol{\sigma}_\varphi$에 직교하는 단위벡터이다. 명제 7.4.9에 의하여 γ를 따르는 평행벡터장은 $\varphi=0$가 같은 성질을 가질 때 $\boldsymbol{\sigma}_\theta$와 같다. 따라서 $\boldsymbol{\sigma}_\theta$와 같게 된다. 즉 $\boldsymbol{\sigma}_\theta$ 또한 γ를 따라 평행이다(이것은 예제 7.4.7로부터 확인할 수 있다). 평행이동은 선형사상이므로 적도상의 점 $\mathbf{p}, \mathbf{q}$와 $\lambda, \mu\in\mathbb{R}$에 대해

$$\Pi_\gamma^{\mathbf{pq}}(\lambda\boldsymbol{\sigma}_\theta+\mu\boldsymbol{\sigma}_\varphi)=\lambda\boldsymbol{\sigma}_\theta-\mu\boldsymbol{\sigma}_\varphi \tag{7.18}$$

(그러나 $\Pi_\gamma^{\mathbf{pq}}$는 $\mathbf{p}$와 $\mathbf{q}$가 일치하지 않으면 항등사상이 아니다. 만약 $\mathbf{p}\neq\mathbf{q}$이면 (7.18)에 있는 $\boldsymbol{\sigma}_\theta$와 $\boldsymbol{\sigma}_\varphi$는 S^2의 다른 점에서 계산된다.)

연습문제

7.4.1 $\tilde{\gamma}$가 γ의 재매개변수화이면 모든 점 t에서 $\dfrac{d\varphi}{dt}\neq 0$인 적당한 미분가능 함수 φ에 대해 $\tilde{\gamma}(t)=\gamma(\varphi(t))$이다. 만약 $\mathbf{v}$가 γ를 따르는 접선벡터장이면 $\tilde{\mathbf{v}}(t)=\mathbf{v}(\varphi(t))$가 $\tilde{\gamma}$를 따르는 접선벡터장임을 보여라. 그리고 $\nabla_{\tilde{\gamma}}\tilde{\mathbf{v}}=\dfrac{d\varphi}{dt}\nabla_\gamma\mathbf{v}$임을 증명하고, $\mathbf{v}$가 γ를 따라 평행이 되기 위한 필요충분조건은 $\tilde{\mathbf{v}}$가 $\tilde{\gamma}$를 따라 평행임을 보여라.

7.4.2 평행이동 $\Pi_\gamma^{\mathbf{pq}}: T_{\mathbf{p}}S\to T_{\mathbf{q}}S$가 정칙임을 보이고 그 역을 구하여라.

7.4.3 각각의 변이 대원의 호인 단위구면위의 삼각형은 $\mathbf{p}, \mathbf{q}, \mathbf{r}$을 꼭지점으로 갖는다고 가정하자. $\mathbf{v}_0$가 $\mathbf{p}$에서 $\mathbf{p}$와 $\mathbf{q}$를 지나는 호 $\overline{\mathbf{pq}}$의 영이 아닌 접선벡터라 하자. 만약 $\mathbf{v}_0$를 $\overline{\mathbf{pq}}$를 따라 평행이동하면 $\overline{\mathbf{qr}}$을 지나고 그리고 $\overline{\mathbf{rp}}$를 지나, 그 결과는 각 $2\pi-\mathcal{A}$ 만큼 $\mathbf{v}_0$를 회전이동한 것임을 보여라. $\mathcal{A}$는 삼각형의 넓이이다. 유사한 결과에 대하여 정리 13.6.4를 참조하여라.

제8장

가우스 곡률, 평균곡률과 주곡률

제8장 가우스 곡률, 평균곡률과 주곡률

이 장에서는 어떻게 곡면의 제2기본형식 또는 동치적으로 와인가르텐 사상으로부터 기하학적 정보를 얻을 수 있을까에 대하여 알아본다.

8.1 가우스 곡률과 평균곡률

먼저 곡면의 곡률의 새로운 측정법을 정의한다.

정의 8.1.1

W를 유향곡면 S상의 점 p에서 정의된 와인가르텐 사상이라 하자. 그러면 S상의 점 p에서 **가우스 곡률**(Gaussian curvature) K는

$$K = \det(W)$$

평균곡률(mean curvature) H는

$$H = \frac{1}{2}\operatorname{trace}(W)$$

이다.

(W와 같은) 선형사상의 행렬식과 대각합은 주어진 기저(이 경우 접평면)에 대한 선형사상의 행렬에 대하여 행렬식과 대각선 성분의 합으로 구할 수 있다. 그리고 이것은 선형사상에만 영향을 받으며, 기저의 선택에는 무관하다.

곡면 S의 단위법선벡터의 부호가 변하면, 와이가르텐 사상의 부호도 변한다(연습문제 7.2.2 참조). 따라서 K는 변하지 않는다. 즉 가우스 곡률은 어떤 곡면 S(방향을 갖든지 아니든지)에 대해 정의되며, $\mathrm{p} \in S$에 대하여 K는 곡면조각사상 σ를 선택하여 정의된다. 방향을 갖는 S에 대해서 σ의 선택에 무관하다. 방향의 유무에 관계없이 일반적으로 H는 부호가 같으면 같이 보는 것에 의해 정의할 수 있다.

H와 K에 대한 공식을 얻기 위하여 곡면 S에 대하여 곡면조각사상 $\sigma(u, v)$를 생각하고 제1기본형식과 제2기본형식을 각각

$$Edu^2 + 2Fdudv + Gdv^2,\ Ldu^2 + 2Mdudv + Ndv^2$$

이라 하자.

그리고 2×2 행렬 F_{I}과 F_{II}를

$$F_{\mathrm{I}}=\begin{pmatrix} E & F \\ F & G \end{pmatrix},\quad F_{\mathrm{II}}=\begin{pmatrix} L & M \\ M & N \end{pmatrix}$$

이라 하자.

명제 8.1.2 $\boldsymbol{\sigma}$가 유향곡면 S의 곡면조각사상이라 하자. $T_{\mathrm{p}}S$의 기저 $\{\boldsymbol{\sigma}_u, \boldsymbol{\sigma}_v\}$에 대한 $W_{\mathrm{p},S}$의 행렬은 $F_{\mathrm{I}}^{-1}F_{\mathrm{II}}$ 이다.

증명 명제 7.2.2의 증명에 의하여

$$W(\boldsymbol{\sigma}_u)=-\mathbf{N}_u,\quad W(\boldsymbol{\sigma}_v)=-\mathbf{N}_v.$$

따라서 W의 행렬은 $\begin{pmatrix} a & c \\ b & d \end{pmatrix}$이다. 이때

$$-\mathbf{N}_u=a\boldsymbol{\sigma}_u+b\boldsymbol{\sigma}_v,\quad -\mathbf{N}_v=c\boldsymbol{\sigma}_u+d\boldsymbol{\sigma}_v.$$

$\boldsymbol{\sigma}_u$와 $\boldsymbol{\sigma}_v$의 내적을 생각하고 보조정리 7.2.3을 이용하면

$$\begin{aligned} L&=aE+bF, & M&=cE+dF,\\ M&=aF+bG, & N&=cF+dG. \end{aligned}$$

따라서

$$\begin{pmatrix} L & M \\ M & N \end{pmatrix}=\begin{pmatrix} E & F \\ F & G \end{pmatrix}\begin{pmatrix} a & c \\ b & d \end{pmatrix},$$

즉

$$F_{\mathrm{II}}=F_{\mathrm{I}}\begin{pmatrix} a & c \\ b & d \end{pmatrix}.$$

그러므로 기저 $\{\boldsymbol{\sigma}_u, \boldsymbol{\sigma}_v\}$에 대한 W의 행렬은 $\begin{pmatrix} a & c \\ b & d \end{pmatrix}=F_{\mathrm{I}}^{-1}F_{\mathrm{II}}$. ■

따름정리 8.1.3

$$H=\frac{LG-2MF+NE}{2(EG-F^2)},\qquad K=\frac{LN-M^2}{EG-F^2}.$$

증명 정의 8.1.1에 의하여

$$K=\det(F_{\mathrm{I}}^{-1}F_{\mathrm{II}})=\frac{\det(F_{\mathrm{II}})}{\det(F_{\mathrm{I}})}=\frac{LN-M^2}{EG-F^2}.$$

H를 계산하기 위하여 행렬의 trace가 필요하다.

$$\begin{aligned} F_{\mathrm{I}}^{-1}F_{\mathrm{II}} &= \frac{1}{EG-F^2}\begin{pmatrix} G & -F \\ -F & E \end{pmatrix}\begin{pmatrix} L & M \\ M & N \end{pmatrix}\\ &= \frac{1}{EG-F^2}\begin{pmatrix} LG-MF & MG-NF \\ ME-LF & NE-MF \end{pmatrix}. \end{aligned}$$

따라서

$$2H = \mathrm{trace}(F_{\mathrm{I}}^{-1} F_{\mathrm{II}}) = \frac{LG - 2MF + NE}{EG - F^2}. \qquad \blacksquare$$

예제 8.1.4

예제 6.1.3과 7.1.2.에서 $f > 0, \dot{f}^2 + \dot{g}^2 = 1 \left(\cdot \ = \frac{d}{du} \right)$인 회전곡면

$$\boldsymbol{\sigma}(u, v) = (f(u)\cos v, \ f(u)\sin v, \ g(u))$$

에 대하여 다음을 계산하였다.

$$E = 1, \ F = 0, \ G = f^2,$$
$$L = \dot{f}\ddot{g} - \ddot{f}\dot{g}, \ M = 0, \ N = f\dot{g}.$$

따름정리 8.1.3에 의하여 가우스 곡률은

$$K = \frac{LN - M^2}{EG - F^2} = \frac{(\dot{f}\ddot{g} - \ddot{f}\dot{g})f\dot{g}}{f^2}.$$

$\dot{f}^2 + \dot{g}^2 = 1$ 이므로(u에 관해 미분하면)

$$\dot{f}\ddot{f} + \dot{g}\ddot{g} = 0,$$
$$\therefore \ (\dot{f}\ddot{g} - \ddot{f}\dot{g})\dot{g} = -\dot{f}^2\ddot{f} - \ddot{f}\dot{g}^2 = -\ddot{f}(\dot{f}^2 + \dot{g}^2) = -\ddot{f},$$
$$\therefore \ K = -\frac{\ddot{f}f}{f^2} = -\frac{\ddot{f}}{f}.$$

다음과 같은 특별한 경우를 생각해보자.

만약 $\gamma(u) = (u, 0, 0)$이 x-축이면 대응되는 회전곡면은 xy-평면이다. $f(u) = u$이므로 $\dot{f} = 1$, $\ddot{f} = 0$이고, 따라서 $K = 0$이다.

만약 $\gamma(u) = (1, 0, u)$가 z-축에 평행인 직선이라면 대응되는 곡면은 단위원기둥이다. $f(u) = 1$, $\ddot{f} = 0$이므로 $K = 0$이다. 마지막으로, $\gamma(u) = (\cos u, 0, \sin u)$가 반지름 1인 원이면 대응되는 곡면은 단위구면이다. $f(u) = \cos u$, $\dot{f} = -\sin u$, $\ddot{f} = -\cos u$ 이므로

$$K = -\ddot{f}/f = -(-\cos u)/\cos u = 1.$$

각 경우 곡선 γ는 단위속력곡선이다.

예제 8.1.5 선직면의 곡면조각사상 표현은 $\boldsymbol{\sigma}(u, v) = \gamma(u) + v\delta(u)$이다(예제 5.3.1 참조). $\frac{d}{du} = \cdot$ 로 표시하면,

$$\boldsymbol{\sigma}_u = \dot{\gamma} + v\dot{\boldsymbol{\sigma}},\ \boldsymbol{\sigma}_v = \delta,$$

$$\therefore\ \boldsymbol{\sigma}_{uv} = \dot{\delta},\ \boldsymbol{\sigma}_{vv} = 0.$$

따라서 $\mathrm{N} = \dfrac{(\boldsymbol{\sigma}_u \times \boldsymbol{\sigma}_v)}{\|\boldsymbol{\sigma}_u \times \boldsymbol{\sigma}_v\|}$ 이 $\boldsymbol{\sigma}$의 단위법벡터이면,

$$M = \boldsymbol{\sigma}_{uv} \cdot \mathrm{N} = \dot{\delta} \cdot \mathrm{N} \text{ 그리고 } N = 0$$

그러므로

$$K = \frac{LN - M^2}{EG - f^2} = \frac{-(\dot{\delta} \cdot \mathrm{N})^2}{EG - F^2} \leq 0,$$

즉, 선직면의 가우스 곡률은 영 이하이다.

가우스는 가우스 사상의 미분인 와인가르텐 사상보다 가우스 사상 자체로부터 가우스 곡률을 발견하였다. 명제 2.2.3 에서 만약 $\gamma(t)$가 단위속력 평면곡선이면, $\gamma(t)$의 부호화 곡률 $\kappa_s = \dfrac{d\varphi}{ds}$ 임을 보였다. 이때 φ는 고정된 방향과 접선벡터 $\dot{\gamma}$와의 사잇각이다. 즉 (부호화)곡률은 단위 길이에 대한 γ의 접선벡터 방향으로 변화율이다.

유향곡면 S의 접평면의 방향은 단위 법선벡터 N 에 의해 측정되며, 따라서 곡면조각사상 $\boldsymbol{\sigma} : U \to \mathbb{R}^3$ 의 곡률의 측정이 면적당 N 의 변화율일 것으로 기대한다. S의 각점에서 N 의 값은 가우스 사상 g에 의해 기록되며, 따라서 R이 p로 움추려드는 S의 작은 영역이면 영역 R이 p로 움추려드는 것과 같은 극한으로서 다음의 비

$$\frac{g(R)\text{의 넓이}}{R\text{의 넓이}}$$

로 볼 수 있다. 좀 더 이 생각을 구체화하기 위하여 곡면조각사상에서 생각해 보자.

정리 8.1.6

$\boldsymbol{\sigma} : U \to \mathbb{R}^3$를 곡면이라 하고, $(u_0,\ v_0) \in U$이고 $\delta > 0$이 중심 $(u_0,\ v_0)$이고 반지름이 $\delta > 0$인 닫힌 원판

$$R_\delta = \{(u,\ v) \in \mathbb{R}^3 \mid (u - u_0)^2 + (v - v_0)^2 \leq \delta^2\}$$

이 U에 포함되는 것이라 하자 (이와 같은 δ는 U가 열린 집합이므로 존재한다). 이때 $\boldsymbol{\sigma}(u_0,\ v_0)$에서 $\boldsymbol{\sigma}$의 가우스 곡률을 K라 할 때

$$\lim_{\delta \to 0} \frac{\mathcal{A}_{\mathrm{N}}(R_\delta)}{\mathcal{A}_{\boldsymbol{\sigma}}(R_\delta)} = |K|$$

이다.

증명 정의 6.4.1에 의해

$$\frac{\mathcal{A}_{\mathbf{N}}(R_\delta)}{\mathcal{A}_{\sigma}(R_\delta)}=\frac{\displaystyle\int_{R_\delta}\|\mathbf{N}_u\times\mathbf{N}_v\|\,dudv}{\displaystyle\int_{R_\delta}\|\boldsymbol{\sigma}_u\times\boldsymbol{\sigma}_v\|\,dudv}. \tag{8.1}$$

명제 8.1.2에 의해

$$\begin{aligned}\mathbf{N}_u\times\mathbf{N}_v&=(a\boldsymbol{\sigma}_u\times b\boldsymbol{\sigma}_v)\times(c\boldsymbol{\sigma}_u\times d\boldsymbol{\sigma}_v)\\&=(ad-bc)\boldsymbol{\sigma}_u\times\boldsymbol{\sigma}_v\\&=\det(-F_{\mathrm{I}}^{-1}F_{\mathrm{II}})\boldsymbol{\sigma}_u\times\boldsymbol{\sigma}_v\\&=\frac{\det(F_{\mathrm{II}})}{\det(F_{\mathrm{I}})}\boldsymbol{\sigma}_u\times\boldsymbol{\sigma}_v\\&=\frac{LN-M^2}{EG-F^2}\boldsymbol{\sigma}_u\times\boldsymbol{\sigma}_v\\&=K\boldsymbol{\sigma}_u\times\boldsymbol{\sigma}_v\ (\text{따름정리 8.1.3 참조}).\end{aligned} \tag{8.2}$$

식 (8.1)에 대입하면

$$\frac{\mathcal{A}_{\mathbf{N}}(R_\delta)}{\mathcal{A}_{\sigma}(R_\delta)}=\frac{\displaystyle\int_{R_\delta}|K|\,\|\boldsymbol{\sigma}_u\times\boldsymbol{\sigma}_v\|\,dudv}{\displaystyle\int_{R_\delta}\|\boldsymbol{\sigma}_u\times\boldsymbol{\sigma}_v\|\,dudv}.$$

$\epsilon>0$이라 하자. $K(u,\ v)$는 $(u,\ v)$의 연속함수이므로 (연습문제 8.1.3 참조), $(u,\ v)\in R_\delta$ 이면

$$|K(u,\ v)-K(u_0,\ v_0)|<\epsilon$$

가 되는 $\delta>0$을 잡을 수 있다. 모든 실수 a, b에 대하여 $|a-b|\geq\big||a|-|b|\big|$이므로 $(u,\ v)\in R_\delta$이면 $\big||K(u,\ v)|-|K(u_0,\ v_0)|\big|<\epsilon$이다. 즉,

$$|K(u_0,\ v_0)|-\epsilon<|K(u,\ v)|<|K(u_0,\ v_0)|+\epsilon.$$

$\|\boldsymbol{\sigma}_u\times\boldsymbol{\sigma}_v\|$를 곱하고 R_δ상에서 적분하면 다음을 얻는다.

$$\begin{aligned}&(|K(u_0,\ v_0)|-\epsilon\int\|\boldsymbol{\sigma}_u\times\boldsymbol{\sigma}_v\|\,dudv\\&<\int|K(u,\ v)|\,\|\boldsymbol{\sigma}_u\times\boldsymbol{\sigma}_v\|\,dudv\\&<(|K(u_0,\ v_0)|+\epsilon)\int\|\boldsymbol{\sigma}_u\times\boldsymbol{\sigma}_v\|\,dudv.\end{aligned}$$

$$\therefore\ |K(u_0,\ v_0)|-\epsilon<\frac{\mathcal{A}_{\mathbf{N}}(R_\delta)}{\mathcal{A}_{\sigma}(R_\delta)}<|K(u_0,\ v_0)|+\epsilon\quad ((8.1)\ \text{참조})$$

$$\therefore \left| \frac{\mathcal{A}_{\mathrm{N}}(R_\delta)}{\mathcal{A}_\sigma(R_\delta)} - |K(u_0,\ v_0)| \right| < \epsilon.$$

따라서 정리가 증명되었다. ■

이 명제는 가우스 곡률 K의 절대값에 대해서만 주어졌지만, 우리는 $g(R)$의 부호화 면적을 $\pm\mathcal{A}_{\mathrm{N}}(R)$로 정의하면 가우스 사상으로부터 부호는 복구될 수 있다. 이때 부호가 + 또는 − 가 되는 것은 $\mathrm{N}_u \times \mathrm{N}_v$가 N과 같은 방향인지, 다른 방향인지에 따른다. 식 (8.3)에 의해 이 부호는 K의 부호이며, 따라서 K는 영역 R이 점에 수축되어 짐에 따라

$$\frac{g(R)\text{의 부호화 넓이}}{R\text{의 넓이}}$$

의 극한으로 주어진다.

다음 예제에서 보여주듯이 정리 8.1.6은 가끔 계산없이 곡면의 가우스 곡률을 발견할 수 있게 해준다.

예제 8.1.7 평면에서 단위법선벡터는 상수이다. 따라서 모든 R에 대하여 $\mathbf{g}(R)$은 하나의 점이며, 따라서 넓이는 영이다. 정리에 의하여 평면은 어디에서나 가우스 곡률이 영이다.
(일반화된) 원기둥에 대해서, 단위 법선벡터는 원기둥의 모선에 직교함은 명백하다. 따라서 가우스 사상의 상은 구면의 중심을 통과하는 평면과 구면과의 교차에 의해 생기는 단위구면상의 대원 안에 포함되며, 원기둥의 모선과 직교한다. 모든 대원의 면적은 영이므로 원기둥의 가우스 곡률 또한 영이다.
마지막으로 단위구면 S^2 자신에 대해서는 점 $\mathbf{p}$에서 단위법선벡터가 구면의 중심에서 $\mathbf{p}$까지의 반지름 벡터와 평행하다.
다시 말하면, 가우스 사상은 항등사상이거나 대척사상이다 (매개변수화에 따른다). 이 두 사상 모두 등적변환이므로, S^2의 가우스 곡률(의 절대값)은 1이다. 실제로, S^2의 모든 매개변수화 $\boldsymbol{\sigma}$에 대하여, $\mathrm{N} = \pm\boldsymbol{\sigma}$임을 알 수 있다. 부호는 매개변수화의 선택에 따라 바뀌지만, 어느 경우에도 $\mathrm{N}_u \times \mathrm{N}_v = \boldsymbol{\sigma}_u \times \boldsymbol{\sigma}_v$이고, 따라서 가우스 곡률은 1이다.

연습문제

8.1.1 곡면 $z = f(x, y)$(단, f는 미분가능한 함수)의 가우스 곡률 K와 평균곡률 H는

$$K = \frac{f_{xx}f_{yy} - f_{xy}^2}{(1 + f_x^2 + f_y^2)^2}, \quad H = \frac{(1 + f_y^2)f_{xx} - 2f_xf_yf_{xy} + (1 + f_x^2)f_{yy}}{2(1 + f_x^2 + f_y^2)^{2/3}}.$$

8.1.2 나선면과 현수면의 가우스 곡률을 구하여라 (연습문제 4.2.6과 5.3.1 참조).

8.1.3 곡면 S의 가우스 곡률과 평균곡률은 S상에서 미분가능한 함수임을 보여라.

8.1.4 예제 8.1.5의 기호를 이용하여 만약 S가 γ의 주법선벡터 $\mathbf{n}$이거나 종법선벡터 $\mathbf{b}$이면, $K=0$ 이 되기 위한 동치조건은 γ가 평면곡선임을 보여라.

8.1.5 $\mathbb{R}^3$의 확대변환을 곡면 S에 시행하면 곡면의 가우스 곡률과 평균곡률은 어떤 영향을 받는가?

8.1.6 곡면의 와인가르텐 사상 W가 다음 이차방정식 $W^2-2HW+K=0$을 만족함을 보여라.

8.1.7 일반화된 원뿔의 가우스 사상의 값은 S^2의 곡선임을 보이고, 원뿔의 가우스 곡률이 영임을 보여라.

8.1.8 $\boldsymbol{\sigma}: U \to \mathbb{R}^3$가 곡면 S의 조각사상이라 하자. 이때 S의 부분 $\boldsymbol{\sigma}(R)$의 가우스 사상에 의한 상은 면적

$$\int_R |K|\, d\mathcal{A}_\sigma$$

을 가지는 영역 $R \subseteq U$에 대응된다. 이때 K는 S의 가우스 곡률이다

8.1.9 S를 연습문제 4.2.5에 있는 원환면이라 하자. S의 가우스 곡률 K가 양과 음이 되는 S의 부분 S^+와 S^-를 설명하여라. 그리고 계산없이

$$\int_{S^+} K dA = -\int_{S^-} K dA = 4\pi$$

을 증명하여라.

물론, $\int_S K dA = 0$이며, 이 결과는 13.4절에서 설명한다.

8.1.10 $\mathbf{w}(u,v)$가 곡면조각사상 $\boldsymbol{\sigma}(u,\ v)$의 미분가능한 접선벡터장이라 하자. 이것은 $(u,\ v)$에 관한 미분가능한 함수 $\alpha,\ \beta$에 대하여

$$\mathbf{w}(u,v)=\alpha(u,v)\boldsymbol{\sigma}_u+\beta(u,v)\boldsymbol{\sigma}_v$$

를 뜻한다. 그러면, 만약 $\gamma(t)=\boldsymbol{\sigma}(u(t),v(t))$가 $\boldsymbol{\sigma}$상의 곡선이면 $\mathbf{w}$는 γ를 따라 접선벡터 $\mathbf{w}|_{\gamma(t)}=\mathbf{w}(u(t),v(t))$를 정의한다. $\nabla_u\mathbf{w}$를 $v=$ 상수 인 매개변수곡선을 따르는 $\mathbf{w}|_{\gamma(t)}$의 공변미분이라 하고 $\nabla_v\mathbf{w}$도 같이 정의를 한다 (만약 $\boldsymbol{\sigma}$가 $uv-$평면이면, ∇_u와 ∇_v는

$\frac{\partial}{\partial u}$, $\frac{\partial}{\partial v}$가 된다).

이때

$$\nabla_v(\nabla_u \mathbf{w}) - \nabla_u(\nabla_v \mathbf{w}) = (\mathbf{w}_v \cdot \mathrm{N})\mathrm{N}_u - (\mathbf{w}_u \cdot \mathrm{N})\mathrm{N}_v$$

임을 보여라. N은 σ의 단위법벡터이다. 만약 $\lambda(u,v)$가 $(u,\ v)$에 관한 미분가능한 함수이면

$$\nabla_v(\nabla_u(\lambda\mathbf{w})) - \nabla_u(\nabla_v(\lambda\mathbf{w})) = \lambda(\nabla_v(\nabla_u \mathbf{w}) - \nabla_u(\nabla_v \mathbf{w}))$$

임을 보여라. 명제 8.1.2를 이용하여

$$\nabla_v(\nabla_u \boldsymbol{\sigma}_u) - \nabla_u(\nabla_v \boldsymbol{\sigma}_u) = K(-F\boldsymbol{\sigma}_u + E\boldsymbol{\sigma}_v)$$

임을 보여라. 단, $K = \dfrac{LN - M^2}{EG - F^2}$이다. 그리고

$$\nabla_v(\nabla_u \boldsymbol{\sigma}_u) - \nabla_u(\nabla_v \boldsymbol{\sigma}_v)$$

의 표현도 구하여라. 마지막으로 모든 접선벡터 $\mathbf{w}$에 대하여 $\nabla_v(\nabla_u \mathbf{w}) - \nabla_u(\nabla_v \mathbf{w})$ 이기 위한 필요충분조건은 곡면상의 모든점에서 $K=0$임을 보여라 (평면에서는 $\mathbf{w}_{uv} = \mathbf{w}_{vu}$이다). 8.4절에서 조건 $K=0$의 의미를 알 수 있을 것이다.

8.2 곡면의 주곡률

이제 좀 더 자세히 $\mathrm{p} \in S$의 와인가르텐 사상 $W_{\mathrm{p},S}$에 대하여 알아보자 (보통은 아래 첨자를 생략한다). 중요한 점은 W가 자기수반 (따름정리 7.2.4)인 것이다. 정리 A.0.3으로부터 다음 명제를 알 수 있다.

명제 8.2.1 p를 곡면 S상의 점이라 하면 접평면 $T_{\mathrm{p}}S$의 기저 $\{\boldsymbol{t}_1, \boldsymbol{t}_2\}$와 스칼라 κ_1, κ_2가 존재하여

$$W(\boldsymbol{t}_1) = \kappa_1 \boldsymbol{t}_1, \quad W(\boldsymbol{t}_2) = \kappa_2 \boldsymbol{t}_2$$

가 성립한다. 더욱이 $\kappa_1 \neq \kappa_2$이면 $\langle \boldsymbol{t}_1, \boldsymbol{t}_2 \rangle = 0$이다.

실수 κ_1과 κ_2는 W의 고유값이며, $\boldsymbol{t}_1$과 $\boldsymbol{t}_2$는 대응되는 고유벡터이다. 그러나 이 상황에서 새로운 용어를 소개한다. κ_1과 κ_2를 S의 **주곡률**(principal curvature)이라 하고, $\boldsymbol{t}_1$과 $\boldsymbol{t}_2$를 κ_1과 κ_2에 대응하는 **주벡터**(principal vector)라 한다.

두 주곡률이 같은 (예를들면 κ) 곡면의 점을 **배꼽점**(umbilical point)이라 한다. 배꼽점에서는

$W(\boldsymbol{t}_1) = \kappa_1 \boldsymbol{t}_1$, $W(\boldsymbol{t}_2) = \kappa_2 \boldsymbol{t}_2$이면 $\boldsymbol{t}$가 $\boldsymbol{t}_1$과 $\boldsymbol{t}_2$의 일차결합일 때 $W(\boldsymbol{t}) = \kappa \boldsymbol{t}$이다.

따라서 p가 배꼽점이 되기 위한 필요충분조건은 $W_{\mathrm{p}}S$가 항등사상의 스칼라 배가 되는 것이며, 이 경우 모든 접선벡터가 주벡터이다.

한편 $\mathrm{p} \in S$가 배꼽점이 아니면 명제 8.2.1로부터 주곡률에 대응되는 주벡터는 반드시 직교한다 (정리 A.0.3 참조).

따라서 p가 배꼽점이거나 아니거나 $T_{\mathrm{p}}S$에서 직교하는 두 개의 주벡터를 발견할 수 있다.

따름정리 8.2.2

p가 곡면 S상의 점이면 주벡터로 구성되는 접평면 $T_{\mathrm{p}}S$의 정규기저가 존재한다.

간단한 방법에 의해 주곡률은 평균곡률, 가우스곡률과 관련된다.

명제 8.2.3 κ_1과 κ_2가 곡면의 주곡률이면 평균곡률과 가우스 곡률은

$$H = \frac{1}{2}(\kappa_1 + \kappa_2), \quad K = \kappa_1 \kappa_2$$

로 주어진다.

증명 와인가르텐 사상 W의 행렬식과 대각합은 접평면의 어떤 기저에 대해서도 W의 행렬을 이용하여 구할 수 있다. 주벡터에 의해 생각한 기저를 이용하면 행렬은 $\begin{pmatrix} \kappa_1 & 0 \\ 0 & \kappa_2 \end{pmatrix}$.

따라서 정의 8.1.1로부터 증명된다. ■

위에서 설명한 바와 같이 주곡률과 주벡터를 도입한 이유 중의 하나는 다음의 결과인 곡면의 주곡률과 주벡터를 알 때, 곡면상의 임의의 곡선에 대한 법곡률을 계산하기 쉽기 때문이다.

정리 8.2.4 오일러의 정리

γ가 곡면조각사상 $\boldsymbol{\sigma}$상의 곡선이고, κ_1과 κ_2가 영벡터가 아닌 주벡터 $\mathbf{t}_1$과 $\mathbf{t}_2$ 방향의 주곡률이면, γ의 법곡률은

$$\kappa_n = \kappa_1 \cos^2\theta + \kappa_2 \sin^2\theta$$

이다. 단, θ는 $\dot{\gamma}$와 $\mathbf{t}_1$ 사이의 각이다.

증명 $\mathrm{p} \in S$ κ_1과 κ_2가 p에서 S의 주곡률, $\mathbf{t}_1$과 $\mathbf{t}_2$가 대응되는 주벡터라 하자. 따름정리 8.2.2 에 의하여 우리는 $\{\mathbf{t}_1, \mathbf{t}_2\}$가 T_pS의 정규기저라고 가정할 수 있다. 필요하다면, $\mathbf{t}_2$ 대신 $-\mathbf{t}_2$

로 바꾸고 $\mathbf{t}_1$과 $\mathbf{t}_2$의 사잇각이 $\frac{\pi}{2}$라 가정할 수 있다. 그러면

$$\dot{\gamma} = \cos\theta \mathbf{t}_1 + \sin\theta \mathbf{t}_2.$$

명제 7.3.5에 의하여 $\kappa_n = \langle \dot{\gamma}, \dot{\gamma} \rangle = \cos^2\theta \langle \mathbf{t}_1, \mathbf{t}_1 \rangle + 2\sin\theta\cos\theta \langle \mathbf{t}_1, \mathbf{t}_2 \rangle + \sin^2\theta \langle \mathbf{t}_2, \mathbf{t}_2 \rangle$.

$i, j = 1, 2$에 대하여 $\langle \mathbf{t}_i, \mathbf{t}_j \rangle = \langle W(\mathbf{t}_i, \mathbf{t}_j \rangle = \langle \kappa_i \mathbf{t}_i, \mathbf{t}_j \rangle = \begin{cases} \kappa_i, & i = j \\ 0, & i \neq j \end{cases}.$

따라서 정리가 증명되었다. ■

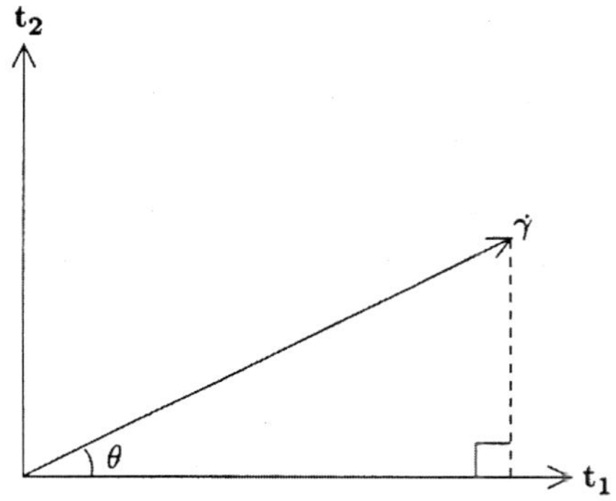

따름정리 8.2.5

곡면상의 한 점에서의 주곡률은 그 점을 지나는 곡면상의 모든 곡선의 법곡률의 최댓값과 최솟값이다. 또한 주벡터는 최댓값과 최솟값을 주는 방향의 접선벡터이다.

증명 주곡률 κ_1과 κ_2가 다르다면, $\kappa_1 > \kappa_2$라 둘 수 있다. κ_n을 곡면상의 곡선 γ의 법곡률이라 하자. κ_n은

$$\kappa_n = \kappa_1 \cos^2\theta + \kappa_2 \sin^2\theta = \kappa_1 - (\kappa_1 - \kappa_2)\sin^2\theta$$

이므로 $\kappa_n \le \kappa_1$이며, 등호가 성립할 필요충분조건은 $\theta = 0$ 또는 π이며, 이것은 γ의 접선벡터 $\dot{\gamma}$가 주벡터 $\mathbf{t}_1$에 평행인 것이다.

같은 방법으로 $\kappa_n \ge \kappa_2$이며, 등호가 성립할 필요충분조건은 $\dot{\gamma}$이 $\mathbf{t}_2$에 평행일 경우임을 증명할 수 있다.

만약 $\kappa_1 = \kappa_2$이면, 오일러 정리에 의하여 모든 곡선의 법곡률이 κ_1과 같게 되며, 곡면의 모든 접선벡터가 주벡터가 된다. ■

주곡률을 계산하기 위하여 곡면조각사상 $\boldsymbol{\sigma}(u, v)$에서 생각해보자.

$$Edu^2 + 2Fdudv + Gdv^2, \; Ldu^2 + 2Mdudv + Ndv^2$$

이 제1, 제2기본형식이라 하자. 8.1절 기호에 따라 접평면의 기저 $\{\boldsymbol{\sigma}_u, \boldsymbol{\sigma}_v\}$에 대한 와인가르텐 사상 W의 행렬은 $F_{\mathrm{I}}^{-1}F_{\mathrm{II}}$ 이다.

따라서 주곡률은 다음 방정식 $\det(F_{\mathrm{I}}^{-1}F_{\mathrm{II}} - \kappa I) = 0$의 해인 κ이다. 그리고 접선벡터 $\boldsymbol{t} = \xi\boldsymbol{\sigma}_u + \eta\boldsymbol{\sigma}_v$가 주벡터이기 위한 필요충분조건은

$$(F_{\mathrm{I}}^{-1}F_{\mathrm{II}} - \kappa I)\begin{pmatrix}\xi\\ \eta\end{pmatrix} = \begin{pmatrix}0\\ 0\end{pmatrix}.$$

$F_{\mathrm{I}}^{-1}F_{\mathrm{II}} - \kappa I$을 $F_{\mathrm{I}}^{-1}(F_{\mathrm{II}} - \kappa F_{\mathrm{I}})$로 쓰면 다음을 얻는다.

명제 8.2.6 주벡터는 방정식 $\begin{vmatrix} L-\kappa E & M-\kappa F \\ M-\kappa F & N-\kappa G\end{vmatrix} = 0$의 해이다. 그리고 주곡률 κ에 대응되는 주벡터는

$$\begin{pmatrix} L-\kappa E & M-\kappa F \\ M-\kappa F & N-\kappa G\end{pmatrix}\begin{pmatrix}\xi\\ \eta\end{pmatrix} = \begin{pmatrix}0\\ 0\end{pmatrix}$$

을 만족하는 접선벡터 $\boldsymbol{t} = \xi\boldsymbol{\sigma}_u + \eta\boldsymbol{\sigma}_v$이다.

예제 8.2.7 직관적으로 구면 위의 어느 점에서나 각 방향으로 구면곡선의 개수는 같다. 따라서 우리는 구면상의 주곡률들이 모든 점에서 다른 것과 같게 될, 즉 구면상에서 상수임을 기대한다. 계산에 의하여 이 사실을 확인하기 위하여 일반적인 경도와 위도의 매개변수를 사용한다. 예제 6.1.3에 의하여

$$E = 1,\ F = 0,\ G = \cos^2\theta$$

이며, 예제 7.1.2에 의하여

$$L = 1,\ M = 0,\ N = \cos^2\theta.$$

따라서 주곡률은

$$\begin{vmatrix} 1-k & 0 \\ 0 & \cos^2\theta - k\cos^2\theta\end{vmatrix} = 0$$

의 해이며, 기대했던 대로 $\kappa = 1$(중복된 해)를 얻는다. 모든 접선벡터는 주벡터이다. ■

예제 8.2.8 반지름 1인 원기둥을 생각하여

$$\boldsymbol{\sigma}(u,\ v) = (\cos v,\ \sin v,\ u)$$

와 같이 매개변수화 하자. 예제 6.1.4을 이용하면 $E = 1,\ F = 0,\ G = 1$이며, 예제 7.1.2를 이용하면 $L = 0,\ M = 0,\ N = 1$이다.

따라서 주벡터들은 방정식

$$\begin{vmatrix} 0-\kappa & 0 \\ 0 & 1-\kappa\end{vmatrix} = 0$$

의 해이며 $\kappa = 0$ 또는 1을 얻는다.

$\kappa_1(=1)$에 대하여

$$\begin{pmatrix} -1 & 0 \\ 0 & 0 \end{pmatrix}\begin{pmatrix} \xi_1 \\ \eta_1 \end{pmatrix} = 0.$$

따라서 $\xi_1 = 0$ 이며 $\mathbf{t}_1$은 $\boldsymbol{\sigma}_v = (-\sin v, \cos v,\ 0)$의 몇 배이다. 같은 방법으로 $\kappa_2(=0)$에 대하여 $\mathbf{t}_2$는 $\boldsymbol{\sigma}_u = (0,\ 0,\ 1)$의 몇 배가 된다.

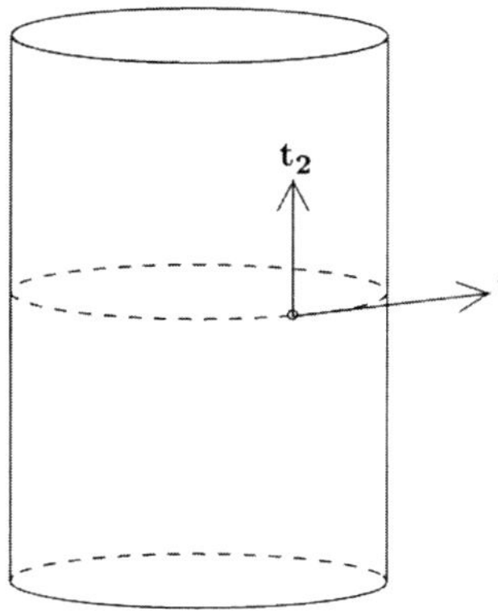

예제 8.2.7에서 구면상의 모든 점은 배꼽점이 됨을 직관적으로 보였다. 평면의 경우 주곡률이 어디에서나 모두 영이므로 이 경우에도 같이 설명할 수 있다. 그러나 다른 곡면에는 이와 같은 성질이 없다.

명제 8.2.9 S를 모든 점이 (연결인) 배꼽점인 곡면이라 하면, S는 평면의 일부분이거나 구면의 일부분이다.

증명 모든 접선벡터 $\mathbf{t}$ 에 대하여 $W(\mathbf{t}) = \kappa\mathbf{t}$ 라 하자. 단 κ는 주곡률이다. $\boldsymbol{\sigma} : U \to \mathbb{R}^3$를 $\mathbb{R}^2$안의 (연결인) 열린 부분집합 U를 가지는 S의 좌표근방계 안의 곡면조각사상이라 하자.

$t = \boldsymbol{\sigma}_u, \boldsymbol{\sigma}_v$로 잡고 명제 7.2.2의 증명을 다시 생각하면 $W(\boldsymbol{\sigma}_u) = -\mathbf{N}_u,\ W(\boldsymbol{\sigma}_v) = -\mathbf{N}_v$가 되며

$$\mathbf{N}_u = -\kappa\boldsymbol{\sigma}_u,\ \mathbf{N}_v = -\kappa\boldsymbol{\sigma}_v. \tag{8.3}$$

따라서 $$(\kappa\boldsymbol{\sigma}_u)_v = -(\mathbf{N}_u)_v = -(\mathbf{N}_v)_u = (\kappa\boldsymbol{\sigma}_v)_u,$$

즉 $$\kappa_v\boldsymbol{\sigma}_u = \kappa_u\boldsymbol{\sigma}_v.$$

$\boldsymbol{\sigma}$가 정칙이므로, $\boldsymbol{\sigma}_u$와 $\boldsymbol{\sigma}_v$는 일차독립이며, 마지막 방정식으로부터 $\kappa_u = \kappa_v = 0$이다. 따라서 κ는 상수이다.

이제 생각해야 할 경우는 $\kappa = 0$과 $\kappa \neq 0$의 두 가지이다.

$\kappa=0$이면 식 (8.3)에 의하여 $\mathbf{N}$은 상수이다. 따라서

$$(\mathbf{N}\cdot\boldsymbol{\sigma})_u=\mathbf{N}\cdot\boldsymbol{\sigma}_u=0,\ (\mathbf{N}\cdot\boldsymbol{\sigma})_v=\mathbf{N}\cdot\boldsymbol{\sigma}_v=0$$

이며, $\mathbf{N}\cdot\boldsymbol{\sigma}$는 상수 c가 된다. 따라서 $\boldsymbol{\sigma}(U)$는 평면 $\mathbf{r}\cdot\mathbf{N}=c$의 일부분이다.

$\kappa\neq 0$이면 식 (8.3)에 의하여

$$\mathbf{N}=-\kappa\boldsymbol{\sigma}+\mathbf{a}$$

이다. 이때 $\mathbf{a}$는 상수벡터이다. 따라서

$$\left\|\boldsymbol{\sigma}-\frac{1}{\kappa}\mathbf{a}\right\|^2=\left\|-\frac{1}{\kappa}\mathbf{N}\right\|^2=\frac{1}{\kappa^2}$$

이므로, $\boldsymbol{\sigma}(U)$는 곡률 $\kappa^{-1}\mathbf{a}$와 반지름 κ^{-1}를 가진 구면의 일부분이다. 따라서 S가 단일 곡면조각사상에 의하여 덮여지는 경우에 대한 명제의 결과를 증명하였다. 이 결과에 의하면 임의의 곡면 S에 대하여, S의 좌표근방계 안의 곡면조각사상은 평면 또는 구면에 포함된다. 그러나 겹쳐지는 두 조각사상은 같은 평면이나 구면의 일부분이 되어야 한다. 따라서 S는 평면이나 구면에 포함되게 된다. ■

이 명제는 예제 2.2.7의 곡면과 유사하며 상수곡률을 가지는 평면곡선은 원의 일부분임을 말한다.

이제 우리는 곡면 S의 점 $\mathbf{p}$에서 주곡률의 값은 $\mathbf{p}$근처에서 S의 모양에 대하여 어떻게 정보를 주는지를 보인다. 이 상황을 단순화하여 $\mathbf{p}$가 원점이고 $T_{\mathbf{p}}S$가 xy-평면이라 하자. 이것은 (모양은 바꾸지 않고) $\mathbb{R}^3$의 적당한 등장변환을 S에 적용하여 얻을 수 있다. z-축 주위로 회전을 시키면 접선벡터 $\boldsymbol{t}_1=(1,0,0)$, $\boldsymbol{t}_2=(0,1,0)$이 주곡률 κ_1과 κ_2에 대응되는 주벡터라고 가정할 수 있다. 마지막으로, 필요하다면 xy-평면에 반사시켜, $\mathbf{p}$에서 S의 단위법선벡터가 $\mathbf{N}=(0,0,1)$이라 가정할 수 있다. $\boldsymbol{\sigma}$가 $\boldsymbol{\sigma}(0,0)=\mathbf{0}$인 S의 곡면조각사상이라 하자. 실수 x,y에 대하여 실수 s,t가 유일하게 존재하여 $(x,y,0)=s\boldsymbol{\sigma}_u+t\boldsymbol{\sigma}_v$ ($\boldsymbol{\sigma}$의 미분계수는 $(0,0)$에서 계산한다). 테일러 정리에 의하여 s와 t의 고차항을 무시하면

$$\boldsymbol{\sigma}(s,\ t)=\boldsymbol{\sigma}(0,\ 0)+s\boldsymbol{\sigma}_u+t\boldsymbol{\sigma}_v+\frac{1}{2}(s^2\boldsymbol{\sigma}_{uu}+2st\boldsymbol{\sigma}_{uv}+t^2\boldsymbol{\sigma}_{vv}).$$

따라서 만약 x,y(따라서 s,t)가 작다면 $\boldsymbol{\sigma}(s,t)=(x,y,z)$, 이다. 단, 근사적으로

$$z=\frac{1}{2}(s^2\boldsymbol{\sigma}_{uu}+2st\boldsymbol{\sigma}_{uu}+t^2\boldsymbol{\sigma}_{vv})\cdot\mathbf{N}=\frac{1}{2}(Ls^2+2Mst+Nt^2)$$

이다. 이때 $Ldu^2+2Mdudv+Ndv^2$은 원점에서 $\boldsymbol{\sigma}$의 제2기본형식이다. 만약 $\mathbf{t}=s\boldsymbol{\sigma}_u+t\boldsymbol{\sigma}_v$이면 명제 7.3.3에 의하여

$$Ls^2+2Mst+Nt^2=\langle\mathbf{t},\mathbf{t}\rangle=\langle W(\mathbf{t}),\mathbf{t}\rangle.$$

이제 $\mathbf{t}=x\mathbf{t}_1+y\mathbf{t}_2$에 대하여

$$W(\mathbf{t})=xW(\mathbf{t}_1)+yW(\mathbf{t}_2)=\kappa_1x\mathbf{t}_1+\kappa_2y\mathbf{t}_2=(\kappa_1x,\kappa_2y,0).$$

즉

$$Ls^2 + 2Mst + Nt^2 = (\kappa_1 x, \kappa_2 y, 0) \cdot (x, y, 0) = \kappa_1 x^2 + \kappa_2 y^2.$$

따라서 곡면 위의 점 p근방에서 S는 이차곡면

$$z = \frac{1}{2}(\kappa_1 x^2 + \kappa_2 y^2) \tag{8.4}$$

에 접근한다.

다음 네 가지 경우로 구분해 보자.

(1) $\kappa_1 \kappa_2 > 0$인 경우 : 식 (8.4)는 타원포물면 (정리 5.2.2 참조)의 방정식이며, p를 곡면의 **타원점**(elliptic point)이라 한다.

(2) $\kappa_1 \kappa_2 < 0$인 경우 : 식 (8.4)는 쌍곡포물면의 방정식이며, p를 곡면의 **쌍곡점**(hyperbolic point)이라 한다.

(3) κ_1과 κ_2중 하나가 영인 경우 : 식 (8.4)는 포물기둥의 방정식이며, p를 **포물점**(parabolic point)이라 한다.

(4) p에서 $\kappa_1 = 0$, $\kappa_2 = 0$인 경우 : 식 (8.4)는 평면의 방정식이 된다. 이때 p를 곡면의 **평탄점**(planar point)이라 한다. 이 경우 이차보다 큰 차수의 항에 대한 미분계수를 모르고서는 p근방에서 곡면의 모양을 알 수 없다 (평면이 아닌 경우 이 항들은 x, y가 작을 때 이차항은 $\kappa_1 x^2 + \kappa_2 y^2$과 비교해 작다). 예를 들면, 아래의 곡면(**원숭이 안장**(monkey saddle)이라 한다)은 평탄점으로서 원점을 가지지만 아주 다른 모양을 하고 있다.

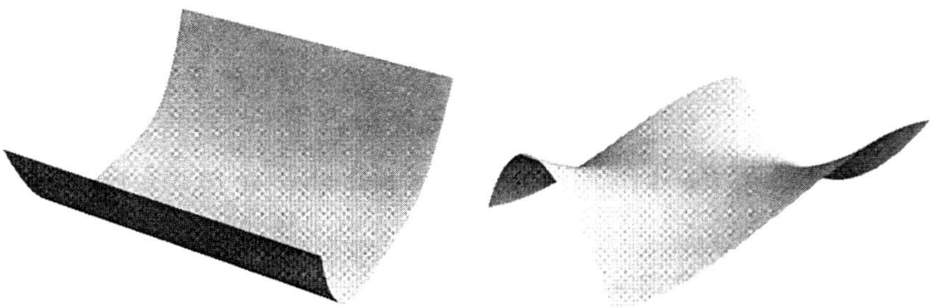

$z = y^4$ $\qquad\qquad$ $z = x^3 - 3xy^2$

타원적, 쌍곡적, 포물적 또는 평탄하게 곡면의 점을 분류하는 것은 곡면조각사상 σ에 독립적이다. 왜냐하면 재매개변수화하면 주곡률 κ_1, κ_2 모두의 부호를 보존하거나 바뀌게 하기 때문이다 (연습문제 8.2.8 참조).

예제 8.2.10 단위구면에서는 $\kappa_1 = \kappa_2 = \pm 1$(부호는 매개변수화에 영향을 받는다)이며, 따라서 모든 점이 타원점(그리고 배꼽점)이다.

원기둥에서는 $\kappa_1 = \pm 1$, $\kappa_2 = 0$이며, 따라서 모든 점이 포물점(배꼽점이 없다)이다.

평면에서는 $\kappa_1 = \kappa_2 = 0$이며, 따라서 모든 점이 평탄점(그리고 배꼽점)이다.

예제 8.2.11 원환면

$\boldsymbol{\sigma}(\theta, \varphi) = ((a + b\cos\theta)\cos\varphi, (a + b\cos\theta)\sin\varphi, b\sin\theta)$(연습문제 4.2.5 참조)에 대하여 제1, 제2기본형식은 각각 $b^2 d\theta^2 + (a + b\cos\theta)^2 d\varphi$, $b\,d\theta^2 + (a + b\cos\theta)\cos\theta\, d\varphi^2$임을 알 수 있다. 따라서 주곡률은 $\kappa_1 = \dfrac{1}{b}$, $\kappa_2 = \dfrac{\cos\theta}{a + b\cos\theta}$이다.

$\kappa_1 > 0$이므로 원환면 상의 점 $\boldsymbol{\sigma}(\theta, \varphi)$는 $\kappa_2 > 0,\ = 0,\ < 0$에 따라 각각 타원점, 포물점, 쌍곡점이 된다. κ_2의 공식으로부터 원환면의 이들 영역은 각각 $-\dfrac{\pi}{2} < \theta < \dfrac{\pi}{2}$, $\theta = \pm\dfrac{\pi}{2}$, $\dfrac{\pi}{2} < \theta < \dfrac{3}{2}\pi$이다.

타원점과 쌍곡점 영역은 연습문제 8.1.9 (S^+, S^-로 표시되었다)의 해로서 얻을 수 있다. 포물점 영역은 z-축에 중심을 두고 반지름이 a인 두 원으로 이루어진 영역이다.

연습문제

8.2.1 연습문제 4.2.6과 5.3.1에서 정의된 나선면과 현수면의 주곡률을 계산하여라.

8.2.2 곡면 S상의 곡선 C는 C의 접선벡터가 C의 모든 점에서 S의 주벡터가 될 때 **곡률선**(line of curvature)이라 한다. γ가 S의 곡면조각사상 $\boldsymbol{\sigma}$ 위의 곡선 C에 대한 매개변수화이고, N이 $\boldsymbol{\sigma}$의 단위 법선벡터일 때 C가 곡률선이 될 필요충분조건은 적당한 스칼라 λ에 대하여

$$\dot{\mathrm{N}} = -\lambda\dot{\gamma}$$

임을 보여라. 이 경우 대응되는 주곡률이 λ이다 (이것을 **로드리게스 공식**(Rodrigues' formula)이라 한다).

회전면의 경선과 위선이 곡률선이 됨을 보여라.

8.2.3 곡면조각사상 $\boldsymbol{\sigma}$위의 곡선 $\gamma(t) = \boldsymbol{\sigma}(u(t), v(t))$가 곡률선이 되기 위한 필요충분조건은

$$(EM - FL)\dot{u}^2 + (EN - GL)\dot{u}\dot{v} + (FN - GM)\dot{v}^2 = 0$$

임을 보여라. 그리고 모든 매개변수곡선들이 곡률선이 되기 위한 필요충분조건은

(i) σ의 제2기본형식이 제1기본형식에 비례하든가 또는

(ii) $F = M = 0$

인 것임을 보여라. 어느 곡면이 (i)을 만족하는가? 회전곡면의 경선과 위선이 곡률선임을 보여라.

8.2.4 예제 8.1.5의 기호를 사용하여 γ가 S상의 곡선이고 δ가 S의 단위 법선벡터일 때 $K = 0$이 되기 위한 필요충분조건은 γ가 S의 곡률선인 것임을 보여라.

8.2.5 두 곡면 S_1과 S_2가 S_1의 곡률선 C에서 만난다. 이때 C가 S_2의 곡률선이 되기 위한 필요충분조건은 S_1과 S_2의 접평면들의 교각이 C를 따라 상수임을 보여라.

8.2.6 $\Sigma : W \to \mathbb{R}^3$가 고정된 u(또는 v, w)에 대하여 $\mathbb{R}^3$의 열린 집합 W에서 정의된 매끄러운 함수로서 (정칙인) 곡면조각사상이라 하자. 그리고

$$\Sigma_u \cdot \Sigma_v = \Sigma_v \cdot \Sigma_w = \Sigma_w \cdot \Sigma_u = 0 \tag{8.5}$$

라 가정하자. 이것은 고정된 값 u, v, w에 의하여 만들어지는 곡면군들이 삼중직교계가 된다는 것이다 (5.5절 참조).

(i) $\Sigma_u \cdot \Sigma_{vw} = \Sigma_v \cdot \Sigma_{uw} = \Sigma_w \cdot \Sigma_{uv} = 0$ 임을 보여라.

(ii) 삼중직교계의 각 곡면에 대하여 행렬 F_{I}과 F_{II}가 대각행렬임을 보여라.

(iii) 삼중직교계의 한 군에 대한 곡면과 다른 군에 대한 곡면의 공통집합은 두 곡면 모두의 곡률선이 됨을 보여라 (이것을 **듀팡의 정리**(Dupin's Theorem)라 한다).

8.2.7 p, q, r이 서로 다른 양수일 때 타원면

$$\frac{x^2}{p^2} + \frac{y^2}{q^2} + \frac{z^2}{r^2} = 1$$

에는 정확히 4개의 배꼽점이 있음을 증명하여라. 만약 p, q, r이 서로 다르지 않다면 어떤 일이 일어나는가?

8.2.8 곡면조각사상 $\sigma : U \to \mathbb{R}^3$의 주곡률은 σ가 배꼽점을 가지지 않는다면 U 상에서 미분가능함을 보여라. 또한 σ가 재매개변수화되었을 때 주곡률의 부호가 유지되거나 바뀌게 됨을 보여라.

8.3 가우스 곡률이 상수인 곡면

8.1절의 예제에서 영 또는 상수인 양의 곡률을 가지는 곡면에 대하여 알아보았다. 이에 대하여 상수인 음의 가우스 곡률을 가지는 새로운 곡면을 구성하기 위하여 회전곡면

$$\boldsymbol{\sigma}(u,\ v) = (f(u)\cos v,\ f(u)\sin v,\ g(u))$$

을 생각하면, 예제 8.1.4에 의하여 가우스 곡률은

$$K = -\frac{\ddot{f}}{f}. \tag{8.6}$$

먼저 모든 곳에서 $K=0$이라 가정하자. 그러면 식 (8.6)으로부터 $\ddot{f}=0$이며, 따라서 적당한 a와 b에 대하여 $f(u)=au+b$로 나타낼 수 있다. $\dot{f}^2+\dot{g}^2=1$이므로 $\dot{g}=\pm\sqrt{1-a^2}$ (따라서 $|a|\le 1$이어야 한다)이며, 따라서 $g(u)=\pm\sqrt{1-a^2}\,u+c$ (c는 또 다른 상수)이다. z-축을 따라 평행이동시켜 $c=0$이라 가정할 수 있으며 (예를 들면), x-축을 관해 회전이동을 시켜 부호가 $+$라 가정할 수 있다. 따라서 선직면

$$\boldsymbol{\sigma}(u,\ v) = (b\cos v,\ b\sin v,\ 0) + u(a\cos v,\ a\sin v,\ \sqrt{1-a^2})$$

이 된다. $a=0$이면 원기둥, $|a|=1$이면 xy평면, $0<|a|<1$이면 원뿔($\tilde{u}=au+b$로 놓고 확인하여 보아라)의 일부분이다.

다음으로, 모든 곳에서 $K>0$이라 가정하자, 예를 들어 $R>0$ 인 상수에 대하여 $K=1/R^2$ 이라 하자. 식 (8.6) 으로부터 상수 a,b 에 대하여

$$\ddot{f}+f/R^2=0$$

이며 일반해는 상수 a,b 에 대하여

$$f(u) = a\cos\left(\frac{u}{R}+b\right)$$

가 된다. 이때 재매개변수화 $\tilde{u}=u+b,\ \tilde{v}=v$를 시행하여 $b=0$이라 가정할 수 있다. 그러면 부호를 바꾸고 상수를 더하여

$$g(u) = \int \sqrt{1-\frac{a^2}{R^2}\sin^2\frac{u}{R}}\ du.$$

이 적분은 $a=0$ 또는 $\pm R$인 경우를 제외하면 기본함수에 의해 계산이 되지 않는다. $a=0$인 경우는 곡면이 되지 못하므로 $a=R$ ($a=-1$인 경우는 z-축 주위로 π만큼 곡면을 회전시키면 $a=1$인 경우가 된다)인 경우를 생각하면 $f(u)=R\cos\frac{u}{R},\ g(u)=R\sin\frac{u}{R}$가 되어 반지름이 R 인 구면임을 알 수 있다.

마지막으로 $K<0$ 인 경우에 $K=-1$이라 제한할 수 있으며, 일반적인 경우는 $\mathbb{R}^3$의 확대에 의해

이것으로부터 얻을 수 있다 (연습문제 8.1.5 참조). 앞의 경우를 보면 우리는 **의구**(pseudosphere) 또는 허수 반지름이 $\sqrt{-1}$ 인 구면으로서 $K=-1$ 인 곡면을 생각할 수 있다. $K=-1$ 일, 때 식 (8.6)의 일반해는

$$f(u)=ae^{u}+be^{-u}$$

이다(a와 b는 임의의 상수). 함수 $g(u)$ 는 a 또는 b가 0인 경우에만 기본함수로 표현할 수 있다. $b=0$ 인 경우에는 u를 $u+$상수로 재치환 하면 $a=1$이라 가정할 수 있으며, $a=0$인 경우에는 u를 $-u$ 로 두면 $a=0$인 경우가 된다.

이제 $a=1$과 $b=0$인 경우만 생각하기로 한다. 그러면 $f(u)=\epsilon^{u}$이며

$$g(u)=\int\sqrt{1-e^{2u}}\,du \tag{8.7}$$

로 둘 수 있다. 식 (8.7)이 의미를 가지기 위해서는 $u\le 0$이어야 한다. 왜냐하면 그렇지 않을 경우 $1-e^{2u}<0$이기 때문이다.

식 (8.7)의 적분은 $\cos\theta=e^{u}$로 두면

$$\begin{aligned}\int\sqrt{1-e^{2u}}\,du&=-\int\frac{\sin^2\theta}{\cos\theta v}d\theta\\&=\sin\theta-\ln(\sec\theta+\tan\theta)\\&=\sqrt{1-e^{2u}}-\ln(e^{-u}+\sqrt{e^{-2u}-1}).\end{aligned}$$

임의 상수는 생략하였다. 그러나 z-축에 평행한 곡면의 적당한 평행이동에 의해 0 이라 둘 수 있다. $x=f(u),\ z=g(u)$라 두고 $\cosh^{-1}(v)=\ln(v+\sqrt{v^2-1})$ 임을 이용하면 xz-평면의 종단면곡선은

$$z=\sqrt{1-x^2}-\cosh^{-1}\left(\frac{1}{x}\right). \tag{8.8}$$

이 곡선을 z-축 둘레에 회전시키면 의구를 얻을 수 있으며, 의구는 모든 곳에서 가우스 곡률 -1을 가지는 곡면이다. $u\le 0$이므로 $x=e^{u}$는 $0<x\le 1$임을 주의하자.

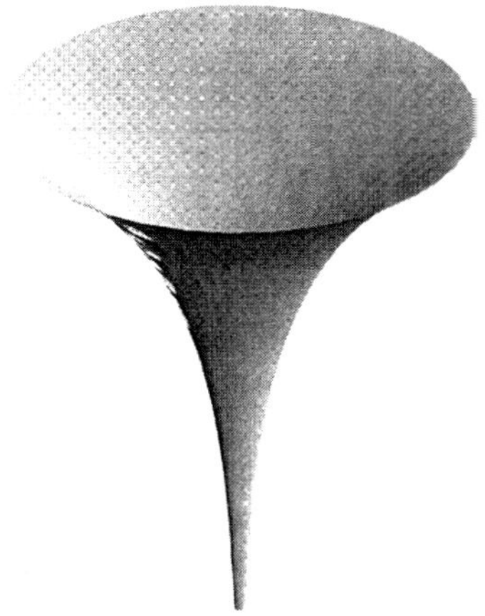

식 (8.8) 에 의하여 정의된 곡선을 **추적선**(tractrix)이라 하며, 흥미로운 기하학적 성질을 가지고 있다. 그래프상의 점 P에서 접선을 생각하고, 점 Q에서 z-축과 만난다고 가정하자. 그리고 PQ의 거리를 계산해보자.

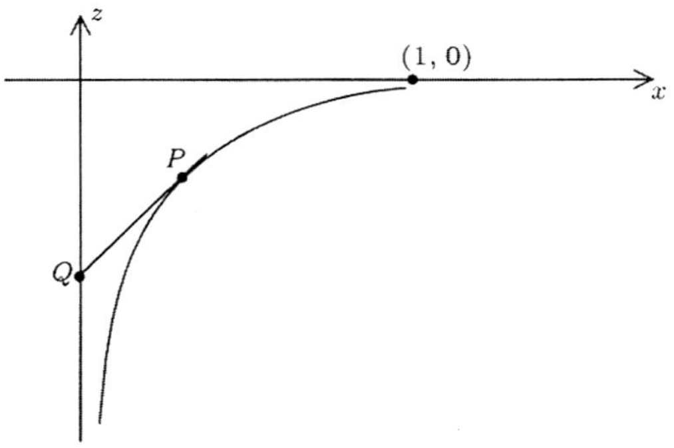

P점을 $(x_0,\ z_0)$라 하자. 직접 계산하거나 또는 적분 (8.7)의 계산을 참조하면

$$\frac{dz}{dx} = \frac{\sqrt{1-x^2}}{x}.$$

따라서 P에서 접선의 방정식은

$$z - z_0 = \frac{\sqrt{1-x_0^2}}{x_0}(x - x_0).$$

이 접선은 z-축과 $(0,\ z_1)$에서 만난다. 단,

$$z_1 - z_0 = \frac{\sqrt{1-x_0^2}}{x_0}(0 - x_0) = -\sqrt{1-x_0^2}.$$

따라서 거리 P에서 Q까지 거리의 제곱은

$$x_0^2 + (z_1 - z_0)^2 = x_0^2 + 1 - x_0^2 = 1,$$

즉, P에서 Q까지의 거리는 상수이며 1이다.

이것은 추적선이 다음 성질을 가지고 있다는 의미이다. 이제 당나귀가 길이 1 인 밧줄로 돌이 담긴 상자를 당기고 있다고 하자. 당나귀는 처음에 $(0,\ 0)$에 있었고 상자는 $(1,\ 0)$에 있었다고 가정하고, 당나귀가 천천히 음의 z-축을 따라 걷는다고 하자. 그러면 돌 상자는 추적선을 따라 움직이게 된다.

연습문제

8.3.1 다음을 증명하여라.

(i) $w = e^{-u}$로 두면 제1기본형식이

$$\frac{dv^2 + dw^2}{w^2}$$

인 의구의 재매개변수화 $\sigma_1(v,\ w)$가 된다.

(이것을 **상반평면 모형**(upper half-plane model)이라 한다)

(ii) $V = \dfrac{v^2 + w^2 - 1}{v^2 + (w+1)^2},\quad W = \dfrac{-2v}{v^2 + (w+1)^2}$ 라 두면 제1기본형식이

$$\frac{dU^2 + dV^2}{(1 - U^2 - V^2)^2}$$

인 의구의 재매개변수화 $\sigma_2(U,\ V)$가 된다.

(이것을 **포앙카레의 원판모형**(Poincare disc model)이라 한다. vw-평면의 영역 $w > 0$은 VW-평면의 원판 $V^2 + W^2 < 1$에 대응된다).

(iii) $\overline{V} = \dfrac{2V}{V^2 + W^2 + 1},\quad \overline{W} = \dfrac{2W}{V^2 + W^2 + 1}$ 라 두면 제1기본형식이

$$\frac{(1 - \overline{W}^2)d\overline{V}^2 + 2\overline{V}\,\overline{W}d\overline{V}d\overline{W} + (1 - \overline{V}^2)d\overline{W}^2}{(1 - \overline{V}^2 - \overline{W}^2)^2}$$

인 의구의 재매개변수화 $\sigma_2(\overline{V},\ \overline{W})$를 정의한다(이것을 **벨트라미-클라인 모형**(Beltrami-Klein model)이라 한다. vw 평면에서 $w > 0$인 영역은 $\overline{V}\,\overline{W}$-평면상의 원판 $\overline{V}^2 + \overline{W}^2 < 1$에 대응된다).

(i)과 (ii)의 경우에서 교재에서 주어진 의구의 매개변수 안의 열린 집합

$$\{(u, v) \mid u < 0,\ -\pi < v < \pi\}$$

에 대응되는 vw-평면과 VW-평면 상의 열린 부분집합을 구하여라. 이들 모형은 11장에서 좀 더 자세하게 설명한다.

8.4 평탄한 곡면

8.3절에서 상수인 가우스 곡률 K를 가지는 곡면의 예에 대하여 알아보았지만 그 곡면들의 완전한 분류를 얻기에는 부족했다. 그러나 **평탄한 곡면**(flat surface), 즉 모든 곳에서 $K = 0$인 곡면에 대해서

는 비교적 완전한 설명을 할 수 있다. 이를 위하여 다음 명제에서 설명하는 어느 곡면에도 성립하는 특별한 매개변수화를 이용한다.

명제 8.4.1 p를 곡면 S상의 점이라 하고, p가 배꼽점이 아니라고 하자. 그러면 적당한 매끄러운 함수 $E,\ G,\ L,\ N$에 대하여 제1기본형식과 제2기본형식이 각각

$$Edu^2 + Gdv^2 \text{과 } Ldu^2 + Ndv^2$$

인 p를 포함하는 S의 곡면조각사상 $\boldsymbol{\sigma}(u,\ v)$가 존재한다.

p에서 S의 두 주곡률이 일치하면 곡면상의 점 p가 곡면 S의 배꼽점이 됨을 알았다. 8.2절의 명제에 있는 조각사상 $\boldsymbol{\sigma}$에 대해 $\boldsymbol{\sigma}_u$와 $\boldsymbol{\sigma}_v$가 주곡률 $\dfrac{L}{E}$과 $\dfrac{N}{G}$에 대응되는 주벡터임을 알았다. 이 $\boldsymbol{\sigma}$를 **주좌표 조각사상**(principal patch)이라 한다.

명제 8.4.1의 결과를 가정하고, 다음 명제 8.4.2의 증명부터 생각하자.

명제 8.4.2 p를 평탄한 곡면 S상의 점이라 하고, 배꼽점이 아니라고 하면, p를 포함하고 선직면인 S의 조각사상이 존재한다.

증명 명제 8.4.1과 같이 p를 포함하는 조각 $\boldsymbol{\sigma}:\ U \to \mathbb{R}^3$를 잡고 $\mathbf{p} = \boldsymbol{\sigma}(u_0, v_0)$라 하면, 따름정리 8.1.3에 의하여, 가우스 곡률 $K = \dfrac{LN}{EG}$이다. 가우스 곡률이 모든 곳에서 영이므로, U의 각 점에서 $L = 0$ 또는 $N = 0$이다. 또한 p가 배꼽점이 아니므로 L과 N이 동시에 영은 아니다. $L(u_0,\ v_0) \neq 0$라 가정하면, $(u_0,\ v_0)$는 포함하는 U의 적당한 열린 부분집합 안의 $(u,\ v)$에 대하여 $L(u,\ v) \neq 0$이다.

따라서 필요하다면 U를 줄여서 U의 각 점에서 $L \neq 0$이라 가정할 수 있다. 그러면 모든 곳에서 $N = 0$이며 $\boldsymbol{\sigma}$의 제2기본형식은 Ldu^2이다.

매개변수곡선 $u =$상수가 직선임을 보이자. 이와 같은 곡선은 $v \mapsto \boldsymbol{\sigma}(u_0,\ v),\ u_0 = u$의 상수값으로 나타낼 수 있다. 이 곡선의 단위접선벡터는 $\mathbf{t} = \dfrac{\boldsymbol{\sigma}_v}{\sqrt{G}}$이며, 명제 1.1.6을 이용하면 $\mathbf{t}_v = 0$임을 보이기만 하면 된다.

명제 8.1.2의 증명에 의하여, 단위법선벡터의 미분은

$$\mathbf{N}_u = -E^{-1}L\boldsymbol{\sigma}_u,\ \mathbf{N}_v = 0. \tag{8.9}$$

따라서 $\mathbf{t}_v \cdot \boldsymbol{\sigma}_u = -EL^{-1}\mathbf{t}_v \cdot \mathbf{N}_u$. 식 (8.9)에 의하여 $\mathbf{t} \cdot \mathbf{N}_u = 0,\ \mathbf{N}_{uv} = 0$이므로 $\mathbf{t}_v \cdot \mathbf{N}_u = -\mathbf{t} \cdot \mathbf{N}_{uv} = 0$. 따라서 $\mathbf{t}_v \cdot \boldsymbol{\sigma}_u = 0$. $\mathbf{t}$가 단위벡터이므로 $\mathbf{t}_v \cdot \mathbf{t} = 0$이며 따라서 $\mathbf{t}_u \cdot \boldsymbol{\sigma}_v$

$=0$이다. 마지막으로 식 (8.9)를 다시 이용하면 $\mathbf{t}_v \cdot \mathbf{N} = -\mathbf{t} \cdot \mathbf{N}_v = 0$. 벡터 $\boldsymbol{\sigma}_u$, $\boldsymbol{\sigma}_v$, $\mathbf{N}$은 $\mathbb{R}^3$의 기저이므로 $\mathbf{t}_v = 0$이다. ■

이제 평탄한 선직면의 구조를 설명하기로 하자.

예제 8.1.5과 같이 선직면을

$$\boldsymbol{\sigma}(u,\ v) = \gamma(u) + v\delta(u)$$

와 같이 매개변수화 하고 $\cdot$ 을 $\frac{d}{du}$ 라고 하면 $\boldsymbol{\sigma}_u + \dot{\gamma} + v\dot{\delta}$, $\boldsymbol{\sigma}_v = \delta$이며, $\boldsymbol{\sigma}$의 가우스 곡률이 영이 되기 위한 필요충분조건은

$$\dot{\delta} \cdot (\boldsymbol{\sigma}_u \times \boldsymbol{\sigma}_v) = 0$$

그리고

$$\boldsymbol{\sigma}_u \times \boldsymbol{\sigma}_v = \dot{\gamma} \times \delta + v\dot{\delta} \times \delta,\ \ \dot{\delta} \cdot (\dot{\delta} \times \delta) = 0$$

이므로

$$K = 0\text{이 되기 위한 필요충분조건은 } \dot{\delta} \cdot (\dot{\gamma} \times \delta) = 0. \tag{8.10}$$

따라서 $K=0$이 되기 위한 필요충분조건은 어느 곳에서나 $\dot{\gamma}$, δ, $\dot{\delta}$가 일차독립인 것이다.

이제 u의 모든 값에 대하여 $\delta(u)$가 단위벡터라 가정하면 $\delta \cdot \dot{\delta} = 0$이다. 먼저 u의 모든 값에 대하여 $\dot{\delta}(u) = 0$이라 가정하면 δ가 상수이며, $\boldsymbol{\sigma}$는 **일반화된 원기둥**(generalised cylinder)이다.

다음으로 $\dot{\delta} \neq 0$이라 하면, δ와 $\dot{\delta}$는 영이 아닌 직교하는 벡터이므로 일차독립이다. 따라서 $\dot{\gamma}$, δ, $\dot{\delta}$가 일차종속이라면 적당한 매끄러운 함수 f와 g에 대하여

$$\dot{\gamma}(u) = f(u)\delta(u) + g(u)\dot{\delta}(u)$$

우선 $f = \dot{g}$라고 가정하자. 그러면 $\dot{\gamma} = (g\delta)^{\cdot}$ 이고, 상수벡터 $\mathbf{a}$에 대해서 $\gamma = g\delta + \mathbf{a}$이다. 즉

$$\boldsymbol{\sigma}(u,\ v) = \mathbf{a} + (v + g(u))\delta(u).$$

$\tilde{u} = u$, $\tilde{v} = v + g(u)$라 놓으면 **일반화된 원뿔**(generalised cone)의 재매개변수화를 얻을 수 있다.

마지막으로 $\dot{\delta}$와 $f - \dot{g}$ 둘다 어느 곳에서나 영이 아니라고 가정하고

$$\tilde{\gamma}(u) = \gamma(u) - g(u)\delta(u),\ \ \tilde{v} = \frac{v + g(u)}{f(u) - \dot{g}(u)}$$

라 정의하면, 계산을 통해

$$\boldsymbol{\sigma}(u,\ v) = \tilde{\gamma}(u) + \tilde{v}\dot{\tilde{\gamma}}(u)$$

를 얻을 수 있으며, 따라서 σ가 $\tilde{\gamma}$의 접전개의 부분에 대한 재매개변수화가 된다.

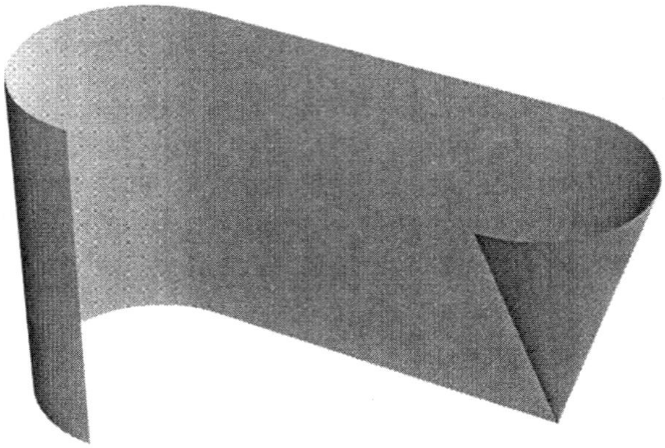

물론, 위에서 생각한 δ, f 그리고 g에 대한 어떤 조건도 만족되지 않을 수도 있다. 실제로 우리가 보인 것은 오직 U의 열린 부분집합에 대응되는 곡면의 일부분, 일반화된 원기둥, 일반화된 원뿔, 또는 접전개 등이었다. 주면 전체가 위의 세 가지 형태 중에 하나가 되는 것은 아니다. 왜냐하면 위의 그림에서 보인 바와 같이 다른 형태의 평탄한 곡면이 매끄러운 곡면을 만들기 위해 결합될 수 있기 때문이다. 일반적으로 평탄한 곡면은 직선선분을 따라 일반화된 원기둥, 일반화된 원뿔과 접전개들을 모아 붙인 것이다.

이 절의 나머지 부분에서는 명제 8.4.1의 증명을 위해 설명한다. 그리고 역함수 정리의 이용이 불편한 독자에 의해 생략될 수 있다. 실제로 추가적인 노력없이 더욱 일반적인 결과를 증명할 수 있다.

명제 8.4.3 $\tilde{\sigma} : \tilde{U} \to \mathbb{R}^3$는 곡면조각사상이고, 모든 $(\tilde{u}, \tilde{v}) \in \tilde{U}$에 대하여 $(\tilde{u}, \tilde{v})$에 매끄럽게 영향을 받는 접선벡터

$$\mathbf{e}_1(\tilde{u}, \tilde{v}) = a(\tilde{u}, \tilde{v})\tilde{\boldsymbol{\sigma}}_{\tilde{u}} + b(\tilde{u}, \tilde{v})\tilde{\boldsymbol{\sigma}}_{\tilde{v}},$$
$$\mathbf{e}_2(\tilde{u}, \tilde{v}) = c(\tilde{u}, \tilde{v})\tilde{\boldsymbol{\sigma}}_{\tilde{u}} + d(\tilde{u}, \tilde{v})\tilde{\boldsymbol{\sigma}}_{\tilde{v}}$$

가 주어졌다고 하자. 단, a, b, c, d는 $(\tilde{u}, \tilde{v})$의 매끄러운 함수이다. 적당한 점 $(\tilde{u}_0, \tilde{u}_0) \in \tilde{U}$에서 벡터 $\mathbf{e}_1(\tilde{u}_0, \tilde{v}_0)$와 $\mathbf{e}_2(\tilde{u}_0, \tilde{u}_0)$는 일차독립이라 가정한다. 그러면 이때 $(\tilde{u}_0, \tilde{v}_0)$를 포함하는 $\tilde{U}$의 열린 부분집합 $\tilde{V}$와 $\boldsymbol{\sigma}_u$와 $\boldsymbol{\sigma}_v$가 각각 $\mathbf{e}_1$과 $\mathbf{e}_2$에 평행한다.$(\tilde{u}, \tilde{v}) \in \tilde{V}$에 대해 $\tilde{\boldsymbol{\sigma}}(\tilde{u}, \tilde{v})$의 재매개변수화 $\boldsymbol{\sigma}(u, v)$가 존재한다.

명제 8.4.1은 명제 8.4.3의 특별한 경우이다. 실제로 $\tilde{\boldsymbol{\sigma}}$는 $\mathbf{p}$를 포함하는 S의 곡면조각사상이라 하고

$\mathrm{p} = \tilde{\boldsymbol{\sigma}}(\tilde{u}_0,\ \tilde{v}_0)$라 하자. $\tilde{\boldsymbol{\sigma}}$의 주곡률 κ_1과 κ_2는 p에서 다르므로, 연습문제 8.2.8에 의하여 연속함수이며, $\tilde{\boldsymbol{\sigma}}$가 정의된 $(\tilde{u}_0,\ \tilde{v}_0)$를 포함하는 적당한 열린 집합 $\widetilde{U}$ 안에 있는 $(\tilde{u},\ \tilde{v})$이 대하여 서로 다르다. 이제

$$\mathrm{e}_1 = \xi_1\tilde{\boldsymbol{\sigma}}_{\tilde{u}} + \eta_1\tilde{\boldsymbol{\sigma}}_{\tilde{v}},\ \mathrm{e}_2 = \xi_2\tilde{\boldsymbol{\sigma}}_{\tilde{u}} + \eta_2\tilde{\boldsymbol{\sigma}}_{\tilde{v}}$$

를 κ_1과 κ_2에 대응되는 단위 주벡터라 하면, 명제 8.2.1에 의하여 서로 직교한다. $\boldsymbol{\sigma}(u,\ v)$를 명제 8.4.3에서의 $\tilde{\boldsymbol{\sigma}}$의 재매개변수화라 하면 e_1과 e_2가 직교하므로 $\boldsymbol{\sigma}_u \cdot \boldsymbol{\sigma}_v = 0$이며, 따라서 $\boldsymbol{\sigma}$의 제1기본형식은 $Edu^2 + Gdv^2$이다. 또한 $\boldsymbol{\sigma}_u$와 $\boldsymbol{\sigma}_v$는 κ_1과 κ_2에 대응되는 주벡터들이며, 따라서

$$(F_{\mathrm{II}} - \kappa_1 F_{\mathrm{I}})\begin{pmatrix} 1 \\ 0 \end{pmatrix} = (F_{\mathrm{II}} - \kappa_2 F_{\mathrm{I}})\begin{pmatrix} 0 \\ 1 \end{pmatrix} = \begin{pmatrix} 0 \\ 0 \end{pmatrix}$$

이다. 여기에서 $F_{\mathrm{I}},\ F_{\mathrm{II}}$은 $\boldsymbol{\sigma}$의 제1, 제2 기본형식의 행렬이다.

$F_{\mathrm{I}} = \begin{pmatrix} E & 0 \\ 0 & G \end{pmatrix}$이므로, $F_{\mathrm{II}} = \begin{pmatrix} \kappa_1 E & 0 \\ 0 & \kappa_2 G \end{pmatrix}$가 된다. 따라서 $\boldsymbol{\sigma}$의 제2기본형식은 $Ldu^2 + Ndv^2$이 된다. 이때 $L = \kappa_1 E,\ N = \kappa_2 G$이다.

따라서 명제 8.4.3의 증명만 하면 된다. $(\tilde{u},\ \tilde{v}) \in \widetilde{U}$에 대한 매끄러운 함수 a와 b에 대하여

$$\mathrm{e} = A\tilde{\boldsymbol{\sigma}}_{\tilde{u}} + B\tilde{\boldsymbol{\sigma}}_{\tilde{v}}$$

라 두자. 먼저 출발점 $\gamma(0)$으로 $Q = \tilde{\boldsymbol{\sigma}}(\alpha,\ \beta)$과 $\dot{\gamma} = \mathrm{e}$인 곡선 γ를 구성해보자. 이와 같은 곡선 $\gamma(t) = \tilde{\boldsymbol{\sigma}}(\tilde{u}(t),\ \tilde{v}(t))$를 구성하는 것은 상미분방정식

$$\dot{\tilde{u}} = A(\tilde{u},\ \tilde{v}),\ \dot{\tilde{v}} = B(\tilde{u},\ \tilde{v})$$

의 해를 구하는 것과 동치이다. 상미분방정식 이론에서 이 문제는 $t = 0$를 포함하는 적당한 열린 구간에서 정의된 유일한 해 $\tilde{u}(t),\ \tilde{v}(t)$를 가진다. 또한 $\tilde{u}$와 $\tilde{v}$는 세 변수 $t,\ \alpha,\ \beta$에 대해 매끄러운 함수들이다.

$\mathrm{e} = \mathrm{e}_1$에 이것을 적용하면, $\gamma_1(0) = \tilde{\boldsymbol{\sigma}}(\tilde{u}_0,\ \tilde{v}_0)$이고 $\dfrac{d\gamma_1}{ds_1} = \mathrm{e}_1$인 곡선 $\gamma_1(s_1)$를 $\tilde{\boldsymbol{\sigma}}$ 안에서 구성할 수 있다. 또 $\mathrm{e} = \mathrm{e}_2$에 적용하면 그러면 0에 가까운 값 s_1에 대해 $\dfrac{\partial\boldsymbol{\lambda}}{\partial s_2} = \mathrm{e}_2$이고 $\boldsymbol{\lambda}(s_1,\ 0) = \gamma_1(s_1)$인 곡선 $s_2 \mapsto \boldsymbol{\lambda}(s_1,\ s_2)$를 $\tilde{\boldsymbol{\sigma}}$ 안에서 구성할 수 있다. $(\tilde{u},\ \tilde{v})$를 $(s_1,\ s_2)$의 함수토

$$\tilde{\boldsymbol{\sigma}}(\tilde{u},\ \tilde{v}) = \boldsymbol{\lambda}(s_1,\ s_2) \tag{8.11}$$

와 같이 정의하자.

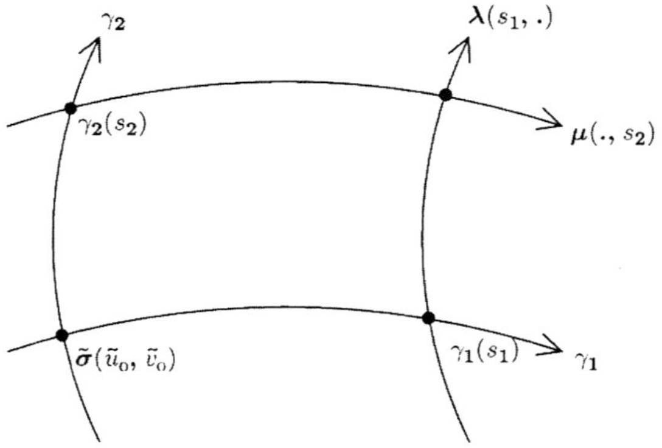

s_1과 s_2로 미분하면

$$\tilde{\boldsymbol{\sigma}}_{\tilde{u}}\frac{\partial \tilde{u}}{\partial s_1}+\tilde{\boldsymbol{\sigma}}_{\tilde{v}}\frac{\partial \tilde{v}}{\partial s_1}=\boldsymbol{\lambda}_{s_1},\quad \tilde{\boldsymbol{\sigma}}_{\tilde{u}}\frac{\partial \tilde{u}}{\partial s_2}+\tilde{\boldsymbol{\sigma}}_{\tilde{v}}\frac{\partial \tilde{v}}{\partial s_2}=\boldsymbol{\lambda}_{s_2}$$

이며

$$\boldsymbol{\lambda}_{s_1}|_{s_2=0}=\frac{d}{ds_1}\boldsymbol{\lambda}(s_1,\ 0)=\frac{d\gamma_1}{ds_1}=\mathrm{e}_1,\ \ \boldsymbol{\lambda}_{s_2}=\frac{\partial \boldsymbol{\lambda}}{\partial s_2}=\mathrm{e}_2. \tag{8.12}$$

따라서 점 $\tilde{\boldsymbol{\sigma}}(\tilde{u}_0,\ \tilde{v}_0)$에서 $s_1=s_2=0$이면 야코비 행렬은

$$\begin{pmatrix} \dfrac{\partial \tilde{u}}{\partial s_1} & \dfrac{\partial \tilde{u}}{\partial s_2} \\ \dfrac{\partial \tilde{v}}{\partial s_1} & \dfrac{\partial \tilde{v}}{\partial s_2} \end{pmatrix}=\begin{pmatrix} a & c \\ b & d \end{pmatrix}. \tag{8.13}$$

e_1과 e_2가 $(\tilde{u}_0,\ \tilde{v}_0)$에서 일차독립이므로, 이 행렬은 정칙이다.

역함수정리 5.6.1에 의하여 식 (8.11)은 $(\tilde{u}_0,\ \tilde{v}_0)$를 포함하는 $\widetilde{U}$의 적당한 열린 집합 $\widetilde{W}$ 안의 $(\tilde{u},\ \tilde{v})$의 매끄러운 함수 $(s_1,\ s_2)$에 대하여 풀 수 있다. 따라서 $\boldsymbol{\lambda}$는 허용가능한 곡면조각사상이며, 식 (8.12)에 의하여 $s_2=0$일 때 $\boldsymbol{\lambda}_{s_1}=\mathrm{e}_1$, 모든 곳에서 $\boldsymbol{\lambda}_{s_2}=\mathrm{e}_2$가 된다.

위 과정을 되풀이하여, 이번에는 $\dfrac{d\gamma_2}{dt_2}=\mathrm{e}_2$와 $\gamma_2(0)=\tilde{\boldsymbol{\sigma}}(\tilde{u}_0,\ \tilde{v}_0)$를 만족하는 곡선 $\gamma_2(t_2)$로부터 출발하여 $\dfrac{\partial \mu}{\partial t_2}=\mathrm{e}_1$과 $\boldsymbol{\mu}(0,\ t_2)=\gamma_2(t_2)$인 곡선 $t_1 \mapsto \boldsymbol{\mu}(t_1,\ t_2)$를 잡는다. 따라서

$$\boldsymbol{\mu}(t_1,\ t_2)=\tilde{\boldsymbol{\sigma}}(\tilde{u},\ \tilde{v})$$

인 허용가능한 조각사상 $\boldsymbol{\mu}(t_1,\ t_2)$를 $(\tilde{u}_0,\ \tilde{v}_0)$를 포함하는 $\widetilde{U}$의 적당한 열린 부분집합 $\widetilde{Z}$ 안의 $(\tilde{u},\ \tilde{v})$에 대해 생각할 수 있다. 이 조각사상은 모든 곳에서 $\boldsymbol{\mu}_{t_1}=\mathrm{e}_1$, $t_1=0$일 때 $\boldsymbol{\mu}_{t_2}=\mathrm{e}_2$이다.

우리가 구하는 매개변수화는 곡선 $s_2 \mapsto \boldsymbol{\lambda}(u,\ s_2)$와 곡선 $t_1 \mapsto \boldsymbol{\mu}(t_1,\ v)$의 공통부분인 $\boldsymbol{\sigma}(u,\ v)$

이다. 따라서 다음 방정식

$$\tilde{\boldsymbol{\sigma}}(\tilde{u},\ \tilde{v}) = \boldsymbol{\lambda}(u,\ s_2) = \boldsymbol{\mu}(t_1,\ v)$$

를 생각하면 식 (8.1.3)로부터

$$\frac{\partial \tilde{u}}{\partial v} = a,\ \ \frac{\partial \tilde{v}}{\partial u} = b,$$

를 얻는다. 마찬가지 방법으로

$$\frac{\partial \tilde{u}}{\partial v} = c,\ \ \frac{\partial \tilde{v}}{\partial v} = d.$$

따라서 야코비 행렬은

$$\begin{pmatrix} \dfrac{\partial \tilde{u}}{\partial u} & \dfrac{\partial \tilde{u}}{\partial v} \\ \dfrac{\partial \tilde{v}}{\partial u} & \dfrac{\partial \tilde{v}}{\partial v} \end{pmatrix} = \begin{pmatrix} a & c \\ b & d \end{pmatrix}.$$

이 행렬이 정칙이라는 것은 $(\tilde{u}_0,\ \tilde{v}_0)$를 포함하는 $\widetilde{W} \cap \tilde{Z}$의 적당한 열린 부분집합 $\tilde{V}$ 안의 $(\tilde{u},\ \tilde{v})$에 대해, $(u,\ v)$가 $(\tilde{u},\ \tilde{v})$로서 표현되는 것이며, 따라서 $\tilde{\boldsymbol{\sigma}}(\tilde{u},\ \tilde{v})$의 재매개변수화 $\boldsymbol{\sigma}(u,\ v)$를 얻는다. 마지막으로 방정식 $\boldsymbol{\sigma}(u,\ v) = \boldsymbol{\mu}(t_1,\ v)$로부터

$$\boldsymbol{\sigma}_u = \frac{\partial t_1}{\partial u}\boldsymbol{\mu}_{t_1} = \frac{\partial t_1}{\partial u}\mathrm{e}_1$$

를 얻으며, 마찬가지 방법으로

$$\boldsymbol{\sigma}_v = \frac{\partial s_2}{\partial v}\mathrm{e}_2.$$

따라서 $\boldsymbol{\sigma}_u$와 $\boldsymbol{\sigma}_v$는 e_1과 e_2에 각각 평행이다. ■

연습문제

8.4.1 p를 곡면 S의 쌍곡점이라 하자 (8.2절을 참조). 이때 매개변수곡선이 점근곡선인 p를 포함하는 S의 조각사상이 존재함을 증명하여라 (연습문제 7.3.6 착조). 그리고 이 조각의 제2기본형식은 $2M du dv$ 임을 보여라.

8.5 평균곡률이 상수인 곡면

평균곡률 H가 상수인 곡면을 생각하자. 이와 같은 곡면에 대해서 흥미 있는 물리적 해석을 할 수 있다. 12.1절에서 알 수 있겠지만 비누막은 언제나 평균곡률이 상수이다.

12.1절에서는 영이 아닌 상수인 평균곡률을 가지는 곡면의 두 가지 구성에 대하여 설명할 것이다. 이 경우 $H=0$은 12장에서 좀 더 구체적으로 설명한다. 이들 중 첫 번째로 우리는 상수인 양의 가우스 곡률을 가지는 곡면 사이의 대응을 주는 구성에 대하여 설명한다.

정의 8.5.1

S를 유향곡면이라 하고 $\lambda \in \mathbb{R}$ 이라 하자. S의 **평행곡면**(parallel surface) S^λ는 $S^\lambda = \{\mathbf{p} + \lambda \mathbf{N_p} | \mathbf{p} \in S\}$ 이다. $\mathbf{N_p}$는 $\mathbf{p}$에 있어서의 단위법선벡터이다.

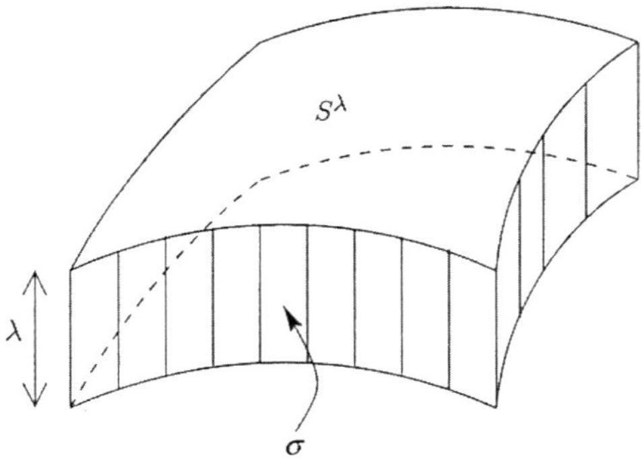

간단히 말한다면 S^λ는 곡면 S를 자기 자신에 직교한 방향으로 거리 λ만큼 평행이동하여 얻을 수 있다(그러나 일반적으로 $\mathbf{N_p}$는 $\mathbf{p}$에 의존하므로 이것은 진정한 의미의 평행이동은 아니다).

명제 8.5.2 κ_1과 κ_2가 유향곡면 S의 주곡률이고 $\lambda \in \mathbb{R}$, S^λ는 S의 평행곡면에 대응된다고 하자. κ_1과 κ_2가 S의 모든 점에서 $\dfrac{1}{\lambda}$과 같지 않다고 하자. 이때 다음이 성립한다.

(i) S^λ는 (매끄러운) 유향곡면이고, $\mathbf{p} + \lambda \mathbf{N_p}$에서 S^λ의 단위법선벡터는 $\epsilon \mathbf{N_p}$이다. 이때 ϵ은 $(1-\lambda\kappa_1)(1-\lambda\kappa_2)$의 부호이다.

(ii) S^λ의 주곡률은 $\dfrac{\epsilon\kappa_1}{(1-\lambda\kappa_1)}$과 $\dfrac{\epsilon\kappa_2}{(1-\lambda\kappa_2)}$이며 대응되는 주벡터들은 κ_1과 κ_2에 대응되는 S의 주곡률 벡터들과 각각 같다.

(iii) S^λ의 가우스 곡률과 평균곡률은 각각

$$\frac{K}{1-2\lambda H+\lambda^2 K} \text{과} \quad \frac{\epsilon(H-\lambda K)}{1-2\lambda H+\lambda^2 K}.$$

이때 K와 H는 S의 가우스곡률과 평균곡률이다.

증명 $\boldsymbol{\sigma}(u, v)$를 표준적인 단위 법선벡터 $\mathbf{N}(u, v)$를 가지는 S의 곡면조각사상이라 하자.

$$\boldsymbol{\sigma}^\lambda(u, v) = \boldsymbol{\sigma}(u, v) + \lambda \mathbf{N}(u, v)$$

라 정의하면 명제 8.1.2에 의하여

$$\begin{aligned}\boldsymbol{\sigma}_u^\lambda &= \boldsymbol{\sigma}_u + \lambda \mathbf{N}_u = (1+\lambda a)\boldsymbol{\sigma}_u + \lambda b \boldsymbol{\sigma}_v, \\ \boldsymbol{\sigma}_v^\lambda &= \boldsymbol{\sigma}_v + \lambda \mathbf{N}_v = \lambda c \boldsymbol{\sigma}_u + (1+\lambda d)\boldsymbol{\sigma}_v\end{aligned} \tag{8.14}$$

이며, 접평면의 기저 $\{\boldsymbol{\sigma}_u, \boldsymbol{\sigma}_v\}$에 대한 S의 와인가르텐 사상은

$$W_\sigma = -\begin{pmatrix} a & c \\ b & d \end{pmatrix}.$$

따라서

$$\boldsymbol{\sigma}_u^\lambda \times \boldsymbol{\sigma}_v^\lambda = (1+\lambda(a+d)+\lambda^2(ad-bc))\boldsymbol{\sigma}_u \times \boldsymbol{\sigma}_v.$$

κ_1과 κ_2가 W_σ의 고유값이고 (8.2절 참조) 행렬의 고유값의 합과 곱은 각각 대각성분의 합, 행렬의 행렬식과 같으므로

$$\kappa_1 + \kappa_2 = -(a+d), \ \kappa_1 \kappa_2 = ad - bc.$$

이고

$$\sigma_u^\lambda \times \sigma_v^\lambda = (1-\lambda\kappa_1)(1-\lambda\kappa_2)\sigma_u \times \sigma_v. \tag{8.15}$$

따라서 (i)이 증명되었다.

S^λ의 주곡률은 기저 $\{\boldsymbol{\sigma}_u^\lambda, \boldsymbol{\sigma}_v^\lambda\}$에 대한 S^λ의 와인가르텐 사상의 행렬 W_{σ^λ}의 고유값이다. 명제 8.1.2의 증명에 의하여, 이것은 $\boldsymbol{\sigma}^\lambda$의 표준적 법선벡터 $\mathbf{N}^\lambda$에 대해 $\boldsymbol{\sigma}_u^\lambda$와 $\boldsymbol{\sigma}_v^\lambda$에 의한 $\mathbf{N}_u^\lambda$와 $\mathbf{N}_v^\lambda$를 나타내는 행렬에 마이너스가 있다. 식 (8.14)에 의하여 $\boldsymbol{\sigma}_u$와 $\boldsymbol{\sigma}_v$에 의해 $\boldsymbol{\sigma}_u^\lambda$와 $\boldsymbol{\sigma}_v^\lambda$를 나타내는 행렬은 $I-\lambda W_\sigma$이며 $\mathbf{N}^\lambda = \epsilon \mathbf{N}$으로부터 $-\epsilon W_\sigma$가 $\boldsymbol{\sigma}_u$와 $\boldsymbol{\sigma}_v$에 의해 $\mathbf{N}_u^\lambda$와 $\mathbf{N}_v^\lambda$를 나타내는 행렬이다. 이 두 사실로부터

$$W_{\sigma^\lambda} = \epsilon(I-\lambda W_\sigma)^{-1} W_\sigma$$

임을 알 수 있다. T가 고유값으로 κ를 가지는 W_σ의 고우벡터이면 T는 고유값 $\dfrac{\epsilon\kappa}{(1-\lambda\kappa)}$를 가지는 W_{σ^λ}의 고유벡터도 된다. 따라서 (ii)의 결론을 얻을 수 있다. (iii)은 (ii)로부터 바로 얻을 수 있다. ■

따름정리 8.5.3

만약 S가 상수인 가우스 곡률 $\frac{1}{R^2}$을 가지면 평행곡면 $S^{\pm R}$은 상수인 평균곡률 $\frac{1}{2R}$을 갖는다. 역으로 만약 S가 상수인 평균곡률 $\frac{1}{2R}$을 가지면 평행곡면 S^R은 상수인 가우스 곡률 $\frac{1}{R^2}$을 갖는다.

증명 명제의 (iii)으로부터 바로 증명할 수 있다. 예를 들면, 만약 $H = 1/2R$이면 S^R의 가우스 곡률은

$$\frac{K}{1-2RH+R^2k} = \frac{K}{R^2K} = \frac{1}{R^2}$$

■

다음 구성은 직선을 따라 미끄럼 없이 구르는 타원의 초점을 따라 생기는 곡선에 의해 영이 아닌 상수인 평균곡률을 가지는 회전면을 아름답게 기하학적으로 표현하게 해준다 (연습문제 2.2.10 참조). 상수 $p > q > 0$에 대해, 타원

$$\frac{x^2}{p^2} + \frac{(y-q)^2}{q^2} = 1$$

을 생각하면 이 타원은 원점에서 x축에 접한다. 타원의 초점들은 $\boldsymbol{f}_1 = (-\epsilon p, q)$, $\boldsymbol{f}_2 = (\epsilon p, q)$이다. 이때 이심율은

$$\epsilon = \sqrt{1 - \frac{q^2}{p^2}}$$

이다.

명제 8.5.4 위 기호에 따라 C를 x-축을 따라 미끄럼 없이 구르는 타원의 초점 중의 하나의 궤적으로 만들어지는 곡선이라 하자. S를 x-축 주위로 C를 회전하여 얻어지는 곡면이라 하자. 그러면 S는 영이 아닌 상수인 평균곡률을 가진다.

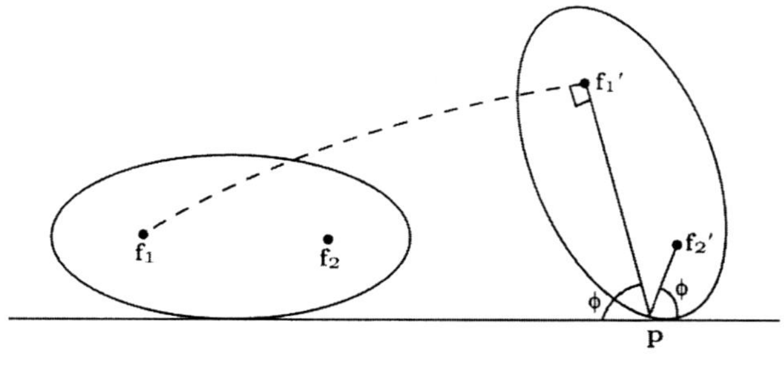

증명 x-축과 만나는 점이 $\mathbf{p}$가 되게끔 타원이 x-축을 따라서 구르는 상황을 생각하면, 예를들어, 초점 $\mathbf{f}_1$은 C위에서 점 $\mathbf{f}_1' = (x, y)$로 이동하고, 초점 $\mathbf{f}_2$는 $\mathbf{f}_2' = (X, Y)$로 움직인다. φ를 x-축과 $\mathbf{p} - \mathbf{f}_1'$의 사잇각이라고 하면 φ는 연습문제 1.1.6 (iii)에 의해 x-축과 $\mathbf{p} - \mathbf{f}_2'$의 사잇각이 된다. 따라서 $y = \| \mathbf{p} - \mathbf{f}_1' \| \sin\varphi$, $Y = \| \mathbf{p} - \mathbf{f}_2 \| \sin\varphi$이며, $y + Y = 2p\sin\varphi$이다(연습문제 1.1.6 (i)에 의해). 그러나 연습문제 1.1.6 (ii)로부터 $yY = q^2$이며

$$y + \frac{q^2}{y} = 2p\sin\varphi \tag{8.16}$$

이다. 타원이 미끄럼 없이 구르므로 x-축과 타원의 만나는 점은 정류점이다. 이것으로부터 $\mathbf{f}_1'$는 $\mathbf{p}$근방에서 비정류적으로 굴러 이동하고, 따라서 $\mathbf{f}_1'$에서 C의 접벡터는 $\mathbf{p} - \mathbf{f}_1'$와 직교한다(이 발견적인 주장이 확신이 안 된다면 해석적인 증명은 연습문제 2.2.10을 참조하여라). 이것으로부터

$$\frac{dy}{dx} = \cot\varphi. \tag{8.17}$$

식 (8.16)과 (8.17)로부터 φ를 소거하면

$$y^2 + q^2 = \frac{2py}{\sqrt{1 + \left(\frac{dy}{dx}\right)^2}}. \tag{8.18}$$

x-축 주위로 C를 회전하여 얻어지는 곡면 S는 $\boldsymbol{\sigma}(x, \theta) = (x, y\cos\theta, y\sin\theta)$로 나타낼 수 있다. θ는 회전각이다. $\boldsymbol{\sigma}$의 제1, 제2기본형식은 각각

$$\left(1 + \left(\frac{dy}{dx}\right)^2\right)dx^2 + y^2 d\theta^2, \quad -\frac{d^2y}{dx^2}dx^2 + \frac{y}{\sqrt{1 + \left(\frac{dy}{dx}\right)^2}}d\theta^2$$

이다. 따름정리 8.1.3을 이용하면 평균곡률은

$$H = \frac{1}{2y\sqrt{1 + \left(\frac{dy}{dx}\right)^2}} - \frac{\frac{d^2y}{dx^2}}{2\left(1 + \left(\frac{dy}{dx}\right)^2\right)^{3/2}}. \tag{8.19}$$

식 (8.18)의 양변을 미분하면

$$2y\frac{dy}{dx} = \frac{2p\frac{dy}{dx}}{\sqrt{1 + \left(\frac{dy}{dx}\right)^2}} - \frac{2py\frac{dy}{dx}\frac{d^2y}{dx^2}}{\left(1 + \left(\frac{dy}{dx}\right)^2\right)^{3/2}}.$$

양변을 $4py\frac{dy}{dx}$로 나누고 식 (8.19)와 비교하면 S가 평균곡률 $1/2p$임을 알 수 있다. ■

연습문제

8.5.1 곡면조각사상 $\boldsymbol{\sigma}(u, v)$의 제1기본형식은 $E(du^2+dv^2)$이다. 이때 $\boldsymbol{\sigma}_{uu}+\boldsymbol{\sigma}_{vv}$가 $\boldsymbol{\sigma}_u$와 $\boldsymbol{\sigma}_v$에 직교함을 보여라. 그리고 평균곡률 $H=0$이 되기 위한 필요충분조건은 라플라 시안

$$\boldsymbol{\sigma}_{uu}+\boldsymbol{\sigma}_{vv}=0$$

이 됨을 보여라. 그리고 곡면조각사상

$$\boldsymbol{\sigma}(u, v)=\left(u-\frac{u^3}{3}+uv^2,\ v-\frac{v^3}{3}+u^2v,\ u^2-v^2\right)$$

은 어디에서나 $H=0$임을 보여라 (이 곡면의 그림은 12.2절에서 볼 수 있다).

8.5.2 곡면

$$z=\ln\left(\frac{\cos y}{\cos x}\right)$$

의 평균곡률은 $H=0$임을 보여라 (이 곡면의 그림은 12.2절에서 볼 수 있다).

8.5.3 $\boldsymbol{\sigma}(u, v)$는 제1 및 제2기본형식이 각각 Edu^2+Gdv^2, Ldu^2+Ndv^2인 곡면이다 (명제 8.4.1을 참조). $\mathbf{N}$이 $\boldsymbol{\sigma}$의 표준적인 단위법선벡터일 때

$$\sum(u, v, w)=\boldsymbol{\sigma}(u, v)+w\mathbf{N}(u, v)$$

라 정의하자. 이때 $\sum$에서 u, v, w의 값을 고정함으로써 얻어지는 세 곡면군은 삼중직교계가 됨을 보여라 (5.5절 참조). $w=$상수에 의해 정의되는 곡면은 $\boldsymbol{\sigma}$의 평행곡면들이다. $u=$상수와 $v=$상수에 의해 정의되는 곡면들은 평탄한 선직면임을 보여라.

8.6 긴밀곡면의 가우스 곡률

8.2절에서 곡면 S상의 점 p에서 주곡률들의 상대적인 부호가 어떻게 p근방에서 S의 모양을 결정하는지 알아보았다. 실제로 S의 가우스 곡률 K는 주곡률들의 곱이므로, 다음의 사실을 알았다.

(i) p에서 $K>0$이면, p는 타원점,
(ii) p에서 $K<0$이면, p는 쌍곡점,
(iii) p에서 $K=0$이면, p는 포물점이거나 평탄점이다.

이 절에서는 곡면의 전체적인 모습에 가우스 곡률이 어떻게 영향을 미치는지 알아본다. 13.4절에 있는 비슷한 성질에 대한 또 다른 결과에 대해 소개한다.

명제 8.6.1 S가 긴밀곡면이면, 가우스 곡률이 양이다.

이 증명에서 긴밀(compact)에 대한 다음 사실을 이용한다. 만약 X가 $\mathbb{R}^3$의 긴밀인 부분집합이고 $f : \mathbb{R}^3 \to \mathbb{R}$이 연속함수이면 X 안의 모든 점 $\mathbf{r}$에 대해 $f(\mathbf{q}) \leq f(\mathbf{r}) \leq f(\mathbf{p})$를 만족하는 $\mathbf{p}$와 $\mathbf{q}$가 X 안에 있다. 따라서, $\mathbf{p}$에서 f의 최댓값, $\mathbf{q}$에서 f의 최솟값을 갖는다.

증명 함수 $f : \mathbf{R}^3 \to \mathbf{R}$를 $f(\mathbf{v}) = \|\mathbf{v}\|^2$이라 정의한다. 그러면 f는 연속이고, 따라서 S는 $\mathbb{R}^3$ 안의 긴밀인 부분집합이므로 f가 최댓값을 가지는 S 안의 점 $\mathbf{p}$가 존재한다. 그러면 S는 원점이 중심이고, 반지름이 $\|\mathbf{p}\|$인 닫힌 공 내부에 포함되며, S는 $\mathbf{p}$에서 경계구면과 만난다. S가 $\mathbf{p}$에서 적어도 구면만큼 굽어 있다면, S의 가우스 곡률도 $\mathbf{p}$에서 적어도 구면의 가우스 곡률인 $\frac{1}{\|\mathbf{p}\|^2}$은 된다고 생각할 수 있다.

좀더 정확하게 생각하기 위하여 $\gamma(t)$를 $t=0$일 때, $\mathbf{p}$를 지나는 S 안의 단위속력곡선이라 하자. 그러면 $f(\gamma(t))$는 $t=0$에서 극대값을 가지고, 따라서 $t=0$에서

$$\frac{d}{dt}f(\gamma(t)) = 0, \quad \frac{d^2}{dt^2}f(\gamma(t)) \leq 0.$$

즉,

$$\gamma(0) \cdot \dot{\gamma}(0) = 0, \quad \gamma(0) \cdot \ddot{\gamma}(0) + 1 \leq 0. \tag{8.20}$$

식 (8.20)은 $\mathbf{p} = \gamma(0)$이 $\mathbf{p}$에서 S의 모든 단위 접선벡터와 직교함을 보여주며, 따라서 $\mathbf{p}$에서 S의 접평면에 직교하게 된다.

$\mathbf{p}$를 포함하는 S의 곡면조각 σ를 선택하고, $\mathbf{N}$을 그것의 표준적인 단위법선벡터라 하자. 그러면 앞의 설명에 의하여

$$\mathbf{N} = \pm \frac{\mathbf{p}}{\|\mathbf{p}\|}. \tag{8.21}$$

식 (8.20)의 부등식으로부터 $\mathbf{p}$에서 γ의 법곡률 $\kappa_n = \ddot{\gamma}(0) \cdot \mathbf{N}$ (조각사상 σ에서 계산한) 이 식 (8.21)의 부호가 $+$ 또는 $-$에 따라 각각 $\leq \frac{1}{\|\mathbf{p}\|}$이거나 $\geq \frac{1}{\|\mathbf{p}\|}$이 됨을 알 수 있다.

따름정리 8.2.5에 의하여 $\mathbf{p}$에서 σ의 주곡률은 동시에 $\leq \frac{-1}{\|\mathbf{p}\|}$이거나 $\geq \frac{1}{\|\mathbf{p}\|}$이 된다. 따라서 각 경우에 $\mathbf{p}$에서 $K \geq \frac{1}{\|\mathbf{p}\|^2} > 0$이 된다. ■

제9장

측지선

제9장 측지선

측지선은 곡면에 살고 있는 벌레가 직선이라고 인식하는 곡면상의 곡선이다. 예를 들면 곡면상의 두 점을 잇는 가장 짧은 경로는 언제나 측지선이다. 먼저 측지선의 꽤 다른 정의를 내리고 설명을 한다. 왜냐하면 이 정의가 설명을 쉽게 할 수 있기 때문이다. 이 장의 끝부분에서 가장 짧은 경로에 대한 개념을 접하기 전에 곡면상의 측지선을 발견할 수 있는 여러 가지 방법에 대하여 설명한다.

9.1 정의와 기본성질

만약 우리가 직선을 따라 운전한다면 오른쪽이나 왼쪽으로 차의 바퀴를 돌릴 필요가 없다 (이것이 직선을 뜻하는 것이다!). 그러나 실제로 도로는 지구 표면과 같이 직선이 아니고 구에 가까우며 구면 위에는 직선이 없다. 만약 길이 곡선 γ 로 표현된다면 가속도 $\ddot{\gamma}$ 는 영이 아니다. 그러나 우리는 $\ddot{\gamma}$ 의 접선 성분이 영이므로 곡선을 직선으로 인식한다. 다시 말하면 $\ddot{\gamma}$는 곡면에 수직이다. 이것으로부터 다음을 제시한다.

정의 9.1.1

곡면 S상의 곡선 γ는 점 $\gamma(t)$에서 $\ddot{\gamma}(t)$가 영이거나 곡면에 직교할 때 **측지선**(geodesic)이라 한다. 즉 모든 매개변수 t에 대하여 단위법선벡터에 평행할 때이다.

γ 가 측지선이 될 필요충분조건은 접선벡터 $\dot{\gamma}(t)$가 γ를 따라 평행인 것이다. 위 정의는 방향을 가지는 것에 관계없이 모든 곡면에 대하여 의미를 갖는다.

측지선에 대한 흥미로운 기계적 해석이 있다. 곡면상에 있는 입자가 그 입자를 유지하는 곡면에 수직으로 작용하는 힘 이외의 힘에는 영향을 받지 않으면 측지선을 따라 움직인다. 왜냐하면 뉴턴의 제2 운동법칙에 의해 입자에 대한 힘은 가속도벡터 $\ddot{\gamma}$에 평행하며, 따라서 곡면에 직교하게 된다.

측지선에 대한 설명을 하기 전에 그것의 매개변수화는 본질적으로 선택의 여지가 없음을 보이자.

명제 9.1.2 모든 측지선은 상수인 속력을 가진다.

증명 $\gamma(t)$가 곡면 S상의 측지선이라 하자. $\cdot = \dfrac{d}{dt}$라 하면

$$\frac{d}{dt}\|\dot{\gamma}\|^2 = \frac{d}{dt}(\dot{\gamma}\cdot\dot{\gamma}) = 2\ddot{\gamma}\cdot\dot{\gamma}$$

γ가 측지선이므로, $\ddot{\gamma}$는 접평면에 직교하고 따라서 접선벡 터 $\dot{\gamma}$에 직교한다. 즉, $\ddot{\gamma} \cdot \dot{\gamma} = 0$이며 $\|\dot{\gamma}\|$가 상수이다. ■

이 명제로부터 측지선 γ 의 단위속력 재매개변수화 역시 측지선임을 알 수 있다. 만약 $\|\dot{\gamma}\| = \lambda$ 이면 $\tilde{\gamma}(t) = \gamma(t/\lambda)$는 γ의 단위속력 재매개변수화이며 $\dfrac{d^2\tilde{\gamma}}{dt^2} = \dfrac{1}{\lambda^2}\dfrac{d^2\gamma}{dt^2}$은 $\ddot{\gamma}$에 평행이고, 따라서 곡면에 평행이다. 따라서 필요하다면 단위속력 측지선에 제한할 수 있다. 그러나 일반적으로 측지선의 재매개변수화는 측지선이 아니다 (연습문제 9.1.2 참조).

다음으로 측지곡률 κ_g(7.3절을 참조)에 의해 표현되는 측지선의 정의와 동치인 명제를 설명한다. 물론 이 명제가 κ_g가 측지적 곡률이라 불리는 이유이다.

명제 9.1.3 곡면상의 단위 속력곡선이 측지선이 되기 위한 필요충분조건은 어디에서나 측지적 곡률이 영인 것이다.

증명 γ 를 곡면 S 위의 단위속력 곡선이라 하고 $\mathbf{p} \in S$ 라 하자. σ를 S의 곡면조각사상으로 $\mathbf{p}$를 그 상으로 갖는다고 하자. $\mathbf{N}$ 을 σ 의 표준적인 단위 법선벡터라 하면

$$\kappa_g = \ddot{\gamma} \cdot (\mathbf{N} \times \dot{\gamma}) \tag{9.1}$$

(σ가 $\mathbf{N}$ 의 부호를 바꿀 수 있으므로, κ_g 의 부호도 바꿀 수 있다. 그러나 그것이 이 논의와 바로 관련성이 있는 것은 아니다).만약 $\ddot{\gamma}$가 $\mathbf{N}$ 에 평행이면, $\mathbf{N} \times \dot{\gamma}$에 수직이며, 따라서 식 (9.1)에 의하여 $\kappa_g = 0$이다.

역으로 $\kappa_g = 0$이면 $\ddot{\gamma}$는 $\mathbf{N} \times \dot{\gamma}$와 직교한다. $\dot{\gamma}$, $\mathbf{N}$과 $\mathbf{N} \times \dot{\gamma}$는 $\mathbb{R}^3$의 단위벡터와 직교하고 (7.3절 참조), $\ddot{\gamma}$는 $\dot{\gamma}$와 직교하므로 $\ddot{\gamma}$는 $\mathbf{N}$과 평행하다. ■

다음 결과는 측지선의 가장 간단한 예제들이다.

명제 9.1.4 곡면상의 모든 직선 (또는 그의 일부)은 측지선이다.

이 사실은 모든 직선은 측지선이 되도록 매개변수화할 수 있다는 뜻이다. 매개변수화가 명시되지 않은 나중에 다루게 될 다른 측지선에도 이와 유사한 사실을 적용한다 (연습문제 9.1.2 참조).

증명 이 사실은 명백하다. 왜냐하면 상수 $\mathbf{a}$와 $\mathbf{b}$에 대하여 직선은

$$\gamma(t) = \mathbf{a} + \mathbf{b}t$$

로 매개변수화 되므로 $\ddot{\gamma} = 0$이다. ■

예제 9.1.5 평면상의 모든 직선은 측지선이며, (일반화된) 원기둥 또는 (일반화된) 원뿔, 또는 일엽쌍곡면 상의 모선들도 측지선이다.

다음 결과는 간단하다.

명제 9.1.6 곡면의 모든 법단면은 측지선이다.

증명 7.3절로부터 곡면 S의 법단면은 C의 각 점에서 곡면에 직교하는 평면 Π와 S의 교집합 C로 주어짐을 알 수 있다. 그리고 따름정리 7.3.4절에서 법단면에서는 $\kappa_g = 0$임을 보였으므로 위 명제의 결과는 명제 9.1.3으로부터 알 수 있다. ■

예제 9.1.7

구면상의 모든 대원은 측지선이다.

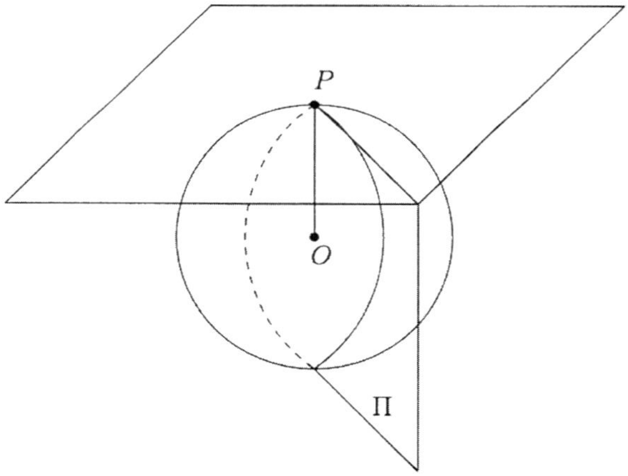

대원은 구면의 중심을 지나는 평면 Π와 구면과의 교집합이다. 따라서 P가 대원상의 점이라면 O와 P를 지나는 직선은 Π에 있으며 P에서 단위구면의 접평면에 직교한다. 따라서 Π는 P에서 접평면과 직교한다.

예제 9.1.8 일반화된 원기둥과 원기둥의 모선과 직교하는 평면 Π의 교집합은 측지선이다. 이것은 단위 법선벡터 **N**이 모선과 직교하기 때문이다. 따라서 **N**이 Π와 평행하며, Π가 접평면과 직교하게 된다.

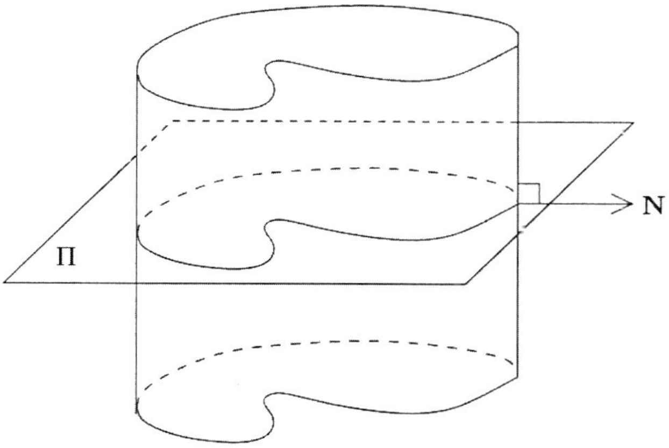

연습문제

9.1.1 일엽쌍곡면 $x^2+y^2-z^2=1$ 위의 한 점 $(1, 0, 0)$를 지나는 4개의 서로 다른 측지선을 구하여라.

9.1.2 곡면 S의 어디에서도 곡률이 영이 아닌 곡선 γ를 적당한 γ의 재매개변수화가 측지선이 될 때 S상의 **준측지선**(pre-geodesic) 이라 한다 (측지선의 재매개변수화가 일반적으로 측지선은 아니다). 이때 다음을 증명하여라.

(i) 곡선 γ가 준측지선이 되기 위한 필요충분조건은 γ위의 모든 곳에서 $\ddot{\gamma}\cdot(\mathbf{N}\times\dot{\gamma})=0$이다 (명제 9.1.3 증명의 기호 참조).

(ii) 준측지선의 재매개변수화는 준측지선이다.

(iii) 준측지선의 상수속력 재매개변수화는 측지선이다.

(iv) 준측지선이 측지선이 되기 위한 필요충분조건은 상수속력을 갖는 것이다.

9.1.3 연습문제 4.2.7에서 정의한 $\mathbb{R}^3$상의 단위속력곡선 주위의 반지름 a인 튜브

$$\boldsymbol{\sigma}(s, \theta)=\gamma(s)+a(\cos\theta\mathbf{n}(s)+\sin\theta\mathbf{b}(s))$$

에 대하여, s의 값을 고정하여 얻어지는 튜브의 매개변수곡선은 S상의 원형 측지선임을 보여라.

9.1.4 $\gamma(t)$는 타원면 S(정리 5.2.2 (i)을 참조)상의 측지선이다. $2R(t)$를 $\dot{\gamma}(t)$에 평행인 타원면의 지름의 길이라 하고, $S(t)$를 타원면의 중심으로부터 $\gamma(t)$에서 S의 접평면까지의 거리라 하

자. 이때 γ의 곡률은 $\dfrac{S(t)}{R(t)^2}$ 임을 보이고, $R(t)S(t)$가 t에 대해 독립임을 보여라.

9.1.5 어느 곳에서나 곡률이 영이 아닌 측지선이 평면곡선이 되기 위한 필요충분조건은 곡률선일 때임을 보여라.

9.1.6 S_1과 S_2가 곡선 C에서 만나고 γ는 C의 단위속력 재매개변수화라고 하자.

(i) 만약 γ가 S_1과 S_2의 측지선이고 γ의 곡률이 어디에서나 영이 아니면 γ를 따라 S_1과 S_2가 만난다는 것을 보여라(즉, C의 각 점에서 같은 접평면을 갖는다). 이 상황에 대한 예를 제시하여라.

(ii) S_1과 S_2가 C의 각 점에서 직교하면서 만나면 γ가 S_1의 측지선이 되기 위한 필요충분조건은 $\mathbf{N}_2$가 C의 각 점에서 $\mathbf{N}_1$에 평행하는 것임을 보여라($\mathbf{N}_1$과 $\mathbf{N}_2$는 S_1과 S_2의 단위법선벡터이다). 또한 이 경우 γ가 S_1과 S_2의 측지선이 되기 위한 필요충분조건은 C가 직선의 일부분인 것이다.

9.2 측지방정식

불행하게도 명제 9.1.4와 9.1.6은 주어진 곡면의 모든 측지선을 일반적으로 결정함에 충분하지 못하다. 이와 관련하여 다음 사실이 필요하다.

정리 9.2.1

곡면 S상의 곡선 γ가 측지선이 되기 위한 필요충분조건은 S의 곡면조각사상 $\boldsymbol{\sigma}$에 포함된 γ의 모든 부분 $\gamma(t)=\boldsymbol{\sigma}(u(t),\ v(t))$가 다음 두 방정식을 만족할 때이다.

$$\frac{d}{dt}(E\dot{u}+F\dot{v})=\frac{1}{2}(E_u\dot{u}^2+2F_u\dot{u}\dot{v}+G_u\dot{v}^2)$$
$$\frac{d}{dt}(F\dot{u}+G\dot{v})=\frac{1}{2}(E_v\dot{u}^2+2F_v\dot{u}\dot{v}+G_v\dot{v}^2) \qquad (9.2)$$

이때 $Eduv^2+2Fdudv+Gdv^2$은 $\boldsymbol{\sigma}$의 제1기본형식이다.

미분방정식 (9.2)를 **측지방정식**(geodesic equations)이라 한다.

증명 $\{\boldsymbol{\sigma}_u, \boldsymbol{\sigma}_v\}$ 가 $\boldsymbol{\sigma}$ 의 접평면의 기저이므로 γ가 측지선이 되기 위한 필요충분조건은 $\ddot{\gamma}$가 $\boldsymbol{\sigma}_u$와 $\boldsymbol{\sigma}_v$에 직교하는 것이다. $\dot{\gamma} = \dot{u}\boldsymbol{\sigma}_u + \dot{v}\boldsymbol{\sigma}_v$ 이므로 이 사실은

$$\left(\frac{d}{dt}(\dot{u}\boldsymbol{\sigma}_u + \dot{v}\boldsymbol{\sigma}_v)\right) \cdot \boldsymbol{\sigma}_u = 0 \text{과} \left(\frac{d}{dt}(\dot{u}\boldsymbol{\sigma}_u + \dot{v}\boldsymbol{\sigma}_v)\right) \cdot \boldsymbol{\sigma}_v = 0 \tag{9.3}$$

이 됨과 동치이다. 따라서 우리는 이 두 방정식이 측지방정식과 동치임을 보이면 된다.

식 (9.3)에 있는 첫 번째 방정식의 좌변은

$$\begin{aligned}
&\frac{d}{dt}((\dot{u}\boldsymbol{\sigma}_u + \dot{v}\boldsymbol{\sigma}_v) \cdot \boldsymbol{\sigma}_u) - (\dot{u}\boldsymbol{\sigma}_u + \dot{v}\boldsymbol{\sigma}_v) \cdot \frac{d\boldsymbol{\sigma}_u}{dt} \\
&= \frac{d}{dt}(E\dot{u} + F\dot{v}) - (\dot{u}\boldsymbol{\sigma}_u + \dot{v}\boldsymbol{\sigma}_v) \cdot (\dot{u}\boldsymbol{\sigma}_{uu} + \dot{v}\boldsymbol{\sigma}_{uv}) \\
&= \frac{d}{dt}(E\dot{u} + F\dot{v}) - (\dot{u}^2(\boldsymbol{\sigma}_u \cdot \boldsymbol{\sigma}_{uu}) \\
&+ \dot{u}\dot{v}(\boldsymbol{\sigma}_u \cdot \boldsymbol{\sigma}_{uv} + \boldsymbol{\sigma}_v \cdot \boldsymbol{\sigma}_{uu}) + \dot{v}^2(\boldsymbol{\sigma}_v \cdot \boldsymbol{\sigma}_{uv}))
\end{aligned} \tag{9.4}$$

이고, 또한

$$E_u = (\boldsymbol{\sigma}_u \cdot \boldsymbol{\sigma}_u)_u = \boldsymbol{\sigma}_{uu} \cdot \boldsymbol{\sigma}_u + \boldsymbol{\sigma}_u \cdot \boldsymbol{\sigma}_{uu} = 2\sigma_u \cdot \sigma_{uu}$$

이므로 $\boldsymbol{\sigma}_u \cdot \boldsymbol{\sigma}_{uu} = \frac{1}{2}E_u$. 마찬가지 방법으로 $\boldsymbol{\sigma}_v \cdot \boldsymbol{\sigma}_{uv} = \frac{1}{2}G_u$.

마지막으로

$$\boldsymbol{\sigma}_u \cdot \boldsymbol{\sigma}_{uv} + \boldsymbol{\sigma}_v \cdot \boldsymbol{\sigma}_{uu} = (\boldsymbol{\sigma}_u \cdot \boldsymbol{\sigma}_v)_u = F_u.$$

이 값들을 식 (9.4)에 대입하면

$$\left(\frac{d}{dt}(\dot{u}\boldsymbol{\sigma}_u + \dot{v}\boldsymbol{\sigma}_v)\right) \cdot \boldsymbol{\sigma}_u = \frac{d}{dt}(E\dot{u} + F\dot{v}) - \frac{1}{2}(E_u\dot{u}^2 + 2F_u\dot{u}\dot{v} + G_u\dot{v}^2).$$

이것은 식 (9.3)의 첫 번째 방정식이 식 (9.2)의 첫 번째 측지방정식과 동치라는 것을 보여준다. 같은 방법으로 다른 방정식에 대해서도 보여줄 수 있다. ■

측지방정식은 비선형 미분방정식이며 일반적으로 정확하게 풀기가 어렵거나 불가능하다. 다음 예제는 방정식이 풀리는 경우이며, 또 다른 예는 연습문제 9.2.3에 주어진다.

예제 9.2.2 단위구면 S^2 상의 측지선을 측지방정식을 풀어서 결정한다. 위선 θ와 경선 φ에 의해 단위구면의 일반적인 매개변수화

$$\boldsymbol{\sigma}(\theta, \varphi) = (\cos\theta\cos\varphi, \cos\theta\sin\varphi, \sin\theta)$$

에 대하여 예제 6.1.3에서 구한 바와 같이 제1기본형식은

$$d\theta^2 + \cos^2\theta\, d\varphi^2.$$

단위 속력 곡선 $\gamma(t)=\boldsymbol{\sigma}(\theta(t),\ \varphi(t))$에 제한하여 생각하면

$$\dot{\theta}^2+\dot{\varphi}^2\cos^2\theta=1$$

이며, 만약 γ가 측지선이면, 식 (9.2)의 두 번째 방정식으로부터

$$\frac{d}{dt}(\dot{\varphi}\cos^2\theta)=0$$

이며, 따라서 상수 Ω에 대해

$$\dot{\varphi}\cos^2\theta=\Omega.$$

만약 $\Omega=0$이면 $\dot{\varphi}=0$이고, 따라서 φ는 상수이고, γ는 자오선의 일부분이다. 이제부터 $\dot{\varphi}\neq 0$이라 가정하자. 단위 속력이라는 조건으로부터

$$\dot{\theta}^2=1-\frac{\Omega^2}{\cos^2\theta},$$

이며, 측지선을 따라서 다음을 얻는다.

$$\left(\frac{d\theta}{d\varphi}\right)^2=\frac{\dot{\theta}^2}{\dot{\varphi}^2}=\cos^2\theta(\Omega^{-2}\cos^2\theta-1).$$

따라서

$$\pm(\varphi-\varphi_0)=\int\frac{d\theta}{\cos\theta\sqrt{\Omega^{-2}\cos^2\theta-1}},$$

이때 φ_0는 상수이다. 이 적분에서 $u=\tan\theta$로 치환하면

$$\pm(\varphi-\varphi_0)=\int\frac{du}{\sqrt{\Omega^{-2}-1-u^2}}=\sin^{-1}\left(\frac{u}{\sqrt{\Omega^{-2}-1}}\right).$$

따라서

$$\tan\theta=\pm\sqrt{\Omega^{-2}-1}\,\sin(\varphi-\varphi_0).$$

이것으로부터 $\gamma(t)$의 좌표 $x=\cos\theta\cos\varphi,\ y=\cos\theta\sin\varphi,\ z=\sin\theta$는

$$z=ax+by$$

를 만족한다. 이때 $a=\mp\sqrt{\Omega^{-2}-1}\,\sin\varphi_0,\ b=\pm\sqrt{\Omega^{-2}-1}\,\cos\varphi_0$이다. 이것으로부터 γ가 구면과 원점을 지나는 평면의 공통부분에 속하게 됨을 알 수 있다.

따라서 모든 경우에 γ는 대원의 일부분이다. ■

측지방정식은 가끔 정리 9.2.1 보다 다르게 표현할 수 있지만 동치이다.

명제 9.2.3 곡면 S상의 곡선 γ가 측지선이 되기 위한 필요충분조건은 S의 곡면조각 $\boldsymbol{\sigma}$에 포함된 γ의 일부분 $\gamma(t)=\boldsymbol{\sigma}(u(t),\, v(t))$가 다음 조건을 만족하는 것이다.

$$\ddot{u}+\Gamma_{11}^{1}\dot{u}^{2}+2\Gamma_{12}^{1}\dot{u}\dot{v}+\Gamma_{22}^{1}\dot{v}^{2}=0$$

$$\ddot{v}+\Gamma_{11}^{2}\dot{u}^{2}+2\Gamma_{12}^{2}\dot{u}\dot{v}+\Gamma_{22}^{2}\dot{v}^{2}=0.$$

증명 정의 9.1.1 다음에 설명했듯이, γ가 측지선이 되기 위한 필요충분조건은 $\dot{\gamma}$가 γ를 따라 평행인 것이다. $\dot{\gamma}=\dot{u}\boldsymbol{\sigma}_u+\dot{v}\boldsymbol{\sigma}_v$이므로 명제의 식은 명제 7.4.5로부터 유도된다. ■

물론 명제 9.2.3의 방정식이 정리 9.2.1과 동치 (연습문제 9.2.6 참조)임을 바로 보일 수 있다.

명제 9.2.3은 측지방정식이 함수 $u(t)$와 $v(t)$에 대한 2계 상미븐방정식임을 브여준다. 그러나 이 방정식을 구체적으로 많은 상황에서 풀 수 없을지 모르지만, 상미븐방정식 이론으로부터 이 해에 관한 가치 있는 정보를 얻을 수 있다. 측지선이 얼마나 있을까에 대해 다음 결과를 얻는다.

명제 9.2.4 $\mathbf{p}$를 곡면 S상의 점이라 하고 $\mathbf{t}$를 $\mathbf{p}$에서 S의 단위접선벡터라 하자. 이때 $\mathbf{p}$를 지나고 $\mathbf{p}$에서 접선벡터가 $\mathbf{t}$인 단위속력 측지선 γ가 S상에 유일하게 존재한다.

간단히 말하여 모든 주어진 방향으로 곡면상의 주어진 점에서 측지선이 유일하게 존재한다.

증명 네 변수 $u,\ v,\ \dot{u},\ \dot{v}$에 관해 미분가능한 함수 f와 g에 대하여 측지방정식은 명제 9.2.3에 의하여

$$\ddot{u}=f(u,\ v,\ \dot{u},\ \dot{v}),\ \ddot{v}=g(u,\ v,\ \dot{u},\ \dot{v}) \tag{9.5}$$

와 같이 나타낸다. 상미분방정식 이론에 의하여, 주어진 상수 $a,\ b,\ c,\ d$와 t의 임의의 값 t_0에 대하여

$$u(t_0)=a,\ v(t_0)=b,\ \dot{u}(t_0)=c,\ \dot{v}(t_0)=d \tag{9.6}$$

를 만족하면서, 적당한 양수 ϵ에 대하여 $u(t)$와 $v(t)$가 $|t-t_0|<\epsilon$에서 정의되고 모든 t에 대하여 매끄러운 함수가 되는 방정식 (9.5)의 해가 존재한다. 더욱이 ϵ'가 $\epsilon'\le\epsilon$인 적당한 양수일 때 $|t-t_0|<\epsilon'$인 모든 t에 대하여 식 (9.6)을 만족하는 방정식 (9.5)의 임의의 두 해는 일치한다.

이 사실을 측지방정식에 적용하자.

$\mathbf{p}$가 S의 좌표조각사상 $\boldsymbol{\sigma}(u,\ v)$에 있고, 다시 말해 $\mathbf{p}=\boldsymbol{\sigma}(a,\ b)$, $\mathbf{t}=c\boldsymbol{\sigma}_u+d\boldsymbol{\sigma}_v$ $(a,\ b,\ c,\ d$는 스칼라)이며 도함수는 $u=a,\ v=b$에서 계산된 것이라 하자. 단위속력곡선 $\gamma(t)=\boldsymbol{\sigma}(u(t),\ v(t))$가 $t=t_0$에서 $\mathbf{p}$를 지나기 위한 필요충분조건은 $u(t_0)=a,\ v(t_0)=b$이고, 거기에서 접선벡터 $\mathbf{t}$를 가지기 위한 필요충분조건은

$$c\boldsymbol{\sigma}_u + d\boldsymbol{\sigma}_v = \mathbf{t} = \dot{\gamma}(t_0) = \dot{u}(t_0)\boldsymbol{\sigma}_u + \dot{v}(t_0)\boldsymbol{\sigma}_v$$

이다. 즉 $\dot{u}(t_0) = c$, $\dot{v}(t_0) = d$. 따라서 $t = t_0$에서 $\mathbf{p}$를 지나며 거기에서 접선벡터 $\mathbf{t}$를 가지는 (단위속력) 측지선 γ를 발견하는 것은 초기조건 (9.6)을 만족하는 측지방정식의 해를 구하는 것과 동치이다.

위에서 설명한 이론에 의하여 이 문제는 유일한 해를 가진다. ■

예제 9.2.5 평면상에서 모든 직선이 측지선임은 알고 있다. 평면에 평행인 모든 방향으로 평면상의 주어진 임의의 점을 지나는 직선이 있으며, 명제 9.2.4에 의하여 또 다른 측지선은 없다.

예제 9.2.6 마찬가지로, 구면에서는 대원들이 유일한 측지선이다. 왜냐하면 구면에 접하는 모든 방향으로 구면상의 주어진 임의의 점을 지나는 대원은 분명히 있기 때문이다 (만약 $\mathbf{p}$가 점의 위치벡터이고 $\mathbf{t}$가 접선벡터이고, Π가 원점을 지나면서 $\mathbf{p}$와 $\mathbf{t}$에 평행인 평면일 때 (즉 법선벡터 $\mathbf{p} \times \mathbf{t}$를 가지는) 구면과 Π의 공통부분을 잡으면 된다).

정리 9.2.1의 다음 결과는 어떤 경우에 측지방정식을 풀지 않고서 측지선을 발견할 수 있게 해준다.

따름정리 9.2.7

두 곡면 사이의 국소등장변환은 한 곡면의 측지선을 다른 곡면의 측지선으로 옮겨준다.

증명 S_1과 S_2를 곡면이라 하고 $f : S_1 \to S_2$를 국소등장변환, γ를 S_1상의 측지선이라 하자. $\boldsymbol{\sigma}(u, v)$를 S_1 안의 조각사상이라 하고 이 조각사상에 있는 측지선 부분이 $\gamma(t) = \boldsymbol{\sigma}(u(t), v(t))$로 주어졌다고 가정하자). 단, $a < t < b$이며 u와 v는 측지방정식 (9.2)를 만족하며 E, F, G를 $\boldsymbol{\sigma}$의 제1기본형식의 계수로 갖는다. 따름정리 6.2.3에 의하여 $f \circ \boldsymbol{\sigma}$는 $\boldsymbol{\sigma}$와 같은 제1기본형식을 가지는 S_2의 조각이다. 따라서 정리 9.2.1에 의하여 $\gamma_2(t) = f(\boldsymbol{\sigma}(u(t), v(t))$는 S_2상의 측지선이 된다. 이것으로부터 $\ddot{\gamma}$가 $f(\mathbf{p})$에서 S_2에 직교한다. 이 사실은 모든 $\mathbf{p}$에 대하여 γ_2가 S_2의 측지선이 된다는 것이다. ■

예제 9.2.8 단위 원기둥 $x^2 + y^2 = 1$상에서는 원기둥과 xy-평면에 평행인 평면의 교점들에 의해 얻어지는 원들이 측지선임을 알고 있다 (그것들이 법단면이므로). 또한 z-축에 평행인 원기둥 상의 직선이 측지원이 됨을 알고 있다. 그러나 이것들이 유일한 측지선은 아니다. 왜냐하면, 원기둥 상의 점을 지나는 두 형태의 각각에 대하여 하나의 측지선이 있기 때문이다 (주어진 임의의 접선방향의 각 점을 지나는 측지선이 있음을 알고 있다).

또 다른 측지선을 찾기 위하여, 원기둥은 평면 사이에 등장변환이 있음을 상기하자 (예제 6.2.4를 참조). 실제로 이 등장변환은 xy-평면상의 점 $(u,\ v,\ 0)$을 원기둥 상의 $(\cos u,\ \sin u,\ v)$로 옮긴다. 따름정리 9.2.7에 의하여 이 변환은 평면상의 측지선(직선)을 원기둥 상의 측지선으로 옮겨주며, 역도 성립한다. 따라서 원기둥 상의 모든 측지선을 찾기 위하여 평면상의 므든 직선의 등장변환에 의한 상을 찾기만 하면 된다. y-축에 평행하지 않는 모든 직선은 상수 m과 c이 대하여 $y=mx+c$의 형태이다. 이 직선을 $x=u,\ y=mu+c$로 매개변수화하면 그 상은 원기둥 위의 곡선

$$\gamma(u)=(\cos u,\ \sin u,\ mu+c).$$

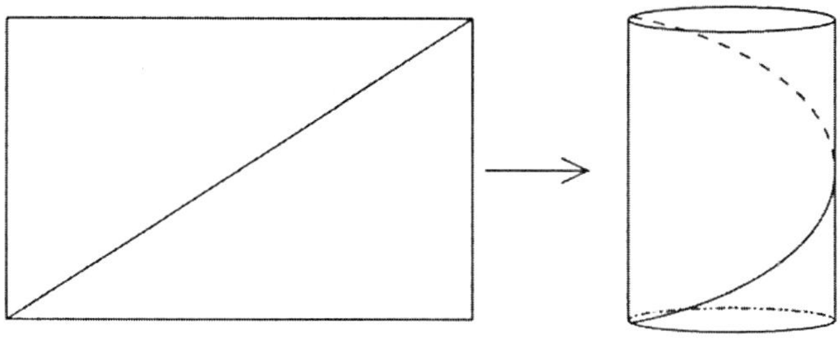

예제 2.1.3과 비교하면 이것은 반지름이 1이고 기울기가 $2\pi|m|$인 원형나선임을 알 수 있다 (z-좌표에 c를 더하면 나선을 수직방향으로 평행이동 시킨다). 만약 $m=0$이면, 우리가 이미 알고 있듯이 원형 측지선을 얻는다. 마지막으로 y-축에 평행인 xy-평면상의 모든 직선은 등장변환에 의하여 z-축에 평행인 원기둥 상의 직선으로 옮겨지며, 이미 알고 있는 바와 같이 다른 측지선들도 얻을 수 있다.

연습문제

9.2.1 만약 p와 q가 원기둥 상의 다른 점이면, p와 q를 연결하는 원기둥 상의 두 개 또는 무한히 많은 측지선이 있음을 보여라 (그것이 p 또는 q를 지나지 않는다면 그렇지 않다). 어떤 쌍 p, q가 두 개의 측지선을 가지는가?

9.2.2 따름정리 9.2.7를 이용하여 원뿔상의 모든 측지선을 구하여라.

9.2.3 측지방정식을 풀어서 원기둥의 측지선을 구하여라.

9.2.4 다음과 같은 성질을 갖는 곡면상의 곡선 γ를 생각하자.

(i) γ는 상수속력을 갖는다.

(ⅱ) γ는 측지방정식 (9.2)의 첫 번째를 만족한다.

(ⅲ) γ는 측지방정식 (9.2)의 두 번째를 만족한다.

이때 정리 9.2.1을 이용하지 말고 (ⅱ)와 (ⅲ)으로 부터 (ⅰ)이 유도됨을 보여라. 그리고 (ⅰ)이 만족되고 γ가 매개변수곡선이 아니면 (ⅱ)와 (ⅲ)이 동치임을 보여라.

9.2.5 $\gamma(t)$는 나선면

$$\boldsymbol{\sigma}(u,\ v)=(u\cos v,\ u\sin v,\ v)$$

(연습문제 4.2.6 참조) 상의 단위속력곡선이다. $\cdot=\dfrac{d}{dt}$ 로 표시할 때

$$\dot{u}^2+(1+u^2)\dot{v}^2=1$$

임을 보여라. 또한 γ가 $\boldsymbol{\sigma}$상의 측지선이면

$$\dot{v}=\frac{a}{1+u^2}$$

임을 보여라. 단 a는 상수이다. $a=0$과 $a=1$에 대응되는 측지선을 구하여라.

$\boldsymbol{\sigma}$상의 측지선 γ가 z-축과 거리가 $D>0$인 점 $\mathbf{p}$에서 모선과 만난다고 하고, γ와 $\mathbf{p}$에서의 모선의 사잇각이 $\alpha(0<\alpha<\pi/2)$라고 하자. 이때 만약 $D>\cot\alpha$이면 측지선은 z-축과 교차하고, $D<\cot\alpha$이면 z-축과의 최소거리는 $\sqrt{D^2\sin^2\alpha-\cos^2\alpha}$ 임을 보여라. 또한 $D=\cot\alpha$일 때 측지선의 방정식을 구하여라.

9.2.6 명제 9.2.3의 미분방정식은 정리 9.2.1의 측지방정식과 동치임을 보여라.

9.3 회전면의 측지선

회전면의 측지방정식은 일반적으로 뚜렷한 해법이 없지만 그와 같은 곡면위의 측지선에 대한 좋은 성질을 이해하기 위하여 이용할 수 있음을 알았다.

늘 이용하는 방법으로 회전면을

$$\boldsymbol{\sigma}(u,\ v)=(f(u)\cos v,\ f(u)\sin v,\ g(u))$$

와 같이 매개변수화할 수 있다. 이때 $f>0$과 $\left(\dfrac{df}{du}\right)^2+\left(\dfrac{dg}{du}\right)^2=1$을 가정하였다 (예제 5.3.2 참조 - 이 예제에서는 $\cdot=\dfrac{d}{du}$ 이었으며, 현재는 $\cdot=\dfrac{d}{dt}$ 이며 t는 측지선을 따르는 매개변수이다). 예제 6.1.3에서 $\boldsymbol{\sigma}$의 제1기본형식이 $du^2+f(u)^2dv^2$ 임을 알 수 있었다. 식 (9.2)를 참조하여 측지방정식은

$$\ddot{u} = f(u)\frac{df}{du}\dot{v}^2, \quad \frac{d}{dt}(f(u)^2\dot{v}) = 0 \tag{9.7}$$

임을 알 수 있다. 단위속력 측지선을 생각하고 있으므로

$$\dot{u}^2 + f(u)^2\dot{v}^2 = 1. \tag{9.8}$$

이것으로부터 다음의 간단한 추론을 할 수 있다.

명제 9.3.1 회전면

$$\sigma(u, v) = (f(u)\cos v,\ f(u)\sin v,\ g(u))$$

위에서

(i) 모든 경선은 측지선이다.

(ii) 위선 $u = u_0$가 측지선이 되기 위한 필요충분조건은 $u = u_0$에서 $\frac{df}{du} = 0$인 것이다. 즉 u_0가 f의 정류점이다.

증명 경선에서는 $v =$ 상수이므로 식 (9.7)의 두 번째 방정식은 자명하게 만족된다. 방정식 (9.8)로부터 $\dot{u} = \pm 1$을 얻을 수 있으며, 따라서 $\dot{u}$는 상수이고, 식 (9.7)의 첫 번째 방정식이 만족된다.

(ii)에 대하여 만약 $u = u_0$가 상수이면, 방정식 (9.8)에 의하여 $\dot{v} = \pm\frac{1}{f(u_0)} \neq 0$이며, 따라서 식 (9.7)의 첫 번째 방정식을 만족하기 위한 필요충분조건은 $\frac{df}{du} = 0$이다. 역으로, 만약 $u = u_0$에서 $\frac{df}{du} = 0$이면 식 (9.7)의 첫 번째 방정식은 자명하게 만족되고, $\dot{v} = \pm\frac{1}{f(u_0)}$와 $f(u) = f(u_0)$로부터 두 번째 방정식도 만족된다. ■

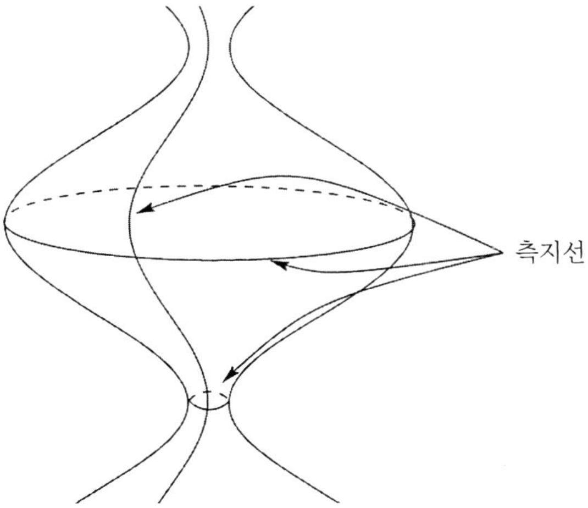

물론 위 명제는 단지 회전면의 측지선 몇 개만을 줄 뿐이다. 다음 결과는 남은 측지선을 이해하는데 매우 도움이 된다.

정리 9.3.2 (클레로의 정리)

γ를 회전면 S상의 단위 속력곡선이라하고, $\rho: S \to \mathbb{R}$는 회전축으로부터 S 위의 점까지 거리라 하자. 그리고 ψ는 $\dot{\gamma}$와 S의 경선과의 사잇각이라 하자. 그러면, $\rho\sin\varphi$는 γ를 따라 상수이다. 역으로, 만약 $\rho\sin\varphi$가 곡면상의 적당한 곡선 γ를 따라 상수이고, γ의 어느 부분도 S의 적당한 경선이 아니면, γ는 측지선이다.

여기에서 γ의 부분이라는 것은 열린 구간 J에 대하여 $\gamma(J)$를 뜻한다. 가정은 더 이상 완화할 수 없다. 왜냐하면 경선 $\psi = \dfrac{\pi}{2}$에서는 $\rho\sin\varphi$가 상수가 된다. 그러나 위선은 명제 9.3.1 (ii)에서 보인 바와 같이 일반적으로 측지선이 아니다.

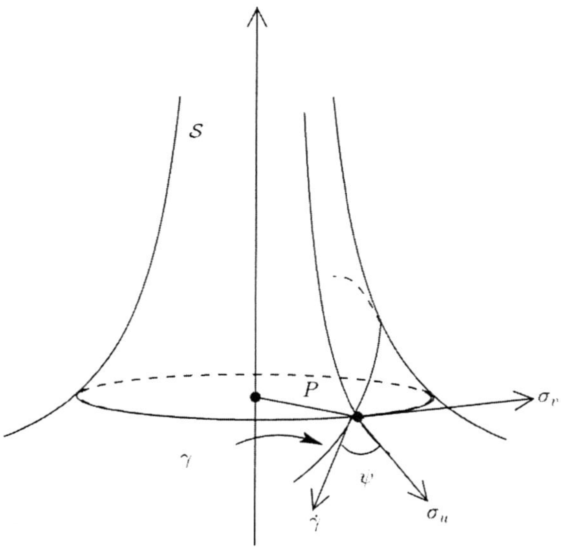

증명 명제 9.3.1에서와 같이 S를 매개변수화하면 $\rho = f(u)$를 얻는다. $\boldsymbol{\sigma}_u$와 $\rho^{-1}\boldsymbol{\sigma}_v$가 각각 위선과 경선에 접하는 단위벡터이고 $F=0$으로부터 서로 직교하게 된다. $\gamma(t) = \boldsymbol{\sigma}(u(t),\ v(t))$는 단위속력을 가지므로

$$\dot{\gamma} = \cos\psi\,\boldsymbol{\sigma}_u + \rho^{-1}\sin\psi\,\boldsymbol{\sigma}_v$$

(이 방정식은 클레로의 정리에서 불명확하게 남겨두었던 ψ의 부호를 정의할 수 있게 해준다). 따라서

$$\boldsymbol{\sigma}_u \times \dot{\gamma} = \rho^{-1} \sin\psi \, \boldsymbol{\sigma}_u \times \boldsymbol{\sigma}_v .$$

$\dot{\gamma} = \dot{u}\boldsymbol{\sigma}_u + \dot{v}\boldsymbol{\sigma}_v$ 이므로

$$\dot{v}\boldsymbol{\sigma}_u \times \boldsymbol{\sigma}_v = \rho^{-1} \sin\psi \, \boldsymbol{\sigma}_u \times \boldsymbol{\sigma}_v .$$

$$\therefore \ \ \rho\dot{v} = \sin\psi .$$

따라서

$$\rho \sin\psi = \rho^2 \dot{v} .$$

그러나 식 (9.7)의 두 번째 방정식은 이것이 측지선을 따라 상수임을 보여주고 있으며, Ω 라 놓자.

역으로, 만약 $\rho\sin\varphi$가 S 안의 단위속력곡선 γ를 따라 상수 Ω이면, 의의 논리에 의하여 식 (9.7)의 두 번째 방정식이 만족되므로 식 (9.7)의 첫 번째 방정식이 만족됨을 보여야 한다.

$$\dot{v} = \frac{\sin\psi}{\rho} = \frac{\Omega}{\rho^2} \tag{9.9}$$

이므로 식 (9.8)에 의하여

$$\dot{u}^2 = 1 - \frac{\Omega^2}{\rho^2} . \tag{9.10}$$

t에 관하여 양변을 미분하면

$$2\dot{u}\ddot{u} = \frac{2\Omega^2}{\rho^3}\dot{\rho} = \frac{2\Omega^2}{\rho^3}\frac{d\rho}{du}\dot{u} .$$

$$\therefore \ \ \dot{u}\left(\ddot{u} - \rho\frac{d\rho}{du}\dot{v}^2\right) = 0 .$$

괄호 안의 항이 곡선의 어떤 점, 예를 들어 $\gamma(t_0) = \boldsymbol{\sigma}(u_0,\ v_0)$에서 영이 되지 않으면 $|t-t_0| < \epsilon$에서 그것이 영이 되지 않는 $\epsilon > 0$이 존재한다. 그러나 $|t-t_0| < \epsilon$에 대하여 $\dot{u} = 0$이며, 따라서 γ는 $|t-t_0| < \epsilon$일 때 위선 $u = u_0$와 일치하게 되며, 이는 가정과 모순이다. 따라서 괄호 안의 항은 γ의 모든 곳에서 영이 된다. 즉

$$\ddot{u} = \rho\frac{d\rho}{du}\dot{v}^2$$

이며, 식 (9.7)의 첫 번째 방정식이 만족됨을 보이고 있다. ■

클레로의 정리에 관한 간단한 역학적인 해석이 가능하다. 곡면 S상의 측지선은 S상으로 옮기려는 S에 수직인 힘 이외에는 어떤 힘에도 영향을 받지 않는 입자의 궤적인 곡선임을 상기하자. S가 회전면이면 S상의 점 $\mathbf{p}$에 있어서의 힘은 $\mathbf{p}$의 회전축을 포함하는 평면에 있으며, 따라서 축에 관한 모멘트는 가지지 않는다. 축에 관한 입자의 각 운동량 Ω는 상수이다. 그러나, 만약 입자가 단위속력 측지선을 따라 움직이면, $\mathbf{p}$를 지나는 위선을 따르는 속도벡터의 성분은 $\sin\psi$이며, 따라서 축에 관한 각 운

동량은 $\rho\sin\psi$에 비례한다.

예제 9.3.3 의구의 측지선을 결정하기 위하여 클레로의 정리를 이용하자. 8.3절에서 구했듯이, 의구

$$\boldsymbol{\sigma}(u,\ v) = (e^u \cos v,\ e^u \sin v,\ \sqrt{1-e^{2u}} - \cosh^{-1}(e^{-u}))$$

의 제1기본형식은

$$du^2 + e^{2u}\, dv^2.$$

$w = e^{-u}$에 의하여 재매개화된 곡면은

$$\tilde{\boldsymbol{\sigma}}(v,\ w) = \left(\frac{1}{w}\cos v,\ \frac{1}{w}\sin v,\ \sqrt{1-\frac{1}{w^2}} - \cosh^{-1} w\right)$$

이며, 제1기본형식은

$$\frac{dv^2 + dw^2}{w^2}. \tag{9.11}$$

이것이 미분가능한 함수가 되기 위해서는 $w > 1$이어야 한다.

만약 $\gamma(t) = \tilde{\boldsymbol{\sigma}}(w(t),\ v(t))$가 단위속력 측지선이면, 단위속력조건으로부터

$$\dot{v}^2 + \dot{w}^2 = w^2 \tag{9.12}$$

이며, 클레로의 정리에 의하여

$$\frac{1}{w}\sin\psi = \frac{1}{w^2}\dot{v} = \Omega \tag{9.13}$$

이다. $\rho = \dfrac{1}{w}$이므로 Ω는 상수이다. 따라서 $\dot{v} = \Omega w^2$이다. 만약 $\Omega = 0$이면 경선은 $v =$ 상수이다. 이제 $\Omega \neq 0$이라 가정하고 식 (9.12)에 대입하면

$$\dot{w} = \pm w\sqrt{1-\Omega^2 w^2}.$$

따라서, 측지선을 따라

$$\frac{dv}{dw} = \frac{\dot{v}}{\dot{w}} = \pm\frac{\Omega w}{\sqrt{1-\Omega^2 w^2}}.$$

$$\therefore\ (v - v_0) = \mp\frac{1}{\Omega}\sqrt{1-\Omega^2 w^2}.$$

$$\therefore\ (v - v_0)^2 + w^2 = \frac{1}{\Omega^2}. \tag{9.14}$$

이때 v_0는 상수이다. 따라서 측지선은 식 (9.14)에 의하여 주어진 vw-평면에 있는 원의 일부분에 대한 $\tilde{\boldsymbol{\sigma}}$의 상이며 영역 $w > 1$에 놓여있다.

이 원들은 모두 v-축에 중심이 있으며, 따라서 v-축과 직교한다. 직선이 대응되는 경선은 v-축과 직교한다.

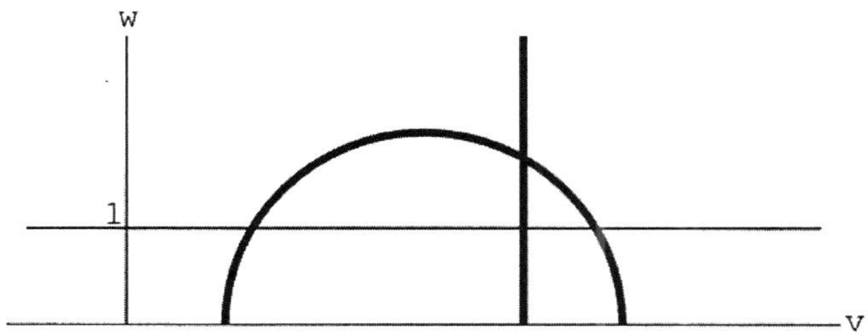

의구 자신 위에 대응되는 측지선은 아래 그림에서 나타난다. 측지선이 경선의 경우 한 방향으로, 다른 경우에는 모든 방향으로 무한히 연장되지 않는다. 이것은 측지선이 xy-평면에서 의구의 둥그란 모서리로 들어가기 때문이다. 그와 같은 측지선을 따라 상수속력으로 벌레가 걷는다면 유한시간에 모서리에 도달할 것이며, 따라서 세계의 변두리로 떨어지는 옛날 선원처럼 무서운 은명을 겪을 것이다. vw-평면에서 이에 대한 이유는 선 $w = 1$이 의구에 대응되는 영역의 경계이며 측지선에 대응되는 직선과 반원은 이 선을 횡단한다.

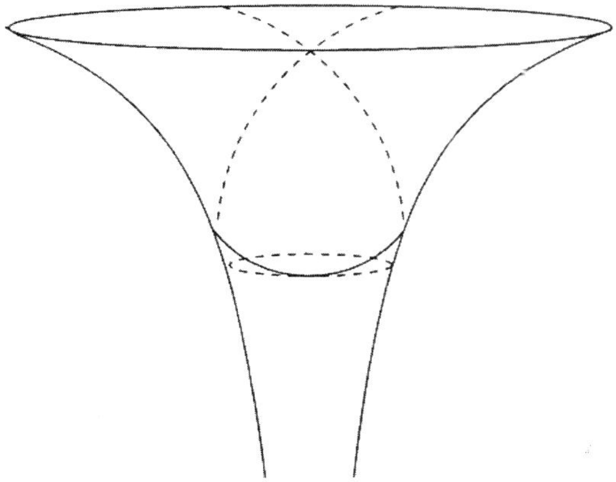

클레로의 정리는 측지방정식을 구체적으로 풀기가 어렵거나 불가능할 때 곡면 S 상의 측자선의 질적인 행동을 결정할 때 이용된다.

먼저 일반적으로 주어진 각 운동량 Ω를 가진 S상의 주어진 점 $\mathbf{p}$를 지나는 두 개의 측지선이 있다. 왜냐하면 v는 식 (9.9)에 의하여 결정되고 $\dot{u}$는 식 (9.10)에 의하여 부호까지 결정되기 때문이다. 실제로 하나의 측지선은 측지선의 매개변수 t를 $-t$로 치환 (이것은 각 운동량을 다시 Ω로 바꾼다)하는 것에 의해 일어나는 회전축 (이것은 Ω를 $-\Omega$로 바꿈)을 포함하고 $\mathbf{p}$를 지나는 평면에서 반사함으로써 다른 것으로부터 얻어진다.

앞에서의 토의는 $\Omega > 0$이라 가정해도 된다는 것을 보여주며, 이제부터 그렇게 한다. 그러면 식 (9.10)은 측지선이 축으로부터 거리가 Ω 이상인 S의 일부분에 한정된다는 것을 보여준다. 만약 S의 모든 부분이 축으로부터 거리가 Ω보다 크면, 측지선은 S의 모든 위선을 횡단한다. 그렇지 않은 경우, u는 S에서 위 또는 아래로 유계이다. 예를 들어 위로 유계라 해보자. u_0를 u의 최소상계라 하고, $\epsilon > 0$에 대해, $\Omega + 2\epsilon$이 위선 $u = u_0$의 반지름이라 하자. 만약 u가 u_0에 충분히 가까우면 위선에 대응하는 반지름이 $\Omega + \epsilon$ 이상이며, 이 영역에 있는 측지선의 부분에서는 식 (9.10)에 의하여

$$|\dot{u}| \geq \sqrt{1 - \left(\frac{\Omega}{\Omega + \epsilon}\right)^2} > 0.$$

이 부등식에 의하여 측지선은 $u = u_0$를 횡단하게 되며 가정에 모순이 된다. 따라서 만나는 경우는 S의 일부분이 축에서 거리가 Ω 이내인 것이다. 이 경우에 대한 토의는 우리가 측지선이 모든 움직임을 필수적으로 나타내는 구체적인 예를 생각하면 명확해질 것이다.

예제 9.3.4 쌍곡선

$$x^2 - z^2 = 1, \ x > 0$$

을 xz-평면에서 z-축을 중심으로 회전하여 얻어지는 일엽쌍곡면을 생각하자. 모든 곡면은 z-축으로부터 거리가 1 이상이므로, 위에서 본 바와 같이 만약 $0 \leq \Omega < 1$이면 각 운동량이 Ω인 측지선은 쌍곡면의 모든 위선과 교차하며, 따라서 $z = -\infty$에서 $z = \infty$까지 연장된다.

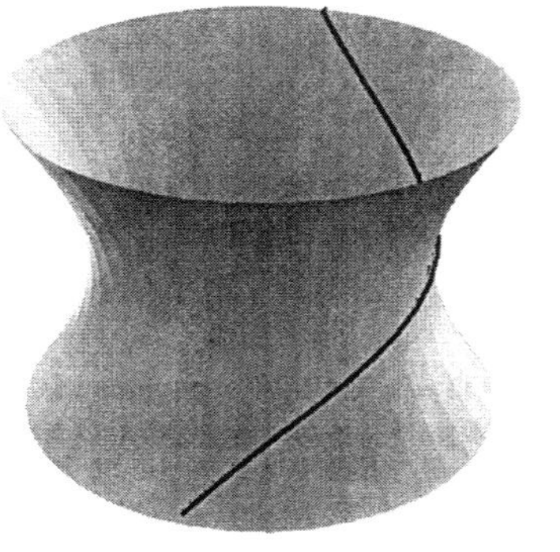

$0 < \Omega < 1$

이제 $\Omega > 1$이라 가정하자. 그러면 측지선은 각각 원들 Γ^+와 Γ^-에 의하여 유계이고 반지름이 Ω인 두 영역

$$z \geq \sqrt{\Omega^2 - 1}, \ z \leq -\sqrt{\Omega^2 - 1}$$

중의 하나에 제한된다. $\mathbf{p}$를 Γ^- 위의 점이라 하고, Γ^-에 접하고 $\mathbf{p}$를 지나는 측지선 C를 생각하자. 이

때 p에서 $\psi = \frac{\pi}{2}$ 이며, $\rho = \Omega$ 이고, 따라서 C는 각 운동량 Ω를 가진다. Γ^-가 측지선이 아니므로(명제 9.3.1(ii) 참조) C는 Γ^-에 포함되지 않는다. 따라서 C는 p가 있는 Γ^- 밑의 영역으로 향하게 된다. 더욱이 C는 p에 관해 대칭이 되어야 한다. 왜냐하면 z축을 포함하고 p를 지나는 평면에서의 반사는 C에 대하여 p를 지나며 Γ^-에 접하는 또 다른 측지선으로 옮기며, 따라서 따름정리 9.2.4의 유일성 부분에 의하여 C와 일치한다. 식 (9.10)에 의하여 Γ^- 밑의 영역에서는 $\dot{u} \neq 0$ 이므로 측지선은 Γ^- 밑의 위선과 교차하며 $t \to \pm\infty$ 임에 따라 $z \to -\infty$ 이다.

이제 $\widetilde{C}$가 Γ^- 밑 영역에서 각 운동량이 $\Omega > 1$ 인 임의의 측지선이라 하자. 그러면 z-축 주위로 적당한 회전을 하면 $\widetilde{C}$는 C와 만나며, 예를 들어 Q, 따라서 그것과 일치한다 (z-축을 포함하고 Q를 지나는 평면에서 반사를 시키고, t를 $-t$로 바꾸면 가능할 것이다). 그러므로 우리는 영역이 Γ^-의 밑으로 제한되고 각 운동량이 $\Omega > 1$ 인 모든 측지선의 움직임을 설명할 수 있다. 물론 Γ^+ 위의 영역에서 각 운동량이 $\Omega > 1$ 인 측지선은 xy-평면에서 Γ^- 밑을 반사하면 얻을 수 있다.

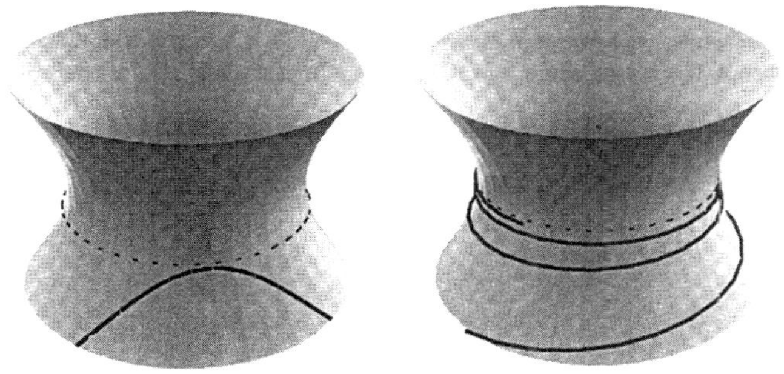

$\Omega > 1$ $\qquad$ $\Omega = 1$

마지막으로 $\Omega = 1$ 이라 가정하자 C를 점 p를 지나며 각 운동량이 1 인 측지선이라 하자. 만약 p가 쌍곡면의 허리인 Γ 위에 있다면 (즉 xy-평면 안의 단위원), 그것은 명제 9.3.1(ii) 에 의하여 측지선이며, p에서 $\rho = 1$ 이고 따라서 $\psi = \frac{\pi}{2}$ 이며 C가 p에서 Γ에 접하게 된다. 따라서 그것은 Γ와 일치한다.

이제 p가 Γ의 밑영역에 있다고 하면 p에서 $0 < \psi < \frac{\pi}{2}$ 이다. 따라서 한 방향으로 p를 떠남에 따라 C는 Γ에 접근한다. 그것은 실제로 임의적으로 Γ에 가까워야 한다. 만약 그것이 반지름 $1+\epsilon$ 인 $\widetilde{\Gamma}$의 위선 밑에 머무르면 (즉 $\epsilon > 0$), 식 (9.10)에 의해 C를 따라 모든 곳에서

$$|\dot{u}| \geq \sqrt{1 - \left(\frac{1}{1+}\epsilon\right)^2}$$

이며, 이 사실은 C가 반드시 모든 위선과 교차한다는 것이며, 가정에 모순이 된다. 따라서 만약 $\Omega = 1$ 이면, 쌍곡면 주위로 소용돌이치는 측지선은 Γ에 가까워지지만 절대로 도달하지 못한다.

연습문제

9.3.1 f의 정류점에 대응되는 모든 경선과 위선이 이 절에서 생각한 회전면의 측지선임을 알 수 있는 다른 방법이 무엇인가?

9.3.2 다음 곡면상의 측지선을 말하여라.

(i) 타원을 축에 대해 회전하여 얻어지는 회전타원면

(ii) 원환면 (연습문제 4.2.5)

9.3.3 영이 아닌 각 운동량 Ω를 가진 의구 위의 측지선이 자기 자신을 만나기 위한 필요충분조건은 $\Omega < (1+\pi^2)^{-1/2}$임을 보여라. 그 경우에 자기 자신과 몇 번 교차하는가?

9.3.4 우리가 연습문제 8.3.1(ii)에 있는 의구를 재매개변수화하면 의구의 측지선은 원판의 경계와 직교하는 매개변수평면에 있는 직선과 원에 대응됨을 보여라. 연습문제 8.3.1(iii)의 재매개변수화에서 측지선은 매개변수평면의 직선에 대응됨을 보여라. 10.4절에서 이와 같은 성질을 가지는 재매개변수화된 몇 개의 곡면을 볼 수 있다.

9.4 최단경로로서의 측지선

평면에서 두 점 p와 q를 잇는 직선선분은 p와 q 사이의 가장 짧은 경로라는 것은 다 알고 있으며 (연습문제 1.2.4 참조), 대원이 구면상에서 가장 짧은 경로라는 것도 잘 알려져 있다 (명제 6.5.1). 또한 직선은 평면에서 측지선이며, 대원은 구면상에서 측지선임도 잘 알고 있다.

임의의 곡면 S에서 측지선과 가장 짧은 경로 사이의 관계를 알아보기 위하여, 곡면 S상의 고정된 두 점 p와 q를 지나는 S상의 단위속력곡선 γ를 생각하자. 만약 γ가 p에서 q로 가는 곡면상의 가장 짧은 경로이면, S의 임의의 곡면조각 σ에 포함된 γ의 일부분은 그 상의 임의의 두 점을 연결하는 가장 짧은 경로가 되어야 한다. 만약 p′와 q′가 σ 내의 γ상의 두 점이고, p′에서 q′로 가는 γ보다 좀더 짧은 경로가 있다면 p′와 q′ 사이의 γ 부분이 좀더 짧은 경로로 바꿀 수 있으며, 따라서 S 내의 p에서 q로 가는 좀더 짧은 경로를 줄 수 있다.

그러므로 곡면조각사상 σ에 완전히 포함된 경로 γ를 생각해도 된다. γ가 σ 안의 고정된 두 점 p와

q를 지나는 $\boldsymbol{\sigma}$ 안의 모든 경로보다 짧은 길이를 가질 것인가를 시험하기 위하여 γ를 **p**와 **q**를 지나는 $\boldsymbol{\sigma}$ 상의 매끄러운 곡선군에 매장하자.

이와 같은 군에서 곡선 $\boldsymbol{\sigma}$상의 γ^{τ}는 열린 구간 $(-\delta,\ \delta)$ 안의 τ에 대하여 다음의 성질을 만족하는 것이다.

(i) 모든 $t \in (-\epsilon,\ \epsilon)$과 $\tau \in (-\delta,\ \delta)$에 대하여, $\gamma^{\tau}(t)$가 정의되는 $\epsilon > 0$이 존재한다.

(ii) $-\epsilon < a < b < \epsilon$인 a와 b, 모든 $\tau \in (-\delta,\ \delta)$에 대하여

$$\gamma^{\tau}(a) = \mathbf{p},\ \gamma^{\tau}(b) = \mathbf{q}.$$

(iii) 사각형 $(-\delta,\ \delta) \times (-\epsilon,\ \epsilon)$에서 $\mathbb{R}^3$로 가는 함수 $(\tau,\ t) \mapsto \gamma^{\tau}(t)$가 매끄러운 함수이다.

(iv) $\gamma^0 = \gamma$.

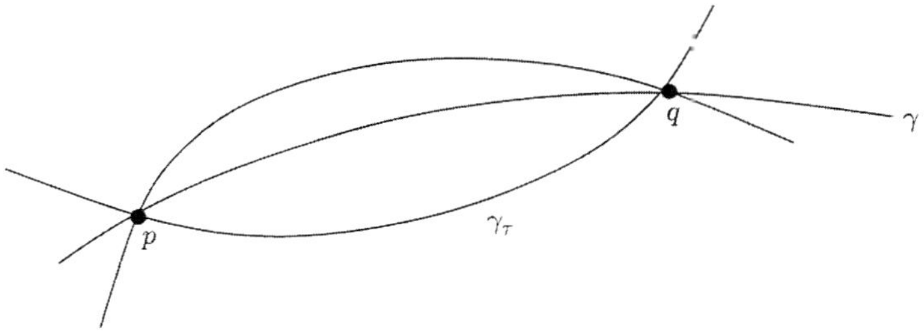

p와 **q** 사이의 γ^{τ} 부분의 길이는

$$\mathcal{L}(\tau) = \int_a^b \|\dot{\gamma}^{\tau}\|\, dt$$

이다. 이때 $\cdot = \dfrac{d}{dt}$ 이다.

정리 9.4.1

위의 기호를 이용하여 단위속력곡선 γ가 측지선이 되기 위한 필요충분조건은 $\gamma_0 = \gamma$인 모든곡선족 γ^{τ}에 대하여 $\tau = 0$일 때

$$\frac{d}{d\tau}\mathcal{L}(\tau) = 0$$

인 것이다.

비록 $\gamma^0 = \gamma$가 단위속력곡선이라고 가정은 했어도 이것이 $a \le t \le b$ 에 대응되는 γ^{τ}부분의 길이가 τ 에 독립적임을 포함하기 때문에 $\tau \neq 0$이면 γ^{τ}가 단위속력곡선이라고 가정하지는 않는다.

증명 적분기호 안에서 미분하는 공식을 이용하자. $f(\tau,\ t)$가 매끄러우면

$$\frac{d}{d\tau}\int f(\tau,\ t)dt = \int \frac{\partial f}{\partial \tau}dt.$$

따라서

$$\begin{aligned}\frac{d}{d\tau}\mathcal{L}(\tau) &= \frac{d}{d\tau}\int_a^b \|\dot{\gamma}^\tau\|dt \\ &= \frac{d}{d\tau}\int_a^b (E\dot{u}^2 + 2F\dot{u}\dot{v} + G\dot{v}^2)^{1/2}dt \\ &= \int_a^b \frac{\partial}{\partial\tau}(g(\tau,\ t)^{1/2})dt \\ &= \frac{1}{2}\int_a^b g(\tau,\ t)^{-1/2}\frac{\partial g}{\partial\tau}dt \end{aligned} \tag{9.15}$$

이다. 이때

$$g(\tau,\ t) = E\dot{u}^2 + 2F\dot{u}\dot{v} + G\dot{v}^2$$

이며 $\cdot = \dfrac{d}{dt}$ 이다. 또한

$$\begin{aligned}\frac{\partial g}{\partial\tau} &= \frac{\partial E}{\partial\tau}\dot{u}^2 + 2\frac{\partial F}{\partial\tau}\dot{u}\dot{v} + \frac{\partial G}{\partial\tau}\dot{v}^2 + 2E\dot{u}\frac{\partial\dot{u}}{\partial\tau} \\ &\quad + 2F\left(\frac{\partial\dot{u}}{\partial\tau}\dot{v} + \dot{u}\frac{\partial\dot{v}}{\partial\tau}\right) + 2G\dot{v}\frac{\partial\dot{v}}{\partial\tau} \\ &= \left(E_u\frac{\partial u}{\partial\tau} + E_v\frac{\partial v}{\partial\tau}\right)\dot{u}^2 + 2\left(F_u\frac{\partial u}{\partial\tau} + F_v\frac{\partial v}{\partial\tau}\right)\dot{u}\dot{v} \\ &\quad + \left(G_u\frac{\partial u}{\partial\tau} + G_v\frac{\partial v}{\partial\tau}\right)\dot{v}^2 + 2E\dot{u}\frac{\partial^2 u}{\partial\tau\partial t} \\ &\quad + 2F\left(\frac{\partial^2 u}{\partial\tau\partial t}\dot{v} + \dot{u}\frac{\partial^2 v}{\partial\tau\partial t}\right) + 2G\dot{v}\frac{\partial^2 v}{\partial\tau\partial t} \\ &= (E_u\dot{u}^2 + 2F_u\dot{u}\dot{v} + G_u\dot{v}^2)\frac{\partial u}{\partial\tau} + (E_v\dot{u}^2 + 2F_v\dot{u}\dot{v} + G_v\dot{v}^2)\frac{\partial v}{\partial\tau} \\ &\quad + 2(E\dot{u} + F\dot{v})\frac{\partial^2 u}{\partial\tau\partial t} + 2(F\dot{u} + G\dot{v})\frac{\partial^2 v}{\partial\tau\partial t}.\end{aligned}$$

2차의 편도함수를 포함하는 식 (9.15)에서의 적분은 부분적분법을 이용하면

$$\begin{aligned}&\int_a^b g^{-1/2}\left\{(E\dot{u} + F\dot{v})\frac{\partial^2 u}{\partial\tau\partial t} + (F\dot{u} + G\dot{v})\frac{\partial^2 v}{\partial\tau\partial t}\right\}dt \\ &= g^{-1/2}\left\{(E\dot{u} + F\dot{v})\frac{\partial u}{\partial\tau} + (F\dot{u} + G\dot{v})\frac{\partial v}{\partial\tau}\right\}\Bigg|_{t=a}^{t=b}\end{aligned}$$

$$-\int_a^b \left(\frac{\partial}{\partial t} \{g^{-1/2}(E\dot{u}+F\dot{v})\} \frac{\partial u}{\partial \tau} + \frac{\partial}{\partial t} \{g^{-1/2}(F\dot{u}+G\dot{v})\} \frac{\partial v}{\partial \tau} \right) dt. \tag{9.16}$$

$\gamma^\tau(a)$와 $\gamma^\tau(b)$는 τ에 독립적이므로 (각각 **p**, **q**와 같다), $t=a$ 또는 b일 때

$$\frac{\partial \gamma^\tau}{\partial \tau} = \mathbf{0}.$$

한편

$$\frac{\partial \gamma^\tau}{\partial \tau} = \frac{\partial u}{\partial \tau}\boldsymbol{\sigma}_u + \frac{\partial v}{\partial \tau}\boldsymbol{\sigma}_v$$

이므로 $t=a$ 또는 b일 때

$$\frac{\partial u}{\partial \tau} = \frac{\partial v}{\partial \tau} = 0$$

이다. 따라서 식 (9.16)의 오른쪽 첫째항은 영이다. 식 (9.16)의 남은 항을 다시 식 (9.15)에 대입하여 계산하면

$$\frac{d}{d\tau}\mathcal{L}(\tau) = \int_a^b \left(U\frac{\partial u}{\partial \tau} + V\frac{\partial v}{\partial \tau} \right) dt \tag{9.17}$$

를 얻는다. 이때

$$U(\tau,\ t) = \frac{1}{2}g^{-1/2}(E_u\dot{u}^2 + 2F_u\dot{u}\dot{v} + G_u\dot{v}^2) - \frac{d}{dt}\{g^{-1/2}(E\dot{u}+F\dot{v})\},$$

$$V(\tau,\ t) = \frac{1}{2}g^{-1/2}(E_v\dot{u}^2 + 2F_v\dot{u}\dot{v} + G_v\dot{v}^2) - \frac{d}{dt}\{g^{-1/2}(F\dot{u}+G\dot{v})\}. \tag{9.18}$$

$\gamma^0 = \gamma$가 단위속력곡선이고 $\|\dot{\gamma}^\tau\|^2 = g(\tau,\ t)$이므로 $\tau = 0$일 때 모든 t에 대하여 $g(\tau,\ t) = 1$을 얻는다. 식 (9.18)과 (9.2)에 있는 측지방정식을 비교하면 γ가 측지선일 때 $\tau = 0$에서 $U = V = 0$임을 알 수 있으며, 따라서 식 (9.17)에 의하여 $\tau = 0$일 때

$$\frac{d}{d\tau}\mathcal{L}(\tau) = 0$$

를 얻는다.

역의 증명을 위하여 만약 $\tau = 0$에서 γ^τ의 모든 곡선군에 대하여

$$\int_a^b \left(U\frac{\partial u}{\partial \tau} + V\frac{\partial v}{\partial \tau} \right) dt = 0 \tag{9.19}$$

이면, $\tau=0$일 때 $U=V=0$임을 보여야 한다 (왜냐하면 이것으로부터 γ가 측지방정식을 만족한다는 것을 보일 수 있기 때문이다). 조건 (9.19) 를가정하고, 예를 들어 $\tau=0$일 때 $U\neq 0$이라 가정해 보자. 그리고 모순이 됨을 보이자.

$\tau=0$일 때 $U\neq 0$이므로 $U(0,\ t_0)\neq 0$이고, 예를 들어 $U(0,\ t_0)>0$인 적당한 $t_0\in(a,b)$가 존재한다. U가 연속함수이므로 만약 $t\in(t_0-\eta,\ t_0+\eta)$이면 $U(0,\ t)>0$이 되는 $\eta>0$이 존재한다. ϕ가 매끄러운 함수로서

$$\begin{aligned}&\phi(t)>0,\ t\in(t_0-\eta,\ t_0+\eta)\\&\phi(t)=0,\ t\notin(t_0-\eta,\ t_0+\eta)\end{aligned}\tag{9.20}$$

를 만족한다고 하자 (이와 같은 함수의 구성은 연습문제 9.4.3에 요약되어 있다). $\gamma(t)=\sigma(u(t),\ v(t))$라 가정하고, 곡선군 $\gamma^\tau(t)=\sigma(u(\tau,\ t),\ v(\tau,\ t))$를 생각하자. 이때

$$u(\tau,\ t)=u(t)+\tau\phi(t),\ v(\tau,\ t)=v(t)$$

이다. 그러면 모든 t와 τ에 대하여 $\dfrac{\partial u}{\partial\tau}=\phi,\ \dfrac{\partial v}{\partial\tau}=0$이다. 따라서 식 (9.19)로부터

$$0=\int_a^b\left(U\frac{\partial u}{\partial\tau}+V\frac{\partial v}{\partial\tau}\right)\bigg|_{\tau=0}dt=\int_{t_0-\eta}^{t_0+\eta}U(0,\ t)\phi(t)\,dt.\tag{9.21}$$

그러나 모든 $t\in(t_0-\eta,\ t_0+\eta)$에 대하여 $U(0,\ t)>0,\ \phi(t)>0$이므로, 식 (9.21)의 우측에 있는 적분값은 양이다. 이것은 모순이며, 따라서 $t\in(a,\ b)$에 대하여 $U(0,\ t)=0$이다. 같은 방법으로 모든 $t\in(a,\ b)$에 대하여 $V(0,\ t)=0$을 증명할 수 있다. 따라서 γ가 측지방정식을 만족하게 된다. ■

정리 9.4.1에 대하여 말할 수 있는 것과 말할 수 없는 것에 대하여 몇 가지 설명을 하는 것은 가치가 있다.

먼저, 만약 γ가 $\mathbf{p}$에서 $\mathbf{q}$로 가는 σ상의 가장 짧은 경로이면, $\mathcal{L}(\tau)$는 $\tau=0$에서 최솟값을 가져야 한다. 따라서 $\tau=0$에서 $\dfrac{d}{d\tau}\mathcal{L}(\tau)=0$이고, 정리 9.4.1에 의하여 γ는 측지선이 된다.

두 번째로, 만약 γ가 $\mathbf{p}$와 $\mathbf{q}$를 지나는 σ상의 측지선이면, $\mathcal{L}(\tau)$는 $\tau=0$에서 정류점(극값)을 가진다. 그러나 최솟값을 가지거나, 또는 극소값을 가질 필요는 없으며, 따라서 γ가 $\mathbf{p}$에서 $\mathbf{q}$로 가는 최단거리일 필요는 없다.

예를 들면, 만약 $\mathbf{p}$와 $\mathbf{q}$가 구면상의 가까이 있는 두 점이면, $\mathbf{p}$와 $\mathbf{q}$를 잇는 짧은 대원은 $\mathbf{p}$에서 $\mathbf{q}$로 가는 가장 짧은 경로가 된다 (이것은 분명히 자명한 것은 아니다 - 아래 참조). 그러나 $\mathbf{p}$와 $\mathbf{q}$를 잇는 긴 대원 또한 측지선이다. 명제 6.5.1 의 그림을 참조하여라.

세 번째로, 일반적으로 곡면상의 두 점을 연결하는 가장 짧은 경로는 존재하지 않을 수 있다. 예

를 들면, xy-평면에서 원점이 제거된 곡면 S를 생각해 보자. 이것은 굉장히 좋은 곡면이지만 $\mathbf{p}=(-1, 0)$과 $\mathbf{q}=(1, 0)$을 잇는 곡면상의 가장 짧은 경로는 존재하지 않는다. 물론, 가장 짧은 경로는 두 점을 잇는 직선조각이어야 하지만, 이것이 곡면에 완전히 들어있지 않다. 왜냐하면 그것은 원점을 지나지만 곡면의 일부분은 아니다. 실제생활에서 유사하게 p에서 q로 걸어가고 있다고 생각하면 원점근처에서 깊은 구멍이 있음을 발견할 수 있을 것이다. 이 하는 가능한 직선을 따라 걸어야 하며, 마지막 순간에 장애물을 피해, 예를 들면 아래와 같은 경로로 가야 한다. 이 경르는 길이가 $1-\epsilon$인 두 직선조각과 반지름이 ϵ인 반원으로 구성되어 있으며 총길이는

$$2(1-\epsilon)+\pi\epsilon=2+(\pi-2)\epsilon.$$

물론, 이것은 길이가 2인 직선보다는 크지만, ϵ을 충분히 작게 잡으면 거의 2에 가깝게 된다. 실해석학의 용어로 p와 q를 연결하는 곡면상의 곡선들의 길이의 최대하계는 2이다. 그러나 곡면 내의 p와 q를 연결하는 곡선으로서 길이가 이 하계가 되는 것은 없다.

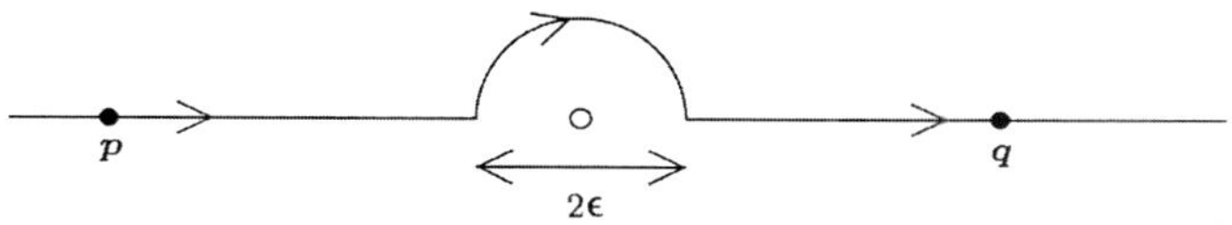

마지막으로, 만약 곡면 S가 $\mathbb{R}^3$의 닫힌 부분집합이면 (즉, 만약 $\mathbb{R}^3$의 점의 집합으로 S에 있지 않은 것이 $\mathbb{R}^3$의 열린 부분집합이면), 그리고 S의 임의의 두 점을 연결하는 S 내의 적당한 경로가 존재하면, S의 임의의 두 점을 연결하는 가장 짧은 경로가 항상 존재한다. 예를 들면, 평면은 $\mathbb{R}^3$의 닫힌 부분집합이며, 따라서 임의의 두 점을 연결하는 가장 짧은 경로가 존재한다. 이 경로는 반드시 직선이어야 하며, 위의 첫 번째 설명에 의해 측지선이고, 평면상의 측지선은 직선이 유일함을 알 수 있다. 마찬가지로 구면은 $\mathbb{R}^3$의 닫힌 부분집합이며, 따라서 구면상의 두 점을 연결하는 짧은 대원이 그것을 연결하는 가장 짧은 경로가 된다. 그러나 위에서 생각한 S는 $\mathbb{R}^3$의 닫힌 부분집합이 아니다. 왜냐하면 $(0, 0)$은 S에 있지 않지만 $(0, 0)$을 포함하는 모든 열린공은 S의 점을 반드시 포함하게 되며, 따라서 S에 있지 않은 점의 집합이 열린 집합이 아니다.

또 다른 $\mathbb{R}^3$의 닫힌 부분집합인 곡면의 성질은(증명은 하지 않는다) 그와 같은 곡면상의 측지선이 무한히 연장될 수 있다는 것이다. 즉, $\mathbb{R}$ 전체에서 정의될 수 있다. 예를 들면 평면 내의 직선과 구면 안의 대원들 (후자의 경우 측지선은 단일속력 매개변수가 구면의 원주까지 증가한 후, 원에 가까워진다)을 보면 분명해 진다. 그러나 위에서 정의한 곡면 S 위의 직선 $\gamma(t)=(t-1, 0)$는 $t=0$일 때 p를 지나고, 곡면상에서 곡선으로 정의되는 $t=0$를 포함하는 가장 큰 구간은 $(-\infty, 1)$이다. 우리는 예제 9.3.3에서 이 '불완비성'인 몇 개의 인위적인 예제를 만난다. 거기에서 생각한 의구는 $\mathbb{R}^3$의 닫힌 부분집합이 아니다. 왜냐하면 xy-평면상에서 이 경계원의 점은 곡면 안에 있지 않다.

연습문제

9.4.1 (반)원뿔상의 측지선은 연습문제 9.2.2에서 결정되었다. 측지선을 직선이라 해석할 때 다음의 평면 유클리드 기하에서 참인 명제에 대하여 원뿔에 대해서는 참인지 거짓인지 말하여라.

(i) 임의의 두 점을 지나는 직선이 반드시 있다.

(ii) 임의의 두 점을 지나는 직선은 유일하다.

(iii) 서로 다른 임의의 두 직선은 적어도 한 점에서 만난다.

(iv) 서로 만나지 않는 직선이 있다.

(v) 모든 직선은 무한히 연장할 수 있다.

(vi) 직선은 임의의 두 점을 연결하는 최소의 길이를 가진다.

(vii) 직선은 횡단적으로 (즉 교점에서 평행하지 않는 두 접선벡터를 가지는) 자기 자신과 만날 수 없다.

9.4.2 S^2 상의 $\mathbf{p} = (1,0,0)$ 과 $\mathbf{q} = (0,1,0)$ 을 잇는 긴 대원은 길이함수 $\mathcal{L}$ 의 극소값이 안 될 수 있음을 보여라 (정리 9.4.1 의 증명 뒤에 있는 주의 참조).

9.4.3 다음 단계에 의하여 (9.20)에 있는 성질을 가지는 매끄러운 함수를 구성하여라.

(i) 모든 정수 n(양, 음)에 대하여 $t^n e^{-1/t^2}$은 $t \to 0$일 때, 영으로 접근함을 보여라 (로피탈 정리를 이용하여라).

(ii) (i)로부터 함수

$$\theta(t) = \begin{cases} e^{-1/t^2} & \text{if } t \geq 0, \\ 0 & \text{if } t \leq 0 \end{cases}$$

가 모든 곳에서 매끄러운 함수임을 보여라.

(iii) 함수

$$\psi(t) = \theta(1+t)\,\theta(1-t)$$

는 모든 곳에서 매끄러운 함수임을 보이고, 또 $-1 < t < 1$일 때 $\psi(t) > 0$이며, 그렇지 않을 경우 $\psi(t) = 0$임을 보여라.

(iv) 함수

$$\phi(t) = \psi\left(\frac{t-t_0}{\eta}\right)$$

는 우리가 원하는 성질을 가지고 있음을 보여라.

9.5 측지좌표

곡면상의 측지선의 존재로 말미암아 곡면연구에 아주 유용한 좌표근방계가 설정될 수 있다. 가령, 곡면 S위 의 점 $\mathbf{p}$와 $\gamma(0) = \mathbf{p}$인 단위속력 측지선 γ의 매개변수 v에 대하여 $\gamma(v)$에서 γ에 수직이며 $\tilde{\gamma}^v(0) = \gamma(v)$인 단위속력을 갖는 측지선 $\tilde{\gamma}^v$가 존재한다. 이때 $\boldsymbol{\sigma}(u,\ v) = \tilde{\gamma}^v(u)$라고 정의하면 다음의 명제가 성립한다.

명제 9.5.1 위의 기호를 이용하여 $\boldsymbol{\sigma}:\ U \to \mathbb{R}^3$가 곡면 S의 허용가능곡면이 되도록 하는 원점 $(0,\ 0)$을 포함하는 $\mathbb{R}^2$의 열린 부분집합 U가 존재한다. 또한 $\boldsymbol{\sigma}$의 제1기본형식은 U상의 매끄러운 함수 G에 대하여

$$du^2 + G(u,\ v)dv^2$$

로 표현된다. 이때 점 $(0,\ v) \in U$ 일 때

$$G(0,\ v) = 1 \text{이고, } G_v(0,\ v) = 0$$

이다.

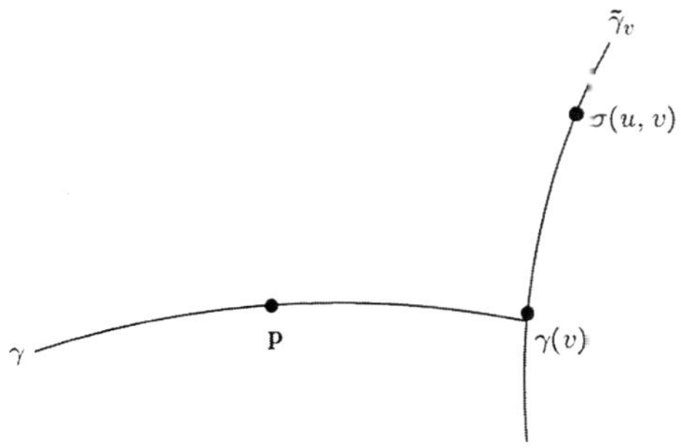

증명 $\boldsymbol{\sigma}$가 (적당한 열린 집합 U 에 대해) 허용가능곡면이라는 것을 증명하기 위해서 역함수 정리를 사용하자 (5.6절 참조).

먼저 v에 대하여

$$\boldsymbol{\sigma}_u(0,\ v) = \frac{d}{du}\tilde{\gamma}^v(u)|_{u=0}, \quad \boldsymbol{\sigma}_v(0,\ v) = \frac{d}{dv}\tilde{\gamma}^v(0) = \frac{d}{dv}\gamma(v)$$

는 서로 수직이 되는 단위벡터들임을 주목하여라.

만일 $\boldsymbol{\sigma}(u,\ v) = (f(u,\ v),\ g(u,\ v),\ h(u,\ v))$라 하면 $u = v = 0$일 때 야코비 행렬은

$$\begin{pmatrix} f_u & f_v \\ g_u & f_v \\ h_u & h_v \end{pmatrix}$$

이며 그때 계수는 2이다. 그러므로 3개의 2×2 부분행렬 중 하나는 $(0,\ 0)$에서 가역행렬이

된다. 따라서 세 2×2 행렬 중 적어도 하나는 $(0, 0)$에서 가역적이 된다.
이 행렬을

$$\begin{pmatrix} f_u\, f_v \\ g_u\, g_v \end{pmatrix} \tag{9.22}$$

라 하자. 역함수정리 5.6.1에 대하여 $\mathbb{R}^2$의 열린 부분집합 U에서 $F(U)$로 가는 전단사함수

$$F(u,\ v) = (f(u,\ v),\ g(u,\ v))$$

가 존재하며, 역함수 $F:\ U \to U$ 역시 매끄러운 함수이다. 그때 행렬 (9.22)는 U상의 모든 점들 $(u,\ v)$에서 가역이 되므로 점 $(u,\ v)$에서 $\boldsymbol{\sigma}_u$와 $\boldsymbol{\sigma}_v$는 일차독립이다. 따라서 $\boldsymbol{\sigma}\ :\ U \to \mathbb{R}^3$는 허용가능한 곡면조각사상이다.
$\tilde{\gamma}^v$가 단위속력곡선이므로 $\boldsymbol{\sigma}$의 제1기본형식에 관하여

$$E = \|\boldsymbol{\sigma}_u\|^2 = \left\|\frac{d}{du}\tilde{\gamma}^v(u)\right\|^2 = 1$$

이다. $\tilde{\gamma}^v$에 측지방정식 (9.2)의 두 번째 식을 적용해보자. 단위속도 매개변수는 u이고 v는 상수이므로 $F_u = 0$이다. 그러나 $u = 0$일 때 $\boldsymbol{\sigma}_u$와 $\boldsymbol{\sigma}_v$가 수직이므로 $F = 0$이다. 따라서 모든 점에서 $F = 0$이다. 그러므로 $\boldsymbol{\sigma}$의 제1기본형식은

$$du^2 + G(u,\ v)dv^2$$

이다. γ가 단위속력곡선이므로

$$G(0,\ v) = \|\sigma_v(0,\ v)\|^2 = \left\|\frac{d\gamma}{dv}\right\|^2 = 1.$$

$u = 0$이고 v가 단위속력 매개변수인 경우 측지선 γ에 식 (9.2)의 첫 번째 측지방정식을 적용하면 $G_u(0,\ v) = 0$이다. ■

위에서처럼 설정된 곡면조각사상 $\boldsymbol{\sigma}$를 **측지조각사상**(geodesic patch)이라 하고 u와 v를 **측지좌표**(geodesic coordinate)라고 한다.

예제 9.5.2 p를 단위구면 S^2의 적도선상의 점이라 하고 γ를 경도, φ를 매개변수로 갖는 적도선, $\tilde{\gamma}^\varphi$를 경도 φ인 적도선상의 점을 통과하고 위도 θ에 의하여 매개변수화된 자오선이라고 하면 위도 경도 조각사상이 대응되는 측지조각사상이 된다. 이때 이 측지조각사상의 제1기본형식은 명제 9.5.1에 따라서

$$d\theta^2 + \cos^2\theta\, d\varphi^2$$

이다.

우리는 정리 10.3.1 의 증명에서 측지좌표의 응용에 대하여 설명한다.

연습문제

9.5.1 곡면 S의 한 점 P와 P점에서 S에 접하는 단위벡터 $\mathbf{v}$에 대해서 $\gamma^\theta(r)$를 $r=0$에서 P를 통과하고 접선벡터 $\mathbf{v}$를 갖는 S상의 단위속력을 갖는 측지선이라 하고 $\boldsymbol{\sigma}(r,\ \vartheta)=\gamma^\theta(r)$라 하자. 그때 σ는 어떤 열린 구간 $(-\epsilon,\ \epsilon)$과 θ의 모든 값에서 매끄럽고 구간 $(0,\ \varepsilon)$의 점 r과 길이가 2π보다 작은 열린 구간들에 있는 θ에 대해서 정의된 S에 대한 허용가능 곡면조각사상임을 알 수 있다. 이 곡면조각사상을 '**측지극좌표 조각사상**(geodesic polar patch)'이라고 한다. 만일 R이 0과 ϵ 사이의 실수라면

$$\int_0^R \left\| \frac{d\gamma^\theta}{dr} \right\|^2 = dr = R$$

이 됨을 보여라. 양변을 θ에 관해 미분하면

$$\boldsymbol{\sigma}_r \cdot \boldsymbol{\sigma}_\theta = 0$$

이 됨을 증명하여라.

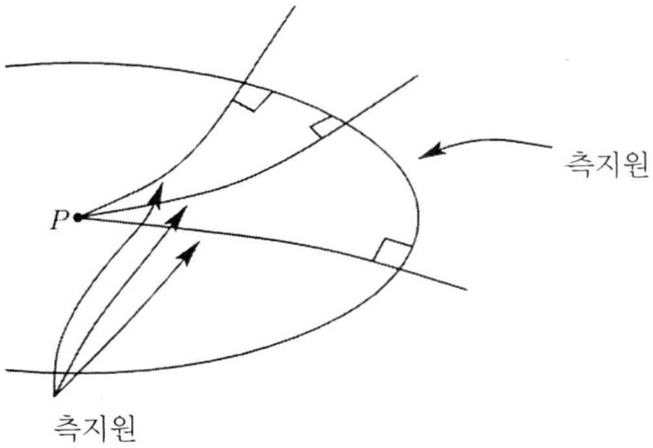

이것을 '**가우스 보조정리**(Gauss lemma)'라고 하며 기하학적으로는 반경이 R이고 중심이 P인 **측지원**(geodesic circle)이라고 하는 매개변수곡선 $r=R$이 P를 지나는 측지선에 수직, 즉 그것의 방사선들에 수직이라는 것이다. $\boldsymbol{\sigma}$의 제1기본형식은 적당히 매끄러운 함수 $G(r,\ \theta)$에 대하여

$$dr^2 + G(r,\ \theta)d\theta^2$$

이 됨을 추론하여라.

9.5.2 P와 Q를 곡면 S상의 점이라 하자. 그리고 연습문제 9.5.1에서처럼 Q를 포함하고 P에 중심을 둔 측지적 극조각사상이 있다고 하자. 만약 Q가 $\boldsymbol{\sigma}(R, \alpha)$의 점이라 하자 ($0 < R < \epsilon$, $0 \leq \alpha < 2\pi$). 이때 다음 단계에서 측지선 $\gamma^{\alpha}(t) = \boldsymbol{\sigma}(t, \alpha)$가 P와 Q를 잇는 S상의 유일한 가장 짧은 곡선임을 보여라 (재매개변수화한 것은 같은 것으로 본다).

(i) $\gamma(t) = \boldsymbol{\sigma}(f(t), g(t))$가 P와 Q를 잇는 조각사상 $\boldsymbol{\sigma}$의 곡선이라 하고, $t = 0$일 때 P를 통과하고 $t = R$일 때 Q를 지난다고하자 (이것은 적당한 재매개변수화에 의해 가능하다). 이때 P와 Q사이의 γ부분의 길이는 R이상이고, R은 P와 Q사이의 γ^{α} 부분의 길이가 됨을 보여라.

(ii) γ가 P와 Q를 잇는 (반드시 $\boldsymbol{\sigma}$안에 머무를 필요는 없다) S상의 곡선이면 P와 Q사이의 γ 부분의 길이는 R이상임을 보여라.

(iii) P와 Q를 잇는 S상의 곡선 γ부분의 길이가 R이면 γ는 γ^{α}의 재매개변수화임을 보여라.

제 10 장

가우스의 위대한 정리

제10장 가우스의 위대한 정리

곡면에 관한 가우스의 가장 중요한 발견들 중의 하나는 곡면이 잡아 늘리지 않고 구부릴 때 그 곡면의 가우스 곡률은 변치 않는다는 것이다. 가우스는 이를 '빼어난 결과'라 하였고 '주목할 만한'이라는 이 라틴어가 그 이후 이 정리에 항상 따라붙게 되었다. 우리는 여러 중요한 결과를 포함하는 곡면의 제1, 제2 기본형식과 관련된 두 결과로부터 위대한 정리를 유도한다.

10.1 가우스와 코다찌–마이나르디 방정식

곡면의 제1, 제2 기본형식 사이의 어떤 관계가 있는지 묻는 것은 자연스러운 질문이다. 예제 6.1.2, 6.1.4, 7.1.1, 7.1.2 에 의하여 평면, 원, 단위 원기둥 등은 적당히 매개 변수화하면 제1 기본형식은 같지만 제2 기본형식은 다르다는 것을 알 수 있다. 따라서 제2기본형식은 제1기본형식으로부터 유도할 수 있음을 알 수 있다. 그럼에도 불구하고 두 형식사이에는 몇 가지 비자명한 관계가 있다.

명제 10.1.1 (코다찌–마이나르디 방정식)
$Edu^2 + 2Fdudv + Gdv^2$과 $Ldu^2 + 2Mdudv + Ndv^2$을 곡면조각사상 $\sigma(u, v)$의 제1, 제2 기본형식이라 하고 명제 7.4.4에서와 같이 크리스토펠 기호를 정의하면

$$\begin{aligned} L_v - M_u &= L\Gamma^1_{12} + M(\Gamma^2_{12} - \Gamma^1_{11}) - N\Gamma^2_{11}, \\ M_v - N_u &= L\Gamma^1_{22} + M(\Gamma^2_{22} - \Gamma^1_{12}) - N\Gamma^1_{12} \end{aligned} \tag{10.1}$$

가 성립한다.

명제 10.1.2 (가우스 방정식)
K가 곡면조각사상 $\sigma(u, v)$의 가우스 곡률이면 다음이 성립한다.

$$\begin{aligned} EK &= (\Gamma^2_{11})_v - (\Gamma^2_{12})_u + \Gamma^1_{11}\Gamma^2_{12} + \Gamma^2_{11}\Gamma^2_{22} - \Gamma^1_{12}\Gamma^2_{11} - (\Gamma^2_{12})^2 \\ FK &= (\Gamma^1_{12})_u - (\Gamma^1_{11})_v + \Gamma^2_{12}\Gamma^1_{12} - \Gamma^2_{11}\Gamma^1_{22} \\ FK &= (\Gamma^2_{12})_v - (\Gamma^2_{22})_u + \Gamma^1_{12}\Gamma^2_{12} - \Gamma^1_{22}\Gamma^2_{11} \\ GK &= (\Gamma^1_{22})_u - (\Gamma^1_{12})_v + \Gamma^1_{22}\Gamma^1_{11} + \Gamma^2_{22}\Gamma^1_{12} - (\Gamma^1_{12})^2 - \Gamma^2_{12}\Gamma^1_{22}. \end{aligned}$$

증명 두 명제를 동시에 증명한다. $(\sigma_{uu})_v = (\sigma_{uv})_u$라 하고 σ_{uu}와 σ_{uv}에 대해 명제 7.4.4를 이용하면

$$(\Gamma^1_{11}\sigma_u + \Gamma^2_{11}\sigma_v + L\mathbf{N})_v = (\Gamma^1_{12}\sigma_u + \Gamma^2_{12}\sigma_v + M\mathbf{N})_u.$$

$$\therefore \left(\frac{\partial \Gamma_{11}^1}{\partial v} - \frac{\partial \Gamma_{12}^1}{\partial u}\right)\boldsymbol{\sigma}_u + \left(\frac{\partial \Gamma_{11}^2}{\partial v} - \frac{\partial \Gamma_{12}^2}{\partial u}\right)\boldsymbol{\sigma}_v + (L_v - M_u)\mathbf{N}$$

$$= \Gamma_{12}^1 \boldsymbol{\sigma}_{uu} + (\Gamma_{12}^2 - \Gamma_{11}^2)\boldsymbol{\sigma}_{uv} - \Gamma_{11}^2 \boldsymbol{\sigma}_{vv} - L\,\mathbf{N}_v - M\mathbf{N}_u \tag{10.2}$$

$$= \Gamma_{12}^1(\Gamma_{11}^1\boldsymbol{\sigma}_u + \Gamma_{11}^2\boldsymbol{\sigma}_v + L\,\mathbf{N}) + (\Gamma_{12}^2 - \Gamma_{11}^1)(\Gamma_{12}^1\boldsymbol{\sigma}_u + \Gamma_{12}^2\boldsymbol{\sigma}_v + M\mathbf{N})$$

$$- \Gamma_{11}^2(\Gamma_{22}^1\boldsymbol{\sigma}_u + \Gamma_{22}^2\boldsymbol{\sigma}_v + N\mathbf{N}) - L\mathbf{N}_v + M\mathbf{N}_u.$$

명제 7.4.4를 한번 더 이용하면 $\mathbf{N}_u$와 $\mathbf{N}_v$가 $\mathbf{N}$에 수직이므로 그들은 $\boldsymbol{\sigma}_u$와 $\boldsymbol{\sigma}_v$의 일차결합이다. 따라서 식 (10.2)의 첫 번째와 마지막 식에서 $\mathbf{N}$의 성분을 비교하면

$$L_v - M_u = L\Gamma_{12}^1 + M(\Gamma_{12}^2 - \Gamma_{11}^1) - N\Gamma_{11}^2$$

이다. 이것이 코다찌-마이나르디 식 (10.1)의 첫 번째 식이다. 나머지 방정식은 $(\boldsymbol{\sigma}_{uv})_v = (\boldsymbol{\sigma}_{vv})_u$에서 N의 계수를 비교하여 얻을 수 있다.

$\mathbf{N}_u$와 $\mathbf{N}_v$를 $\boldsymbol{\sigma}_u$와 $\boldsymbol{\sigma}_v$에 의해 표현하기 위하여 명제 8.1.2의 증명에 있는 공식을 이용한다. 식 10.2의 $\boldsymbol{\sigma}_u$ 계수로부터

$$(\Gamma_{11}^1)_v - (\Gamma_{12}^1)_u = \Gamma_{12}^2\Gamma_{12}^1 - \Gamma_{11}^2\Gamma_{22}^1 - Lc + Ma \tag{10.3}$$

을 알 수 있고 또

$$a = \frac{LG - MF}{EG - F^2},\quad c = \frac{MG - NF}{EG - F^2}$$

이며, 따라서 따름정리 8.1.3을 이용하면

$$Lc - Ma = \frac{L(MG - NF) - M(LG - MF)}{EG - F^2} = -\frac{F(LN - M^2)}{EG - F^2} = -FK$$

식 (10.3)에 대입하고 다시 정리하면 가우스 방정식의 두 번째를 얻는다. 나머지 세 개는 $(\boldsymbol{\sigma}_{uu})_v = (\boldsymbol{\sigma}_{uv})_u$의 $\boldsymbol{\sigma}_v$ 계수와 $(\boldsymbol{\sigma}_{uv})_v = (\boldsymbol{\sigma}_{vv})_u$의 $\boldsymbol{\sigma}_u$, $\boldsymbol{\sigma}_v$ 계수를 이용하여 같은 방법으로 증명할 수 있다. ■

다음 정리는 명제 10.1.1, 10.1.2와 다르게 제1, 제2 기본형식 사이에 관계가 없음을 보여준다.

정리 10.1.3

$\boldsymbol{\sigma} : U \to \mathbb{R}^3$와 $\tilde{\boldsymbol{\sigma}} : U \to \mathbb{R}^3$를 제1, 제2의 기본형식들이 같은 곡면조각사상들이라고 하면 $\tilde{\boldsymbol{\sigma}} = M(\boldsymbol{\sigma})$ 를 만족하는 $\mathbb{R}^3$의 등장변환 M이 존재한다.

또한 V를 $\mathbb{R}^3$의 열린 집합이고 $E,\ F,\ G,\ L,\ M$ 그리고 N을 V상의 매끄러운 함수라고 하자. $E > 0,\ G > 0,\ EG - F^2 > 0$이고 $K = \dfrac{LN - M^2}{EG - F^2}$이며, 명제 7.4.4에서 정의된 크리스토펠 기

호를 사용하였을 때 명제 10.1.1과 10.1.2에 있는 방정식들이 성립한다고 가정하자. 그때 만일 (u_0, v_0)가 V의 점이면 (u_0, v_0)를 포함하고 V에 포함된 열린 집합 U와 곡면조각사상 $\boldsymbol{\sigma}: U \to \mathbb{R}^3$이 존재하여 제1기본형식과 제2기본형식이 각각

$$Edu^2 + 2Fdudv + Gdv^2 \text{과 } Ldu^2 + 2Mdudv + Ndv^2$$

이 된다.

이 정리는 단위속력 평면곡선이 부호를 갖는 곡률에 의해서 결정된다는 정리 2.2.5의 결과와 유사하다. 정리 10.1.3은 여기에서 증명하지 않겠으나 첫 번째 부분은 상미분방정식계의 해에 대한 유일성 정리로부터 증명될 수 있고 어렵지 않다. 두 번째 부분은 좀더 복잡하나 편미분방정식의 해에 대한 존재정리로부터 증명된다. 다음 예제는 무엇이 필요한지 보여준다.

예제 10.1.4 제1기본형식으로 $du^2 + dv^2$, 제2기본형식으로 $-du^2$을 갖는 곡면조각사상을 찾을 수 있는지 없는지를 살펴보자. 먼저 이들을 제1, 제2 기본형식으로 갖는 곡면조각사상이 있는지 살펴본다. 이들 형식들의 모든 계수들은 상수이므로 크리스토펠 기호들은 0이 되어 코다찌-마이나르디 방정식들이 자명하게 성립된다. 명제 10.1.2에 있는 공식으로부터 $K = 0$이며 검토되어야 할 조건은 $LN - M^2 = 0$뿐이다. 그러나 $M = N = 0$이므로 이것 또한 자명하다. 따라서 명제 10.1.3으로부터 주어진 제1, 제2기본형식을 갖는 조각사상이 존재함을 알 수 있다.

곡면조각사상을 발견하기 위해서 가우스 방정식을 이용하면

$$\boldsymbol{\sigma}_{uu} = -\mathbf{N},\ \boldsymbol{\sigma}_{uv} = 0,\ \boldsymbol{\sigma}_{vv} = 0$$

임을 알 수 있다. 마지막 두 개의 방정식은 $\boldsymbol{\sigma}_v$가 상수벡터임을 암시한다. 이 벡터를 $\mathbf{a}$라고 하면

$$\boldsymbol{\sigma}(u, v) = \mathbf{b}(u) + \mathbf{a}v \tag{10.4}$$

이며 여기서 $\mathbf{b}$는 u만의 함수이다. 따라서 첫 번째 식으로부터 $\mathbf{N} = -\mathbf{b}''$이다 ($'$는 $\frac{d}{dv}$를 표시한다). 이제 명제 8.1.2 에 있는 $\boldsymbol{\sigma}_u$와 $\boldsymbol{\sigma}_v$ 를 이용하여 $\mathbf{N}_u$와 $\mathbf{N}_v$의 식을 표현해 보자. 접평면의 기저 $\{\boldsymbol{\sigma}_u, \boldsymbol{\sigma}_v\}$ 에 관한 와인가르텐 행렬은

$$W = F_{\mathrm{I}}^{-1} F_{\mathrm{II}} = \begin{pmatrix} 1 & 0 \\ 0 & 1 \end{pmatrix}^{-1} \begin{pmatrix} -1 & 0 \\ 0 & 0 \end{pmatrix} = \begin{pmatrix} -1 & 0 \\ 0 & 0 \end{pmatrix}$$

이므로 명제 8.1.2 로부터

$$\mathbf{N}_u = \boldsymbol{\sigma}_u,\ \mathbf{N}_v = \mathbf{0}.$$

이다.

두 번째 식에는 새로운 사실이 없다. 왜냐하면 $\mathbf{N}=-\mathbf{b}''$이 변수 u 만의 함수이기 때문이다. 첫 번째 방정식으로부터

$$\mathbf{b}''' + \mathbf{b}' = 0$$

을 얻는다. 따라서 $\mathbf{b}'' + \mathbf{b}$는 상수벡터이다. $\boldsymbol{\sigma}$에 평행이동을 적용하면 영벡터로 간주할 수 있다 (식 (10.4) 참조). 그러므로

$$\mathbf{b}(u) = \mathbf{c}\cos u + \mathbf{d}\sin u$$

이다. 여기서 $\mathbf{c}$와 $\mathbf{d}$는 상수벡터이며 $\mathbf{N}=-\mathbf{b}'' = \mathbf{b}$이다. 즉, $\mathbf{b}$는 u의 모든 값에 대하여 단위벡터가 된다. 따라서 $\mathbf{c}$와 $\mathbf{d}$는 수직인 단위벡터여야 하고 이 경우 강체운동을 통해서 $\mathbf{c}=(1,\ 0,\ 0)$, $\mathbf{d}=(0,\ 1,\ 0)$라고 가정할 수 있다. 이로써 $\mathbf{b}(u)=(\cos u,\ \sin u,\ 0)$가 된다.

마지막으로 0이 아닌 적당한 스칼라 λ에 대하여 $\boldsymbol{\sigma}_u \times \boldsymbol{\sigma}_v = \lambda\mathbf{N}$이고 따라서 $\mathbf{b}' \times \mathbf{a} = \lambda\mathbf{b}$이다. 이것으로부터 $\mathbf{a}=(0,\ 0,\ \lambda)$이고 조각사상은

$$\boldsymbol{\sigma}(u,\ v) = (\cos u,\ \sin u,\ \lambda v)$$

가 된다. 이것은 반지름이 1인 원기둥의 매개변수화이다 (독자들은 이미 추측했을 것이다).

연습문제

10.1.1 제1, 제2기본형식으로 각각

$$\cos^2 v\, du^2 + dv^2 \text{과 } -\cos^2 v\, du^2 - dv^2$$

을 갖는 곡면은 반지름이 1인 구면의 일부분이라는 것을 밝혀라. 위의 제1, 제2기본형식을 갖는 단위구면의 매개변수화를 구하라.

10.1.2 제1, 제2기본형식으로 각각

$$du^2 + \cos^2 u\, dv^2 \text{과 } \cos^2 u\, du^2 + dv^2$$

을 갖는 곡면조각사상은 존재하지 않음을 밝혀라.

10.1.3 곡면조각사상 $\boldsymbol{\sigma}(u,v)$가 $\dfrac{dv^2+dw^2}{w^2}$, Ldv^2+Ndw^2을 제1, 제2 기본형식으로 가지면 ($w>0$), L과 N은 v에 독립이고 $LN=-1/w^4$이며 $Lw^5\dfrac{dL}{dw} = 1 - L^2w^4$임을 보여라. L에 대해 이 방정식을 풀고 $\boldsymbol{\sigma}$가 반평면 $w>0$에서 대역적으로 정의할 수 없음을 보여라. 그리고 예제 9.3.3의 의구에 대한 토의와 비교하여라.

10.1.4 어떤 곡면조각사상의 제1, 제2기본형식이 각각

$$Edu^2 + Gdv^2 \text{ 과 } Ldu^2 + Ndv^2$$

이라고 하자. 코다찌-마이나르디 방정식이

$$L_v = \frac{1}{2}E_v\left(\frac{L}{E} + \frac{N}{G}\right),\ N_u = \frac{1}{2}G_u\left(\frac{L}{E} + \frac{N}{G}\right)$$

임을 밝히고, 이를 통해서 주곡률 $\kappa_1 = \dfrac{L}{E}$ 과 $\kappa_2 = \dfrac{N}{G}$ 이 방정식

$$(\kappa_1)_v = \frac{E_v}{2E}(\kappa_2 - \kappa_1),\ (\kappa_2)_u = \frac{G_u}{2G}(\kappa_1 - \kappa_2)$$

를 만족함을 추론하여라.

10.2 가우스의 위대한 정리

우리는 명제 7.4.4에서 크리스토펠 기호가 제1기본형식에만 의존한다는 것을 알고 있다. 명제 10.1.2 로부터 가우스 곡률 또한 그렇다는 것을 알고 있다. 이런 관점에서 따름정리 6.2.3 으로부터 다음을 얻는다.

정리 10.2.1 (가우스의 위대한 정리)

곡면의 가우스 곡률은 등장변환에 의해 불변이다.

이 사실은 좀더 엄밀히 말한다면 만일 S_1과 S_2가 두 곡면이고, 만일 $f : S_1 \to S_2$가 등장변환이면 S_1의 점 $\mathbf{p}$에서의 S_1의 가우스 곡률은 $f(\mathbf{p})$에서의 S_2의 가우스 곡률과 같다. 이 정리는 종종 가우스 곡률은 곡면의 내재적 성질이라는 말로 표현되기도 한다. 왜냐하면 가우스 곡률은 그 곡면에 살고 있는 조그만 벌레들에 의해서도 측정될 수 있기 때문이다.

명제 7.4.4에 있는 크리스토펠 기호로 표현을 명제 10.1.2의 방정식에 대입하면 물론 $E,\ F,\ G$ 에 의하여 K의 표현을 발견할 수 있다. (이것은 명제 10.1.2의 방정식에서 그 공식을 얻을 수 있을 것이며, 같게 됨을 알 수 있다.) 이 결과는 다음과 같다.

따름정리 10.2.2

가우스 곡률은 다음과 같이 얻어진다.

$$K=\frac{\begin{vmatrix} -\frac{1}{2}E_{vv}+F_{uv}-\frac{1}{2}G_{uu} & \frac{1}{2}E_u & F_u-\frac{1}{2}E_v \\ F_v-\frac{1}{2}G_u & E & F \\ \frac{1}{2}G_v & F & G \end{vmatrix}-\begin{vmatrix} 0 & \frac{1}{2}F_v & \frac{1}{2}G_u \\ \frac{1}{2}E_v & E & F \\ \frac{1}{2}G_u & F & G \end{vmatrix}}{(EG-F^2)^2}$$

여기에서 자세한 계산은 하지 않을 것이다. 어느 정도 지루할 뿐만 아니라 가끔 다음의 특수한 경우가 필요한 전부이기 때문이다.

따름정리 10.2.3

(i) $F=0$인 경우

$$K=-\frac{1}{2\sqrt{EG}}\left\{\frac{\partial}{\partial u}\left(\frac{G_u}{\sqrt{EG}}\right)+\frac{\partial}{\partial v}\left(\frac{E_v}{\sqrt{EG}}\right)\right\},$$

(ii) $E=1$이고 $F=0$인 경우

$$K=-\frac{1}{\sqrt{G}}\frac{\partial^2\sqrt{G}}{\partial u^2}.$$

증명 $F=0$인 경우 명제 7.4.4에 의해서

$$\Gamma_{11}^1=\frac{E_u}{2E},\ \Gamma_{11}^2=-\frac{E_v}{2G},\ \Gamma_{12}^1=\frac{E_v}{2E},\ \Gamma_{12}^2=\frac{G_u}{2G},\ \Gamma_{22}^1=-\frac{G_u}{2E},\ \Gamma_{22}^2=\frac{G_v}{2G}$$

이다. 명제 10.1.2의 첫 번째 공식에 대입하면

$$EK=-\left(\frac{E_v}{2G}\right)_v-\left(\frac{G_u}{2G}\right)_u+\frac{E_uG_u}{4EG}-\frac{E_vG_v}{4G^2}+\frac{E_v^2}{4EG}-\frac{G^2}{4G^2},$$

즉,

$$\begin{aligned}-2K\sqrt{EG}&=\frac{E_{vv}+G_{uu}}{(EG)^{1/2}}-\frac{E_v(EG_v+E_vG)}{2(EG)^{3/2}}-\frac{G_u(E_uG+EG_u)}{2(EG)^{3/2}}\\&=\frac{E_{vv}}{(EG)^{1/2}}-\frac{1}{2}\frac{E_v(EG)_v}{(EG)^{3/2}}+\frac{G_{uu}}{(EG)^{1/2}}-\frac{1}{2}\frac{G_u(EG)_u}{(EG)^{3/2}}\\&=\left(\frac{E_v}{(EG)^{1/2}}\right)_v+\left(\frac{G_u}{(EG)^{1/2}}\right)_u.\end{aligned}$$

따라서 (i)이 얻어진다. 또한 $E=1$이면 식 (i)의 오른쪽 두번째 항은 0이 되어서

$$K=-\frac{1}{2\sqrt{G}}\frac{\partial}{\partial u}\left(\frac{G_u}{\sqrt{G}}\right)=-\frac{1}{\sqrt{G}}\frac{\partial^2\sqrt{G}}{\partial u^2}$$

이다. ■

예제 10.2.4 $f>0$과 $\dot{f}^2+\dot{g}^2=1$($\cdot$ 은 $\frac{d}{du}$ 를 표시함)인 경우의 회전면

$$\sigma(u,\ v)=(f(u)\cos v,\ f(u)\sin v,\ g(u))$$

은 예제 6.1.3에서 $E=1,\ F=0,\ G=(f(u))^2$ 인 경우이다. 따라서 따름정리 10.2.3 (ii)를 적용하면

$$K=-\frac{1}{\sqrt{G}}\frac{\partial^2\sqrt{G}}{\partial u^2}=-\frac{\ddot{f}}{f}$$

이 된다. 이것은 예제 8.1.4와 일치한다. ■

이 위대한 정리는 곡면사이의 국소적 등장변환의 존재성에 대한 필요조건을 제공한다 : 그와 같은 국소적 등장변환이 존재하면 가우스 곡률은 두 곡면의 대응되는 점에서 일치하여야 한다. 우리는 이 아이디어에 대한 두 사실을 준다. 다른 것은 연습문제에서 찾아볼 수 있다.

명제 10.2.5 지구표면의 영역에 관한 모든 지도는 왜곡된 거리를 가지고 있다.

증명 지구표면의 한 영역에 관한 지도가 거리를 왜곡시키지 않는다면 그것은 구면의 영역으로부터 평면의 영역으로의 미분동형사상을 정의한다. 그 지도는 모든 거리를 일정한 상수 C로 곱한 거리로 측정할 것이다. 우선 그 평면이 원점을 통과한다고 가정하자. 이 지도를 위치벡터 $\mathbf{r}$을 갖는 평면 위의 점을 위치벡터 $C^{-1}\mathbf{r}$을 갖는 그 평면 위의 점으로 보내는 사상으로 구성하면 구면의 영역과 평면의 영역 사이의 등장사상을 얻는다. 가우스의 위대한 정리에 의하면 구면과 평면의 이들 영역은 동일한 가우스 곡률을 갖게 된다. 그러나 평면은 모든 점에서 가우스 곡률이 0이며 구면은 양인 상수곡률을 갖는다(만일 구면의 반지름이 R이면 가우스 곡률은 $\frac{1}{R^2}$이다). 따라서 그러한 등장사상은 존재하지 않는다. ■

한편 각을 정확하게 나타내주는 지구의 지도를 제작하는 것은 가능하다. 왜냐하면 예제 6.3.5에서 입체사영은 등각사상이며, 또 아르키메데스의 정리 6.4.6에 의하면 정확한 면적을 표시해 주는 지도로 제작할 수 있음을 알 수 있다. 같은 사상에 의하여 각과 넓이를 정확히 표현할 수는 없다(연습문제 6.4.5(ii) 참조).

다음 예제는 가우스의 위대한 정리가 가끔 곡면의 모든 등장변환을 결정짓는 데 사용될 수 있음을 보여준다.

명제 10.2.6 나선면 (연습문제 4.2.6 참조) $\sigma(u,\ v)=(u\cos v,\ u\sin v,\ v)$의 등장사상들은 S_λ, $R_x\circ S_\lambda$, $R_y\circ S_\lambda$ 그리고 $R_z\circ S_\lambda$뿐이다. 여기서 S_λ는 나선운동 $\sigma(u,\ v)\to\sigma(u,\ v+\lambda)$이고 R_x, R_y 그리고 R_z는 x, y, 그리고 z-축 둘레로 π만큼의 회전운동이다.

증명 나선면의 등장사상이 $\boldsymbol{\sigma}(u, v)$를 $\boldsymbol{\sigma}(\tilde{u}, \tilde{v})$로 보낸다고 가정하자. 여기서 $\tilde{u}, \tilde{v}$는 u와 v에 관한 매끄러운 함수들이다. $\boldsymbol{\sigma}(u, v)$에서 가우스 곡률이 $\dfrac{-1}{(1+u^2)^2}$이므로 (연습문제 8.1.2 참조) 가우스의 위대한 정리로부터

$$\frac{-1}{(1+u^2)^2} = \frac{-1}{(1+\tilde{u}^2)^2}$$

임을 알 수 있다. 따라서 $\tilde{u} = \pm u$이다.

z-축 둘레로 π만큼 회전한 회전 운동 R_z는 u를 $-u$로 바꾸므로 (v는 고정) $\tilde{u} = u$로 가정할 수 있다. $\tilde{v} = f(u, v)$라 하면 따름정리 6.2.3으로부터 조각사상 $\boldsymbol{\sigma}(u, v)$와 $\tilde{\boldsymbol{\sigma}}(u, f(u, v))$는 동일한 제1기본형식을 가짐을 알 수 있다. $\boldsymbol{\sigma}$의 제1기본형식은 $du^2 + (1+u^2)dv^2$이고 $\tilde{\boldsymbol{\sigma}}$의 제1기본형식은

$$(1+(1+u^2)f_u^2)du^2 + 2(1+u^2)f_u f_v du dv + (1+u^2)f_v^2 dv^2$$

이므로 이들을 같게 놓으면 $f_u = 0$이고 $f_v = \pm 1$이다. 따라서

$$\tilde{v} = f(u, v) = \pm v + \lambda$$

이다. 여기서 λ는 상수이다. x-축 둘레로 π에 의한 회전 R_x는 v를 $-v$로 바꿔주므로 (u는 고정) $\tilde{v} = v + \lambda$로 가정할 수 있다. 따라서

$$S_\lambda : \boldsymbol{\sigma}(u, v) \to \boldsymbol{\sigma}(u, v+\lambda)$$

는 등장사상이다. 이로써 명제가 증명된다 ($R_y = R_x \circ R_z$이므로 $R_y \circ S_\lambda$는 등장사상이다).

연습문제

10.2.1 u, v의 매끄러운 함수 λ에 대하여 곡면조각사상의 제1기본형식이 $e^\lambda(du^2 + dv^2)$일 때, 그것의 가우스 곡률 K에 대하여 다음 식이 성립함을 밝혀라.

$$\Delta\lambda + 2Ke^\lambda = 0.$$

여기서 Δ는 라플라스 작용소 $\dfrac{\partial^2}{\partial u^2} + \dfrac{\partial^2}{\partial v^2}$을 나타낸다.

10.2.2 연습문제 9.5.1의 기호를 사용하여 $u = r\cos\theta$, $v = r\sin\theta$로 정의하고 $\tilde{\boldsymbol{\sigma}}(u, v)$를 $\boldsymbol{\sigma}$에 대응되는 재매개변수화라고 하자. $\tilde{\boldsymbol{\sigma}}$가 열린 집합 $u^2 + v^2 < \epsilon^2$에서 정의된 S에 대한 허용가능 곡면조각사상임을 알 수 있다 ($r = 0$일 때 $\boldsymbol{\sigma}$가 허용가능하지 않으므로 이 사실은 자명한 것이 아님).

(i) $\tilde{\sigma}$의 제1기본형식이 $\widetilde{E}du^2+2\widetilde{F}dudv+\widetilde{G}dv^2$임을 밝혀라.

여기서

$$\widetilde{E}=\frac{u^2}{r^2}+\frac{Gv^2}{r^4},\ \widetilde{F}=\left(1-\frac{G}{r^2}\right)\frac{uv}{r^2},\ \widetilde{G}=\frac{v^2}{r^2}+\frac{Gu^2}{r^4}.$$

(ii) $u^2(\widetilde{E}-1)=v^2(\widetilde{G}-1)$이 됨을 밝히고 $u=v=0$에 관한 $\widetilde{E}$와 $\widetilde{G}$의 테일러 전개를 통하여 적당한 상수 k에 대하여

$$G(r,\ \theta)=r^2+kr^4+\text{나머지 (여기서 } r\to 0 \text{ 일 때 } \frac{\text{나머지}}{r^4}\to 0 \text{ 임)}$$

로 쓸 수 있음을 밝혀라.

(iii) $k=\dfrac{-K(P)}{3}$ 임을 밝혀라. 여기서 $K(P)$는 P에서 S의 가우스 곡률이다.

10.2.3 연습문제 9.5.1과 10.2.2의 기호를 사용하여

(i) 중심 P, 반지름 R을 갖는 측지원의 둘레는

$$C_R=2\pi R\left(1-\frac{K(P)}{6}R^2+\text{나머지}\right)$$

임을 밝혀라. 여기서 $R\to 0$ 일 때 $\dfrac{\text{나머지}}{R^2}\to 0$이다.

(ii) (1)의 측지원 내부의 넓이는

$$A_R=\pi R^2\left(1-\frac{K(P)}{12}R^2+\text{나머지}\right).$$

여기서 나머지는 (i) 에서와 같은 조건을 가진다.

이 결과가 연습문제 6.5.3에서 얻은 구면기하의 결과와 일치함을 보여라.

10.2.4 A, B, C 를 변으로 하고 각 변이 측지선인 곡면 $\boldsymbol{\sigma}$상의 삼각형을 T 라 하고, α, β, γ 를 내각이라 하자 (α를 A에서 각이라 하자). 또 삼각형이 연습문제 9.5.1 에서 $P=A$인 경우처럼 측지조각사상 $\boldsymbol{\sigma}$에 포함된다고 가정하자. 그 연습문제와 같은 기호를 사용하여 만일 $\mathbf{v}$가 A에서 A, B 를 지나는 변에 접하면 A에서 만나는 변들은 매개변수 곡선 $\theta=0, \theta=\alpha$이며, 나머지 변들은 $\gamma(\theta)=\sigma(f(\theta),\ \theta)$로 매개변수화 된다. 여기서 f는 매끄러운 함수이고 $0\le\theta\le\alpha$이다.

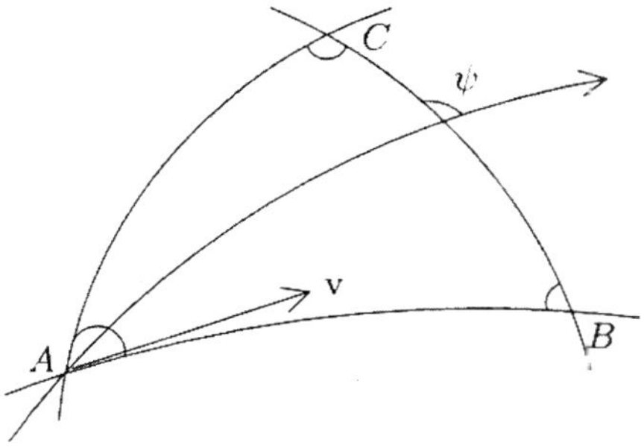

(i) $f'' - \dfrac{f'\lambda'}{\lambda^2} = \dfrac{1}{2}\dfrac{\partial G}{\partial r}$ 임을 증명하기 위해 측지방정식 (9.2) 를 이용하여라. 여기서 $'$은 $\dfrac{d}{d\theta}$를 표시하고 $\lambda = \|\gamma'\|$이다.

(ii) 만일 $\psi(\theta)$가 σ_r과 $\gamma(\theta)$에서 BC의 접선벡터 사이의 각이면

$$\psi'(\theta) = -\frac{\partial\sqrt{G}}{\partial r}(f(\theta),\ \theta)$$

임을 보여라.

(iii) 만일 K가 S의 가우스 곡률이면

$$\int\int_{ABC} K dA\sigma = \angle A + \angle B + \angle C - \pi$$

임을 밝혀라. 이 결과는 따름정리 13.2.3에서 일반화된다.

10.2.5 예제 4.5.3의 뫼비우스 띠의 가우스곡률은 경선인 원을 따라 $-\dfrac{1}{4}$ 임을 보여라. 이 뫼비우스 띠는 반만 비틀어서 나오는 종점들을 연결하는 종이 띠로부터 구성될 수 없음을 보여라 (뫼비우스 띠를 붙이고 자르는 해석적인 설명은 예제 4.5.3보다 훨씬 복잡하다).

10.2.6 현수면 사이의 유일한 등장변환은 그 축 주위로의 회전변환, 축을 포함하는 평면의 반사, 현수면의 허리를 포함하는 평면의 반사들이다.

10.3 가우스 곡률이 상수인 곡면

앞 절에서 가우스 곡률이 상수인 곡면에 대해 잘 이해할 수 있는 결과를 얻었다. 먼저 국소적인 사실부터 시작한다.

정리 10.3.1

가우스 곡률이 상수인 곡면 상의 모든 점은 평면, 구면 또는 의구의 열린 집합과 등장적인 조각사상에 포함된다.

증명 곡면 S상의 점 $\mathbf{p}$에서 가우스 곡률 K가 상수라 하자. $\mathbb{R}^3$상의 확대사상(연습문제 8.1.5 참조)에 의하여 $K=0$, $K=-1$의 경우만 생각하면 된다.

$\boldsymbol{\sigma}(0,0)=\mathbf{p}$가 되는 측지적 조각사상 $\boldsymbol{\sigma}(u,v)$를 잡고 $g=\sqrt{G}$라 하면 제1기본형식은

$$du^2+g(u,v)^2dv^2.$$

따름정리 10.2.3(ii)에 의해

$$\frac{\partial^2 g}{\partial u^2}+Kg=0 \tag{10.5}$$

이며, 명제 9.5.1에 의해

$$g(0,v)=1,\ g_u(0,v)=0. \tag{10.6}$$

만약 $K=0$이면 식 (10.5)의 해는 $g(u,v)=\alpha u+\beta$이다. α와 β는 v에 대해 매끄러운 함수이다. 초기조건 (10.6)으로부터 $\alpha=0$, $\beta=1$이고, 따라서 $g=1$이며 $\boldsymbol{\sigma}$의 제1기본형식은 du^2+dv^2이다. 이것은 평면의 제1기본형식과 같다 (예제 6.1.2 참조). 그리고 따름정리 6.2.3으로부터 $\boldsymbol{\sigma}$가 평면의 열린 부분집합과 등장적 동형임을 알 수 있다.

$K=1$이면 식 (10.5)의 일반해는 $g=\alpha\cos u+\beta\sin u$이며, 이때 α, β는 v에만 영향을 받는다. 경계조건 (10.6)으로부터 $\alpha=1$, $\beta=0$을 알 수 있고, $\boldsymbol{\sigma}$의 제1기본형식은 $du^2+\cos^2 u\,dv^2$이다. 이것은 S^2의 제1기본형식과 같다 (u와 v는 경선과 위선이다. 예제 6.1.3 참조). 따라서 $\boldsymbol{\sigma}$는 S^2의 열린 부분집합과 등장적 동형이다.

마지막으로 $K=-1$이면 같은 방법으로 $\boldsymbol{\sigma}$의 제1기본형식은

$$du^2+\cosh^2 u\,dv^2.$$

우리는 이전에도 이와 같은 제1기본형식을 본 적이 있다. 그러나

$$V=e^v\tanh u,\quad W=e^v\operatorname{sech} u$$

라 두고 $\boldsymbol{\sigma}$를 재매개변수화 하자. 연습문제 6.1.4의 공식을 이용하면 제1기본형식은

$$\frac{dV^2+dW^2}{W^2}$$

이 된다. 연습문제 8.3.1과 비교하면 이것이 의구의 매개변수화된 것의 제1기본형식임을 알 수 있다. ■

다음 결과는 국소적이지만 좀 더 자세하게 가우스 곡률이 음의 상수인 곡면을 설명한다.

명제 10.3.2 S는 가우스 곡률이 -1인 곡면이라 하자. 만약 $\mathbf{p} \in S$이면 제1, 제2기본형식이 각각

$$du^2 + 2\cos\theta\, du dv + dv^2,\ 2\sin\theta\, du dv \tag{10.7}$$

인 $\mathbf{p}$를 포함하는 S의 곡면조각사상이 존재한다. 이때 $\theta(u, v)$는 $0 < \theta < \pi$이며 모든 u, v에 대해 매끄러운 함수이다.

따라서 이 매개변수화의 형식을 갖는 매개곡선을 췌비셰프 망(chebyshev net)라 한다 (연습문제 6.1.9, 7.4.6 참조)

증명 K가 음이므로 곡면은 배꼽점이 없다. 따라서 제1, 제2 기본형식이

$$EdU^2 + GdV^2\ ,\ LdU^2 + NdV^2$$

인 $\mathbf{p}$를 포함하는 곡면조각사상 $\boldsymbol{\sigma}(U, V)$가 존재한다 (명제 8.4.1 참조).
주곡률은

$$\kappa_1 = \frac{L}{E},\ \kappa_2 = \frac{N}{G}. \tag{10.8}$$

$\kappa_1\kappa_2 = -1$이므로 다음 두 가지 경우가 있다.

(i) 모든 U, V에 대하여 $\kappa_1 > 0$, $\kappa_2 < 0$

(ii) 모든 U, V에 대하여 $\kappa_1 < 0$, $\kappa_2 > 0$

(i)에 대하여 집중적으로 고찰하고 (ii)에 대해서는 간단히 설명한다.
(i)의 경우 $0 < w < \pi/2$이고

$$\kappa_1 = \tan w,\ \ \kappa_2 = -\cot w \tag{10.9}$$

인 매끄러운 함수 $w(U, V)$가 존재한다 ((ii)의 경우 $\kappa_1 = -\cot u$, $\kappa_2 = \tan w$라 둔다). 코다찌-마이나드리의 첫째 방정식에 의하여

$$L_V = \frac{1}{2}E_V\left(\frac{L}{E} + \frac{N}{G}\right).$$

(연습문제 10.1.4 참조). 식 (10.8)과 (10.9)로부터

$$(E\tan w)_V = \frac{1}{2}E_V(\tan w - \cot w) \tag{10.10}$$

$$\text{즉,}\qquad w_V = -\frac{E_V}{2E}\cot w.$$

식 (10.10)에 의하여

$$\left(\frac{\cos w}{\sqrt{E}}\right)_V = -\frac{w_V \sin w}{\sqrt{E}} - \frac{E_V \cos w}{2E^{3/2}} = -\frac{\sin w}{\sqrt{E}}\left(w_V + \frac{E_V}{2E}\cot w\right) = 0.$$

따라서

$$E = e(U)\cos^2 w$$

를 만족하는 양의 매끄러운 함수 $e(U)$가 존재한다. 같은 방법으로 코다찌-마이나드리의 두 번째 방정식으로부터

$$G = g(V)\sin^2 w$$

인 양의 매끄러운함수 $g(V)$가존재한다((ii)의 경우 $E = e(U)\sin^2 w,\ G = g(V)\cos^2 w$ 이다). $\widetilde{U}(U)$와 $\widetilde{V}(V)$가

$$\frac{d\widetilde{U}}{dU} = \sqrt{e(U)}\,,\quad \frac{d\widetilde{V}}{dV} = \sqrt{g(V)}$$

를 만족하는 매끄러운 함수라 하고, $\tilde{\boldsymbol{\sigma}}(\widetilde{U}, \widetilde{V})$가 $\boldsymbol{\sigma}(U, V)$의 대응되는 재매개변수화라고 하자. 그러면 $\tilde{\boldsymbol{\sigma}}$ 의 제1기본형식은

$$\cos^2 w\, d\widetilde{U}^2 + \sin^2 w\, d\widetilde{V}^2$$

이며, 제2기본형식은

$$\frac{L}{e} d\widetilde{U}^2 + \frac{N}{g} d\widetilde{V}^2 = \sin w \cos w\,(d\widetilde{U}^2 - d\widetilde{V}^2).$$

$u = (\widetilde{U} + \widetilde{V})/2,\ v = (\widetilde{U} - \widetilde{V})/2$라 두면 $\theta = 2w$이고 제1, 제2 기본형식이 명제에서 말한 것과 같은 $\tilde{\boldsymbol{\sigma}}$ 의 재매개변수화를 얻는다 ((ii)의 경우 $u = (\widetilde{U} + \widetilde{V})/2,\ v = (\widetilde{V} - \widetilde{U})/2$라 둔다). ■

식 (10.7)에 있는 $\theta(u, v)$는 임의가 아니며 가우스 방정식 (명제 10.1.2 참조)을 만족한다 . 언급한 것처럼 이 네 식은 서로 동치이며, 따라서 그 중 하나만 생각하면 된다. 크리스토펠 기호는

$$\begin{aligned}\Gamma_{11}^1 &= \theta_u \cot\theta\,, & \Gamma_{12}^1 &= 0, & \Gamma_{22}^1 &= -\theta_v \operatorname{cosec}\theta \\ \Gamma_{11}^2 &= -\theta_u \operatorname{cosec}\theta, & \Gamma_{12}^2 &= 0, & \Gamma_{22}^2 &= \theta_v \cot\theta\,.\end{aligned}$$

가우스 방정식의 첫 번째 식에 대입하면

$$-1 = (\theta_u \operatorname{cosec}\theta)_v - \theta_u\theta_v \operatorname{cosec}\theta\cot\theta, \tag{10.11}$$

$$즉,\ \theta_{uv} = \sin\theta.$$

이것을 **사인-고르돈 방정식**(sine-Gordon equation)이라 한다. 이 식은 유체역학이나 물리의 여러 영역에 나타난다.

정리 10.1.3의 관점에서 다음과 같이 요약할 수 있다.

정리 10.3.3

$\theta(u, v)$를 사인-고르돈 방정식 (10.11)의 매끄러운 해라 하고 $0 < \theta < \pi$라 하자. 그러면 $\mathbb{R}^3$상의 등장변환에 의한 것은 같은 것으로 본다면, (10.7)과 같이 주어진 제1, 제2 기본형식을 갖고 상수

인 가우스 곡률이 -1인 곡면이 유일하게 존재한다. 역으로 가우스 곡률이 -1인 어떤 곡면도 θ가 사인-고르돈 방정식의 해가 되며, (10.7)과 같은 제1, 제2 기본형식을 가지는 매개변수화를 갖는다.

우리는 가우스 곡률이 상수인 컴팩트 곡면을 특성화하는 아름다운 결과를 이 절에서 얻었다. 명제 8.6.1에서 상수 가우스 곡률은, 이 경우 반드시 >0 임을 알 수 있다.

정리 10.3.4

가우스 곡률이 상수인 모든 긴밀곡면은 구면이다.

이 정리의 증명을 위하여 다음 보조정리를 이용한다.

보조정리 10.3.5

$\boldsymbol{\sigma} : U \to \mathbb{R}^3$를 배꼽점이 아닌 점 $\mathbf{p} = \boldsymbol{\sigma}(u_0, v_0)$를 포함하는 곡면조각사상이라고 하자. $\kappa_1 \ge \kappa_2$를 $\boldsymbol{\sigma}$의 주곡률들이라 하고 κ_1이 $\mathbf{p}$에서 극대값, κ_2가 $\mathbf{p}$에서 극소값이라고 가정하면 $\mathbf{p}$에서 $\boldsymbol{\sigma}$의 가우스 곡률은 ≤ 0이다.

증명 $\mathbf{p}$가 배꼽점이 아니므로 $\mathbf{p}$에서 $\kappa_1 > \kappa_2$이다. 필요에 따라 U를 축소시킴으로써 U의 모든 점에서 $\kappa_1 > \kappa_2$라고 가정할 수 있다.

명제 8.4.1에 의해 $\boldsymbol{\sigma}$의 제1, 제2기본형식을 각각

$$Edu^2 + Gdv^2 \text{과 } Ldu^2 + Ndv^2$$

로 가정할 수 있다. 연습문제 10.1.4 의하여

$$E_v = -\frac{2E}{\kappa_1 - \kappa_2}(\kappa_1)_v, \quad G_u = \frac{2G}{\kappa_1 - \kappa_2}(\kappa_2)_u$$

이고 따름정리 10.2.3 (i)에 의해 가우스 곡률은

$$K = -\frac{1}{2\sqrt{EG}}\left(\frac{\partial}{\partial u}\left(\frac{G_u}{\sqrt{EG}}\right) + \frac{\partial}{\partial v}\left(\frac{E_v}{\sqrt{EG}}\right)\right)$$

이다. $\mathbf{p}$가 κ_1과 κ_2의 정류점이므로 $(\kappa_1)_v = (\kappa_2)_u = 0$이고, 따라서 $\mathbf{p}$에서 $E_v = G_u = 0$이다. 그래서 점 $\mathbf{p}$에서

$$\begin{aligned} K &= -\frac{1}{2EG}(G_{uu} + E_{vv}) \\ &= -\frac{1}{2EG}\left(\frac{2G}{\kappa_1 - \kappa_2}(\kappa_2)_{uu} - \frac{2E}{\kappa_1 - \kappa_2}(\kappa_1)_{vv}\right) \end{aligned}$$

(κ_1과 κ_2의 제1계도함수와 E_v, G_u가 관계하는 항들이 생략됨). κ_1이 p에서 극대이므로 $(\kappa_1)_{vv} \le 0$이고 κ_2가 p에서 극소이므로 $(\kappa_2)_{uu} \ge 0$이다. 따라서 마지막 방정식은 점 p에서 $K \le 0$임을 보여준다. ■

정리 10.3.4의 증명 정리 10.3.4를 증명하기 위해서 간단한 일반위상수학의 이론을 사용하자. 주곡률 κ_1, κ_2에 대하여 $J=(\kappa_1-\kappa_2)^2$으로 정의된 곡면 S상의 연속함수를 생각해 보자. κ_1과 κ_2가 잘 정의된 함수가 아닐지라도 J는 잘 정의된 함수이다. 이는 κ_1과 κ_2의 선택에 따라서, 또 주곡률의 부호 또한 S의 매개변수화에 따라 달라지기 때문이다. 그러나 함수 J가 S상에서 영함수라는 것을 증명하여 S의 모든 점이 배꼽점이라는 것을 밝힐 것이다. 가우스 곡률 $K>0$이므로 명제 8.2.9로부터 S가 구면 S의 열린 부분집합이라는 것을 알 수 있다.
사실 S는 S 전체이다. 왜냐하면, S의 임의의 점 p가 S의 조각사상 $\sigma : U \to \mathbb{R}^3$에 포함되고 $\mathbb{R}^3$의 열린 집합 W에 대하여 $\sigma(U)=S\cap W$이다. 따라서 S는 S의 열린 부분집합이다. 한편 S는 긴밀집합이므로 $\mathbb{R}^3$의 닫힌 부분집합이며 S의 닫힌 부분집합이다. 그런데 S는 연결집합이므로 공집합이 아닌 S의 열린 부분집합이면서 동시에 닫힌 부분집합은 S 자신밖에 없다.
이제 모순을 찾기 위해서 J가 S상의 영함수가 아니라고 가정하자. S가 긴밀이므로 J는 S의 한 점 p에서 양수인 최댓값을 갖는다. p를 포함하는 S의 조각사상 $\sigma : U \to \mathbb{R}^3$를 선택하고 κ_1과 κ_2를 주곡률이라고 하자. $\kappa_1 \cdot \kappa_2 > 0$이므로 필요한 경우 재매개변수화하여, $\kappa_1 > 0$, $\kappa_2 > 0$이라고 가정할 수 있다 (연습문제 8.2.8 참조). 점 p에서 $\kappa_1 > \kappa_2$라고 가정하자. κ_1과 κ_2 가 U상에서 연속함수 (연습문제 8.2.8 참조) 이므로 (사실은 매끄러운) 필요한 경우 U를 축소시킴으로써 U상의 모든 점에서 $\kappa_1 > \kappa_2$라고 가정할 수 있다. $K>0$가 상수이므로 $x > K/x > 0$인 x에 대해서 함수 $\left(x-\dfrac{K}{x}\right)^2$는 증가함수이다. $\kappa_1 > K/\kappa_1 = \kappa_2 > 0$이므로 이 함수는 $x=\kappa_1$에서 증가하며, 따라서 κ_1은 반드시 p에서 극소값을 갖는다. 보조정리 10.3.5에 의해 점 p에서 $K \le 0$이 되고 이것은 $K>0$이라는 가정에 모순이다. ■

연습문제

10.3.1 모든 점에서 가우스 곡률이 양이며 평균곡률이 상수인 긴밀곡면은 구면이 됨을 보여라.

10.3.2 8.3절에서 구성한 의구에 대응되는 사인-고르돈(sine-Gordon) 방정식의 해는

$$\theta(u,v)2\tan^{-1}(\sinh(u-v+c)$$

임을 보여라 (단 c 는 상수이다).

10.4 측지사상

6장에서는 곡면 사이의 국소적 미분동형사상이 길이, 각, 넓이를 보존함을 알았다. 같은 방법으로 측지선을 보존하는 국소적 미분동형사상을 생각하는 것은 자연스럽다. 사실 흥미로운 결과를 얻기 위해 γ가 S상의 측지선이면 $F \circ \gamma$가 $\tilde{S}$상의 측지선 (연습문제 10.4.1 참조)의 재매개변수화가 되는 곡면 S로부터 $\tilde{S}$로 가는 국소적 미분동형사상 $F: S \to \tilde{S}$를 생각해야 한다. 연습문제 9.1.2로부터 측지선의 재매개변수화를 준측지선(pre-geodesic)이라 하였다. 이것으로부터 다음을 정의한다.

정의 10.4.1

S와 $\tilde{S}$가 곡면이고 f가 S상의 준측지선을 $\tilde{S}$상의 준측지선으르 옮길 때 국소적 미분동형사상 $f: S \to \tilde{S}$를 **측지선**(geodesic)이라 한다.

다음 결과는 측지선의 여러 예를 제공한다.

명제 10.4.2 다음은 측지적 국소 미분동형사상이다.

(i) 국소적 등장변환

(ii) $\mathbb{R}^3$상의 확대

(iii) 측지적 국소 미분동형사상의 합성

증명 (i) γ가 곡면 S의 곡면조각사상의 준측지선이면 $\gamma(t) = \gamma_1(\varphi(t))$이다. γ_1은 적당한 측지선이며 φ는 적당한 재매개변수화이다 (연습문제 9.1.2 참조). 만약 $F: S \to \tilde{S}$가 등장사상이면 $\tilde{\gamma_1} = F \circ \gamma_1$이 따름정리 9.2.7에 의해 $\tilde{S}$의 곡면조각 $\tilde{\sigma} = f \circ \sigma$상의 측지선이다. 따라서 $F \circ \gamma = F \circ \gamma_1 \circ \varphi = \tilde{\gamma_1} \circ \varphi$는 측지선 $\tilde{\gamma_1}$의 재매개변수화이다. 따라서 준측지선이다.

(ii) 확대사상 $(x, y, z) \mapsto a(x, y, z)$ (a는 영이 아닌 상수)는 제1기본형식의 a^2배되며, 따라서 크리스토펠 기호는 불변이다 (명제 7.4.4 참조). 명제 9.2.3에 의해 확대하면 측지선을 결정하는 방정식은 불변이다. 따라서 확대에 의해 측지선은 측지선으로 옮겨진다. 또한 (i)에 의해 준측지선으로 옮겨진다.

(iii)은 명백하다. ■

앞의 증명에 의해 국소적 등장변환, 확대는 측지선을 측지선으로 옮긴다. 다음은 측지선을 측지선으로 옮기지 않는 측지적 국소 미분동형사상의 예이다. 앞의 명제에 의해 이것은 국소 등장변환과 확대의 합성으로 될 수 없다.

예제 10.4.3 구면의 중심으로부터의 사영에 의해, 단위 구면 S^2의 하반구(lower hemisphere)이므로 평면 $z=-1$로 가는 함수 F를 생각하자.

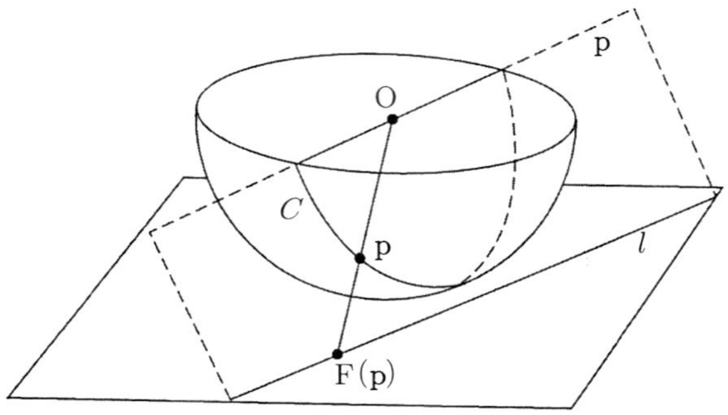

S^2의 모든 준측지선은 S^2와 원점을 통과하는 평면 p와의 교차에 의해 만들어진 대원이다. 중심사영은 하반구의 C부분을 p와 평면 $z=-1$의 교차인 직선 l로 옮긴다. 따라서 F는 측지적 미분동형사상이다.

특별한 경우로서 p가 xz-평면이면 C는 $\gamma(t)=(\cos t, 0, \sin t)$로 나타낼 수 있다. γ가 단위속력이므로 측지선이다. $F(\gamma(t))=(-\cot t, 0, -1)$임을 쉽게 알 수 있다. 이 곡선은 직선 $y=0$, $z=-1$의 매개변수화이다 (따라서 준측지선). 그러나 상수속력을 갖지 않으므로 측지선은 아니다 (명제 9.1.2 참조).

예제 10.4.3의 미분동형사상 F의 역은 S^2상의 측지선이 매개변수평면 상의 직선에 대응되는 성질을 가진 S^2(의 열린 부분집합)의 매개변수화를 제공한다. 벨트라미는 어떤 곡면이 이 성질을 가지는 매개변수화를 허용하는지를 결정하는 다음과 같은 아름다운 정리를 밝혔다. 이로부터 11장에서 소거할 쌍곡기하에 관한 그의 업적을 이끄는 상수인 가우스 곡률을 가지는 곡면의 자세한 결과를 연구하게 된다.

정리 10.4.4

S가 연결 곡면이라 하자. 만약 S에서 평면으로 가는 측지선인 국소적 미분동형사상이 존재하면 S는 상수인 가우스 곡률을 갖는다. 역으로 만약 S가 상수인 가우스 곡률을 가지면 $\mathbf{p}\in S$에 대해 $\mathbf{p}\in\sigma(U)$, $\sigma^{-1}:\sigma(U)\to U$가 측지적 미분동형사상이 되는 곡면조각사상 $\sigma: U\to S$가 존재한다.

증명 만약 F가 S에서 평면으로 가는 측지선인 국소적 미분동형사상이면, $\sigma=F^{-1}$는 σ가 평면 상의 모든 직선을 S상의 준측지선으로 옮기는 성질을 갖는 S의 열린 부분집합의 매개변수화가 된다. 매개변수를 u, v라 하면

$$v = \lambda u + \mu \tag{10.12}$$

가 되는 선을 택할 수 있다. λ와 μ는 상수이다. 연습문제 9.1.2에 의해 $\gamma(t) = \boldsymbol{\sigma}(u(t),\, v(t))$가 S상의 단위속력 측지선이 되는 이 선의 매개변수화 $t \to (u(t), v(t))$가 존재한다. 명제 9.2.3에 의해

$$\ddot{u} + (\Gamma_{11}^1 + 2\lambda\Gamma_{12}^1 + \lambda^2\Gamma_{22}^1)\dot{u}^2 = 0,$$
$$\lambda\ddot{u} + (\Gamma_{11}^2 + 2\lambda\Gamma_{12}^2 + \lambda^2\Gamma_{22}^2)\dot{u}^2 = 0.$$

$\ddot{u}$를 소거하고 $\dot{u} \neq 0$(그러면 $\dot{v} = 0$이다. 왜냐하면 식 (10.12)에 의해 $\dot{v} = \lambda\dot{u}$이고 γ가 단위속력이라는 사실에 모순이다)이며

$$\lambda(\Gamma_{11}^1 + 2\lambda\Gamma_{12}^1 + \lambda^2\Gamma_{22}^1) = \Gamma_{11}^2 + 2\lambda\Gamma_{12}^2 + \lambda^2\Gamma_{22}^2.$$

uv-평면에서 모든 직선은 이 방법에 의해 측지선 γ에 대응되며 앞의 방정식은 상수 λ의 모든 값에 대해 성립한다. 따라서

$$\Gamma_{11}^2 = \Gamma_{22}^1 = 0,\ \ \Gamma_{11}^1 = 2\Gamma_{12}^2,\ \Gamma_{22}^2 = 2\Gamma_{12}^1.$$

가우스 방정식 (명제 10.1.2)는 다음과 같이 된다.

$$KE = (\Gamma_{12}^2)^2 - (\Gamma_{12}^2)_u,$$
$$KF = (\Gamma_{12}^1)_u - 2(\Gamma_{12}^2)_v + \Gamma_{12}^2\Gamma_{12}^1,$$
$$KF = (\Gamma_{12}^2)_v - 2(\Gamma_{12}^1)_u + \Gamma_{12}^1\Gamma_{12}^2,$$
$$KG = (\Gamma_{12}^1)^2 - (\Gamma_{12}^1)_v.$$

중간 두식을 빼면 $(\Gamma_{12}^1)_u = (\Gamma_{12}^2)_v$이고, 이 사실을 이용하면 4개의 식은 다음과 같이 된다.

$$KE = (\Gamma_{12}^2)^2 - (\Gamma_{12}^2)_u, \tag{10.13}$$
$$KF = -(\Gamma_{12}^2)_v + \Gamma_{12}^1\Gamma_{12}^2, \tag{10.14}$$
$$KF = -(\Gamma_{12}^1)_u + \Gamma_{12}^1\Gamma_{12}^2, \tag{10.15}$$
$$KG = (\Gamma_{12}^1)^2 - (\Gamma_{12}^1)_v. \tag{10.16}$$

식 (10.13)을 v에 대해 미분하고, 식 (10.14)를 u에 대해 미분하고 $(\Gamma_{12}^2)_{uv} = (\Gamma_{12}^2)_{vu}$를 계산하면

$$\begin{aligned} EK_v - FK_u &= K(F_u - E_v) + 2\Gamma_{12}^2(\Gamma_{12}^2)_v - \Gamma_{12}^2(\Gamma_{12}^1)_u - \Gamma_{12}^1(\Gamma_{12}^2)_u \\ &= K(F_u - E_v) + 2\Gamma_{12}^2(\Gamma_{12}^1\Gamma_{12}^2 - KF) \\ &\quad - \Gamma_{12}^2(\Gamma_{12}^1\Gamma_{12}^2 - KF) - \Gamma_{12}^1((\Gamma_{12}^2)^2 - KE) \\ &= K(F_u - E_v) + K(E\Gamma_{12}^1 - F\Gamma_{12}^2). \end{aligned} \tag{10.17}$$

첫 번째 식에서 두 번째 식으로 갈 때, 식 (10.13)-(10.15)를 이용하였다. 크리스토펠 기호의

정의(명제 7.4.4 참조)를 이용하면

$$E\Gamma_{12}^{1} - F\Gamma_{12}^{2} = \frac{(EG+F^2)E_v - 2EFG_u}{2(EG-F^2)}. \tag{10.18}$$

식 $\Gamma_{11}^{2} = 0$, $\Gamma_{11}^{1} = 2\Gamma_{12}^{2}$로부터

$$EE_v = 2EF_u - FE_u,\ 3FE_v = 2EG_u + 2FF_u - GE_u.$$

따라서

$$\begin{aligned}(EG+F^2)E_v - 2EFG_u &= 2(EG-F^2)E_v + (3F^2 - EG)E_v - 2EFG_u \\ &= 2(EG-F^2)E_v + F(2EG_u + 2FF_u - \geq_u) \\ &\quad - G(2EF_u - FE_u) - 2EFG_u \\ &= 2(EG-F^2)(E_v - F_u).\end{aligned}$$

이것을 식 (10.18)에 대입하면

$$E\Gamma_{12}^{1} - F\Gamma_{12}^{2} = E_v - F_u,$$

식 (10.17)로부터

$$EK_v - FK_u = 0.$$

식 (10.15)와 식 (10.16)으로부터 같은 계산을 하면

$$FK_v - GK_u = 0.$$

따라서

$$(EG-F^2)K_v = GFK_u - FGK_u = 0$$

이며, $K_v = 0$(왜냐하면 $EG - F^2 > 0$이므로). 같은 방법으로 $K_u = 0$이며, 따라서 K가 상수이다.

역에 대해서는 S가 상수인 가우스 곡률을 가진다고 하면 정리 10.3.1에 의해 S의 각 점은 평면, 구면 또는 의구의 열린 부분집합과 등장적동형이 되는 곡면 조각에 포함된다. 국소적 등장변환과 확대는 측지적 국소 미분동형사상이므로 (명제 10.4.2 참조), 다음 세 가지 S에서 평면으로 가는 측지적 국소 미분동형사상이 있음을 보이면 된다.

(i) S가 평면인 경우 : 이 경우는 증명할 것이 없다.

(ii) S가 단위구면인 경우 : 예제 10.4.3에서 보였다.

(iii) S가 8.3절의 의구인 경우 : 연습문제 9.3.4에서 보였다.

따라서 벨트라미의 정리가 증명되었다. ■

연습문제

10.4.1 단위속력 측지선을 단위속력 측지선으로 옮기는 곡면사이의 국소적 미분동형사상은 국소적 등장변환임을 보여라.

10.4.2 확대와 국소적 등장변환의 합성인 곡면상의 국소적 미분동형사상은 측지선을 측지선으로 옮김을 보여라.

10.4.3 이 연습문제는 곡면 S에서 $\tilde{S}$로 가는 등각사상인 측지적 국소 미분동형사상이 확대화 국소적 등장변환의 합성임을 보여준다.

(i) $\mathrm{p} \in S$이고 $\boldsymbol{\sigma}$가 명제 9.5.1에서처럼 제1기본형식이 $du^2 + Gdv^2$인 p를 포함하는 측지적 조각사상이라 하자. 이때 $\tilde{\boldsymbol{\sigma}} = F \circ \boldsymbol{\sigma}$는 적당한 매끄러운 함수 $\lambda(u, v)$에 대해 제1기본형식이 $\lambda(du^2 + Gdv^2)$을 가지는 $F(\mathrm{p})$를 포함하는 $\tilde{\boldsymbol{\sigma}}$의 조각사상임을 보여라.

(ii) $v =$ 상수인 매개변수곡선은 $\tilde{\boldsymbol{\sigma}}$ 상의 준측지선임을 보이고 λ가 v에 독립임을 유도하여라.

(iii) γ가 $\boldsymbol{\sigma}$ 상의 측지선이고 θ가 γ와 $v =$ 상수인 매개변수곡선의 각일 때

$$\frac{d\theta}{dv} + \frac{G_u}{2\sqrt{G}} = 0 \tag{10.19}$$

임을 보여라.

(iv) $$\frac{d\theta}{dv} + \frac{(\lambda G)_u}{2\lambda\sqrt{G}} = 0 \tag{10.20}$$

임을 보여라.

(v) 식 (10.19)와 식 (10.20)에서 λ가 상수임을 보여라.

(vi) $F : \boldsymbol{\sigma} \rightarrow \tilde{\boldsymbol{\sigma}}$는 확대와 국소적 등장사상의 합성임을 보여라.

제 11 장

쌍곡기하학

제11장 쌍곡기하학

19세기 수학사적 발견 중 가장 괄목할 만한 것 중의 하나는 8.3절에서 논의되었던 의구가 유클리드 기하학에서 직선의 역할을 하는 측지선을 가지고 있다는 관점으로 유클리드 기하학과 매우 흡사한 기하학적 특성을 지녔다는 것이다. 사실 유클리드 기하학과의 가장 밀접한 관련성은 그 의구를 쌍곡기하학, 즉 비유클리드 기하학이라는 보다 더 큰 범주의 기하학 속에서 나타난다. 이 기하학에서는 평행선 공리라고 하는 단하나의 공리만을 제외하고 유클리드 기하학의 모든 공리가 성립된다. 여기서 말하는 평행선 공리란 직선 밖에 있는 한 점을 지나면서 그 직선과 만나지 않는 직선(즉, 일상적인 의미로 평행한 직선을 뜻함)은 유일하다는 것이다.
쌍곡기하학은 헝가리의 수학자 야노스 볼야이와 러시아 수학자 니콜라이 로바체프스키에 의해 거의 동시에 독립적으로 발견되었다. 이 장에서 우리는 에우제니오 벨트라미, 펠릭스 클라인, 헨리 푸앵카래의 설명을 따르고자 한다. 20세기 가장 위대한 수학자 중의 한 사람인 데이비드 힐베르트는 지난 세기의 가장 괄목할 2가지 성취 중의 하나가 비유클리드 기하학의 발견이라고 쓰고 있다. 쌍곡기하학의 발견은 유클리드 기하학의 다른 공리들로부터 이 평행선 공리를 추론하려는 그리스, 아랍 그리고 서구 수학자들의 몇 세기에 걸친 시도들에 종지부를 찍게 하였으며 향후 기하학에 대한 관점을 크게 바꿔 놓았다.

11.1 상반 평면 모델

예제 9.3.3에서 의구는 다음과 같이 매개변수 v 와 w로 표현 된다:

$$\tilde{\sigma}(v,w) = (\frac{1}{w}cosv, \frac{1}{w}sinv, \sqrt{1-\frac{1}{w^2}} - \cosh^{-1}w).$$

여기서 $\tilde{\sigma}$ 가 매끄러운 함수가 되기 위해서 $w > 1$ 이어야 한다.

vw-평면에서 v축을 수직으로 만나는 직선과 원호들이 $\tilde{\sigma}$의 측지선 에 해당한다. 이들 측지선은 vw- 상반평면 전체에서 정의될 수 있기 때문에 $w=1$을 정의역의 경계선으로 삼기에 부적절하다. 반면에 $w=0$는 의구의 제1기본형식

$$\frac{dv^2+dw^2}{w^2} \tag{11.1}$$

이 $w=0$ 에서 정의될 수 없는 관계로 정의역이며 실질적인 경계선이라고 할 수 있다. 따라서 (11.1)을 제1기본형식으로 하는 상반평면에 대응하는 곡면의 존재여부에 대해서 알고자 하는 것은 당연하다고 하겠다. 그러나 그러한 곡면은 존재하지 않는다. 왜냐하면 힐베르트의 저명한 정리에 따르면 "측지적으로 완비"인 곡면으로 음수인 상수의 가우스 곡률을 갖는 것은 존재하지 않기 때문이다. 여기서 측지적으로 완비란 "모든 측지선의 정의역이 실수 전체로 확장될 수 있음"을 의미한다(연습문제 10.1.3 참고).

힐베르트의 정리에 대한 하나의 대책은 근본적으로 그것을 무시하는 것이다. 즉, 제1기본형식에 관

계되는 곡면의 성질들 (길이, 각, 면적, 측지선, 국소등장 사상 등)은 (11.1)을 제1기본형식으로 갖는 상반평면

$$\mathcal{H} = \{(\mathrm{v},\mathrm{w}) \in \mathrm{R}^2 | \mathrm{w} > 0\}$$

에서도 여전히 연구가 가능하기 때문이다. 그들은 추후 쌍곡길이, 쌍곡각 등으로 불리게 된다.

대응관계 $(v,w) \leftrightarrow v + iw$ 를 통해 $\mathbb{R}^2$ 를 복소수의 집합으로 간주하는 것이 편리하다. 따라서

$$\mathcal{H} = \{\mathrm{z} \in \mathrm{C} | Im(z) > 0\}$$

는 허수 부분이 양인 복소수 집합이 된다.

첫 번째 관점은 $\mathcal{H}$ 가 "등각 모델" 이라는 것이다.

명제 11.1.1 $\mathcal{H}$에서의 쌍곡각은 유크리드각과 동일하다.

증명 따름정리 6.3.4로부터 $\mathcal{H}$의 제1기본형식 (11.1)이 $dv^2 + dw^2$의 배수로 표현된다는 사실로부터 본 명제는 자명하다.

쌍곡직선은 예제 9.3.3에서 얻은 $\mathcal{H}$의 측지선들이다.

명제 11.1.2 $\mathcal{H}$의 측지선들은 허수축에 평행한 반직선들과 실수축에 중심을 둔 반원들이다.

다음은 쌍곡직선의 간단한 성질들이다.

명제 11.1.3

(i) $\mathcal{H}$의 임의의 두 점을 지나는 쌍곡직선은 유일하게 존재한다.

(ii) 평행선 공리가 $\mathcal{H}$에서는 성립하지 않는다.

다음의 증명과 이후에서 '직선'이나 '원'은 유클리드 관점에서의 직선이나 원을 말하며 '쌍곡직선'은 $\mathcal{H}$의 '측지선'을 의미한다. 반면 '길이'와 '각'은 특별한 언급이 없다면 '쌍곡길이'와 '쌍곡각'을 의미한다.

증명 (i) $\mathcal{H}$의 서로 다른 두 점 a,b 를 통과하는 허수축과 평형인 직선이 있다면 그 두 점을 통과하는 유일한 쌍곡직선은 그 두 점을 포함하는 반직선이다. 만약 a와 b를 통과하는 직선이 허수축과 평행하지 않다면 a와 b를 연결하는 선분의 수직이등분선이 실수축의 한 점 c에서 만나고 a와 b를 지나는 유일한 쌍곡직선은 c를 중심으로 한 반경이 $|a-c| = |b-c|$ 인 반원이다.

(ii) l을 허수축으로 택하고 $a \in \mathcal{H}$를 l상에 있지 않은 임의의 한 점이라고 하자. 보다 더 명확히 a의 실수 부분 $\Re e(a)$ 가 양수라고 하자. 이 때 a와 원점을 연결하는 선분의 수직이등분선은 실수축의 한 점 $b(>0)$에서 만난다. 만약 c가 b보다 큰 실수라면 a를 통과하고 c를 중심으로 하는 반원은 l과 만나지 않는 $\mathcal{H}$의 쌍곡직선이다. 또한 허수축에 평행하면서 a를 통과하는 반직선은 동일한 특성을 갖는 또 다른 쌍곡직선이다 (c를 ∞ 로 접근시킨 경우로 간주한다). ■

$\mathcal{H}$의 임의의 두 점 a와 b를 통과하는 유일한 쌍곡직선이 존재하기 때문에 쌍곡 거리 $d_{\mathcal{H}}(a,b)$을 그 두 점 a와 b를 연결하는 쌍곡 선분의 길이로 정의할 수 있다. 연습문제 11.2.1에서 $d_{\mathcal{H}}(a,b)$가 두 점 a와 b를 연결하는 최단 길이라는 것을 알 수 있다.

명제 11.1.4 $\mathcal{H}$의 두 점 a와 b 사이의 쌍곡 거리는

$$d_{\mathcal{H}}(a,b) = 2\tanh^{-1}\frac{|b-a|}{|b-\bar{a}|}$$

로 주어진다. 여기서 $\bar{a}$ 는 복소수 a의 공액복소수 이다.
쌍곡 탄젠트 함수 tanh로 두 점사이의 거리가 표현될 수 있음은 $\mathcal{H}$의 기하학을 쌍곡기하학으로 부르게 된 이유이다.

증명 a와 b 를 연결하는 쌍곡직선이 반원인 경우와 반직선인 경우에 따른 두 가지 경우가 있다. 간단한 경우로서의 반직선인 경우 연습문제 11.1.2 로 미루고 반원인 경우만 취급하겠다.
a와 b를 실수축상의 점 c를 중심으로 하고 반지름이 r인 반원 위에 놓여있다고 가정하자. 그 반원은 매개 변수식

$$v = c + r\cos\theta,\ w = r\sin\theta$$

로 주어진다. $d_{\mathcal{H}}(a,b)$ 대신 d로 쓰고 $\frac{d}{d\theta}$ 를 · 로 표시하면

$$d = \int_{\phi}^{\psi}\sqrt{\frac{\dot{v}^2+\dot{w}^2}{w^2}}\,d\theta = \int_{\phi}^{\psi}\sqrt{\frac{r^2\sin^2\theta + r^2\cos^2\theta}{r^2\sin^2\theta}}\,d\theta = \int_{\phi}^{\psi}\frac{1}{\sin\theta}d\theta,$$

여기서 $\phi = \arg(a-c)$, $\psi = \arg(b-c)$ (d는 반원의 반경과 무관함을 유의하기 바람).
따라서

$$d = \ln\frac{\tan\frac{\psi}{2}}{\tan\frac{\phi}{2}}$$

이다.

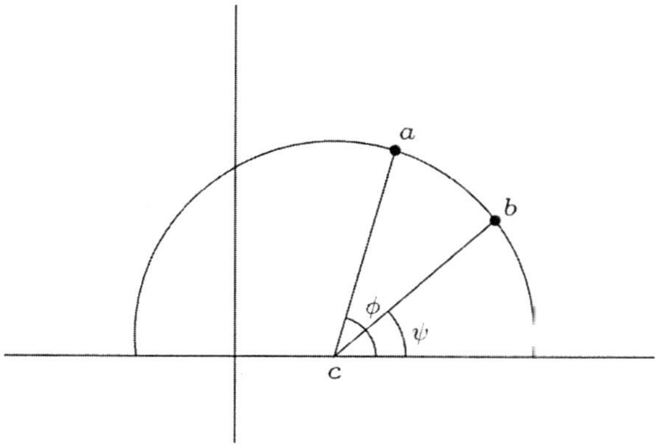

이로부터,

$$\tanh\frac{d}{2}=\frac{e^d-1}{e^d+1}=\frac{\tan\frac{\psi}{2}-\tan\frac{\phi}{2}}{\tan\frac{\psi}{2}+\tan\frac{\phi}{2}}=\frac{\sin\frac{\psi}{2}\cos\frac{\phi}{2}-\cos\frac{\psi}{2}\sin\frac{\phi}{2}}{\sin\frac{\psi}{2}\cos\frac{\phi}{2}+\cos\frac{\psi}{2}\sin\frac{\phi}{2}}$$

$$=\frac{\sin\frac{\psi-\phi}{2}}{\sin\frac{\psi+\phi}{2}} \tag{11.2}$$

한편

$$|b-a|^2=r^2\left((\cos\psi-\cos\phi)^2+(\sin\psi-\sin\phi)^2\right)$$
$$=2r^2(1-\cos(\psi-\phi))=4r^2\sin^2\frac{\psi-\phi}{2}$$

이고 마찬가지로

$$|b-\overline{a}|^2=4r^2\sin^2\frac{\psi+\phi}{2}.$$

식 (11.2)와 바로 위의 두 식을 결합하면,

$$\tanh\frac{d}{2}=\frac{|b-a|}{|b-\overline{a}|}$$

이다. ■

쌍곡직선을 변으로 갖는 쌍곡다각형의 넓이에 관한 또 다른 공식으로 이 절을 마무리하고자 한다.

정리 11.1.5

P가 내각을 $\alpha_1, \alpha_2, \cdots, \alpha_n$으로 갖는 $\mathcal{H}$ 상의 쌍곡 n-각형이라면 그것의 쌍곡 넓이는

$$A(P) = (n-2)\pi - (\alpha_1 + \alpha_2 + \cdots + \alpha_n).$$

이다.

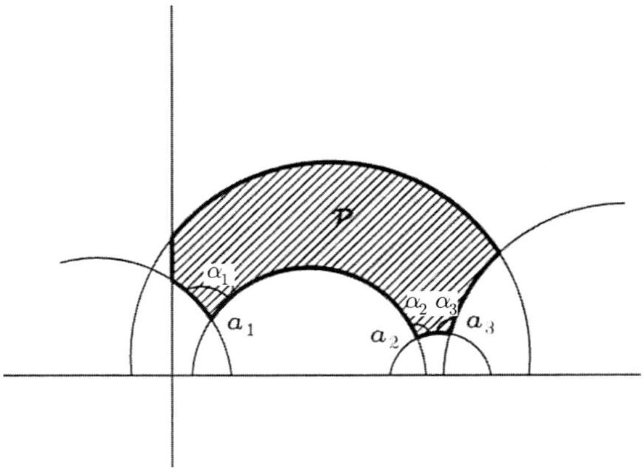

특히, 각이 α, β, γ 인 삼각형의 넓이는

$$\pi - \alpha - \beta - \gamma$$

이다.

이 정리를 통하여 직선을 변으로 갖는 유클리드 삼각형의 각의 합

$$\pi = \alpha + \beta + \gamma$$

과 측지선(즉, 대원)을 변으로 하는 단위구 상의 삼각형의 넓이공식

$$\alpha + \beta + \gamma - \pi$$

(정리 6.4.7)를 비교해 볼 수 있을 것이다.

증명 $a_1, a_2, \cdots, a_n$을 쌍곡 n-각형 P의 꼭지점, C를 n개의 쌍곡선분 $a_1a_2, a_2a_3, \cdots, a_na_1$으로 구성된 변이라고 하자(여기서 α_i은 꼭지점 a_i에서의 내각이다). 제1기본 형식이 $\dfrac{dv^2 + dw^2}{w^2}$이므로, P의 넓이는

$$\int_P \frac{dvdw}{w^2}$$

이다.

(v, w)에 관한 매끄러운 함수 p와 q에 대한 그린 정리(3.2절):

$$\int_C pdv + qdw = \int_P \left(\frac{\partial q}{\partial v} - \frac{\partial p}{\partial w}\right) dvdw$$

를 사용하여 $p = \dfrac{1}{w}$ 와 $q = 0$로 계산하면

$$\int_P \frac{dvdw}{w^2} = \int_C \frac{dv}{dw}. \tag{11.3}$$

이 적분을 계산하기 위해서 다음 보조정리를 먼저 증명하기로 하자.

보조정리 11.1.6

a와 b를 $\mathcal{H}$에 있는 실수축 상의 점 p를 중심으로 갖는 반원의 일부인 쌍곡직선의 선분 l의 끝점이라고 하자. p와 a를 연결하고 p와 b를 연결하는 반지름 벡터가 양의 실수축과 이루는 각을 각각 φ와 ψ 라고 하면(명제(11.1.4)의 증명에 있는 도표 참조)

$$\int_l \frac{dv}{w} = \varphi - \psi$$

이다.

[유의사항] 이 적분은 반원의 반지름의 크기에 영향 받지 않으며 또한 쌍곡직선이 반직선의 일부분인 경우 v 가 상수이므로 적분 값이 0이 되어 성립한다.

증명 반지름이 r인 반원의 경우 쌍곡직선은 매개변수식 $v = r\cos\theta,\ w = r\sin\theta$ 를 갖는다. 따라서 적분은

$$\int_l \frac{dv}{w} = \int_\varphi^\psi \frac{-r\sin\theta\, d\theta}{r\sin\theta} = -\int_\varphi^\psi d\theta = \varphi - \psi.$$

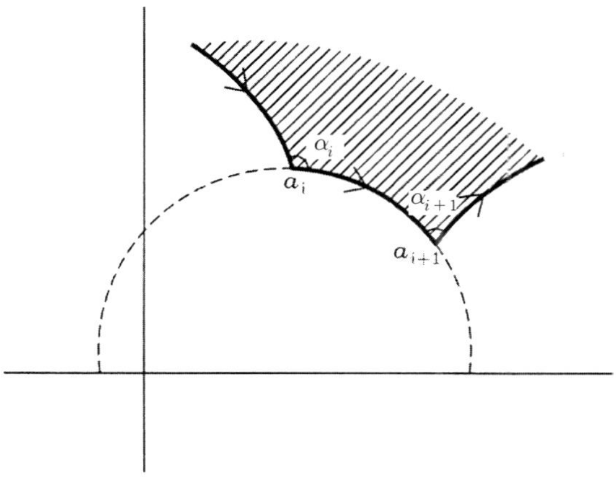

정리 11.1.5의 증명을 계속하기 위해서 φ_i와 ψ_i를 $i=1,\cdots,n$ 에 대하여 끝점이 a_i와 a_{i+1} 인 변에 대응해서 위 보조정리에서 정의된 각이라고 하자(여기서 a_{n+1}은 a_1으로 이해하라). 식 (11.3) 과 보조정리에 의해

$$\int_P \frac{dv\,dw}{w^2} = \sum_{i=1}^{n}(\varphi_i - \psi_i). \tag{11.4}$$

오른쪽의 합은 P의 경계선을 따라 시계 반대방향으로 횡단할 때 P의 바깥으로 향하는 법선 방향의 변화량을 통해서 단순화시킬 수 있다. 끝점으로 a_i와 a_{i+1} 를 갖는 변을 횡단할 때 바깥으로 향하는 법선은 시계 반대방향으로 $\psi_i - \varphi_i$ 만큼 회전한다. 반면에 꼭지점 a_i에서는 $\pi - \alpha_i$ 만큼 회전한다. 따라서 P의 경계선을 따라 횡단할 때 바깥으로 향하는 법선은 각

$$n\pi + \sum_{i=1}^{n}(\psi_i - \varphi_i - \alpha_i)$$

만큼 회전한다. 그러나 이 회전각은 2π 이므로(정리 3.1.4 참조)

$$2\pi = n\pi + \sum_{i=1}^{n}(\psi_i - \varphi_i - \alpha_i) \text{ 이다.}$$

이것을 재배열하면

$$\sum_{i=1}^{n}(\varphi_i - \psi_i) = (n-2)\pi - \sum_{i=1}^{n}\alpha_i \text{ 이며}$$

식 (11.4)에 의해서 이것은 우리가 증명하고자 하는 것이다. ■

각 변이 쌍곡직선으로 구성된 쌍곡 삼각형의 넓이는 그것의 각들에 의해서 결정된다는 사실을 주목하자. 명제 6.5.8에 의하면 이와 같은 사실은 구면기하학에서도 마찬가지이다. 그러나 유크리드 기하학에서는 완전히 다르다는 것을 유의해야한다. 유크리드 기하학에서는 각을 유지하면서 삼각형의 크기 즉, 넓이를 변화시킬 수 있기 때문이다. 사실, 다음 절에서 구면기하학에서와 같이(연습문제 6.5.2) 같은 각을 갖는 두 쌍곡삼각형은 합동이 된다는 것을 증명할 것이다. 그러나 먼저 쌍곡기하학에서의 합동의 의미를 살펴 볼 것이다.

연습문제

11.1.1 만일 l을 $\mathcal{H}$의 반직선으로 된 측지선이라 하고 a를 l의 외부점이라고 하면 a를 통과하면서 l을 만나지 않는 무한히 많은 쌍곡직선이 있음을 증명하여라.

11.1.2 a와 b를 통과하는 쌍곡직선이 반직선인 경우에 있어서 명제 11.1.4를 증명하여라.

11.1.3 $\mathcal{H}$의 임의의 점 a에 대하여 a를 지나고 $v=0$ 으로 주어진 쌍곡직선 l을 수직으로 교차하는 쌍곡직선은 유일함을 증명하여라. 이때 b를 그 교차점이라고 하면 $d_{\mathcal{H}}(a,b)$를 l로부터 a 까지의 거리라고 한다.

11.1.4 중심을 $a\in\mathcal{H}$ 로하고 반지름이 $R>0$ 인 쌍곡원(hyperbolic circle) $C_{a,R}$은 a로부터 쌍곡거리가 R인 $\mathcal{H}$의 점들의 집합이다.

$C_{a,R}$은 유크리드 평면의 원임을 증명하여라.

$c>0$ 인 경우 $C_{ic,R}$의 유크리드 중심은 ib 이고 그것의 유크리드 반지름은 ib임을 증명하라. 여기서

$$c=\sqrt{b^2-r^2},\ R=\frac{1}{2}ln\frac{b+r}{b-r}.$$

$C_{ic,R}$의 둘레의 쌍곡길이가 $2\pi\sinh R$이라는 것과 그것의 내부의 쌍곡 넓이가 $2\pi(\cosh R-1)$임을 추론하여라.

$C_{ic,R}$ 의 쌍곡 길이와 쌍곡 넓이는 c에 의해서 결정되지 않는다는 사실을 주목하자. 그 사실은 그들이 R에 의해서만 결정되며 a에 의해서도 결정되지 않는다는 다음 절의 결과로부터 알 수 있다(정리 11.2.4. 앞에 나오는 유의사항 참고).

이 공식을 연습문제 6.5.3에 있는 구면원의 경우와 비교하고 그들이 연습문제 10.2.3과 일치함을 증명하여라.

11.2 $\mathcal{H}$의 등장사상

유크리드 평면기하학에서 한 삼각형을 이동시켜서 다른 삼각형과 일치시킬 수 있으면 이 두 삼각형을 **합동**(congruent)이라고 한다. 허용된 동작의 형태는 평면의 등장사상(부록I 참고)인 회전이동, 평행이동, 반사의 조합으로 이뤄진다. 구면기하학에서의 합동을 유사한 방법으로 논의하기 위해서 6.5절에서는 구면의 등장사상을 결정하는 것이 필요했다.

다음에서 몇몇 거의 등장사상을 쉽게 확인해 볼 수 있다.

(i) 실수축에 평행인 **평행이동**(parallel translation): $T_a(z)=z+a,\ a\in R.$

(ii) 허수축에 평행인 직선에서의 **반사**(reflection): $R_a(z)=2a-\bar{z},\ a\in R.$

$R_a(z)$는 거울처럼 생각할 수 있는 실수축에 수직인 반직선 $v=a$에 관한 z의 반사이며 이 직선상의 각 점은 R_a에 의해 고정된다.

(iii) $a>0$에 의한 **팽창**(dilation): $D_a(z)=az$.

매개변수 (v,w)에 관해서 보면 이들 사상들은 각각$(v,w)\to(v+a,w)$, $(v,w)\to(2a-v,w)$, $(v,w)\to(av,aw)$로 나타나며 $\mathcal{H}$를 $\mathcal{H}$로 사상하며 제1기본형식 (11.1)을 보존한다. 그러나 자명하지는 않게 보이지만 4번째 유형의 등장사상이 존재한다.

(iv) 실수축에 중심 a와 반지름 r을 갖는 원에서의 반전(inversion): $I_{a,r}(z)=a+\dfrac{r^2}{\bar{z}-a}$

(부록 2 참고)

$I_{a,r}(z)$가 $\mathcal{H}$상의 등장사상임을 알아보기 위해 첫 번째 경우로 $a=0$, $r=1$일 때를 생각해 보자. $I_{0,1}$을 I로 표시하면

$$I(v+iw)=\frac{v+iw}{v^2+w^2}$$

이다.

사상 I가 $\mathcal{H}$의 점을 $\mathcal{H}$의 점으로, 실수축의 점을 실수축의 점으로 보내는 것은 자명하다. I가 $\mathcal{H}$ 상의 등장사상인지를 확인하기 위해서 연습문제 6.1.4를 이용해보자.

만일 $\tilde{v}=\dfrac{v}{v^2+w^2}$, $\tilde{w}=\dfrac{w}{v^2+w^2}$라면

$$d\tilde{v}=\frac{(w^2-v^2)dv-2vwdw-2vwdw}{(v^2+w^2)^2},\ d\tilde{w}=\frac{-2vwdv+(v^2-w^2)dw}{(v^2+w^2)^2}$$

이고, 따라서

$$\begin{aligned}\frac{d\tilde{v}^2+d\tilde{w}^2}{\tilde{w}^2}&=\frac{1}{w^2(v^2+w^2)^2}\{((w^2-v^2)dv-2vwdw)^2\\&\quad+(-2vwdv+(v^2-w^2)dw)^2\}\\&=\frac{(w^2-v^2)^2+4v^2w^2}{w^2(v^2+w^2)^2}(dv^2+sw^2)=\frac{dv^2+dw^2}{w^2}.\end{aligned}$$

일반적인 경우

$$\begin{aligned}I_{a,r}(z)&=T_a\left(\frac{r^2}{\bar{z}-a}\right)=T_aD_{r^2}\left(\frac{1}{\bar{z}-a}\right)\\&=T_aD_{r^2}I(z-a)=T_aD_{r^2}IT_{-a}(z)\end{aligned}$$

이므로 $I_{a,r}$은 $\mathcal{H}$상의 등장사상들의 합성함수 $T_a\circ D_{r^2}\circ I\circ T_{-a}$이므로 그 자신도 $\mathcal{H}$상의 등장사상이다.

이상을 요약하면,

명제 11.2.1 위 (i)–(iv)에서 정의된 사상들의 유한개의 합성함수는 $\mathcal{H}$상의 등장사상이다.

(i)–(iv)에서 주어진 등장사상들을 $\mathcal{H}$상의 기본 등장사상(elementary isometry)이라고 한다. 사실 $\mathcal{H}$상의 모든 등장사상은 이들 유한개의 기본 등장사상들의 합성함수이다. 그 증명은 독자들에게 맡기겠다.

따름정리 9.2.7에서 보면 등장사상은 측지선을 측지선으로 보내기 때문에 기본 등장사상들은 실수축에 수직인 반직선과 반원을 실수축으로 수직인 또 다른 반직선과 반원으르 사상한다. 사실 평행이동, 팽창 그리고 반사는 반직선을 반직선으로 사상하고 반원을 반윈으로 사상한다. 그러나 반전의 경우는 좀 더 복잡해진다.

명제 11.2.2 실수축 위에 중심 a를 갖고 반지름 $r>0$인 원에서 반전사상은 a에서 실수축에 수직으로 교차하는 반직선을 반직선으로 보내고 이외의 반직선들은 반원으로 보낸다.

증명은 부록 2에 나와 있다. 그 사실은 직관적으로 명료하며 이는 만일 $\mathcal{H}$상의 한 점이 a로 접근하면 $I_{a,r}$에 의한 그 점의 상이 ∞ 로 접근하여서 결국 반원 측지선에 놓일 수 없기 때문이다.

등장사상은 쌍곡기하학의 많은 문제들을 단순화된 상황으로 환원하기 위해서 사용된다. 다음은 이를 위한 기본적인 사항이다.

명제 11.2.3 z_1과 z_2를 각각 $\mathcal{H}$상의 쌍곡직선 l_1과 l_2의 점이라고 하면 l_1을 l_2로 z_1을 z_2 로 각각 보내는 $\mathcal{H}$상의 등장사상이 존재한다.

증명 이 명제의 증명은 l_2를 원점을 통과하는 반직선 l 로 또 $z_2=i$ 인 특수한 상황에서 하면 된다. 왜냐하면 l_1을 l로, z_1을 i로 취하는 등장사상 F_1과 l_2를 l로, z_2 를 i로 취하는 등장사상 F_2가 존재하고 그 때 $F_2^{-1}\circ F_1$은 l_1을 l_2로, z_1을 z_2로 취하는 등장사상이기 때문이다.

이제 l_1이 반직선인 경우와 반원인 두 가지 경우로 나눠 증명한다. 만일 l_1을 반직선 $v=a$라 하면 평행이동 T_{-a}는 l_1을 l로, z_1을 l 상의 점 ib, $b>0$로 보낸다. 그때 팽창사상$D_{b^{-1}}$은 l을 l로, ib를 i로 보내므로 $D_{b^{-1}}\circ T_{-a}$는 명제에 부합되는 등장사상이다.

마지막으로 l_1을 반원이라 하고 a를 l_1이 실수축을 교차하는 두 점 중의 하나라고 가정하자. 명제 11.2.2에 의해서 반전사상 $I_{a,1}$은 l을 반직선 측지선 l' 으로 보내고 z_1을 l' 상의 한 점 z'으로 보낸다. 앞의 경우에 따라 l'을 l로 그리고 z'을 i로 보내는 등장사상이 존재한다. 그 때 $F\circ I_{a,1}$ 또한 명제에 부합되는 등장사상이다. ■

간단한 응용으로 연습문제 11.1.4를 해결할 수 있다. $\mathcal{H}$의 임의의 두 점 a,b 에 대하여 a를 b로 보내는 $\mathcal{H}$의 등장사상 F가 존재한다. 그 때 F는 $R>0$에 대하여 쌍곡원 $C_{a,R}$을 쌍곡원 $C_{b,R}$로 보낸다. 따라서 이들 쌍곡원은 동일한 둘레와 넓이를 갖는다.

위 명제의 응용으로 다음의 정리가 있다.

정리 11.2.4

쌍곡기하학에서 두 개의 닮은 삼각형은 합동이다.

증명 꼭지점을 a, b, c로 갖는 삼각형 T와 꼭지점을 a', b', c'으로 갖는 삼각형 T'에서 a와 a'에서의 각이 α, b와 b'에서의 각이 β, c와 c'에서의 각이 γ로 각각 같을 때 $F(a) = a'$, $F(b) = b'$, $F(c) = c'$ 인 $\mathcal{H}$의 등장사상 F가 존재함을 증명하고자 한다.

l, m, n과 l', m', n'을 각각 삼각형 T와 T'의 변이라고 하자 (그래서 l은 꼭지점 a의 대변 등). 정리의 증명은 $a = a' = i$ 이고 $m = m'$이 허수축인 특수한 경우의 증명으로 충분하다. 이는 명제 11.2.3에 의하여 a를 i로, m을 허수축으로 보내는 등장사상 G와 a'을 i로, m'을 허수축으로 보내는 등장사상 G'이 존재하기 때문이다. 만약 F가 이 특수한 경우에 부합되는 등장사상이라면 $(G')^{-1} \circ F \circ G$는 일반적인 경우에 적용되는 등장사상이다.

이제 $a = a' = i$ 이고 $m = m'$이 허수축이라고 하자. 필요한 경우 허수축에 반사사상을 적용하면 b와 b'이 허수축의 같은 쪽에 있다고 가정할 수 있다. 쌍곡직선 n과 n'이 일치하거나 그중 하나가 m과 꼭지점 i를 고정시키는 반전사상 $I_{0,1}$을 통하여 다른 것으로부터 얻어진다. 따라서 $n = n'$이라고 가정할 수 있다.

만일 이때 $b = b'$이고 $c = c'$이라면 정리가 증명된다. 그렇지 않다면 아래 보이는 세 가지 상황 중에 하나여야 한다. 그러나 정리 11.1.5를 이용해 보면 이 세 가지 상황 모두가 일어날 수 없음을 알 수가 있다.

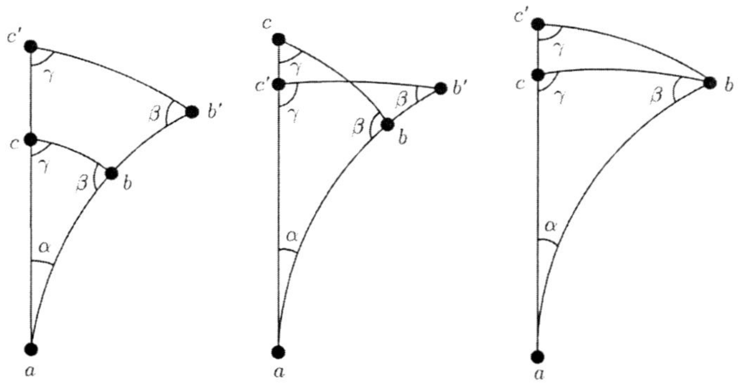

첫 번째 경우에서 b, c, c', b'을 꼭지점으로 갖는 사변형의 내각의 합은

$$(\pi - \beta) + (\pi - \gamma) + \gamma + \beta = 2\pi$$

이나 정리 11.1.5에 의하면 그 각은 2π 보다 작아야 하므로 모순이다.

두 번째 경우에서는 d, b', b를 꼭지점으로 갖는 삼각형의 내각의 합은

$$\delta + (\pi - \beta) + \beta$$

이다. 여기서 δ는 교점을 d로 하는 직선 l과 l' 사이의 각으로 그 각은 π보다 크다. 이 또한 정

리 11.1.5에 모순이다.

마지막으로 세 번째 경우에서 b, c, c'을 갖는 삼각형은 내각의 합이

$$\delta + (\pi - \gamma) + \gamma > \pi$$

이다. 여기서 δ는 두 번째 경우와 같다(c와 c'이 바뀐다 해도 결과는 같다). 이것 또한 정리 11.1.5에 모순이다. ■

이 정리로부터 $\mathcal{H}$의 삼각형의 변의 길이가 삼각형의 각으로 표현된다는 것을 알 수 있다. 그 공식을 여기서 증명할 수 있지만 쌍곡기하학의 다른 모델에서 알아보는 것이 더 용이하다. 이를 위해 다음 절을 공부하자.

연습문제

11.2.1 $\mathcal{H}$의 두 점 a, b에 대하여 쌍곡거리 $d_{\mathcal{H}}(a,b)$는 점 a와 b를 잇는 $\mathcal{H}$상의 최단 곡선의 길이임을 증명하여라.

11.2.2 $\mathcal{H}$상의 임의의 쌍곡직선 l과 l밖의 한 점 a에 대해서 a를 통과하면서 l과 만나지 않는 무한이 많은 쌍곡직선이 존재함을 증명하여라.

11.2.3 a를 쌍곡직선 l위에 있지 않는 $\mathcal{H}$의 한 점이라 할 때 l을 수직으로 만나고 a를 통과하는 유일한 쌍곡직선 m이 존재함을 증명하여라. 만일 b가 l과 m의 교점이고 e가 l의 다른 점이라면

$$d_{\mathcal{H}}(a,b) < d_{\mathcal{H}}(a,e)$$

임을 증명하여라. 따라서 b는 l상의 점 중 a에 가장 가까운 유일한 점이다.

11.2.4 이 연습문제와 다음 연습문제를 통해 $\mathcal{H}$의 모든 등장사상이 결정된다.

(i) 허수축의 l의 각점과 원점을 중심으로 하고 반지름이 1인 반원측지선 m의 각 점을 고정하는 $\mathcal{H}$ 상의 등장사상은 항등사상임을 증명하여라.

(ii) (i)에서의 l과 m에 대해서 $F(l) = l$, $F(m) = m$인 $\mathcal{H}$ 상의 등장사상 F는 항등사상이거나, 반사 R_0, 반전 $I_{0,1}$ 혹은 합성사상 $I_{0,1} \circ R_0$이다.

(iii) $\mathcal{H}$ 상의 모든 등장사상은 기본 등장사상의 합성사상이다.

(iv) $\mathcal{H}$ 상의 모든 등장사상은 실수축에 수직인 원과 직선에서의 반사와 반전의 합성사상이다.

11.2.5 실수 a,b,c,d에 대하여

$$M(z)=\frac{az+b}{cz+d}$$

로 주어진 변환을 실 뫼비우스 변환(부록2 참고)이라고 한다. 다음을 증명하여라.

(i) 실 뫼비우스 변환들의 합성은 실 뫼비우스 변환이고 임의의 실 뫼비우스 변환의 역변환은 실 뫼비우스 변환이다.

(ii) $\mathcal{H}$를 $\mathcal{H}$로 보내는 모든 뫼비우스 변환은 $ad-bc>0$인 실 뫼비우스 변환이다.

(iii) 모든 실 뫼비우스 변환은 $\mathcal{H}$상의 기본 등장사상의 합성사상이므로 $\mathcal{H}$의 등장사상이다.

(iv) 만일 $j(z)=-\tilde{z}$ 이고 M이 뫼비우스 변환이라면 $M\circ J$는 $\mathcal{H}$의 등장사상이다.

(v) (iii)과 (iv)의 등장사상을 뫼비우스 등장사상 이라할 때 등장사상들의 합성사상은 등장사상이다.

(vi) $\mathcal{H}$의 모든 등장사상은 뫼비우스 등장사상이다.

11.3 푸앵카레 원판모델

복소평면의 단위 원판에 기초한 쌍곡기하학의 모델을 연구해 보자. 푸앵카레는 이 모델을 통해서 쌍곡기하학과 복소해석학, 정수론과의 관계를 설정함으로써 쌍곡기하학을 수학연구의 주류로 끌어올렸다.

변환 $P(z)=\dfrac{z-i}{z+i}$는 점 $-i$를 제외한 복소평면과 점 1을 제외한 복소평면사이의 1:1 대응함수이며 그것의 역함수는 $P^{-1}(z)=\dfrac{z+1}{i(z-1)}$이다. 특히 P는 $\mathcal{H}$와 $\mathcal{H}$의 경계인 실수축 상의 모든 점에서 잘 정의되고 있다.

P에 의한 $\mathcal{H}$의 상을 결정해 보자.

$$P(v+iw)=\frac{v+i(w-1)}{v+i(w+1)}$$

이므로

$$|P(v+iw)|=\left(\frac{v^2+w^2+1-2w}{v^2+w^2+1+2w}\right)^{1/2}$$

이다. 따라서 만일 $w>0$이면 $|P(v+iw)|<1$이고 $w=0$이면 $|P(v+iw)|=1$, $w<0$이면 $|P(v+iw)|>1$ 이다. 그러므로 P는 $\mathcal{H}$를 단위원판 $D=\{z\in\mathrm{C}\,|\,|z|<1\}$으로 보내며 실수축을 D의 경계 즉, $|z|=1$로 주어진 단위원 C로 보낸다.

정의 11.3.1

제1기본형식을 갖춘 원판 D를 D_P할 때 변환 $P:\mathscr{H}\to D_P$ 가 등장사상이 되는 D_P 를 푸앵카레 원판 모델이라고 한다.

명제 11.3.2 D_P 의 제1기본형식은 $\dfrac{4(dv^2+dw^2)}{(1-v^2-w^2)^2}$ 이며, 특히 D_P 는 쌍곡기하학의 등각 모델이다.

증명 만일 $\tilde{v}+i\tilde{w}=P^{-1}(v+iw)$이면

$$\tilde{v}=\frac{-2w}{(v-1)^2+w^2},\quad \tilde{w}=\frac{1-v^2-w^2}{(v-1)^2+w^2}$$

이다. 이로부터

$$d\tilde{v}=\frac{4(v-1)wdv-2((v-1)^2-w^2)dw}{((v-1)^2+w^2)^2},$$
$$d\tilde{w}=\frac{2((v-1)^2-w^2)dv+4(v-1)wdw}{((v-1)^2+w^2)^2}.$$

따라서

$$d\tilde{v}^2+d\tilde{w}^2=\frac{16(v-1)^2w^2+4((v-1)^2-w^2)^2}{((v-1)^2+w^2)^4}(dv^2+dw^2)=\frac{4(dv^2+dw^2)}{((v-1)^2+w^2)^2}$$

이므로

$$\frac{d\tilde{v}^2+d\tilde{w}^2}{\tilde{w}^2}=\frac{4(dv^2+dw^2)}{(1-v^2-w^2)^2}$$

이다. ■

D_P의 제1기본형식이 dv^2+dw^2 의 배수이므로 D_P는 등각 모델이다.

$P:\mathscr{H}\to D_P$ 가 등장사상이므로 이에 따라 D_P 의 모든 등장사상은 $P\circ F\circ P^{-1}$ 이다. 여기서 F는 $\mathscr{H}$의 등장사상 이다. 사실 등장사상의 합성사상은 등장사상이므로, 만일 F가 $\mathscr{H}$의 등장사상이라면 $P\circ F\circ P^{-1}$는 D_P의 등장사상이다. 역으로 만일 G가 D_P의 등장사상이라면 $F=P^{-1}\circ G\circ P$는 $\mathscr{H}$의 등장사상이고 $G=P\circ F\circ P^{-1}$ 이다.

다음 명제는 이러한 관점을 간단히 응용한 것이다.

명제 11.3.3

(i) Γ가 C를 수직으로 교차하는 원이라 하면 Γ에 관한 반전사상은 D_P의 등장사상이다.

(ii) l을 원점을 통과하는 직선(C에 수직)이라면 l에 관한 반사는 D_P의 등장사상이다.

증명 (i) Γ를 중심이 a, 반지름이 $r(>0)$인 원이라고 하면 Γ에 관한 반전사상은

$$I_{a,r} = a + \frac{r^2}{\tilde{z} - \tilde{a}}$$

로 주어진다. 명제 A.2.8에 의하면 $I_{a,r}$은 D_P를 그 자신으로 보낸다. 이제 $P^{-1} \circ I_{a,r} \circ P$가 등장사상임을 보이자.

한편 $I_{a,r}(P(z)) = \dfrac{(a-|a|^2+r^2)\tilde{z}+i(a+|a|^2-r^2)}{(1-\tilde{a})\tilde{z}+i(1+\tilde{a})}$ 이다.

Γ가 C와 직각으로 만나므로 $|a|^2 = r^2+1$이 되어

$$I_{a,r}(P(z)) = \frac{(a-1)\tilde{z}+i(a+1)}{(1-\tilde{a})\tilde{z}+i(1+\tilde{a})}.$$

이로 인해서

$$P^{-1}(I_{a,r}(P(z))) = \frac{i(a-\tilde{a})\tilde{z}-(2+a+\tilde{a})}{(2-a-\tilde{a})\tilde{z}-i(a-\tilde{a})}.$$

이는 실 뫼비우스 변환(연습문제 11.2.5)이므로 $\mathscr{H}$의 등장사상이다.

(ii) l이 실수축과 각 θ를 이룬다고 할 때 l에 관한 반사사상은 $R(z) = e^{2i\theta}\tilde{z}$ 이다. 따라서 $P^{-1}(R(P(z))) = \dfrac{z\cos\theta+\sin\theta}{-z\sin\theta+\cos\theta}$ 이며 이 또한 실 뫼비우스 변환이므로 $\mathscr{H}$의 등장사상이다. ■

하나의 모델의 단순 등장사상이 다른 모델의 단순 등장사상과 대응하지 않을 수도 있다. 예를 들면, 명제 11.3.2 로부터 원점에 관한 회전사상은 D_P의 등장 사상이다 (회전사상은 유클리드 평면의 등장사상이고 따라서 dv^2+dw^2과 v^2+w^2을 보존하기 때문이다). 하지만 그에 대응하는 $\mathscr{H}$의 등장사상은 매우 복잡하다 (예로 그것은 기본 등장사상이 아니다).

P가 등장사상이기 때문에 D_P의 측지선 (즉, 쌍곡직선)은 $\mathscr{H}$의 측지선의 P에 의한 상이다. 따라서 $\mathscr{H}$의 쌍곡직선들의 특성은 D_P로 이전된다. 예를 들면, 만일 a와 b가 D_P의 두 개의 다른 점이라고 하면 명제 11.1.3에 의해서 서로 다른 두 점 $P^{-1}(a)$와 $P^{-1}(b)$을 지나는 단 하나의 쌍곡직선 l이 존재하므로 그 때 $P(l)$은 a와 b를 지나는 D_P의 쌍곡직선이다. 유사한 방법으로 $\mathscr{H}$를 D_P로 대체했을 때 명제 11.2.3이 성립한다.

D_P의 두 점 a와 b의 거리는

$$d_{D_P}(a,b) = d_{\mathscr{H}}(P^{-1}(a), P^{-1}(b))$$

로 주어진다.

명제 11.1.4의 공식을 사용하면 다음 명제는 쉽게 증명된다(참고: 연습문제 11.3.1).

명제 11.3.4 D_P의 두 점 a와 b에 대하여

$$d_{D_P}(a,b) = 2\tanh^{-1}\frac{|b-a|}{|1-\bar{a}b|}.$$

D_P의 쌍곡직선의 명확한 형태는 명제 11.3.2에 있는 제1기본형식으로부터 결정된다. 그러나 사상 P의 몇 가지 단순한 성질들을 이용하면 좀 더 쉽다.

명제 11.3.5 D_P 의 쌍곡직선은 C를 수직으로 교차하는 직선이나 원의 일부분이다 (아래 그림 참고).

증명 명제 11.1.2와 사상 P가 $\mathcal{H}$의 경계를 D_P의 경계로 보낸다는 것과 각을 보존하고 직선과 원을 직선과 원으로 보내는

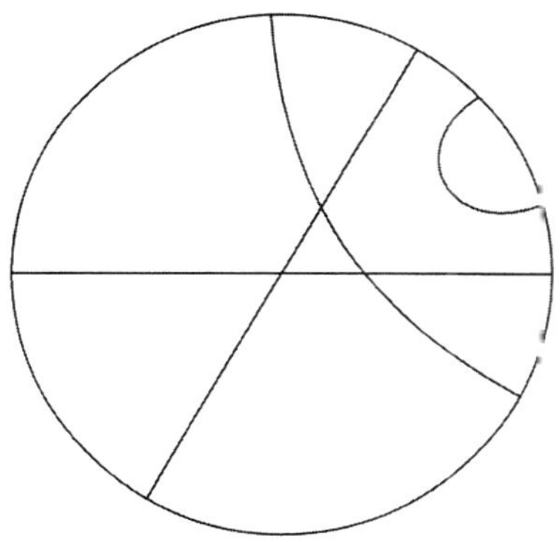

뫼비우스 변환이라는 사실로부터 증명된다 (부록 2 참고) ■

명제 11.3.3은 D_P의 쌍곡직선에 관한 반사사상은 D_P의 등장사상임을 밝혀준다–원에 관한 반사사상은 반전으로 풀이된다 (연습문제 11.3.5는 D_P의 모든 등장사상은 그러한 반사사상들의 합성이다).

쌍곡삼각함수의 기본적인 사실로부터 푸앵카레 모델에 특히 잘 어울리는 쌍곡기하학의 몇 가지 새로운 성질을 입증해보겠다.

정리 11.3.6

각이 α, β, γ이고 변의 길이가 A, B, C (A는 α의 대변의 길이 등)인 쌍곡삼각형에 대하여

$$\cosh C = \cosh A \cosh B - \sinh A \sinh B \cos\gamma$$

이며 치환 $\alpha \to \beta \to \gamma \to \alpha$와 $A \to B \to C \to A$에 따라 두 개의 유사한 공식이 더 얻어진다.

A, B와 C가 아주 작은 경우 근사치 $\cosh A = 1 + \frac{1}{2}A^2$와 $\sinh A = A$를 사용하면

$$C^2 = A^2 + B^2 - 2AB\cos\gamma$$

가 되므로 이 공식을 **쌍곡코사인 법칙**(hyperbolic cosine rule)이라고 한다 (명제 6.5.3(i)의 특수한 경우를 참조하여라).

증명 a, b 그리고 c를 삼각형의 꼭지점이라 하면 α, β, γ는 각각 a, b, c에서의 각이다. 원점에 관한 적당한 회전 후 c를 원점으로 보내는 D_P의 등장사상의 적용으로 $c = 0 \in D_P$와 $a > 0$이라고 가정할 수 있다. 명제 11.3.4에 의하면

$$a = \tanh\frac{1}{2}B,\ b = e^{i\gamma}\tanh\frac{1}{2}A.$$

따라서,

$$\cosh A = \cosh^2\frac{1}{2}A + \sinh^2\frac{1}{2}A = \frac{1+\tanh^2\frac{1}{2}A}{\operatorname{sech}^2\frac{1}{2}A}$$

$$= \frac{1+\tanh^2\frac{1}{2}A}{1-\tanh^2\frac{1}{2}A} = \frac{1+|a|^2}{1-|a|^2}$$

이며, 명제 11.3.4에 의하면

$$\tanh\frac{1}{2}C = \frac{|b-a|}{|1-\bar{a}b|}$$

이고 $\sinh A = 2\sinh\frac{1}{2}A\cosh\frac{1}{2}A$ 임을 이용하면

$$\cosh C = \frac{1+\tanh^2\frac{1}{2}C}{1-\tanh^2\frac{1}{2}C} = \frac{|1-\bar{a}b|^2 + |b-a|^2}{|1-\bar{a}b|^2 - |b-a|^2}$$

$$= \frac{(1-\bar{a}b)(1-a\bar{b}) + (b-a)(\bar{b}-\bar{a})}{(1-\bar{a}b)(1-a\bar{b}) - (b-a)(\bar{b}-\bar{a})}$$

$$= \frac{1+|a|^2+|b|^2+|a|^2|b|^2 - 2(\bar{a}b + a\bar{b})}{1-|a|^2-|b|^2+|a|^2|b|^2}$$

$$= \frac{(1+|a|^2)(1+|b|^2) - 2(\bar{a}b + a\bar{b})}{(1-|a|^2)(1-|b|^2)}$$

$$= \cosh A \cosh B - 4\cos\gamma \frac{\tanh\frac{1}{2}A \tanh\frac{1}{2}B}{(1-\tanh\frac{1}{2}A)(1-\tanh\frac{1}{2}B)}$$

$$= \cosh A \cosh B - \sinh A \sinh B \cos\gamma$$

이다. ■

다음은 쌍곡기하학에서의 피타고라스 정리이다.

따름정리 11.3.7

변의 길이가 A, B, C인 쌍곡삼각형에서 A를 길이로 갖는 변의 대각이 직각일 때

$$\cosh C = \cosh A \cosh B$$

이다.

연습문제에서 쌍곡 삼각함수에 관한 더 많은 사실들을 다룬다.

연습문제

11.3.1 명제 11.3.4를 증명하여라.

11.3.2 l과 m을 직각으로 교차하는 D_P에 있는 쌍곡직선이라고 할 때, l을 실수축으로, m을 허수축으로 보내는 등장사상이 있음을 증명하여라. 또 이 때 얼마나 많은 그러한 등장사상이 있는가?

11.3.3 D_P를 D_P로 보내는 뫼비우스 변환은 $|a| > |b|$에 대해

$$z \mapsto \frac{az+b}{\bar{b}z+\bar{a}}$$

임을 보여라. 이 변환은 **유니타리 뫼비우스 변환**(unitary Möbius transformation)임을 상기하여라(연습문제 6.5.4)

11.3.4 D_P의 등장사상은 $|a| > |b|$인 두 복소수에 대하여 다음 두 종류의 변환임을 증명하여라:

$$z \mapsto \frac{az+b}{\bar{b}z+\bar{a}},\ z \mapsto \frac{a\bar{z}+b}{\bar{b}\bar{z}+\bar{a}}.$$

이 사실은 앞의 연습문제와 함께 D_P의 모든 등장사상은 D_P를 D_P로 보내는 뫼비우스 변환과 공액 뫼비우스 변환임을 보여준다.

11.3.5 D_P의 모든 등장사상은 명제 11.3.3의 두 종류의 등장사상을 유한번 합성시킨 사상임을 증명하여라.

11.3.6 꼭지점이 a,b,c 이며 각이 α,β,γ 변의 길이가 A,B,C (A는 α의 대변의 길이, α는 a에서의 각 등)인 쌍곡 삼각형에 대하여 다음의 쌍곡 사인법칙을 증명하여라:

$$\frac{\sin\alpha}{\sinh A}=\frac{\sin\beta}{\sinh B}=\frac{\sin\gamma}{\sinh C}.$$

11.3.7 앞의 연습문제에서와 같은 기호를 사용하여 $\gamma=\frac{\pi}{2}$ 일 때 다음을 증명하여라:

(i) $\cos\alpha=\dfrac{\sinh B\cosh A}{\sinh C}$.

(ii) $\cosh A=\dfrac{\cos\alpha}{\sin\beta}$.

(iii) $\sinh A=\dfrac{\tanh B}{\tan\beta}$.

11.3.8 연습문제 11.3.6에서와 같은 기호를 사용하여

$$\cosh A=\frac{\cos\alpha+\cos\beta\cos\gamma}{\sin\beta\sin\gamma}$$

을 증명하여라.

이것은 11.2절에서 언급한 쌍곡 삼각형의 변의 길이를 각으로 나타낸 공식이다.

11.3.9 제1기본형식으로 $\dfrac{4(du^2+dv^2)}{(1+u^2+v^2)^2}$ 을 갖는 $\mathbb{R}^2$에 대해서 연습문제 6.3.5에서 정의된 극사영

$$\Pi : S^2-\{\text{north pole}\}\to\mathbb{R}^2$$

은 등장사상임을 증명하여라. 명제 11.3.2의 제1기본형식과 이 제1기본형식의 유사성 즉, 명제 11.3.2에 있는 제1기본형식을 갖는 반평면이 의구에 대한 모델인 것처럼 이 제1기본형식을 갖는 평면은 구에 대한 모델을 제공한다.

11.4 쌍곡적 평행선

유클리드 평면기하학에서는 두 직선 l과 m이 평행임을 판단하는 여러 기준이 존재한다. 그들을 보면

(i) l과 m이 만나지 않는다.

(ii) l과 m이 공통 수직선을 갖는다.

(iii) l과 m이 상수 거리만큼 떨어져 있다.

(네 번째 기준은 연습문제 11.4.3에서 다룬다)

쌍곡 기하학에서 이들 조건들은 동치가 아니다. 사실, 두 쌍곡직선은 결코 상수 거리에 있지 않다(연습문제 11.4.2 참고). 따라서 (iii)은 쌍곡기하학에서는 평행의 가 념과 관련이 없다. 더군다나 쌍곡기하학에서 (i)이 (ii)를 의미하지 않으므로 ($\mathcal{H}$에서 두 반직선 측지선을 생각하라) 두 경우를 구분해야 한다.

정의 11.4.1

D_P의 어느 점에서도 만나지 않는 두 쌍곡직선 l, m에 대하여

(i) l, m이 D_P의 경계에서 만나면 평행이라고 한다.

(ii) l, m이 D_P의 경계에서도 만나지 않으면 초평행(ultra parallel)이라고 한다.

아래 그림에서 l과 m은 평행이고 l과 n은 초평행이다.

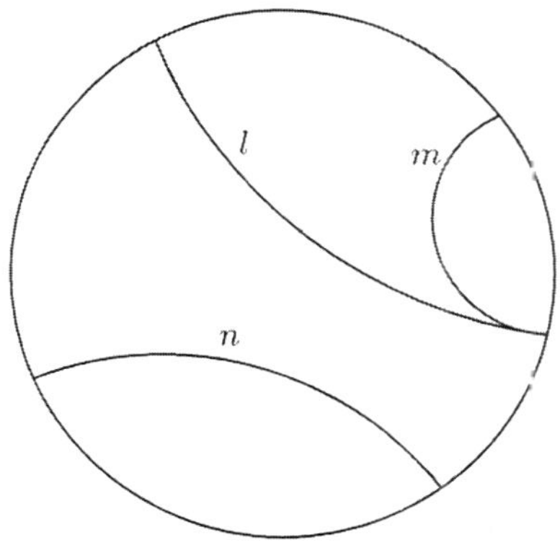

명제 11.1.3(ii)을 통해서 쌍곡기하학에서는 평행선 공리가 성립하지 않음을 알 수 있었다. 사실, 만일 a가 쌍곡직선 밖의 한 점이라면 a를 지나면서 l을 만나지 않는 무한히 많은 쌍곡직선이 존재한다(연습문제 11.1.1 참고). 다음 명제는 이들 중 두 개만이 l에 평행임을 보인다.

명제 11.4.2 $a \in D_P$가 쌍곡직선 l 밖의 한 점이라면 a를 지나고 l에 평행인 쌍곡직선은 단 두 개 있다. 그 두 개를 m과 m' 이라 하면 그들 사이의 각은 2Π 이다. 여기서 $\sin \Pi = \operatorname{sech} d$ 이며 d는 l로부터 a의 쌍곡거리이다 (연습문제 11.1.3). 더구나 a를 지나는 쌍곡직선이 l과 만날 필요충분조건은 그 쌍곡직선이 a에 관해서 l과 같은 쪽 상에서 m과 m' 사이에 놓이는 것이다. 또 a를 지나고 l에 수직인 쌍곡직선은 m과 m' 사이의 각을 이등분한다. 이때 각 Π 를 **평행각**(angle of parallelism)이라고 한다.

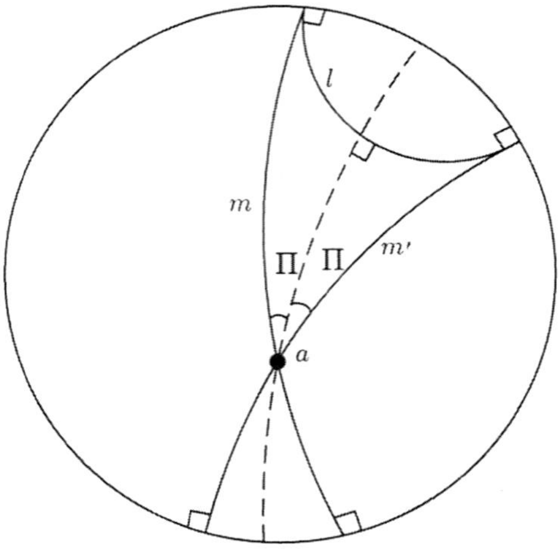

증명 먼저 l을 실수축으로, a를 허수축 상의 점으로 보내는 D_P의 등장사상이 있음을 보이고자 한다. 그 경우 Π 에 관한 공식을 제외하면 본 명제에서 주장하는 모든 것은 명백하다.

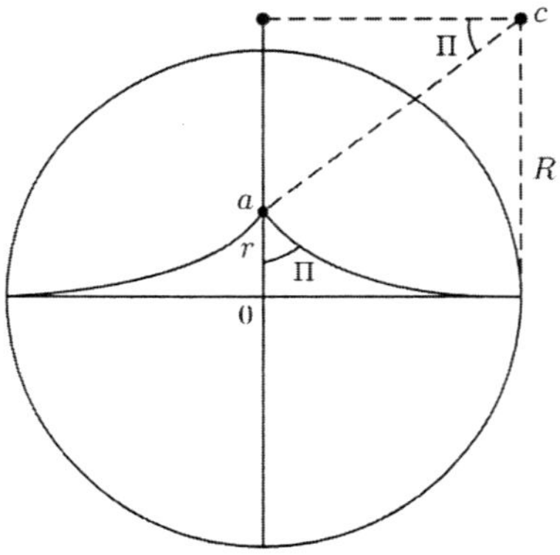

$\tilde{a} = P^{-1}(a)$, $\tilde{l} = P^{-1}(l)$에 대해서 $\tilde{l}$을 허수축으로 보내는 $\mathcal{H}$의 등장사상이 존재한다. 또 $b = F(\tilde{a})$에 대해서 팽창사상 $D_{1/|b|}$는 b를 단위원 $v^2 + w^2 = 1$ 상의 점으로 보내며 허수축을 허수축으로 보낸다. 이제 P가 $\mathcal{H}$의 허수축을 D_P의 실수축으로 보내고 $\mathcal{H}$의 단위원을 D_P의 허수축으로 보낸다는 사실에 주목하여라.

그러므로 l은 실수축으로 또, 명제 11.3.4에 의해 $r = \tanh\frac{1}{2}d$ 에 대해 $a = ir$이라고 상정할 수 있다. a를 지나고 l에서 실수축에 접하는 원 m은 반지름을 $R(>0)$ 중심이 $c = 1 + iR$ 인 원 이므로

$$|z - 1 - iR| = R$$

이다.

m이 ir을 통과하므로 $|-1+i(r-R)|=R$이고 따라서

$$R=\frac{1+r^2}{2r}.$$

꼭지점으로 a, iR, c를 갖는 (유클리드)직각삼각형에서 빗변은 m에 수직이므로 a에서 삼각형의 각은 $\pi/2-\Pi$ 이다 (위 그림 참고). 따라서 유클리드 삼각법에 의해서

$$R\sin\Pi = R-r$$

이므로

$$\sin\Pi = 1-\frac{r}{R}=1-\frac{2r^2}{1+r^2}=\frac{1-r^2}{1+r^2}=\frac{1-\tanh^2\frac{1}{2}d}{1+\tanh^2\frac{1}{2}d}=\frac{1}{\cosh d}.$$ ■

위에 언급한 바와 같이 유클리드 평면기하학에서의 평행선에 관한 조건은 평행선들이 공통의 수직선을 갖는다는 것이다. 이 성질은 쌍곡기하학의 초평행선에 관한 조건이다.

명제 11.4.3 D_P의 두 쌍곡직선이 초평행일 필요충분조건은 그들이 공통의 수직선(즉, 그들 둘을 직각으로 만나는 쌍곡직선)을 갖는다는 것이다. 이 경우 공통 수직선은 유일하다.

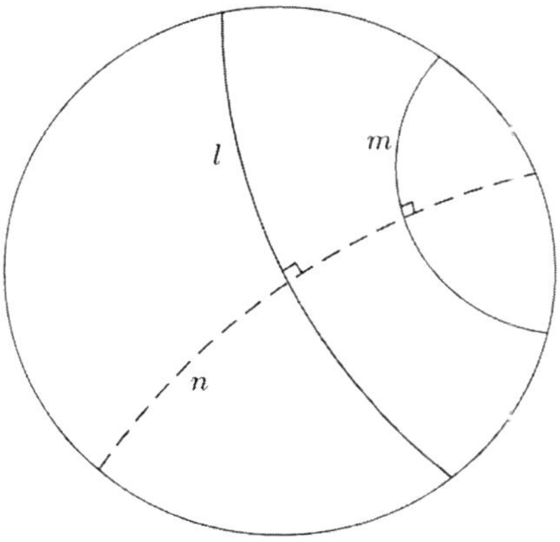

물론 유클리드 평면기하학에서 두 평행선은 무수히 많은 공통 수직선을 갖는다.

증명 l과 m을 D_P의 쌍곡직선이고 n을 a와 b에서 그들을 교차하는 공통 수직선이라고 가정하자. 그 때 l과 n을 가각 실수축, 허수축, a를 원점이라고 하자 (연습문제11.3.2 참고). 그 때 m은 $|R|>1$인 허수축상의 점 iR에 중심을 갖는 원의 부분이다. m이 C를 직각으로 교차하므로

C의 반지름 r에 대해

$$R^2 = r^2 + 1.$$

특히, $|R| > r$이므로 m은 실수축을 만나지 않는다. 따라서 l과 n은 초평행이다.
역을 증명하기 위해 l과 m을 초평행이라고 가정하고 앞에서 처럼 l을 실수축이라고 하자. 또 m을 반지름이 r, 중심을 a로 하는 원이라고 하면 위에서와 같이

$$|a^2| = r^2 + 1 \tag{11.5}$$

이다. 여기서 다음 사실을 밝혀 보자:

$$-1 < \Re e\ (a) < 1. \tag{11.6}$$

사실은 m이 점 v에서 실수축과 교차할 필요충분조건은

$$|v - a| = r.$$

(11.5)의 관점에서 이것을 보면

$$v^2 - 2v\,\Re e\ (a) + 1 = 0. \tag{11.7}$$

만일 $|\Re e\ (a)| > 1$이면 식 11.7은 그들의 곱이 1인 두 개의 서로 다른 실수 근을 갖는다. 따라서 그 중 하나는 $-1 < v < 1$ 을 만족한다. 이는 l과 m이 서로 교차함을 의미하며 이는 가정에 모순이다. 만일 $|\Re e\ (a)| = 1$ 이면 식 11.7은 중근 ± 1을 갖게 되며 l은 D_P의 경계점인 1이나 −1에서 m을 만나게 되어 이 또한 모순이다. 따라서 (11.6)은 성립된다.
실수축상의 점 b를 중심으로 갖고 반지름이 s인 원을 생각해 보자. 이 원이 m과 C를 직각으로 만날 필요충분조건은 $b^2 = s^2 + 1$ 이고 $|b - a|^2 = r^2 + s^2$이다.
만일 $\Re e\ (a) \neq 0$이면 이들 방정식은 유일한 근

$$b = \frac{1}{\Re e\ (a)},\ s = \sqrt{\Re e\ (a)^{-2} - 1}$$

을 갖으며 그에 대응되는 원n은 l과 m에 동시에 수직이다. 만일 $\Re e\ (a) = 0$이면 허수축이 l과 m에 동시에 수직임은 명백하다. ■

연습문제

11.4.1 $\mathcal{H}$의 쌍곡직선 중 평행인 것들과 초평행인 것들을 가려보아라.

11.4.2 l을 $\mathcal{H}$의 허수축이라고 할 때 $R(> 0)$에 대하여 l로부터 거리가 R인 점들의 집합은 원점을 통과하는 두 개의 반직선들의 합집합임을 밝혀라. 이들 반직선들은 쌍곡직선이 아니며 유클리드 기하학에서는 한 직선으로부터 고정된 거리에 있는 점들의 집합은 한 쌍의 직선이라는 사실을 참조하여라.

11.4.3 D_P의 두 점 a, b와 $0 < A < \pi$에 대하여 꼭지점을 a, b, c로 하는 쌍곡삼각형의 넓이가 A인 D_P의 점 c들의 집합은 원이나 두 선분의 합집합임을 밝혀라. 그러나 이들은 쌍곡직선이 아니다. 유클리드 기하학에서 등적성질은 직선들을 특징짓는데 이용된다는 것을 주목하여라.

11.5 벨트라미-클라인 모델

비유클리드 기하학의 마지막 모델은 벨트라미에 의해서 처음으로 소개되었으나 이전부터 연구된 사영기하학과 함께 비 유클리드 기하학을 통합하기위해 사용될 수 있음을 인식한 사람은 클라인이었다 (독자들이 사영기하학에 익숙하다고 생각하지 않는다).

이 모델은 단위구 S^2의 두 사영을 통하여 만들어 진다. S^2에서 xy-평면으로의 극사영 Π는 남반구

$$S^2_- = \{(x,\ y,\ z) \in S^2 \mid z < 0\}$$

로부터 단위원판

$$D = \{(x,\ y,\ 0) \in \mathbb{R}^3 \mid x^2 + y^2 < 1\}$$

으로의 미분동형사상을 정의한다. $pr(x, y, z) = (x, y, 0)$으로 정의되는 $\mathbb{R}^3$에서 xy-평면으로의 직사영 또한 S^2_- 에서 D로의 미분동형사상을 정의한다. 따라서 합성함수

$$K = pr \circ \Pi^{-1} : D \to D$$

는 미분동형사상이다. 만일 $(x, y, 0) \mapsto x + iy$를 통하여 xy-평면과 복소수 평면 $\mathbb{C}$을 동일시한다면

$$K(z) = \frac{2z}{|z|^2 + 1},\ z \in D \text{ 이다.} \tag{11.8}$$

정의 11.5.1

제1기본형식을 갖춘 원판 D를 D_K라고 할 때 그 제1기본형식에 대한 미분동형사상 $K : D_P \to D_k$가 등장사상인 D_K를 비 유클리드 기하학의 벨트라미-클라인 모델이라고 한다.

여기서는 D_K의 제1기본형식에 대해서 구체적으로 알 필요는 없다. 그것은 사실 연습문제 8.3.1 (iii)에서 다뤘다.

벨트라미-클라인 모델은 다음의 주목할 만한 성질을 가지고 있다.

명제 11.5.2 벨트라미-클라인 모델의 쌍곡직선은 원판 D_K에 포함된 (유클리드)직선 선분이다.

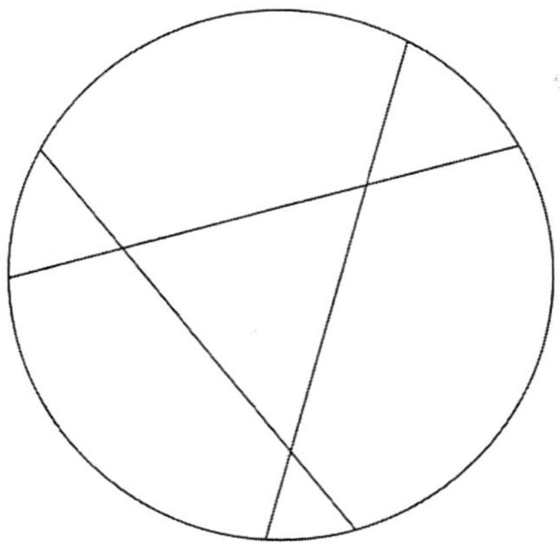

증명 l을 C상의 두 점 a와 b를 잇는 선분이라 할 때 사영 pr에 의해 l에 대응하는 S^2_- 상의 곡선은 l을 포함하는 xy-평면에 수직인 평면과 S^2 의 교집합이다. 이것은 a와 b에서 직각으로 C를 만나는 반원이다. 이 반원을 m 이라고 하자.

Π 가 S^2상의 원을 xy-평면상의 직선이나 원으로 보내는 등각사상이므로 (예제 6.3.5와 연습문제 6.3.7 참고)

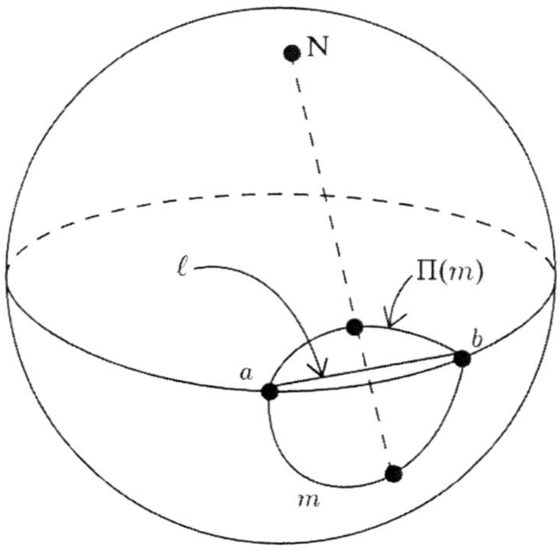

$\Pi(m)$은 D의 경계를 직각으로 교차하는 D의 원호이다. 즉, D_P의 쌍곡직선인 것이다. 따라서 D_K의 모든 선분은 쌍곡직선이다. 임의의 주어진 방향에서 D_K의 임의의 주어진 점을 통과하는 선분이 존재하기 때문에 D_K의 모든 쌍곡직선은 이들 선분이다 (명제 9.2.4 참고).

■

따름정리 11.5.3

D_K는 쌍곡기하학의 등각모델이 아니다.

증명 명제 11.5.2에 의해서 D_K의 쌍곡삼각형은 유클리드 삼각형이므로 유클리드 내각의 합은 π이다. 그러나 정리 11.1.5에 따르면 그것의 쌍곡적 내각의 합은 $< \pi$이다. ■

물론 D_K의 등장사상은 등장사상 K를 사용함으로써 D_P의 등장사상으로부터 추정될 수 있다. 예를 들면 원점에 관한 회전사상은 D_K의 등장사상이다. 왜냐하면 만일 ρ_θ가 각 θ에 의한 회전사상 즉, $\rho_\theta(z) = e^{i\theta}z$ 라면 식 11.8로부터 $K \circ \rho_\theta \circ K^{-1} = \rho_\theta$이므로 ρ_θ는 D_P의 등장사상이다 (명제 11.3.3의 증명 바로 아래 유의사항 참고). 그러나 다른 방법을 통해서 좀 더 기하학적 접근법을 택하는 것이 논의를 발전시키는데 더욱 바람직하다.

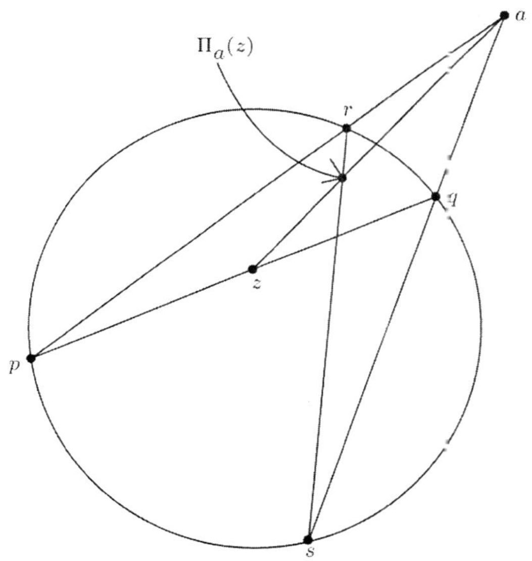

길이가 1보다 큰 복소수 a에 대하여 중심을 a로 하는 **배경사상**(perspectivity)

$$\Pi_a : D_K \to D_K$$

은 $\Pi_a(z)$를 a와 z를 통과하는 직선과 r과 s를 통과하는 직선의 교점으로 정의한다 (위의 그림 참고). 여기서 p와 q를 z을 통과하는 임의의 유클리드 l과 C의 교점이라고 하고 r은 a와 p를 통과하는 직선이 C와 만나는 점, s는 a와 q를 지나는 직선이 C와 만나는 점이다 (만일 a와 p를 지나는 직선이 p에서 C의 접선이라면 $r = p$이고 a와 q를 지나는 직선이 q에서 C의 접선이면 $s = q$이다).

이 정의가 합당한지는 아직 명확하지 않다. 즉, $\Pi_a(z)$는 a와 z에 따라 결정되지만 l의 선택과는 무관하다. 그러나 다음 명제가 이를 해결해 준다.

명제 11.5.4 $\Pi_a = K \circ I_{a,r} \circ K^{-1}$ 이다.
여기서 $r = \sqrt{|a|^2 - 1}$ 이며 특히 Π_a는 D_K의 등장사상이다.

보조정리 11.5.5

l과 m은 D_K의 쌍곡직선이고 이들이 각각 b, c 그리고 d, e에서 C를 교차한다고 가정하자. b와 c에서의 접선이 a에서 만나고 m의 연장선이 a를 통과하면 l과 m은 쌍곡적 관점에서 직각으로 만난다.

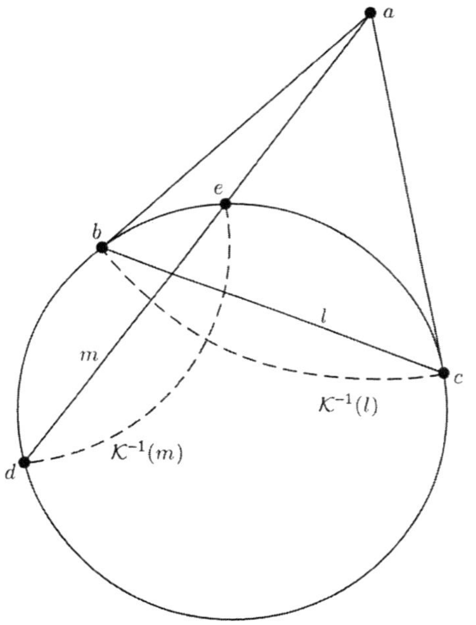

증명 l과 m에 대응하는 쌍곡직선 $K^{-1}(l)$과 $K^{-1}(m)$은 각각 b, c와 d, e에서 C를 수직으로 만나는 원호다. I를 $K^{-1}(l)$을 포함하는 원에 관한 반전사상 곧 D_P의 등장사상이라 하자(부록의 명제A.2.8 참고). 그 때 I는$K^{-1}(m)$을 C와 직교하는 원호로 보내고 (따름정리 A.2.7 참고), d를 e로 e를 d로 보낸다. 따라서 I는 $K^{-1}(m)$을 보존한다. 이는 $K^{-1}(l)$과 $K^{-1}(m)$이 유클리드 관점에서 서로 수직임을 의미하고(명제 A.2.8참고) D_P가 등각모델인 관계로 쌍곡기하학 관점에서도 수직이다. $K: D_P \to D_P$가 등장사상이므로 l과 m은 쌍곡적인 관점에서 수직이다. ■

증명 (명제 11.5.4) a로부터 그은 C의 접선이 b와 c에서 C를 접촉한다고 하고 m을 b, c를 끝점으로 하는 선분, a와 z를 통과하는 직선이 t와 u에서 C를 만난다고 하자. 또 l이 z를 통과하는 임의의 직선이고 그 직선이 p,q에서 C를 만난다고 하자. a와 p를 지나는 직선이 C와 만나는 점을 r, a와 q를 지나는 직선이 C와 만나는 점을 s 라하고 n을 r,s를 끝점으로 하는 선분, u를 a와 z를 통과하는 직선 o와 C의 교점이라고 하자. z가 l과 o의 교점이므로 $K^{-1}(z)$는 $K^{-1}(l)$과 $K^{-1}(o)$의 교점이다. 같은 이유로 $K^{-1}(\Pi_a(z))$은 $K^{-1}(n)$과 $K^{-1}(o)$의 교점이다.

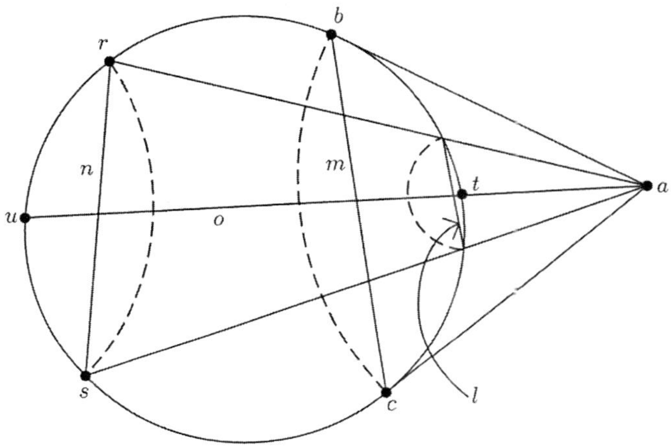

보조정리 11.5.5에 의해서 m과 o가 D_K에서 수직이므로 $K^{-1}(n)$과 $K^{-1}(o)$는 D_P에서 수직이 되고 따라서 $I_{a,r}$은 $K^{-1}(o)$을 고정시킨다. $I_{a,r}$이 p를 r로 보내그 q를 s로 보내기 때문에 그것은 $K^{-1}(l)$을 $K^{-1}(n)$로 보낸다. 따라서 $I_{a,r}$은 $K^{-1}(z)$을 $K^{-1}(\Pi_a(z))$로 보내게 된다. 즉,

$$I_{a,r}(K^{-1}(z)) = K^{-1}(\Pi_a(z)).$$

따라서 명제가 증명된다. ■

원하는 등장사상 Π_a를 얻었으므로 이제 D_K의 두 점 사이의 거리공식을 증명할 수 있게 되었다. 이의 증명을 위하여 다음의 사영기하학 개념이 필요하다.

정의 11.5.6

만일 a,b,c,d가 서로 다른 복소수라면 그들의 복비는

$$(a,b;c,d) = \frac{(a-c)(b-d)}{(a-d)(b-c)}$$

로 정의된다.

명제 11.5.7 a,b,c,d 가 한 직선위에 놓여있고 a,b가 c,d사이에 있다면 $(a,b;c,d)>0$. 더군다나 만일 p가 a,b,c,d와 다른 점이고 p와 a,b,c,d 각점을 지나는 직선이 다른 직선을 각각 a',b',c',d' 에서 교차할 때

$$(a,b;c,d)=(a',b';c',d')$$

이다.

이 결과는 복비가 사영불변임을 말해주고 있다 즉, 한 직선상의 네 개의 점의 복비는 어떤 점 p로부터 다른 직선위로 그 점들을 사영할 때 유지된다.

증명 l을 a,b,c,d를 포함하는 직선이라고 하자. a,b는 C에 관해서 l의 같은 쪽에 있기 때문에 $\arg(a-c)=\arg(b-c)$이므로

$$\frac{a-c}{b-c}=\frac{|a-c|}{|b-c|}.$$

같은 이유로

$$\frac{b-d}{a-d}=\frac{|b-d|}{|a-d|}.$$

따라서 $(a,b;c,d)=\dfrac{|a-c||b-d|}{|a-d||b-c|}$.

특히 이 복비는 양수이다.

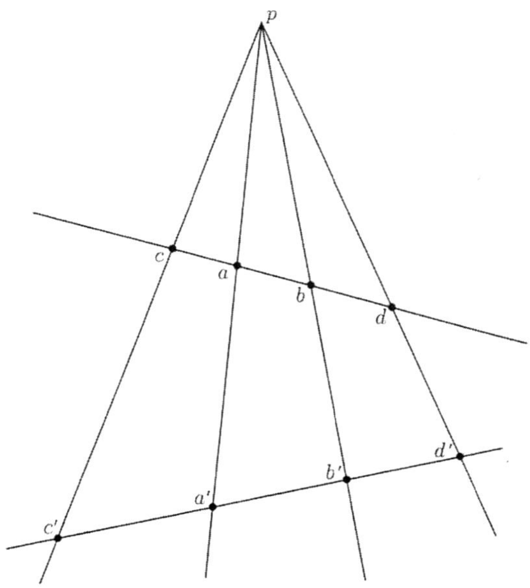

$\angle apb$를 a와 p를 통과한 직선과 p와 b를 통과한 직선들 사이의 각이라고 하면 유클리드 사인법칙에 의해

$$\frac{|a-c|}{\sin\angle apc}=\frac{|p-c|}{\sin\angle pac},\ \frac{|a-d|}{\sin\angle apd}=\frac{|p-d|}{\sin\angle pad}$$

$$\frac{|b-c|}{\sin\angle bpc}=\frac{|p-c|}{\sin\angle pbc},\ \frac{|b-d|}{\sin\angle bpd}=\frac{|p-d|}{\sin\angle pbd}.$$

따라서

$$(a,b;c,d)=\frac{\sin\angle apc\sin\angle bpd}{\sin\angle apd\sin\angle bpc}.$$

그러나 $\angle a'p'c'=\angle apc$ 등등이 성립하므로 $(a,b;c,d)=(a',b';c',d')$ ■

특히 $a,b,c,d\in D_K$에 대해 복비 $(a,b;c,d)$는 배경사상에 관해서 불변이며 회전사상에 관해서도 불변이다. 이는 a,b,c,d 각각에 영이 아닌 복소수를 곱한 것이기 때문이다.

정리 11.5.8

a,b가 D_K의 점이고 c,d는 a,b를 통과하는 직선이 C와 만나는 점이라면 a와 b 사이의 벨트라미-클라인 거리는

$$d_{D_K}(a,b)=\frac{1}{2}|\ln(a,b;c,d)|$$

이다.

증명 D_K의 적당한 등장사상을 이용하여 a와 b가 실수인 경우로 단순화 시키자. l을 c와 1을 지나는 직선이고 m이 d와 -1을 지나는 직선이라고 하자. l과 m이 평행한 경우와 평행하지 않는 경우의 두 가지 경우를 생각하자.

만일 l과 m이 평행이라면 c와 d를 연결하는 직선은 원점을 통과하며 원점에 관한 적당한 회전사상은 c를 1로 d를 -1로 그리고 a,b를 실수축 상의 전 a',b'으로 보낸다. 그러한 회전사상은 D_K의 등장사상이다 (따름정리 11.5.3 이후의 유의사항 참고).

한편 l과 m이 p에서 교차한다고 가정하자. 만일 $|p|>1$이면 배경사상 Π_p는 c를 1로 d를 -1로 a,b를 -1과 1을 연결하는 실수축상의 점 a',b'으로 보낸다. 만일 $|p|<1$이면 c와 -1을 연결하는 직선 m과 d와 1을 연결하는 직선 m'은 $|p'|>1$인 점 p'에서 만나고 배경사상 $\Pi_{p'}$은 c를 -1으로 d를 1으로 그리고 a,b를 실수축상의 점 a',b'으로 보낸다.

등장사상 $K: D_P\to D_K$을 이용하여 D_P로 이동함으로써

$$d_{D_K}(a,b)=d_{D_K}(a',b')=d_{D_P}(K^{-1}(a'),K^{-1}(b')).$$

명제 11.3.2를 사용하면

$$d_{D_K}(a',b')=\int_{K^{-1}(a')}^{K^{-1}(b')}\frac{2dv}{1-v^2}=\ln\frac{(1+K^{-1}(b'))(1-K^{-1}(a'))}{(1+K^{-1}(a'))(1-K^{-1}(a'))}. \tag{11.9}$$

K에 대한 식 (11.8)을 사용하면

$$K^{-1}(\lambda)=\frac{1}{\lambda}(1-\sqrt{1-\lambda^2}),\lambda\in D.$$

따라서

$$\frac{1+K^{-1}(\lambda)}{1-K^{-1}(\lambda)}=\sqrt{\frac{1+\lambda}{1-\lambda}}.$$

이를 이용하면 (11.9)는

$$d_{D_K}(a',b')=\frac{1}{2}ln\frac{(1+b')(1-a')}{(1-b')(1+a')}. \tag{11.10}$$

한편 실수a',b'에 대하여 (a,b,c,d)를 $(a',b',1,-1)$이나 $(a',b',-1,1)$로 보내는 원점에 관한 회전사상이나 배경사상이 존재하고 이들 D_K상의 변환들이 복비를 보존한다는 것을 알고 있다 (명제 11.5.7의 증명 바로 다음의 유의사항 참고).
첫 번째 경우

$$(a,b;c,d))=(a',b';1,-1)=\frac{(1-a')(1+b')}{(1+a')(1-b')},$$

두 번째 경우

$$(a,b;c,d))=(a',b';1,-1)=\frac{(1+a')(1-b')}{(1-a')(1+b')},$$

따라서 두 경우 모두

$$d_{D_K}(a,b)=d_{D_K}(a',b')=\frac{1}{2}|\ln(a,b;c,d)|$$

이다. ■

연습문제

11.5.1 식 (11.8)을 증명하여라.

11.5.2 복비의 정의를 네 점 중 하나가 ∞ 가 되는 경우의 복비의 정의로 일반화 하라. 예를 들면

$$(\infty,b;c,d)=\frac{b-d}{b-c}.$$

만일 $M:\mathbb{C}_\infty\to\mathbb{C}_\infty$ 가 뫼비우스 변환이면 $\mathbb{C}_\infty$ 의 서로 다른 네 개의 점 a,b,c,d 에 대하여

$$(M(a), M(b); M(c), M(d)) = (a, b; c, d) \tag{11.11}$$

임을 밝혀라.

역으로 만일 $M: \mathbb{C}_\infty \rightarrow \mathbb{C}_\infty$가 이 조건을 만족하는 1:1대응 함수이면 M이 뫼비우스 변환임을 밝혀라.

11.5.3 만일 (a, b, c)와 (a', b', c')이 서로 다른 $\mathbb{C}_\infty$의 점들로 이뤄진 순서 셋 쌍이면

$$M(a) = a', M(b) = b', M(c) = c'$$

을 만족하는 유일한 뫼비우스 변환이 존재한다는 사실을 밝히기 위해 앞의 연습문제를 이용하여라.

11.5.4 a, b가 $\mathbb{C}_\infty$의점이고 d를 극사영 Π (예제 6.3.5 참고) 아래 a, b의 대응점사이의 구면 거리라고 하자.

$$-\tan^2 \frac{1}{2} d = \left(a, -\frac{1}{\bar{a}}; b, -\frac{1}{\bar{b}}\right)$$

임을 밝혀라.

11.5.5 만일 $\mathcal{R}$이 원점을 통과하는 직선에 관한 반사사상이라고 할 때 $K\mathcal{R} = \mathcal{R}K$임을 밝히고 $\mathcal{R}$이 D_K의 등장사상임을 추론하여라.

11.5.6 D_K의 등장사상은 배경사상과 원점을 통과하는 직선에 관한 반사사상의 (유한 번)합성임을 밝혀라.

제 12 장

극소곡면

제12장 극소곡면

9.4절에서 곡면상의 두 점을 연결하는 최단 경로를 찾아내는 문제를 생각해 보았다. 이제 한 차원 더 올려서 유사한 문제를 생각해보자. 즉, 정해진 곡선을 경계로 갖는 최소면적을 갖는 곡면을 찾아내는 문제를 살펴보자. 이러한 것을 '**플라토 문제**'라고 하는데 플라토 문제의 해답은 모든 점에서 평균곡률이 0인 곡면이라는 것으로 알려져 있다. 극소곡면의 연구는 18세기 중반쯤 오일러와 라그랑쥬에 의해서 시작되었고 최근까지 새로운 극소곡면들이 발견되고 있다.

12.1 플라토 문제

9.4절에서 두 끝점 사이의 거리를 최소화할 곡선이 가져야 할 조건을 찾기 위해서 먼저 그 두 점을 통과하는 곡선족에 주어진 곡선을 매장한 후, 그 곡선족 안에서 곡선이 변할 때 그 곡선의 길이들이 어떻게 변하는지를 살펴보았다. 따라서 이제 곡면조각사상족 $\boldsymbol{\sigma}^{\tau}: U \to \mathbb{R}^3$ 을 연구할 것이다. τ는 열린 구간 $(-\delta, \delta)$ 안의 실수이며 U는 τ와는 무관한 $\mathbb{R}^2$의 열린 부분집합이다. $\boldsymbol{\sigma} = \boldsymbol{\sigma}^0$로 할 때 곡면조각사상족은 다음의 의미에서 매끄러워야 한다.

$\mathbb{R}^3$의 열린 부분집합

$$\{(u,\ v,\ \tau) \mid (u,\ v) \in U,\ \tau \in (-\delta,\ \delta)\}$$

에서 $\mathbb{R}^3$로의 함수

$$(u,\ v,\ \tau) \to \boldsymbol{\sigma}^{\tau}(u,\ v)$$

가 매끄러운 함수이다.

곡면변분(surface variation)은

$$\varphi = \dot{\boldsymbol{\sigma}}^{\tau}|_{\tau=0}$$

으로 주어지는 함수 $\varphi : U \to \mathbb{R}^3$이다.

이 절을 포함해서 다음부터 점 $\cdot$ 는 $\dfrac{d}{d\tau}$를 나타내기로 하자.

π를 내부 $\mathrm{int}(\pi)$는 물론 U에 포함되는 단순폐곡선이라고 하자 (3.1절 참조). 그때 π는 곡면조각사상 σ^{τ}에 있는 단순폐곡선 $\gamma^{\tau} = \boldsymbol{\sigma}^{\tau} \circ \pi$에 대응한다. 면적함수 $\mathrm{A}(\tau)$를 γ^{τ}의 안쪽에 놓여 있는 $\boldsymbol{\sigma}^{\tau}$의 부분의 면적

$$\mathrm{A}(\tau) = \int\int_{\mathrm{int}(\pi)} d\,\mathrm{A}_{\sigma^{\tau}}$$

로 정의한다.

고정된 경계곡선이 γ인 곡면족을 생각하면 $\gamma^\tau = \gamma$이며 그 결과 (u, v)가 π상의 점이면 $\varphi^\tau(u, v) = 0$임을 알 수 있다.

정리 12.1.1

위에서 사용한 기호를 사용하고 곡면변분 φ^τ가 π상의 모든 점에서 0이면

$$\dot{A}(0) = -2\int\int_{\text{int}(\pi)} H(EG-F^2)^{\frac{1}{2}}\alpha\,du\,dv \tag{12.1}$$

이다. 여기서 H는 σ의 평균곡률, E, F, G는 제1기본계수, $\alpha = \varphi \cdot \mathbf{N}$이며 $\mathbf{N}$은 σ의 단위법선 벡터장이다.

이 정리의 증명은 이 절의 마지막에 하기로 한다.

만일 σ가 경계곡선으로 γ를 갖는 곡면들 중에서 최소면적을 갖는 것이라면 A는 $\tau = 0$에서 최소값을 갖게 되고 따라서 모든 매끄러운 곡면족들에 대하여 $\dot{A}(0) = 0$이며 이는 식 (1)에서의 적분값이 모든 매끄러운 함수 $\alpha : U \to \mathbb{R}$에 대해서 0이 됨을 의미한다.

이는 정리 9.4.1의 증명에서처럼, 피적분함수에 있는 α 이외의 항이 0, 즉 $H = 0$을 의미한다. 이제 다음의 정의를 생각할 수 있다.

정의 12.1.2

극소곡면(minimal surface)은 모든 점에서 평균곡률이 0인 곡면이다.

정리 12.1.1과 이전의 논의로부터 다음의 따름정리를 얻는다.

따름정리 12.1.3

동일한 경계곡선을 갖는 곡면들 중 최소면적을 갖는 곡면은 극소곡면이다.

극소곡면은 비누 막에 의해서 얻어진 모양과 같이 흥미로운 물리학적 의미를 갖는다. 비누막은 표면장력에 의한 에너지를 가지며 이 에너지는 비누막의 면적에 비례한다. 그러므로 곡선 C의 모양을 한 철사줄에 붙들려 있는 비누막은 경계곡선을 C로 갖는 최소면적을 갖는 곡면의 모양을 준다. 따름정리 12.1.3에 따라서 이것은 극소곡면이 되는 것이다.

좀더 일반적으로, 서로 다른 압력을 가지고 있는 두 영역을 분리시키고 있는 비누막은 평균곡률이 상수인 곡면의 모양이 된다. 안쪽의 공기압이 바깥쪽의 공기압보다 큰 비눗방울의 경우를 보면 된다.

이것을 알기 위해 '가상작업'의 원리를 적용해보자. 만일 비누막이 균형상태에 있고 비누막이 이루는 곡면에 (가상적인) 변화를 줄 때 비누막이 가지고 있는 에너지의 변화는 공기압에 대응해서 비누막이 한 일의 양과 같다는 것이다. 만일 p가 내부와 외부의 압력의 차라면 면적 ΔA를 갖는 곡면의 작은 조각 위에 공기에 의해서 가해진 힘은 $p\,\Delta$A이므로 곡면이 자신에 수직인 방향으로 짧은 거리 α만큼 움직일 때 한 일의 양은 $\alpha p\,\Delta$A이다. 한편, 정리 12.1.1의 공식으로부터 곡면적은 $\alpha H \Delta$A에 비례해서 변한다 (α가 곡면에 수직인 변분 φ의 성분임을 주목해야 함). 따라서 p는 H에 비례한다. 압력차는 전 곡면을 통해서 같으므로 평균곡률도 마찬가지다. 평균곡률이 영이 아닌 상수를 갖는 곡면에 관해서는 8.5절에서 다루었다.

극소곡면의 많은 예는 다음 절에서 소개하도록 하고 아래에서는 한 가지 보기만을 들어보자. 사실 이 보기는 따름정리 12.1.3의 역이 거짓임을 밝히고 있다.

예제 12.1.4 a가 0이 아닌 상수일 때 xz-평면상의 곡선 $x = \dfrac{1}{a}\cosh az$를 z-축 둘레로 회전시켜 얻은 회전면을 **현수면**(catenoid)이라고 한다 (현수면의 그림은 예제 5.3.1에 있다). 간단히 하기 위해서 $a=1$이라고 하자. 그때 현수면은

$$\boldsymbol{\sigma}(u,\ v) = (\cosh u \cos v,\ \cosh u \sin v,\ u)$$

으로 매개변수화된다. 이때,

$$\begin{aligned}
\boldsymbol{\sigma}_u &= (\sinh u \cos v,\ \sinh u \sin v,\ 1),\\
\boldsymbol{\sigma}_v &= (-\cosh u \sin v,\ \cosh u \cos v,\ 0),\\
\boldsymbol{\sigma}_u \times \boldsymbol{\sigma}_v &= (-\cosh u \cos v,\ -\cosh u \sin v,\ \sinh u \cosh u),\\
\mathrm{N} &= (-\operatorname{sech} u \cos v,\ -\operatorname{sech} u \sin v,\ \tanh u),\\
\boldsymbol{\sigma}_{uu} &= (\cosh u \cos v,\ \cosh u \sin v,\ 0),\\
\boldsymbol{\sigma}_{uv} &= (-\sinh u \sin v,\ \sinh u \cos v,\ 0),\\
\boldsymbol{\sigma}_{vv} &= (-\cosh u \cos v,\ -\cosh u \sin v,\ 0).
\end{aligned}$$

이것으로부터 $\boldsymbol{\sigma}$의 제1, 제2기본계수들은 다음과 같다.

$$E = G = \cosh^2 u,\ F = 0,\ L = -1,\ M = 0,\ N = 1.$$

이 식들 중 처음 세 개로부터 매개변수식 $\boldsymbol{\sigma}$가 등각사상임은 따름정리 8.1.3으로부터

$$H = \frac{LG - 2MF + NE}{2(EG - F^2)} = \frac{-\cosh^2 u + \cosh^2 u}{2\cosh^4 u} = 0$$

임을 알 수 있다.

이것은 현수면이 극소곡면임을 보여주고 있다. ■

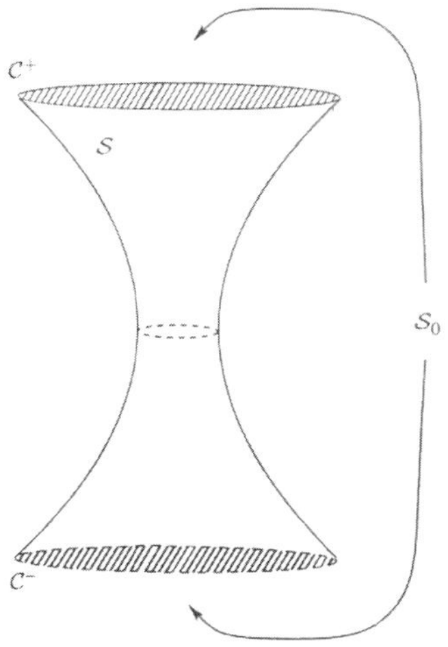

고정된 양수 a에 대하여 $b=\cosh a$라 할 때 $|z|<a$인 현수면의 부분으로 구성되는 곡면은 그 경계로 z-축에 중심을 갖고 평면 $z=\pm a$에 놓여있는 반지름이 b인 두 원 $C^{\pm}$을 갖는다. 두 원 $C^{\pm}$을 지탱하고 있는 다른 곡면은 평면 $z=\pm a$에 있는 두 원판 $x^2+y^2 \le b^2$으로 구성되는 곡면 S_0이다.

명제 6.4.2에 의하여 S의 면적은

$$\int_0^{2\pi}\int_{-a}^{a}(EG-F^2)^{\frac{1}{2}}dudv=\int_0^{2\pi}\int_{-a}^{a}\cosh^2 u\ dudv=2\pi(a+\sinh a\cosh a)$$

이고 S_0의 면적은 $2\pi b^2=2\pi\cosh^2 a$이다. 따라서

$$\cosh^2 a<a+\sinh a\cosh a$$

즉

$$1+e^{-2a}<2a \tag{12.2}$$

이라면 국소곡면 s의 면적은 두 원 $C^{\pm}$를 경계로 갖는 곡면들 중 최소가 아니다.

a에 관한 함수로써 $1+e^{-2a}$와 $2a$이 그래프는 분명히 꼭 한 점에서 교차한다. 그 점을 a_0라고 하면 $a>a_0$인 경우 부등식 (12.2)가 성립한다.

이 조건 아래서 현수면은 최소면적을 갖는 곡면이 아니다.

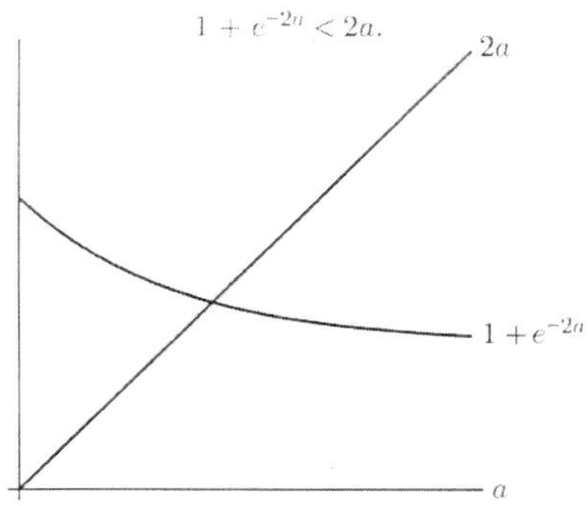

$a < a_0$인 경우 현수면이 원 C^+와 C^-를 지탱하고 있는 곡면들 중에서 최소면적을 갖는 곡면임을 밝힐 수 있다.

이제 정리 12.1.1을 증명하자.

증명 $\varphi^\tau = \dot{\sigma}^\tau$라고 할 때 $\varphi^0 = \varphi$이다. $\mathbf{N}^\tau$를 σ^τ의 기본단위 법선벡터라 할 때 $(u,\ v,\ \tau)$에 관한 매끄러운 함수들 $\alpha^\tau,\ \beta^\tau,\ \gamma^\tau$가 있어서

$$\varphi^\tau = \alpha^\tau \mathbf{N}^\tau + \beta^\tau \boldsymbol{\sigma}_u^\tau + \gamma^\tau \boldsymbol{\sigma}_v^\tau$$

로 표현할 수 있고, 그때 $\alpha = \alpha^0$가 된다. 기호를 간단히 하기 위해서 이후부터 위첨자를 생략하고, 증명의 마지막에 가서 $\tau = 0$으로 둔다.

$$\mathrm{A}(\tau) = \int\int_{\mathrm{int}(\pi)} \|\boldsymbol{\sigma}_u \times \boldsymbol{\sigma}_v\|\, dudv = \int\int_{\mathrm{int}(\pi)} \mathbf{N} \cdot (\boldsymbol{\sigma}_u \times \boldsymbol{\sigma}_v)\, dudv$$

이므로

$$\dot{\mathrm{A}} = \int\int_{\mathrm{int}(\pi)} \frac{\partial}{\partial \tau}(\mathbf{N} \cdot (\boldsymbol{\sigma}_u \times \boldsymbol{\sigma}_v))\, dudv \tag{12.3}$$

이다. 지금

$$\frac{\partial}{\partial \tau}(\mathbf{N} \cdot (\boldsymbol{\sigma}_u \times \boldsymbol{\sigma}_v)) = \dot{\mathbf{N}} \cdot (\boldsymbol{\sigma}_u \times \boldsymbol{\sigma}_v) + \mathbf{N} \cdot (\dot{\boldsymbol{\sigma}}_u \times \boldsymbol{\sigma}_v) + \mathbf{N} \cdot (\boldsymbol{\sigma}_u \times \dot{\boldsymbol{\sigma}}_v) \tag{12.4}$$

이며, $\mathbf{N}$이 단위벡터이므로,

$$\dot{\mathbf{N}} \cdot (\boldsymbol{\sigma}_u \times \boldsymbol{\sigma}_v) = \dot{\mathbf{N}} \cdot \mathbf{N} \|\boldsymbol{\sigma}_u \times \boldsymbol{\sigma}_v\| = 0.$$

한편, 명제 6.4.2를 사용하면

$$\begin{aligned}
\mathbf{N} \cdot (\dot{\boldsymbol{\sigma}}_u \times \boldsymbol{\sigma}_v) &= \frac{(\boldsymbol{\sigma}_u \times \boldsymbol{\sigma}_v) \cdot (\dot{\boldsymbol{\sigma}}_u \times \boldsymbol{\sigma}_v)}{\|\boldsymbol{\sigma}_u \times \boldsymbol{\sigma}_v\|} \\
&= \frac{(\boldsymbol{\sigma}_u \cdot \dot{\boldsymbol{\sigma}}_u)(\boldsymbol{\sigma}_v \cdot \boldsymbol{\sigma}_v) - (\boldsymbol{\sigma}_u \cdot \boldsymbol{\sigma}_v)(\boldsymbol{\sigma}_v \cdot \dot{\boldsymbol{\sigma}}_u)}{\|\boldsymbol{\sigma}_u \times \boldsymbol{\sigma}_v\|} \\
&= \frac{G(\boldsymbol{\sigma}_u \cdot \dot{\boldsymbol{\sigma}}_u) - F(\boldsymbol{\sigma}_v \cdot \dot{\boldsymbol{\sigma}}_u)}{(EG - F^2)^{\frac{1}{2}}},
\end{aligned}$$

비슷한 방법으로

$$\mathbf{N} \cdot (\boldsymbol{\sigma}_u \times \dot{\boldsymbol{\sigma}}_v) = \frac{E(\boldsymbol{\sigma}_v \cdot \dot{\boldsymbol{\sigma}}_v) - F(\boldsymbol{\sigma}_u \cdot \dot{\boldsymbol{\sigma}}_v)}{(EG - F^2)^{\frac{1}{2}}}.$$

식 (12.4)에 위의 결과를 대입하면,

$$\frac{\partial}{\partial \tau}(\mathrm{N}\cdot(\boldsymbol{\sigma}_u \times \boldsymbol{\sigma}_v)) = \frac{E(\boldsymbol{\sigma}_v \cdot \dot{\boldsymbol{\sigma}}_v) - F(\dot{\boldsymbol{\sigma}}_u \cdot \boldsymbol{\sigma}_v + \boldsymbol{\sigma}_u \cdot \dot{\boldsymbol{\sigma}}_v) + G(\boldsymbol{\sigma}_u \cdot \dot{\boldsymbol{\sigma}}_u)}{(EG - F^2)^{\frac{1}{2}}}. \quad (12.5)$$

이제

$$\dot{\boldsymbol{\sigma}}_u = \varphi_u = \alpha_u \mathrm{N} + \beta_u \mathrm{N} + \beta_u \boldsymbol{\sigma}_u + \gamma_u \boldsymbol{\sigma}_v + \alpha \mathrm{N}_u + \beta \sigma_{uu} + \gamma \sigma_{uv},$$

$$\therefore\ \boldsymbol{\sigma}_u \cdot \dot{\boldsymbol{\sigma}}_u = E\beta_u + F\gamma_u + (\boldsymbol{\sigma}_u \cdot \mathrm{N}_u)\alpha + (\boldsymbol{\sigma}_u \cdot \boldsymbol{\sigma}_{uu})\beta + (\boldsymbol{\sigma}_u \cdot \boldsymbol{\sigma}_{uv})\gamma.$$

$$\boldsymbol{\sigma}_u \cdot \mathrm{N}_u = -\boldsymbol{\sigma}_{uu} \cdot \mathrm{N} = -L,\ \boldsymbol{\sigma}_u \cdot \boldsymbol{\sigma}_{uu} = \frac{1}{2}E_u$$

이다.

$$\boldsymbol{\sigma}_u \cdot \boldsymbol{\sigma}_{uv} = \frac{1}{2}E_v$$

이므로

$$\boldsymbol{\sigma}_u \cdot \dot{\boldsymbol{\sigma}}_u = E\beta_u + F\gamma_u - L\alpha + \frac{1}{2}E_u\beta + \frac{1}{2}E_v\gamma.$$

비슷한 방법으로

$$\boldsymbol{\sigma}_v \cdot \dot{\boldsymbol{\sigma}}_u = F\beta_u + G\gamma_u - M\alpha + \left(F_u - \frac{1}{2}E_v\right)\beta + \frac{1}{2}G_v\gamma,$$

$$\boldsymbol{\sigma}_u \cdot \dot{\boldsymbol{\sigma}}_v = E\beta_v + F\gamma_v - M\alpha + \frac{1}{2}E_v\beta + \left(F_v - \frac{1}{2}G_u\right)\gamma,$$

$$\boldsymbol{\sigma}_v \cdot \dot{\boldsymbol{\sigma}}_v = F\beta_v + G\gamma_v - N\alpha + \frac{1}{2}G_u\beta + \frac{1}{2}G_v\gamma.$$

위 4개의 결과를 식 (12.5)의 우변에 대입하고 간단히 정리한 뒤 따름정리 8.1.3에 있는 H에 관한 공식을 사용하면

$$\frac{\partial}{\partial \tau}(\mathrm{N}\cdot(\boldsymbol{\sigma}_u \times \boldsymbol{\sigma}_v)) = (\beta(EG-F^2)^{\frac{1}{2}})_u + (\gamma(EG-F^2)^{\frac{1}{2}})_v - 2\alpha H(EG-F^2)^{\frac{1}{2}} \quad (12.6)$$

을 얻는다.

식 (12.3)과 비교하고 위첨자를 원래대로 쓰면

$$\int_{\mathrm{int}\pi}\left\{(\beta^0(EG-F^2)^{\frac{1}{2}})_u + (\gamma^0(EG-F^2)^{\frac{1}{2}})_v\right\}dudv = 0 \quad (12.7)$$

이 됨을 보이자. 그러나 그린 정리 (3.2절 참고)를 이용하면 식 (12.7)의 왼쪽편 적분은

$$\int_{\pi}(EG-F^2)^{\frac{1}{2}}(\beta^0\,dv - \gamma^0\,du)$$

와 같고 경계곡선 π를 따라서 $\beta^0 = \gamma^0 = 0$ 이므로 이 적분 값은 0이 된다. ■

[주의 1] 정리 12.1.1의 가정은 $\alpha^0(=\alpha)$가 경계곡선을 따라서 0이 되는 것이다. 그러나 이 사실은 증명에서 사용되지 않았다. 그래서 식 (12.1)은 곡면변분 φ가 경계곡선을 따라 곡면에 수직인 경우 성립된다.

[주의 2] 정리 12.1.1은 곡면상에서 $\alpha = 0$이 되는, 즉 곡면에 평행인 변분에 대해서 명백히 성립한다. 왜냐하면 평행한 변분은 곡면을 자신을 따라서 미끄러지게 하는 것이며 이는 곡면의 모양, 특히 면적에 변화를 주지 않기 때문이다. 그래서 곡면상에서 $\beta = \gamma = 0$인, 즉 법변분에 대해서 정리 12.1.1을 증명하는 것이 요점이다. 이러한 제약조건 아래서 위 증명은 훨씬 간단해진다.

연습문제

12.1.1 극소 곡면의 가우스 곡률은 모든 점에서 ≤ 0이며 그것이 0이 되기 위한 필요충분조건은 곡면이 평면의 일부분임을 증명하여라 (명제 6.5를 참조). 따름정리 12.5.6은 훨씬 더 엄밀한 결과를 제공한다.

12.1.2 국소 곡면조각사상 σ: $U \to R^3$에 대해서 $A_\sigma(U) < \infty$ (정의 6.4.1 참고)라고 가정하자. 또 σ의 주곡률 κ가 $\lambda \neq 0$에 대해서 $|\lambda\kappa| < 1$을 만족한다고 가정하자. 따라서 σ의 평행곡면 σ^λ(정의 8.5.1)는 정칙곡면 조각사상이다. 이때

$$A_{\sigma^\lambda(U)} \leq A_\sigma(U)$$

이고 $\lambda \neq 0$에 대해서 등호가 성립할 필요충분조건은 $\sigma(U)$가 평면의 열린 부분집합임을 증명하여라. (따라서 임의의 극소곡면은 그것의 평행곡면 족들 중에서 면적을 최소화 하는 것이다.)

12.1.3 긴밀한 극소곡면은 존재하지 않음을 증명하여라.

12.1.4 $\mathbb{R}^3$의 확산사상이나 등장사상은 극소곡면을 극소곡면으로 이동시킨다는 것을 밝혀라. 극소곡면과 비 극소곡면사이에 국소 등장사상이 존재하는가?

12.2 극소곡면의 예

가장 간단한 극소곡면은 주곡률들이 모든 점에서 0인 평면이다. 평면이 아닌 극소곡면으로 먼저 고려되어야 할 것들은 다음의 두 가지 예이다.

예제 12.2.1 0이 아닌 상수 a에 대하여 xz-평면에 있는 곡선 $x = \frac{1}{a}\cosh az$를 z-축 둘레로 회전시켜서 얻은 곡면 S_a를 현수면 이라고 한다. 더 일반적으로 현수면은 곡면 S_a에 $\mathbb{R}^3$의 등장사상을 적용하여 얻은 공간을 말한다. 현수면 S는 극소곡면이다. 왜냐하면 S는 예제 12.1.4의 특별한 경우의 현수면 S_1에 등장사상과 확산사상(예제 12.1.4)의 적용을 통해서 얻어진 곡면이기 때문이다. 현수면의 그림은 연습문제 5.3.1을 참고하여라.

현수면은 회전곡면이다. 사실 현수면은 평면과 다른 곡면으로서 회전곡면 중 유일한 극소곡면이다.

명제 12.2.2 극소 회전면 S는 평면이나 현수면의 열린 부분집합이다.

증명 $\mathbb{R}^3$의 등장사상을 시행함으로써 곡면 S의 회전축을 z-축 그리고 종단면곡선 xz-평면에 놓여있다고 상정할 수 있다. 곡면 S는 통상적인 방법으로 다음과 같이 매거 변수화 된다 (예제 5.3.2 참고).

$$\boldsymbol{\sigma}(u,\ v) = (f(u)\cos v,\ f(u)\sin v,\ g(u)).$$

여기서 $f > 0$이며 종단면곡선 $u \mapsto (f(u),\ 0,\ g(u))$는 단위속도를 갖는 것으로 간주한다. 예제 6.1.3과 7.1.2에 의하여 제1, 제2기본형식은 각각

$$du^2 + f(u)^2 dv^2 \text{ 와 } (\dot{f}\ddot{g} - \ddot{f}\dot{g})du^2 + f\dot{g}\,dv^2$$

이다. 여기서 $\cdot = \frac{d}{du}$이다. 따름정리 8.1.3에 의하여 평균곡률은

$$H = \frac{1}{2}\left(\dot{f}\ddot{g} - \ddot{f}\dot{g} + \frac{\dot{g}}{f}\right)$$

이다.

$u = u_0$에서 $\dot{g}(u_0) \neq 0$이라고 가정하자. 그때 $\dot{g}$가 연속함수 (g가 매끄러운 함수)이므로 u_0를 포함하는 어떤 열린 구간상의 u에 대해서 $\dot{g}(u) \neq 0$이다. $(\alpha,\ \beta)$를 이러한 구간 중 가장 큰 구간이라 하고 $u \in (\alpha,\ \beta)$라고 가정하면 단위속력의 조건인 $\dot{f}^2 + \dot{g}^2 = 1$ 로부터 (예제 8.1.4를 참조)

$$\dot{f}\ddot{g} - \ddot{f}\dot{g} = -\frac{\ddot{f}}{\dot{g}}$$

을 얻고, 그 결과

$$H = \frac{1}{2}\left(\frac{\dot{g}}{f} - \frac{\ddot{f}}{\dot{g}}\right)$$

이 된다.

$\dot{g}^2 = 1 - \dot{f}^2$ 이므로 S가 극소곡면이 되기 위한 필요충분조건은

$$f\ddot{f} = 1 - \dot{f}^2 \tag{12.8}$$

이다.

미분방정식 (12.8)을 풀기 위해서 $h = \dot{f}$로 두면

$$\ddot{f} = \frac{dh}{dt} = \frac{dh}{df}\frac{df}{dt} = h\frac{dh}{df}$$

이다.

그래서 식 (12.8)로부터

$$fh\frac{dh}{df} = 1 - h^2$$

을 알 수 있다. $\dot{g} \neq 0$이므로 $h^2 \neq 1$이 되고 이 식을 적분하면

$$\int \frac{hdh}{1-h^2} = \int \frac{df}{f}.$$

즉,

$$\frac{1}{\sqrt{1-h^2}} = af$$

이다. 따라서

$$h = \frac{\sqrt{a^2 f^2 - 1}}{af}$$

이다. 여기에서 a는 0이 아닌 상수이다(여기서 부호 $\pm$를 생략하였으나 필요한 경우 u를 $-u$로 대치함으로써 부호를 바꿀 수 있다).

$h = \dfrac{df}{du}$ 로 두고 다시 적분하면

$$\int \frac{af\,df}{\sqrt{a^2 f^2 - 1}} = \int du.$$

즉,

$$f = \frac{1}{a}\sqrt{1 + a^2(u+b)^2}$$

이 된다. 여기에서 b는 상수이다.

매개변수의 변환 $u \mapsto u + b$ 를 통해서 $b = 0$이라고 상정할 수 있다.

따라서

$$f = \frac{1}{a}\sqrt{1 + a^2 u^2}$$

이다. g를 계산하기 위하여

$$\dot{g}^2 = 1 - \dot{f}^2 = 1 - h^2 = \frac{1}{a^2 f^2}$$

이다.

$$\therefore\ \frac{dg}{du} = \pm \frac{1}{\sqrt{1 + a^2 u^2}}$$

$$\therefore\ g = \pm \frac{1}{a} \sinh^{-1}(au) + c \text{ (여기에서 } c\text{는 상수)}$$

$$\therefore\ au = \pm \sinh(a(g - c)),$$

$$\therefore\ f = \frac{1}{a} \cosh(a(g - c)).$$

그러므로 S의 종단면곡선은

$$x = \frac{1}{a} \cosh(a(z - c)).$$

이 곡면은 z축을 따른 평행이동을 현수면 S_a에 적용함으로서 얻어진다.

그러나 증명이 다 끝난 것은 아니다. 여태까지 $u \in (\alpha,\ \beta)$에 대응하는 S의 부분이 현수면의 일부분이라는 것을 입증한 것이다. $\dot{g} \neq 0$이라는 사실이 증명에서 중요한 수단으로 사용되었기 때문이다. 증명을 통해서 S가 평면이 될 가능성을 배제한 이유이기도 하다. 증명을 마무리하기 위해서 $\beta < \infty$ 라고 가정하자. 이때 만일 종단면 곡선이 $u \geq \beta$인 u에 대해서 정의된다면 $\dot{g}(\beta) = 0$이 된다. 그렇지 않다면 $\dot{g}$은 β를 포함한 열린 구간상에서 0이 될 수 없다. 이것은 $(\alpha,\ \beta)$가 u_0를 포함하는 가장 큰 열린 구간이며 거기에서 $\dot{g} \neq 0$이라는 가정에 모순이기 때문이다.

그러나 위의 공식으로부터 만일 $u \in (\alpha,\ \beta)$이면

$$\dot{g}^2 = \frac{1}{1 + a^2 u^2}$$

이 된다.

따라서 $\dot{g}$이 u에 관한 연속함수이므로

$$\dot{g}(\beta) = \pm (1 + a^2 \beta^2)^{-\frac{1}{2}} \neq 0$$

이 된다. 이러한 모순적인 사실을 통해서 종단면 곡선이 $u \geq \beta$인 u의 값들에 대해서 정의되지 않음을 알 수 있다. 물론 $\beta = \infty$ 인 경우 이 사실은 명백히 성립한다. 비슷한 논리가 α에도 적용되며 또 $(\alpha,\ \beta)$가 종단면 곡선의 전체 정의역임을 밝혀준다. 따라서 S 전체가 현수면의 열린 부분 집합이다.

고려해야 할 나머지 경우는 종단면 곡선이 정의되는 모든 u에 대해서 $\dot{g}(u) = 0$인 경우다. 그러나 그때 $g(u)$는 상수가 되고 만일 그것을 d라고 하면 S는 평면 $z = d$의 열린 부분집합이 된다. ■

예제 12.2.3 하나의 직선이 수직인 축을 따라서 일정한 속도로 움직임과 동시에 일정한 속도로 회전하는 직선에 의해서 펼쳐지는 선직면을 **나선면**(helicoid)이라고 한다. 여기서 수직인 축을 z-축으로 삼고 ω를 회전하는 직선의 각 속도 그리고 α를 z-축을 따라서 움직이는 직선의 속도라고 하자. 만일 직선이 x-축을 따라서 출발한다면 시간 v에서 그 직선의 중심은 $(0, 0, \alpha v)$이고 각 ωv로 회전한다. 그래서 $(u, 0, 0)$에서 출발하는 직선의 점은 위치벡터

$$\boldsymbol{\sigma}(u, v) = (u\cos\omega v, u\sin\omega v, \alpha v)$$

인 점이 된다.
이 나선면이 극소곡면이라는 것은 연습문제 12.2.1에서 알아보도록 하자. (나선면의 그림은 예제 4.2.6에서 볼 수 있다)

명제 12.2.2와 유사한 다음 명제를 살펴보자.

명제 12.2.4 선직 극소곡면은 평면이나 나선면의 열린 부분집합이다.

증명 통상적인 방법으로 선직면의 매개변수화

$$\boldsymbol{\sigma}(u, v) = \gamma(u) + v\delta(u)$$

를 생각해 보자 (예제 4.12를 참조). 여기서 γ는 모선들의 각각을 만나는 곡선이고 $\delta(u)$는 $\gamma(u)$를 통과하는 모선에 평행한 벡터이다. 위에서 생각한 매개변수화를 약간 단순화시킨 후 증명을 시작하도록 하겠다.
먼저, u의 모든 값들에 대해서 $\|\delta(u)\| = 1$이라고 할 수 있다. 또한 $\dot{\delta}(u) \neq 0$라고 하자. 여기서 $\dot{\delta} = \frac{d}{du}\delta$ 를 뜻한다 (u의 어떤 값에서 $\dot{\delta}(u) = 0$인 경우는 추후에 생각할 것이다).
또 $\dot{\gamma} \cdot \dot{\delta} = 0$이라고 간주할 수 있다 (연습문제 5.3.4 참고).

$$\boldsymbol{\sigma}_u = \dot{\gamma} + v\dot{\delta},\ \boldsymbol{\sigma}_v = \delta$$

이므로

$$E = \|\dot{\gamma} + v\dot{\delta}\|^2,\ F = (\dot{\gamma} + v\dot{\delta}) \cdot \delta = \dot{\gamma} \cdot \delta,\ G = 1$$

을 얻고 $A = (EG - F^2)^{\frac{1}{2}}$ 이라 하면

$$\mathrm{N} = A^{-1}(\dot{\gamma} + v\dot{\delta}) \times \delta.$$

다음으로

$$\boldsymbol{\sigma}_{uu} = \ddot{\gamma} + v\ddot{\delta},\ \boldsymbol{\sigma}_{uv} = \dot{\delta},\ \boldsymbol{\sigma}_{vv} = 0$$

이 되므로

$$
\begin{aligned}
&L = A^{-1}(\ddot{\gamma} + v\ddot{\delta}) \cdot ((\dot{\gamma} + v\dot{\delta}) \times \delta), \\
&M = A^{-1}\dot{\delta} \cdot ((\dot{\gamma} + v\dot{\delta}) \times \delta) = A^{-1} \cdot \dot{\delta} \cdot (\gamma \times \delta) \\
&N = 0
\end{aligned}
$$

이 된다.

그래서 극소곡면이 되는 조건

$$H = \frac{LG - 2MF + NE}{2A^2} = 0$$

으로부터

$$(\ddot{\gamma} + v\ddot{\delta}) \cdot ((\dot{\gamma} v \dot{\delta}) \times \delta) = 2(\delta \cdot \dot{\gamma})(\dot{\delta} \cdot (\dot{\gamma} \times \delta))$$

이다.

이 방정식은 $(u,\ v)$의 모든 값에 대해서 성립해야 하며 v의 차수들에 따른 계수들을 비교하여

$$\ddot{\gamma} \cdot (\dot{\gamma} \times \delta) = (\delta \cdot \dot{\gamma})(\dot{\delta} \cdot (\dot{\gamma} \times \delta)) \tag{12.9}$$

$$\ddot{\gamma} \cdot (\dot{\delta} \times \delta)\ddot{\delta} \cdot (\dot{\gamma} \times \delta) = 0 \tag{12.10}$$

$$\ddot{\delta} \cdot (\dot{\delta} \times \delta) = 0 \tag{12.11}$$

을 얻는다.

식 (12.11)에 의해서 $\delta,\ \dot{\delta},\ \ddot{\delta}$은 일차종속이라는 것을 알 수 있고, δ와 $\dot{\delta}$가 서로 수직인 단위벡터이므로 적당한 매끄러운 함수 $\alpha(u)$와 $\beta(u)$에 관하여

$$\ddot{\delta} = \alpha\delta + \beta\dot{\delta}$$

로 표현된다.

그러나 δ가 단위속력이므로 $\dot{\delta} \cdot \ddot{\delta} = 0$을 미분하면 $\delta \cdot \ddot{\delta} = -\dot{\delta} \cdot \dot{\delta} = -1$이다. 따라서 $\alpha = -1$이고 $\beta = 0$이 되어

$$\ddot{\delta} = -\delta \tag{12.12}$$

가 된다.

식 (12.12)에 의하면 곡선 δ가 곡률은 1이고 주법선은 $-\delta$가 된다. 따라서 종법선은 $\dot{\delta} \times (-\delta)$이며

$$\frac{d}{du}(\dot{\delta} \times \delta) = \ddot{\delta} \times \delta + \dot{\delta} \times \dot{\delta} = -\delta \times \delta = 0$$

으로부터 열률이 0이 됨을 알 수 있다. 그러므로 δ는 반지름이 1인 원의 매개변수식이 된다 (명제 2.3.5참고). $\mathbb{R}^3$의 등장사상을 통하여 δ를 xy-평면상의 원점에 중심을 놓이게 하고 반지름이 1인 원이 되게 할 수 있어서

$$\delta(u) = (\cos u,\ \sin u,\ 0)$$

으로 생각할 수 있다.

식 (12.12)로 부터 $\ddot{\delta} \cdot (\dot{\gamma} \times \delta) = -\delta \cdot (\dot{\gamma} \times \delta) = 0$이므로 식 (12.10)에서 $\ddot{\gamma} \cdot (\dot{\delta} \times \delta) = 0$이 되어 $\ddot{\gamma}$는 xy-평면에 평행이다. 따라서

$$\gamma(u) = (f(u),\ g(u),\ au + b)$$

로 둘 수 있다. 여기서 f와 g는 매끄러운 함수이고 a와 b는 상수다. $a = 0$인 경우 곡면은 평면 $z = b$의 일부분이 된다. 그렇지 않다면 식 (12.9)에 의해서

$$\ddot{g} \cos u - \ddot{f} \sin u = 2(\dot{f} \cos u + \dot{g} \sin u) \tag{12.13}$$

이다.

결과적으로 조건 $\dot{\gamma} \cdot \dot{\delta} = 0$을 이용하여

$$\dot{f} \sin u = \dot{g} \cos u \tag{12.14}$$

를 얻고 이것을 미분하면

$$\ddot{f} \sin u + \dot{f} \cos u = \ddot{g} \cos u - \dot{g} \sin u \tag{12.15}$$

이 된다.

식 (12.13), (12.15)에 의해서

$$\dot{f} \cos u + \dot{g} \sin u = 0$$

이 되고, 식 (12.14)를 이용하면 $\dot{f} = \dot{g} = 0$이 된다. 그래서 f와 g는 상수가 된다. 곡면의 평행이동을 통하여 상수 $f,\ g,\ b$를 0으로 둘 수 있어서

$$\gamma(u) = (0,\ 0,\ au)$$

가 되어

$$\boldsymbol{\sigma}(u,\ v) = (v \cos u,\ v \sin u,\ au)$$

즉, $\boldsymbol{\sigma}$는 나선면이다.

우리는 처음부터 $\dot{\delta}$이 모든 점에서 0이 아니라고 가정했다. 만일 $\dot{\delta} = 0$이면 δ는 상수벡터가 되어 곡면은 일반화된 원기둥이다. 그러나 사실 일반화된 원기둥이 극소곡면이 된다는 것은 그것이 평면의 열린 부분 집합이라는 것이다 (연습문제 12.2.3). 명제 12.2.2의 증명의 끝에 사용된 논법, 즉 곡면이 평면이나 나선면의 열린 부분 집합이라는 사실에 의해 증명이 끝난다. ■

다음에 현수면, 나선면 이외의 2개의 극소곡면을 보여준다.

예제 12.2.5 **에네퍼 곡면**(Enneper's sarface)

$$\boldsymbol{\sigma}(u,\ v) = \left(u - \frac{1}{3}u^3 + uv^2,\ v - \frac{1}{3}v^3 + vu^2,\ u^2 - v^2\right)$$

은 연습문제 8.5.1에서 $\boldsymbol{\sigma}$가 극소곡면이 됨을 보였다.

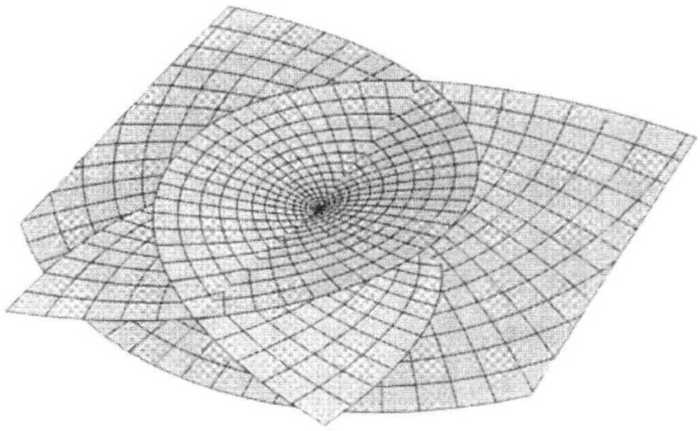

엄격히 말해서 σ는 1:1이 아니므로 곡면조각사상이 아니다. 자기교차가 위 그림에서 명료하게 보인다. 그러나 만일 점들 (u, v)를 충분히 작은 열린 집합 안에서 놓여있다고 생각한다면 σ는 1:1이 될 것이다 (연습문제 5.6.3 참고).

예제 12.2.6 **셔크 곡면**(Schrk's surface)

$$z = \ln\left(\frac{\cos y}{\cos x}\right)$$

은 연습문제 8.5.2에서 극소곡면임을 밝혔다. 이 곡면이 존재하려면 $\cos x$, $\cos y$ 모두 양수이거나 모두 음수인 때이다. 즉 네모칸의 꼭지점이 $\left(\frac{\pi}{2}+m\pi, \frac{\pi}{2}+n\pi\right)$ (m, n은 정수)이고 모서리를 공유하는 두 사각형은 다른 색이며 원점을 포함하는 사각형은 흰색인 다음 체스판 모양에서 흰색 사각형의 내부에 이 곡면은 존재한다.

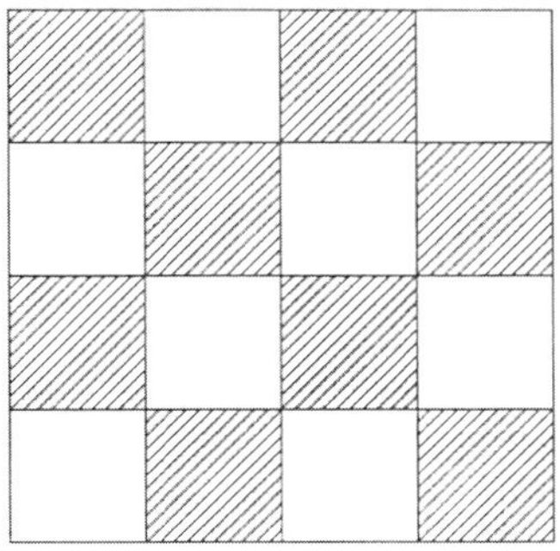

흰색 사각형의 중심은 $(m\pi, n\pi)$ (m과 n은 정수이며 $m+n$은 짝수) 형식을 갖는다. 그러한 m, n에 대하여

$$\frac{\cos(y+n\pi)}{\cos(x+m\pi)} = \frac{\cos y}{\cos x}$$

이므로 중심이 $(m\pi, n\pi)$인 사각형 위의 곡면의 부분은 평행이동 $(x, y, z) \mapsto (x+m\pi, y+n\pi, z)$에 의하여 중심이 $(0, 0)$인 사각형 위의 부분으로부터 얻어진다. 그래서 단일 사각형 위의 곡면의 부

분을 나타내 주는 것으로 충분하다(아래 참고).

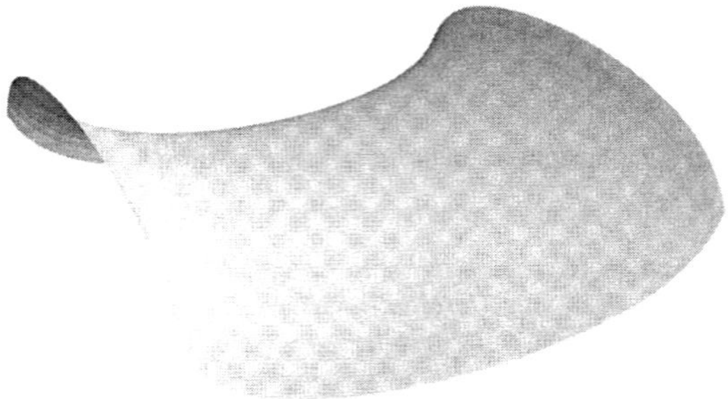

연습문제

12.2.1 나선면이 극소곡면임을 보여라.

12.2.2 연습문제 6.2.2에서 주어진 현수면 속에서 등장적으로 퇴화된 나선면 σ^t가 극소곡면임을 보여라(연습문제 12.5.4에서 설명됨).

12.2.3 일반화된 원통은 그것이 평면의 열린 부분 집합일 때만 극소곡면이 됨을 보여라.

12.2.4 **카탈랑 곡면**(Catalan's surface)

$$\boldsymbol{\sigma}(u,\ v)=\left(u-\sin u\cosh v,\ 1-\cos u\cosh v,\ -4\sin\frac{u}{2}\sinh\frac{v}{2}\right)$$

은 등각적으로 매개변수화된 극소곡면임을 보여라 (에너퍼 곡면의 경우와 같이 카탈랑 곡면도 자기교차하므로 $(u,\ v)$를 충분히 작은 열린 집합의 점으로 한정한다면 곡면이 된다).

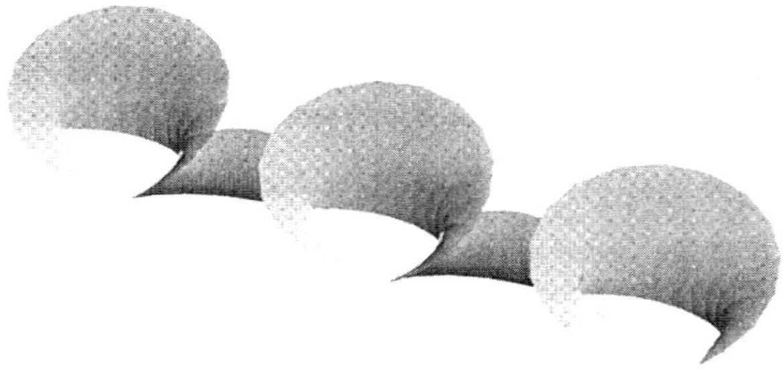

(1) $u=0$으로 주어진 곡면상의 매개변수곡선은 직선임을 보여라.

(2) $u=\pi$인 매개변수곡선은 포물선임을 보여라.

(3) $v=0$ 인 매개변수곡선은 굴렁쇠선임을 보여라 (연습문제 1.1.7 참고).
또한 이들 각각의 곡선들이 적절히 매개변수화되면 카탈랑 곡면의 측지선이 됨을 보여라.
(카탈랑 곡면은 굴렁쇠 측지선을 갖도록 고안된 면이 있다 (연습문제 12.5.5)).

12.3 극소곡면의 가우스 사상

7.2절에서 유향곡면 S의 가우스 사상 $\mathcal{G}$는 S의 각점 p를 S의 p에서의 단위법선벡터 $\mathbf{N}_{\mathrm{p}}$의 끝 점과 결부시키는 사상이다. 다음은 국소적인 사실이다.

명제 12.3.1 위의 기호를 사용하여 S의 가우스 곡률이 p에서 0이 아니라고 가정하면 p를 포함한 S의 어떤 열린 부분집합 V에서 V로의 $\mathcal{G}$의 제한함수 $\mathcal{G}|_V$는 1:1함수이다.

이 명제 (와 그 증명)은 S의 가우스 곡률이 S의 모든 점에서 0이 아니면 S의 가우스 사상은 국소 미분동형사상임을 의미한다.

증명 $\sigma : U \to \mathbb{R}^3$가 p 즉, $\mathrm{p}=\sigma(u_0, v_0)$를 포함하는 S의 곡면조각사상이고 $\mathbf{N}: U \to \mathbb{R}^3$ 이 σ의 표준 단위법선벡터라고 할 때, 식 (8.2)에 의해

$$\mathbf{N}_u \times \mathbf{N}_v = K\sigma_u \times \sigma_v$$

이다. 여기서 K는 σ의 가우스 곡률이다. 그래서 연습문제 5.6.3에 의하면 (u_0, v_0)를 포함하는 U의 열린 부분집합 W에 대하여 사상 $\mathbf{N}$의 W에의 제한사상 $\mathbf{N}|_W$는 1:1함수이다. 그때 $\sigma(W)$는 p를 포함하는 S의 열린 부분집합이며 $\sigma(W)$에 $\mathcal{G}$의 제한함수 $\mathcal{G}|_{\sigma(W)}$는 1:1이다. ■

정리 12.3.2

S가 어느 점에서도 가우스 곡률이 0이 아닌 극소곡면이라면 S의 가우스 사상은 S에서 S^2로의 등각사상이다.

증명 정리 6.3.3에 의해서 이중 선형형식 $<,>$과 $\mathcal{G}^* <,>$가 비례함을 밝히고자 한다. 만일 $\mathrm{p}\in S$이고 $\mathbf{v}, \mathbf{w}\in T_{\mathrm{p}}S$ 이면

$$\begin{aligned}\mathcal{G}^* < \mathbf{v}, \mathbf{w} > &= < D_{\mathrm{p}}\mathcal{G}(\mathbf{v}), D_{\mathrm{p}}\mathcal{G}(\mathbf{w}) > \\ &= < -\mathcal{W}(\mathbf{v}), -\mathcal{W}(\mathbf{w}) > = < \mathcal{W}^2(\mathbf{v}), \mathbf{w} >\end{aligned}$$

이다. 여기서 W는 와인가르텐 사상이며 마지막 식은 W가 자기수반이라는 사실에 따른다 (따름정리 7.2.4). 그러나 연습문제 8.1.6과 평균곡률 H가 0이라는 사실에 따라

$$W^2 = -K$$

이다. 여기서 K는 가우스 곡률이며 이에 따라

$$\mathcal{g}^* <,> = -K <,>. \qquad \blacksquare$$

연습문제 6.3.4에서 평면의 등각 매개변수화는 정칙적이거나 반정칙적이어야 한다는 것을 알았다. 그래서 이 명제는 극소곡면과 정칙함수사이의 관련성을 강하게 암시하고 있다. 이 관련성은 매우 광범위하며 12.5절에서 그것을 소개할 것이다.

연습문제

12.3.1 S는 가우스 사상이 등각인 연결곡면이라 할 때,

(i) 만일 $\mathrm{p} \in S$이고 p에서의 평균곡률 H가 0이 아니면 p를 포함하는 S의 어떤 열린 부분집합은 구면의 부분임을 밝혀라.

(ii) 만일 p에서 H가 0이 아니면 p를 포함하는 S의 어떤 열린 부분집합에서 H가 상수임을 밝혀라.

(iii) S는 극소곡면이거나 아니면 구면의 열린 부분집합임을 추론하여라.

12.3.2 다음을 밝혀라.

(1) 현수면의 가우스 사상은 1:1이며 그 상은 북극점과 남극점을 제외한 단위구면 전체이다.

(2) 나선면의 가우스 사상의 상은 현수면의 그것과 같으나 나선면의 무한히 많은 점들은 가우스 사상에 의해 그 상의 주어진 한 점으로 보내진다.

(현수면과 나선면의 가우스 사상이 일치한다는 사실은 연습문제 12.5.3(ii)에서 설명된다.)

12.4 극소곡면의 등각 매개변수화

이절의 목적은 다음 정리의 증명이다.

정리 12.4.1

S가 점 p를 포함하는 극소곡면이면 p를 포함하는 S의 등각사상인 곡면조각사상이 존재한다.

6.3절에서 이 정리가 $\sigma(u,v)$의 제1기본형식이 어떤 매끄러운 함수 $E(u,v)$에 대하여 $E(du^2+dv^2)$로 나타남을 의미한다.

증명 p $=(x_0,y_0,z_0)$에 대하여 연습문제 5.6.4에 따르면 p에서 S의 접평면이 z-축을 포함하지 않는다면 (x,y)가 V의 점인 (x,y,z)들로 구성된 S의 열린 부분집합이 함수 f의 그래프가 되도록 매끄러운 함수 $f: V\rightarrow R$와 (x_0,y_0)를 포함하는 R^2의 열린 부분집합을 택할 수 있다 (만일 p에서 접평면이 z-축을 포함한다면 S는 p근방에서 $x=f(y,z)$ 혹은 $y=f(x,z)$ 형태의 그래프가 된다). (x_0,y_0)를 포함하는 $\mathbb{R}^2$의 임의의 열린 집합은 그러한 원판을 포함함으로 V를 $r>0$에 대하여 열린 원판

$$D=\left\{(x,y)|(x-x_0)^2+(y-y_0)^2<r^2\right\}$$

라고 할 수 있다. 따라서 곡면조각사상

$$\tilde{\sigma}(x,y)=(x,y,f(x,y)).(x,y)\in D$$

이 등각 재매개변수화를 가짐을 밝히고자 한다.

$\tilde{\sigma}$의 제1 기본형식의 계수는

$$E=1+f_x^2,\ F=f_xf_y, G=1+f_y^2.$$

먼저 $A=\sqrt{EG-F^2}$ 일 때,

$$(\frac{F}{A})_x=(\frac{E}{A})_y,\ \ (\frac{G}{A})_x=(\frac{F}{A})_y \tag{12.16}$$

임을 보이자. 사실 연습문제 8.1.1에 의하여

$$\begin{aligned}(\frac{F}{A})_x-(\frac{E}{A})_y=&\ \frac{(1+f_x^2+f_y^2)(f_{xx}f_y+f_xf_{xy})-f_xf_y(f_xf_{xx}+f_yf_{xy})}{(1+f_x^2+f_y^2)^{3/2}}\\&-\frac{2(1+f_x^2+f_y^2)f_xf_{xy}-(1+f_x^2)(f_xf_{xy}+f_yf_{yy})}{(1+f_x^2+f_y^2)^{3/2}}\\&=\frac{f_y((1+f_y^2)f_{xx}-2f_xf_yf_{xy}+(1+f_x^2)f_{yy})}{(1+f_x^2+f_y^2)^{3/2}}\\&=0.\end{aligned}$$

또 (12.16)의 두 번째 식도 유사한 방법으로 증명된다.

고등 미적분학으로부터 식 (12.16)은

$$\varphi_x=\frac{E}{A},\ \varphi_y=\frac{F}{A},\ \psi_x=\frac{F}{A},\ \psi_y=\frac{G}{A}$$

을 만족하는 매끄러운 함수 $\varphi, \psi : D \to \mathbb{R}$ 가 존재함을 의미한다.

사실 함수 φ를 다음과 같이 정의하자:

$$\varphi(x,y) = \int_0^1 \frac{xE((1-t)\mathbf{r}_0 + t\mathbf{r}) + yF(1-t)\mathbf{r}_0 + t\mathbf{r})}{A((1-t)\mathbf{r}_0 + t\mathbf{r})} dt$$

여기서 $\mathbf{r} = (x, y)$, $\mathbf{r}_0 = (x_0, y_0)$이다. ψ도 비슷한 방법으로 정의한다.

이제 재매개화 함수는

$$u(x,y) = x + \varphi(x,y),\ v(x,y) = y + \psi(x,y)$$

로 주어진다.

$$\begin{pmatrix} u_x & u_y \\ v_x & v_y \end{pmatrix} = \begin{pmatrix} 1+\varphi_x & \varphi_y \\ \psi_x & 1+\psi_y \end{pmatrix} = \begin{pmatrix} 1+\frac{E}{A} & \frac{F}{A} \\ \frac{F}{A} & 1+\frac{G}{A} \end{pmatrix} \tag{12.17}$$

이므로

$$\begin{vmatrix} u_x & u_y \\ v_x & v_y \end{vmatrix} = (1+\frac{E}{A})(1+\frac{G}{A}) - \frac{F^2}{A^2} = 2 + \frac{E+G}{A} > 0.$$

역함수정리 5.6.1에 의해서 $F(x,y) = (u(x,y), v(x,y))$로 주어진 함수 $F: D \to \mathbb{R}^2$에 대해 매끄러운 역함수 F^{-1}가 정의된다 (D를 (x_0, y_0)를 중심으로 하는 더 작은 열린 원판으로 대치해야만 할 수도 있다).

$$F^{-1}(u,v) = (x(u,v), y(u,v))$$

라고 할 때 $\tilde{\boldsymbol{\sigma}}$의 재매개변수화인

$$\boldsymbol{\sigma}(u, v) = (x(u, v), (y(u, v), f(x(u, v), y(u, v)))$$

가 등각임을 밝히고자 한다. 연쇄법칙에 의해서

$$\begin{pmatrix} x_u & x_v \\ y_u & y_v \end{pmatrix} \begin{pmatrix} u_x & u_y \\ v_x & v_y \end{pmatrix} = I$$

이므로 식 (12.17)에 의해 $\begin{pmatrix} x_u & x_v \\ y_u & y_v \end{pmatrix} \begin{pmatrix} u_x & u_y \\ v_x & v_y \end{pmatrix}^{-1} = \frac{1}{E+G+2A} \begin{pmatrix} G+A & -F \\ -F & E+A \end{pmatrix}$이다.

$z(u, v) = f(x(u, v), y(u, v))$로 두고 연쇄법칙을 다시 사용하면

$$z_u = f_x x_u + f_y y_u = \frac{f_x(G+A) - f_y F}{E+G+2A},$$

$$z_v = f_x x_v + f_y y_v = \frac{f_y(E+A) - f_x F}{E+G+2A}.$$

그러므로

$$\begin{aligned}\sigma_u \cdot \sigma_u &= x_u^2 + y_u^2 + z_u^2 \\ &= \frac{(G+A)^2 + F^2 + (f_x(G+A) - f_y F)^2}{(E+G+2A)^2} \\ &= \frac{(G+A)^2 + F^2 + (E-1)(G+A)^2 + (G-1)F^2 - 2(G+A)F^2}{(E+G+2A)^2} \\ &= \frac{E(G+A)^2 + GF^2 - 2(G+A)F^2}{(E+G+2A)^2} \\ &= \frac{EA^2 + 2A(EG-F^2) + G(EG-F^2)}{(E+G+2A)^2} \\ &= \frac{A^2}{E+G+2A}.\end{aligned}$$

두 번째 식에서 세 번째 식을 위해 $f_x^2 = E-1$, $F_y^2 = G-1$을 사용하고, 다섯 번째 식에서 여섯 번째 식을 위해 $A^2 = EG - F^2$을 사용한다. 유사한 방법을 사용하면,

$$\sigma_v \cdot \sigma_v = \frac{A^2}{E+G+2A}, \quad \sigma_u \cdot \sigma_v = 0$$

을 얻는다. ■

연습문제

12.4.1 모든 점에서 0이 아닌 가우스 곡률을 갖는 곡면 S에 대하여 명제 12.3.2를 사용하여 정리 12.4.1을 다른 방법으로 증명하여라.

12.5 극소곡면과 정칙함수

이 절에서는 정칙함수의 기본적인 성질들을 이용하고자 한다. 복소해석학의 기본적인 지식이 없는 독자들은 이 절을 생략해도 무방하다. 이유는 이 장을 제외한 어느 곳에서도 사용되지 않기 때문이다.

$\sigma : U \to \mathbb{R}^3$ 를 등각인 곡면조각사상이라고 하자. U의 점 $(u, v) \in U$에 대하여 $\zeta = u + iv$로 놓음으로써 U가 놓여있는 평면에 복소좌표를 도입하고

$$\varphi(\zeta) = \sigma_u - i\sigma_v \tag{12.18}$$

로 정의하자. 그래서 $\varphi=(\varphi_1,\ \varphi_2,\ \varphi_3)$는 $(u,\ v)$, 즉 ζ의 복소함수인 3개의 성분함수 $\varphi_1,\ \varphi_2,\ \varphi_3$를 갖는다. 극소곡면과 정칙함수 사이의 기본관계가 다음 명제에서 주어진다.

명제 12.5.1 $\boldsymbol{\sigma} : U \to \mathbb{R}^3$가 등각인 곡면조각사상일 때, $\boldsymbol{\sigma}$가 극소곡면이 되기 위한 필요충분조건은 식 (12.18)에서 정의된 함수 $\boldsymbol{\varphi}$가 정칙함수인 경우다.

φ가 정칙이라는 뜻은 그것의 성분함수 $\varphi_1,\ \varphi_2,\ \varphi_3$가 정칙이라는 것이다.

증명 $\varphi(u,\ v)$가 매끄러운 복소함수라 하고 또 α와 β를 각각 그것의 실수, 허수부분이라고 하자. 그래서 $\varphi=\alpha+i\beta$가 된다. 코시-리만 방정식

$$\alpha_u=\beta_v,\ \alpha_v=-\beta_u$$

는 $\boldsymbol{\varphi}$가 복소해석적이 되기 위한 필요충분조건이다. $\boldsymbol{\varphi}$의 각 성분함수들에 이 사실을 적용하면 $\boldsymbol{\varphi}$가 복소해석적이 되기 위한 필요충분조건은

$$(\boldsymbol{\sigma}_u)_u=(-\boldsymbol{\sigma}_v)_v,\ (\boldsymbol{\sigma}_u)_v=-(-\boldsymbol{\sigma}_v)_u \tag{12.19}$$

이다.

두 번째 식은 $\boldsymbol{\sigma}$에 어떤 조건도 부여하지 않고 있으며, 첫 번째 식은 $\boldsymbol{\sigma}_{uu}+\boldsymbol{\sigma}_{vv}=0$임을 의미한다. 그러나 연습문제 8.5.1에 따르면 등각인 곡면조각사상 $\boldsymbol{\sigma}$가 극소곡면일 필요충분조건은 $\boldsymbol{\sigma}_{uu}+\boldsymbol{\sigma}_{vv}=0$. ■

극소곡면 $\boldsymbol{\sigma}$에 결부된 정칙함수 $\boldsymbol{\varphi}$는 다음의 특성을 갖는다.

정리 12.5.2

만일 $\boldsymbol{\sigma} : U \to \mathbb{R}^3$가 등각적으로 매개변수화된 극소곡면이면 식 (12.18)에 정의된 정칙함수 $\boldsymbol{\varphi}=(\varphi_1,\ \varphi_2,\ \varphi_3)$가 다음 조건을 만족한다.

(i) $\varphi_1^2+\varphi_2^2+\varphi_3^2=0$,

(ii) $\boldsymbol{\varphi}$는 0이 되는 점을 갖지 않는다.

역으로 만일 U가 단순연결이고 $\varphi_1,\ \varphi_2,\ \varphi_3$가 조건 (i), (ii)를 만족하는 U상의 정칙함수라면 식 (12.18)을 만족하는 함수 $\boldsymbol{\varphi}=(\varphi_1,\ \varphi_2,\ \varphi_3)$에 결부되는 등각적으로 매개변수화된 극소곡면 $\boldsymbol{\sigma} : U \to \mathbb{R}^3$가 평행이동까지를 고려하여 유일하게 결정된다.

$\mathbb{R}^2$의 열린 부분집합 U에 있는 모든 단순폐곡선이 U 안에서 한 점으로 수축될 수 있으면 U를 **단순연결**(simply connected)집합이라고 한다. 직관적으로는 U가 어떤 틈도 가지고 있지 않음을 말한다.

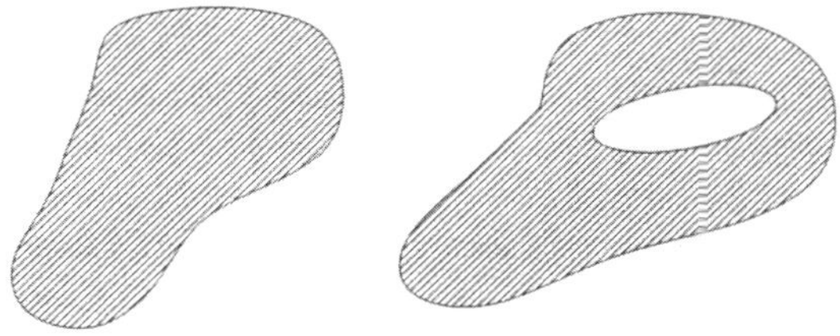

단순연결　　　　　　　　　　단순연결이 아님

다음 증명의 과정과 아래의 명제 12.5.2의 증명에서 다음 사실이 필요하다.

만일 F가 $\zeta = u + iv$의 정칙함수라면

$$F_u = F',\ F_v = iF',\ (\overline{F})_u = \overline{F'},\ (\overline{F})_v = -i\overline{F'}$$

이다. 여기서 $F' = \dfrac{dF}{d\zeta}$는 F의 복소미분이고 위의 $-$는 켤레복소수를 표시한다.

증명 먼저 $\boldsymbol{\sigma} = (\sigma^1,\ \sigma^2,\ \sigma^3)$가 극소곡면이라 가정하자. 여기서 $\sigma^k : U \to \mathbb{R}$, $(k = 1,\ 2,\ 3)$는 $\boldsymbol{\sigma}$의 성분함수이다. 이제 $\boldsymbol{\varphi} = (\varphi_1,\ \varphi_2,\ \varphi_3)$가 조건 (i), (ii)를 만족함을 밝히자.

$k = 1,\ 2,\ 3$에 대하여, $\varphi_k = \sigma_u^k - i\sigma_v^k$이므로

$$\begin{aligned}\sum_{k=1}^{3} \varphi_k^2 &= \sum_{k=1}^{3} ((\sigma_u^k)^2 - (\sigma_v^k)^2 - 2i\sigma_u^k\sigma_v^k) \\ &= \|\boldsymbol{\sigma}_u\|^2 - \|\boldsymbol{\sigma}_v\|^2 - 2i\boldsymbol{\sigma}_u \cdot \boldsymbol{\sigma}_v \end{aligned} \tag{12.20}$$

이다. σ가 등각적이므로 $\sum_{k=1}^{3} \varphi_k^2 = 0$. 결론적으로 $\boldsymbol{\varphi} = 0$일 필요충분조건은 $\boldsymbol{\sigma}_u = \boldsymbol{\sigma}_v = 0$이며 이것은 $\boldsymbol{\sigma}$가 정칙이므로 불가능한 일이다.

역을 증명하기 위해서 $\boldsymbol{\varphi}$가 조건 (i), (ii)를 만족한다고 할 때 위에서와 같이 $\boldsymbol{\varphi}$가 어떤 극소곡면으로부터 발생된 정칙함수이며 $\mathbb{R}^3$의 평행이동까지를 고려한다면 유일함을 보여야 한다. U의 고정점 $(u_0,\ v_0)$에 대해서 $\boldsymbol{\sigma}$를 복소선적분의 실수부분으로 다음과 같이 정의하자.

$$\boldsymbol{\sigma}(u,\ v) = \Re e \int_{\pi} \boldsymbol{\varphi}(\xi) d\xi,$$

여기서 $\boldsymbol{\pi}$는 $(u_0,\ v_0)$에서 $(u,\ v) \in U$를 연결하는 U상의 곡선이다. U가 단순 연결집합이라는 사실과 코시정리에 따라서 $\int_{\pi} \varphi(\xi) d\xi$는 경로 $\boldsymbol{\pi}$에 무관하고 따라서 $\boldsymbol{\sigma}(u,\ v)$ 또한 $\boldsymbol{\pi}$에 무관하다. 이제 $\boldsymbol{\Phi}(\zeta) = \int_{\pi} \boldsymbol{\varphi}(\xi) d\xi$는 $\zeta = u + iv$에 관한 정칙함수이며 $\boldsymbol{\Phi}'(\zeta) = \boldsymbol{\varphi}(\zeta)$이

다. 따라서 증명의 시작 직전에 제시된 사실에 따라서

$$\sigma_u = \Re e\,(\Phi_u) = \Re e\,(\Phi') = \Re e\,(\varphi),$$
$$\sigma_v = \Re e\,(\Phi_v) = \Re e\,(i\Phi') = -im(\varphi) \tag{12.21}$$

이고, 따라서

$$\varphi = \sigma_u - i\sigma_v$$

이다.

증명을 마무리하기 위해서는 σ가 등각인 곡면조각사상임을 밝혀야 한다. 그러나 조건 (ii)와 식 (12.21)에 의하면 σ_u와 σ_v가 동시에 0은 아니다. 조건 (i)과 식 (12.20)에 의하면 $\|\sigma_u\| = \|\sigma_v\|$ 이고 $\sigma_u \cdot \sigma_v = 0$이다. σ_u와 σ_v가 동시에 0이 아니기 때문에 σ_u와 σ_v는 둘다 어떤 점에서도 0이 아니며 서로 수직이다. 따라서 일차독립이며 그래서 σ는 정칙인 곡면조각사상이다. 그것은 σ가 등각적이라는 사실도 동시에 증명한다.

만일 또 다른 등각극소곡면사상 $\tilde{\sigma}$가 σ와 동일한 정칙함수 φ에 대응한다면 U상의 모든 점에서 $\tilde{\sigma}_u = \sigma_u$이며 $\tilde{\sigma}_v = \sigma_v$이다. 이것은 $\tilde{\sigma} - \sigma$가 상수함수가 됨을 의미한다. 만일 $\tilde{\sigma} - \sigma = \mathbf{a}$라면 $\tilde{\sigma}$는 벡터 $\mathbf{a}$만큼 평행이동 시킨 σ로부터 얻어진다. ■

몇 가지 예를 들기 전에 만일 정칙함수 φ가 정리 12.5.2에 있는 조건을 만족한다면 $i\varphi$ 또한 그 조건을 만족한다. 만일 φ가 극소곡면 S에 대응하는 정칙함수라면 $i\varphi$에 대응하는 극소곡면을 S의 **켤레곡면**(conjugate surface)이라고 한다. 이것은 평행이동까지를 고려한다면 S로부터 잘 정의된 곡면이다.

예제 12.5.3 현수면의 매개변수곡면

$$\sigma(u,\ v) = (\cosh u \cos v,\ \cosh u \sin v,\ u)$$

은 등각적이다 (연습문제 6.2.3의 풀이 참고). σ에 결부된 정칙함수는

$$\begin{aligned}\varphi(\zeta) = \sigma_u - i\sigma_v &= (\sinh u \cos v + i\cosh u \sin v,\ \sinh u \sin v - i\cosh u \cos v,\ 1)\\ &= (\sinh(u+iv),\ -i\cosh(u+iv),\ 1)\\ &= (\sinh\zeta,\ -i\cosh\zeta,\ 1)\end{aligned}$$

φ는 명백히 어느 점에서도 0이 아니며 성분들의 제곱의 합은

$$\sinh^2\zeta - \cosh^2\zeta + 1 = 0$$

이므로 정리 12.5.2의 조건 (i)과 (ii)를 만족한다. ■

현수면의 극소 켤레곡면 $\tilde{\sigma}$를 결정해보자. 정리 12.5.2의 증명으로부터 평행이동까지를 고려한다면

$$\tilde{\sigma}(u,\ v) = \Re e \int_{\pi} (i\sinh\zeta,\ \cosh\xi,\ i)\,d\xi$$

$$= \Re e\,(i\cosh\zeta,\ \sinh\zeta,\ i\zeta)$$
$$= (-\sinh u \sin v,\ \sinh u \cos v,\ -v)\,.$$

$\tilde{u} = \sinh u,\ \tilde{v} = v + \dfrac{\pi}{2}$ 로 정의하여 재매개변수화하고 $\left(0,\ 0,\ -\dfrac{\pi}{2}\right)$만큼 평행이동시키면 곡면

$$(\tilde{u},\ \tilde{v}) \mapsto (\tilde{u}\cos\tilde{v},\ \tilde{u}\sin\tilde{v},\ -\tilde{v})$$

를 얻는다. 이것은 연습문제 4.2.6에 있는 나선면을 z-축으로 반사시킴으로서 얻어진다.
연습문제 4.2.6에 있는 나선면의 매개변수화는 등각적이지 않으므로 이 절에서는 적용되지 않는다.
정리 12.5.2에서 φ가 갖는 조건들의 '해'는 실제로 가능하다.

명제 12.5.4 $f(\zeta)$를 0이 아닌 복소평면상의 열린 집합 U상에 정의된 정칙함수라 하고 $g(\zeta)$를 U상의 유리형 함수로, 만일 $\zeta_0 \in U$가 차수가 $m \geq 1$인 g의 극이라고할 때, ζ_0는 차수가 $2m$ 이상인 f의 영이라면, 그때

$$\varphi = \left(\frac{1}{2}f(1-g^2),\ \frac{i}{2}f(1+g^2),\ fg\right) \tag{12.22}$$

는 정리 12.5.2에 있는 조건 (i)과 (ii)를 만족하며 역으로 이러한 조건을 만족하는 모든 정칙함수는 이와 같은 방법으로 만들어진다.

정리 12.5.2와 명제 12.5.4에서 주어진 함수의 쌍 $f,\ g$와 극소곡면 사이의 대응관계를 '**바이어슈트라스의 표현**(Weierstrass' representation)'이라고 한다.

증명 함수 f와 g가 명제에 있는 특성을 갖는다고 하자. 만일 g가 $\zeta_0 \in U$에서 차수 $m \geq 1$의 극을 갖고, f가 ζ_0에서 차수 $n \geq 2m$의 0을 가지면 ζ_0에 관한 f와 g의 로랑 전개는

$$f(\zeta) = a(\zeta - \zeta_0)^n + \cdots \text{ 과 } g(\zeta) = \frac{b}{(\zeta - \zeta_0)^m} + \cdots,$$

모양이다.
여기서 a와 b는 0이 아닌 복소수이며 $\cdots$ 은 $\zeta - \zeta_0$의 고차 항들을 생략한 것이다. 그때

$$f(1 \pm g^2) = \pm ab^2(\zeta - \zeta_0)^{n-2m} + \cdots \text{ 과 } fg = ab(\zeta - \zeta_0)^{n-m} + \cdots$$

은 $\zeta - \zeta_0$에 관한 상수항을 포함해서 양수차수 항만 가지고 있으므로 ζ_0 근처에서 φ는 정칙함수이다. g가 정칙이면 φ도 정칙이라는 사실은 명백하므로 식 (12.22)에서 정의된 함수 φ는 U상의 모든 점에서 정칙이다.
f가 영함수일 때만 φ가 영함수라는 것은 명백하며 간단한 대수계산을 사용하면 φ가 정리 12.5.2의 조건 (i)을 만족함을 알 수 있다.
역으로 $\varphi = (\varphi_1,\ \varphi_2,\ \varphi_3)$가 정리 12.5.2의 조건 (i), (ii)를 만족하는 정칙함수라고 가정하고

만일 $\varphi_1 - i\varphi_2 \neq 0$이라면

$$f = \varphi_1 - i\varphi_2, \quad g = \frac{\varphi_3}{\varphi_1 - i\varphi_2} \tag{12.23}$$

로 정의하자. φ가 정칙이므로 f도 정칙이고 g는 유리형 함수이다. 조건 (i)에 의해서

$$(\varphi_1 + i\varphi_2)(\varphi_1 - i\varphi_2) = -\varphi_3^2$$

이고, 따라서

$$\varphi_1 + i\varphi_2 = -fg^2 \tag{12.24}$$

이다. 간단한 대수계산을 통해서 식 (12.22)가 식 (12.23), 식 (12.24)로부터 얻어질 수 있음을 알 수 있다. 식 (12.24)로부터 fg^2이 정칙임을 알 수 있고 이 증명의 첫 번째 부분에 있는 로랑 전개가 f와 g의 극과 영에 관한 조건을 제공한다. 마지막으로 만일 $\varphi_1 - i\varphi_2 = 0$이면 $\varphi_1 \pm i\varphi_2$를 $\varphi_1 \mp i\varphi_2$로 대치하여 위의 논리를 반복한다($\varphi_1 - i\varphi_2$과 $\varphi_1 + i\varphi_2$가 동시에 0이 될 수 없다. 만일 그들이 동시에 0이 된다면 조건(i)에 의해서 $\varphi_3 = 0$이 되고 이는 조건(ii)에 모순이다). ■

다음에서 바이어슈트라스 표현과 관련한 응용의 한 예를 제공하고자 한다.

명제 12.5.5 바이어슈트라스 표현으로 되어있는 함수 f와 g에 대응하는 극소곡면의 가우스 곡률은

$$K = \frac{-16|dg/d\zeta|^2}{|f|^2(1+|g|^2)^4}$$

이다.

증명 비록 지루하지만 직접계산을 통해서 증명할 것이며 상세한 계산들은 생략할 것이다. $\overline{\varphi}$를 그것의 성분으로 φ의 각 성분의 켤레복소수를 갖는 함수로 정의하자. 그때

$$\sigma_u = \frac{\varphi + \overline{\varphi}}{2}, \quad \sigma_v = \frac{\overline{\varphi} - \varphi}{2i}$$

$\varphi \cdot \varphi = \overline{\varphi} \cdot \overline{\varphi} = 0$이므로 제1기본형식은 $\frac{1}{2}\varphi \cdot \overline{\varphi}(du^2 + dv^2)$ 이 된다. φ에 대한 공식을 식 (12.22)에 넣고 단순화시키면 제1기본형식은

$$\frac{1}{4}|f|^2(1+|g|^2)^2(du^2 + dv^2) \tag{12.25}$$

이다.

다음으로

$$\boldsymbol{\sigma}_u \times \boldsymbol{\sigma}_v = \frac{1}{4i}(\varphi + \overline{\varphi}) \times (\overline{\varphi} - \varphi) = \frac{1}{2i}\varphi \times \overline{\varphi},$$

$$\begin{aligned} \therefore \ \|\boldsymbol{\sigma}_u \times \boldsymbol{\sigma}_v\|^2 &= -\frac{1}{4}(\varphi \times \overline{\varphi}) \cdot (\varphi \times \overline{\varphi}) \\ &= -\frac{1}{4}((\varphi \cdot \varphi)(\overline{\varphi} \cdot \overline{\varphi}) - (\varphi \cdot \overline{\varphi})^2) \\ &= \frac{1}{4}(\varphi \cdot \overline{\varphi})^2. \end{aligned}$$

$$\therefore \ \mathbf{N} = i\frac{\overline{\varphi} \times \varphi}{\varphi \cdot \overline{\varphi}}.$$

f와 g에 관해서 쓰면

$$\mathbf{N} = \frac{1}{1+|g|^2}(g+\overline{g}, \ -i(g-\overline{g}), \ |g|^2-1). \tag{12.26}$$

정리 12.5.2의 증명 바로 앞에 나오는 유의사항과 공식

$$L = -\boldsymbol{\sigma}_u \cdot \mathbf{N}_u, \ M = -\boldsymbol{\sigma}_u \cdot \mathbf{N}_v, \ N = -\boldsymbol{\sigma}_v \cdot \mathbf{N}_v$$

(이것들은 $\boldsymbol{\sigma}_u \cdot \mathbf{N} = \boldsymbol{\sigma}_v \cdot \mathbf{N} = 0$을 미분함으로서 얻어짐)을 사용하면 제2기본형식

$$-\frac{1}{2}((fg' + \overline{fg'})(du^2 + dv^2) + 2i(fg' - \overline{fg'})dudv) \tag{12.27}$$

을 얻는다.

식 (12.25)–(12.27)을 결합하고 따름정리 8.1.3의 가우스 곡률 K에 관한 공식을 사용하여 명제의 공식을 얻는다. ■

따름정리 12.5.6

S를 평면의 부분이 아닌 극소곡면이라면 S의 가우스 곡률이 0이 되는 점들은 고립점이다.

이것은 S의 한 점 $\mathbf{p}$에서 가우스 곡률 K가 0이면 $\mathbf{p}$에 충분히 가까운 범위 내에 있는 S의 다른 점에서는 K는 0이 될 수 없음을 의미한다. 더욱 엄밀히 말하자면 만일 $\mathbf{p}$가 S의 곡면조각사상 σ에 놓여있을 때, 즉 $\mathbf{p} = \boldsymbol{\sigma}(u_0, \ v_0)$이면 다음을 만족하는 양수 $\epsilon > 0$이 존재한다.

$$0 < (u-u_0)^2 + (v-v_0)^2 < \epsilon^2 \Rightarrow K(\boldsymbol{\sigma}(u, \ v)) \neq 0$$

증명 명제 12.5.5에 있는 K에 대한 공식으로부터 K는 유리형 함수 g'이 0이 되는 점에서만 0이 된다. 만일 g'이 모든 점에서 0이면 K도 모든 점에서 0이며 S는 평면의 열린 부분집합이다(명제 8.2.9에서 밝혀졌으나 식 (12.26)으로부터도 곧바로 알 수 있다. 식 (12.26)은 g가 상수

이면 N 도 상수임을 밝힌다). 그러나 이것은 영이 아닌 유리형함수의 0이 되는 점들은 고립점이라는 복소해석학의 기본적인 결과이며 따라서 K가 영 함수가 아니면 K가 0이 되는 점들은 고립점이다. ■

연습문제

12.5.1 예제 12.2.5의 에네퍼의 극소곡면에 대응하는 정칙함수 φ를 찾아라. 또 그것의 극소켤레곡면이 z-축을 둘레로 $\frac{\pi}{4}$ 회전한 그 극소곡면의 재매개변수화와 일치함을 밝혀라.

12.5.2 바이어슈트라스 표현의 함수 $f(\zeta)=1-\zeta^{-4},\ g(\zeta)=\zeta$에 대응하는 극소곡면인 **헤네버그 곡면**(Henneberg's sarface)의 매개변수화를 찾아라 ($\zeta=e^{\zeta}$ 로 재매개변수화 하여라). 다음은 헤네버그 곡면의 '근접촬영'과 '확대' 그림이다.

헤네버그 곡면 : 근접촬영

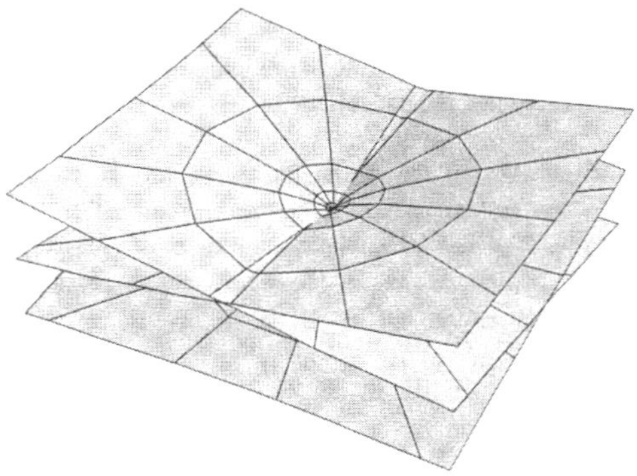

헤네버그 곡면 : 확대

12.5.3 만일 φ가 정리 12.5.2의 조건들을 만족하면 0이 아닌 상수 $a\in\mathbb{C}$ 에 대하여 $a\varphi$도 그 조건들을 만족한다. $\boldsymbol{\sigma}^a$를 $a\varphi$에 대응하는 극소 곡면조각사상이고 $\boldsymbol{\sigma}^1=\boldsymbol{\sigma}$를 φ에 대응하는 극소 곡면조각사상이라고 할 때 다음을 밝혀라:

(i) $a\in\mathbb{R}$에 대하여 $\boldsymbol{\sigma}^a$는 $\boldsymbol{\sigma}$에 확산사상과 평행이동을 적용하여 얻어진다.

(ii) 만일 $|a|=1$이면 $\boldsymbol{\sigma}(u,v)\mapsto\boldsymbol{\sigma}^a(u,v)$는 등장사상이고 대응되는 점들에서의 σ와 σ^a의 접평면은 서로 평행하다(특히 $\boldsymbol{\sigma}$와 $\boldsymbol{\sigma}^a$의 가우스 사상은 동일하다).

12.5.4 만일 앞의 연습문제에 있는 φ가 현수면 (연습문제 12.5.3 참고)에 대응되는 함수라면 곡면 $\boldsymbol{\sigma}^{e^{it}}$ 는 연습문제 6.2.3에서 $\boldsymbol{\sigma}^t$에 의해 표시되는 곡면과 일치한다.

12.5.5 $\gamma:(\alpha,\beta)\to\mathbb{R}^3$ 를 xy-평면의 (정칙)곡선 즉,

$$\gamma(u)=(f(u),g(u),0)$$

이고 양수 $\epsilon>0$에 대하여 직사각형 영역

$$U=\{u+iv\in\mathbb{C}\,|\,\alpha<u<\beta,-\epsilon<v<\epsilon\}$$

상에 정의된 정칙함수 F와 G가 있어서 α와 β사이의 실수 u에 대하여 $F(u)=f(u)$이고 $G(u)=g(u)$라고 하자. 그때

$$F'(z)^2+G'(z)^2\neq 0,\ \ \Im\mathrm{m}(z)=0$$

이므로 필요하면 ϵ을 축소시킴으로서 U의 모든 점 z에 대하여

$$F'(z)^2+G'(z)^2\neq 0$$

이라고 가정할 수 있다. 다음을 밝혀라.

(i) 벡터값 정칙함수

$$\varphi=(F',\ G',\ i(F'^2+G'^2)^{1/2})$$

가 정리 12.5.2를 만족한다. 그러므로 극소곡면 $\boldsymbol{\sigma}(u,v)$를 정의한다.

(ii) 평행이동까지 고려하면 $\alpha<u<\beta$인 u에 대하여 $\sigma(u,0)=\gamma(u)$이다.

(iii) γ는 $\boldsymbol{\sigma}$상의 예비 측지선이다 (연습문제 9.1.2)

(iv) 굴렁쇠선 $\gamma(u)=(u-\sin u,1-\cos u,0)$에 의하여 정의되는 곡면 $\boldsymbol{\sigma}$는 평행이동까지 고려한 카탈랑의 곡면이다. 연습문제 12.2.4에서 카탈랑의 곡면이 굴렁쇠 측지선을 갖는 이유를 설명했다.

제 13 장

가우스-본네 정리

제13장 가우스–본네 정리

가우스–본네 정리는 곡면론에 있어서 가장 훌륭하고 심오한 정리이다. 가장 중요한 점은 곡면 위에서 가우스 곡률의 평균값을 '위상적'인 개념인 '오일러수'라고 하는 곡면의 성질과 관련시키는데 있다. 여기서 '위상적'이라 함은 곡면의 연속적인 변형에 의해서 변화되지 않는 성질을 말한다. 가우스 곡률은 일반적으로 변형에 의해서 변화된다. 그러나 가우스–본네 정리는 곡면상에서의 가우스 곡률의 평균값은 변하지 않는다는 것이다. 가우스–본네 정리가 보여주는 실질적으로 중요한 점은 기하학적 성질과 위상적 성질을 연결시켜주는, 고차원 상황에 적용가능한 유사한 결과들의 본보기라는 것이다. 그러한 관계들의 연구는 20세기 수학의 가장 중요한 주제중의 하나였다.

13.1 단순폐곡선에 관한 가우스–본네 정리

가우스–본네 정리의 가장 간단한 모습은 곡면상의 단순폐곡선과 관련되는 것이다. 평면인 경우에 있어서 이들 곡선들에 관해서는 3.1절에서 논의되었다.

일반적인 곡면에 대하여 다음 정의를 생각해 보자.

정의 13.1.1

곡면조각사상 $\boldsymbol{\sigma} : U \to \mathbb{R}^3$ 위의 곡선 $\gamma(t) = \boldsymbol{\sigma}(u(t),\ v(t))$가 다음을 만족할 때 주기 T를 갖는 단순폐곡선이라고 한다.

(1) $\pi(t) = (u(t),\ v(t))$가 주기 T를 갖는 $\mathbb{R}^2$가 단순폐곡선

(2) π에 의해서 둘러싸인 $\mathbb{R}^2$의 내부영역 $\operatorname{int}(\pi)$가 U에 완전히 포함됨 (아래 도형 참조).

곡선 π가 양의 방향인 경우 곡선 γ를 양의 방향이라고 한다. 마지막으로 사상 $\boldsymbol{\sigma}$ 아래 $\operatorname{int}(\pi)$의 상을 γ의 내부, 즉 $\operatorname{int}(\gamma)$로 정의한다.

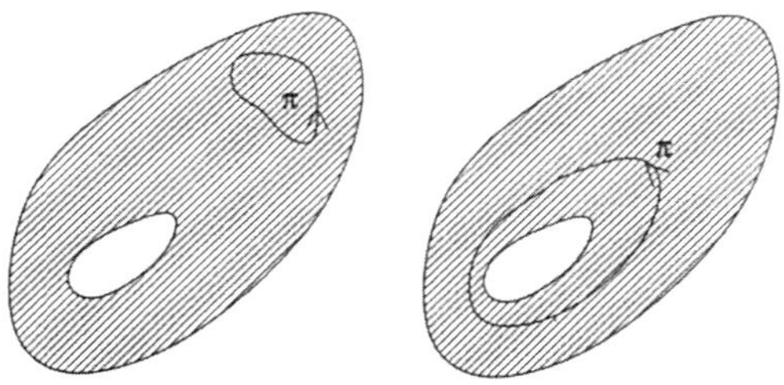

허용됨　　　　허용되지 않음

다음은 **가우스-본네 정리**의 첫 번째 형태이다.

정리 13.1.2

$\gamma(s)$를 길이 $l(\gamma)$를 갖는 곡면 조각사상 $\boldsymbol{\sigma}$상의 단위속력 단순폐곡선이라 하고 또 양의 방향을 갖는다고 하자. 그때

$$\int_0^{l(\gamma)} \kappa_g ds = 2\pi - \int\int_{\mathrm{int}(\gamma)} K dA_\sigma$$

이다.

여기서 κ_g는 γ의 측지곡률이고 K는 $\boldsymbol{\sigma}$의 가우스 곡률, dA_σ는 $\boldsymbol{\sigma}$의 면적요소이다(6.4절을 참고).

γ가 단위속력곡선임을 강조하기 위해 γ의 매개변수로 s를 사용하자. 정리 13.1.2의 식의 오른편의 중적분을 영역 $\mathrm{int}(\gamma)$의 **전곡률**(total curvature)이라고 한다.

증명 γ의 측지곡률의 계산으로 증명을 시작하고자 한다. 이를 위해 곡면조각사상의 각 점에서의 접평면의 매끄러운 직교기저$\{e', e''\}$을 이용할 것이다. 여기서 "매끄러움"이란 e'과 e''이 매개변수 (u, v)에 관한 매끄러운 함수라는 의미이다. 그때 $\{\mathrm{e}', \mathrm{e}'', \mathrm{N}\}$은 $\mathbb{R}^3$의 기저를 이루며 (N은 $\boldsymbol{\sigma}$의 기본단위벡터임), 그 기저가 우수계라고 가정할 것이다. 즉, $\mathrm{N} = \mathrm{e}' \times \mathrm{e}''$이라는 것이다. 이러한 가정은 필요에 따라 e'과 e''의 순서를 바꿈으로써 가능하다. e'과 e''에 있는 $'$, $''$은 도함수와 관계가 없다.

이제 $\theta(s)$를 $\gamma(s)$에서 γ의 단위접선벡터 $\dot{\gamma}$와 단위벡터 e' 사이의 각이라 하자. 엄밀히 말하자면 θ는

$$\dot{\gamma} = \cos\theta\, \mathrm{e}' + \sin\theta\, \mathrm{e}'' \tag{13.1}$$

을 만족하며 2π의 배수까지를 고려하면 유일하게 결정된다. 그때

$$\mathrm{N} \times \dot{\gamma} = -\sin\theta\, \mathrm{e}' + \cos\theta\, \mathrm{e}'' \tag{13.2}$$

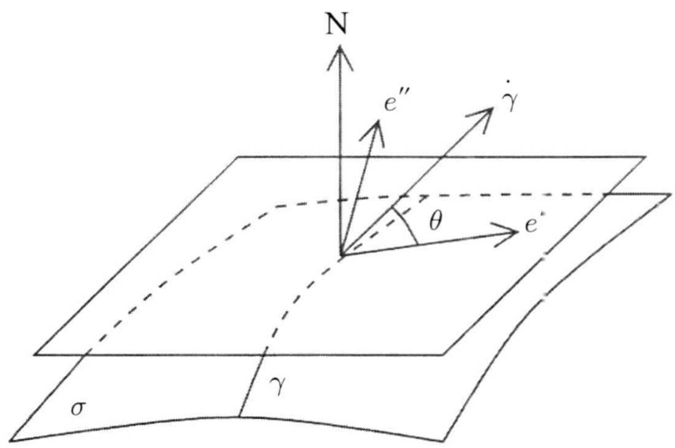

이제 식 (13.1)에 의해

$$\ddot{\gamma} = \cos\theta\,\dot{e}' + \sin\theta\,\dot{e}'' + \dot{\theta}(-\sin\theta\,e' + \cos\theta\,e'') \tag{13.3}$$

이다.

식 (13.2)과 (13.3)에 의하면

$$\begin{aligned}
\kappa_g &= (N \times \dot{\gamma}) \cdot \ddot{\gamma} && \text{(7.3절 참조)}\\
&= \dot{\theta}(-\sin\theta\,e' + \cos\theta\,e'') \cdot (-\sin\theta\,e' + \cos\theta\,e'')\\
&\quad + (-\sin\theta\,e' + \cos\theta\,e'') \cdot (\cos\theta\,\dot{e}' + \sin\theta\,\dot{e}'')\\
&= \dot{\theta} + \cos^2\theta(\dot{e}' \cdot e'') - \sin^2\theta(\dot{e}'' \cdot e')\\
&\quad + \sin\theta\cos\theta(\dot{e}'' \cdot e'' - \dot{e}' \cdot e') && \text{(식 (13.1)과 (13.2)에 의함)}
\end{aligned}$$

이다.

e'와 e''가 수직인 단위벡터이므로

$$e' \cdot \dot{e}' = e'' \cdot \dot{e}'' = 0,\ \dot{e}' \cdot e'' = -e' \cdot \dot{e}''$$

이다. 따라서

$$\kappa_g = \dot{\theta} - e' \cdot \dot{e}''. \tag{13.4}$$

그래서 정리 13.1.2의 왼쪽 식을 계산하기 위해서 곡선 γ 주변에서 $\dot{\theta}$와 $e' \cdot \dot{e}''$의 적분을 계산한다. 후자의 적분 계산을 위해 다음의 보조정리가 필요하다. ■

보조정리 13.1.3

$Edu^2 + 2Fdudv + Gdv^2$와 $Ldu^2 + 2Mdudv + Ndv^2$을 각각 σ의 제1기본형식과 제2기본형식이라고 하자. 그때 위의 기호를 사용하면

$$e_u{}' \cdot e_v{}'' - e_u{}'' \cdot e_v{}' = \frac{LN - M^2}{(EG - F^2)^{\frac{1}{2}}}. \tag{13.5}$$

당분간 이 결과를 인정하면

$$\begin{aligned}
\int_0^{l(\gamma)} e' \cdot \dot{e}''\,ds &= \int_0^{l(\gamma)} e' \cdot (e_u{}''\dot{u} + e_v{}''\dot{v})\,ds\\
&= \int_\pi (e' \cdot e_u{}'')du + (e' \cdot e_v{}'')dv.
\end{aligned}$$

그린 정리 (3.2절을 참고)에 의하여 중적분으로 다시 쓰면

$$\begin{aligned}
\int_0^{l(\gamma)} e' \cdot \dot{e}''\,ds &= \iint_{\mathrm{int}(\pi)} \{(e' \cdot e_v{}'')_u - (e' \cdot e_u{}'')_v\}\,dudv\\
&= \iint_{\mathrm{int}(\pi)} \{(e_u{}' \cdot e_v{}'') - (e_v{}' \cdot e_u{}'')\}\,dudv
\end{aligned}$$

$$= \int_{\mathrm{int}(\pi)} \frac{LN - M^2}{(EG - F^2)^{\frac{1}{2}}} du dv \qquad \text{(보조정리 13.1.3에 의함)}$$

$$= \int_{\mathrm{int}(\pi)} \frac{LN - M^2}{EG - F^2} (EG - F^2)^{\frac{1}{2}} du dv$$

$$= \int_{\mathrm{int}(\pi)} K d\mathrm{A}_\sigma \qquad \text{(6.4절 참고)} \tag{13.6}$$

식 (13.4)와 (13.6)을 결합하고 정리와 비교하면

$$\int_0^{l(\gamma)} \dot{\theta}\, ds = 2\pi$$

임을 밝혀야 한다는 것을 알 수 있다.

이를 **호프의 회전정리**(정리 3.1.4참조)라고 하며 여기에서 완전히 만족스러운 증명을 줄 수 없는 대신 스스로 알아가는 방법을 제공하겠다.

주요관점은 $\tilde{\gamma}$가 γ의 내부에 포함된 임의의 다른 단순폐곡선이라면 $0 \le \tau \le 1$에 대해서 $\gamma^0 = \gamma$이며 $\gamma' = \tilde{\gamma}$인 매끄러운 단순폐곡선들의 모임이 있다 (매끄러운 곡선들의 모임의 개념에 대해서는 9.4절을 참고). 그러한 모임들의 존재는 "직관적으로는 명백" 하다.

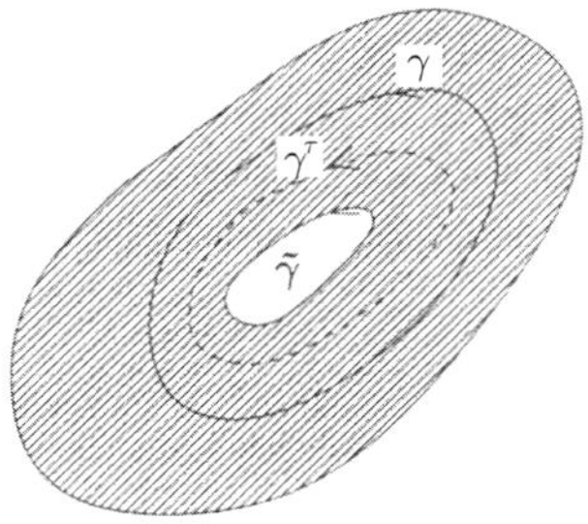

그러나 π의 내부가 U에 완전히 포함된다는 것이 중요하다. 그렇지 않으면 그러한 모임들이 일반적으로는 존재하지 않을 것이다.

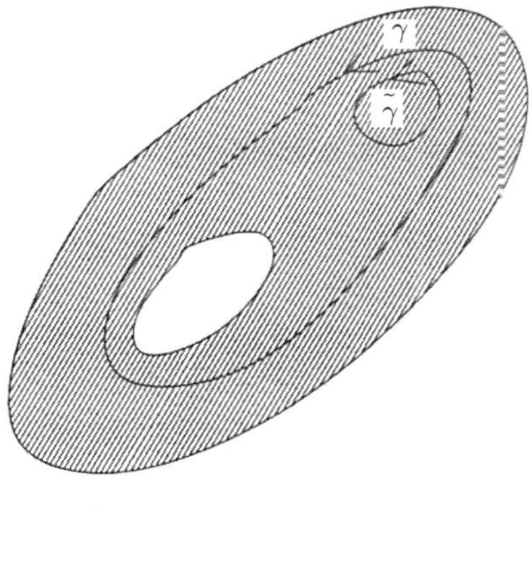

다음으로 적분 $\int_0^{l(\theta^\tau)} \dot{\theta}\, ds$가 τ에 연속적으로 의존한다는 사실에 주목해야 한다. 더욱이 γ^τ의 둘레를 한 바퀴 돌때 γ^τ와 $\mathbf{e}'$이 그들의 처음값으로 되돌아오므로 적분값은 항상 2π의 정수배이다. 이들 두 사실은 적분값이 τ에 무관함을 의미한다. 왜냐하면 중간값 정리에 따라 연속함수는 정수값으로부터 또 다른 정수값을 취하는데 정수가 아닌 값을 취하지 않을 수 없기 때문이다.

$\tilde{\gamma}$를 π의 내부에 있는 작은 원의 σ에 의한 상이라고 하면

$$\int_0^{l(\tilde{\gamma})} \dot{\theta}\, ds = 2\pi$$

는 다음과 같은 이유로 '직관적으로 명백'하다.

(i) $\mathbf{e}'$은 $\tilde{\gamma}$의 모든 점에서 당연히 상수이다 (원이 매우 작기 때문임).

(ii) $\tilde{\gamma}$의 접선벡터는 $\tilde{\gamma}$를 한 바퀴 돌 때 2π만큼 회전한다. 이는 $\tilde{\gamma}$의 내부가 평면의 한부분일 수밖에 없다고 생각되고 평면에 있는 단순폐곡선의 접선벡터가 그 곡선을 한 바퀴 돌때 2π만큼 회전하기 때문이다 (사실 이것은 정리 3.1.4의 내용이다).

이로서 '호프의 회전정리'의 증명이 완결된다. 정리 13.1.2의 증명을 마무리하기 위해서 보조정리 13.1.3을 증명하자.

증명 직교기저 $\{\mathbf{e}', \mathbf{e}'', \mathbf{N}\}$ 을 사용하여 u와 v에 관한 $\mathbf{e}'$과 $\mathbf{e}''$의 편도함수들을 나타내 보자. $\mathbf{e}'$의 편도함수를 $\mathbf{e}_u'$와 $\mathbf{e}_v'$ 모두가 $\mathbf{e}'$에 수직이므로, $\mathbf{e}_u'$과 $\mathbf{e}_v'$에 관한 $\mathbf{e}'$의 성분은 0이다 ($\mathbf{e}''$에 대해서도 마찬가지임). 따라서

$$\begin{aligned} \mathbf{e}_u' &= \alpha \mathbf{e}'' + \lambda' \mathbf{N} \\ \mathbf{e}_v' &= \beta \mathbf{e}'' + \mu' \mathbf{N} \\ \mathbf{e}_u'' &= -\alpha' \mathbf{e}' + \lambda'' \mathbf{N} \\ \mathbf{e}_v'' &= -\beta' \mathbf{e}' + \mu'' \mathbf{N} \end{aligned}$$

이다. 여기서 $\alpha, \beta, \alpha', \beta', \lambda', \mu', \lambda'', \mu''$은 u와 v에 따라서 결정되는 스칼라이다. 또한 u에 관해서 방정식 $\mathbf{e}' \cdot \mathbf{e}'' = 0$ 을 미분하여 $\mathbf{e}_u' \cdot \mathbf{e}'' = -\mathbf{e}' \cdot \mathbf{e}_u''$, 즉 $\alpha' = \alpha$ (비슷한 방법으로 $\beta' = \beta$) 를 얻는다. 따라서

$$\begin{aligned} \mathbf{e}_u' &= \alpha \mathbf{e}'' + \lambda' \mathbf{N}, \\ \mathbf{e}_v' &= \beta \mathbf{e}'' + \mu' \mathbf{N}, \\ \mathbf{e}_u'' &= -\alpha \mathbf{e}' + \lambda'' \mathbf{N}, \\ \mathbf{e}_v'' &= -\beta \mathbf{e}' + \mu'' \mathbf{N}. \end{aligned} \tag{13.7}$$

그러므로

$$\mathbf{e}_u' \cdot \mathbf{e}_v'' - \mathbf{e}_v' \cdot \mathbf{e}_u = \lambda'\mu'' - \lambda''\mu' \tag{13.8}$$

$$\mathbf{N}_u \times \mathbf{N}_v = K\boldsymbol{\sigma}_u \times \boldsymbol{\sigma}_v \qquad \text{(식 (8.2) 참고)}$$

과 공식

$$\mathbf{N} = \frac{\boldsymbol{\sigma}_u \times \boldsymbol{\sigma}_v}{\|\boldsymbol{\sigma}_u \times \boldsymbol{\sigma}_v\|}, \ \|\boldsymbol{\sigma}_u \times \boldsymbol{\sigma}_v\| = (EG - F^2)^{\frac{1}{2}} \qquad \text{(명제 6.4.2 참고)}$$

를 결합하면

$$\mathbf{N}_u \times \mathbf{N}_v = \frac{LN - M^2}{(EG - F^2)^{\frac{1}{2}}}\mathbf{N}$$

이다. 따라서

$$(\mathbf{N}_u \times \mathbf{N}_v) \cdot \mathbf{N} = \frac{LN - M^2}{(EG - F^2)^{\frac{1}{2}}} \tag{13.9}$$

을 얻는다. $\mathbf{N} = \mathbf{e}' \times \mathbf{e}''$이므로

$$\begin{aligned}(\mathbf{N}_u \times \mathbf{N}_v) \cdot \mathbf{N} &= (\mathbf{N}_u \times \mathbf{N}_v) \cdot (\mathbf{e}' \times \mathbf{e}'') \\ &= (\mathbf{N}_u \cdot \mathbf{e}')(\mathbf{N}_v \cdot \mathbf{e}'') - (\mathbf{N}_v \cdot \mathbf{e}'')(\mathbf{N}_v \cdot \mathbf{e}') \\ &= (\mathbf{N} \cdot \mathbf{e}_u')(\mathbf{N} \cdot \mathbf{e}_v'') - (\mathbf{N} \cdot \mathbf{e}_u'')(\mathbf{N} \cdot \mathbf{e}_v') \qquad (13.10) \\ &= \lambda'\mu'' - \lambda''\mu' \qquad \text{(식 (13.7)에 의하여),}\end{aligned}$$

이 식에서 두 번째 줄에서 세 번째 줄을 통과하는데 다음 식을 이용하였다.

$$\mathbf{N}_u \cdot \mathbf{e}' = -\mathbf{N} \cdot \mathbf{e}_u', \quad \mathbf{N}_u \cdot \mathbf{e}'' = -\mathbf{N} \cdot \mathbf{e}_u'',$$
$$\mathbf{N}_v \cdot \mathbf{e}' = -\mathbf{N} \cdot \mathbf{e}_v', \quad \mathbf{N}_v \cdot \mathbf{e}'' = -\mathbf{N} \cdot \mathbf{e}_v''.$$

이것은 u와 v에 관해서 $\mathbf{N} \cdot \mathbf{e}' = 0 = \mathbf{N} \cdot \mathbf{e}''$을 미분함으로서 얻어진다. 식 (13.9)와 식 (13.10)을 함께 놓으면 식 (13.5)와 식 (13.8)의 오른쪽 편이 같음을 알 수 있다. 식 (13.8)이 성립되므로 식 (13.5)가 증명된다. ■

연습문제

13.1.1 모든 점에서 ≤ 0인 가우스 곡률을 갖는 곡면조각사상 σ의 측지선이 **단순폐곡선**으로 존재하지 않음을 증명하여라. 이 사실이 원기둥의 평행곡선들이 측지선이라는 사실과 상호 모순되지 않음을 설명하여라.

13.1.2 γ를 $\mathbb{R}^3$에서 곡률이 어느 점에서도 0이 아닌 단위 속력을 갖는 곡선이라고 하고, $\mathbf{n}$을 S^2상의 곡선으로 간주한 γ의 주법선벡터, s를 $\mathbf{n}$의 호장이라고 할 때, $\mathbf{n}$의 측지곡률은 부호까지 고려하면

$$\frac{d}{ds}(\tan^{-1}\frac{\tau}{\kappa})$$

임을 밝혀라. 여기서 κ와 τ은 각각 γ의 곡률과 열률이다. 또한 만일 $\mathbf{n}$이 S^2의 단순 폐곡선이면 $\mathbf{n}$의 내부와 외부는 동일한 면적을 갖는다. (야코비의 정리).

13.2 굽은 다각형에 대한 가우스-본네 정리

다음의 가우스 본네 정리를 위해 '코너'의 존재를 받아들임으로써 곡선에 관한 우리의 개념을 일반화해야 할 것이다. 엄밀성을 기하기 위해서 다음의 정의가 필요하다.

정의 13.2.1

$\mathbb{R}^2$에 있는 **굽은 다각형**(curvilinear polygon)은 다음을 만족하는 연속사상 $\pi : \mathbb{R} \to \mathbb{R}^2$이다. 적당한 실수 T와 점들 $0 = t_0 < t_1 < \cdots < t_n = T$에 대하여

(i) $\pi(t) = \pi(t')$이 되기 위한 필요충분조건은 $t' - t$가 T의 정수배이다.
(ii) π가 열린 구간들 $(t_0, t_1), (t_1, t_2), \cdots, (t_{n-1}, t_n)$ 각각에서 매끄러운 함수이다.
(iii) $i = 1, \cdots, n$에 대하여 좌우측 도함수들

$$\dot{\pi}^-(t_i) = \lim_{t \uparrow t_i}\frac{\pi(t) - \pi(t_i)}{t - t_i} \text{ 와 } \dot{\pi}^+(t_i) = \lim_{t \downarrow t_i}\frac{\pi(t) - \pi(t_i)}{t - t_i} \tag{13.11}$$

이 각각 존재하고 0이 아니며 그들이 평행하지 않다.

점 $\gamma(t_i)$, $i = 1, \cdots, n$을 굽은 다각형 π의 **꼭지점**(vertex)이라 하고 열린 구간 (t_{i-1}, t_i)에 대응하는 선분을 **모서리**(edge)라고 한다.

굽은 다각형 π가 다음의 경우 **양의 방향**(positively-oriented)이라는 것은 의미가 있다.

$\pi(t)$가 꼭지점이 아닌 t에 대해서 $\dot{\pi}$를 시계반대방향으로 $\frac{\pi}{2}$만큼 회전해서 얻어진 벡터 $\mathbf{n}_s$가 $\mathrm{int}(\pi)$를 향한다 (평면상의 굽은 다각형에 조르당의 곡선이론이 적용되므로 π에 의해 둘러싸인 영역 $\mathrm{int}(\pi)$가 의미를 갖는다).

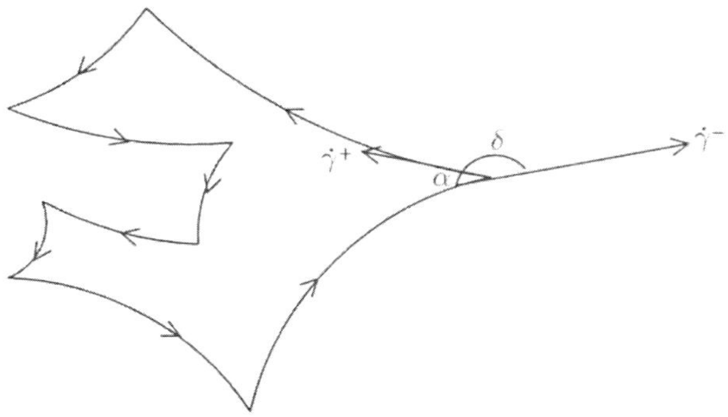

정의 13.2.1처럼 이제 $\boldsymbol{\sigma}: U \to \mathbb{R}^3$를 곡면조각사상이라 하고 $\boldsymbol{\pi}: \mathbb{R} \to U$를 U에 있는 곡선 다각형이라고 하자. 그때 $\gamma = \boldsymbol{\sigma} \circ \boldsymbol{\pi}$를 곡면조각사상 $\boldsymbol{\sigma}$상의 굽은 다각형, $\mathrm{int}(\gamma)$를 $\mathrm{int}(\boldsymbol{\pi})$의 $\boldsymbol{\sigma}$에 의한 상, $\gamma(t_i)$ $(i = 1, \cdots, n)$ 을 γ의 변, 그리고 열린구간 (t_{i-1}, t_i)에 대응되는 선분을 $\boldsymbol{\sigma}$의 모서리라고 한다. $\boldsymbol{\sigma}$가 허용가능한 곡면조각사상이므로 좌측, 우측 도함수들

$$\dot{\gamma}^-(t_i) = \lim_{t \uparrow t_i} \frac{\gamma(t) - \gamma(t_i)}{t - t_i}, \quad \dot{\gamma}^+(t_i) = \lim_{t \downarrow t_i} \frac{\gamma(t) - \gamma(t_i)}{t - t_i}$$

이 존재하고 평행이 아니다.

$\theta_i^{\pm}$를 식 (13.1)에서와 같이 정의된 $\dot{\gamma}^{\pm}(t_i)$와 e′ 사이의 사이 각이고 $\delta_i = \theta_i^+ - \theta_i^-$를 꼭지점 $\gamma(t_i)$에서의 외각, $\sigma_i = \pi - \delta_i$를 내각이라 하자. 접선벡터 $\dot{\gamma}^+(t_i)$와 $\dot{\gamma}^-(t_i)$가 평행이 아니므로 각 δ_i는 π의 배수가 아니다. 이들 각 모두가 2π의 배수까지를 고려한 경우에 정의된다는 것을 유의해야 한다. 지금부터 $i = 1, \cdots, n$ 에 대하여 $0 < \alpha_i < 2\pi$인 경우를 가정하자.

$\dot{\gamma}$가 정의될 때, 즉 $\gamma(t)$가 γ의 꼭지점이 아닌 모든 t에 대하여 항상 $\|\dot{\gamma}\| = 1$ 인 경우 γ를 단위속력을 갖는 굽은 다각형이라고 한다. γ가 단위속력인 경우 γ의 매개변수를 s로 표시한다. γ의 주기는 γ의 변의 길이의 합인 길이 $l(\gamma)$가 된다.

정리 13.2.2

γ를 곡면 $\boldsymbol{\sigma}$상에 n개의 모서리를 가진 양의 방향을 갖는 단위속력의 굽은 다각형이라 하고 $\alpha_1, \cdots, \alpha_n$을 각 꼭지점에서의 내각이라고 하자. 그때

$$\int_0^{l(\gamma)} \kappa_g ds = \sum_{i=1}^{n} \alpha_i - (n-2)\pi - \int\int_{\mathrm{int}(\gamma)} K dA_\sigma$$

이다.

증명 정리 13.1.2의 증명에서와 같은 논리를 사용하면

$$\int_0^{l(\gamma)} \kappa_g ds = \int_0^{l(\gamma)} \dot{\theta}\, ds - \int\int_{\mathrm{int}(\gamma)} K dA_\sigma$$

임을 알 수 있다. 이제

$$\int_0^{l(\gamma)} \dot{\theta} ds = 2\pi - \sum_{i=1}^{n} \delta_i \tag{13.12}$$

임을 증명하자. 이것을 가정하면

$$\begin{aligned}\int_0^{l(\gamma)} \kappa_g ds &= 2\pi - \sum_{i=1}^{n} \delta_i - \int\int_{\mathrm{int}(\gamma)} K d\mathrm{A}_\sigma \\ &= 2\pi - \sum_{i=1}^{n} (\pi - \alpha_i) - \int\int_{\mathrm{int}(\gamma)} K d\mathrm{A}_\sigma \\ &= \sum_{i=1}^{n} \alpha_i - (n-2)\pi - \int\int_{\mathrm{int}(\gamma)} K d\mathrm{A}_\sigma\end{aligned}$$

이다.

식 (13.12)을 세우기 위해 다음 도형에서 보여주는 것처럼 γ의 각 꼭지점을 '매끄럽게 만드는'방법을 생각해보자.

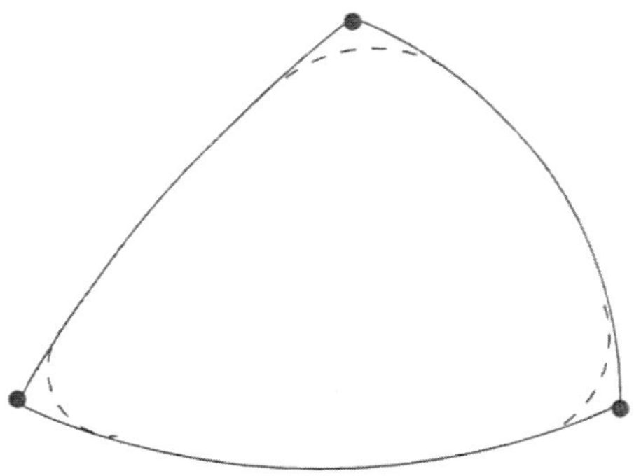

만일 매끄럽게 만들어진 곡선 $\tilde{\gamma}$가 매끄럽다면, 당연히

$$\int_0^{l(\tilde{\gamma})} \dot{\tilde{\theta}}\, ds = 2\pi \tag{13.13}$$

이다. γ와 $\tilde{\gamma}$가 γ의 꼭지점 근방을 제외하고 같기 때문에 그 차이

$$\int_0^{l(\tilde{\gamma})} \dot{\tilde{\theta}}\, ds - \int_0^{l(\gamma)} \dot{\theta}\, ds \tag{13.14}$$

는 각 꼭지점으로부터 하나씩 계산해서 얻은 결과들의 n개의 합이 된다. $\gamma(s_i)$ 근처에서 그림은

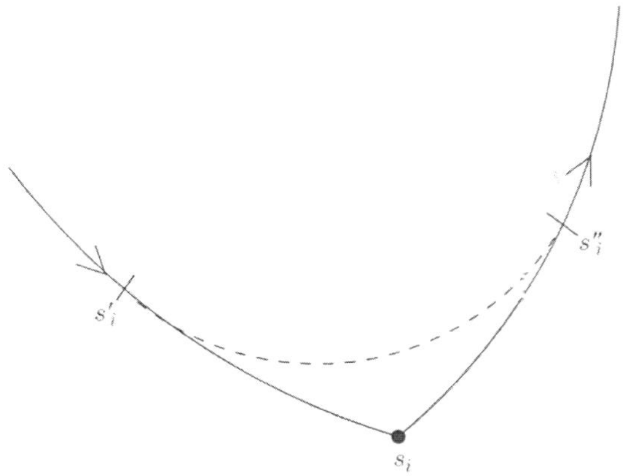

즉, γ와 $\tilde{\gamma}$가 s가 s_i를 포함하는 소구간 $(s_i',\ s_i'')$에 속할 때를 제외하고 일치한다. 그래서 i-번째 꼭지점으로부터의 계산결과는

$$\int_{s_i'}^{s_i''} \dot{\tilde{\theta}}\, ds - \int_{s_i'}^{s_i} \dot{\theta} ds - \int_{s_i}^{s_i''} \dot{\theta}\, ds$$

이다.

첫 번째 적분은 $\dot{\tilde{\gamma}}(s_i'')$와 $\dot{\tilde{\gamma}}(s_i')$ 사이의 각이며 그것은 s_i'과 s_i''이 s_i로 접근할 때 $\dot{\gamma}^+(s_i)$와 $\dot{\gamma}^-(s_i)$ 사이의 각, 즉 δ_i가 된다. 한편 $\gamma(s)$가 구간 $(s_i',\ s_i)$와 $(s_i,\ s_i'')$의 각각에서 매끄럽기 때문에 s_i'과 s_i''이 s_i로 접근할 때 마지막 두 적분은 0으로 수렴한다. i-번째 꼭지점에 관한 식 (13.14)의 계산결과는 s_i'과 s_i''이 s_i로 접근할 때 δ_i로 수렴한다. 모든 변에서 이들 값을 합하면

$$\int_0^{l(\tilde{\gamma})} \dot{\tilde{\theta}}\, ds - \int_0^{l(\gamma)} \dot{\theta}\, ds = \sum_{i=1}^{n} \delta_i$$

이다. 식 (13.12)은 이것과 식 (13.13)로부터 얻어진다. ■

따름정리 13.2.3

만일 γ가 n개의 모서리를 측지선으로 갖는 굽은 다각형이라면, 그때 다각형의 내각들은 다음 식을 만족한다.

$$\sum_{i=1}^{n} \alpha_i = (n-2)\pi + \iint_{\text{int}(\gamma)} K d\mathrm{A}_\sigma$$

증명 측지선을 따라서 $\kappa_g = 0$이므로 정리 13.2.2로부터 증명된다. ■

따름정리 13.2.3의 특수한 경우로 평면에서 직선을 변으로 갖는 다각형을 생각해보자. 평면에서는 $K=0$이므로 따름정리 13.2.3으로부터

$$\sum_{i=1}^{n}\alpha_i=(n-2)\pi$$

이다. 이것은 초등기하학으로부터 잘 알려진 사실이다.

변이 대원의 호로 이루어진 단위구면상의 굽은 n각형에 대하여 생각해보자. 단위구면에서는 $K=1$ 이므로 $\sum\alpha_i$는 평면에서의 값 $(n-2)\pi$ 보다 다각형의 넓이 $\int\int d\mathrm{A}_\sigma$만큼 초과된 값이다. $n=3$인 경우 변이 대원의 호로 이뤄진 구면삼각형 ABC에 대하여

$$\mathrm{A}=\alpha+\beta+\gamma-\pi$$

이다. 이것은 바로 정리 4.4.7이며 따라서 가우스-본네 정리의 특별한 경우이다.

마지막으로, 의구상의 측지 n-각형에 대하여 (8.3절 참고) 생각해보자. 의구에서는 $K=-1$ 이므로 $\sum\alpha_i$는 $(n-2)\pi$ 에서 다각형의 넓이

$$\mathrm{A}=(n-2)\pi-\alpha_1-\alpha_2-\cdots-\alpha_n \qquad \text{(정리 11.1.5 참고)}$$

를 뺀 값이다.

연습문제

13.2.1 회전면

$$\boldsymbol{\sigma}(u,\ v)=(f(u)\cos v,\ f(u)\sin v,\ g(u))$$

을 생각해보자. 여기서 $\gamma(u)=(f(u),\ 0,\ g(u))$는 xz-평면에 있는 단위속력곡선이다. $u_1<u_2$ 를 상수라 하고, γ_1과 γ_2를 $\boldsymbol{\sigma}$상에 $u=u_1$과 $u=u_2$인 두 평행곡선, R를 $u_1\le u\le u_2, 0<v<2\pi$로 주어진 uv-평면의 영역이라고 하자. 그때

$$\int_0^{l(\gamma_1)}\kappa_g ds,\ \int_0^{l(\gamma_2)}\kappa_g ds \text{ 그리고 } \int\int_R K d\mathrm{A}_\sigma$$

를 계산하고 가우스-본네 정리에 기초해서 그 결과를 설명하여라.

13.3 긴밀곡면상의 적분

가우스-본네 정리의 가장 중요한 형태는 긴밀곡면에 적용된다.
(다음 절에서) 그것을 증명하기 전 먼저 긴밀곡면상의 적분에 관해서 논의하고자 한다. 다음의 접근

방법은 근본적인 방법이 아니며 완벽한 증명 또한 시도하지 않을 것이다. S상의 의미 있는 성질들을 향유한 적분의 존재를 받아들일 수 있는 독자는 이 절을 생략해도 된다.

$f: S \to \mathbb{R}$를 긴밀곡면 S상의 매끄러운 함수라고 가정하자. 만일 f가 단순 곡면조각사상 $\sigma: U \to \mathbb{R}^3$에 포함된 어떤 집합 외부에서 함수값이 0이라면 6.4절의 공식을 사용하여 f의 적분을 다음처럼 정의한다:

$$\int_S f\,dA = \int_U f(\sigma(u,v))\|\sigma_u \times \sigma_v\|\,du\,dv. \tag{13.15}$$

만일 f가 이러한 특성을 갖고 있지 않다면 f의 적분을 정의하기 위해서 다른 방법을 찾아봐야 할 것이다.

방법은 S를 포함하는 $\mathbb{R}^3$의 열린 부분집합 V를 얻기 위하여 곡면 S를 "부풀리는" 것이다. 함수 f는 곡면에 수직인 방향으로는 상수로 정의함으로서 V상으로 확장한다. 그때 삼중적분

$$\iiint_V f(x,y,z)\,dx\,dy\,dz$$

은 S위에서 f의 적분에 V의 두께를 곱한 값으로 근사된다.

S가 유향곡면(따름정리 5.4.5)이므로 S의 모든 점에서 정의된 단위법선벡터 $\mathbf{N}$이 존재한다. $\epsilon > 0$에 대하여 $S^{(-\epsilon,\epsilon)}$을

$$S^{(-\epsilon,\epsilon)} = \{\mathrm{p} + t\mathbf{N}_{\mathrm{p}} \in \mathbb{R}^3 \mid \mathrm{p} \in S, t \in (-\epsilon,\epsilon)\}$$

으로 정의하면 $S^{(-\epsilon,\epsilon)}$은 두께가 2ϵ 이다. (그래서 $S^{(-\epsilon,\epsilon)}$은 S의 두 평행 곡면사이에 놓인 $\mathbb{R}^3$의 영역이다–정의 8.5.1 참고.) 다음 사항이 증명될 수 있다.

(i) $S^{(-\epsilon,\epsilon)}$은 $\mathbb{R}^3$의 열린 부분집합.

(ii) 만일 ϵ이 충분히 작다면 사상 $\boldsymbol{\sigma}^{(-\epsilon,\epsilon)}: (\mathbf{p},t) \mapsto \mathbf{p} + t\mathbf{N}_{\mathrm{p}}$ $(\mathbf{p} \in S, t \in (-\epsilon,\epsilon))$는 1:1 이다.

(ii)로부터 함수 $f^{(-\epsilon,\epsilon)}: S^{(-\epsilon,\epsilon)} \to \mathbb{R}$을 $f^{(-\epsilon,\epsilon)}(\mathbf{p} + t\mathbf{N}_{\mathrm{p}}) = f(\mathbf{p})$로 정의하면 $f^{(-\epsilon,\epsilon)}$는 S 상에서 f와 일치하고 S에 수직인 직선을 따라서는 상수 값을 갖는다. 곡면 S상에서 f의 적분을

$$\int_S f\,dA = \lim_{\epsilon \to 0} \frac{1}{2\epsilon} \int_{S^{(-\epsilon,\epsilon)}} f^{(-\epsilon,\epsilon)}(x,y,z)\,dx\,dy\,dz \tag{13.16}$$

으로 정의한다.

다음 두 가지를 밝히고자 한다: f가 어떤 곡면조각사상 외부에서 0일 때 이 정의는 (13.15)와 일치하고 정의 (13.16)의 극한치는 모든 f에 대해서 존재한다.

f가 곡면조각사상 $\boldsymbol{\sigma}: U \to \mathbb{R}^3$에 포함된 어떤 집합 밖에서 0이라고 가정하자. 그때 삼중적분의 변수변환공식에 의해서

$$\int_{\sigma(U)^{(-\epsilon,\epsilon)}} f^{(-\epsilon,\epsilon)}(x,y,z)\,dx\,dy\,dz = \int_{U \times (-\epsilon,\epsilon)} f^{(-\epsilon,\epsilon)}(\boldsymbol{\sigma}(u,v) + t\mathbf{N}(u,v))|D(u,v,t)|\,du\,dv\,dt. \tag{13.17}$$

여기서 D는 $\sigma^{(-\epsilon,\epsilon)}$의 야코비 행렬 J의 행렬식이다. J의 열은 벡터 $\boldsymbol{\sigma}_u + t\mathbf{N}_u$, $\boldsymbol{\sigma}_v + t\mathbf{N}_v$, $\mathbf{N}$의 성분들이므로

$$D = \mathbf{N} \times ((\boldsymbol{\sigma}_u + t\mathbf{N}_u) \times (\boldsymbol{\sigma}_v + t\mathbf{N}_v)). \qquad \text{(연습문제 13.3.1 참고).}$$

따라서

$$D = \boldsymbol{N} \cdot (\boldsymbol{\sigma}_u \times \boldsymbol{\sigma}_v) + tg(u,v) + t^2 h(u,v) = |\boldsymbol{\sigma}_u \times \boldsymbol{\sigma}_v| + tg(u,v) + t^2 h(u,v).$$

여기서 g와 f는 매끄러운 함수이다. 만일 ϵ(따라서 t)가 매우 작은 값이면 식 (13.17)의 오른편의 피적분함수는

$$f^{(-\epsilon,\epsilon)}(\boldsymbol{\sigma}(u,v))|\boldsymbol{\sigma}_u \times \boldsymbol{\sigma}_v| = f(\boldsymbol{\sigma}(u,v))|\boldsymbol{\sigma}_u \times \boldsymbol{\sigma}_v|$$

와 거의 같다.

그래서 식 (13.17)의 오른편은

$$2\epsilon \int_U f(\boldsymbol{\sigma}(u,v))|\boldsymbol{\sigma}_u \times \boldsymbol{\sigma}_v| du dv$$

가 된다. 2ϵ으로 나누고 ϵ을 0으로 보내면 식 (13.15)를 얻는다.

이 방법은 식 (13.16)의 극한치가 존재하고 함수 f가 어떤 곡면조각사상 외부에서 0일 때 예상된 값을 갖는다는 확신을 준다. 임의의 매끄러운 함수 $f : S \to \mathbb{R}$의 경우를 다루기 위해 “단위분할”을 이용한다. 단위분할은 다음 조건을 만족하는 S상에 정의된 유한개의 매끄러운 함수들 $\varphi_1, \varphi_2, \cdots \varphi_N$의 집합이다:

(i) 각 φ_k는 모든 점에서 ≥ 0이고 어떤 곡면조각사상 외부에서는 0이다.

(ii) $\varphi_k(t) > 0 \, \varphi_1 + \varphi_2 + \cdots + \varphi_N = 1.$

여기서 그러한 함수를 구성하는 방법은 제시하지 않지만 1차원의 경우를 다루는 연습문제 13.3.2에서 그 아이디어가 제시된다. 만일 우리가 단위분할을 갖는다면 f는 각각이 어떤 곡면조각사상 외부에서 0이 되는 매끄러운 함수들의 유한 합

$$f = f\varphi_1 + f\varphi_2 + \cdots + f\varphi_N$$

으로 나타내진다. 그때

$$\lim_{\epsilon \to 0} \frac{1}{2\epsilon} \int_{S^{(-\epsilon,\epsilon)}} f^{(-\epsilon,\epsilon)}(x,y,z)\,dxdydz = \sum_{k=1}^{N} \lim_{\epsilon \to 0} \frac{1}{2\epsilon} \int_{S^{(-\epsilon,\epsilon)}} (f\varphi_k)^{(-\epsilon,\epsilon)}(x,y,z)\,dxdydz.$$

오른편의 합에 있는 극한치 각각이 존재함이 이미 알려졌으므로 왼편의 극한치가 존재한다.

연습문제

13.3.1 만일 3×3 행렬 A의 열벡터들이 $\mathbf{a}, \mathbf{b}, \mathbf{c}$ 라면

$$\det(A) = \mathbf{a} \cdot (\mathbf{b} \times \mathbf{c})$$

임을 밝혀라.

13.3.2 n을 양의 정수라고 할 때 다음을 만족하는 매끄러운 함수 $\varphi_1, \varphi_2, \cdots \varphi_{n-1}$이 존재함을 밝혀라:

(i) $\frac{k-1}{n} < y < \frac{k+1}{n}$인 t에 대하여 $\varphi_k(t) > 0$이고 그 이외의 점들에 대해서는 $\varphi_k(t) = 0$;

(ii) $0 < t < 1$인 모든 t에 대하여 $\varphi_1(t) + \varphi_2(t) + \cdots + \varphi_{n-1}(t) = 1$.

13.4 긴밀곡면에 대한 가우스-본네 정리

가우스-본네 정리의 가장 중요한 형태는 긴밀곡면에 적용된다. 긴밀곡면을 굽은 다각형으로 적절히 잘 맞춰 덮은 후 각각에 정리 13.2.2를 적용한 후 더하여 얻는다. 다음 정의를 통해서 이 상황을 더 엄밀히 하고자 한다.

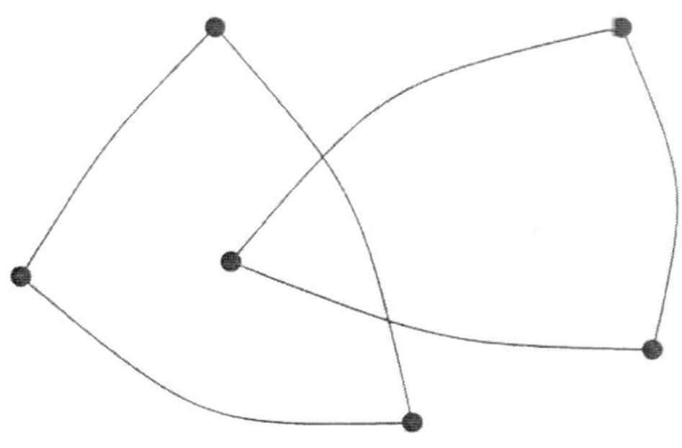

정의 13.4.1

S를 조각사상들 $\sigma_i : U_i \to \mathbb{R}^3$ 로 구성되는 좌표근방계를 갖는 극면이라고 하자. S의 **삼각형분할**(triangulation)은 내부 점과 함께 $\sigma_i(U_i)$에 포함되는 굽은 다각형들 모임으로 다음을 만족 한다.

(i) S의 모든 점은 굽은 다각형 중 적어도 하나에 포함된다.

(ii) 두 굽은 다각형은 서로 만나지 않거나, 만나는 경우 모서리나 꼭지점을 공유한다.
(iii) 각 모서리는 두 다각형에 의해서만 공유된다.

따라서 위 도형과 같은 경우는 허용되지 않는다.

예제 13.4.2 8개의 다각형을 사용한 단위 구의 삼각형분할은 3개의 좌표평면으로 구면을 절단함으로써 얻어진다.

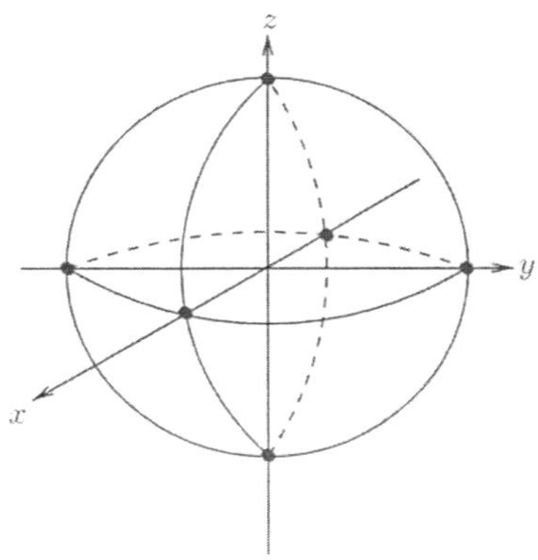

다음 정리를 증명 없이 서술하기로 하자.

정리 13.4.3

모든 긴밀곡면은 유한개의 다각형으로 삼각형분할된다.

삼각형분할과 결부된 다음 숫자를 소개하자.

정의 13.4.4

긴밀곡면의 삼각형분할의 **오일러 수**(Euler number) χ는

$$\chi = V - E + F$$

이다. 여기서

V = 삼각형분할의 꼭지점의 총수
E = 삼각형분할의 모서리의 총수
F = 삼각형분할의 다각형의 총수

위에 주어진 구면의 삼각형분할에 대하여 $V=6$, $E=12$ 그리고 $F=8$이다. 따라서 $\chi=6-12+8=2$이다.

주어진 곡면의 또 다른 삼각형분할은 일반적으로 다른 개수의 꼭지점의 수, 변의 수, 다각형의 수를 갖게 되는데, 오일러 수의 중요함은 삼각형분할 방법에는 관계없고 곡면에 의해서만 결정된다는 것이다. 예를 들면 구면의 또 다른 삼각형분할을 정사면체를 부풀려서 얻을 수 있다.

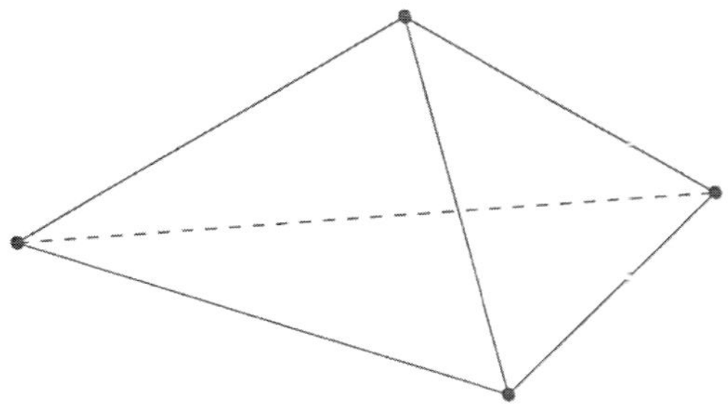

이때 $V=4$, $E=6$, 그리고 $F=4$가 되어서 $\chi=4-6+4=2$이다. 이것은 전과 동일한 결과이다. χ의 이러한 속성은 다음 정리의 결과이다.

정리 13.4.5

S를 긴밀곡면이라고 하자. 그때 S의 임의의 삼각형분할에 대하여

$$\int\int_S KdA = 2\pi\chi$$

이다. 여기서 χ는 삼각형분할의 오일러 수이다.

$\int_S KdA$가 삼각형분할하는 방법에 무관하다는 사실과 함께 정리 13.4.5로부터 다음 사실을 얻는다.

따름정리 13.4.6

긴밀곡면 S의 삼각형분할의 오일러 수 χ는 삼각형분할의 방법에는 무관하고 곡면 S에 의해서만 결정된다.

정리 13.4.5를 증명해보자.

증명 따름정리 5.4.5에 의해서 S의 각 점에서 정의된 매끄러운 단위 법선 벡터 $\mathbf{N}$이 존재한다. 위에서처럼 다각형 P_i들로 구성된 S의 삼각형분할을 고정시키자. 그때 다각형 P_i의 각각이 S의 근방좌표계에 있는 어떤 조각사상 $\boldsymbol{\sigma}_i : U_i \to \mathbb{R}^3$의 상에 포함된다고 하자. 즉

$P_i = \boldsymbol{\sigma}_i(R_i),\ R_i \subseteq U_i$ 이고 $\mathbf{N}$ 이 각 $\boldsymbol{\sigma}_i$의 표준 단위법선 벡터라고 가정하자. 정리 13.2.2에 의하여

$$\int\int_{R_i} K d\mathrm{A}_{\sigma_i} = \angle_i - (n_i - 2)\pi + \int_0^{l(\gamma_i)} \kappa_g ds \tag{13.18}$$

이다. 여기서 n_i는 P_i의 꼭지점들의 개수이고, γ_i는 P_i의 경계선을 형성하는 굽은 다각형이며 $l(\gamma_i)$는 γ_i의 길이, $\angle_i$는 γ_i의 내각의 합이다. 따라서 삼각형 분할을 구성하는 모든 다각형 P_i를 통해 식 (13.18)의 우측에 있는 3개 항의 각각의 양들을 합해야 한다.

첫째, $\sum_i \angle_i$는 모든 다각형의 내각의 합이다. 각 꼭지점에서 몇 개의 다각형이 만난다. 그러나 꼭지점에서 각의 합은 2π 이므로

$$\sum_i \angle_i = 2\pi V \tag{13.19}$$

이다. 여기서 V는 꼭지점의 총수이다.

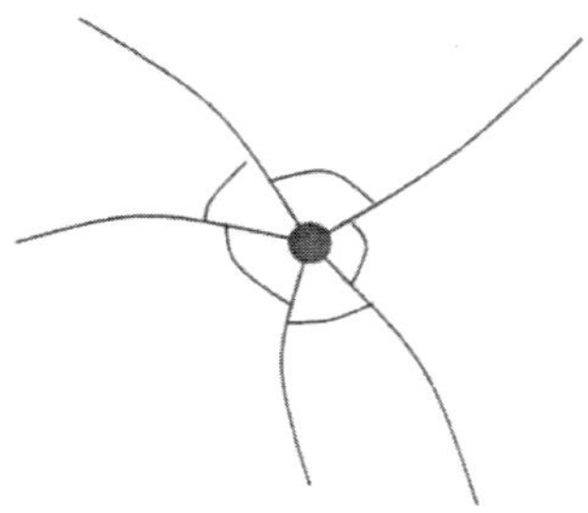

다음으로

$$\sum_i (n_i - 2)\pi = \left(\sum_i n_i\right)\pi - 2\pi F = 2\pi E - 2\pi F \tag{13.20}$$

이다. 여기서 F는 다각형의 총수, E는 모서리의 총수이다. 이는 합 $\sum_i n_i$에서 각 모서리는 두 번씩 계산되기 때문이다 (각 모서리는 두 개의 다각형의 공통변이기 때문임).

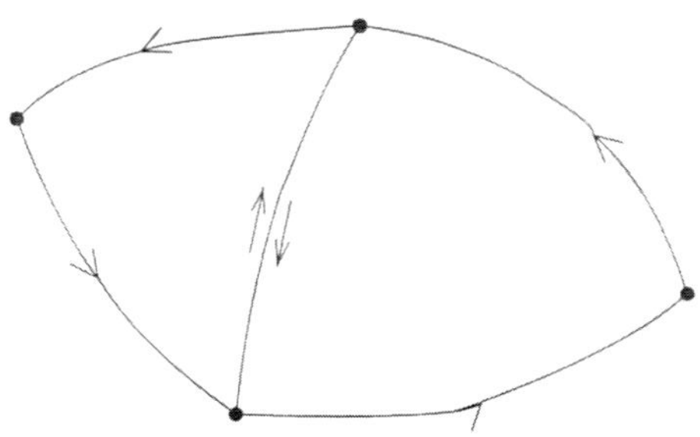

마지막으로,

$$\sum_i \int_0^{l(\gamma_i)} \kappa_g ds = 0 \tag{13.21}$$

이다. 식 (13.21)에서 각 방향으로 한 번씩, 각 모서리를 따라 두 번 적분한다는 사실에 주목하라 (위 그림 참고). 명제 7.3.2에 따르면 곡선 γ의 측지곡률 $\kappa_g = \ddot{\gamma} \cdot (\mathbf{N} \times \dot{\gamma})$의 부호는 주어진 곡선을 반대방향에서 이동할 때 바뀌므로 (왜냐하면 이는 곡선의 매개변수의 부호를 바뀌게 하여 그 결과 부호는 바뀌나 $\ddot{\gamma}$의 부호는 바뀌지 않게 되기 때문이다)주어진 모서리를 따른 식 (13.21)에 있는 이들 두 적분은 상쇄된다. 따라서 식 (13.21)의 합에 있는 양들은 서로서로 상쇄되므로 식 (13.21)이 증명된다.

마지막으로 전체 곡면 상에서 가우스 곡률 K의 적분은 각 다각형 위에서 K의 적분의 합이다. 만일 다각형이 변이나 꼭지점에서 겹치는 경우라고 해도 겹치는 부분의 면적은 0이 되어 적분 값에 아무런 영향을 주지 않기 때문이다.

식 (13.18)−(13.21)을 함께 생각하면

$$\begin{aligned}\int_S K dA &= \sum_i \int_{R_i} K dA_{\sigma_i} = \sum_i \angle_i - \sum_i (n_i - 2)\pi + \sum_i \int_0^{l(\gamma_i)} \kappa_g ds \\ &= 2\pi V - (2\pi E - 2\pi F) + 0 \\ &= 2\pi\chi\end{aligned}$$

이다. 따라서 정리 13.4.5의 증명이 끝난다. ■

정리 13.4.5가 매우 유용함을 살펴보기 위해서 단위구면 S^2에 적용해보자. 단위구면에서 $\chi = 2$이므로

$$\int\int_{S^2} K dA = 4\pi \tag{13.22}$$

이다.

물론 이 결과는 놀라운 것이 아니다. 왜냐하면 $K = 1$이므로 식 (13.22)의 좌측은 구면의 표면적이기 때문이다. 그러나 이제 구면을 변형시켜보자. 엷은 고무로 된 구면을 잡아당기고 늘리는 등 하고 싶은 방법으로 그러나 찢어지지 않게 변형해보자.

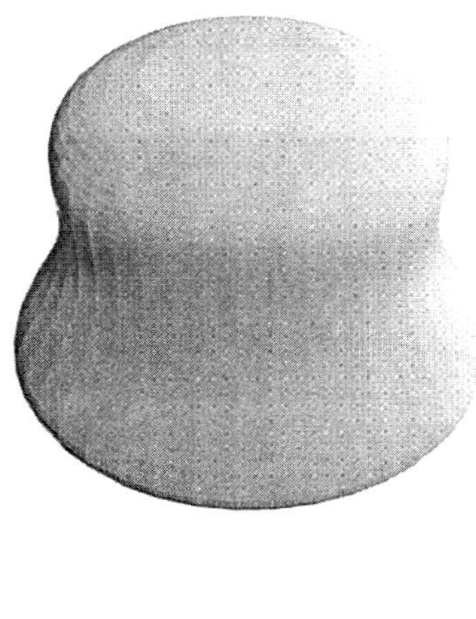

그렇게 변형된 구면 S에 대하여 K는 상수가 아니므로 적분 $\int\int_S KdA$의 직접계산은 아주 어려울 것이다. 그러나 변형되지 않은 구면의 삼각 변형으로부터 변형된 구면의 삼각 변형은 원래의 삼각 변형과 같은 개수의 꼭지점, 변, 다각형을 갖는다. 즉, 변형된 구의 오일러 수는 변형되지 않은 구의 오일러 수와 같고 정리 13.4.5로부터 $\int\int_S KdA = 4\pi$ 이다 (더 일반적으로, 같은 방법으로 연속적으로 변형한 긴밀곡면의 오일러 수는 변형되기 전에 곡면의 오일러 수와 같음을 알 수 있다).

5.4절에서 서술된 모든 긴밀곡면의 오일러 수를 결정함으로써 이 장을 마치고자 한다.

정리 13.4.7

종수 g를 갖는 긴밀곡면 T_g의 오일러 수는 $2-2g$이다.

증명 구면에 대한 오일러 수는 2이기 때문에 $g=0$일 때는 이 정리가 성립한다.

원환면 T_1에 대해서 그것을 증명하자. 원환면의 삼각형 분할은 평면에는 정사각형의 대변들을 풀칠하여 붙여서 얻는다.

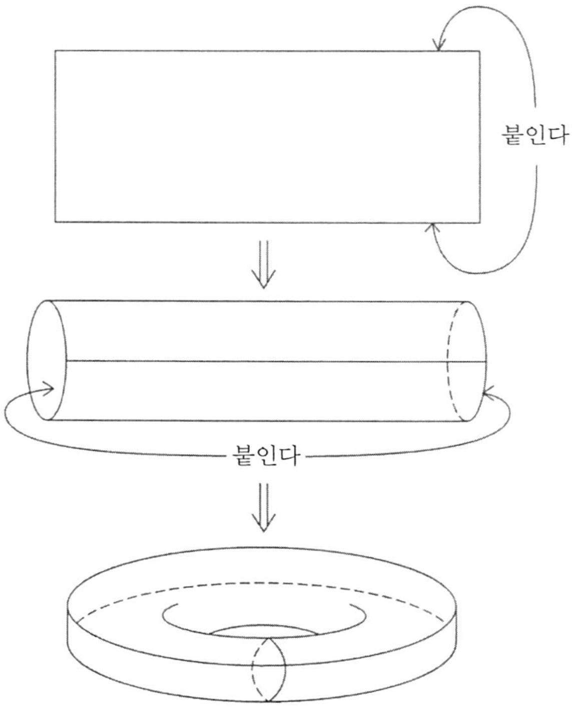

아래처럼 정사각형을 삼각형으로 소분할 한다.

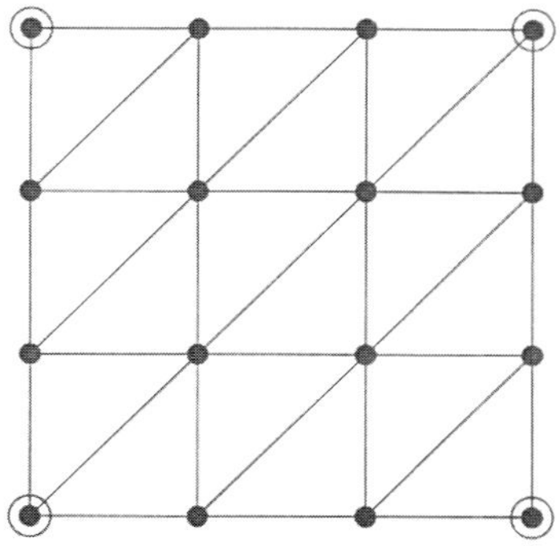

이로써 $V=9$, $E=27$, $F=18$인 T_1의 삼각형 분할을 갖게 된다. 이때 주의 깊게 세어봐야 한다. 예를 들면, 동그라미로 표시된 정사각형의 네 개의 꼭지점은 원환면의 하나의 꼭지점으로 대응된다. 또 삼각형에 의한 정사각형의 모든 소분할이 용인되는 것은 아니라는 점도 유의하자. 예를 들면 다음의 소분할은 용인되지 않는다.

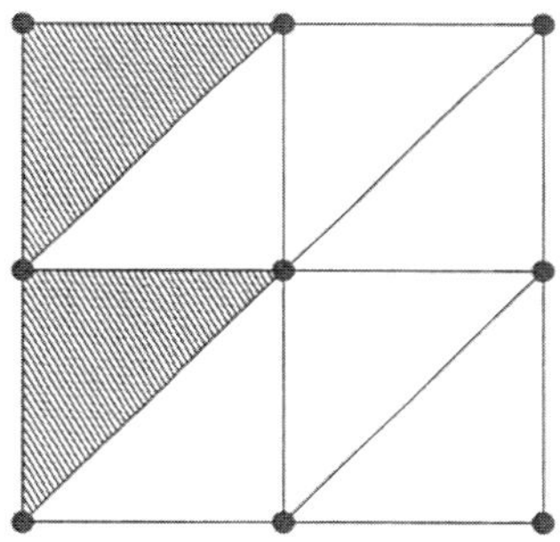

풀칠해서 붙이면 두 그늘진 삼각형들이 두 꼭지점에서 교차하게 되고 이것은 삼각형 분할에서 허용될 수 없는 것이다.

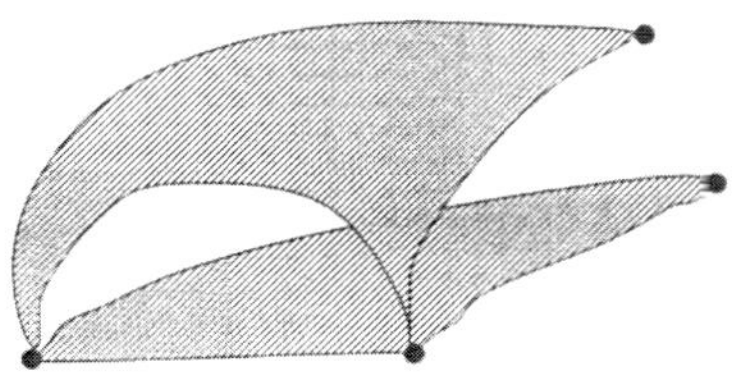

그러나 위에서처럼 좀 더 세분화된 소분할은 가능하고 그때

$$\chi = 9 - 27 + 18 = 0 = 2 - 2 \times 1$$

이 되어 $g=1$인 경우 정리를 증명한다.

증명을 끝내기 위해서 g에 수학적 귀납법을 사용해보자. 이때 T_g에 T_1을 이어 붙여서 T_{g+1}을 얻는다.

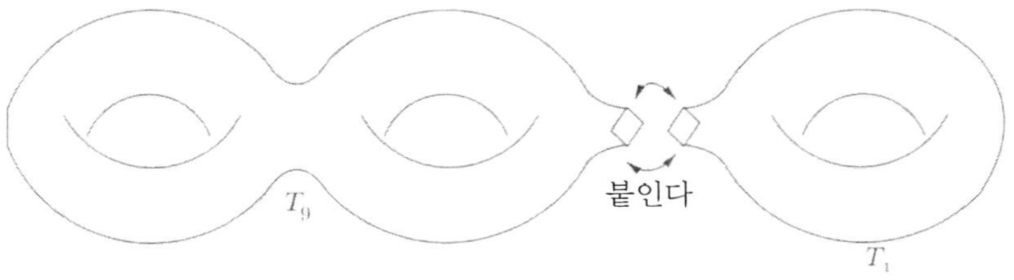

T_g와 T_1으로부터 굽은 n각형을 떼어내고 그때 생긴 대응되는 모서리 (T_g와 T_1의 적당한 삼각형분할은 고정시키게 되는 모서리)를 이어 붙였다고 가정하자. V', E', F'을 T_g의 삼각형분할에 있어서의 꼭지점의 개수, 모서리의 개수, 다각형의 개수라 하고 V'', E'', F''을 T_1에 대한 것들이라고 하면 T_{g+1}에 대한 V, E, F는 다음과 같다.

$$V = V' - n + V'' - n + n = V' + V'' - n,$$
$$E = E' - n + E'' - n + n = E' + E'' - n,$$
$$F = F' - 1 + F'' - 1 = F' + F'' - 2.$$

사실, V는 T_g에 있는 꼭지점의 수 V'에 T_1의 꼭지점의 수 V''을 더하고 T_1과 T_g가 붙여지는 다각형의 n개의 꼭지점을 빼줘야 한다. 왜냐하면 그것들이 두 번 계산되었기 때문이다. 따라서 $V = V' + V'' - n$이고 동일한 방법을 변에 적용하여 E를 얻고 T_1과 T_g가 붙는 다각형은 T_{g+1}의 부분이 아니므로 그를 빼서 F와 같이 된다. 따라

$$\begin{aligned}\chi(T_{g+1}) = V - E + F &= (V' + V'' - n) - (E' + E'' - n) + (F' + F'' - 2)\\ &= V' - E' + F' + V'' - E'' + F'' - 2\\ &= \chi(T_g) + \chi(T_1) - 2\\ &= 2 - 2g + 0 - 2 \qquad \text{(귀납법의 가정에 의해서)}\\ &= 2 - 2(g+1)\end{aligned}$$

이것은 종수 $g+1$에 대한 사실을 증명한다. ■

따름정리 13.4.8

$$\int\int_{T_g} K dA = 4\pi(1-g)$$

증명 정리 13.4.5와 정리 13.4.7을 결합하면 주어진 식이 증명된다. ■

연습문제

13.4.1 긴밀곡면 S가 원환면과 미분동형이면, 그때

$$\int\int_S K dA = 0$$

임을 밝혀라 (연습문제 8.1.8 참조). 또 그러한 곡면 S의 모든 점에서 $K=0$이 될 수 있는가?

13.4.2 양수인 가우스 곡률 K를 갖는 긴밀곡면 S는 구면과 미분동형임을 밝혀라. 이 명제의 역은 사실인가?

13.5 지도 채색

이절에서는 가우스-본네 정리의 응용을 공부할 것이다. 첫 번째는 오일러 수 χ, 종수 g인 긴밀곡면의 임의의 삼각형 분할에서 꼭지점의 수 V, 변의 수 E, 삼각형의 수 F와 관련된 오일러의 공식

$$V - E + F = \chi = 2 - 2g$$

의 응용이다. 물론 이것은 따름정리 13.4.6과 정리 13.4.7의 직접적인 결과이다.

지도 채색(map coloring)의 문제에 이를 응용해 보고자 한다. 이러한 맥락에서 S의 삼각형 분할을 "지도"(통상적인 지리학적 의미)그리고 다각형을 "나라"라고 한다. 두 나라는 변을 공유 (꼭지점만을 공유하는 경우는 아님)하면 "이웃나라"라고 한다. 양수 n에 대하여 지도의 n색깔 채색은 이웃 나라가 절대로 같은 색깔이 되지 않도록 각 나라에 서로 다른 n개의 색깔 중 하나를 배치하는 것이다.

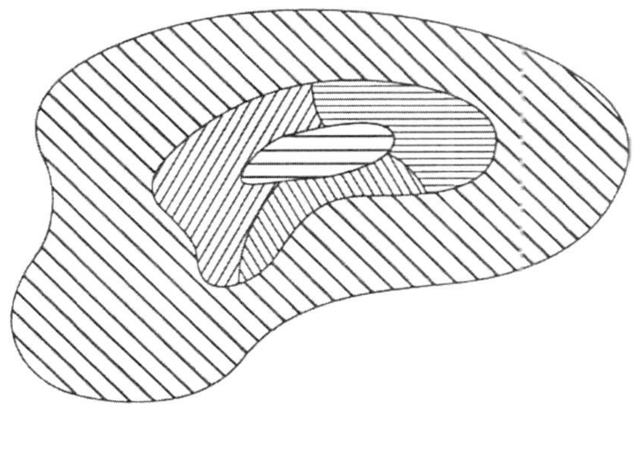

지도 채색문제: 긴밀곡면 S에 대해 S상의 모든 지도를 n개의 색깔로 채색할 수 있는 가장 작은 정수는 몇일까?

이 가장 작은 정수 n을 S의 **색수**(chromatic number)라고 한다 (이 수가 존재한다는 것 마저도 명확치는 않다-주어진 곡면 상에 임의로 많은 수의 색을 필요로 하는 지도를 왜 그릴 수 없을까? - 이절에서 그것이 가능함을 밝힐 것이다). 미분 동형의 두 곡면이 같은 색 수를 가진다는 것은 명확하다.

이 문제는 영국의 수학자 아우구스투스 드 모르간이 1852년10월23일 아일랜드 수학자 윌리암 로완 해밀톤 경 (사원수의 창시자)에게 보낸 편지에서 유래되었다. 모르간은 다음과 같이 썼다, "제 학생이 오늘 저도 아직까지 모르는 사실에 대해서 질문 했어요 . 그 학생이 말하기를 만일 어떤 도형이 임의의 방법으로 나눠지고 그리고 각 나눠진 구획들이 다르게 색칠 되어서 공통 경계선을 갖는 도형들이 달리 색칠되어 진다면 4가지 색깔이 필요할 것이지만 더 이상은…"

그 문제는 모르간 혹은 그의 학생 (피터 거스리)에 의해서 평면에서 서술되었다 - 그 지도는 유계 영역을 가진 유한개의 나라로 이뤄져 있다. 물론 그 평면은 긴밀곡면은 아니지만 모르간에 의해서 서술된 문제는 구면상의 지도 채색문제와 동일하다. 이것은 예제 6.3.5의 극사영을 사용하면 쉽게 알 수 있다 (임의의 두 구면은 미분 동형이므로 S^2만을 생각한다). 북극점은 변위에 놓여있지 않은 S^2 상에 지도가 있다고 가정하자- 이는 적당한 회전 사상을 통하여 항상 가능하다. 그 때 극사영은 S^2 상의 지도를 평면상의 지도로 보낸다. 그 역 방향도 성립한다; 북극점을 포함하는 S^2 상의 나라는 평면상의 지도의 외부 영역으로 보내므로 평면상의 나라는 S^2 상의 나라보다 한 나라 더 적은 나라로 구성된다.

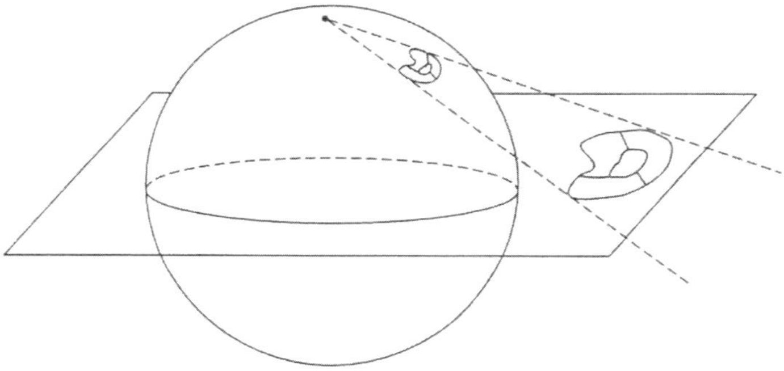

4색 예상(Four cloor conjecture): 구의 색수는 4이다.

오일러수가 χ 인 긴밀곡면에 대해서 1890년 퍼시 히우드는 다음을 예상하였다:

$$N(\chi) = \frac{1}{2}(7 + \sqrt{49 - 24\chi}).$$

χ가 가질 수 있는 수는 2, 0, −2, −4, ⋯ 이므로, $N(\chi)$는 양의 실수이다. $h(\chi)$를 $N(\chi)$ 이하인 가장 큰 정수라고 하자.

히우드의 예상: 0이하인 오일러 수를 갖는 긴밀곡면의 색수는 $h(\chi)$ 이다.

$h(2) = 4$이므로 구면에 관해서 이 공식은 히우드 예상에 대한 해답이 된다.

이들 두 예상들에 대한 증명은 매우 어렵다고 알려졌다. 놀랍게도 가장 간단한 곡면인 구면에 대한 문제가 높은 종수를 갖는 곡면에 대한 것 보다 더 어렵다: 히우드 예상은 1967년에 증명되었고 10년 후 4색 예상이 증명되었다 (후자의 증명을 위해서는 상당한 수준의 컴퓨터의 도움이 필요하다).

히우드 예상의 증명의 절반은 오일러 공식으로부터 가능하다.

정리 13.5.1

0 이하의 오일러 수를 갖는 긴밀곡면은 $h(\chi)$개수의 색으로 채색 가능하다.

증명 단 두변만이 만나는 꼭지점은 채색에 영향 없이 제거될 수 있으므로 각 꼭지점에서 적어도 3개의 변이 만난다고 가정할 수 있다. 또한 나라의 수 F가 $N(\chi)$보다 크다고 가정할 수 있다. 왜냐하면 만일 $F \leq N(\chi)$이면 $F \leq h(\chi)$이므로 $h(\chi)$ 개수의 색이면 채색하기에 충분하다.

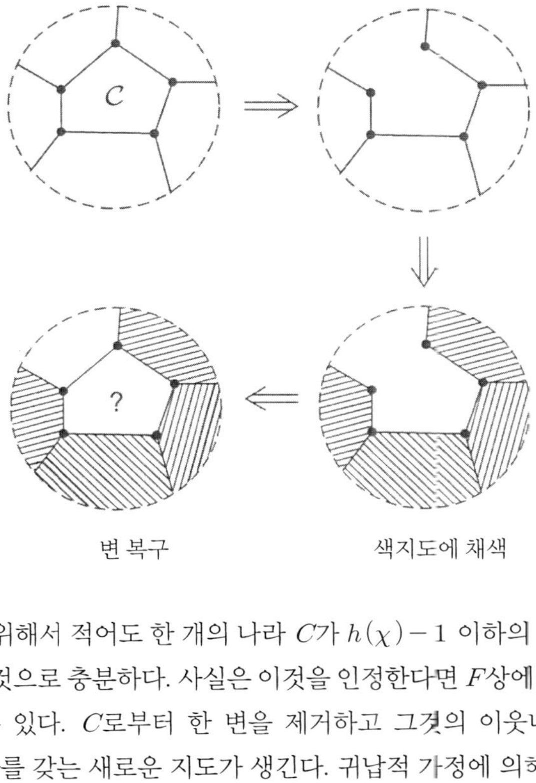

정리의 증명을 위해서 적어도 한 개의 나라 C가 $h(\chi)-1$ 이하의 개수의 변을 갖는다는 사실을 증명하는 것으로 충분하다. 사실은 이것을 인정한다면 F상에 귀납법을 사용해서 본 정리를 증명할 수 있다. C로부터 한 변을 제거하고 그것의 이웃나라와 합병한다. 이로써 $F-1$개의 나라를 갖는 새로운 지도가 생긴다. 귀납적 가정에 의해서 이 지도는 $h(\chi)$개수의 색으로 채색 가능하다. 채색을 하고 나서 제거한 변을 제자리에 둠으로써 C를 원상회복시킨다. C가 기껏해야 $h(\chi)-1$개의 인접한 나라를 가지므로 C의 이웃나라를 색칠하기 위해서 사용한 색들과 다른 색깔로 C를 칠할 수 있다. 따라서 원 지도는 $h(\chi)$개의 색으로 채색된다. 이로서 귀납법을 마무리 한다.

모든 나라가 $h(\chi)$개수 이상의 변을 가지고 있다고 가정하자. 모든 변은 정확히 두 나라의 공통변이므로

$$E \geq \frac{1}{2}h(\chi)F \tag{13.23}$$

이고 각 꼭지점에서 적어도 3개의 변이 만나므로

$$2E \geq 3V.$$

이것으로부터

$$E \leq 3(E-V) = 3(F-\chi) \tag{13.24}$$

식 (13.23)과 (13.24)로부터

$$h(\chi) \leq 6(1-\frac{\chi}{F}).$$

$F > N(\chi)$이고 $\chi \leq 0$ 이므로

$$h(\chi) \leq 6(1-\frac{\chi}{N(\chi)}) \tag{13.25}$$

그러나 $N(\chi)$가 이차방정식 $N^2 - 7N + 6\chi = 0$의 근이므로

$$6(1-\frac{\chi}{N(\chi)}) = N(\chi) - 1.$$

따라서 부등식 (13.25) 는 불가능하다. 이 모순으로 정리 13.5.1의 증명을 마친다. ■

히우드 예상의 증명을 마치기 위해 각 $\chi \leq 0$에 대해 $h(\chi)$ 개수의 색보다도 작은 개수의 색깔로 채색할 수 없는 오일러 수 χ를 갖는 곡면상의 지도가 제시되어야 할 것이다. 히우드는 이것은 분명히 쉬운 일이라고 생각했을 것이다. 그러나 사실 이것이 본 증명에서 가장 어려운 부분이다. 그러나 그는 윤환면상에서 그러한 지도를 제시함으로서 증명을 마무리 지었다.

정리 13.5.2

윤환면의 색수는 7 이다.

증명 아래 도형에서 윤환면을 마주보는 변을 풀칠해서 붙인 직사각형으로 간주하고 있다. 이제 그 위에 지도를 생각해보자.

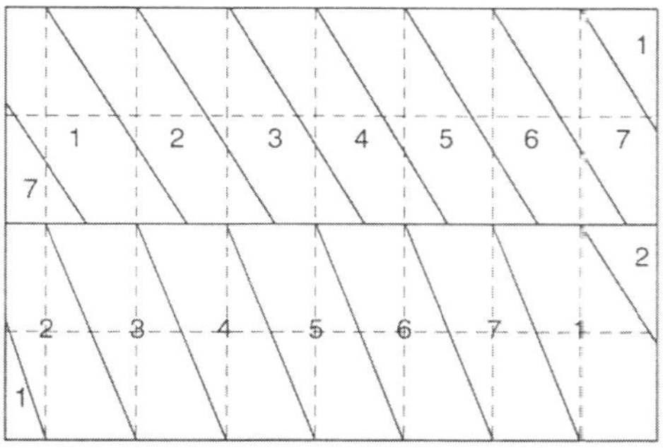

이 지도의 7개의 나라는 각각이 나머지 나라 모두를 이웃으로 하고 있다. 따라서 일곱 색깔이 당연히 필요하다. ■

정리 13.5.1의 증명은 만일 $\chi = 2$인 경우는 쓸모가 없다. 따라서 4색 예상의 증경에는 도움이 되지 않는다. 그러나 동일한 방법이 다음 명제를 증명하기 위해서 사용될 수 있다.

명제 13.5.3 (다섯 이웃 정리)
구면상의 모든 지도에는 다섯 나라 이하의 이웃을 갖는 적어도 하나의 나라가 존재한다.

연습문제 13.5.1을 참고하여라. 만일 구면상의 지도를 생각한다면 정리 13.4.1의 증명에서처럼 다섯 나라 이웃보다도 더 많지 않도록 한 나라 C를 제거하고 복구할 수 있다. 그러나 그때 C를 그의 이웃으로부터 다른 색깔로 색칠하려면 적어도 여섯 색깔이 필요하다. 따라서 명제 13.5.3은 다음 정리를 증명한다.

따름정리 13.5.4 (6색 정리)

구면상의 모든 지도는 6가지 색으로 채색된다.

연습문제

13.5.1 명제 13.5.3을 증명하여라.

13.5.2 오일러 수가 χ인 컴팩트 곡면의 굽은 삼각형에 의한 삼각형 분할은 적어도 $N(\chi)$개의 꼭지점을 갖는다는 것을 밝혀라.

13.6 홀로노미와 가우스 곡률

정리 13.1.2 는 곡면상의 곡선을 따른 평행이동 (7.4절 참고)과 가우스 곡률 사이의 관계를 설정해 준다. 그를 위해 다음 명제가 필요하다.

명제 13.6.1 γ를 곡면조각사상 $\boldsymbol{\sigma}$상의 단위 속력 곡선, $\mathbf{v}$를 γ를 따른 0이 아닌 평행 벡터장이라고 하자. 만일 φ를 $\dot{\gamma}$와 v사이의 유향 각 $\measuredangle\dot{\gamma}\mathrm{v}$ 라면, 그때 γ의
측지곡률은

$$\kappa_g = -\frac{d\varphi}{ds}$$

이다.
만일 $\mathbf{v}$가 0이 아닌 평행 벡터장 $\mathbf{w}$로 대체된다면, 명제 7.4.9(ii) 의해 $\mathbf{v}$와 $\mathbf{w}$사이의 각은 상수이므로 φ는 상수만큼만 더하는 정도로 변할 것이고 따라서 $\frac{d\varphi}{ds}$에는 변화가 없을 것이다.

증명 명제 7.4.9(ii)에 의해 $\mathbf{v}$의 길이는 상수이므로 그 길이로 나눔으로써 $|\mathbf{v}| = 1$이라고 가정할 수 있다. $\boldsymbol{\sigma}$의 단위법선벡터 $\mathbf{N}$에 대하여 $\mathbf{t} = \dot{\gamma}$, $\mathbf{t}_1 = \mathbf{N}\times\mathbf{t}$ 라면

$$\mathbf{v} = \cos\varphi\mathbf{t} + \sin\varphi\mathbf{t}_1$$

이다. $\mathbf{v}$가 γ를 따라 평행이므로 $\dot{\mathbf{v}}$는 $\mathbf{N}$에 평행이다(명제 7.4.3). 따라서

$$\mathbf{t}\cdot\dot{\mathbf{t}} = \mathbf{t}\cdot\mathbf{t}_1 = 0 \text{이므로}$$

$$0 = \mathbf{t}\cdot\dot{\mathbf{v}} = \mathbf{t}\cdot((\cos\varphi\dot{\mathbf{t}} + \sin\varphi\dot{\mathbf{t}}_1) + \dot{\varphi}(-\sin\varphi\mathbf{t} + \cos\varphi\mathbf{t}_1)) = \sin(\mathbf{t}\cdot\dot{\mathbf{t}}_1 - \dot{\varphi}). \quad (13.26)$$

비슷한 방법으로 $\mathbf{t}_1\cdot\dot{\mathbf{v}} = 0$이므로

$$0 = \cos\varphi(\mathbf{t}_1\cdot\dot{\mathbf{t}} + \dot{\varphi}). \quad (13.27)$$

이제

$$\kappa_g = \ddot{\gamma}\cdot(\mathbf{N}\times\dot{\gamma}) = \dot{\mathbf{t}}\cdot(\mathbf{N}\times\mathbf{t}) = \dot{\mathbf{t}}\cdot\mathbf{t}_1$$

이며 $\mathbf{t}\cdot\mathbf{t}_1 = 0$이므로

$$\mathbf{t}\cdot\dot{\mathbf{t}}_1 = -\dot{\mathbf{t}}\cdot\mathbf{t}_1 = -\kappa_g.$$

따라서 식 (13.26) 과 (13.27)로부터

$$(\dot{\varphi} + \kappa_g)\sin\varphi = 0 = (\dot{\varphi} + \kappa_g)\cos\varphi.$$

$\cos\varphi, \sin\varphi$가 동시에 0이 되는 일은 없기 때문에 이 두 방정식이 필요하고 따라서

$\kappa_g = -\dfrac{d\varphi}{ds}$ 이다. ■

이제 γ가 단위속력을 갖는 폐곡선이라고 하면 γ를 한번 돌때마다 φ는

$$\int_0^{l(\gamma)} \frac{d\varphi}{ds} ds = -\int_0^{l(\gamma)} \kappa_g ds$$

만큼 증가한다. 여기서 $l(\gamma)$는 γ의 길이다. 만일 γ가 단순 폐곡선이면 회전정리 (13.1절)에 의해서 γ를 한번 돌때마다 접선벡터 $\dot{\gamma}$ 또한 2π 회전한다. 따라서 다음의 명제를 얻는다.

명제 13.6.2 γ를 곡면 σ상의 양방향을 갖는 단위속력 단순 폐곡선, κ_g를 γ의 측지 곡률, $\mathbf{v}$를 γ를 따르는 0이 아닌 평행인 벡터장이라고 하면 γ를 한 바퀴 돌 때 $\mathbf{v}$는 각

$$2\pi - \int_0^{l(\gamma)} \kappa_g ds \tag{13.28}$$

만큼 회전한다.

정의 13.6.3

만일γ를 곡면 S상의 단위 속력 폐곡선이라면 명제 13.6.2에 있는 각을 γ에 관한 **홀로노미**(holonomy)라고 하고 h_γ로 표시한다.

다음은 우리가 목표한 정리이다.

정리 13.6.4

γ를 곡면조각사상 σ상의 양방향인 단순 폐곡선이고 h_γ를 γ에 관한 홀로노미, K를 σ의 가우스 곡률이라면

$$h_\gamma = \int_{\mathrm{int}(\gamma)} K dA_\sigma.$$

증명 정리 13.1.2와 명제 13.6.2 그리고 정의 13.6.3을 결합하여라. ■

곡면 S의 점에서 가우스 곡률을 구하기 위해 이 정리를 이용해 브자. 즉, 만일 S상의 곡선 γ가 그것의 내부에 $\mathbf{p}$를 포함하는 작은 양방향의 단순폐곡선이라면 $\mathbf{p}$에서 S의 가우스 곡률은

$$\frac{h_\gamma}{Area(\mathrm{int}(\gamma))}$$

이다.
이를 사용하여 다음의 명제를 증명해보자.

명제 13.6.5 곡면 S의 임의의 두 점 p, q에 대해서 평행이동 Π_γ^{pq}가 p와 q를 연결하는 곡선 γ에 관계없이 일정하다면 그때 S는 평탄면이다.

증명 평행이동이 주어진 두 점을 연결하는 곡선에 관계없이 일정하다고 가정하자. 그때 S상의 임의의 폐곡선에 관한 홀로노미는 0이다. 사실은 γ가 그러한 곡선이고 p가 γ상의 임의의 점이라면 γ를 따른 p에서 p까지의 평행이동 Π_γ^{pp}은 p에서 p까지 상수 곡선을 따른 평행 이동과 같아야한다. 그러나 후자의 경우는 항등사상이다. 정리 13.6.4에 의해서 S상의 임의의 단순 폐곡선의 내부 점 상의 가우스 곡률의 적분은 0이어야 한다. 그래서 가우스 곡률 K가 모든 곳에서 0이고 만일 그렇지 않다면 어떤 점 p에서 $K(\mathrm{p}) > 0$이면 p를 포함하는 S의 어떤 열린 집합 O에 있는 단순 폐곡선 γ의 내부에서 $K > 0$이 되어 $h_\gamma > 0$이 된다. 이는 모순이다. ■

이 명제의 역은 더 이상의 조건 (연습문제 13.6.2 참고)이 없다면 참이 아니다. 그러나 S가 "단순연결" 곡면이라는 조건을 부가한다면 참이 된다. 여기서 단순연결이란 곡면 S상의 임의의 두 점 p, q에 대해서 p와 q를 연결하는 임의의 두 곡면 γ와 $\tilde{\gamma}$에 대해서 $\gamma^0 = \gamma$이고 $\gamma^1 = \tilde{\gamma}$인 p와 q를 연결하는 곡선들의 집합 γ^t가 존재한다는 것이다 (9.4절 참고). 예를 들면 구면은 단순 연결이지만 원기둥은 단순연결이 아니다. 단순연결에 관한 세심한 논의는 위상수학의 영역으로 너무 깊이 들어가는 것이므로 이들을 증명하지 않을 것이다.

연습문제

13.6.1 $\sigma(\theta,\varphi)$를 연습문제 4.2.5의 윤환면에 대한 매개변수화라고 하자. 원 $\theta = \theta_0$에 관한 홀로노미는 $2\pi(1-\sin\theta_0)$임을 밝혀라. φ=상수인 원에 관한 홀로노미가 2π라는 사실이 왜 당연한지를 밝혀라. 이들 원들은 윤환면 상의 단순폐곡선이 아님을 유의하여라.

13.6.2 원뿔 $\sigma(u,v) = (v\cos u, v\sin u, v)$상의 매개변수 원 $v = 1$에 관한 홀로노미를 계산하고 이로써 명제 13.6.5의 역이 거짓이라는 결론을 지어라.

13.7 벡터장의 특이점들

S가 곡면이고 $\mathbf{V}$를 S상의 매끄러운 **접선벡터장**(tangent vector field)이라고 하자. 즉, 만일 $\boldsymbol{\sigma} : U \to \mathbb{R}^3$가 S의 조각사상이고 (u, v)가 U상의 좌표라면

$$\mathbf{V} = \alpha(u, v)\boldsymbol{\sigma}_u + \beta(u, v)\boldsymbol{\sigma}_v$$

로 쓸 수 있다. 여기서 α와 β는 U상의 매끄러운 함수이다. 이 매끄러운 조건은 조각사상 $\boldsymbol{\sigma}$와 무관함을 쉽게 알 수 있다(연습문제 13.7.2 참고).

정의 13.7.1

만일 $\mathbf{V}$가 곡면 S상의 매끄러운 접선벡터장이면 $\mathbf{V} = \mathbf{0}$인 S의 점 $\mathbf{p}$를 $\mathbf{V}$의 **정류점**(stationary point)이라고 한다.

이 용어를 사용하게 된 이유는 다음과 같다. 명제 7.4의 증명에서 만일 $\mathbf{p}$가 S의 점이면 $\dot{\gamma} = \mathbf{V}$이고 $\gamma(0) = \mathbf{p}$인 S상의 유일한 곡선 $\gamma(t)$가 존재한다는 것을 알 수 있었다. 이 곡선 γ를 $\mathbf{V}$의 **적분곡선**(integral curve)이라고 한다. γ를 곡면 위를 흐르는 어떤 유체 속 입자의 경로로 생각할 수 있다. 만일 점 $\mathbf{p}$에서 $\mathbf{V} = \mathbf{0}$이면 흐름의 속도 $\dot{\gamma}$가 점 $\mathbf{p}$에서 $\mathbf{0}$이고 따라서 그 유체는 $\mathbf{p}$에서 정체상태에 있다.

긴밀곡면상의 매끄러운 접선벡터장의 정류점의 개수가 적당한 중복도를 가지고 세어졌을 때, 그것은 S의 오일러 수와 같다는 정리를 증명하고자 한다.

중복도를 정의하기 위해서 $\mathbf{p}$를 S의 곡면조각사상 $\boldsymbol{\sigma} : U \to \mathbb{R}^3$에 포함된 $\boldsymbol{\sigma}(u_0, v_0) = \mathbf{p}$인 $\mathbf{V}$의 정류점이라고 하자. ξ를 어느 점에서도 $\mathbf{0}$이 되지 않은 $\boldsymbol{\sigma}(U)$상의 매끄러운 접선벡터장이라고 하고(예를 들면 $\xi = \boldsymbol{\sigma}_u$ 혹은 $\boldsymbol{\sigma}_v$로 할 수 있음), ψ를 $\mathbf{V}$와 ξ 사이의 각이라고 하자.

정의 13.7.2

위의 기호를 사용하여 접선벡터장 $\mathbf{V}$의 정류점의 **중복도**(multiplicity)를

$$\mu(\mathbf{p}) = \frac{1}{2\pi}\int_0^{l(\gamma)} \frac{d\psi}{ds}\, ds$$

로 정의한다. 여기서 $\gamma(s)$는 $\mathbf{p}$를 내부 점으로 갖는 $\boldsymbol{\sigma}(U)$에 있는 길이가 $l(\gamma)$인 양방향의 단위속력인 단순폐곡선이다.

$\mu(\mathbf{p})$가 정수라는 것은 명백하고 11.1절의 호프의 회전정리 증명에서 사용한 것과 유사한 방법으로 $\mu(\mathbf{p})$가 단순폐곡선의 선택에 무관함을 밝힐 수 있다. 또한 '기준'이 되는 벡터장 ξ의 선택에도 무관하다(연습문제 13.7.3 참고).

예제 13.7.3 다음 평면상의 매끄러운 벡터장은 원점에서 제시된 중복도의 정류점을 갖는다 (명확히 하기 위해서 벡터장의 적분곡선을 나타냄).

(i) $\mathbf{V}(x,\ y)=(x,\ y);\ \mu=+1$

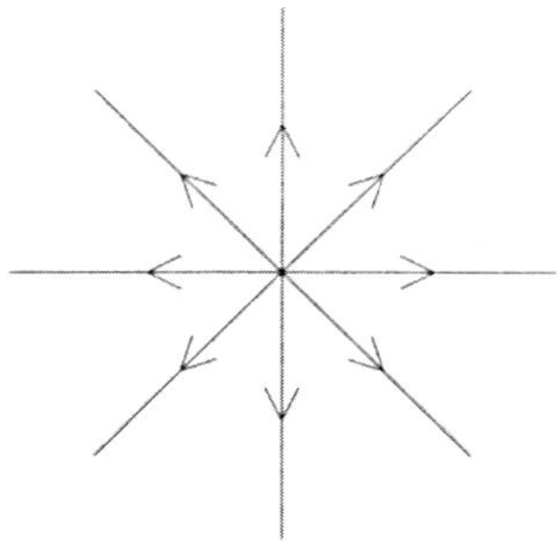

(ii) $\mathbf{V}(x,\ y)=(-x,\ -y);\ \mu=+1$

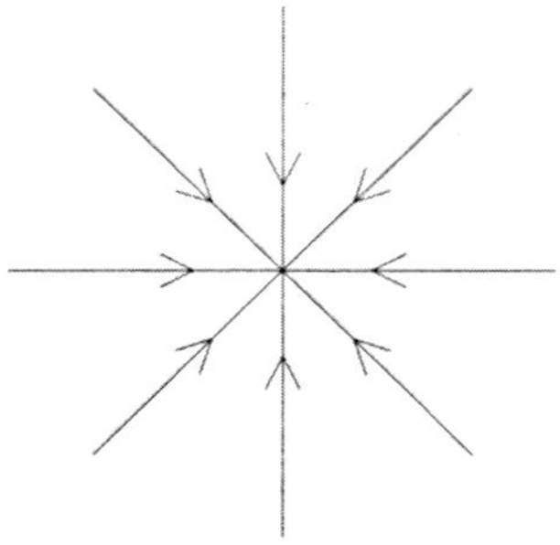

(iii) $\mathbf{V}(x,\ y)=(y,\ -x);\ \mu=+1$

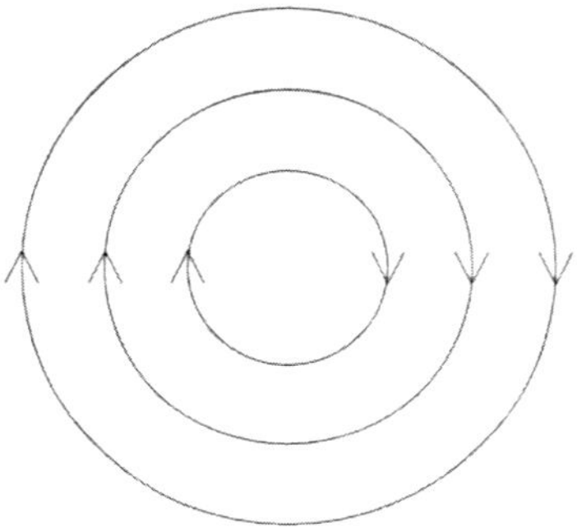

(iv) $\mathbf{V}(x,\ y)=(x,\ -y);\ \mu=-1$

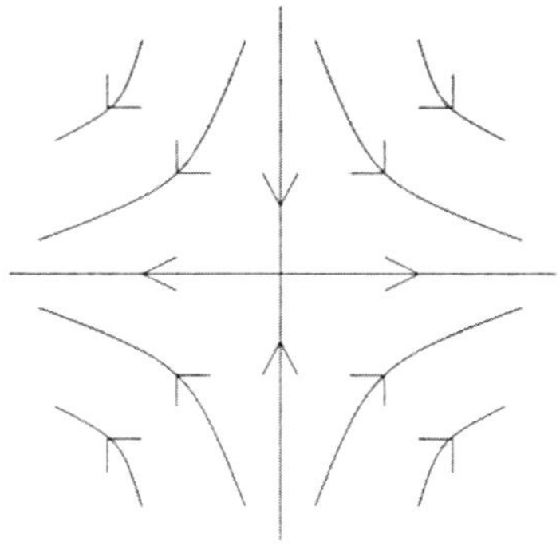

예제 11.1의 (i), (ii), (iii), (iv)에 있는 정류점들을 각각 **원천**(source), **흡입**(sink), **소용돌이**(vortex), **분기**(bifurcation)라고 한다. (iv)의 경우 중복도를 증명해보자. 기준 접선벡터장으로 상수벡터장 $\xi=(1,\ 0)$을 택하면, 각 ψ는

$$(\cos\psi,\ \sin\psi)=\frac{\mathbf{V}}{\|\mathbf{V}\|}=\left(\frac{x}{\sqrt{x^2+y^2}},\ -\frac{y}{\sqrt{x^2+y^2}}\right)$$

이다. $\gamma(s)=(\cos s,\ \sin s)$를 단위원으로 택하면 $\gamma(s)$에서 각 ψ는

$$(\cos\psi,\ \sin\psi)=(\cos s,\ -\sin s)$$

를 만족하고 따라서 $\psi=2\pi-s$이다. 그러므로

$$\mu(0,\ 0)=\frac{1}{2\pi}\int_0^{2\pi}\frac{d}{ds}(2\pi-s)ds=-1.$$

정리 13.7.4

$\mathbf{V}$를 유한개의 정류점 $\mathrm{p}_1,\ \mathrm{p}_2,\ \cdots,\ \mathrm{p}_n$을 갖는 긴밀곡면 S상의 매끄러운 접선벡터장이라고 하면

$$\sum_{i=1}^{n} \mu(\mathbf{p}_i) = \chi,$$

즉 S의 오일러 수이다.

증명 γ_i를 내부에 $\mathbf{p}_i$를 갖는 S의 조각사상 $\boldsymbol{\sigma}_i$에 포함된 양의 방향을 갖는 단위속력 단순폐곡선이라고 하자. γ_i들이 매우 작아서 그들의 내부들이 서로 만나지 않도록 택하자. $\gamma_1, \gamma_2, \cdots, \gamma_n$의 외부에 있는 S의 부분 S' 을 굽은 다각형 Γ_j들로 삼각형 분할하자. 이들 굽은 다각형들 중 몇몇의 변은 곡선 γ_i의 선분일 수도 있다.

이들 다각형이 양의 방향일 때 γ_i로부터 야기된 방향이 그들의 양의 방향과 반대방향이 됨을 주목하여라 (다음 그림을 참고하여라. 그림에서 화살표는 양의 방향을 나타낸다).

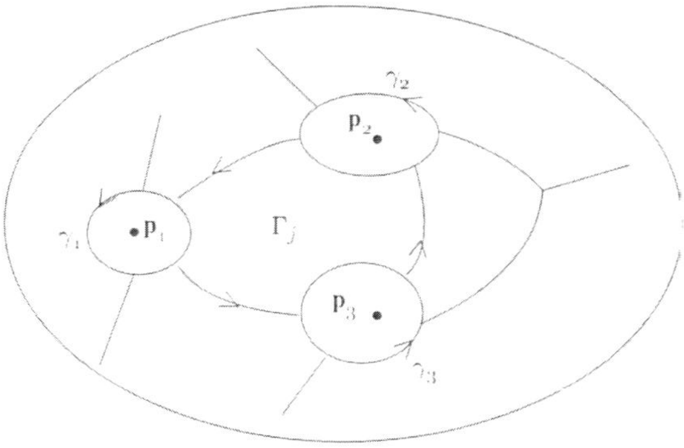

단순폐곡선들 γ_i와 그들의 내부로 형성된 S' 의 굽은 다각형들을 S의 삼각형 분할로 생각하면 정리 13.4.5로부터

$$\int_{S'} K dA + \sum_{i=1}^{n} \int_{\mathrm{int}(\gamma_i)} K dA = 2\pi\chi \tag{13.29}$$

이다. 여기서 χ는 S의 오일러 수이다. S' 의 각 점에서 S의 접평면의 직교기저 $\{\mathrm{e}', \mathrm{e}''\}$ 를 e' 이 V에 평행하도록 택한다. 정리 13.1.2의 증명에서와 같은 논리를 사용하면

$$\int_{S'} K dA = \sum_j \int_0^{l(\Gamma_j)} \mathrm{e}' \cdot \dot{\mathrm{e}}''\, ds \tag{13.30}$$

임을 알 수 있다. 여기서 s는 Γ_j의 길이함수이고 $l(\Gamma_j)$는 Γ_j의 길이이다. 굽은 다각형들 Γ_j 중 두 개의 공통변을 각 방향에서 한 번씩 이동하므로 식 (13.30)의 합에서 그들 값은 서로 소거된다. 다각형들 Γ_j의 부분인 곡선 γ_i의 선분을 따른 적분만이 남게 된다. 위에서 논의한 방향성에 관한 유의점을 참고해 보면

$$\int_{S'} K dA = -\sum_{i=1}^{n} \int_0^{l(\gamma_i)} \mathrm{e}' \cdot \dot{\mathrm{e}}'' ds \tag{13.31}$$

을 얻는다. 여기에서 s는 γ_i를 따르는 길이함수이고 $l(\gamma_i)$는 γ_i의 길이이다. 이제 각 조각사상 σ_i상에 S의 접평면의 직교기저 $\{\mathrm{f}', \mathrm{f}''\}$을 택하자. 정리 13.1.2의 증명에 의하면

$$\int_{\mathrm{int}(\gamma_i)} K dA = \int_0^{l(\gamma_i)} \mathrm{f}' \cdot \dot{\mathrm{f}}'' ds \tag{13.32}$$

이다. 식 (13.29), (13.31), (13.32)을 결합하여

$$\sum_{i=1}^{n} \int_0^{l(\gamma_i)} (\mathrm{f}' \cdot \dot{\mathrm{f}}'' - \mathrm{e}' \cdot \dot{\mathrm{e}}'') ds = 2\pi\chi \tag{13.33}$$

를 얻는다. 한편 정리 13.1.2의 증명으로부터

$$\mathrm{e}' \cdot \dot{\mathrm{e}}'' = \dot{\theta} - \kappa_g, \quad \mathrm{f}' \cdot \dot{\mathrm{f}}'' = \dot{\varphi} - \kappa_g$$

임을 알 수 있다. 여기서 κ_g는 γ_i의 측지곡률이고 θ와 φ는 각각 $\dot{\gamma}_i$와 e', $\dot{\gamma}_i$와 f' 사이의 각이다.

그때 $\psi = \varphi - \theta$는 e'과 f' 사이의 각이다. 즉, V와 σ_i상의 "기준" 접선벡터장 f' 사이의 각이다. 따라서 식 (13.33)의 좌변은

$$\sum_{i=1}^{n} \int_0^{l(\gamma_i)} \frac{d\psi}{ds} ds = 2\pi \sum_{i=1}^{n} \mu(\mathrm{p}_i)$$

가 되어 증명이 끝난다. ■

곡면상의 벡터장에 관한 간단한 예를 들어보자 (명확히 하기 위해서 그들의 적분곡선을 표시함).

예제 13.7.5 원천 1, 흡입 1을 갖는 구면상의 벡터장 : $\chi = 2$

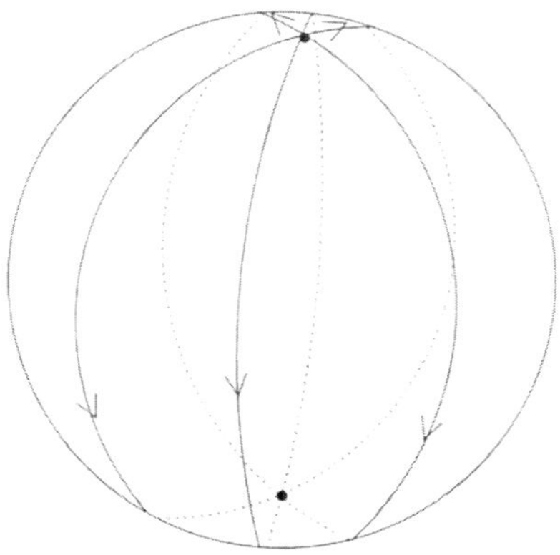

예제 13.7.6 정류점을 갖지 않는 원환면상의 벡터장 : $\chi = 0$

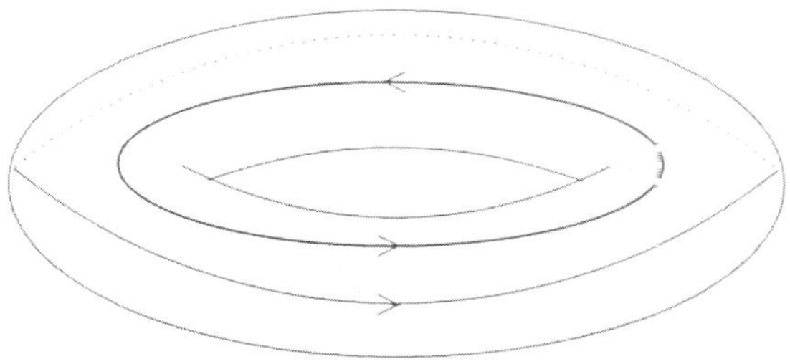

예제 13.7.7 분기 2를 갖는 T_2상의 벡터장 : $\chi = -2$

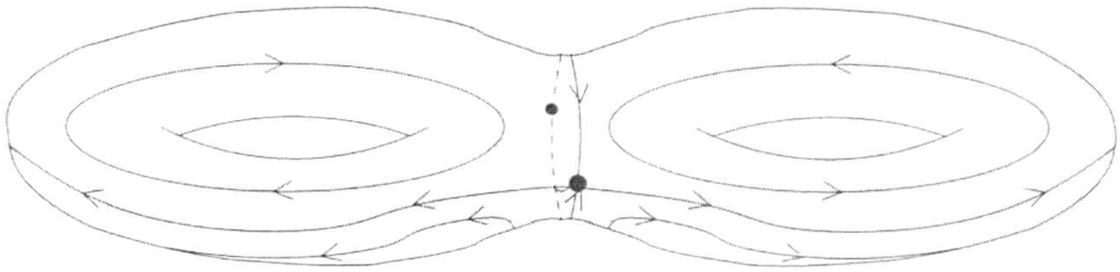

연습문제

13.7.1 k는 영이 아닌 정수이고 $\mathbf{V}(x,\ y) = (\alpha,\ \beta)$는

$$\alpha + i\beta = \begin{cases} (x+iy)^k, & k > 0 \\ (x-iy)^{-k}, & k < 0 \end{cases}$$

와 같이 주어진 평면상의 벡터장이라 하자. 이때 원점이 중복도 k인 $\mathbf{V}$의 정류점임을 밝혀라.

13.7.2 매끄러운 접선벡터장의 정의가 곡면조각사상의 선택에 무관함을 밝혀라. 또한 S상의 접선벡터장이 매끄러울 필요충분조건은 S의 임의의 곡면조각사상에 대하여 점 $\boldsymbol{\sigma}(u,\ v)$에서 $\mathbf{V}$의 세 개의 성분들이 $(u,\ v)$에 관한 매끄러운 함수가 되는 것임을 밝혀라.

13.7.3 접선벡터장의 정류점의 중복도에 관한 정의 13.7.2는 '기본' 벡터장 ξ에 무관함을 밝혀라.

13.8 임계점

만일 $f(u, v)$가 $\mathbb{R}^2$의 열린 부분집합 U상에 정의된 매끄러운 함수라면 $\frac{\partial f}{\partial u}$와 $\frac{\partial f}{\partial v}$가 (u_0, v_0)에서 영인 경우, 점 (u_0, v_0)를 f의 임계점이라고 한다. 다시 말하면, f의 그래디언트

$$\nabla f = \left(\frac{\partial f}{\partial u}, \frac{\partial f}{\partial v}\right)$$

가 (u_0, v_0)에서 영이다.

만일 지금 $F : S \to \mathbb{R}$가 곡면 S상에 매끄러운 함수이고 (연습문제 4.3.1 참고), $\boldsymbol{\sigma} : U \to \mathbb{R}^3$가 S의 곡면조각사상이라면, 그때 $f = F \circ \boldsymbol{\sigma}$는 $\mathbb{R}^2$의 열린 부분집합 U상에서 매끄러운 함수이다.

정의 13.8.1

S가 곡면이고 $F : S \to \mathbb{R}$을 S상의 매끄러운 함수라고 하자.
만일 $\mathbf{p} = \boldsymbol{\sigma}(u_0, v_0)$, 즉 (u_0, v_0)가 $f = F \circ \boldsymbol{\sigma}$의 임계점이 되는 S의 곡면조각사상 $\boldsymbol{\sigma}$가 존재하면 S의 점 $\mathbf{p}$를 F의 **임계점**(critical point)이라고 한다.

임계점의 정의가 조각사상 $\boldsymbol{\sigma}$의 선택에 독립적이라는 것은 곧바로 알 수 있다 (연습문제 13.8.1 참고). 그러나 이 사실은 우리가 제시할 조각사상의 선택에 무관한 임계점의 또 다른 특성화로부터 유추할 수 있다.

명제 13.8.2 만일 F가 곡면 S상의 매끄러운 함수이면 S상에 유일한 매끄러운 접선벡터장 $\nabla_S F$가 존재하여 다음을 만족시킨다. 만일 $\mathbf{p}$가 S의 점이고 $\gamma(t)$가 $t = t_0$에서 $\mathbf{p}$를 통과하는 S의 곡선이라면

$$(\nabla_S F) \cdot \dot{\gamma}(t_0) = \left.\frac{d}{dt}\right|_{t=t_0} F(\gamma(t)) \tag{13.34}$$

이다.
더욱이 $\mathbf{p}$가 F의 임계점일 필요충분조건은 $\mathbf{p}$에서 $\nabla_S F = 0$인 것이다.

증명 연습문제 4.4.3에서 F가 매끄러운 함수 $F: \mathbb{R}^3 \to \mathbb{R}$의 S에 대한 제한이라면, 식 (13.34)는 $\nabla_S F$가 F의 그래디언트 ∇F의 S의 접평면 위에로 직교사영일 때 성립하는 것을 보였다. 그러나 만일 $F: S \to \mathbb{R}$이 $\mathbb{R}^3$에서 정의된 매끄러운 함수의 제한이 아니라면, 달리 진행해야 한다. 왜냐하면 ∇F는 $\mathbb{R}^3$ 또는 적어도 $\mathbb{R}^3$의 열린 부분집합상에서 정의되어야 의미가 있기 때문이다. 접선벡터장 $\nabla_S F$는 존재하는 경우 유일하다는 것을 쉽게 알 수 있다. 사실 $\mathbf{p}$점

에서 S의 모든 접선벡터는 $\gamma(t_0) = \mathrm{p}$인 S의 곡선 γ에 대하여 $\dot{\gamma}(t_0) = 1$ 형태이다. 그래서 p점에서 $\nabla_S F$로 선택된 어떤 두 벡터도 모든 접선벡터에 수직인 벡터만큼만 차이가 날 것이다. 그러나 모든 접선벡터에 수직인 벡터는 영벡터이므로 $\nabla_S F$는 유일하다.

$\nabla_S F$가 존재함을 밝히기 위해서 $\boldsymbol{\sigma}(u_0, v_0) = \mathrm{p}$인 S의 곡면조각사상 $\boldsymbol{\sigma}(u, v)$를 택하고 $f = F \circ \boldsymbol{\sigma}$라고 하자. 또 $\{\mathrm{e}', \mathrm{e}''\}$를

$$\mathrm{e}'.\sigma_u = ''.\sigma_v = 1,\ \mathrm{e}'.\sigma_v = \mathrm{e}''.\sigma_u = 0 \tag{13.35}$$

을 만족하는 p점에서 S의 접평면의 기저라고 하자. 구체적으로는

$$\mathrm{e}' = \frac{G\boldsymbol{\sigma}_u - F\boldsymbol{\sigma}_v}{EG - F^2},\ \mathrm{e}'' = \frac{E\boldsymbol{\sigma}_v - F\boldsymbol{\sigma}_u}{EG - F^2} \tag{13.36}$$

이다. 여기서 $Edu^2 + 2Fdudv + Gdv^2$은 $\boldsymbol{\sigma}$의 제1기본형식이다. 이제

$$\nabla_S F = f_u \mathrm{e}' + f_v \mathrm{e}'' \tag{13.37}$$

이라 하자. 여기서 도함수는 (u_0, v_0)에서 계산된 것이다. 만일 γ가 명제에서 제시된 곡선, 즉 $\gamma(t) = \boldsymbol{\sigma}(u(t), v(t))$라면 ($\frac{d}{dt}$는 점 · 로 표시함)

$$\begin{aligned}(\nabla_S F) \cdot \dot{\gamma}(0) &= (f_u \mathrm{e}' + f_v \mathrm{e}'') \cdot (\sigma_u \dot{u} + \sigma_v \dot{v}) \\ &= f_u \dot{u} + f_v \dot{v} \qquad \text{(식 (13.35)에 의함)} \\ &= \dot{f}\end{aligned}$$

이다. 여기서 t에 관한 도함수는 $t = 0$에서 계산된 것이다.

식 (13.36)과 (13.37)로부터 $\nabla_S F$가 매끄럽고 p가 F의 임계점일 필요충분조건은 p에서 $\nabla_S F = 0$이라는 것은 자명하다. ■

$\nabla_S F$가 S상의 매끄러운 접선벡터장이므로 정리 13.7.4을 적용할 수 있다. 그렇게 하기 위해서 $\nabla_S F$의 정류점의 중복도를 계산해야 한다. 이를 위해서 F에 관한 추가적인 가정을 하고자 한다.

정의 13.8.3

곡면 S의 매끄러운 함수 F의 임계점 p에 대해서 $\boldsymbol{\sigma}(u, v)$가 $\mathrm{p} = \boldsymbol{\sigma}(u_0, v_0)$인 S의 조각사상일 때 행렬

$$\mathcal{H} = \begin{pmatrix} \dfrac{\partial^2 f}{\partial u^2} & \dfrac{\partial^2 f}{\partial u\, \partial v} \\ \dfrac{\partial^2 f}{\partial u\, \partial v} & \dfrac{\partial^2 f}{\partial v^2} \end{pmatrix}$$

가 정칙인 경우 P를 **비퇴화**(non-degenerate) 임계점이라고 한다. 여기서 $f = F \circ \boldsymbol{\sigma}$이고 도함수는

(u_0, v_0)에서 계산된 것이다.

이 경우 $\mathscr{H}$가 음수인 2개의 고유값을 가지면 **극대**, 음수인 1개의 고유값을 가지면 **안장점**(saddle point), 음수인 고유값을 갖지 않으면 **극소**를 갖는다고 한다.

이 정의가 조각사상 σ의 선택에 독립적임을 밝히는 것은 어렵지 않다 (연습문제 13.8.1 참고). 행렬 $\mathscr{H}$는 실대칭 행렬이므로 항상 두 개의 실수인 고유값을 갖는다는 것을 주목하여라 (그들이 서로 다를 필요는 없다) -부록 0 참고.

명제 13.8.4 p를 곡면 S상에 정의된 매끄러운 함수 F의 임계점이라고 하자. 그때 $\nabla_S F$의 정류점으로서 p의 중복도는

$$\mu(\mathbf{p}) = \begin{cases} 1 & : \mathbf{p}\text{가 극대 또는 극소값} \\ -1 & : \mathbf{p}\text{가 안장점} \end{cases}$$

이다.

예제 13.8.5 평면 위에 정의된 함수 $F(u, v) = -u^2 - v^2$(또는 $u^2 - v^2$, $u^2 + v^2$)는 원점에서 극대점(각각 안장점, 극소점)을 갖는다.

여기에서 명제 13.8.4의 완전한 증명을 제시하지는 않겠다. 그러나 다음의 논리는 그것이 참이라는 것을 독자들에게 확신시켜줄 것이다. 간단히 하기 위해서 $(u_0, v_0) = (0, 0)$라 하고 $u = v = 0$에서 정의 13.8.3에서 나타나는 행렬을

$$\mathscr{H} = \begin{pmatrix} \lambda & \mu \\ \mu & \nu \end{pmatrix}$$

라고 하자. 이때 테일러 정리에 의해서

$$f(u, v) = \frac{1}{2}(\lambda u^2 + 2\mu uv + \nu v^2) + r(u, v)$$

이다. 여기에서 u와 v가 영으로 접근할 때 $\dfrac{r(u, v)}{u^2 + v^2}$는 0으로 수렴한다. 점 p 근방에서 $\nabla_S F$의 값들이 $\nabla_S \widetilde{F}$의 값들과 같다는 것은 타당하다. 여기에서

$$\widetilde{F}(\sigma(u, v)) = \frac{1}{2}(\lambda u^2 + 2\mu uv + \nu v^2)$$

이다.

특히, F와 $\widetilde{F}$는 p점에서 같은 종류의 임계점을 갖게 된다.

그러나 $\widetilde{F}$의 임계점으로써 p의 중복도는 쉽게 계산된다. 계산을 위해서 다음과 같은 회전행렬 P가

존재함을 주목하여라.

$$P^t\begin{pmatrix}\lambda & \mu \\ \mu & \nu\end{pmatrix}P = \begin{pmatrix}\epsilon_1 & 0 \\ 0 & \epsilon_2\end{pmatrix}$$

이는 uv-평면에 회전운동을 적용해서 (즉, $\boldsymbol{\sigma}$의 재매개변수화)

$$\widetilde{F}(\sigma(u,\ v)) = \frac{1}{2}(\epsilon_1 u^2 + \epsilon_2 v^2)$$

이라고 생각할 수 있다는 것이다.

조각사상 $\boldsymbol{\sigma}$가 등각이라고 가정할 수 있으므로 uv-평면에서 측정된 각들이 곡면상에서 측정된 각들과 같다고 할 수 있다 (9.4절을 참조).

'기준' 접선벡터를 $\boldsymbol{\sigma}_u$로 삼는다면 $\nabla_S \widetilde{F}$와 $\boldsymbol{\sigma}_u$ 사이의 각 ψ는

$$(\cos\psi,\ \sin\psi) = \frac{(\epsilon_1 u,\ \epsilon_2 v)}{\sqrt{\epsilon_1^2 u^2 + \epsilon_2^2 v^2}}$$

로 주어진다. 타원

$$\epsilon_1^2 u^2 + \epsilon_2^2 v^2 = r^2$$

으로 주어진 uv-평면에 있는 단순폐곡선을 생각해 보자. 여기서 r은 매우 작은 양수이고 u와 v는

$$u = \frac{r}{|\epsilon_1|}\cos t,\ v = \frac{r}{|\epsilon_2|}\sin t$$

로 매개변수화 된다.

따라서

$$\cos\psi = \frac{\epsilon_1}{|\epsilon_1|}\cos t,\ \sin\psi = \frac{\epsilon_2}{|\epsilon_2|}\sin t$$

이므로

$$\psi = \begin{cases} t & : \epsilon_1 > 0 \text{ 이고 } \epsilon_2 > 0 \\ 2\pi - t & : \epsilon_1 > 0 \text{ 이고 } \epsilon_2 < 0 \\ \pi - t & : \epsilon_1 < 0 \text{ 이고 } \epsilon_2 > 0 \\ \pi + t & : \epsilon_1 < 0 \text{ 이고 } \epsilon_2 < 0 \end{cases}$$

이다. 이것은 $\nabla_s \widetilde{F}$의 정류점으로써 $\mathbf{p}$의 중복도가

$$\frac{1}{2\pi}\int_0^{2\pi}\frac{d\psi}{dt}dt = \begin{cases} 1 & : \epsilon_1\text{과 } \epsilon_2\text{가 같은 부호} \\ -1 & : \epsilon_1\text{과 } \epsilon_2\text{가 다른 부호} \end{cases}$$

임을 말한다. 이는 명제 13.8.4의 결과와 일치한다.

정리 13.7.4과 명제 13.8.4를 위 예제의 관점에서 결합하면 다음 정리를 얻는다.

정리 13.8.6

$F : S \to \mathbb{R}$ 을 긴밀곡면 S상의 매끄러운 함수로서 유한개의 비퇴화인 임계점들만 갖는다고 하자. 그때

$$(F\text{의 극대점들의 개수}) - (F\text{의 안장점들의 개수}) + (F\text{의 극소점들의 개수}) = \chi,$$

여기서 χ는 S의 오일러 수이다.

예제 13.8.7 11.3절의 서두에서 언급된 종수 g를 갖는 곡면 T_g를 생각하고 그것을 xy-평면상에 똑바로 세우면 평면 위로의 높이는 T_g상의 매끄러운 함수 F를 정의한다. 다음 그림은 F의 임계점들을 나타내고 있으며 그들 모두 비퇴화인 임계점들이다 (연습문제 13.8.3 참조).

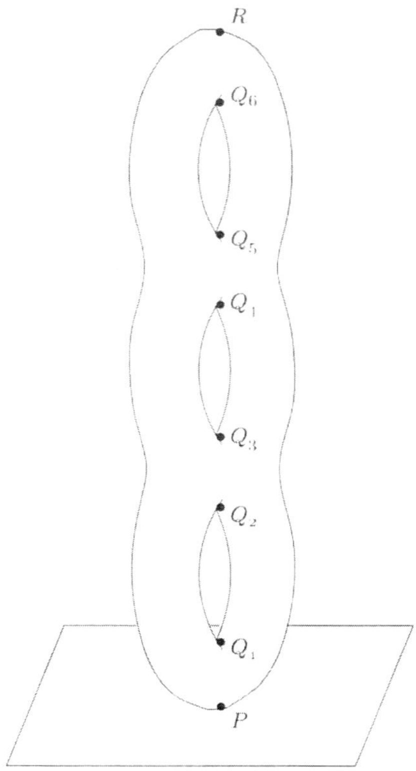

유일한 극소점 P, $2g$개의 안장점 Q_1, Q_2, $\cdots$, Q_{2g}, 그리고 유일한 극대점 R이 보인다. 정리 11.8은 T_g의 오일러 수가

$$1 - 2g + 1 = 2 - 2g$$

임을 밝힌다. 이는 정리 13.4.7과 일치하는 결과이다.

연습문제

13.8.1 임계점(정의 13.8.1)이 비퇴화(정의 13.8.3)이든 아니든 그것의 정의가 곡면조각사상의 선택에 무관함을 밝혀라. 극대점, 극소점, 안장점으로 비퇴화 임계점들을 분류하는 것 또한 곡면조각사상의 선택에 무관함을 밝혀라.

13.8.2 평면상에 정의된 다음 함수들 중 어떤 것들이 원점을 비퇴화 임계점으로 갖는가? 비퇴화 임계점인 경우에 그 원점을 극대점, 극소점, 안장점으로 분류하여라.

(1) $x^2 - 2xy + 4y^2$

(2) $x^2 + 4xy$

(3) $x^3 - 3xy^2$

13.8.3 xy-평면에 놓여있는 원 $(x-2)^2 + z^2 = 1$을 z-축을 둘레로 회전해서 얻은 원환면을 S, $F : S \to \mathbb{R}$을 평면 $x = -3$으로부터의 거리 함수라고 하자. 함수 F가 비퇴화인 네 개의 임계점을 가짐을 밝히고 또 그들을 극대점, 안장점, 극소점으로 분류하여라 (S의 매개변수화에 대해서는 연습문제 4.10을 참조).

부록

부록 0 내적공간과 자기수반 일차사상

이 부록을 통하여 V는 $\mathbb{R}$ 위에서 유한차원 n인 벡터공간이다. 이 부록에 있는 모든 결과들의 증명은 보통 선형대수 교재에서 볼 수 있다.

$(\mathbf{v}, \mathbf{w}) \mapsto <\mathbf{v}, \mathbf{w}>$ 로 나타내는 사상 $V \times V \rightarrow \mathbb{R}$은, 모든 $\lambda_1, \lambda_2 \in \mathbb{R}$, $\mathbf{v}_1$, $\boldsymbol{v}_2$, $\mathbf{w} \in V$에 대하여, 조건

$$< \lambda_1 \mathbf{v}_1 + \lambda_2 \mathbf{v}_2 , \mathbf{w} > = \lambda_1 < \mathbf{w}, \mathbf{v}_1 > + \lambda_2 < \mathbf{w}, \mathbf{v}_2 >$$

$$< \mathbf{w}, \lambda_1 \mathbf{v}_1 + \lambda_2 \mathbf{v}_2 > = \lambda_1 < \mathbf{w}, \mathbf{v}_1 > + \lambda_2 < \mathbf{w}, \mathbf{v}_2 >$$

를 만족할 때, **쌍일차형식**(bilinear form)이라 한다. 따라서 $<\mathbf{v}, \mathbf{w}>$ 는 고정된 각 벡터 $\mathbf{w}$에 대하여 $\mathbf{v}$에 관한 일차함수이고, 또한 고정된 각 벡터 $\mathbf{v}$에 대하여 $\mathbf{w}$에 관한 일차함수이다.

만일 $\{\mathbf{v}_1, \cdots, \mathbf{v}_n\}$이 V의 한 기저라면, V상에 쌍일차형식 $< \, , >$은, i, $j = 1, \cdots, n$에 대하여 (i, j)-성분이 $<\mathbf{v}_i, \mathbf{v}_j>$인 $n \times n$ 행렬에 의하여 결정된다. 왜냐하면,

$$\mathbf{v} = \sum_{i=1}^{n} \lambda_i \mathbf{v}_i, \ \mathbf{w} = \sum_{i=1}^{n} \mu_i \mathbf{v}_i$$

가 V안의 두 벡터라면,

$$< \mathbf{v}, \mathbf{w} > = \sum_{i,j=1}^{n} \lambda_i \mu_j < \mathbf{v}_i, \mathbf{v}_j >$$

이기 때문이다.

쌍일차형식 $< \, , >$ 이 모든 $\mathbf{v}, \mathbf{w} \in V$에 대하여

$$< \mathbf{v}, \mathbf{w} > = < \mathbf{w}, \mathbf{v} >$$

를 만족할 때, **대칭**(symmetric)이라 한다. 동치적으로 V의 임의의 기저에 대하여 $< \, , >$의 행렬이 대칭이다.

수반된 이차형식(quadratic form) $q : V \rightarrow \mathbb{R}$에 의하여 하나로 결정되는 임의의 대칭 쌍일차형식 $< \, , >$는

$$q(\mathbf{v}) = < \mathbf{v}, \mathbf{v} >$$

로 주어진다. 사실 모든 $\mathbf{v}, \mathbf{w} \in V$에 대하여

$$< \mathbf{v}, \mathbf{w} > = \frac{1}{2}(q(\mathbf{v}+\mathbf{w}) - q(\mathbf{v}) - q(\mathbf{w}))$$

이다.

V상의 **내적**(inner product)은, 모든 $\mathbf{v}(\neq 0) \in V$에 대하여 $< \mathbf{v}, \mathbf{v} > > 0$를 만족하는 V상의 대칭 쌍일차형식 $< \ , >$ 이다. 그러면 벡터 $\mathbf{v}$의 **길이**(length)는 $\| \mathbf{v} \| = < \mathbf{v} \ \ \mathbf{v} >^{\frac{1}{2}}$로 정의하고 $< \mathbf{v}, \mathbf{w} > = 0$이면 두 벡터 $\mathbf{v}, \mathbf{w}$는 직교(perpendicular) 또는 수직(orthogonal)이라고 한다.

명제 A.0.1 $< \ , >$를 V상의 내적이라 하자. 그러면 V는 정규직교기저(orthonormal basis), 즉

$$< \mathbf{v}_i, \mathbf{v}_j > = \begin{cases} 1, & i = j \\ 0, & i \neq j \end{cases}$$

를 만족하는 기저 $\{\mathbf{v}_1, \cdots, \mathbf{v}_n\}$를 갖는다.
만일 V가 내적 $< \ , >$를 가지면, 일차사상 $L: V \to V$가 모든 $\mathbf{v}, \mathbf{w} \in V$에 대하여

$$< L(\mathbf{v}), \mathbf{w} > = < \mathbf{v}, L(\mathbf{w}) >$$

를 만족하면 **자기수반**(self-adjoint)이라고 한다. 동치적으로 쌍일차형식

$$<< \mathbf{v}, \mathbf{w} >> = < L(\mathbf{v}), \mathbf{w} >$$

는 대칭이어야 한다.

명제 A.0.2 $L: V \to V$를 자기수반 일차사상이라 하자. 그러면, V의 임의의 정규직교기저에 관한 L의 행렬은 대칭행렬이다.

$L: V \to V$를 일차사상이라면, 실수 λ는, 어떤 영이 아닌 벡터 $\mathbf{v} \in V$에 대하여 $L\mathbf{v} = \lambda \mathbf{v}$를 만족할 때, L의 **고유값**(eigenvalue)이라고 한다. 이 경우, $\mathbf{v}$는 고유값 λ에 관한 L의 **고유벡터**(eigenvector)라고 한다.

정리 A.0.3

$L: V \to V$를 자기수반 일차사상이라 하자. 그러면, V는 L의 고유벡터를 이루는 기저 $\{\mathbf{v}_1, \cdots, \mathbf{v}_n\}$를 갖는다. 더욱이 만일 $\mathbf{v}_i, \mathbf{v}_j$가 서로 다른 고유값에 대응하는 고유벡터라면 $< \mathbf{v}_i, \mathbf{v}_j > = 0$이다.

이 정리의 마지막 문장은 L의 고유벡터의 기저는 정규직교가 되도록 고를 수 있다는 것을 의미한다.
이 정리는 가끔 L이 **대각화가능**(diagonalizable)하다고 한다: 즉, 이 정리에서 기저 $\{\mathbf{v}_1, \cdots, \mathbf{v}_n\}$에 관하여 L의 행렬은 대각행렬

$$\begin{pmatrix} \lambda_1 & 0 & \cdots & 0 \\ 0 & \lambda_2 & \cdots & 0 \\ \vdots & \vdots & \ddots & \vdots \\ 0 & 0 & \cdots & \lambda_n \end{pmatrix}$$

이다. 단, λ_i는 고유벡터 $\mathbf{v}_i$에 대응하는 고유값이다.

왜냐하면, 위의 모든 결과들이 행렬버전을 가지기 때문이다. 만일 A가 $n \times n$ 행렬이라면, A의 고유값은, I가 $n \times n$ 단위행렬일 때,

$$\det(A - \lambda I) = 0$$

를 만족하는 실수 λ이다. 고유값 λ를 가지는 A의 고유벡터는 $A\mathbf{v} = \lambda\mathbf{v}$를 만족하는 $n \times 1$ 열행렬이다. 정리 A.0.3은 다음 정리와 동치이다.

정리 A.0.4

S를 실대칭 $n \times n$ 행렬이라 하자. 그러면, PSP^t가 대각행렬인 직교행렬 P가 존재한다.

대응은 다음과 같다. $\{\mathbf{w}_1, \cdots, \mathbf{w}_n\}$을 V의 정규직교기저라 하자. 그러면,

$$L(\mathbf{w}_j) = \sum_{i=1}^{n} s_{ij}\mathbf{w}_i$$

를 만족하는 일차사상 $L: V \to V$는 자기수반이다. 단, $S = (s_{ij})$이다.

$$\mathbf{w}_j = \sum_{i=1}^{n} p_{ij}\mathbf{v}_i$$

를 만족하는 행렬 $P = (p_{ij})$는 직교행렬이고 PSP^t 정리 A.0.3에 의하여 L에 대응되는 직교행렬이다.

부록 1 유클리드공간의 등장변환

이 부록에는 이 교재의 여러 곳에서 이용되는 $\mathbb{R}^n$의 등장변환에 관한 몇 가지 기본적인 결과들을 모았다.

정의 A.1.1

$n \geq 1$이라 하자. $\mathbb{R}^n$의 등장변환(isometry)은 $\mathbb{R}^n$의 두 점 사이의 거리를 보존하는 사상 $F: \mathbb{R}^n \to \mathbb{R}^n$을 말한다. 즉, 모든 $\mathbf{v}, \mathbf{w} \in \mathbb{R}^n$에 대하여

$$\| F(\mathbf{v}) - F(\mathbf{w}) \| = \| \mathbf{v} - \mathbf{w} \|$$

를 만족하는 것이다.

등장변환을 아무리 합성하더라도 등장변환인 것은 명백하다.

$i = 1, \cdots, n$에 대하여 $\mathbf{e}_i = (0, \cdots, 0, 1, 0, \cdots, 0)$ (i-번째에 1이다).

명제 A.1.2 $i = 1, \cdots, n$에 대하여 $F(\mathbf{0}) = \mathbf{0}$이고 $F(\mathbf{e}_i) = \mathbf{e}_i$를 만족하는 $\mathbb{R}^n$의 등장변환을 F라 하자. 그러면 F는 항등사상이다.

증명 만일 $\mathbf{v} \in \mathbb{R}^n$이라면, F에 관한 가정으로부터, $i = 1, \cdots, n$에 대하여 $\| \mathbf{v} \| = \| F(\mathbf{v}) \|$이고 $\| \mathbf{v} - \mathbf{e}_i \| = \| F(\mathbf{v}) - \mathbf{e}_i \|$이다. 이 방정식들은 차례차례로 $i = 1, \cdots, n$에 대하여 $\mathbf{v} \cdot \mathbf{e}_i = F(\mathbf{v}) \cdot \mathbf{e}_i$을 말하므로 $\mathbf{v} = F(\mathbf{v})$이다. □

어떤 벡터 $\mathbf{v} = (v_1, v_2, \cdots, v_n) \in \mathbb{R}^n$를 열행렬

$$\begin{pmatrix} v_1 \\ v_2 \\ \vdots \\ v_n \end{pmatrix}$$

과 동일시하면 편리하고, 이것도 마찬가지로 $\mathbf{v}$로 나타낸다. 그러면 벡터들의 내적을 행렬 모양 $\mathbf{v} \cdot \mathbf{w} = \mathbf{v}^t \mathbf{w}$로 나타낼 수 있다.

가역 $n \times n$ 행렬 P가 $P^t = P^{-1}$을 만족할 때, 직교행렬(orthogonal matrix)이라고 한다. 단, P^t는 P의 전치행렬이다. 동치조건이 P의 열벡터가 직교단위벡터인 것이다.

정리 A.1.3

P를 $n \times n$ 직교행렬이라 하고 $\mathbf{a} \in \mathbb{R}^n$이라 하자. 그러면

$$F(\mathbf{v}) = P\mathbf{v} + \mathbf{a} \tag{A.1.1}$$

로 정의되는 사상 $F: \mathbb{R}^n \to \mathbb{R}^n$은 $\mathbb{R}^n$의 등장변환이다. 더욱이 $\mathbb{R}^n$의 모든 등장변환은 이런 방법으로 얻어진다. 특히 모든 등장변환은 전단사 사상이고 모든 등장변환의 역사상은 등장변환이다.

증명 만일 $\mathbf{v}, \mathbf{w} \in \mathbb{R}^n$이고 P가 직교행렬일 때, F가 식 $(A.1.1)$로 정의된다면 다음이 성립한다.

$$\begin{aligned}\| F(\mathbf{v}) - F(\mathbf{w}) \|^2 &= (F(\mathbf{v}) - F(\mathbf{w})) \cdot (F(\mathbf{v}) - F(\mathbf{w})) \\ &= (P\mathbf{v} - P\mathbf{w})^t (P\mathbf{v} - P\mathbf{w}) \\ &= (\mathbf{v} - \mathbf{w})^t P^t P (\mathbf{v} - \mathbf{w}) \\ &= (\mathbf{v} - \mathbf{w})^t (\mathbf{v} - \mathbf{w}) \\ &= \| \mathbf{v} - \mathbf{w} \|^2.\end{aligned}$$

따라서 F는 등장변환이다.

지금 $G(\mathbf{v}) = P^t\mathbf{v} - P^t\mathbf{a}$로 정의하자. 그러면 G는 등장변환 (왜냐하면 P^t는 직교행렬: $(P^t)^t = P = (P^{-1})^{-1} = (P^t)^{-1}$)이고,

$$G \circ F(\mathbf{v}) = P^t(P\mathbf{v} + \mathbf{a}) - P^t\mathbf{a} = \mathbf{v},\ F \circ G(\mathbf{v}) = P(P^t\mathbf{v} - P^t\mathbf{a}) + \mathbf{a} = \mathbf{v}$$

이므로, 따라서 G는 F의 역사상이다(그리고 역사상을 가지므로 F는 전단사이다).

역에 관하여, F를 $\mathbb{R}^n$의 등장변환이라 하자. $\mathbf{a} = F(0)$, $\mathbf{v}_i = F(\mathbf{e}_i) - \mathbf{a}$라 하자. 그러면 $\mathbf{v}_1, \cdots, \mathbf{v}_n$은 직교하는 단위벡터들이다. 왜냐하면,

$$\| \mathbf{v}_i \| = \| F(\mathbf{e}_i) - F(0) \| = \| \mathbf{e}_i - 0 \| = 1$$

이므로 $\mathbf{v}_i$는 단위벡터들이고, $\mathbf{v}_i$와 $\mathbf{e}_i$가 단위벡터라는 사실을 이용하고 $i \neq j$라면

$$\| \mathbf{v}_i - \mathbf{v}_j \| = \| \mathbf{e}_i - \mathbf{e}_j \|$$

는 $\mathbf{v}_i \cdot \mathbf{v}_j = \mathbf{e}_i \cdot \mathbf{e}_j = 0$인 것을 나타낸다.

한편 $\mathbf{v}_1, \cdots, \mathbf{v}_n$는 직교하는 단위벡터들이므로, 열벡터들이 $\mathbf{v}_1, \cdots, \mathbf{v}_n$인 행렬 P는 직교행렬이다. 더욱이

$$P\mathbf{e}_i = \mathbf{v}_i = F(\mathbf{e}_i) - \mathbf{a}$$

이다. 따라서 만일 G가

$$G(\mathbf{v}) = P\mathbf{v} + \mathbf{a}$$

라면 $i=1, \cdots, n$에 대하여 $F(\mathbf{e}_i)=G(\mathbf{e}_i)$이고 $F(\mathbf{0})=G(\mathbf{0})$이다. 그러면 등장변환 $G^{-1} \circ F$는 $\mathbf{0}$와 $\mathbf{e}_1, \cdots, \mathbf{e}_n$을 고정하므로 명제 A.1.2에 의해 항등사상이다. 따라서 $F=G$이다. □

만일 P가 직교행렬이면,

$$1=\det(P^tP)=\det(P^t)\det(P)=\det(P)^2$$

이므로 P의 행렬식은 ± 1이다. $\det(P)=1$인 등장변환 (A.1.1)을 **직접 등장변환**(direct isometry)이라 하고, $\det(P)=-1$인 등장변환을 **반대 등장변환**(opposite isometry)이라 한다. 만일

$$F(\mathbf{v})=P\mathbf{v}+\mathbf{a},\ G(\mathbf{v})=Q\mathbf{v}+\mathbf{a}$$

가 등장변환들이라면, 합성사상 $G \circ F$는, $\det(QP)=\det(Q)\det(P)$이드로, 등장변환

$$(G \circ F)(\mathbf{v})=QP\mathbf{v}+Q\mathbf{a}+\mathbf{b}$$

이다. 두 개의 직접 등장변환이나 두 개의 반대 등장변환의 합성사상은 직접 등장변환이고, 직접 등장변환과 반대 등장변환의 합성은 반대 등장변환이다.

지금부터 등장변환의 기하학적 성질을 살펴보자. 가장 단순한 등장변환은 다음 두 모양이다:

평행이동(translation): 이것은 $\mathbf{a}$가 $\mathbb{R}^n$의 한 고정 벡터일 때,

$$T_{\mathbf{a}}(\mathbf{v})=\mathbf{v}+\mathbf{a} \tag{A.1.2}$$

로 주어지는 직접 등장변환 $T_{\mathbf{a}}$이다.

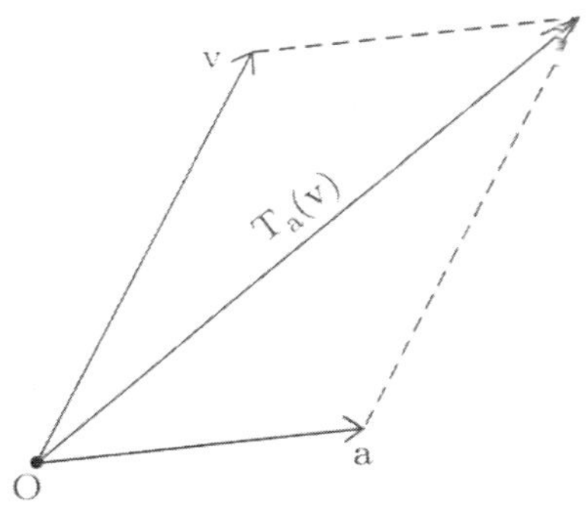

반사(reflection): 만일 $\mathbf{N} \in \mathbb{R}^n$이 영이 아닌 고정된 벡터(단위벡터라고 가정할 수 있다) 이고 $d \in \mathbb{R}$이라면,

$$\mathbf{v} \cdot \mathbf{N}=d$$

를 만족하는 벡터 $\mathbf{v} \in \mathbb{R}^n$들의 집합 $\mathcal{H}$를 **초평면**(hyperplane)이라 부른다. ($\mathbb{R}^2$안의 초평면은 직선이고 $\mathbb{R}^3$안의 초평면은 평면이다.) $\mathcal{H}$ 안의 반사 $R_{\mathcal{H}}$를

$$R_{\mathscr{H}}(\mathrm{v}) = \mathrm{v} - 2(\mathrm{v} \cdot \mathrm{N} - d)\mathrm{N} \tag{A.1.3}$$

로 정의한다. $R_{\mathscr{H}} \circ R_{\mathscr{H}}$ 는 항등사상이라는 사실과, 그러므로 $R_{\mathscr{H}}$ 는 자신의 역사상이며, $R_{\mathscr{H}}$ 에 의하여 고정되는 (즉, $R_{\mathscr{H}}(\mathrm{v}) = \mathrm{v}$ 인) 점 v들의 집합은 바로 초평면 $\mathscr{H}$ 라는 사실은 독자들에게 점검을 맡긴다. 만일 $\mathscr{H}$ 를 두 방향의 거울로 생각하면 $R_{\mathscr{H}}(\mathrm{v})$는 v의 거울상이다.

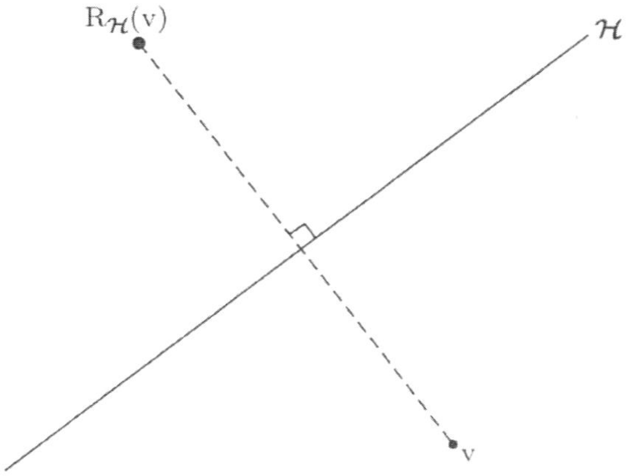

명제 A.1.4 반사는 반대 등장변환이다.

증명 행렬기호를 사용하여

$$P = I - 2\mathrm{N}\mathrm{N}^t$$

이고 $\mathrm{a} = 2d\mathrm{N}$ 이라할 때, $R_{\mathscr{H}}(\mathrm{v}) = P\mathrm{v} + \mathrm{a}$ 이다. 지금 $\mathrm{N}^t\mathrm{N} = \mathrm{N} \cdot \mathrm{N} = 1$ 이므로

$$\begin{aligned} P^t P &= (I - 2\mathrm{N}\mathrm{N}^t)^t (I - 2\mathrm{N}\mathrm{N}^t) = (I - 2\mathrm{N}\mathrm{N}^t)(I - 2\mathrm{N}\mathrm{N}^t) \\ &= I - 4\mathrm{N}\mathrm{N}^t + 4\mathrm{N}\mathrm{N}^t\mathrm{N}\mathrm{N}^t = I \end{aligned}$$

이다. 따라서 P는 직교행렬이고 $R_{\mathscr{H}}$ 는 등장변환이다.

$\mathrm{v}_1, \cdots, \mathrm{v}_{n-1}$을 초평면 $\mathrm{v} \cdot \mathrm{N} = 0$ (즉, 원점을 지나고 $\mathscr{H}$ 에 평행한 초평면)의 정규직교기저라 하자. Q를 열이 직교 단위벡터들 $\mathrm{v}_1, \cdots, \mathrm{v}_{n-1}, \mathrm{N}$ 으로 이루어진 $n \times n$ 행렬이라 하자. 그러면 Q는 직교행렬이다. 곱 PQ는 열이 $\mathrm{v}_1, \cdots, \mathrm{v}_{n-1}, -\mathrm{N}$ 인 행렬이므로,

$$PQ = Q\begin{pmatrix} 1 & 0 & \cdots & 0 & 0 \\ 0 & 1 & \cdots & 0 & 0 \\ \vdots & \vdots & \ddots & \vdots & \vdots \\ 0 & 0 & \cdots & 1 & 0 \\ 0 & 0 & \cdots & 0 & -1 \end{pmatrix}$$

이다. 양변에 행렬식을 취하고$\det(Q) \neq 0$이라는 사실에 주목하면 기대하던 $\det(P) = -1$을 얻는다. □

모든 평행이동의 합성은 또 다른 평행이동이다. 한편 모든 등장변환은 반사의 합성이다.

정리 A.1.5

$\mathbb{R}^n$의 모든 등장변환은 $\le n+1$ 반사의 합성이다.

증명 F를 $\mathbb{R}^n$의 등장변환이라 하고 $\mathbf{e}_0 = \mathbf{0}$이라 하자. $i = 0, 1, \cdots, n$에 대하여 두 조건

(i) G_i는 $\le n+1$ 반사의 합성이고,

(ii) $G_i \circ F$는 점 $\mathbf{e}_0, \mathbf{e}_1, \cdots, \mathbf{e}_i$를 고정한다.

를 만족하는 등장변환 G_i를 만든다. 그러면 $G_n \circ F$는 $\mathbf{0}$와 점 $\mathbf{e}_1, \cdots, \mathbf{e}_n$을 고정하는 등장변환이다. 그러므로 이것은 명제 A.1.2에 의하여 항등사상이다. 더욱이 G_n^{-1}는 $\le n+1$ 반사의 합성이다. 왜냐하면, $R_1, R_2, \cdots, R_k$가 반사일 때, 만일 $G_n = R_1 \circ R_2 \circ \cdots \circ R_k$라면 $G^{-1} = R_k \circ \cdots \circ R_2 \circ R_1$이기 때문이다.

지금부터 i에 대하여 귀납법을 써서 등장변환 G_i의 존재를 밝힌다. 만일 $\mathbf{v}_0 = \mathbf{e}_0$라면 G_0을 항등사상이라 하자. 반면에 $\mathcal{H}_0$을, 벡터 $\mathbf{v}_0 - \mathbf{e}_0$과 수직이고 $\mathbf{e}_0$과 $\mathbf{v}_0$을 잇는 직선의 중점을 지나는 초평면이라 하자. 그러면 $R_{\mathcal{H}_0}$은 $\mathbf{v}_0$을 $\mathbf{e}_0$으로 취하고 $G_0 = R_{\mathcal{H}_0}$을 정의한다.

지금 요구하는 조건을 만족하는 G_{i-1}을 만들었다고 가정한다. 그러면 등장변환 $F_i = G_{i-1} \circ F$는 점 $\mathbf{e}_0, \mathbf{e}_1, \cdots, \mathbf{e}_{i-1}$을 고정한다. 만일 $F_i(\mathbf{e}_i) = \mathbf{e}_i$라면 $G_i = G_{i-1}$을 정의한다. 그렇지 않으면, $\mathcal{H}_i$를 $F_i(\mathbf{e}_i) - \mathbf{e}_i$에 수직이고, $\mathbf{e}_i$와 $F(\mathbf{e}_i)$를 잇는 직선의 중점을 지나는 초평면이라 하자. $j = 0, 1, \cdots, i-1$일 때 점 $\mathbf{e}_j$는 모두 $\mathcal{H}_i$ 위에 있다는 점에 유의하여라. 왜냐하면,

$$\| \mathbf{e}_j - F_i(\mathbf{e}_i) \| = \| F_i(\mathbf{e}_j) - F_i(\mathbf{e}_i) \| = \| \mathbf{e}_j - \mathbf{e}_i \|$$

이기 때문이다. 따라서 반사 $R_{\mathcal{H}_i}$는 $j = 0, 1, \cdots, i-1$일 때, $\mathbf{e}_j$를 고정하고 $F_i(\mathbf{e}_i)$를 $\mathbf{e}_i$로 취한다. $G_i = R_{\mathcal{H}_i} \circ G_{i-1}$로 정의한다. 따라서 귀납법에 의하여 증명되었다. □

지금부터 이 교재에서 흥미있는 $\mathbb{R}^2$와 $\mathbb{R}^3$의 경우로 국한한다. 일반적인 등장변환은 평행이동을 조작하여 얻을 수 있으므로 원점을 고정하는 등장변환만 필요로 한다.

만일 P가 2×2 직교행렬이라면, 열 $\mathbf{a}_1$과 $\mathbf{a}_2$는 수직인 단위벡터이다. 만일 θ가 $\mathbb{R}^2$에서 $\mathbf{a}_1$과 양의 $x-$축사이의 각이라면,

$$\mathbf{a}_1 = (\cos\theta, \sin\theta)\text{와 } \mathbf{a}_2 = \pm(-\sin\theta, \cos\theta)$$

를 얻는다. 만일

$$P = \begin{pmatrix} \cos\theta & -\sin\theta \\ \sin\theta & \cos\theta \end{pmatrix}$$

라면 대응하는 등장변환 $\rho_\theta(\mathbf{v}) = P\mathbf{v}$는 원점을 중심으로 각 θ만큼 반시계방향으로의 **회전이동**(rotation)이다. $\det(P) = 1$이므로, ρ_θ는 직접 등장변환이다. 그러므로 명제 A.1.3에 의하여 이것은 두 반사의 합성이어야 한다. 왜냐하면 ρ_θ는 원점에서 만나고 서로 각 $\frac{\theta}{2}$를 이루는 두 직선에서 반사의 곱이기 때문이다.

다른 가능성은

$$P = \begin{pmatrix} \cos\theta & \sin\theta \\ \sin\theta & -\cos\theta \end{pmatrix}$$

이다. 이때 대응하는 등장변환은 원점을 지나고 양의 x축과 각 $\frac{\theta}{2}$를 이루는 직선에서 반사이다. 따라서 $\mathbb{R}^2$의 모든 직접 등장변환은 회전이동과 평행이동의 합성이고 모든 반대 등장변환은 반사와 평행이동의 합성이다.

$\mathbb{R}^3$의 경우에 대하여, 부록 0에서, 만일 P가 정방행렬이라면 고유값은 방정식

$$\det(P - \lambda I) = 0 \tag{A.1.4}$$

의 근이다. P가 3×3이라면, 식 (A.1.4)는 실수계수를 갖는 λ에 관한 이차방정식이다. 그러므로 이 방정식은 적어도 하나의 실근을 가져야 하고 이것에 대응하는 고유벡터를 $\mathbf{N}$으로 나타내고 이것을 단위벡터로 가정할 수 있다.

지금 P를 직교행렬이라 하자. 그러면 $\| P\mathbf{N} \| = \| \mathbf{N} \|$이므로 $\lambda = \pm 1$이다. 만일 $\mathbf{w}$가 $\mathbf{N}$에 수직인 벡터라면 $P\mathbf{w}$도 $\mathbf{N}$에 수직이다. 왜냐하면

$$(P\mathbf{w}) \cdot \mathbf{N} = \mathbf{w}^t P^t \mathbf{N} = \mathbf{w}^t P^{-1} \mathbf{N} = \pm \mathbf{w}^t \mathbf{N} = \pm \mathbf{w} \cdot \mathbf{N} = 0$$

이기 때문이다 ($P\mathbf{N} = \pm \mathbf{N}$ 은 $P^{-1}\mathbf{N} = \pm \mathbf{N}$.을 암시한다는 사실을 사용하였다). 그러므로 등장변환 $F\mathbf{v} = P\mathbf{v}$는 $\mathbf{N}$에 평행하고 원점을 지나는 직선 ℓ의 각 점을 고정하고 ℓ에 수직이고 원점을 지나는 평면 Π를 보존한다. 분명히 제한 F_Π는 Π의 등장변환이다. $\mathbb{R}^2$의 경우에 한 논의에 의하여 F_Π는 회전이동이거나 반사임에 틀림없다.

지금 고려할 몇 가지 사항이 있다. 만일 $\lambda = 1$이고 F_Π가 회전이동이라면, F는 ℓ의 각 점을 고정하고 ℓ에 수직인 각 평면 안에 각, 가령 θ만큼의 회전이동을 행한다. 이 등장변환을 $\rho_{\ell,\theta}$로 나타내고 ℓ을 **회전축**(axis of rotation)이라 부른다.

만일 $\lambda = 1$이고 F_Π가 Π 안에 직선 ℓ'의 반사라면, F는 ℓ과 ℓ'을 포함하는 평면 안에서 반사이다.

만일 $\lambda = -1$이고 F_Π가 Π 안에 직선 ℓ'의 반사라면, F는 ℓ과 ℓ'에 수직인 원점을 지나는 직선에 관한 π만큼의 회전이동이다.

마지막으로 $\lambda = -1$이고 F_Π가 회전이동이라면, F는 세 반사의 곱이다. 그러한 '반사-회전'의 예는 **대척사상**(antipodal map) $F\mathbf{v} = -\mathbf{v}$ 이다.

특히 $\mathbb{R}^3$의 모든 직접 등장변환은 원점을 지나는 축 둘레의 회전과 평행이동의 합성이다. $\mathbb{R}^3$의 등장변환과 관련해서 한 가지 더 필요한 것은 $\mathbb{R}^3$에서 벡터들의 벡터곱이다.

명제 A.1.6 P를 3×3 직교행렬이라 하자. 그러면 임의의 벡터 $\mathbf{v},\mathbf{w}\in\mathbb{R}^3$에 관하여

$$P\mathbf{v}\times P\mathbf{w}=\det(P)P(\mathbf{v}\times\mathbf{w})$$

이다.

증명 정리 A.1.5에 의하여, 원점을 지나는 평면 안에서 P가 반사일 때 이 사실을 증명하면 충분하다. 만일 $\mathbf{N}$이 단위벡터라면, $\mathbf{N}$에 수직이고 원점을 지나는 평면 안에서 반사는

$$R(\mathbf{v})=\mathbf{v}-2(\mathbf{v}\cdot\mathbf{N})\mathbf{N}$$

이다. 명제 A.1.4를 보면, 다음을 증명해야 한다.

$$\mathbf{v}-2(\mathbf{v}\cdot\mathbf{N})\mathbf{N}\times(\mathbf{w}-2(\mathbf{w}\cdot\mathbf{N})\mathbf{N})=-(\mathbf{v}\times\mathbf{w}-2(\mathbf{v}\times\mathbf{w}\cdot\mathbf{N})\mathbf{N})$$

즉, $$\mathbf{v}\times\mathbf{w}+((\mathbf{v}\cdot\mathbf{N})\mathbf{w}-(\mathbf{w}\cdot\mathbf{N})\mathbf{v})\times\mathbf{N}=((\mathbf{v}\times\mathbf{w})\cdot\mathbf{N})\mathbf{N} \tag{A.1.5}$$

$\mathbf{a},\mathbf{b},\mathbf{c}\in\mathbb{R}^3$일 때, 식 (A.1.5)의 좌변 두 번째 항에 벡터삼중곱

$$(\mathbf{a}\times\mathbf{b})\times\mathbf{c}=(\mathbf{a}\cdot\mathbf{c})\mathbf{b}-(\mathbf{a}\cdot\mathbf{b})\mathbf{c} \tag{A.1.6}$$

을 적용하면

$$\mathbf{v}\times\mathbf{w}+((\mathbf{v}\times\mathbf{w})\times\mathbf{N})\times\mathbf{N}=((\mathbf{v}\times\mathbf{w})\cdot\mathbf{N})\mathbf{N}$$

이 되는데, 이것은 항등식 (A.1.6)의 두 번째 응용으로부터 된다. □

부록 2 뫼비우스 변환

여기에 6.5절과 11장 연습문제에서 사용하는 뫼비우스 변환에 대한 중요 결과들을 모아둔다.

뫼비우스 변환(Möbius transformation)은, $a,\ b,\ c,\ d$ 가 $ad-bc\neq 0$ 인 복소수일 때,

$$M(z)=\frac{az+b}{cz+d}\ \text{(A.2.1)}$$

모양의 사상이다. 만일 $a\ ,b,\ c,\ d$ 가 같은 영이 아닌 복소수의 배수라면 사상 M은 변하지 않는다.

만일 $c=0$ 이라면, $M(z)$는 모든 $z\in\mathbb{C}$에 대하여 정의되고; 만일 $c\neq 0$ 이라면, 모든 $z\neq-\dfrac{d}{c}$ 에 대하여 정의된다. 이러한 이분법을 피하기 위하여, M을 확장된 복소평면

$$\mathbb{C}_\infty=\mathbb{C}\cup\{\infty\}:$$

$$\begin{cases} M(\infty)=\infty, & (c=0)\\ M(-\dfrac{d}{c})=\infty,\ M(\infty)=\dfrac{c}{a}, & (c\neq 0)\end{cases}$$

으로 확장할 수 있다.

명제 A.2.1 (i) 모든 뫼비우스 변환은 역도 뫼비우스변환인 전단사 $\mathbb{C}_\infty\to\mathbb{C}_\infty$ 를 정의한다.

(ii) 뫼비우스변환의 임의의 합성도 뫼비우스변환이다.

증명 M을 식 (A.2.1)과 같다 하고 뫼비우스변환

$$N(z)=\frac{dz-b}{-cz+a}$$

을 정의한다. 만일 $z\in\mathbb{C}$ 이고 (만일 $c\neq 0$ 라면) $z=-\dfrac{d}{c}$ 라 할 때,

$$N(M(z))=\left(\frac{d\left(\dfrac{az+b}{cz+d}-b\right)}{-c\left(\dfrac{az+b}{cz+d}+a\right)}\right)=\frac{(ad-bc)z}{ad-bc}=z$$

이다. 만일 $c\neq 0$ 이라면,

$$N(M\left(\frac{-d}{c}\right))=N(\infty)=-\frac{d}{c}$$

이다. 마지막으로,

$$N(M(\infty)) = \begin{cases} N(\infty) = \infty, c = 0 \\ N\left(\frac{a}{c}\right) = \infty, \ c \neq 0 \end{cases}$$

이다. 따라서 모든 $z \in \mathbb{C}_\infty$ 에 대하여 $N(M(z)) = z$ 이다. 비슷한 방법으로 $z \in \mathbb{C}_\infty$ 에 대하여 $M(N(z)) = \infty$ 를 보일 수 있다. 이 사실은 N이 M의 역인 것을 나타낸다; 특히 M은 전단사이다.

(ii)에 관하여, M을 식 (A.2.1)에서 정의된 것이라 하고,

$$M'(z) = \frac{a'z + b'}{c'z + d'}$$

를 다른 뫼비우스변환이라 하자. 그러면

$$M'(M(z)) = \frac{a'(az+b) + b'(cz+d)}{c'(az+b) + d'(cz+d)} = \frac{(a'a + b'c)z + c'b + b'd}{(c'a + d'c)z + c'b + d'd}$$

이다. 한편

$$(a'a + b'c)(c'b + d'd) - (a'b + b'd)(c'a + d'c) = (a'd' - b'c')(ad - bc) \neq 0$$

이므로 $M' \circ M$ 은 뫼비우스변환이다. □

다음은 가장 간단한 뫼비우스변환의 예이다:

평행이동: $T_a(z) = z + a, \ a \in \mathbb{C}$

복소확대: $D_a(z) = az, a \in \mathbb{C}, \ a \neq 0$

사상: $K(z) = \frac{1}{z}$.

보통 방법으로 $\mathbb{C}$와 $\mathbb{R}^2$를 동일시 하면, 평행이동 T_a는 부록 1에서 다룬 $\mathbb{R}^2$의 평행이동과 일치한다. 복소확대 D_a는 실수확대 $D_{|a|}$와 원점 둘레에 각 $\arg(a)$만큼의 회전이동을 합성한 것이다.

명제 A.2.2 모든 뫼비우스변환은 위 세 가지 형태의 뫼비우스변환의 합성이다.

증명 M을 식 (A.2.1)에서 정의된 것이라 하자. 만일 $c = 0$이라면 $a \neq 0$이고

$$M(z) = az + b = a\left(z + \frac{b}{a}\right) = D_a T_{\frac{b}{a}}(z)$$

이다. 만일 $c \neq 0$이라면,

$$M(z) = \frac{a}{c} - \frac{\frac{ad-bc}{c}}{cz+d} = T_{\frac{a}{c}} D_{\frac{-(ad-bc)}{c}} K(cz+d)$$
$$= T_{\frac{a}{c}} D_{\frac{-(ad-bc)}{c}} K T_d D_c(z)$$

□

기하학적으로, 평행이동과 복소확대은 직선은 직선으로, 원은 원으로 보내고 변환 K는 직선과 원을 각각 직선과 원으로 보내지만, 직선을 원으로 그리고 원을 직선으로 보내는 경우도 있다. 이런 사실 때문에 $\mathbb{C}_\infty$ 에서 원을 $\mathbb{C}$ 에서 직선이나 원으로 정의하는 것이 편리하다.

명제 A.2.3 모든 $\mathbb{C}_\infty$ 에서 원을, $a,\ c \in \mathbb{R},\ b \in \mathbb{C}$ 일 때,

$$az\bar{z} + \bar{b}z + b\bar{z} + c = 0 \tag{A.2.2}$$

로 나타낼 수 있다. 사실, 식 (A.2.2)는 $a = 0, b \neq 0$ 이면 직선이고 $a \neq 0, |b|^2 > ac$ 이면 원이다.

증명 xy 평면에서 모든 직선은, $p,\ q,\ r \in \mathbb{R}$ 이고 p와 q는 둘 다 영이 아닐 때,

$$px + qy + r = 0$$

모양의 방정식으로 나타낼 수 있다. 이것은 $z = x + iy$로 나타낼 때, $a = 0,\ b = p + iq,\ c = 2r$ 일 때 식 (A.2.2)의 형태이다. 반면에 모든 원은 $p,\ q \in \mathbb{R}$ 이고 $r > 0$ 일 때

$$(x+p)^2 + (y+q)^2 = r^2$$

모양의 방정식이다. 이것은 $a = 1,\ b = p + iq,\ c = p^2 + q^2 - r^2$ 인 식 (A.2.2) 모양이다. $|b|^2 - ac = r^2$ 인 것에 주의하여라. □

명제 A.2.4 모든 뫼비우스변환은 원을 원으로 보낸다.

증명 이것은 평행이동과 복소확대에 대해서는 기하학적으로 분명하다. 그러므로 명제 A.2.2를 보면, 변환 K에 관하여 증명하면 충분하다. 만일 $w = K(z)$ 라면 $z = \dfrac{1}{w}$ 이고, 따라서 만일 z가 원 (A.2.2) 위에 있으면,

$$\frac{a}{|w|^2} + \frac{\bar{b}}{w} + \frac{b}{\bar{w}} + c = 0,$$

$$\therefore \quad c|w|^2 + \bar{b}\,\bar{w} + bw + a = 0.$$

만일 $c = 0$ 이라면 이것은 직선의 방정식이고, 만일 $c \neq 0$ 이라면, $|\bar{b}|^2 > ca$ 이므로 원의 방정식이다. □

이 증명은 실제로 K는 원점을 지나는 원을 직선으로, 다른 원들은 원으로 보내는 것을 보여주고 있다는 사실을 주의하여라.

명제 A.2.5 모든 뫼비우스변환은 등각사상이다.

이것은 모든 뫼비우스변환은 $\mathbb{C}$ 의 점에서 만나는 곡선들 사이의 각을 보존해 준다는 것을 의미한다.

복소해석학에 익숙한 독자들은 영이 아닌 도함수를 가지는 정칙함수는 등각이라는 사실로부터 쉽게 명제 A.2.5를 유도할 수 있을 것이다.

증명 명제 A.2.2에 의하여 평행이동, 복소확대, 변환 K는 등각이라는 것을 증명하면 충분하다. 지금 평행이동과 회전이동은 등장변환이므로 등각이고 (연습문제 6.3.1), $a>0$인 모든 확대 D_a는 등각이라는 것을 쉽게 알 수 있다. 따라서 남은 것은 K만 등각이라는 것을 증명하면 된다. 이것을 보이기 위하여, 연습문제 6.1.4의 방법을 사용한다.

만일 $u, v \in \mathbb{R}$이라면,

$$K(u+iv) = \tilde{u} + i\tilde{v}$$

라 하자. 그러면

$$u + iv = K(\tilde{u} + i\tilde{v}) = \frac{\tilde{u} - i\tilde{v}}{\tilde{u}^2 + \tilde{v}^2}$$

즉,

$$u = \frac{\tilde{u}}{\tilde{u}^2 + \tilde{v}^2}, \quad v = \frac{-\tilde{v}}{\tilde{u}^2 + \tilde{v}^2}$$

이다. 따라서

$$du = \frac{\tilde{v}^2 - \tilde{u}^2}{(\tilde{u}^2 + \tilde{v}^2)^2} d\tilde{u} - \frac{2\tilde{u}\tilde{v}}{(\tilde{u}^2 + \tilde{v}^2)^2} d\tilde{v},$$

$$dv = \frac{2\tilde{u}\tilde{v}}{(\tilde{u}^2 + \tilde{v}^2)^2} d\tilde{u} - \frac{\tilde{v}^2 - \tilde{u}^2}{(\tilde{u}^2 + \tilde{v}^2)^2} d\tilde{v}.$$

그러므로 $\mathbb{R}^2$의 제1기본형식 $du^2 + dv^2$ 은

$$\frac{(\tilde{v}^2 - \tilde{u}^2)^2 + 4\tilde{u}^2\tilde{v}^2}{(\tilde{u}^2 + \tilde{v}^2)^4}(d\tilde{u}^2 + d\tilde{v}^2) = \frac{d\tilde{u}^2 + d\tilde{v}^2}{(\tilde{u}^2 + \tilde{v}^2)^2}.$$

이것은 $d\tilde{u}^2 + d\tilde{v}^2$ 의 배수이므로 K는 등각이다. □

공액 뫼비우스변환(conjugate Möbius transformation)은 a, b, c, d가 $ad - bc \neq 0$를 만족하는 복소수일 때,

$$z \mapsto \frac{a\bar{z} + b}{c\bar{z} + d}$$

모양의 사상이다. 물론 이 사상은, M이 식 (A.2.1)의 뫼비우스변환이고 C는 복소공액 $C(z) = \bar{z}$일 때, 합성사상 $M \circ C$이다.

뫼비우스변환과 공액 뫼비우스변환이 각각 직접 등장변환과 반대 등장변환에 대응하는 닮음이 있다. 이 사실은 다음 결과와 명제 A.2.9에서 보인다 (또한 6.5절의 연습문제를 보아라).

따름정리 A.2.6

뫼비우스변환과 공액 뫼비우스변환 (또는 다른 순서로)의 합성사상은 공액 뫼비우스변환이고, 두 개의 공액 뫼비우스변환의 합성사상은 뫼비우스변환이다.

증명 이것은 명제 A.2.1(ii)와 만일 M이 뫼비우스변환이면 $C \circ M \circ C$도 뫼비우스변환이라는 관찰로부터 바로 알 수 있다. 예를 들면, 만일 M과 N이, $C \circ C$가 항등사상이므로,

$$(M \circ C) \circ N = M \circ (C \circ N \circ C) \circ C$$

이다. M과 $C \circ N \circ C$가 뫼비우스변환이므로, $M \circ (C \circ N \circ C)$도 그렇다. 따라서 $(M \circ C) \circ N$이 공액 뫼비우스변환이다. □

공액 뫼비우스변환의 성질들은 뫼비우스변환의 성질들로부터 쉽게 유도된다.

따름정리 A.2.7

공액 뫼비우스변환은 원을 원으로 보내고 등각사상이다.

증명 이것은 명제 A.2.4와 A.2.5 그리고, 실수축에서 반사인 C는 등각이고 직선을 직선으로, 원을 원으로 보낸다는 사실로부터 알 수 있다. □

공액 뫼비우스변환은 두 가지의 중요한 기하학적 변환을 가지고 있다. 그 중 하나가 부록 1에서 논의한 것으로, 직선에서의 반사이다. $b \in \mathbb{C}$, $c \in \mathbb{R}$, $b \neq 0$일 때, 복소방정식

$$\bar{b}z + b\bar{z} + c = 0$$

로 주어지는 직선안의 반사는

$$R(z) = \frac{-b\bar{z} - c}{\bar{b}}$$

인 것을 점검하도록 독자들에게 남긴다.

어떤 의미에서, 직선과 원은 $\mathbb{C}_\infty$에서 발판이 같으므로, 반사가 직선에 관하여 원에 관하여 같은 역할을 하는 변환이 있어야 한다는 것을 기대하는 것은 자연스럽다. 이것이 **반전**(inversion)이다: 중심이 $a \in \mathbb{C}$이고 반지름이 $r > 0$인 원 $C_{a,r}$에서 반전 $I_{a,r}$은, $z \neq a$인 점을 a에서 z와 $\bar{z}$의 거리곱이 r^2인 z를 지나는 원의 반지름 위에 있는 점 z'로 보낸다.

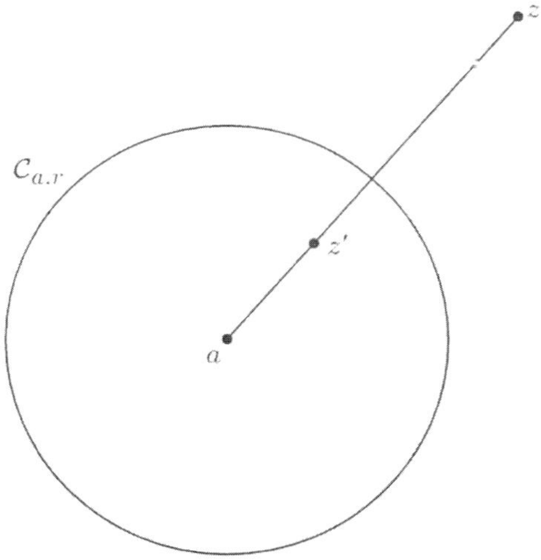

따라서 $\rho > 0$, $|z' - a||z - a| = r^2$에 대하여 $z' - a = \rho(z - a)$이다. 이 방정식으로부터 $\rho = \dfrac{r^2}{|z-a|^2}$이다. 따라서

$$I_{a,r}(z) = a + \frac{r^2}{\bar{z} - \bar{a}}$$

이다. 한편 $I_{a,r}$은 공액 뫼비우스변환이므로, 원을 원으로 보낸다. 왜냐하면, $I_{a,r}(a) = \infty$이므로 $I_{a,r}$은 a를 지나는 원을 직선으로 보내며 모든 다른 원을 원으로 보낸다.

명백하진 않지만, 다음 성질을 필요로 한다.

명제 A.2.8 반전 $I_{a,r}$이 원 C를 자신으로 보내기 위한 필요충분조건은 C가 $C_{a,r}$과 수직으로 만나는 것이다. 그 경우, $I_{a,r}$은 C가 평면을 나누는 두 영역의 각각을 자신으로 보낸다.

증명 $I_{a,r}$은 $C_{a,r}$의 내부와 외부를 바꾸므로, 만일 $I_{a,r}$이 C를 고정하면 C와 $C_{a,r}$은 만난다. 예를 들어 C가 $C_{a,r}$과 점 P, Q에서 만난다고 가정을 한다(C가 직선일 때 증명은 비슷하지만 더 쉽다). 그러면 $I_{a,r}$은 $C_{a,r}$의 각각 내부와 외부인 C의 선분들을 바꾼다. $I_{a,r}$은 등각사상이므로 C의 안쪽과 바깥쪽 선분이 $C_{a,r}$과 가령 점 P에서 이르는 각끼리는 같다. 두 각의 합은 π이므로, $C_{a,r}$과 C는 점 P에서 수직으로 만난다.

역으로, 만일 C가 $C_{a,r}$과 가령 점 P, Q에서 직각으로 만나는 원이라면, $I_{a,r}$은 C를 $C_{a,r}$과 점 P, Q에서 수직으로 만나는 원으로 취한다. 그러나 이런 성질을 만족하는 원은, 가령 C와 같이 하나 밖에 없다는 것은 명백하다.

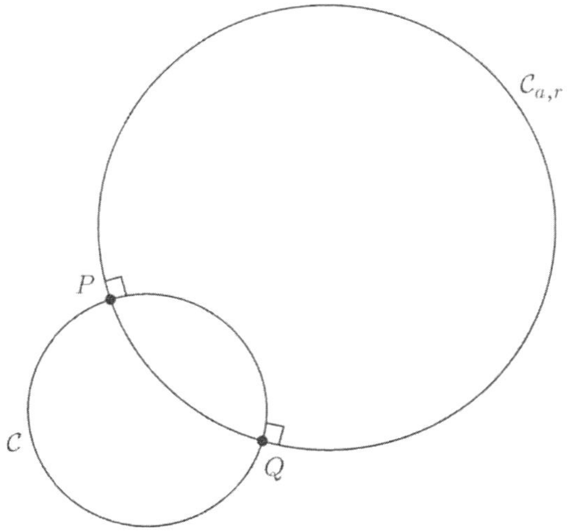

지금 $I_{a,r}$은 C를 자신으로 보낸다고 가정하고 C의 중심은 b, 반지름은 s라고 하자. $C_{a,r}$과 C는 수직으로 만나므로, $|b-a|^2 = r^2 + s^2$이다. 따라서 $I_{a,r}(b) = b - \dfrac{s^2}{b-a}$이고, $s < |b-a|$이므로 $|I_{a,r}(b) - b| = \dfrac{s^2}{|b-a|} < s$이다. 그러므로 C의 내부인 $I_{a,r}(b) \in D$이기 때문에 $I_{a,r}$은 모든 점 $c \in D$를 D의 점으로 보낸다. $I_{a,r}(c)$를 C의 바깥에 있다고 하자. 지금 $I_{a,r}$이 b와 c를 잇는 직선분을 C의 내부에 있는 점 $I_{a,r}(b)$와 C의 외부에 있는 점 $I_{a,r}(c)$를 잇는 (매끄러운) 곡선 γ로 보낸다. 그러므로 γ는 가령 점 d에서 C와 만나야 한다. $I_{a,r}$은 C를 C로 보내므로, $e = I_{a,r}(d) \in C$이다. 그런데 d는 γ위에 있으므로, e는 b, c를 끝점으로 하는 직선분의 점이다. 이것은 모순이다. 그러므로 $I_{a,r}$은 D를 D로 보내고, $I_{a,r}$은 전단사이므로, 이것은 C의 바깥 영역을 그 자신위로 보낸다. □

다음 결과는 정리 A.1.5와 비슷하다.

명제 A.2.9 모든 뫼비우스변환과 모든 공액 뫼비우스변환은 반사와 반전의 합성사상이다.

증명 명제 A.2.2에 의하여 평행이동, 복소확대와 사상 C와 K는 반사와 반전의 합성사상인 것을 증명하면 충분하다. 정리 A.1.5에 의하여 평행이동과 회전이동은 반사의 합성사상이고, C는 자신이 반사이다. 그러므로 $a > 0$인 확대 D_a와 사상 K만 고려하면 된다. 그러나 K는 C와 반전 $I_{0,1}$의 합성이고 D_a는 합성사상 $I_{0,1} \circ I_{0,\frac{-1}{2}}$이다. □

힌트

연습문제 힌트

힌트 연습문제 힌트

1.1.6 타원을 $\gamma(t) = (p\cos t,\ \sin t)$로 매개변수화 한다.

(i) 거리가 $p(1 \pm \epsilon\cos t)$인 것을 보인다.

(ii) $\mathbf{n} = (q\cos t,\ p\sin t)$가 $\gamma(t)$에서 접선에 수직인 벡터이고, 거리는 $\dfrac{|(\mathbf{p} - \mathbf{f}_1) \cdot \mathbf{n}|}{\| \mathbf{n} \|}$와 $\dfrac{|(\mathbf{p} - \mathbf{f}_2) \cdot \mathbf{n}|}{\| \mathbf{n} \|}$인 것을 보여라.

1.2.3 마지막 부분에 대하여, 정리 3.2.2의 증명을 보아라.

1.4.5 (ii) (i)에서의 수열은 어떤 극한 $T_\infty \geq 0$에 수렴하고 γ는 T_∞ 주기적이다: 수열 $\{T_r - T_\infty\}$를 생각하여라.

(iii) 평균치정리를 이용하여라.

1.4.6 $\gamma(t) = (\gamma_1(t),\ \cdots,\ \gamma_n(t))$라 하자. 그러면 각 γ_i는 T주기적이다. 그러므로 연습문제 1.4.5에 의하여, 만일 γ_i가 상수가 아니라면, (양)의 주기, 가령 T_i를 갖는다. 연습문제 1.4.4에 의하여, 만일 γ_i가 상수가 아니라면, 어떤 양의 정수 k_i에 대하여 $T = k_i T_i$이다. k를 각 정수 k_i를 나누는 가장 큰 양의 정수라 하자. 이 때, γ는 주기 $T_0 = \dfrac{T}{k}$를 갖는 폐곡선임을 보여라.

1.5.2 정리 1.5.1의 f에 비슷한 조건을 짐작하기 위하여, $(\dfrac{\partial f}{\partial x},\ \dfrac{\partial f}{\partial y},\ \dfrac{\partial f}{\partial z})$가 곡면 $f(x,\ y,\ z) = 0$에 수직인 것을 논한 다음, 한 직선에서 만나는 두 평면의 조건에 대하여 생각하여라. 엄밀한 취급에 대해서는 5.6절을 보아라.

1.5.3 아주 쉽다.

2.2.3 κ_s가 곡선이 직선에 대하여 반사할 때 부호가 바뀐다는 것을 보이면 충분하다.

2.2.10 점 $\gamma(s)$가 곡선 γ에 단단히 고정될 때 그 점에서 접선을 생각하여라. γ가 거리 s만큼 진행할 때, 최초로 $\gamma(s)$에서 점은 ℓ 위에 점 $\mathbf{p} + s\mathbf{a}$까지 움직이고 $\gamma(s)$에서 γ의 접선은 ℓ이 된다. 두 번째 부분에 대해서, $\rho_{-\theta(s)}(\dot{\gamma}(s)) = \mathbf{a}$임에 주의하여라. 다음을 보여라.

(i) 만일 S가 비대칭 $n\times n$ 행렬 (즉, $-S$는 S의 전치행렬 S^t와 같다)이고 $\mathbf{v}$가 $n\times 1$ 열행렬이라면, $\mathbf{v}^t S\mathbf{v}=0$,

(ii) 만일 A가 성분이 매개변수 s의 매끄러운 함수인 직교행렬 (즉, $A^tA=I$)이라면, $A^t\dfrac{dA}{ds}$는 비대칭행렬 ($\dfrac{dA}{ds}$의 성분이 A의 성분의 도함수)이다.

2.3.2 곡률이 κ, 열률이 τ인 한 곡선을 찾으면 충분하다.

2.3.3 γ가 단위속력곡선이라 가정하고 $\mathbf{a}=\mathbf{t}\cos\theta+\mathbf{b}\sin\theta$를 보여라.

2.3.4 만일 γ가 중심이 $\mathbf{a}$이고 반지름이 r인 구면 위에 있으면, $(\gamma-\mathbf{a})\cdot(\gamma-\mathbf{a})=r^2$이다. 반복적으로 미분하여라. 역에 관하여, $\gamma+\gamma+\rho\mathbf{n}+\dot{\rho}\sigma\mathbf{b}$ 를 생각하여라.

2.3.6 내적 $\mathbf{v}_i\cdot\mathbf{v}_j$를 만족하는 1계미분방정식계를 구하고, 그 미분방정식계는 주어진 초기조건 아래서 유일한 해를 가진다는 사실을 이용하여라.

3.2.1 부록 1의 결과를 이용하여라.

3.3.1 부등식 $2x_1x_2\leq x_1^2+x_2^2$ 를 이용하여라.

4.1.4 첫 부분을 위하여, U를 원환이 되도록 잡아라.

5.2.3 첫 부분에 대하여 직선을 $\gamma(t)=\mathbf{a}+t\mathbf{b}$로 매개변수화하고 식 (5.1)에 대입하면 t에 관한 이차방정식을 만든다는 점을 주의하여라. 두 번째 부분에 대해서는 각 직선 위에 세 점을 잡고 9개의 점을 지나는 이차식이 있다는 것을 보여라.

5.6.1 명제 4.2.6의 증명을 모방하여라.

5.6.4 만일 $\boldsymbol{\sigma}(u,v)=(f(u,v),g(u,v),h(u,v))$라면 행렬 $\begin{pmatrix} f_u & f_v\\ g_u & g_v\end{pmatrix}$가 가역인 것을 보여라. 명제 4.2.6의 증명을 따르면서 열린 집합 V와 W와, 모든 $(u,v)\in W$에 대하여 $F^{-1}(f(u,v),g(u,v))=(u,v)$인 매끄러운 함수 $F^{-1}:V\to W$를 구하여라. $\varphi(x,y)=h(F^{-1}(x,y))$라 두어라.

6.1.5 $u=u_0$ 로 주어지는 모서리의 길이는 $\displaystyle\int_{v_0}^{v_1}\sqrt{G(u_0,v)}\,dv$ 이다.

6.3.8 명제 A.2.5를 이용하여라.

6.4.3 다각형 내부의 한 점을 골라 그것을 각 꼭지점과 대원호로 연결하여라.

6.5.3 점 $\mathbf{p}$가 북극점인 경우를 다루면 충분하다.

6.5.4 $b \in \mathbb{R}$ 라면 (i)에서처럼, 유니타리 뫼비우스변환을 특별 유니타리 뫼비우스변환이라고 부르자. 그런 다음, 모든 유니타리 뫼비우스변환은 특별 유니타리 뫼비우스변환의 합성인 것을 보여라.

7.1.2 $(\sigma_u \cdot \mathrm{N})_u$ 와 같은 식을 계산하여, N_u 와 N_v 는 σ_u 와 σ_v 에 수직인 것을 보이고, σ 의 단위법선 N 은 상수벡터인 것을 유도하여라.

7.3.4 연습문제 6.4.7을 이용하여라.

7.4.3 예제 7.4.7을 이용하여라.

8.1.6 모든 2×2 행렬 $A=\begin{pmatrix} a & c \\ b & d \end{pmatrix}$ 는 방정식 $A^2-(a+d)A+(ad-bc)I=0$ 을 만족한다.

8.1.8 정리 8.1.6의 증명을 조사하여라.

8.2.3 $EN=GL$ 인 경우와 $EN\neq GL$ 인 경우로 분리하여 생각한다.

8.2.5 연습문제 8.2.2를 이용하여라.

8.2.6 (i) 식 (8.5)를 미분하여라.

8.2.7 명제 8.1.2과 명제 8.2.1 다음의 주의와 연습문제 8.1.1의 답을 이용하여라.

8.2.8 연습문제 6.1.4와 7.1.3을 이용하여라.

8.3.1 (iii)에 대하여, 원판 안에 극좌표를 이용하여라.

8.4.1 정리 8.2.4와 명제 7.3.5, 8.4.3을 이용하여라.

8.5.2 연습문제 8.1.1을 이용하여라.

8.5.3 연습문제 8.2.4와 명제 8.1.2의 증명을 이용하여라.

9.1.1 명제 9.1.4와 9.1.6을 이용하여라.

9.1.3 연습문제 4.2.7의 답을 이용하여라.

9.1.4 타원면이 $\dfrac{x^2}{p^2}+\dfrac{y^2}{q^2}+\dfrac{z^2}{r^2}=1$ 이 되도록 하고 $\gamma(t)=(f(t),\ g(t),\ h(t))$가 측지선이 되기 위한 필요 충분조건은 어떤 스칼라 $\lambda(t)$ 에 대하여 $(\ddot{f},\ \ddot{g},\ \ddot{h})=\lambda\left(\dfrac{f}{p^2},\ \dfrac{g}{q^2},\ \dfrac{h}{r^2}\right)$ 인 것에 주의하여라.

9.1.5 연습문제 8.2.2를 이용하여라.

9.2.2 연습문제 6.2.1을 이용하여라.

9.3.3 자기교차하기 위한 조건은, $w > 1$ 인 어떤 값에 대하여, 식 (9 14)를 만족하는 v 의 두 값은 2π 의 정수배만큼 차이가 난다는 것이다.

9.4.2 S^2 와 두 점 $\mathbf{p}$, $\mathbf{q}$ 를 지나는 평면과의 공통부분을 생각하여라.

9.4.3 (i) 로피탈의 법칙을 이용하여라.

9.5.2 (ii) 만일 γ가 σ를 벗어나면, γ는 중심이 $\mathbf{p}$이고 반지름이 R인 측지원과 만나야하는데, 가령 $\mathbf{q}'$ 이라 하자. 그러면 길이는 $\mathbf{p}$와 $\mathbf{q}'$ 사이의 γ부분의 길이보다 크다.

10.1.1 와인가르텐 사상의 행렬을 계산하여라.

10.1.3 미분방정식을 풀기 위해 $P = Lw^2$ 으로 두자.

10.2.2 연습문제 6.1.4와 9.5.1을 이용하여라.

10.2.4 측지방정식, 연습문제 9.5.1과 따름정리 10.2.3(ii)를 이용하-여라.

10.3.1 정리 10.3.4의 증명에서처럼, 만일 κ_1 이 곡면의 점 $\mathbf{p}$에서 국소극대를 가지면, $\kappa_2 = 2H - \kappa_1$ 은 그 점에서 극솟값을 갖는다.

10.4.2 행렬 $\begin{pmatrix} 2 & 0 \\ 0 & 1 \end{pmatrix}$를 생각하여라.

10.4.3 정리 9.2.1을 이용하여라.

11.1.4 첫 부분에 대하여, 명제 11.1.4와 A.2.3을 이용하여라. 두 번째 부분에 대해서는 $2R$은 $i(b+r)$과 $i(b-r)$ 사이의 쌍곡거리인 것 등등에 유의하여라.

11.2.1 a와 b가 허수축 위에 있는 경우를 생각하면 충분하다.

11.2.2 연습문제 11.1.1을 이용하여라.

11.2.3 ℓ이 허수축인 경우로 축소하여 연습문제 11.1.3을 이용하여라.

11.2.4 (i) 만일 P가 $\mathcal{H}$위의 임의의 점이라면, P를 지나고 ℓ과 m에 수직인 쌍곡직선을 생각한다.

(iii) ℓ과 m을 연습문제 11.2.3과 같은 것이라 하고 F는 $\mathcal{H}$의 임의의 등장변환이라 하자. 명제 11.2.3의 증명은 $F(i)$를 i로, $F(\ell)$을 ℓ로 보내는 기본등장변환의 합성 G가 있다는 것을 보여준다. 이제 (ii)를 이용하여라.

11.2.5 명제 A.2.2의 증명을 모방하여라.

11.3.2 연습문제 11.2.4의 해답과 비교하여라.

11.3.3 연습문제 11.2.5를 이용하여라.

11.3.4 연습문제 11.2.5를 이용하여라.

11.3.6 이것을 먼저 직각삼각형에 대하여 두 가지 다른 방법으로 코사인 법칙을 적용하여 증명하여라. 그러고 나서 b와 c를 지나는 측지선을 수직으로 만나는 a를 통과하는 측지선을 그려서 일반적인 경우를 유도하여라. - 교차점이 b와 c 사이에 있거나 있지 않은 경우를 분리하여 생각해야 한다.

11.3.8 연습문제 11.3.7을 이용하여 먼저 직각인 경우를 취급하고 나서 연습문제 11.3.6의 경우처럼 진행한다.

11.4.2 $\mathcal{H}$ 안에서 다루고 ℓ이 허수축이라고 가정한다.

11.4.3 D_P 안에서 다루고 $a=0, b\in\mathbb{R}$이라고 가정한다.

11.5.3 존재성에 대하여, $M(z)=(a,\ b,\ c,\ z)$은 $(a,\ b,\ c)$를 $(\infty,\ 0,\ 1)$로 보내는 뫼비우스변환인 것에 주의 한다. 유일성에 대하여, 만일 M이 $(a,\ b,\ c)$를 $(\infty,\ 0,\ 1)$로 보내는 뫼비우스변환이라면, $M(z)=(\infty,\ 0;\ 1,\ M(z))=(a,\ b;\ c,\ z)$이라는 것에 유의한다.

12.1.1 명제 8.2.9를 이용하여라.

12.1.3 명제 8.6.1과 연습문제 12.1.1을 이용하여라.

12.2.4 연습문제 8.5.1을 이용하여라.

12.3.1 연습문제 8.1.6과 명제 8.2.9를 이용하여라.

12.5.1 $\zeta=e^{\tilde{\zeta}}$로 두고 재매개변수화 하여라.

12.5.3 (ii) 바이어슈트라스 표현을 이용하고 식 (12.25)와 (12.26)을 조사하여라.

13.1.2 마지막 부분에 대하여, 정리 13.1.2를 이용하여라.

13.3.2 ψ를 연습문제 8.5.3(iii)에서 정의한 함수라 할 때, $\psi_k(t)=\psi(nt-k)$를 정의하고

$\varphi_k=\dfrac{\psi_k}{(\psi_1+\cdots+\psi_{n-1})}$ 라고 하여라.

13.5.2 $E\le\dfrac{1}{2}V(V-1)$.

13.7.1 정의 13.7.2의 γ를 단위원이 되도록 잡고 드므와브르 정리를 이용하여라.

13.7.3 만일 $\tilde{\xi}$가 다른 하나의 표준 접선벡터장이고 θ가 $\tilde{\xi}$와 ξ 사이의 각이라면, $\rho=\cos\theta$일 때, $d\theta/ds=-(1-\rho^2)^{-1/2}\dot{\rho}$이다. 지금 $\int_0^{\ell(\gamma)}(d\theta/ds)ds=0$을 보이기 위하여 그린 정리를 이용하여라.

13.8.1 임계점이 국소극대 (각각, 국소극소)가 되기 위한 필요충분조건은, 모든 영이 아닌 2×1 행렬 $\mathbf{v}$에 대하여 $\mathbf{v}^t\mathcal{H}\mathbf{v}<0$ (또한 >0)인 것을 보여라.

해답

연습문제 해답

제1장 평면과 공간상의 곡선

1.1.1 $x \geq 0$일 때 포물선의 매개변수화이다.

1.1.2 (1) $-\frac{\pi}{2} < t < \frac{\pi}{2}$와 $\frac{\pi}{2} < t < \frac{3\pi}{2}$일 때, $\gamma(t) = (\sec t,\ \tan t)$

γ는 두 개의 서로소인 구간 위에서 정의되는데, 이것은 $y \geq 1$, $y \leq -1$일 때, 쌍곡선 $y^2 - x^2 = 1$은 그래프가 두 개로 나누어진다는 사실에 해당한다.

(2) $\gamma(t) = (2\cos t,\ 3\sin t)$

1.1.3 (i) $x + y = 1$ (ii) $y = (\ln x)^2$

1.1.4 (i) $\dot{\gamma}(t) = \sin 2t(-1,\ 1)$ (ii) $\dot{\gamma}(t) = (e^t,\ 2t)$

1.1.5 $\sin t = 0$ 또는 $\cos t = 0$일 때 $\dot{\gamma}(t) = 3\sin t \cos t(-\cos t,\ \sin t) = 0$. 즉, n이 정수일 때 $t = \frac{n\pi}{2}$이다.

이들 점은 다음 곡선의 네 개의 첨점이다 (연습문제 1.3.3을 보아라).

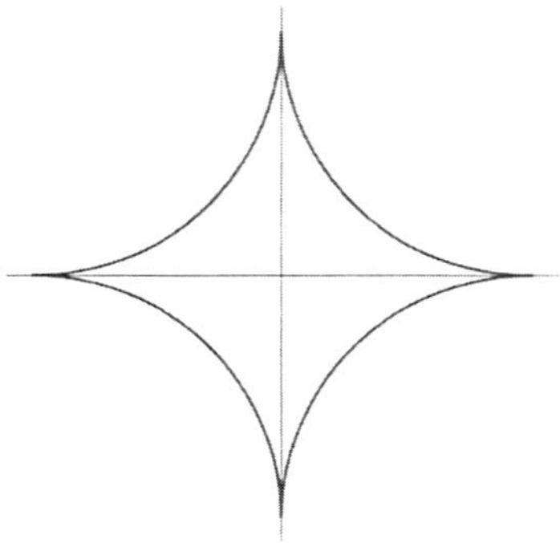

1.1.6 (i) 점 p에서 초점까지 거리의 제곱은

$(p\cos t \pm \epsilon p)^2 + q^2\sin^2 t = (p^2 - q^2)\cos^2 t \pm 2\epsilon p^2 \cos t + p^2 = p^2(1 \pm \epsilon \cos t)^2$.

그러므로 거리의 합은 $2p$이다.

(ii) $\dot{\gamma} = (-p\sin t, q\cos t)$이므로 만일 $\mathbf{n} = (q\cos t, p\sin t)$라면 $\dot{\mathbf{n}} \cdot \dot{\gamma} = 0$. 따라서 초점으로부터 $\gamma(t)$에서의 접선까지의 거리는

$$\frac{(p\cos t \mp \epsilon p, q\sin t) \cdot \mathbf{n}}{\| \mathbf{n} \|} = \frac{pq(1 \mp \epsilon\cos t)}{(p^2\sin^2 t + q^2\cos^2 t)^{\frac{1}{2}}}$$

이고 거리의 곱은

$$\frac{p^2q^2(1 - \epsilon^2\cos^2 t)}{(p^2\sin^2 t + q^2\cos^2 t)} = q^2.$$

(iii) $\frac{(\mathbf{p} - \mathbf{f}_1) \cdot \mathbf{n}}{\| \mathbf{p} - \mathbf{f}_1 \|} = \frac{(\mathbf{p} - \mathbf{f}_2) \cdot \mathbf{n}}{\| \mathbf{p} - \mathbf{f}_2 \|}$을 증명하면 충분하다. 계산을 하면 양변은 q와 같다.

1.1.7 원이 각 t만큼 회전할 때 중심은 $(at,\ a)$로 이동한다. 그러므로 처음에 원점에 있었던 원주상의 점은 지금은 점 $(a(t - \sin t),\ a(1 - \cos t))$에 있다.

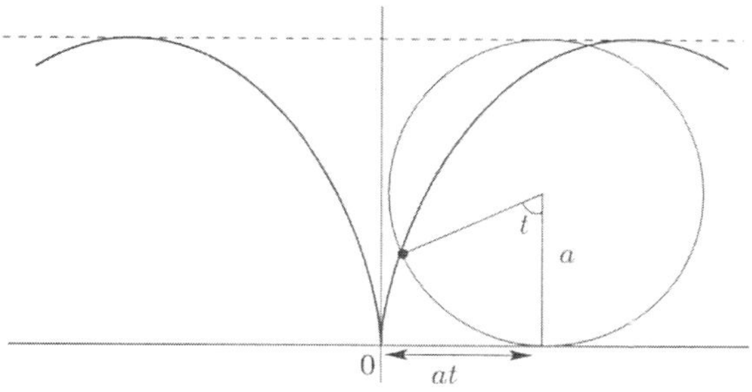

1.1.8 한 점 (x, y, z)가, $x^2+y^2=\frac{1}{4}$이면 원기둥 위에, $\left(x+\frac{1}{2}\right)^2+y^2=1$이면 구면위에 있다고 하자. 두 번째 방정식으로부터 $-1\le z\le 1$이므로 $z=\sin t$라고 두자. 드 방정식을 빼면 $x+\frac{1}{4}+\sin^2 t=\frac{3}{4}$ 이다. 따라서 $x=\frac{1}{2}-\sin^2 t=\cos^2 t-\frac{1}{2}$. 어느 방정식으로부터 이든 $y=\sin t\cos t$ (또는 $y=-\sin t\cos t$, 그러나 두 해는 $t\mapsto\pi-t$에 의해서 바뀐다)를 얻는다.

1.1.9 $t=\frac{\pi}{4}$에서 $\dot{\gamma}=(-2\sin t+2\sin 2t,\ 2\cos t-2\cos 2t)=\sqrt{2}(\sqrt{2}-1,1)$.

따라서 접선은 $y-(\frac{1}{\sqrt{2}}-1)=\frac{x-\sqrt{2}}{(\sqrt{2}-1)}$이고 법선은 $y-(\frac{1}{\sqrt{2}}-1)=-\frac{x-\sqrt{2}}{(\sqrt{2}-1)}$이다.

1.2.1 $\dot{\gamma}(t)=(1,\ \sinh t)$, $\|\dot{\gamma}\|=\cosh t$이므로 호의 길이는

$s=\int_0^t \cosh u\,du=\sinh t$이다.

1.2.2 (i) $\|\dot{\gamma}\|^2=\frac{1}{4}(1+t)+\frac{1}{4}(1-t)+\frac{1}{2}=1$.

(ii) $\|\dot{\gamma}\|^2=\frac{16}{25}\sin^2 t+\cos^2 t+\frac{9}{25}\sin^2 t=\cos^2 t+\sin^2 t=1$.

1.2.3 $\frac{d}{d\theta}$를 윗점으로 나타내면, $\dot{\gamma}=(\dot{r}\cos\theta-r\sin\theta,\dot{r}\sin\theta+r\cos\theta)$이므로 $\|\dot{\gamma}\|^2=\dot{r}^2+r^2$이다. 따라서 적당한 θ에 대하여 $r=\dot{r}=0$이 아닌 한 γ는 정칙이다. γ가 단위속력일 필요충분조건은 $\dot{r}^2=1-r^2$ 이다. 그러므로 적당한 상수 α에 대하여 $r=\pm 1$ 또는 $r=\pm\sin(\theta+\alpha)$이다. 후자가 반지름이 $\frac{1}{2}$인 원의 방정식인 것을 보이기 위하여 정리 3.2.2의 증명에 있는 그림을 보아라.

1.2.4 $\mathbf{u}$가 단위벡터이므로, θ가 $\dot{\gamma}$와 $\mathbf{u}$사이의 각일 때, $|\dot{\gamma}\cdot\mathbf{u}|=\|\dot{\gamma}\|\cos\theta$이다. 그러므로 $\dot{\gamma}\cdot\mathbf{u}\le\|\dot{\gamma}\|$. 그러면

$$\begin{aligned}(\mathbf{q}-\mathbf{p})\cdot\mathbf{u}&=(\gamma(b)-\gamma(a))\cdot\mathbf{u}\\&=\int_a^b\dot{\gamma}\cdot\mathbf{u}\,dt\le\int_a^b\|\dot{\gamma}\|\,dt.\end{aligned}$$

$\mathbf{u}=\frac{(\mathbf{q}-\mathbf{p})}{\|\mathbf{q}-\mathbf{p}\|}$로 두면 결과를 얻는다.

1.3.1 (i) $\dot{\gamma}=\sin 2t(-1,\ 1)$는 t가 $\frac{\pi}{2}$의 정수배일 때 영이다. 그러므로 γ는 정칙이 아니다.

(ii) $0<t<\frac{\pi}{2}$일 때 $\dot{\gamma}\neq 0$이므로 γ는 정칙이다.

(iii) $\dot{\gamma}=(1,\ \sinh t)$는 영이 아니므로, γ는 정칙이다.

1.3.2 $x=r\cos\theta=\sin^2\theta,\ y=r\sin\theta=\sin^2\theta\tan\theta$이므로 θ에 관한 매개변수화는 $\theta\mapsto(\sin^2\theta,\ \sin^2\theta\tan\theta)$ 이다. $\theta\mapsto\sin\theta$는 1:1대응함수다. 매끄러운 사상 $\left(-\frac{\pi}{2},\ \frac{\pi}{2}\right)\to(-1,\ 1)$이고 매끄러운 역사상 $t\mapsto\sin^{-1}t,\ t=\sin\theta$는 재매개변수화 사상이다.

$\sin^2\theta=t^2,\ \sin^2\theta\tan\theta=t^3/\sqrt{1-t^2}$ 이므로, 재매개변수화가 얻어진다.

1.3.3 (i) $t=0$에서 $\dot{\gamma}=0\Leftrightarrow m\geq 2, n\geq 2.\ m>3$이라면, $\ddot{\gamma}$와 $(\dddot{\gamma})$의 첫 성분은 $t=0$에서 둘 다 영이다. 그러므로 $\ddot{\gamma}$와 $(\dddot{\gamma})$는 $t=0$에서 일차종속이다. 따라서 4 가지 경우가 있다: 만일 $(m,n)=(2,2)$ 또는 $(3,3)$이면, $t=0$에서 $\ddot{\gamma}=0$ 이거나 $(\dddot{\gamma}=0)$이다. 그러므로 보통 첨점의 유일한 가능성은 $(m,n)=(2,3),(3,2)$이고 그러면 $t=0$에서 $\ddot{\gamma}$와 $(\dddot{\gamma})$는 일차독립이라는 것을 쉽게 알 수 있다.

(ii) 매개변수화 $\gamma(t)=\left(t^2,\dfrac{t^3}{\sqrt{1-t^2}}\right)$을 사용하면, $t=0$에서 $\dot{\gamma}=0,\ \ddot{\gamma}=(2,0),\ \dddot{\gamma}=(0,6)$을 얻는다. 그러므로 원점은 보통 첨점이다.

(iii) $\tilde{\gamma}(\tilde{t})$를 $\gamma(t)$의 재매개변수화라 하고 γ는 $t=0$에서 첨점을 갖는다고 하자. 그러면 $t=0$에서

$$\frac{d\tilde{\gamma}}{d\tilde{t}}=\left(\frac{d\gamma}{dt}\right)\left(\frac{dt}{d\tilde{t}}\right)=0,\ \frac{d^2\tilde{\gamma}}{d\tilde{t}^2}=\left(\frac{d^2\gamma}{dt^2}\right)\left(\frac{dt}{d\tilde{t}}\right)^2=0,\ \frac{d^3\tilde{\gamma}}{d\tilde{t}^3}=\left(\frac{d^3\gamma}{dt^3}\right)\left(\frac{dt}{d\tilde{t}}\right)^3+3\left(\frac{d^2\gamma}{dt^2}\right)\left(\frac{dt}{d\tilde{t}}\right)\left(\frac{d^2t}{d\tilde{t}^2}\right).$$

$\frac{dt}{d\tilde{t}}\neq 0$을 사용하여, $t=0$에서 $\frac{d^2\tilde{\gamma}}{d\tilde{t}^2}$과 $\frac{d^3\tilde{\gamma}}{d\tilde{t}^3}$가 일차독립인 것을 쉽게 알 수 있다.

1.3.4 (i) 만일 $\tilde{\gamma}(t)=\gamma(\varphi(t))$라면, ψ를 재매개변수화사상 φ의 역사상이라 하자.

그러면 $\tilde{\gamma}(\psi(t))=\gamma(\varphi(\psi(t)))=\gamma(t)$이다.

(ii) φ와 ψ가 재매개변수화사상이라 할 때, $\tilde{\gamma}(t)=\gamma(\varphi(t))$이고 $\hat{\gamma}(t)=\tilde{\gamma}(\psi(t))$라면, $\hat{\gamma}(t)=\gamma((\varphi\circ\psi)(t))$이고, $\varphi\circ\psi$는 매끄러운 사상이면서 $\dot{\varphi}$와 $\dot{\psi}$가 둘 다 영이 아닐 때, $\frac{d}{dt}(\varphi(\psi(t))=\dot{\varphi}(\psi(t))\dot{\psi}(t)\neq 0$이기 때문에 재매개변수화사상이다.

1.4.1 모든 t에 대하여 $\gamma(t+2\pi)=\gamma(t)$이므로 닫혀있다. $\gamma(t)=\gamma(u)$라고 가정하자. 그러면 $\cos^3t(\cos 3t,\ \sin 3t)=\cos^3u(\cos 3u,\ \sin 3u)$이다. 길이를 취하면 $\cos^3t=\pm\cos^3u$이므로, $\cos t=\pm\cos u$, 따라서 $u=t,\pi-t,\pi+t,2\pi-t$ (2π의 배수를 더하는 것까지)이다.

두 번째 가능성은 어떤 정수 n에 대하여 $t=\frac{n\pi}{3}$이고 세 번째 가능성은 모든 t에 대하여 참이다.

따라서 주기는 π이고 자기교차에 대하여 $t=\frac{\pi}{3},\frac{2\pi}{3}$만 생각할 필요가 있는데, 그것은 각각 $u=\frac{2\pi}{3},\ \frac{\pi}{3}$이다. 따라서 $\gamma\left(\frac{\pi}{3}\right)=\left(-\frac{1}{8},\ 0\right)$에서 유일하게 자기교차한다.

1.4.2 곡선 $\tilde{\gamma}(t)=(\cos(t^3+t),\ \sin(t^3+t))$는 원 $\gamma(t)=(\cos t,\sin t)$의 재매개변수화이지만 닫혀있지 않다.

1.4.3 만일 γ가 T-주기적이면 그것은 모든 $k \neq 0$에 대하여 kT-주기적이다 (이것은 $k>0$이면 k에 관한 귀납법을, $k<0$이면 $-k$에 관한 귀납법을 이용하여 증명할 수 있다). 만일 γ가 T_1-주기적이고 T_2-주기적이면, 영이 아닌 모든 정수 k_1, k_2에 대하여 γ는 k_1T_1-주기적이며 k_2T_2-주기적이다. 따라서 γ가 k_2T_2-주기적임에 따라 $\gamma(t+k_1T_1+k_2T_2)=\gamma(t+k_1T_1)$이고, k_1T_1-주기적임에 따라 $\gamma(t+k_1T_1+k_2T_2)=\gamma(t)$이다.

1.4.4 만일 γ가 T-주기적이라면, k가 정수이고 $0 \le T_1 < T_0$일 때 $T=kT_0+T_1$으로 쓴다. 연습문제 1.4.3에 의하여 γ는 T_1-주기적이다: 만일 $T_1>0$이면 이것은 T_0의 정의에 모순이다.

1.4.5 (i) γ가 T_1-주기적이 되도록 $T_1>0$을 고르면 T_1은 이 성질을 만족하는 최소의 양수는 아니다. 그러므로 γ가 T_2-주기적인 $T_2>0$이 존재한다. 이런 논리를 반복하면 필요한 수열을 준다.

(ii) (1)의 수열 $\{T_r\}_{r\ge1}$은 감소수열이며 아래로 유계이다. 따라서 이 수열은 적당한 $T_\infty \ge 0$에 수렴해야한다. 그러면 γ는, (γ의 연속성을 사용하여) $\gamma(t+T_\infty)=\lim_{r\to\infty}\gamma(t+T_r)=\lim_{r\to\infty}\gamma(t)=\gamma(t)$ 이기 때문에 T_∞-주기적이다. 연습문제 1.4.3에 의하여 γ는 모든 $r \ge 1$에 대하여 $(T_r - T_\infty)$-주기적이고 이 양수의 수열은 영에 수렴한다.

(iii) 만일 $\{T_r\}$이 (1)과 같고 $r\to\infty$일 때 $T_r\to0$이라면, 중간값정리에 의하여, 어떤 $0<\lambda<1$일 때

$$0=\frac{(f(t+T_r)-f(t))}{T_r}=\dot{f}(t+\lambda T_r).$$

$r\to\infty$이면 모든 t에 대하여 $\dot{f}(t)=0$이다. 그러므로 f는 상수함수이다.

1.4.6 다음 힌트를 따른다: $T_0=\left(\frac{k_i}{k}\right)T_i$가 T_i의 정수배이므로, 각 γ_i는 T_0-주기적이다. I를 γ_i가 상수가 아닌 모든 i상에서 실수의 유한 집합 $\{T_i, 2T_i, \cdots, k_iT_i\}$의 합이라 하고, $P=\{T'\in I|\gamma: T'-\text{주기적}\}$이라 하자. 그러면 P는 유한집합 (I가 유한이므로) 이고 공집합 ($T\in P$이므로)이 아니다. P의 가장 작은 원소는 γ가 T_0'-주기적인 가장 작은 양수 T_0'이다 (왜냐하면 만일 γ가 T'-주기적이면 $T'>T$이든지 $T'\in P$이기 때문). 연습문제 1.4.4에 의하여 적당한 정수 k'에 대하여 $T_0=k'T_0'$이므로 γ_i가 상수가 아닌 모든 i에 대하여 $T_0'=k_i'T_i$인 정수 k_i'이 존재한다. 그러면 $\frac{k_iT_i}{k}=k'k_i'T_i$이므로 kk'은 각 k_i를 나눈다. k가 그러한 가장 큰 약수이므로 $k'=1$, 따라서 $T_0=T_0'$이다.

1.5.1 $x(1-x^2)\ge0 \Leftrightarrow x\le-1$또는 $0\le x\le1$이므로 곡선은 (적어도) 두 부분이다. 매개변수화는 $t\le-1$과 $0\le t\le1$이고 그것은 $y\ge0$인 곡선의 부분을 덮는다.

1.5.2 만일 $\gamma(t)=(x(t), y(t), z(t))$가 곡면 $f(x,y,z)=0$안에 있으면, t에 관하여 $f(x(t), y(t), z(t))=0$을 미분하면 $\dot{x}f_x+\dot{y}f_y+\dot{z}f_z=0$이다. 그러므로 $\dot{\gamma}$는 $\nabla f=(f_x, f_y, f_z)$와 수직이다. 이 사실은 곡면안의 모든 곡선에 대하여 성립하므로, ∇f는 곡면에 수직이다. 곡면 $f=0$와 $g=0$는 만일 ∇f와 ∇g가 교차부분의 어떤 점에서도 평행이 아니라면 한 곡선에서 교차한다.

1.5.3 $\gamma(t)=(u(t), v(t), w(t))$가 $\mathbb{R}^3$ 안의 정칙곡선이라 하자. 모든 t에 대하여 $\dot{u}, \dot{v}, \dot{w}$중 적어도 하나는 영이 아니다. $\dot{u}(t_0)\neq0$, $x_0=u(t_0)$라고 하자. 정리 1.5.2의 증명처럼, $t=h(x)$가 t_0-근방의 모

든 t에 대하여 $x=u(t)$의 유일한 해인, x_0-근방의 모든 x에 대해 정의된 매끄러운 함수 $h(x)$가 있다고 하자. 그러면, t_0-근방의 t에 대하여, $f(x, y, z)=y-v(h(x))$, $g(x, y, z)=z-w(h(x))$ 일 때, $\gamma(t)$가 등위곡선 $f(x, y, z)=g(x, y, z)=0$에 포함된다. ' '가 $\frac{d}{dx}$를 나타낼 때,

$\nabla f=(-\dot{v}h', 1, 0)$, $\nabla g=(-\dot{w}h', 0, 1)$

이므로 두 함수 f와 g는 앞의 연습문제를 만족한다.

제2장 곡선이 얼마나 굽었는가?

2.1.1 (i) γ는 단위속력(연습문제 1.2.2 (i))이므로

$$\kappa=\|\ddot{\gamma}\|=\left\|\left(\frac{1}{4}(1+t)^{-1/2}, \frac{1}{4}(1-t)^{-1/2}, 0\right)\right\|=\frac{1}{\sqrt{8(1-t^2)}}.$$

(ii) γ는 단위속력(연습문제 1.2.2 (ii))이므로

$$\kappa=\|\ddot{\gamma}\|=\left\|\left(-\frac{4}{5}\cos t, \sin t, \frac{3}{5}\cos t\right)\right\|=1.$$

(iii) 명제 2.1.2를 이용하면,

$$\kappa=\frac{\|(1, \sinh t, 0)\times(0, \cosh t, 0)\|}{\|(1, \sinh t, 0)\|^3}=\frac{\cosh t}{\cosh^3 t}=\operatorname{sech}^2 t.$$

(iv) $(-3\cos^2 t\sin t, 3\sin^2 t\cos t, 0)\times(-3\cos^3 t+6\cos t\sin^2 t,$
$6\sin t\cos^2 t-3\sin^3 t, 0)=(0, 0, -9\sin^2 t\cos^2 t)$.

그러므로

$$\kappa=\frac{\|(0, 0, -9\sin^2 t\cos^2 t)\|}{\|(-3\cos^2 t\sin t, 3\sin^2 t\cos t, 0)\|^3}=\frac{1}{3|\sin t\cos t|}.$$

이것은 t가 $\frac{\pi}{2}$의 정수배, 즉 별모양곡선의 네 첨점 $(\pm 1, 0)$, $(0, \pm 1)$에서 무한히 커진다.

2.1.2 명제 1.3.5의 증명은 $\mathbf{v}(t)$가 t에 관한 매끄러운 (벡터)함수라면 $\|\mathbf{v}(t)\|$는 $\mathbf{v}(t)\neq 0$일 때 t에 관한 매끄러운 (스칼라)함수인 것을 나타낸다. 결과는 명제 2.1.2의 식으로부터 성립한다.

정칙곡선 $\gamma(t)=(t, t^3)$의 곡률은 $\kappa(t)=\frac{6|t|}{(1+9t^4)^{3/2}}$이고 이것은 $t=0$에서 미분불가능이다.

2.2.1 $\mathbf{t}\cdot\mathbf{n}_s=0$을 미분하고 $\dot{\mathbf{t}}=\kappa_s\mathbf{n}_s$를 이용한다.

2.2.2 γ가 매끄러운 곡선이라면, $\mathbf{t}=\dot{\gamma}$는 매끄럽고, 따라서 이것은 $\mathbf{n}_s$이다(왜냐하면 이것은 $\mathbf{t}$에 회전을 작용해서 얻어지므로). 그리고 $\dot{\mathbf{t}}$. 따라서 $\kappa_s=\dot{\mathbf{t}}\cdot\mathbf{n}_s$는 매끄럽다.

2.2.3 첫 부분은 부록 2의 결과로부터, M이 직선 ℓ의 반사라면 $\tilde{\kappa}_s=-\kappa_s$를 보이면 충분하다. 그러나 이것은 자명하다: 만일 명제 2.2.1에서 고정각 φ_0을 직선 ℓ과 양의 x-축사이의 각이라면 $\tilde{\varphi}=-\varphi$이다. 역으로, 만일 γ와 $\tilde{\gamma}$가 영이 아닌 같은 곡률을 가지면 그들의 부호가 붙은 곡률은 같든지 부호만 다르다. 첫 경우는 곡선들은 정리 2.2.5에 의하여 직접 등장사상만큼 다르고 둘째 경우는 한 곡

선에 반사를 작용하면 두 곡선은 같은 부호가 붙은 곡률을 가지며 두 곡선은 직접 등장사상만큼 다르다. 그러므로 원래 곡선들은 반대 등장사상만큼 다르다.

2.2.4 팽창의 효과는 s에 a를 곱하고 φ는 변하지 않는 효과이므로 첫 부분은 분명하다. 두 번째 부분에 대하여, 호의 길이가 s와 $s+\delta s$인 두 점 사이의 작은 체인의 부분을 생각한다. 이 부분에 순 수평력은 $\delta(T\cos\varphi)$이고 이것이 영일 때 $T\cos\varphi$는 상수, 가령 λ이어야 한다. 순수직력은 $\delta(T\sin\varphi)$이고 이것은 체인부분의 무게의 균형을 이루어야 한다. 그것은 δs의 상수배이다. 이것은 어떤 상수 μ, ν에 대하여 $T\sin\varphi=\mu s+\nu$인 것을 나타내고, C의 최하점에서 $\varphi=s=0$이므로 영이어야 한다는 것을 보여준다. $T\cos\varphi=\lambda, T\sin\varphi=\mu s$로부터 $a=\dfrac{\lambda}{\mu}$일 때, $\tan\varphi=\dfrac{s}{a}$를 얻는다. 따라서 $\sec^2\varphi\dfrac{d\varphi}{ds}=\dfrac{1}{a}$이므로, 부호가 붙은 곡률은

$$\kappa_s=\frac{d\varphi}{ds}=\frac{1}{a\sec^2\varphi}=\frac{1}{a(1+\tan^2\varphi)}=\frac{1}{a}(1+\frac{s^2}{a^2})^{-1}.$$

첫 부분과 예제 2.2.4를 사용하면 결과를 얻는다.

2.2.5 $\dfrac{d\gamma^\lambda}{dt}=\dfrac{d\gamma}{dt}+\lambda\dfrac{d\mathbf{n}_s}{dt}=(1-\lambda\kappa_s)\dfrac{ds}{dt}\mathbf{t}$. 그러므로 γ^λ의 호의 길이 s^λ는 $\dfrac{ds^\lambda}{dt}=|1-\lambda\kappa_s|\dfrac{ds}{dt}$를 만족한다. γ^λ의 단위접선벡터는 $\mathbf{t}^\lambda=\dfrac{d\lambda^\gamma}{dt}/\dfrac{ds^\lambda}{dt}=\epsilon\mathbf{t}$이므로 γ^λ의 부호가 붙은 단위법선은 $\kappa_s^\lambda\mathbf{n}_s^\lambda=$ $\dfrac{d\mathbf{t}^\lambda}{dt}/|1-\lambda\kappa_s|\dfrac{ds}{dt}=\epsilon|1-\lambda\kappa_s|^{-1}\dfrac{d\mathbf{t}}{ds}=\kappa_s(1-\lambda\kappa_s)^{-1}\mathbf{n}_s=\epsilon\kappa_s(1-\lambda\kappa_s)^{-1}\mathbf{n}_s^\lambda=\kappa_s 1-\lambda\kappa_s|^{-1}\mathbf{n}_s^\lambda$.

2.2.6 $\epsilon(s_0)$는 $\gamma(s_0)$와 $\gamma(s_0+\delta s)$를 잇는 직선의 수직이등분선 위에 있다. 그러므로

$$(\epsilon(s_0)-\frac{1}{2}(\gamma(s_0)+\gamma(s_0+\delta s)))\cdot(\gamma(s_0+\delta s)-\gamma(s_0))=0.$$

테일러의 정리를 이용하고 2계가 넘는 δs의 멱항을 버리면,

$$(\epsilon-\gamma)\cdot\dot\gamma\delta s+\frac{1}{2}(\epsilon\cdot\ddot\gamma-1-\gamma\cdot\ddot\gamma)(\delta s)^2=0.$$

이것은 δs가 $-\delta s$로 바꾸어도 성립하는데, 이 두 식을 더하고 빼면 $(\epsilon-\gamma)\cdot\dot\gamma=0$와 $(\epsilon-\gamma)\cdot\ddot\gamma=1$을 얻는다. 첫 식은 어떤 스칼라 λ에 대하여 $\epsilon=\gamma+\lambda\mathbf{n}_s$이고, $\ddot\gamma=\kappa_s\mathbf{n}_s$이므로 둘째 식에서 $\lambda=\dfrac{1}{\kappa_s}$을 얻는다.

2.2.7 ϵ의 접선벡터는 $\mathbf{t}+\dfrac{1}{\kappa_s}(-\kappa_s\mathbf{t})-\dfrac{\dot\kappa_s}{\kappa_s^2}\mathbf{n}_s=-\dfrac{\dot\kappa_s}{\kappa_s^2}\mathbf{n}_s$이므로 호의 길이는 $u=\int\|\dot\epsilon\|ds=\int\dfrac{\dot\kappa_s}{\kappa_s^2}ds$ $=u_0-\dfrac{1}{\kappa_s}$, 단 u_0는 상수이다. 그러므로 ϵ의 단위접선벡터는 $-\mathbf{n}_s$이고 부호를 붙인 단위법선은 $\mathbf{t}$이다.

$\dfrac{-d\mathbf{n}_s}{du}=\kappa_s\mathbf{t}/(du/ds)=\dfrac{\kappa_s^3}{\dot\kappa_s}\mathbf{t}$이므로, 부호가 붙은 ϵ의 곡률은 $\dfrac{\kappa_s^3}{\dot\kappa_s}$이다. $\dfrac{d}{dt}$를 '(dash)로 나타내면, $\gamma'=a(1-\cos t,\ \sin t)$. 그러므로 γ의 호의 길이 s는 $\dfrac{ds}{dt}=2a\sin\left(\dfrac{t}{2}\right)$이고 단위법선벡터는

$\mathbf{t}=\dot{\gamma}=\left(\sin\left(\frac{t}{2}\right),\quad \cos\left(\frac{t}{2}\right)\right)$. 그러므로 $\mathbf{n}_s=\left(-\cos\left(\frac{t}{2}\right),\quad \sin\left(\frac{t}{2}\right)\right)$, $\dot{\mathbf{t}}=(d\mathbf{t}/dt)/(ds/dt)=$ $\frac{1}{4a\sin(t/2)}(\cos(t/2),\ -\sin(t/2))=-\{1/4a\sin(t/2)\}\mathbf{n}_s$. 그러므로 γ의 부호가 붙은 곡률은 $-1/4a\sin\left(\frac{t}{2}\right)$. 그러므로 이 곡선의 축폐선은

$$\epsilon(t)=a(t-\sin t,\ 1-\cos t)-4a\sin\left(\frac{t}{2}\right)\left(-\cos\left(\frac{t}{2}\right),\ \sin\left(\frac{t}{2}\right)\right)=a(t+\sin t,\ -1+\cos t).$$

ϵ을 $\tilde{t}=\pi+t$로 재매개변수화하면, $a(\tilde{t}-\sin\tilde{t},\ 1-\cos\tilde{t})+a(-\pi,\ -2)$이고 이것은 γ를 벡터 $a(-\pi,\ -2)$만큼 평행이동해서 γ를 재매개변수함으로써 얻어진다.

2.2.8 실의 임의부분은 $\gamma(s)$에서 γ에 접하고, 길이는 $\ell-s$이다. 따라서 $\iota(s)$가 그의 식이다. ι의 접선벡터는 $\dot{\gamma}-\dot{\gamma}+(\ell-s)\ddot{\gamma}=\kappa_s(\ell-s)\mathbf{n}_s$ (점은 $\frac{d}{ds}$를 나타낸다). ι의 호의 길이 v는 $\frac{dv}{ds}=\kappa_s(\ell-s)$로 주어지므로, 단위접선벡터는 $\mathbf{n}_s$이고 부호가 붙은 단위법선은 $-\mathbf{t}$이다. 지금 $\frac{d\mathbf{n}_s}{dv}=\frac{1}{\kappa_s(\ell-s)}\dot{\mathbf{n}}_s=\frac{-1}{\ell-s}\mathbf{t}$ 이므로 ι의 부호가 붙은 곡률은 $\frac{1}{\ell-s}$이다.

2.2.9 현수선의 호의 길이 매개변수화는 $\tilde{\gamma}(s)=(\sinh^{-1}s,\ \sqrt{1+s^2})$이다. $u=\sinh^{-1}s$라면 축폐선 $\iota(s)=\tilde{\gamma}(s)-s\dot{\tilde{\gamma}}(s)=\left(\sinh^{-1}s-\frac{s}{\sqrt{1+s^2}},\ \frac{1}{\sqrt{1+s^2}}\right)=(u-\tanh u,\operatorname{sech} u)$이다. 따라서 만일 (x,y)가 축폐선 ι 상의 한 점이라면 $u=\cosh^{-1}\left(\frac{1}{y}\right)$ 이고 $x=\cosh^{-1}\left(\frac{1}{y}\right)-\sqrt{1-y^2}$ 이다.

2.2.10 회전 $\rho_{-\theta(s)}$는 $\gamma(s)$에서 γ의 접선은 ℓ로, q와 $\gamma(s)$를 잇는 직선은 $\Pi(s)$를 $\mathbf{p}+s\mathbf{a}$와 잇는 직선에 평행한 직선으로 보낸다. 따라서 $\Pi(s)-(\mathbf{p}+s\mathbf{a})=\rho_{-\theta(s)}(\mathbf{q}-\gamma(s))$인데, 이것은 얘기한 방정식이다. 지금, $\dot{\Pi}(s)=\mathbf{a}+\left(\frac{d}{ds}\rho_{-\theta(s)}\right)(\mathbf{q}-\gamma(s))-\rho_{-\theta(s)}\dot{\gamma}(s)$이다. 마지막 항은 분명히 $\mathbf{a}$에 평행하고 둘 다 단위벡터이므로 서로 같다. 그러므로

$$\left(\frac{d}{ds}\rho_{-\theta(s)}\right)(\mathbf{q}-\gamma(s))\cdot-\rho_{-\theta(s)}(\mathbf{q}-\gamma(s))=0$$

를 증명하고자 한다. 만일 $A=\rho_{-\theta(s)}$, $\mathbf{v}=\mathbf{q}-\gamma(s)$라면, 행렬모양으로 $(A\mathbf{v})^t\frac{dA}{ds}\mathbf{v}=0$, 즉 $\mathbf{v}^tA^t\frac{dA}{ds}\mathbf{v}=0$을 보여야 한다. A는 직교행렬이므로 이것은 힌트의 (ⅰ)과 (ⅱ)로부터 알 수 있다. (ⅰ)을 증명하기 위하여, 성분을 사용하면

$$\mathbf{v}^tS\mathbf{v}=\sum_{i,j}v_iv_jS_{ij}=\sum_{i,j}v_jv_iS_{ji}=-\sum_{i,j}v_iv_jS_{ij}$$

이다. (ⅱ)를 보이기 위해서는 $A^tA=I$를 미분하여라.

2.3.1 (ⅰ) $\mathbf{t}=\left(\frac{1}{2}(1+t)^{1/2},\ -\frac{1}{2}(1-t)^{1/2},\ \frac{1}{\sqrt{2}}\right)$는 단위벡터이므로 γ는 단위속력이다.

$$\dot{\mathbf{t}}=\left(\frac{1}{4}(1+t)^{-1/2},\ \frac{1}{4}(1-t)^{-1/2},\ 0\right).$$

그러므로

$$\kappa = \|\dot{\mathbf{t}}\| = \frac{1}{\sqrt{8(1-t^2)}};\ \mathbf{n} = \frac{1}{\kappa}\dot{\mathbf{t}} = \frac{1}{\sqrt{2}}((1-t)^{1/2},\ (1+t)^{1/2},\ 0);$$

$$\mathbf{b} = \mathbf{t}\times\mathbf{n} = \left(-\frac{1}{2}(1+t)^{1/2},\ \frac{1}{2}(1-t)^{1/2},\ \frac{1}{\sqrt{2}}\right);$$

$$\dot{\mathbf{b}} = \left(-\frac{1}{4}(1+t)^{-1/2},\ -\frac{1}{4}(1-t)^{-1/2},\ 0\right).$$

그러므로 열률은 $\tau = \dfrac{1}{\sqrt{8(1-t^2)}}$.

방정식 $\dot{\mathbf{n}} = -\kappa\mathbf{t} + \tau\mathbf{n}$은 쉽게 확인할 수 있다.

(ii) $\mathbf{t} = \left(-\frac{4}{5}\sin t,\ -\cos t,\ \frac{3}{5}\sin t\right)$는 단위벡터이므로 γ는 단위속력이다.

$$\dot{\mathbf{t}} = \left(-\frac{4}{5}\cos t,\ \sin t,\ \frac{3}{5}\cos t\right),$$

그래서

$$\kappa = \|\dot{\mathbf{t}}\| = 1;\ \mathbf{n} = \frac{1}{\kappa}\dot{\mathbf{t}} = \left(-\frac{4}{5}\cos t,\ \sin t,\ \frac{3}{5}\cos t\right);$$

$$\mathbf{b} = \mathbf{t}\times\mathbf{n} = \left(-\frac{3}{5},\ 0,\ -\frac{4}{5}\right).$$

그러므로 $\dot{\mathbf{b}} = 0$, $\tau = 0$이다. 명제 2.3.5의 증명에 의하여, γ는 $\mathbf{b} = \left(-\frac{3}{5}, 0, -\frac{4}{5}\right)$에 수직이고 $(0,1,0)$을 지나는 평면, 즉 $3x + 4z = 0$에서 중심이 $\gamma + \frac{1}{\kappa}\mathbf{n} = (0, 1, 0)$이며 반지름이 $\frac{1}{\kappa} = 1$인 원이다.

2.3.2 $a = \dfrac{\kappa}{(\kappa^2+\tau^2)}$, $b = \dfrac{\tau}{(\kappa^2+\tau^2)}$이라 하자. 예제 2.1.3, 예제 2.3.2에 의하여, a, b를 매개변수로 갖는 상나사선은 곡률이 $\dfrac{a}{(a^2+b^2)} = \kappa$이고 열률이 $\dfrac{b}{(a^2+b^2)} = \tau$이다. 정리 2.3.6에 의하여, 곡률이 κ이고 열률이 τ인 모든 곡선은 이 상나사선에 직접 등장사상을 작용시켜 얻는다.

2.3.3 $\mathbf{t}\cdot\mathbf{a}$=상수를 미분하면, $\mathbf{n}\cdot\mathbf{a} = 0$. $\mathbf{t}, \mathbf{n}, \mathbf{b}$는 $\mathbb{R}^3$의 정규직교기저이므로, 어떤 스칼라 μ에 대하여 $\mathbf{a} = \mathbf{t}\cos\theta + \mu\mathbf{b}$, $\mathbf{a}$는 단위벡터이므로 $\mu = \pm\sin\theta$, $\mathbf{a} = \mathbf{t}\cos\theta \pm \mathbf{b}\sin\theta$를 미분하면, $\tau = \kappa\cot\theta$. 역으로, 만일 $\tau = \lambda\kappa$라면, $\lambda = \cot\theta$를 만족하는 θ가 존재한다. 미분하면 $\mathbf{a} = \mathbf{t}\cos\theta + \mathbf{b}\sin\theta$는 상수 벡터임을 알 수 있고, $\mathbf{t}\cdot\mathbf{a} = \cos\theta$는 θ가 $\mathbf{t}$와 $\mathbf{a}$ 사이의 각인 것을 나타낸다. 예제 2.1.3의 상나사선에 대하여 접선벡터 $\dfrac{d\gamma}{d\theta} = (-a\sin\theta, a\cos\theta, b)$와 z-축 사이의 각은 상수 $\cos^{-1}\left(\dfrac{b}{\sqrt{a^2+b^2}}\right)$이다.

2.3.4 반복해서 $(\gamma - \mathbf{a})\cdot(\gamma - \mathbf{a}) = r^2$을 미분하면

$$\mathbf{t}\cdot(\gamma - \mathbf{a}) = 0;\ \mathbf{t}\cdot\mathbf{t} + \kappa\mathbf{n}\cdot(\gamma - \mathbf{a}) = 0$$

이다. 따라서

$$\mathbf{n}\cdot(\gamma - \mathbf{a}) = \frac{-1}{\kappa};\ \mathbf{n}\cdot\mathbf{t} + (-\kappa\mathbf{t} + \tau\mathbf{b})\cdot(\gamma - \mathbf{a}) = \frac{\dot{\kappa}}{\kappa^2}$$

이다. 그러므로

$$\mathbf{b}\cdot(\gamma-\mathbf{a})=\frac{\dot{\kappa}}{\tau\kappa^2},\ \mathbf{b}\cdot\mathbf{t}-\tau\mathbf{n}\cdot(\gamma-\mathbf{a})=\left(\frac{\dot{\kappa}}{\tau\kappa^2}\right)^{\cdot}$$

이다. 따라서 $\frac{\tau}{\kappa}=\left(\frac{\dot{\kappa}}{\tau\kappa^2}\right)^{\cdot}$

역으로, 만일 식 (2.22)가 성립하면, $\rho=-\rho(\dot{\rho}\sigma)^{\cdot}$, 그러므로

$$(\rho^2+(\dot{\rho}\sigma)^2)^{\cdot}=2\rho\dot{\rho}+2(\dot{\rho}\sigma)(\dot{\rho}\sigma)^{\cdot}=0.$$

그러므로 $\rho^2+(\dot{\rho}\sigma)^2$은 상수이다. 이것을 $r^2(r>0)$이라 하자.

$\mathbf{a}=\gamma+\rho\mathbf{n}+\dot{\rho}\sigma\mathbf{b}$라면,

$$\dot{\mathbf{a}}=\mathbf{t}+\dot{\rho}\mathbf{n}+\rho(-\kappa\mathbf{t}+\tau\mathbf{b})+(\dot{\rho}\sigma)^{\cdot}\ \mathbf{b}+(\dot{\rho}\sigma)(-\tau\mathbf{n})=0.$$

식 (2.22)을 사용하면, $\mathbf{a}$는 상수벡터이고, $\|\gamma-\mathbf{a}\|^2=\rho^2+(\dot{\rho}\sigma)^2=r^2$.

따라서 γ는 중심이 $\mathbf{a}$이고 반지름이 r인 구에 포함된다.

2.3.5 $\Gamma=P\gamma$이므로 $\mathbf{T}=P\mathbf{t}$이고 P가 직교행렬이므로 $\|\dot{\Gamma}\|^2=(P\dot{\gamma})\cdot(P\dot{\gamma})=\dot{\gamma}\cdot\dot{\gamma}$이다. 그러면 $\ddot{\Gamma}=P\ddot{\gamma}$인데, 길이를 취하면 γ와 Γ는 같은 곡률 κ를 가지고, κ로 나누면 $\mathbf{N}=P\mathbf{n}$이다. 그러면 $\mathbf{B}=P\mathbf{t}\times P\mathbf{n}$이다. 만일 P가 직접 등장사상 (즉, 회전)에 대응하면, 이것은 $P(\mathbf{t}\times\mathbf{n})=P\mathbf{b}$와 같다. 그러나 민일 P가 반대 등장사상에 대응하면 $P\mathbf{t}\times P\mathbf{n}=-P\mathbf{b}$(명제 A.1.6)이다.

2.3.6 $\lambda_{ij}=\mathbf{v}_i\cdot\mathbf{v}_j$라 하자. 벡터 $\mathbf{v}_1,\ \mathbf{v}_2,\ \mathbf{v}_3$이 정규직교이기 위한 필요충분조건은

$$\lambda_{ij}=\delta_{ij}=\begin{cases}1, & i=j\\ 0, & i\neq j\end{cases}$$

이다. 그러므로 $s=s_0$에 대해 성립하는 s의 모든 값에 대하여 $\lambda_{ij}=\delta_{ij}$를 증명하면 충분하다. $\mathbf{v}_i\cdot\mathbf{v}_j$를 미분하면

$$\dot{\lambda}_{ij}=\sum_{k=1}^{3}(a_{ik}\lambda_{kj}+a_{jk}\lambda_{ik})$$

이다. 지금 $\lambda_{ij}=\delta_{ij}$는 $a_{ij}+a_{ji}=0$이기 때문에 위의 미분방정식계의 해이다. 그러나 상미분방정식 이론으로부터, $s=s_0$일 때 주어진 값을 갖는 유일한 해가 존재하는 것을 알 수 있다.

제3장 곡선의 대역적 성질

3.1.1 $\dot{\gamma}=(-\sin t-a\sin 2t,\cos t+a\cos 2t)$이므로, $\|\dot{\gamma}\|^2=1+a^2+2a\cos t$이다.

이것은 $\geq 1+a^2-2|a|=(1-|a|)^2$. 그러므로 $|a|\neq 1$이면 γ는 정칙이다. 만일 $|a|=1$이면 $\|\dot{\gamma}\|=2(1+a\cos t)$이다. 그러므로 원점이 γ의 고립점이다. 만일 $a=0$이라면 γ는 원이다. 만일 $0<|a|<1$이면

$$\gamma(t_1)=\gamma(t_2)\Rightarrow 1+a\cos t_1=1+a\cos t_2\Rightarrow \cos t_1=\cos t_2\Rightarrow t_2=t_1 \text{ 또는 } t_2=2\pi-t_1$$

이다. 후자에서

$$\gamma(t_2)=((1+a\cos t_1)\cos t_1,-(1+a\cos t_1)\sin t_1)$$

이다. 그러므로

$$\gamma(t_1)=\gamma(t_2) \Rightarrow \sin t_1 = 0 \Rightarrow t_1 = 0 \text{ 또는 } t_1 = \pi.$$

모든 경우에 t_2-t_1은 2π의 배수이다. 그러므로 γ는 자기교차가 없는 주기가 2π인 폐곡선이다.

만일 $|a|>1$이면 γ는 $\cos t=-\frac{1}{a}$일 때, 원점을 지나는데, 이것이 $0 \le t < 2\pi$에서 두 근, 가령 $t_1<t_2$을 가진다. 그러므로 원점은 자기교차점이다. 그림은 예제 1.1.7 ($a=2$인 경우)에서와 비슷하다. 따라서 γ의 상의 여집합은 $t_1 \le t \le t_2$인 곡선의 일부분에 의하여 둘러싸인 두 개의 유계영역과 비유계영역의 합이다.

3.2.1 부록 1에 의하여 $\mathbb{R}^2$의 등장사상 M은 P가 3×3 직교행렬이고 $\mathbf{b}$가 상수벡터일 때, $M(\mathbf{v})=P\mathbf{v}+\mathbf{b}$ 모양이다. 만일 $\tilde{\gamma}=M(\gamma)$라면 $\dot{\tilde{\gamma}}=P\dot{\gamma}$이므로 $\|\dot{\tilde{\gamma}}\|=\|\dot{\gamma}\|$ 인데 이것은 γ와 $\tilde{\gamma}$가 길이가 같다는 것이다. 만일 γ를 $\mathbb{R}^3$에 있는 xy-평면 안의 곡선으로 생각하면 식 (3.2) 는 $\mathbf{k}=(0,0,1)$일 때,

$$A(\gamma)=\int_0^T(\dot{\gamma}\times\ddot{\gamma})\cdot\mathbf{k}dt$$

로 쓸 수 있다. 지금 명제 A.1.6으로부터 γ와 $\tilde{\gamma}$는 넓이가 같다는 것을 알 수 있다 (만일 M이 반대등장사상이면 넓이의 부호가 바뀌지만, 그렇지 않다. 왜냐하면 γ가 양의 방향일 때 그 경우 $\tilde{\gamma}$는 음의 방향이기 때문이다).

3.2.2 $0 \le t \le 2\pi$일 때, 타원을 $\gamma(t)=(p\cos t,\ q\sin t)$로 매개변수화하면 넓이는

$$\frac{1}{2}\int_0^{2\pi}(pq\sin^2 t+pq\cos^2 t)dt=\pi pq$$

이다. 등주부등식에 의하여, 타원의 길이 ℓ은 $\ell \ge \sqrt{4\pi\times\pi pq}=2\pi\sqrt{pq}$를 만족하고 등호가 성립하기 위한 필요충분조건은 타원이 원, 즉 $p=q$일 때 이다. 그러나 길이는

$$\int_0^{2\pi}\|\dot{\gamma}\|dt=\int_0^{2\pi}\sqrt{p^2\sin^2 t+q^2\cos^2 t}\,dt$$

이다.

3.3.1 $(x_1,\ y_1)$과 $(x_2,\ y_2)$를 타원 안의 점이라 하자. 즉 $\frac{x_i^2}{p^2}+\frac{y_i^2}{q^2}<1$ $(i=1,2)$. 두 점을 잇는 선분상의 점은, $0 \le t \le 1$일 때

$$(tx_1+(1-t)x_2,\ ty_1+(1-t)y_2)$$

이다. 이것은

$$\begin{aligned}&\frac{(tx_1+(1-t)x_2)^2}{p^2}+\frac{(ty_1+(1-t)y_2)^2}{q^2}\\&=t^2\left(\frac{x_1^2}{p^2}+\frac{y_1^2}{q^2}\right)+(1-t)^2\left(\frac{x_2^2}{p^2}+\frac{y_2^2}{q^2}\right)+2t(1-t)\left(\frac{x_1x_2}{p^2}+\frac{y_1y_2}{q^2}\right)\\&<t^2+(1-t)^2+t(1-t)\left(\frac{x_1^2}{p^2}+\frac{y_1^2}{q^2}+\frac{x_2^2}{p^2}+\frac{y_2^2}{q^2}\right)\\&<t^2+(1-t)^2+2t(1-t)=1\end{aligned}$$

때문에 타원 안의 점이다.

3.3.2 $\dot{\gamma}=(-\sin t-2\sin 2t,\ \cos t+2\cos 2t)$이고 $\|\dot{\gamma}\|=\sqrt{5+4\cos t}$이므로, $\dot{\gamma}$와 x-축 사이의 각 φ는 다

음과 같다.

$$\cos\varphi = \frac{-\sin t - 2\sin 2t}{\sqrt{5+4\cos t}},\ \sin\varphi = \frac{\cos t + 2\cos 2t}{\sqrt{5+4\cos t}}.$$

둘째 식을 미분하면,

$$\dot{\varphi}\cos\varphi = \frac{-\sin t(24\cos^2 t + 42\cos t + 9)}{(5+4\cos t)^{3/2}}$$

이므로

$$\dot{\varphi} = \frac{\sin t(24\cos^2 t + 42\cos t + 9)}{(5+4\cos t)(\sin t + 2\sin 2t)} = \frac{(9+6\cos t)}{(5+4\cos t)}$$

이다. 따라서 만일 s가 γ의 호의 길이라면,

$$\kappa_s = \frac{d\varphi}{ds} = \left(\frac{d\varphi}{dt}\right) \Big/ \left(\frac{ds}{dt}\right) = \frac{(9+6\cos t)}{(5+4\cos t)^{3/2}}$$

이므로 $\dot{\kappa}_s = 12\sin t\frac{(2+\cos t)}{(5+4\cos t)^{5/2}}$. 이것은 $t=0$과 $t=\pi$일 때 곡선의 두 점에서만 영이다.

제4장 3차원상의 곡면

4.1.1 U를 $\mathbb{R}^2$의 열린 원판이라 하고 $S = \{(x,\ y,\ z) \in \mathbb{R}^3 \mid (x,\ y) \in U,\ z=0\}$이라 하자. 만일 $W = \{(x,\ y,\ z) \in \mathbb{R}^3 \mid (x,\ y) \in U\}$라면, W는 $\mathbb{R}^3$의 열린 부분집합이고, $S \cap W$는 $(x,\ y,\ 0) \mapsto (x,\ y)$에 의하여 U와 위상동형이다. 그러므로 S는 곡면이다.

4.1.2 $\sigma^x_\pm$의 상은 구면과 $\mathbb{R}^3$에서의 열린 집합 $\pm x > 0$와의 교집합이고 역사상은 사영 $(x,\ y,\ z) \mapsto (y,\ z)$이다. 같은 방법으로, $\sigma^y_\pm$와 $\sigma^z_\pm$도 마찬가지이다. 6개의 좌표조각사상 중 어느 것의 상에 없는 구면의 점은 $x,\ y,\ z$가 모두 영인데, 이것은 불가능하다.

4.1.3 두 방정식을 곱하면 $(x^2-z^2)\sin\theta\cos\theta = (1-y^2)\sin\theta\cos\theta$이므로, $\cos\theta=0$ 또는 $\sin\theta=0$이 아니면 $x^2+y^2-z^2=1$. 만일 $\cos\theta=0$이라면 $x=-z$, $y=1$이고 만일 $\sin\theta=0$이라면 $x=z$, $y=-1$이고 두 직선 모두 곡면에 포함된다.

주어진 직선 L_θ는 $(\sin 2\theta,\ -\cos 2\theta,\ 0)$을 지나고 벡터 $(\cos 2\theta,\ \sin 2\theta,\ 1)$과 평행하다. 따라서 $0 \le \theta < \pi$로 택하면 두 직선 모두 가진다.

$(x,\ y,\ z)$가 곡면의 한 점이라 하자. 만일 $x \ne z$라면, θ가 $\cot\theta = \frac{1-y}{x-z}$를 만족할 때, $(x,\ y,\ z)$는 L_θ 위에 있다. 만일 $x \ne -z$일 때도 같다. 마지막으로 남은 경우는 점 $(0,\ 0,\ \pm 1)$인데, 이들은 $L_{\pi/2}$와 L_0 위에 있다.

S를 덮는 곡면조각사상을 얻기 위하여 $\sigma(\theta,\ t) = (\sin 2\theta,\ -\cos 2\theta,\ 0) + t(\cos 2\theta,\ \sin 2\theta,\ 1)$에 의하여 $\sigma:\ U \to \mathbb{R}^3$을 정의한다. 이것은 앞서의 문장에 의하여 전체곡면을 덮는 곡면조각사상이다.

M_φ를 직선

$$(x-z)\cos\varphi = (1+y)\sin\varphi,\ (x+z)\sin\varphi = (1-y)\cos\varphi$$

라 하자.

위와 같은 방법에 의하여, M_φ는 곡면에 포함되고 곡면의 모든 점은 $0 \le \varphi < \tau$일 때 어떤 M_φ 위에 있다. 만일 $\theta + \varphi$가 π의 배수가 아니면, 직선 L_θ와 M_φ는 점

$$\left(\frac{\cos(\theta-\varphi)}{\sin(\theta+\varphi)},\ \frac{\sin(\theta-\varphi)}{\sin(\theta+\varphi)},\ \frac{\cos(\theta+\varphi)}{\sin(\theta+\varphi)}\right)$$

에서 만나고, $0 \le \theta < \pi$인 모든 θ에 대하여, $\theta+\varphi$가 π의 배수인 $0 \le \varphi < \pi$인 오직 하나의 φ가 있고 직선 L_θ와 M_φ는 만나지 않는다. 만일 (x, y, z)가 $\theta \ne \varphi$일 때, L_θ와 L_φ 위에 있다면

$$(1-y)\tan\theta = (1-y)\tan\varphi,\ (1+y)\cot\theta = (1-y)\cot\varphi$$

인데 이것으로부터 $y=1$과 $y=-1$ ($\theta = 0, \varphi = \frac{\pi}{2}$인 경우나 반대 경우는 따로 취급해야 하지만 결론은 같다). 이것은 L_θ와 L_φ가 만나지 않는 것을 나타내고 똑같이, M_θ와 M_φ도 만나지 않는 것을 나타낸다.

4.1.4 첫 부분에 대하여, $U=\{(u, v)\in\mathbb{R}^2 \mid 0 < u^2+v^2 < \pi^2\}$, $r=\sqrt{u^2+v^2}$ 이라 하자.

$\sigma(u, v) = \left(\frac{u}{r}, \frac{v}{r}, \tan(r-\frac{\pi}{2})\right)$로써 $\sigma: U\to\mathbb{R}^3$을 정의하자. 만일 S^2이 단일 좌표조각사상 $\sigma: U\to\mathbb{R}^3$으로 덮을 수 있다면 S^2은 $\mathbb{R}^2$의 열린 부분집합과 위상동형이다. S^2는 $\mathbb{R}^3$의 닫힌 유계 부분집합이므로 긴밀하다. 따라서 U는 긴밀하므로 닫혀있다. 그러나 $\mathbb{R}^2$는 연결집합이고 둘 다 열려있으면서 닫혀있는 $\mathbb{R}^2$의 유일한 공집합이 아닌 부분집합은 $\mathbb{R}^2$자신이고, 이것은 유계가 아니므로 긴밀하지 않다.

4.1.5 만일 $\{\sigma_\alpha : U_\alpha\to\mathbb{R}^3\}$이 곡면 S에 대한 좌표근방계이고, W가 $\mathbb{R}^3$의 열린 부분집합이라면 제한 $\{\sigma|_{U_\alpha\cap\sigma_\alpha^{-1}(W)}\}$는 $S\cap W$의 한 좌표근방계를 만든다 ($U_\alpha \cap \sigma_\alpha^{-1}(W)$가 공집합이 되는 제한은 버려야 한다).

4.2.1 σ는 분명히 매끄러운 사상이고 $\sigma_u\times\sigma_v = (-f_u, f_v, 1)$은 모든 곳에서 영벡터가 아니므로 σ는 정칙이다.

4.2.2 $f=\pm\sqrt{1-u^2-v^2}$ (만일 $(u, v)\in U$라면 $1-u^2-v^2>0$이므로 $\sqrt{1-u^2-v^2}$은 매끄럽다)일 때, $\sigma_\pm^z$는 연습문제 4.2.1의 특별한 경우이다. 다른 좌표조각사상에 대해서도 비슷하다.

$\sigma_\pm^z$에서 σ_+^y로의 추이사상은 예를 들어 $\Phi(\tilde{u}, \tilde{v}) = (u, v)$ (단, $\sigma_+^y(\tilde{u}, \tilde{v}) = \sigma_+^x(u, v)$)이므로, $u=\sqrt{1-\tilde{u}^2-\tilde{v}^2}$, $v=\tilde{v}$이고, 만일 $(\tilde{u}, \tilde{v})\in U$라면, $1-\tilde{u}^2-\tilde{v}^2>0$이므로 이것은 매끄러운 사상이다.

4.2.3 (ⅰ)은 분명히 단사이고 σ가 매끄럽고 $\sigma_u\times\sigma_v=(-v, -u, 1)$는 영벡터가 아니므로 정칙이다.

(ⅱ)는 단사이지만 $v=0$일 때 $\sigma_u\times\sigma_v = (0, -3v^2, 2v)$는 영벡터이므로 정칙이 아니다.

(ⅲ)은 $\sigma(u, v) = \sigma(-u, -1, v)$이므로 단사가 아니고, $u=-\frac{1}{2}$일 때,

$\sigma_u\times\sigma_v = (0, -2v(1+2u), 1+2u)$는 영벡터이므로 정칙이 아니다.

4.2.4 이것은 예제 4.1.4와 비슷하지만, '경도-위도'조각사상

$\sigma(\theta, \varphi) = (p\cos\theta\cos\varphi,\ q\cos\theta\sin\varphi,\ r\sin\theta)$

를 사용한다.

4.2.5 원 C상의 점은 좌표가 $(a+b\cos\theta,\ 0,\ b\sin\theta)$이므로, 이것은 z-축 둘레에 각 φ만큼 회전하면 점 $\sigma(\theta,\ \varphi)$를 얻는다. 원환면 전체는 다음 열린 집합들

(i) $0<\theta<2\pi,\ 0<\varphi<2\pi$ (ii) $0<\theta<2\pi,\ -\pi<\varphi<\pi$

(iii) $-\pi<\theta<\pi,\ 0<\varphi<2\pi$ (iv) $-\pi<\theta<\pi,\ -\pi<\varphi<\pi$

중 하나에 놓여있는 $(\theta,\ \varphi)$를 잡아서 얻는 네 좌표조각사상에 의하여 덮인다. 각 좌표조각사상은

$$\sigma_\theta\times\sigma_\varphi=-b(a+b\cos\theta)(\cos\theta\cos\varphi,\ \cos\theta\sin\varphi,\ \sin\theta)$$

는 $a+b\cos\theta\geq a-b>0$이므로, 절대로 영벡터가 아니기 때문에 정칙이다.

4.2.6 최초에 프로펠러의 중심이 원점이라고 하자. 시각 t에서 중심은, α가 비행기의 속력일 때, $(0,\ 0,\ \alpha t)$이다. 만일 프로펠러가 최초에 x-축을 따라서 있다면, 최초에 $(v,\ 0,\ 0)$에 있는 점은, 시각 t일 때 $(v\cos\omega t,\ v\sin\omega t,\ \alpha t)$에 있다. 단, ω는 프로펠러의 각속도이다. $u=\omega t,\ \lambda=\dfrac{\alpha}{\omega}$라 하자. 다음에

$\sigma_u=(-v\sin u,\ v\cos u,\ \lambda),\ \sigma_v=(\cos u,\ \sin u,\ 0)$이므로 표준단위법선은

$\mathrm{N}=(\lambda^2+\mu^2)^{-1/2}(-\lambda\sin u,\ \lambda\cos u,\ -v)$. 만일 θ가 $\mathbf{N}$과 z-축 사이의 각이라면,

$\cos\theta=\dfrac{-v}{(\lambda^2+v^2)^{1/2}}$이다. 따라서 z-축으로부터의 거리가 v일 때, $\cot\theta=\pm\dfrac{v}{\lambda}$이다.

4.2.7 σ가, 중심이 γ를 따라 움직일 때 γ에 수직인 평면 안에서 반지름이 a인 원에 의해 휩쓸려 지나간 관이다. 그러므로

$\sigma_s=(1-\kappa a\cos\theta)\mathbf{t}-\tau a\sin\theta\mathbf{n}+\tau a\cos\theta\mathbf{b},\ \sigma_\theta=-a\sin\theta\mathbf{n}+a\cos\theta\mathbf{b}$

이므로

$\sigma_s\times\sigma_\theta=-a(1-\kappa a\cos\theta)(\cos\theta\mathbf{n}+\sin\theta\mathbf{b})$

이다. 이것은 영벡터가 아니다. 왜냐하면 모든 θ에 대하여 $\kappa a<1$은 $1-\kappa a\cos\theta>0$이기 때문이다.

4.2.8 $\mathbf{a}$가 상수벡터일 때, $\tilde{\sigma}=\sigma+\mathbf{a}$라면, σ가 매끄러울 때 $\tilde{\sigma}$는 매끄럽고, $\tilde{\sigma}_u=\sigma_u,\ \tilde{\sigma}_v=\sigma_v$이다. 따라서 σ가 정칙이면 $\tilde{\sigma}$도 정칙이다. 만일 A가 $\mathbb{R}^3$의 가역 3×3행렬이고 $\tilde{\sigma}=A\sigma$이면, σ가 매끄럽고 $\tilde{\sigma}_u=A\sigma_u,\ \tilde{\sigma}_v=A\sigma_v$이면 $\tilde{\sigma}$도 매끄럽다. 그러므로 A가 가역행렬이므로 $\sigma_u,\ \sigma_v$가 일차독립일 때 $\tilde{\sigma}_u$와 $\tilde{\sigma}_v$도 일차독립이다.

4.2.9 연습문제 4.1.5를 보아라. U가 $\mathbb{R}^2$의 열린 부분집합일 때, U의 열린 부분집합에 대한 매끄러운 사상 $U\to\mathbb{R}^2$의 제한은 매끄러운 사상이다.

4.3.1 만일 S가 단일 곡면조각사상 $\sigma\colon U\to\mathbb{R}^3$로 덮인다면 $f: S\to\mathbb{R}^3$이 매끄럽기 위한 필요충분조건은 $f\circ\sigma\colon U\to\mathbb{R}$이 매끄러운 것이다. 다음을 증명해야한다: 만일 $\tilde{\sigma}\colon\tilde{U}\to\mathbb{R}^3$이 S를 덮는 다른 좌표조각사상이라면, $f\circ\tilde{\sigma}$가 매끄럽기 위한 필요충분조건은 $f\circ\sigma$가 매끄러운 것이다. 이것은 사실이다. 왜냐하면 Φ가 σ에서 $\tilde{\sigma}$로의 추이사상이고 Φ와 Φ^{-1}가 둘 다 매끄러운 사상일 때, $f\circ\tilde{\sigma}=(f\circ\sigma)\circ\Phi$이기 때문이다. 마지막 부분은 참이다. 왜냐하면, 만일 U가 $\mathbb{R}^2$의 열린 부분집합일 때, $\sigma\colon U\to\mathbb{R}^3$이 매끄러운 사상이면 σ의 각 성분들 (그것들은 사상 $U\to\mathbb{R}$이다)은 매끄럽기 때문이다 (왜냐하면 σ같은 벡터함수는 성분별로 미분되기 때문이다).

4.3.2 $f(0,\ y,\ z)=f(0,\ y,\ z+2\pi)$이므로, f는 단사가 아닌 것처럼 미분동형이 아니다. 열린 집합 $U_1=\{(u,\ v)|u>0,\ 0<v<2\pi\}$과 $U_2=\{(u,\ v)|u>0,\ -\pi<v<\pi\}$위에서 정의된 좌표조각사상

들 $\boldsymbol{\sigma}(u, v) = (u\cos v, u\sin v, u)$로 이루어진 원추에 대한 좌표근방계 (이것을 $\boldsymbol{\sigma}_1$과 $\boldsymbol{\sigma}_2$라고 부르자)를 잡고, $u>0$일 때, 반평면을 $\boldsymbol{\pi}(u, v) = (0, u, v)$로 매개변수화 하자. 만일 $(0, a, b)$가 그 평면의 임의의 점이라면, 먼저 b는 π의 짝수배가 아니라고 가정하자. 즉, 어떤 정수 n에 대하여 가령 $2n\pi < b < 2(n+1)\pi$라 하자. 그러므로 f는 반평면의 열린 부븐집합 $\{(0, y, z) | 2n\pi < z < 2(n+1)\pi\}$에서 $y=0, x=z>0$가 제거된 반평면을 갖는 원추로의 미분동형사상이다. 만일 b가 π의 홀수배가 아닐 경우도 비슷하다. 그러므로 f는 국소 미분동형사상임을 증명했다.

4.4.1 (i) $(1, 1, 0)$에서 $\boldsymbol{\sigma}_u = (1, 0, 2)$, $\boldsymbol{\sigma}_v = (0, 1, -2)$이므로, $\boldsymbol{\sigma}_u \times \boldsymbol{\sigma}_v = (-2, 2, 1)$이고, 접평면은 $-2x+2y+z=0$.

(ii) $r=1, \theta=0$일 때, $(1, 0, 1)$에서 $\boldsymbol{\sigma}_r = (1, 0, 2)$, $\boldsymbol{\sigma}_\theta = (0, 1, 2)$.
그러므로 $\boldsymbol{\sigma}_r \times \boldsymbol{\sigma}_\theta = (-2, -2, 1)$이고 접평면은 $-2x-2y+z=0$.

4.4.2 $\tilde{\boldsymbol{\sigma}}(u, v)$가 $\boldsymbol{\sigma}$의 재매개변수화라 하자. 그러면 $\boldsymbol{\sigma}_u = \dfrac{\partial \tilde{u}}{\partial u}\tilde{\boldsymbol{\sigma}}_{\tilde{u}} + \dfrac{\partial \tilde{v}}{\partial u}\tilde{\boldsymbol{\sigma}}_{\tilde{v}}$, $\boldsymbol{\sigma}_v = \dfrac{\partial \tilde{u}}{\partial v}\tilde{\boldsymbol{\sigma}}_{\tilde{u}} + \dfrac{\partial \tilde{v}}{\partial v}\tilde{\boldsymbol{\sigma}}_{\tilde{v}}$.

따라서, $\boldsymbol{\sigma}_u$와 $\boldsymbol{\sigma}_v$는 $\tilde{\boldsymbol{\sigma}}_{\tilde{u}}$와 $\tilde{\boldsymbol{\sigma}}_{\tilde{v}}$의 일차결합이다. 그러므로 $\boldsymbol{\sigma}_u$와 $\boldsymbol{\sigma}_v$의 아무런 일차결합은 $\tilde{\boldsymbol{\sigma}}_{\tilde{u}}$와 $\tilde{\boldsymbol{\sigma}}_{\tilde{v}}$의 일차결합이다. 역도 $\boldsymbol{\sigma}$는 $\tilde{\boldsymbol{\sigma}}$의 재매개변수화이므로 성립한다.

4.4.3 만일 $\gamma(t) = (x(t), y(t), z(t))$라면 $\dfrac{d}{dt}F(\gamma(t)) = F_x\dot{x} + F_y\dot{y} + F_z\dot{z} = \nabla F \cdot \dot{\gamma}$이다. $\nabla_S F - \nabla F$는 점 p에서 접평면 T_pS에 수직이므로, 이것은 $t=t_0$일 때, p를 지나는 S상의 모든 곡선 γ에 대하여 $\dot{\gamma}(t_0)$에 수직이다. 그러므로 p에서 $\nabla_S F \cdot \dot{\gamma} = \nabla F \cdot \dot{\gamma}$이다. 만일 S에 F의 제한이 점 p에서 국소극대나 국소극소를 가지면, 점 p를 지나는 S상의 모든 곡선 γ에 대하여 $F(\gamma(t))$가 국소극대나 국소극소를 갖는다. 따라서 점 p에서 $\dfrac{d}{dt}F(\gamma(t)) = 0$이다. 이것은 ∇F가 $\dot{\gamma}$에 수직인 것을 의미하므로, 점 p에서 S의 접평면 T_pS에 수직이다. 이것은 $\nabla_S F = 0$을 뜻한다.

4.4.4 $\dfrac{d(f \circ \gamma)}{dt} = D_{\gamma(t)}f(\dot{\gamma}(t))$는, $\dot{\gamma}$가 영벡터가 아니므로 (즉, γ는 정칙), 영이 아니고 $D_{\gamma(t)}f$는 가역이다 (명제 4.4.6).

4.5.1 추이사상 $\Phi(t, \theta) = (\tilde{t}, \tilde{\theta})$는 $0<\theta<\pi, \pi<\theta<2\pi$ (그리고 $\left(-\dfrac{1}{2}<t<\dfrac{1}{2}\right)$)로 주어지는 사각형들의 합 위에서 정의된다. $0<\theta<\pi$라면 분명히 $\Phi(t,\theta) = (t,\theta)$이다. 만일 $\pi<\theta<2\pi$라면 $\tilde{\theta} = \theta - 2\pi$라야 한다. $\sin\dfrac{\tilde{\theta}}{2} = -\sin\dfrac{\theta}{2}, \cos\dfrac{\tilde{\theta}}{2} = -\cos\dfrac{\theta}{2}$이므로, $\boldsymbol{\sigma}(t, \theta) = \tilde{\boldsymbol{\sigma}}(\tilde{t}, \tilde{\theta})$에서 $\tilde{t} = -t$이다. 그러므로 $0<\theta<\pi$라면 $\Phi(t, \theta) = (t, \theta)$이고, $\pi<\theta<2\pi$라면 $\Phi(t, \theta) = (-t, \theta-2\pi)$이다. 첫 사각형 위에서는 야코비 행렬식이 $+1$이고, 두 번째 사각형 위에서는 -1이다.

4.5.2 $\{\boldsymbol{\sigma}_\alpha : U_\alpha \to \mathbb{R}^3\}$을 $\boldsymbol{\sigma}_\alpha$와 $\boldsymbol{\sigma}_\beta$ 사이의 추이사상 $\Phi_{\alpha\beta}$가 모든 α, β에 대하여 $\det(J(\Phi_{\alpha\beta})) > 0$를 만족하는 S의 한 좌표근방계라고 하자 (정의 4.5.1). 명제 4.3.1에 의하여 $\{f \circ \boldsymbol{\sigma}_\alpha\}$가 $\tilde{S}$의 한 좌표근방계이고, 이 좌표근방계의 추이사상은 S의 좌표근방계에 대한 그것과 같다. 왜냐하면, $(f \circ \boldsymbol{\sigma}_\beta)^{-1} \circ (f \circ \boldsymbol{\sigma}_\alpha) = \boldsymbol{\sigma}_\beta^{-1} \circ \boldsymbol{\sigma}_\alpha$이기 때문이다 (합성사상이 정의되는 곳에서). 그러므로 좌표근방계 $\{f \circ \boldsymbol{\sigma}_\alpha\}$는 $\tilde{S}$에 유향곡면의 구조를 준다.

제5장 곡면의 예

5.1.1 (i) $f_x = 2x$, $f_y = 2y$, $f_z = 4z^3$은 $x = y = z = 0$일 때만 동시에 영이지만, 이 조건은 $x^2 + y^2 + z^4 = 1$을 만족하지 않는다. 그러므로 정리 5.1.1에 의하여 이것은 매끄러운 곡면이다.

(ii) $f(x, y, z)$를 좌변에서 우변을 뺀 것이라 하자. 그러면

$$f_x = 4x(x^2 + y^2 + z^2 - a^2 - b^2),$$
$$f_y = 4y(x^2 + y^2 + z^2 - a^2 - b^2),$$
$$f_z = 4z(x^2 + y^2 + z^2 + a^2 - b^2).$$

만일 $f_z = 0$이면 원환면 위의 모든 곳에서 $x^2 + y^2 + z^2 + a^2 - b^2 > 0$이므로 $z = 0$이다. 만일 $f_x = f_y = 0$이라면, 원점이 원환면 위에 있지 않으므로 $x^2 + y^2 = a^2 + b^2$이라야 한다. 그러나 이것을 원환면 방정식에 넣으면 $(2a^2)^2 = 4a^2(a^2 + b^2)$이지만 이것은 모순이다. 마지막 부분에 대하여 $\boldsymbol{\sigma}(\theta, \varphi) = (x, y, z)$를 연습문제 4.2.5에 있는 매개변수화라고 하자. 그러면

$$x^2 + y^2 + z^2 + a^2 - b^2 = 2a(a + b\cos\theta).$$

그러므로

$$(x^2 + y^2 + z^2 + a^2 - b^2)^2 = 4a^2(a + b\cos\theta)^2 = 4a^2(x^2 + y^2).$$

역으로 만일 (x, y, z)가 주어진 방정식을 만족한다면, $r = \sqrt{x^2 + y^2}$이라 두자. 그러면 $(r^2 + z^2 - a^2 - b^2)^2 = 4a^2(b^2 - z^2)$이다. 따라서 $|z| \le b$이므로 적당한 $\theta \in \mathbb{R}$에 대하여 $z = b\sin\theta$이다. 그러면 $r^2 = a^2 + b^2\cos^2\theta \pm 2ab\cos\theta$를 알 수 있고, $r \ge 0$이므로 $r = a \pm b\cos\theta$이다. +부호일 때, 적당한 $\varphi \in \mathbb{R}$에 대하여 $(x, y, z) = \boldsymbol{\sigma}(\theta, \varphi)$이고, −부호일 때, 적당한 φ에 대하여 $(x, y, z) = \boldsymbol{\sigma}(\pi - \theta, \varphi)$이다. 따라서 $\boldsymbol{\sigma} : \mathbb{R}^2 \to \mathbb{R}^3$의 상은 주어진 방정식에 해집합과 일치한다.

5.1.2 첫 부분에 대하여 연습문제 4.4.3의 해를 보아라. S는 각 점에서 (매끄러운) 단위법선 $\nabla f / \| \nabla f \|$를 선택할 수 있으므로 향을 줄 수 있다. 또한 연습문제 4.4.3의 해는, 만일 S에 F를 제한한 것이 점 p에서 국소극대나 국소극소를 가지면 ∇F는 점 p에서 S의 접평면에 수직인 것을 나타낸다. 그러나 ∇f 또한 접평면에 수직이다. 따라서 만일 S에 F를 제한한 것이 점 p에서 국소극대나 국소극소를 가지면 ∇F는 점 p에서 ∇f와 평행하다. 즉, 적당한 스칼라 λ에 대하여 $\nabla F = \lambda \nabla f$.

5.1.3 $f(x, y, z) = xyz - 1$, $F(x, y, z) = x^2 + y^2 + z^2$이라 하자. 그러면 $f = 0$는 정리 5.1.1에 의하여 매끄러운 곡면 S이고 F는 S상에 매끄러운 함수를 정의한다. F가 S위에서 최솟값을 갖는다는 것을 보이기 위하여, B를 $x^2 + y^2 + z^2 \le 3$으로 주어지는 닫힌 공이라 하자. 그러면 $B \cap S$는 닫혀있고 유계이므로 긴밀하며 점 $(1,1,1)$을 포함하므로 공집합이 아니다. 따라서 연속인 양의 함수 F는 $B \cap S$에서 하계, 가령 ℓ을 가지고 $F(1,1,1) = 3$이므로 $\ell \le 3$이다. 분명히 $(x, y, z) \notin B$이면 $F(x, y, z) > 3$이므로 ℓ은 S위에서 F의 최솟값이다.

연습문제 5.1.3에 의하여, S위에 F의 국소극대나 국소극소는 적당한 λ에 대하여 $(2x, 2y, 2z) = \lambda(yz, xz, xy)$일 때 일어난다. S위에서 $xyz = 1$이므로, 이것은 $x^2 = y^2 = z^2 = \dfrac{\lambda}{2}$이고 그러므로 x, y, z는 부호까지 포함하여 같다. 곱이 1이므로, 네 가지 가능성이 있다:

$$(x, y, z) = (1,1,1), (1,-1,-1), (-1,1,-1), (-1,-1,1).$$

F의 값은 위 네 가지 각 점에서 3이고, 이것은 위로부터 S위에 F의 최솟값이다. $\mathbb{R}^3$에서 임의의 이들 두 점사이의 거리는 $2\sqrt{2}$로 같고 이 네 점은 정사면체의 꼭짓점을 이룬다.

5.2.1 (i) $(p\cos u\cos v,\ q\cos u\sin v,\ r\sin u)$ (연습문제 4.2.4와 비교하여라)

(ii) 연습문제 4.1.3을 참조 (iii) $\left(u,\ v,\ \pm\sqrt{1+\frac{u^2}{p^2}+\frac{v^2}{q^2}}\right)$

(iv), (v), (vi) 연습문제 4.2.1을 참조

(vii) $(p\cos u,\ q\cos u,\ v)$ (viii) $(\pm p\cosh u,\ q\sinh u,\ v)$

(ix) $\left(u,\ \frac{u^2}{p^2},\ v\right)$ (x) $(0,\ u,\ v)$ (xi) $(\pm p,\ u,\ v)$

5.2.2 정리 5.2.2의 부호로, $A=\begin{pmatrix}1 & -1/3 & 0\\ -1/3 & 1 & 0\\ 0 & 0 & -2\end{pmatrix}$. 고유치는 $\frac{2}{3}, \frac{4}{3}, -2$이고 대응하는 단위 고유벡터들은 $P=\begin{pmatrix}1/\sqrt{2} & -1/\sqrt{2} & 0\\ 1/\sqrt{2} & 1/\sqrt{2} & 0\\ 0 & 0 & 1\end{pmatrix}$의 열들이다. 만일 $\begin{pmatrix}x'\\ y'\\ z'\end{pmatrix}=P\begin{pmatrix}x\\ y\\ z\end{pmatrix}$라면 $z'=z$이고 이차식은 $\frac{2}{3}x'^2+\frac{4}{3}y'^2-2z'^2+4z'=c$, 즉 $\frac{2}{3}x'^2+\frac{4}{3}y'^2-2(z'-1)^2=c-2$이다. 정리 5.2.2의 표준형과 비교하면 $c>2$와 $c<2$일 때 말하는 결과를 준다. 만일 $c=2$라면 z-축을 축으로 하며 (z'-축을 축으로 하는 경우와 같다), $x'=y'=0, z'=1$, 즉 $x=y=0$, $z=1$을 꼭짓점으로 하는 원추이고, z-축에 수직인 단면은 타원 $\frac{2}{3}x'^2+\frac{4}{3}y'^2=$ 상수이다.

5.2.3 $\gamma(t)=\mathbf{a}+t\mathbf{b}$의 성분 (x, y, z)를 이차식에 대입하면, t에 관한 이차식을 얻는다: 만일 이차식이 직선위의 세 점을 포함하면 이 이차식은 세 근을 갖는다. 따라서 항등적으로 영이므로 이차식은 전 직선을 포함한다.

두 번째 부분에 대해서는, 각각 주어진 직선 위에 세 점을 잡는다. 9개의 점의 좌표를 이차방정식에 대입하면 열 개의 계수 $a_1, \cdots, c$에 대한 9개의 동차선형방정식계를 얻는다. 이 방정식계는 항상 영이 아닌 해를 갖는다. 첫 부분에 의하여, 결과의 이차식은 모든 세 직선을 포함한다.

5.2.4 L_1, L_2, L_3을 첫 직선족으로부터 세 직선이라 하자. 연습문제 5.2.3에 의하여, 모든 세 직선을 포함하는 이차식 Ω가 있다. 두 번째 직선족의 유한개 직선을 제외한 것은 세개의 직선 각각과 만난다. 만일 L'이 그런 직선이라면 Ω는 L'의 세 점을 포함하므로 연습문제 5.2.3에 의하여 L'의 전체를 포함한다. 따라서 Ω는 두 번째 직선족의 유한 직선을 빼고 모두 포함한다. 임의의 이차식은 $\mathbf{R}^3$의 폐 부분집합이므로, Ω는 두 번째 직선족의 모든 직선을 포함해야 한다. 따라서 Ω는 S를 포함해야 한다.

5.3.1 예제 5.3.2로부터, 곡면은 $u\in\mathbb{R}$, $-\pi<v<\pi$ 또는 $0<v<2\pi$에 대하여 $\sigma(u, v)=(\cosh u\cos v,\ \cosh u\sin v,\ u)$에 의하여 매개변수화 된다.

5.3.2 $\|\sigma(u, v)\|^2=\mathrm{sech}^2 u(\cos^2 v+\sin^2 v)+\tanh^2 u=\mathrm{sech}^2 u+\tanh^2 u=1$이므로, σ는 단위구의 일부를 매개변수화 한다. 따라서 σ는 분명히 매끄럽고, $\sigma_u\times\sigma_v=-\mathrm{sech}^2 u\,\sigma(u, v)$는 영이 아니므로 σ는 정칙이다. 자오선(경선)은 매개변수 곡선 $v=$상수, 위선은 매개변수 곡선 $u=$상수에 대응한다.

5.3.3 (ⅰ) $\tilde{\gamma} \cdot \mathbf{a} = 0$이므로 $\tilde{\gamma}$는 $\mathbf{a}$에 수직이고 원점을 지나는 평면 안에 포함된다.

(ⅱ) 간단하다.

(ⅲ) $\tilde{v}$는 분명히 (u, v)의 매끄러운 함수이고 사상 $(u, v) \mapsto (u, \tilde{v})$의 야코비행렬은 $\begin{pmatrix} 1 & 0 \\ \dot{\gamma} \cdot \mathbf{a} & 1 \end{pmatrix}$ 이다. 단, $\cdot$ 은 $\frac{d}{du}$를 나타내고 이 행렬은 가역이므로 $\tilde{\gamma}$는 γ의 재매개변수화이다.

5.3.4 $\sigma_u = \dot{\gamma} + v\dot{\delta}$, $\sigma_v = \delta$ ($\cdot$ 는 $\frac{d}{du}$를 나타낸다)이므로 $\dot{\delta}(u)$가 $\sigma(u,v)$에서 곡면에 수직일 필요충분조건은 $\dot{\delta} \cdot (\dot{\gamma} + v\dot{\delta}) = 0$, $\dot{\delta} \cdot \delta = 0$이다. 두 번째 방정식은 $\| \delta \| = 1$로부터 나오므로 두 조건이 만족될 필요충분조건은 $v = -(\dot{\gamma} \cdot \dot{\delta}) / \| \dot{\delta} \|^2$이다. 따라서 $\Gamma(u) = \gamma - (\dot{\gamma} \cdot \dot{\delta})\delta / \| \dot{\delta} \|^2$이다. 다시 $\dot{\delta} \cdot \delta = 0$을 사용하면 $\dot{\Gamma} \cdot \dot{\delta} = \dot{\gamma} \cdot \dot{\delta} - (\dot{\gamma} \cdot \dot{\delta})\dot{\delta} \cdot \dot{\delta} / \| \dot{\delta} \|^2 = 0$이다.

5.4.1 두 곡면은 $\mathbb{R}^3$의 닫힌 부분집합이고 $f: \mathbb{R}^3 \to \mathbb{R}$이 연속함수일 때 $f(x,y,z) = 0$의 모양으로 하면 $x^2 - y^2 + z^4 - 1$과 $x^2 + y^2 + z^4 - 1$과 같다. (ⅰ)의 곡면은 유계가 아니므로 긴밀하지 않다. 왜냐하면 모든 실수 a에 대하여 점 $(1, a^2, a)$를 포함하기 때문이다. (ⅱ)는 $x^2 + y^2 + z^4 = 1$이면 $-1 \le x,y,z \le 1$이므로 유계이다. 따라서 긴밀하다.

(ⅱ)의 곡면은 xz-평면에서 z-축 둘레에 곡선 $x^2 + z^4 = 1$을 회전하여 얻어진다.

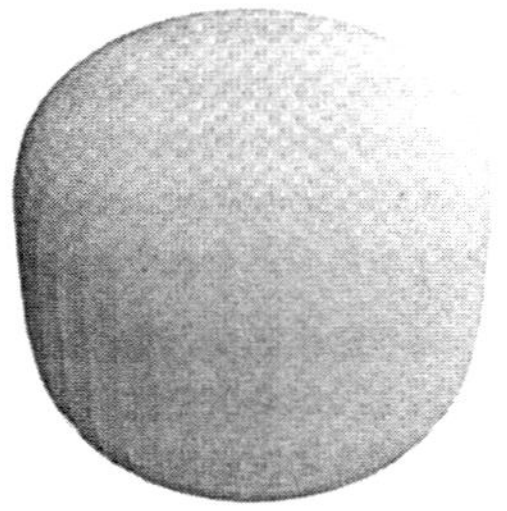

5.4.2 주기가 T인 폐곡선 γ는 $\gamma(t) \leftrightarrow (\cos(2\pi t/T), \sin(2\pi t/T))$로써 단위원과 동일시 할 수 있다. 이것은 γ둘레에 관에서 원둘레에 관 즉, 원환면으로의 미분동형사상을 일으킨다. 관을 자기교차하지 않도록 반지름을 충분히 작게 해야 한다.

5.5.1 모든 부분이 기하학적으로 명백하다.

5.5.2 a, b가 영이 아닐 때, (a, b, c)는 $\mathbb{R}^3$의 점이라 하자. 그러면 $t \to \infty$일 때, 그리고 t가 왼쪽에서부터 p^2과 q^2에 접근할 때 $F_t(a, b, c) \to \infty$이고 $t \to -\infty$일 때, 그리고 t가 오른쪽에서부터 p^2과 q^2에 접근할 때, $F_t(a, b, c) \to -\infty$이다. 이것과 $F_t(a, b, c) = 0$은 t에 관한 삼차방정식과 동치라는 사실로부터, $t = u, v, w$일 때, $F_t(a, b, c) = 0$을 만족하는 $u < p^2$, $p^2 < v < q^2$, $q^2 < w$인 수 u, v, w가 존재한다. 곡면 $F_u(x, y, z) = 0$과 $F_w(x, y, z) = 0$은 타원포물면이고 $F_v(x, y, z) = 0$은 쌍곡포물면이며, 각 점 (a, b, c)를 지나는 각 형태의 곡면이 하나 있다는 것은 보였다.

이들 곡면을 매개변수화하기 위하여, $F_t(x, y, z) = 0$을 삼차방정식

$$x^2(q^2 - t) + y^2(p^2 - t) - 2z(p^2 - t)(q^2 - t) + t(p^2 - t)(q^2 - t) = 0$$

로 나타내고 좌변은 $(t-u)(t-v)(t-w)$와 같다는 것에 주의하여라.

$t=p^2,\ q^2$로 두고 t^2의 계수 (예를 들어)를 계산하면 다음을 얻는다.

$$x=\pm\sqrt{\frac{(p^2-u)(p^2-v)(p^2-w)}{q^2-p^2}},$$

$$y=\pm\sqrt{\frac{(q^2-u)(q^2-v)(q^2-w)}{p^2-q^2}},$$

$$z=\frac{1}{2}(u+v+w-p^2-q^2).$$

5.6.1 $F:\ W\to V$를 명제 4.2.6의 증명에서 만들었던 매끄러운 역사상 $F^{-1}:\ V\to W$를 갖는 매끄러운 1:1대응함수라 하자. 그러면 $(u(t),\ v(t))=F^{-1}(\gamma(t))$는 매끄럽다.

5.6.2 예를 들어, $(x_0,\ y_0)$에서 $f_y\neq 0$라고 가정하자. $F(x,\ y)=(x,\ f(x,\ y))$라면 F는 매끄럽고 야코비 행렬 $\begin{pmatrix}1 & f_x\\ 0 & f_y\end{pmatrix}$는 $(x_0,\ y_0)$에서 가역이다.

역함수정리에 의하여, F는 $F(x_0,\ y_0)=(x_0,\ 0)$을 포함하는 $\mathbb{R}^2$의 열린 부분집합 위에서 정의된 매끄러운 역사상 G를 갖는다. 그리고 G는 어떤 매끄러운 함수 g에 관하여 $G(x,\ z)=(x,\ g(x,\ z))$ 모양이어야 한다. 그러면, $\gamma(t)=(t,\ g(t,\ 0))$는 $(x_0,\ y_0)$을 포함하는 등위곡선 $f(x,\ y)=0$의 매개변수화이다.

행렬 $\begin{pmatrix}f_x & f_y & f_z\\ g_x & g_y & g_z\end{pmatrix}$는 모든 곳에서 계수(rank)$=2$이다. 등위곡선상이 어떤 점 $(x_0,\ y_0,\ z_0)$에서 2×2 부분행렬 $\begin{pmatrix}f_y & f_z\\ g_y & g_z\end{pmatrix}$는 가역이라고 하자. 그러면 함수 $F(x,\ y,\ z)=(x,\ f(x,\ y,\ z),\ g(x,\ y,\ z))$는 매끄럽고 그의 야코비 행렬 $\begin{pmatrix}1 & 0 & 0\\ f_x & f_y & f_z\\ g_x & g_y & g_z\end{pmatrix}$은 $(x_0,\ y_0,\ z_0)$에서 가역이다.

$G(x,\ u,\ v)=(x,\ \varphi(x,\ u,\ v),\ \psi(x,\ u,\ v))$를 $(x_0,\ 0,\ 0)$근방에서 정의된 F의 매끄러운 역사상이라 하자. 그러면 $\gamma(t)=(t,\ \varphi(t,\ 0,\ 0),\ \ \psi(t,\ 0,\ 0))$은 $(x_0,\ y_0,\ z_0)$을 포함하는 등위곡선 $f(x,\ y,\ z)=g(x,\ y,\ z)=0$의 매개변수화이다.

5.6.3 $\sigma(u,v)=(f(u,v),\ g(u,v),\ h(u,v))$라 하자. (u_0,v_0)에서 조건 $\sigma_u\times\sigma_v\neq 0$은 (u_0,v_0)에서 행렬 $\begin{pmatrix}f_u & f_v\\ g_u & g_v\\ h_u & h_v\end{pmatrix}$의 계수(rank)가 2라는 것을 의미한다. 그러므로 최소한 한 개의 부분행렬 가령, $\begin{pmatrix}f_u & f_v\\ g_u & g_v\end{pmatrix}$는 가역행렬이다. 만일 $F(u,v)=(f(u,v),\ g(u,v))$라면 명지 4.2.6의 증명에서처럼 $F(u_0,v_0)$를 포함하는 $\mathbb{R}^2$의 열린 부분집합 V와 F: $W\to V$가 전단사, 특히 단사인 (u_0,v_0)를 포함하는 U의 열린 부분집합 W가 있다. 그러면 W에 σ를 제한하면 그것은 단사이다.

5.6.4 $\sigma(u,\ v)=(f(u,\ v),\ g(u,\ v),\ h(u,\ v))$라 하자. $\mathbf{N}(u_0,\ v_0)$가 xy-평면에 평행하지 않다는 조건은 행렬 $\begin{pmatrix}f_u & f_v\\ g_u & g_v\end{pmatrix}$가 (u_0,v_0)에서 가역행렬이라는 것이다. 만일 $F(u,\ v)=(f(u,\ v),\ g(u,\ v))$라면 명제 4.2.6의 증명에서처럼 $F(u_0,\ v_0)$를 포함하는 $\mathbb{R}^2$의 열린 부분집합 V와 매끄러운 역사상을 갖는 F: $W\to V$가 전단사인 $(u_0,\ v_0)$를 포함하는 U의 열린 부분집합 W가 있다. 간일 $F^{-1}(u,\ v)=(\alpha(u,\ v),\ \beta(u,\ v))$라면, $(x_0,\ y_0,\ z_0)$ 근방에서 곡면은 그래프 $z=h(\alpha(x,\ y),\ \beta(x,\ y))$

와 일치한다. 만일 $\mathrm{N}(u_0, v_0)$가 xy-평면과 평행하다면 $\sigma(u,v)$의 야코비 행렬의 나머지 두 2×2 부분행렬중 적어도 하나는 가역행렬이고, 그러면 (x_0, y_0, z_0) 근방에서 곡면은 $x=\varphi(y,z)$나 $y=\varphi(x,z)$의 그래프와 일치한다.

제6장 제1기본형식

6.1.1 (i) 이차 원뿔

$\sigma_u = (\cosh u \sinh v,\ \cosh u \cosh v,\ \cosh u)$,

$\sigma_v = (\sinh u \cosh v,\ \sinh u \sinh v,\ 0)$. 따라서

$\|\sigma_u\|^2 = 2\cosh^2 u,\ \sigma_u \cdot \sigma_v = 2\sinh u \cosh u \sinh v \cosh v,\ \|\sigma_v\|^2 = \sinh^2 u.$

그러므로 제1기본형식은

$$2\cosh^2 u\, du^2 + 4\sinh u \cosh u \sinh v \cosh v\, du dv + \sinh^2 u\, dv^2.$$

(ii) 회전포물면 : $(2+4u^2)du^2 + 8uv\, du dv + (2+4v^2)dv^2$.

(iii) 쌍곡주면 : $(\cosh^2 u + \sinh^2 u)du^2 + dv^2$.

(iv) 회전포물면 : $(1+4u^2)du^2 + 8uv\, du dv + (1+4v^2)dv^2$.

6.1.2 곡면에 평행이동을 작용하여도 곡면조각사상 σ에서 σ_u와 σ_v는 변하지 않는다. 만일 P가 원점을 중심으로 하는 회전이라면, $(P\sigma)_u = P(\sigma_u)$, $(P\sigma)_v = P(\sigma_v)$이고 P는 내적을 보존한다 (즉, $\mathbb{R}^3$ 안의 모든 벡터 p, q에 대하여 $P(\mathrm{p}) \cdot PA(\mathrm{q}) = \mathrm{p} \cdot \mathrm{q}$). 확대 $(x, y, z) \mapsto a(x, y, z)$ 를 적용하면 제1기본형식은 a^2배 이다. 단 a는 영이 아닌 상수이다.

6.1.3 각 변은 접평면의 이차형식을 정의하므로 v, w가 기저 $\{\sigma_u, \sigma_v\}$에 속하는 경우 양변이 일치함을 보이면 된다. 이것은 $du(\sigma_u) = dv(\sigma_v) = 1, du(\sigma_v) = dv(\sigma_u) = 0$을 이용하면 쉽게 보일 수 있다.

6.1.4 연쇄법칙에 의하여,

$$\tilde{\sigma}_{\tilde{u}} = \sigma_u \frac{\partial u}{\partial \tilde{u}} + \sigma_v \frac{\partial v}{\partial \tilde{u}},\ \tilde{\sigma}_{\tilde{v}} = \sigma_u \frac{\partial u}{\partial \tilde{v}} + \sigma_v \frac{\partial v}{\partial \tilde{v}}$$

로부터

$$\tilde{E} = \tilde{\sigma}_{\tilde{u}} \cdot \tilde{\sigma}_{\tilde{u}} = E\left(\frac{\partial u}{\partial \tilde{u}}\right)^2 + 2F\frac{\partial u}{\partial \tilde{u}}\frac{\partial v}{\partial \tilde{u}} + G\left(\frac{\partial v}{\partial \tilde{u}}\right)^2$$

를 얻는다. 마찬가지로 $\tilde{F}$와 $\tilde{G}$에 관한 식도 얻을 수 있다. 행렬을 곱하면 이 식은 물음의 행렬방정식과 동치인 것을 나타낸다.

6.1.5 (i) $\Leftrightarrow$ (ii) : $E_v = G_u = 0 \Leftrightarrow \sigma_u \cdot \sigma_{uv} = \sigma_v \cdot \sigma_{uv} = 0 \Leftrightarrow \sigma_{uv}$와 N이 평행.

매개변수곡선 $u=u_0,\ u=u_1,\ v=v_0,\ v=v_1$에 의해 유계된 사변형을 생각하면, $u=u_0$에 의해 주어진 변의 길이는 $\int_{v_0}^{v_1} \| \sigma_u(u_0, v) \|\, dv = \int_{v_0}^{v_1} \sqrt{G(u_0, v)}\, dv$.

(i) $\Rightarrow$ (iii) : $G_u = 0$이면 G는 v에만 의존하고 따라서 이 적분은 u_0가 u_1으로 변경되어도 변함이 없다. 따라서 두변 $u=u_0$와 $u=u_1$은 같은 길이를 가지며 다른 두변에 대해서도 같이 증명된다.

(iii) ⇒ (i) : 만약 길이가 같다면 $\int_{v_0}^{v_1} \sqrt{G(u,v)}\,dv$는 u에 독립이다. u에 대해 미분하면 $\int_{v_0}^{v_1} \frac{G_u}{2\sqrt{G}}dv = 0$ (모든 v_0와 v_1에 대해) 따라서 $G_u = 0$이며, 같은 방법으로 $E_v = 0$을 보일 수 있다.

(i)⇒(iii)이 성립된다고 가정하고 $\tilde{u}= \int \sqrt{E(u)}\,du$, $\tilde{v}= \int \sqrt{G(v)}\,dv$ 라 정의하자. 야코비 행렬 $\begin{pmatrix} \sqrt{E} & 0 \\ 0 & \sqrt{G} \end{pmatrix}$의 행렬식이 영이 아닌 $\sqrt{EG}$이므로 $(u, v) \mapsto (\tilde{u}, \tilde{v})$는 재매개변수사상이 된다.

$\sigma(u, v)$의 재매개변수화 $\tilde{\sigma}(\tilde{u}, \tilde{v})$의 제 1 기본형식은 $d\tilde{u}^2 + \frac{2F}{\sqrt{EG}} d\tilde{u}\,d\tilde{v} + d\tilde{v}^2$이다. $EG - F^2 > 0$ 이므로 $-1 < \frac{2F}{\sqrt{EG}} < 1$이며 $\cos\theta = \frac{2F}{\sqrt{EG}}$가 되는 $0 < \theta < \pi$에 대해 매끄러운 함수 $\theta(\tilde{u}, \tilde{v})$가 존재한다. 이것으로부터 제 1 기본형식이 $d\tilde{u}^2 + 2\cos\theta\, d\tilde{u}\,d\tilde{v} + d\tilde{v}^2$이 된다.

$\tilde{u} = \frac{1}{2}(\hat{u} + \hat{v})$, $\tilde{v} = \frac{1}{2}(\hat{u} - \hat{v})$이므로 제 1 기본형식은

$$\begin{aligned}
&\frac{1}{4}(d\hat{u} + d\hat{v})^2 + \frac{1}{2}\cos(d\hat{u}^2 - d\hat{v}^2) + \frac{1}{4}(d\hat{u} - d\hat{v})^2 \\
&= \frac{1}{2}(1 + \cos\theta)d\hat{u}^2 + \frac{1}{2}(1 - \cos\theta)d\hat{v}^2 \\
&= \cos^2\frac{\theta}{2}d\hat{u}^2 + \sin^2\frac{\theta}{2}d\hat{v}^2.
\end{aligned}$$

6.2.1 함수 $\sigma(u, v) \mapsto \left(u\sqrt{2}\cos\frac{v}{2},\ u\sqrt{2}\sin\frac{v}{2},\ 0\right) = \tilde{\sigma}(u, v)$이다. 이 함수의 상은 $0 < \theta < \sqrt{2}\pi$를 만족하는 극좌표 (r, θ)를 가진 xy-평면상의 부채꼴이다. σ의 제1기본형식은 $2du^2 + u^2dv^2$이며 $\tilde{\sigma}_u = \left(\sqrt{2}\cos\frac{v}{\sqrt{2}},\ \sqrt{2}\sin\frac{v}{2},\ 0\right)$, $\tilde{\sigma}_v = \left(-u\sin\frac{v}{2},\ u\cos\frac{v}{2},\ 0\right)$이고 $\|\tilde{\sigma}_u\|^2 = 2$, $\sigma_u \cdot \sigma_v = 0$, $\|\sigma_v\|^2 = u^2$이다. $\tilde{\sigma}$의 제1기본형식 또한 $2du^2 + u^2dv^2$이다.

6.2.2 아니다 : $1 \le t \le 2$인 모선 $(t, 0, t)$ 부분은 길이가 $\sqrt{2}$이고 직선 조각 $(t, 0, 0)$, $1 \le t \le 2$로 대응되며, 길이는 1이다.

6.2.3 직접적인 계산에 의하여 σ^t의 제1기본형식은 $\cosh^2 u(du^2 + dv^2)$이다. 특히 이것은 t에 독립이다. 따라서 $\sigma(u, v) \mapsto \sigma^t(u, v)$는 모든 t에 대하여 등장변환이다. $t = \frac{\pi}{2}$를 잡으면 현수면에서 나선면으로 가는 등장변환이며, 이 변환에 의하여 현수면 위의 위선 'u=상수'는 나선면 위의 원형나선으로 옮겨지며, 경선 'v=상수'는 나선면의 모선으로 옮겨진다.

6.2.4 이 경우 $\delta = \dot{\gamma}$ 이므로 제한선은 $v = -(\dot{\gamma} \cdot \dot{\delta}) / \|\dot{\delta}\|^2$ (연습문제 5.3.4 참조). γ가 단위속력이므로 $\dot{\gamma} \cdot \ddot{\gamma} = 0$. 따라서 $v = 0$이고 γ 자신을 얻는다. 두 번째에 대해서는 $\gamma(0) = 0$, $t(0) = i$, $r(0) = j$, $b(0) = k$인 R^3의 등장변환을 적용하고 $u_0 = 0$ 라 가정할 수 있다.

프레네-세레를 이용하여 $\ddot{\gamma}(0) = \kappa(0)j$, $\ddot{r}(0) = (-\kappa(0))^2, \dot{\kappa}(0), \kappa(0)\tau(0))$이며, 따라서 각 성분마다 u의 높은 차수를 무시하면

$$\gamma(u) = \gamma(0) + u \cdot \gamma(0) + \frac{1}{2}\ddot{\gamma}(0)u^2 + \frac{1}{6}\dddot{\gamma}(0)u^3 \cdots = \left(u,\ \frac{1}{2}\kappa(0)u^2,\ \frac{1}{6}\kappa(0)\tau(0)u^3\right).$$

곡면서 $t(0)=i$에 직교하는 평면의 공통부분은 $\sigma(u, v)$의 x 성분이 영이라 두면 얻어진다. 이것으로부터 $v=-u+$고차항이 되며, 그 같은 항을 무시하면 $u=-v$. 그러면 공통부분은

$$\Gamma(v)=\sigma(-v, v)=\gamma(-v)+v\dot{\gamma}(-v)=(0, -\frac{1}{2}\kappa(0)v^2, \frac{1}{3}\kappa(0)\tau(0)v^3).$$

6.3.1 두 곡면의 제1기본형식이 같다면, 서로 비례하게 되며 따라서 모든 등장변환은 등각사상이다. 입체사영은 단위구면에서 평면으로 가는 등각사상이다. 그러나 $\lambda \neq 1$(예제 6.3.5 참조)이므로 등장변환은 아니다.

6.3.2 주어진 곡면조각사상의 제 1 기본형식은 $(1+u^2+v^2)^2(du^2+dv^2)$, 즉 (du^2+dv^2)의 몇배이며, 따라서 등각사상이다.

6.3.3 $\tilde{\sigma}(u, v)$의 제 1 기본형식은 $\left(\frac{d\psi}{du}\right)^2 du^2+\cos^2\psi(u)dv^2$. 따라서 $\tilde{\sigma}$: 등각사상 $\Leftrightarrow$ $\frac{d\psi}{du}=\pm\cos\psi$. + 부호를 택하면 $u=\int \sec\psi d\psi=\ln(\sec\psi+\tan\psi)$, 따라서 $\frac{1+\sin\psi}{\cos\psi}=e^u$이며

$$2\cosh u=e^u+e^{-u}=\frac{1+\sin\psi}{\cos\psi}+\frac{\cos\psi}{1+\sin\psi}=2\sec\psi.$$

따라서 $\cos\psi=\text{sech}u$, $\sin\psi=\tanh u$ 그리고 $\tilde{\sigma}(u, v)$는 연습문제 5.3.2에 있는 조각이다.

6.3.4 Φ가 등각사상이 되기 위한 필요충분조건은 $f_u^2+g_u^2=f_v^2+g_v^2$, $f_uf_v+g_ug_v=0$이다. $z=f_u+ig_u$, $w=f_v+ig_v$라 두면 σ가 등각사상이 되기 위한 필요충분조건은 $z\bar{z}=w\bar{w}$, $z\bar{w}+\bar{z}w=0$이다. 이때 $\bar{z}$는 z의 공액복소수이다. 만약 $z=0$이면 $w=0$과 모든 4개의 방정식이 만족된다. $z\neq 0$이면 $z^2=-w^2$이 되며, 따라서 $z=\pm iw$이다. 이것은 부호가 +이면 연습문제에 있는 첫 번째 방정식과 동치이며, 부호가 $-$이면 연습문제에 있는 두 번째 방정식과 동치임을 보여준다.

$$\det(J(\Phi))=\begin{vmatrix} fu & gu \\ fv & gv \end{vmatrix}=\pm(fu^2+fv^2)$$

이며 첫 번째 경우는 +, 두 번째 경우는 $-$이다.

6.3.5 S가 유향곡면이라 하자. S의 각점에서 매끄러운 단위법벡터를 고정하고 A를 표준점인 단위법선벡터가 선택한 법선벡터인 δ의 모든 곡면조각으로 구성되는 S의 좌표근방계라 하자. 한편 정리 6.3.6에 의해 S는 등각 매개변수화로 구성된 좌표근방계를 가지며 A가 그와 같은 최대좌표근방계라 하자. (즉 S의 모든 등각 매개변수화의 집합). 그러면 $A\cap\tilde{A}$ 가 S의 좌표근방계가 된다.

사실 $p\in S$이고 σ가 S의 등각매개변수화라하자. 만약 σ가 다른 방향을 가진다면 (따라서 $\sigma\not\in\tilde{A}$) $\tilde{\sigma}(u, v)=\sigma(-u, v)$는 바른 방향을 가진 p를 포함하는 등각매개변수화이다. 따라서 어느 경우에도 바른 방향과 등각인 p를 포함하는 S의 곡면조각이 존재한다. Φ를 좌표근방계 $A\cap\tilde{A}$ 안의 두 조각사상 사이의 추이사상이라 하자. 그러면 Φ는 $\mathbb{R}^2$의 열린 부분집합사이의 등각사상이다. 연습문제 6.3.4에 의해 Φ가 해석적이거나 반해석적이다. 후자의 경우 $\det(J(\Phi))<0$이며 이것은 Φ가 바른 방향을 가진 곡면조각사상 사이의 추이사상이라는 사실에 모순이다. 따라서 Φ는 해석적이다.

6.3.6 예제 6.3.5에 의해 $\tilde{\pi}(x, y, z)=(\frac{x}{z+1}, \frac{y}{z+1}, 0)$. $(u, v)\in\mathbb{R}^2$를 $w=u+iv\in C$와 동등시 하면 $\tilde{\sigma}_1(w)=(\frac{2w}{|w|^2+1}, \frac{1-|w|^2}{1+|w|^2})$. 따라서 $\sigma_1(w)=\tilde{\sigma}_1(\frac{1}{\bar{w}})$이며, 따라서 추이사상은 $w\mapsto\frac{1}{\bar{w}}$이다. 이것은 비해석적이며 좌표근방계 $\{\sigma, \tilde{\sigma}_1\}$는 S^2에 리만곡면의 구조를 주지 못한다. 만약

$\widehat{\sigma_1}(w) = \widetilde{\sigma_1}(\overline{w})$ 이면 σ_1과 $\widehat{\sigma_1}$ 사이의 추이사상은 $w \mapsto \frac{1}{w}$ 이다. 이것은 해석적이다. ($w \neq 0$일 때 두 조각사상이 겹치는 곳에서 성립한다). 따라서 좌표근방계 $\{\sigma_1, \widehat{\sigma_1}\}$가 S^2에 리만 곡면의 구조를 준다.

6.3.7 S^2 상의 모든 원은 S^2와 평면과의 공통부분이며, 따라서 (부록2 참조) $aw + \overline{a}\overline{w} + bz = c(a \in C, b, c \in R$ 는 상수, $a \neq 0, b \neq 0)$ 형태의 식을 가진다. $w = \frac{2\xi}{|\xi|^2+1}$, $z = \frac{|\xi|^2-1}{|\xi|^2+1}$ 을 대입하면 $(b-c)|\xi|^2 + 2a\xi + 2\overline{a}\overline{\xi} = b + c$이며, 이것은 C_∞ 내의 원이다. (b=c이면 직선, 다른 경우는 원). 역도 같은 방법으로 증명된다.

6.3.8 등각조각으로 구성되는 연습문제 6.3.6에 있는 S^2의 좌표근방계 $\{\sigma_1, \tilde{\sigma}_1\}$에 의해 $\pi^{-1} \circ M \circ \pi$의 표현은 $w \mapsto M(\frac{1}{w})$, $w \mapsto \overline{M(w)}^{-1}$ 이다. 즉 뫼비우스 또는 공액뫼비우스 변환이다. 이와 같은 변환은 등각사상(부록2)이며 결과가 증명되었다.

6.4.1 포물면을 $\sigma(u, v) = (u, v, u^2+v^2)$으로 매개변수화하면, 제1기본형식은 $(1-4u^2)du^2 + 8uv\,du\,dv + (1+4v^2)dv^2$이다. 따라서 구하는 면적은 원판 $u^2+v^2 < 1$에서 $\iint \sqrt{1+4(u^2+v^2)}\,du\,dv$ 이다. $u = r\sin\theta$, $v = r\cos\theta$라 두면 면적은 $2\pi\int_0^1 \sqrt{1+4r^2}\,r\,dr = \frac{\pi}{6}(5^{3/2}-1)$이다. 이것은 반구의 면적 2π보다 적다.

6.4.2 만약 S가 원점이 중심이고 반지름이 R이면, 사상 $S^2 \to S$는 p$\mapsto R$p로 주어지고 제1기본형식은 R^2배가 되며 따라서 등각사상이 되며 넓이도 R^2배 가 된다. 정리 6.4.7에 의하여 삼각형의 각의 합은 $\pi + \frac{A}{R^2}$ 이다. 이때 곡면 S내의 넓이 A구면삼각형의 각의 합은 $\pi + \frac{A}{\mathrm{R}^2}$ 이다. 이 경우R은 지구의 반지름이며, A는 오스트레일리아 의 넓이보다 크다. 따라서 각의 합은 $\pi - \frac{(7500000)}{6500^2} = \pi + \frac{30}{169}$(라디안)이다. 그러므로 삼각형의 적어도 한 각은 이것의 $\frac{1}{3}$, 즉 $\pi + \frac{10}{169}$(라디안)이 되어야 한다.

6.4.3 다각형 안에 점 p를 잡고 대원의 호에 의해 다각형의 각 꼭지점과 그것을 연결하면 변이 대원의 호인 n삼각형이 된다. 이 각들의 합은 그 면적(다각형의 면적)$-n\pi$(정리 5.4.7 참조) 이며, 이것은 다각형의 각의 합-2π(p주위의 각)이다.

6.4.4 임의의 꼭지점 주위의 각의 합은 2π이므로 모든 삼각형의 각의 합은 $2\pi V$이다. 앞의 연습문제에 의하여 n개 변을 가지는 다각형의 각의 합은 $(n-2)\pi$ + 넓이이다. 모든 다각형의 넓이의 합은 구면의 면적 4π이므로 모든 다각형에 대하여 더하면 $2\pi V = 4\pi + \sum_{\text{다각형}} (n-2)\pi$ 두 다각형은 각변을 따라 만나므로 $\sum_{\text{다각형}} n = 2E$이고, F개의 다각형이 있으므로 $2\pi V = 2\pi E - 2\pi F + 4\pi$이고 이것은 $V - E + F = 2$와 동치이다.

6.4.5 (ⅰ)은 E, F, G를 보존하는 극소적 등장변환이므로 자명하며, $\sqrt{EG-F^2}$ 이다. 만약 $\tilde{E} = \lambda E$, $\tilde{F} = \lambda F$, $\tilde{G} = \lambda G$이고 $\tilde{E}\tilde{G} - \tilde{F}^2 = EG - F^2$이면 $\lambda^2 = 1$이고 $\lambda = 1$이다. ($\tilde{E}$, $\tilde{F} > 0$인 것처럼). 따라서 (ⅱ)가 증명되었다. S^2로부터 정리 6.4.6의 증명에 있는 단위 원기둥으로 가는 등적변환이며 등장변환은 아니다.

6.4.6 $\sigma: U\to\mathbb{R}^3$라 하면 f가 등적변환이 되기 위한 필요충분조건은 모든 영역 $R\subseteq U$에 대하여

$$\iint_R (E_1G_1-F_1^2)^{1/2}dudv=\iint_R (E_2G_2-F_2^2)^{1/2}dudv$$

이다. 이것은 모든 곳에서 두 적분값이 같게 되는 것과 동치이다. 즉 $E_1G_1-F_1^2=E_2G_2-F_2^2$이다.

6.4.7 N이 접평면에 직교하므로 $\mathbf{N}\times\sigma_u$는 접평면에 평형이고, 따라서 α,β에 대해 $\alpha\sigma_u+\beta\sigma_v$이다. $(\mathbf{N}\times\sigma_u)\cdot\sigma_u=0$, $(\mathbf{N}\times\sigma_u)\cdot\sigma_v=(\sigma_u\times\sigma_v)\cdot\mathbf{N}=\|\sigma_u\times\sigma_v\|\mathbf{N}\cdot\mathbf{N}=\sqrt{EG-F^2}$ 이다. (명제 6.4.2 참고). 이것으로부터 $\alpha E+\beta F=0$, $\alpha F+\beta G=\sqrt{EG-F^2}$ 이며 $\alpha=-\dfrac{F}{\sqrt{EG-F^2}}$, $\beta=\dfrac{E}{\sqrt{EG-F^2}}$ $\cdot$ $\mathbf{N}\times\sigma_v$에 대한 공식도 같은 방법으로 증명된다.

6.5.1 내각은 α와 같으므로 정리 6.4.7 로부터 $3\alpha-\pi=4\pi/4$, 따라서 $\alpha=2\pi/3$. 따름정리 6.5.6으로부터 변의 길이는 $A=\cos^{-1}(1/3)$으로 주어진다.

6.5.2 명제 6.5.8의 기호를 사용하면 a'를 a로 보내는 S^2의 회전변환 R_1이 존재하며, a와 $R_1(b')$를 지나는 변이 되는 a를 지나는 지름 주위의 회전변환 R_2는 a와 b를 지나는 변과 일치한다. 따름정리 6.5.6에 의해 두 삼각형은 같은 길이의 변을 가지며, 따라서 $b=R_2R_1(b')$이다. 만약 C와 C'가 a와 b를 지나는 변을 포함하는 평면의 같은 쪽에 있다면 $C=R_2R_1(C')$이고 등장변환 R_2R_1은 꼭지점이 $a'b'c'$ 인 삼각형을 꼭지점이 a, b, c인 삼각형으로 옮긴다. 만약 이것들이 서로 반대편에 있다면 등장변환 $R_3R_2R_1$이 이것이다. 이때 R_3는 a와 b를 지나는 변을 포함하는 평면에서의 반사이다.

6.5.3 길이와 면적을 보존하는 R^3의 등장변환을 적용하면 $p=(0,0,1)$이라 가정할 수 있다. 반지름이 R, 중심이 p인 구면 원은 경선 $\phi=\dfrac{\pi}{2}-R$인 원이며 (예제 4.1.4 참조), 이것은 반지름이 $\sin R$인 원이다. 연습문제 6.1.3과 명제 6.4.2에 의하여 내부의 면적은 $\displaystyle\int_0^{2\pi}\int_{\frac{\pi}{2}-R}^{\frac{\pi}{2}}\cos\theta d\theta d\phi=2\pi(1-\cos R)$. R의 최댓값은 π이다. 만약 $\dfrac{\pi}{2}\le R\le\pi$이면 (ⅰ)과 (ⅱ)에서 R을 $\pi-R$로 대입한다.

6.5.4 (ⅰ) $M'(w)=\dfrac{a'w+b'}{c'w+d'}$ 이 또 다른 유니타리 뫼비우스 변환이라면 $(M'\circ M)(w)=\dfrac{Aw+B}{Cw+D}$이다. 이때 $A=a'a+b'c$, $B=a'b+b'd$, $C=c'a+d'c$, $D=c'b+d'd$이다.

따라서 $\overline{A}=\overline{a}'\overline{a}+\overline{b}'\overline{c}=d'd+(-c')(-b)=D$이고 같은 방법으로 $C=-\overline{B}$을 보일 수 있다. 역도 같은 방법으로 할 수 있다.

(ⅱ) $\xi=x+iy\in C$를 가지고 (x,y,z)를 (ξ,z)로 표시하면, (a,b)에 직교하고 원점을 지나는 평면은 $\overline{w}a+w\overline{a}+2bz=0$이며 반사는 $F(\xi,z)=(\xi,z)-2\dfrac{\overline{w}a+w\overline{a}+2bz}{|a|^2+b^2}(a,b)$.

$\xi=\dfrac{2w}{|w|^2+1}$, $z=\dfrac{|w|^2-1}{|w|^2+1}$을 잡으면 $F(\xi,z)=(\xi',z')$이다. 이때,

$$\xi'=\frac{2(|a|^2+b^2)w-2a(\overline{w}a+w\overline{a}+b(|w|^2-1)}{(|w|^2+1)(|a|^2+b^2)},$$

$$z=\frac{(|a|^2+b^2)(|w|^2-1)-2b(\overline{w}a+w\overline{a}+b(|w|^2-1)}{(|w|^2+1)(|a|^2+b^2)}$$

이며, 이것으로부터

$$w' = \frac{\xi'}{1-z'} = \frac{-ab|w|^2 + b^2 w - a^2\overline{w} + ab}{b^2|w|^2 + b\overline{a}w + ba\overline{w} + |a|^2} = \frac{(-a\overline{u}+b)(bw+a)}{(b\overline{w}-a)(bw+a)} = \frac{-a\overline{w}+b}{b\overline{w}+a}$$

(iii) 명제 6.5.7에 의해 F가 S^2에 의해 등장변환이면 적당한 k에 대해

$$F_\infty = (M \circ J) \circ (M_2 \circ J) \cdots (M_k \circ J).$$

만약 $M=1$이면 $J \circ M \circ J$이 유니타리 뫼비우스이 됨을 쉽게 보일 수 있고, (ⅰ)로부터 k가 짝수이면 F_∞가 유니타리 뫼비우스변환이 되며, k가 홀수이면 유니타리 뫼비우스 M에 대해 $M \circ J$의 형태가 된다.

(iv) $a \in \mathbb{C}$, $b \in \mathbb{R}$일 때 유니타리 뫼비우스 변환 $M(w) = \dfrac{au+b}{-bw+\overline{a}}$를 특수 유니타리(special unitary)라 한다. (ⅱ)에서와 같이 F를 생각하면 $M = F_\infty \circ J$이다. $J = R_\infty$(R_∞는 yz-평면으로 반사)이므로 $M = (F \circ R)_\infty$이 S^2의 등장변환 $F \circ R$에 대응된다. 따라서 모든 유니타리 뫼비우스 변환이 유한개의 특수유나타리 뫼비우스 변환이 합성임을 보이던 충분하다.

만약 $M' = \dfrac{Aw+B}{-Bw+A}$이 뫼비우스 변화이면 ($A, B \in C$, $b, \theta \in R$dp eogo $B = be^{ie}$라 두자.

$\rho(w) = e^{i\theta}$, $M(w) = \dfrac{-Aw+b}{-bw+A}$에 대해 $M' = \rho \circ m\rho^{-1}$이 특수 유니타리 뫼비우스 변환이다.

($a = e^{\frac{i\theta}{2}}$, $b=0$에 대해 $\rho(w) = \dfrac{aw+b}{-bw+\overline{a}}$이다.)

제7장 곡면의 곡률

7.1.1 $\sigma_u = (1, 0, 2u)$, $\sigma_v = (0, 1, 2v)$이므로 $\mathrm{N} = \lambda(-2u, -2v, 1)$이다. 이때 $\lambda = (1+4u^2+4v^2)^{-1/2}$이다. $\sigma_{uu} = (0, 0, 2)$, $\sigma_{uv} = 0$, $\sigma_{vv} = (0, 0, 2)$이므로 $L = 2\lambda$, $M = 0$, $N = 2\lambda$이며, 제2기본형식은 $2\lambda(du^2 + dv^2)$이다.

7.1.2 $\sigma_u \cdot \mathrm{N}_u = -\sigma_{uu} \cdot \mathrm{N}$($\sigma_u \cdot \mathrm{N} = 0$이므로)으로부터 $\mathrm{N}_u \cdot \sigma_u = 0$이다. 같은 방법으로 $\mathrm{N}_u \cdot \sigma_v = \mathrm{N}_v \cdot \sigma_u = \mathrm{N}_v \cdot \sigma_v = 0$이며, 따라서 N_u와 N_v는 σ_u와 σ_v에 직교하고, N과 평행하다. 한편 N_u와 N_v는 N이 단위벡터이므로 N에 직교한다. 그러므로 $\mathrm{N}_u = \mathrm{N}_v = 0$이고 N은 상수이다.

$(\sigma \cdot \mathrm{N})_u = \sigma_u \cdot \mathrm{N} = 0$이고 같은 방법으로 $(\sigma \cdot \mathrm{N})_v = 0$이므로 σ은 상수, 즉 d이다. 따라서 σ는 평면 $\mathbf{r} \cdot N = d$의 일부분이다.

7.1.3 4.5절로부터 $\tilde{\mathrm{N}} = \pm \mathrm{N}$이며, 부호는 $\det(J)$이다.

$$\tilde{\sigma}_{\tilde{u}} = \sigma_u \frac{\partial u}{\partial \tilde{u}} + \sigma_v \frac{\partial v}{\partial \tilde{u}}, \quad \tilde{\sigma}_{\tilde{v}} = \sigma_u \frac{\partial u}{\partial \tilde{v}} + \sigma_v \frac{\partial v}{\partial \tilde{v}} \text{ 로부터}$$

$$\tilde{\sigma}_{\tilde{u}\tilde{u}} = \sigma_u \frac{\partial^2 u}{\partial \tilde{u}^2} + \sigma_v \frac{\partial^2 v}{\partial \tilde{u}^2} + \sigma_{uu} + \left(\frac{\partial u}{\partial \tilde{u}}\right)^2 + 2\sigma_{uv} \frac{\partial u}{\partial \tilde{u}} \frac{\partial v}{\partial \tilde{u}} + \sigma_{vv} \left(\frac{\partial v}{\partial \tilde{u}}\right)^2$$

따라서

$$\tilde{L}=\pm\left(L\left(\frac{\partial u}{\partial \tilde{u}}\right)^2+2M\frac{\partial u}{\partial \tilde{u}}\frac{\partial v}{\partial \tilde{u}}+N\left(\frac{\partial v}{\partial \tilde{u}}\right)^2\right).$$

왜냐하면 $\sigma_u \cdot \mathrm{N}=\sigma_v \cdot \mathrm{N}=0$이기 때문이다. $\tilde{M}$와 $\tilde{N}$에 대한 식으로부터 위의 식은 질문의 행렬 방정식과 동치임을 알 수 있다.

7.1.4 σ가 곡면조각사상이고 $\mathbf{a}\in\mathbb{R}^3$는 상수라 하고 P를 3×3 직교행렬, $\tilde{\sigma}=P\sigma+\mathbf{a}$라 하자. 그러면 $\tilde{\sigma}=P\sigma_u$, $\tilde{\sigma}_v=P\sigma_v$이고 $\tilde{\sigma}_u\times\tilde{\sigma}_v=\pm\sigma_u\times\sigma_v$(명제 A.1.6 참조)이다. 등장변환 $\mathrm{v}\mapsto P\mathrm{v}+\mathbf{a}$가 방향으로 보존하면 부호는 +이고 방향을 바꾸면 −이다. 따라서 $\tilde{L}=\pm L$, $\tilde{M}=\pm M$, $\tilde{N}=\pm N$. a가 영이 아닌 상수에 대해 확대 $\mathrm{v}\mapsto a\mathrm{v}$이며 따라서 L, M, N도 a배가 된다.

7.2.1 포물면은 등위면 $f(x,y,z)-z-x^2-y^2$이며, $\mathrm{N}=\dfrac{(f_x,f_y,f_z)}{\|(f_x,f_y,f_z)}$가 대응되는 단위법선벡터이다. 따라서 $G(x,y,z)=\dfrac{(-2x,-2y,1)}{(4x^2+4y^2+1)^{1/2}}$이다.

7.2.2 가우스 사상의 부호만 바뀌었으므로 자명하다

7.3.1 t를 γ의 매개변수라 하고 S를 γ의 호의 길이, $\cdot=\dfrac{d}{dt}$, $'=\dfrac{d}{ds}$라 하자. 그러면

$$\dot{\gamma}=\frac{ds}{dt}\gamma',\ \ddot{\gamma}=\left(\frac{ds}{dt}\right)^2\gamma'+\frac{d^2s}{dt^2}\gamma'.$$

명제 7.3.5에 의해 $\kappa_n=\ll\gamma',\gamma'\gg=\ll\dfrac{1}{\frac{ds}{dt}}\dot{\gamma},\dfrac{1}{\frac{ds}{dt}}\dot{\gamma}\gg=\dfrac{\ll\dot{\gamma},\dot{\gamma}\gg}{\left(\frac{ds}{dt}\right)^2}=\dfrac{\ll\dot{\gamma},\dot{\gamma}\gg}{<\dot{\gamma},\dot{\gamma}>}$.

두 번째 부분은 $\gamma'\cdot(\mathrm{N}\times\gamma')=0$ 이므로 $\ddot{\gamma}\cdot(\mathrm{N}\times\dot{\gamma})=\left(\dfrac{ds}{dt}\right)^3\gamma''\cdot(\mathrm{N}\times\gamma')=<\dot{\gamma},\dot{\gamma}>^{\frac{3}{2}}\kappa_g$

7.3.2 γ를 중심이 $\mathbf{a}$이고 반지름 r인 구면 위의 단위속력곡선이라 하면, $(\gamma-\mathbf{a})\cdot(\gamma-\mathbf{a})=r^2$이다. 미분하면 $\dot{\gamma}\cdot(\gamma-\mathbf{a})=0$이며, 따라서 $\ddot{\gamma}\cdot(\gamma-\mathbf{a})=-\dot{\gamma}\cdot\dot{\gamma}=-1$이다. 점 $\gamma(t)$에서 구면에 대한 단위법선벡터는 $\mathrm{N}=\pm\dfrac{1}{r}(\gamma(t)-\mathbf{a})$이며, 따라서 $\kappa_n=\ddot{\gamma}\cdot\mathrm{N}=\pm\dfrac{1}{r}\ddot{\gamma}\cdot(\gamma-\mathbf{a})=\mp\dfrac{1}{r}$이다.

7.3.3 만약 구면의 반지름이 R이면 위도 θ인 위선은 반지름 $r=R\cos\theta$이다. 만약 p가 이 원의 점이면, p에서 주법선벡터는 p를 지나고 z축에 수직인 선과 평행이다. 한편, 구면의 단위법선벡터는 p와 구면의 중심을 지나는 선과 평행하다.

따라서 방정식 (7.10)에 있는 각 ψ는 θ 또는 $\pi-\theta$가 되며, $\kappa_g=\pm\dfrac{1}{r}\sin\theta=\pm\dfrac{1}{R}\tan\theta$이다. 이것이 영이 되기 위한 필요충분조건은 대원과 평행하는 것이다.

7.3.4 $\dot{\gamma}=\dot{u}\sigma_u+\dot{v}\sigma_v$ 이다. 연습문제 6.4.7 에 의하여

$$\mathrm{N}\times\dot{\gamma}=\frac{\dot{u}(E\sigma_v-F\sigma_u)+\dot{v}(F\sigma_v-G\sigma_u)}{\sqrt{EG-F^2}},\ \ddot{\gamma}=\ddot{u}\sigma_u+\ddot{v}\sigma_v+\dot{u}^2\sigma_{uu}+2\dot{u}\dot{v}\sigma_{uv}+\dot{v}^2\sigma_{vv}.$$

따라서 $\kappa_g=\ddot{\gamma}\cdot\mathrm{N}\times\dot{\gamma})=\dot{u}\ddot{v}-\dot{v}\ddot{u})\sqrt{EG-F^2}+A\dot{u}^3+B\dot{u}^2\dot{v}+C\dot{u}\dot{v}^2+D\dot{v}^3$이다. 여기에서

$$A=\sigma_{uu}\cdot(E\sigma_v-F\sigma_u)=E((\sigma_u\cdot\sigma_u)_u-\sigma_u\cdot\sigma_{uv})-\frac{1}{2}F([\sigma\cdot\sigma_u)_u=E(F_u-\frac{1}{2}E_v)-\frac{1}{2}FE_u$$

이며 B, C, D도 유사한 표현을 갖는다.

7.3.5 $\kappa_1 = \kappa \mathbf{N}_1 \cdot \mathbf{n}$, $\kappa_2 = \kappa \mathbf{N}_2 \cdot \mathbf{n}$이므로

$$\kappa_1 \mathbf{N}_2 - \kappa_2 \mathbf{N}_1 = \kappa((\mathbf{N}_1 \cdot \mathbf{n})\mathbf{N}_2 - (\mathbf{N}_2 \cdot \mathbf{n})\mathbf{N}_1) = \kappa(\mathbf{N}_1 \times \mathbf{N}_2) \times \mathbf{n}.$$

각 변에 길이의 제곱을 생각하면

$$\kappa_1^2 + \kappa_2^2 - 2\kappa_1\kappa_2 \mathbf{N}_1 \cdot \mathbf{N}_2 = \kappa^2 \|(\mathbf{N}_1 \times \mathbf{N}_2) \times \mathbf{n}\|^2.$$

$\mathbf{N}_1 \cdot \mathbf{N}_2 = \cos\alpha$이며 $\dot{\gamma}$는 $\mathbf{N}_1$과 $\mathbf{N}_2$에 직교하며, 따라서 $\mathbf{N}_1 \times \mathbf{N}_2$는 $\dot{\gamma}$에 평행하며, $\mathbf{n}$과 직교한다. 그러므로

$$\|(\mathbf{N}_1 \times \mathbf{N}_2) \times \mathbf{n}\| = \|\mathbf{N}_1 \times \mathbf{N}_2\| \|\mathbf{n}\| = \sin\alpha.$$

7.3.6 직선은 단위속력 매개변수화 $\gamma(t) = \mathbf{p} + t\mathbf{q}$ ($\mathbf{q}$는 단위벡터)이므로 $\ddot{\gamma} = 0$이며, 따라서 $\kappa_n = \ddot{\gamma} \cdot \mathbf{N} = 0$이다. 일반적으로 $\kappa_n = 0 \Leftrightarrow \ddot{\gamma}$는 $\mathbf{N}$과 직교 $\Leftrightarrow$ $\mathbf{N}$과 $\mathbf{n}$이 직교 $\Leftrightarrow$ $\mathbf{N}$이 $\mathbf{b}$와 평행 ($\mathbf{N}$이 $\mathbf{t}$에 직교하므로).

7.3.7 제2기본형식은 $(-du^2 + u^2 dv^2)/u\sqrt{1+u^2}$이므로, 곡선 $\gamma(t) = \sigma(u(t), v(t))$이 점근선이 되기 위한 필요충분조건은 $-\dot{u}^2 + u^2\dot{v}^2 = 0$이다. 즉 $\dfrac{dv}{du} = \dfrac{\dot{v}}{\dot{u}} = \pm\dfrac{1}{u}$이고, 따라서 $\ln u = \pm(v + c)$이다. 이때 c는 상수이다.

7.4.1 $\tilde{v}$는 t에 대한 매끄러운 함수이고 $T_{\gamma(\phi(t))}S = T_{\tilde{\gamma}(t)}S$위에 있다. 따라서 $\tilde{\mathbf{v}}$는 $\tilde{\gamma}$를 따르는 접선벡터이다. 식 (7.1)과 $\dfrac{d\mathbf{v}}{dt} = \dfrac{d\tilde{\mathbf{v}}}{dt}\dfrac{d\phi}{dt}$로부터 공식이 증명되어 $\tilde{t} = \phi(t)$이다. 마지막 부분은 $\dot{\phi} \neq 0$이 아니므로, $\nabla_{\tilde{\gamma}}\tilde{\mathbf{v}} = 0 \Leftrightarrow \nabla_{\gamma}v = 0$이다.

7.4.2 p, q가 각각 $t = a$, $t = b$에 대응되는 매개변수라 하고, $\Gamma(t) = \gamma(a + b - t)$라 하자. (따라서 Γ는 γ의 반대방향으로 움직인다). $\Pi_\Gamma^{\mathbf{qp}}$가 $\Pi_\Gamma^{\mathbf{pq}}$임을 보이자. $\mathbf{w} \in T_{\mathbf{p}}S$이고 $\mathbf{v}$는 $\mathbf{v}(a) = \mathbf{w}$를 만족하는 γ를 따라 평행인 접선벡터라 하자. 그러면 $\Pi_\gamma^{\mathbf{qp}}(\mathbf{w}) = \mathbf{v}(b)$. 연습문제 7.4.1에 의해 $\mathbf{v}(t) = \mathbf{v}(a + b - t)$는 Γ를 따라 평행이며 따라서 $\Pi_\Gamma^{\mathbf{qp}}(\mathbf{v}(b)) = \Pi_\Gamma^{\mathbf{qp}}(\mathbf{V}(a)) = \mathbf{V}(b) = \mathbf{v}(a) = \mathbf{w}$. 따라서 $\Pi_\Gamma^{\mathbf{qp}} \circ \Pi_\gamma^{\mathbf{pq}}$가 $T_{\mathbf{p}}S$상의 항등사상이다. 유사하게 삼각형이 (또는 γ와 Γ의 역할을 바꾸어서) $\Pi_\gamma^{\mathbf{pq}} \circ \Pi_\Gamma^{\mathbf{qp}}$가 $T_{\mathbf{p}}S$상의 항등사상임을 보일 수 있다.

7.4.3 α, β, γ를 p, q, r에서 내각이라 하자. p와 q를 지나는 호는 대원의 일부이며 호의 접선벡터는 호를 따라 평행하다 (연습문제 7.4.7 참조). 따라서 p, q를 지나는 호 $\overline{\mathbf{pq}}$를 따라 $\mathbf{v}_0$에서 q로의 평행 시킨 결과는 q에서 $\overline{\mathbf{pq}}$에 접하는 $\mathbf{v}_1$이다. $\mathbf{v}_1$은 q에서 호 $\overline{\mathbf{qr}}$과 각도가 $\pi - \beta$이다. 따라서 $\overline{\mathbf{qr}}$을 따라 $\mathbf{v}_1$을 r로 평행이동하면 r에서 호 $\overline{\mathbf{rp}}$와 각도가 $(\pi - \beta) + (\pi - \gamma)$가 되는 벡터 $\mathbf{v}_2$가 된다. $\overline{\mathbf{rp}}$를 따라 $\mathbf{v}_2$를 p로 평행이동하면 $\mathbf{v}_0$와 각도가 $(\pi - \beta) + (\pi - \gamma)$가 되는 벡터 $\mathbf{v}_2$가 된다. $\overline{\mathbf{rp}}$를 따라 $\mathbf{v}_2$를 p로 평행이동하면 $\mathbf{v}_0$와 각도가 $(\pi - \beta) + (\pi - \gamma) + (\pi - d)$가 되는 $\mathbf{v}_3$가 된다. $\mathbf{v}_0, \mathbf{v}_1, \mathbf{v}_2, \mathbf{v}_3$는 같은 길이를 가지므로 (명제 7.4.9(ii) 참조) 정리 6.4.7로부터 결과가 증명된다.

제8장 곡면의 가우스 곡률, 평균곡률과 주곡률

8.1.1 곡면을 $\sigma(x, y) = (x, y, f(x, y))$와 같이 매개변수화하면

$$\sigma_u = (1, 0, f_u), \sigma_v = (0, 1, f_v), \mathrm{N} = (1+f_u^2+f_v^2)^{-1/2}(-f_u, -f_v, 1),$$

$$\sigma_{uu} = (0, 0, f_{uu}), \sigma_{uv} = (0, 0, f_{uv}), \sigma_{vv} = (0, 0, f_{vv})$$

를 얻으며, 이로부터 $E=1+f_u^2$, $F=f_uf_v$, $G=1+f_v^2$와 $L=(1+f_u^2+f_v^2)^{-1/2}f_{uu}$,

$M=(1+f_u^2+f_v^2)^{-1/2}f_{uv}$, $N=(1+f_u^2+f_v^2)^{-1/2}f_{vv}$, 따라서

$$K=\frac{f_{uu}f_{vv}-f_{uv}^2}{(1+f_u^2+f_v^2)^2}.$$

8.1.2 나선면 $\sigma(u, v) = (v\cos u, v\sin u, \lambda u)$, $\sigma_u = (-v\sin u, v\cos u, \lambda)$,

$\sigma_v = (\cos u, \sin u, 0)$, $\mathrm{N} = (\lambda^2+v^2)^{-1/2}(-\lambda\sin u, \lambda\cos u, -v)$, $\sigma_{uu} = (-v\cos u, -v\sin u, 0)$,

$\sigma_{uv} = (-\sin u, \cos u, u)$, $\sigma_{vv} = 0$. 이것으로부터 $E=\lambda^2+v^2$, $F=0$, $G=1$과 $L=N=0$,

$M=\dfrac{\lambda}{\sqrt{\lambda^2+v^2}}$를 얻는다. 따라서

$$K=\frac{(LN-M^2)}{(EG-F^2)}=-\frac{\lambda^2}{(\lambda^2+v^2)^2}.$$

현수면 $\sigma(u, v) = (\cosh u\cos v, \cosh u\sin v, u)$에 대하여

$\sigma_u = (\sinh u\cos v, \sinh u\sin v, 1)$, $\sigma_v = (-\cosh u\sin v, \cosh u\cos v, 0)$,

$\mathrm{N} = \mathrm{sech}\,u(-\cos v, -\sin v, \sinh u)$, $\sigma_{uu} = (\cosh u\cos v, \cosh v\sin v, 0)$,

$\sigma_{uv} = (-\sinh u\sin v, \sinh u\cos v, 0)$, $\sigma_{vv} = (-\cosh u\cos v, -\cosh u\sin v, 0)$.

이것으로부터 $E=G=\cosh^2 u$, $F=0$과 $L=-1$, $M=0$, $N=1$를 얻는다. 따라서

$$K=\frac{(LN-M^2)}{(EG-F^2)}=-\mathrm{sech}^4 u.$$

8.1.3 σ가 매끄럽고 $\sigma_u\times\sigma_v\neq 0$ 이므로 $\mathrm{N}=\dfrac{\sigma_u\times\sigma_v}{\|\sigma_u\times\sigma_v\|}$는 매끄럽다. 따라서 E, F, G, L, M, N도 매끄럽다. $EG-F^2>0$ (명제 6.4.2의 주의 참조) 이므로 따름정리 8.1.3에 의해 H와 K는 매끄럽다.

8.1.4 예제 8.1.5로부터 $K=0 \Leftrightarrow \dot{\delta}\cdot\mathrm{N}=0 \Leftrightarrow \dot{\delta}\cdot((\mathrm{t}+v\delta)\times\delta)=0 \Leftrightarrow \dot{\delta}\cdot(\mathrm{t}\times\delta)=0$.

$\delta=\mathrm{n}$, $\dot{\delta}=-\kappa\mathrm{t}+\tau\mathrm{b}$, $\mathrm{t}\times\delta=\mathrm{b}$, $K=0 \Leftrightarrow \tau=0 \Leftrightarrow \gamma$는 평면곡선이다 (명제 2.3.3에 의하여). 만약 $\delta=\mathrm{b}$, $\dot{\delta}=-\tau\mathrm{n}$, $\mathrm{t}\times\delta=-\mathrm{n}$이면, $K=0 \Leftrightarrow \tau=0$.

8.1.5 a가 0이 아닌 상수일 때, 확대 $(x, y, z)\mapsto(ax, ay, az)$는 E, F, G에 a^2배, L, M, N에 a배 하므로 H는 a^{-1}배가 되며 K는 a^{-2}배가 된다 (따름정리 8.1.3 참조).

8.1.6 정의 8.1.1 과 힌트에 의하여 알 수 있다.

8.1.7 원뿔이 곡선 C상의 점과 꼭지점 v를 잇는 직선들의 모임이라 가정하자. 가우스 사상 g는 원뿔의 모선을 따라 상수이며, 따라서 g에 의해 원뿔의 상은 곡선인 g에 의한 C의 상과 같다.

8.1.8 식 (8.2)에 의해 넓이 $\sigma(R)$은 $\int_R \|\mathrm{N}_u\times\mathrm{N}_v\|\,dudv = \int_R |\mathrm{K}|\,\|\sigma_u\times\sigma_v\|\,dudv = \int_R |\mathrm{K}|dA_\sigma$

8.1.9 연습문제 4.2.5의 매개변수화 σ를 이용하면

$$E=b^2,\ F=0,\ G=(a+b\cos\theta)^2,$$
$$L=b,\ M=0,\ N=(a+b\cos\theta)\cos\theta.$$

이것으로부터 연습문제 4.10의 매개변수화 σ를 이용하면

$$E=b^2,\ F=0,\ G=(a+b\cos\theta)^2,$$
$$L=b,\ M=0,\ N=(a+b\cos\theta)\cos\theta.$$

이것으로부터 $K=\dfrac{\cos\theta}{b(a+b\cos\theta)}$. S^+와 S^-는 각각 원환면의 고리 영역 $-\pi/2\le u\le\pi/2$와 $\pi/2\le u\le 3\pi/2$로 주어진다.

S^+

S^-

점 p가 S^+(또는 S^-)에서 움직일 때 p에서의 단위법선벡터는 간위구면 전체를 덮는다. 따라서 앞의 연습문제에 의하여 $\int_{S^+}|K|dA=\int_{S^-}|K|dA=4\pi$. $S^\pm$ 상에서 $|K|=\pm K$ 이므로 결과를 얻는다.

8.1.10 $\nabla_u\mathbf{w}=\mathbf{w}_u-(\mathbf{w}_u\cdot\mathbf{N})\mathbf{N}$이므로

$$\begin{aligned}\nabla_u(\nabla_u\mathbf{w})&=\mathbf{w}_{uv}-(\mathbf{w}_{uv}\cdot\mathbf{N})\mathbf{N}-(\mathbf{w}_u\cdot\mathbf{N}_v)\mathbf{N}-(\mathbf{w}_u\cdot\mathbf{N})\mathbf{N}_v-\\&\quad(\mathbf{w}_{uv}\cdot\mathbf{N})\mathbf{N}+(\mathbf{w}_{uv}\cdot\mathbf{N})\mathbf{N}+(\mathbf{w}_u\cdot\mathbf{N})\mathbf{N}+(\mathbf{w}_u\cdot\mathbf{N})(\mathbf{N}_v\cdot\mathbf{N})\\&=\mathbf{w}_{uv}-(\mathbf{w}_{uv}\cdot\mathbf{N})\mathbf{N}-(\mathbf{w}_u\cdot\mathbf{N})\mathbf{N}\end{aligned}$$

u와 v를 바꾸고 빼면 첫 번째 식을 얻는다.

이 공식에서 $\mathbf{w}$와 $\lambda\mathbf{w}$를 바꾸면, $\mathbf{w}\cdot\mathbf{N}=0$이므로

$$\lambda\{(\mathbf{w}_u\cdot\mathbf{N})\mathbf{N}_u-(\mathbf{w}_u\cdot\mathbf{N})\mathbf{N}_v\}+\lambda_v(\mathbf{w}\cdot\mathbf{N})\mathbf{N}_u-\lambda_u(\mathbf{w}\cdot\mathbf{N})\mathbf{N}_v=\lambda\{(\mathbf{w}_v\cdot\mathbf{N})\mathbf{N}_u-(\mathbf{w}_u\cdot\mathbf{N})\mathbf{N}_v\}.$$

또한 임의의 접벡터 $\mathbf{w}_1$, $\mathbf{w}_2$에 대해

$$\nabla_v(\nabla_u(\mathbf{w}_1+\mathbf{w}_2))-\nabla_u(\nabla_v(\mathbf{w}_1+\mathbf{w}_2))=(\nabla_v(\nabla_u\mathbf{w}_1)-\nabla_u(\nabla_v\mathbf{w}_1))+(\nabla_v(\nabla_u\mathbf{w}_2)$$
$$-\nabla_u(\nabla_v\mathbf{w}_2),\ \nabla_v(\nabla_u\sigma_u)-\nabla_u(\nabla_v\sigma_u)=(\sigma_{uv}\cdot\mathbf{N})\mathbf{N}_u-(\sigma_{uu}\cdot\mathbf{N})\mathbf{N}_v=M\mathbf{N}_u-L\mathbf{N}_v.$$

명제 8.1.2를 이용하면 이것은 $M(a\sigma_u+b\sigma_v)-L(c\sigma_u+d\sigma_v)$와 같고 명제 8.1.2에 있는 a, b, c, d에 대해 양함수적으로 표현하면 $K(E\sigma_v-F\sigma_u)$가 된다.

같은 방법으로 $\nabla_v(\nabla_u\sigma_u)-\nabla_u(\nabla_v\sigma_v)=K(-G\sigma_u+F\sigma_v)$.

만약 모든 $\mathbf{w}$에 대해

$$\nabla_v(\nabla_u\mathbf{w})-\nabla_u(\nabla_v\mathbf{w})=0\ (*)$$

이면 $\mathbf{w}=\sigma_v$로 두면 $E\neq 0$, $\sigma_v\neq 0$ 이므로 $K=0$. 역으로 $K=0$이면 $(*)$는 모든 $\mathbf{w}=\sigma_u$, σ_v에 대해

성립하고 연습문제 첫 번째 부분에 의하여 (u, v)의 모든 매끄러운 함수 α, β에 대해 $\alpha\boldsymbol{\sigma}_u + \beta\boldsymbol{\sigma}_v$에 대해 성립한다. 그러나 모든 접선벡터 $\mathbf{w}$는 이와 같은 모양이다.

8.2.1 나선면 $\boldsymbol{\sigma}(u, v) = (v\cos u, v\sin u, \lambda u)$에 대하여 제1, 제2기본형식은 각각

$(\lambda^2 + v^2)du^2 + dv^2$, $2\lambda du dv/\sqrt{\lambda^2 + v^2}$ 이다.

따라서 주곡률은 방정식 $\begin{vmatrix} -k(\lambda^2+v^2) & \dfrac{\lambda}{\sqrt{\lambda^2+v^2}} \\ \dfrac{\lambda}{\sqrt{\lambda^2+v^2}} & -\kappa \end{vmatrix} = 0$의 근이다.

즉, $\kappa = I\lambda/(\lambda^2 + v^2)$. 현수면 $\boldsymbol{\sigma}(u, v) = (\cosh u \cos v, \cosh u \sin v, u)$의 제1, 제2 기본형식은 $\cosh^2 u(du^2 + dv^2)$, $-du^2 + dv^2$이다.

따라서 주곡률은 방정식 $\begin{vmatrix} -1-\kappa\cosh^2 u & 0 \\ 0 & 1-\kappa\cosh^2 u \end{vmatrix} = 0$의 근이다.

즉 $\kappa = \pm\,\mathrm{sech}^2 u$.

8.2.2 $W(\dot{\gamma}) = -\dot{\mathbf{N}}$ 이므로 자명하다.

8.2.3 γ가 곡률선 $\Leftrightarrow$ $\dot{\gamma} = \dot{u}\boldsymbol{\sigma}_u + \dot{v}\boldsymbol{\sigma}_v$는 모든 t에 대해 주벡터 $\Leftrightarrow \begin{pmatrix} L & M \\ M & N \end{pmatrix} = \kappa\begin{pmatrix} E & F \\ F & G \end{pmatrix}$ (κ는 스칼라).

이 행렬방정식을 두 개의 스칼라 방정식으로 표현하고 κ를 소거하면 주어진 방정식은 얻는다.

두 번째 부분에 대해서 만약 제2 기본형식이 제1 기본형식의 몇 배이면 와인가르텐사상은 항등사상의 몇 배 이며, 따라서 모든 접선벡터는 주벡터이며 곡면상의 모든 곡선은 곡률선이다.

만약 $F = M = 0$이면 행렬 $F_{\mathrm{I}}, F_{\mathrm{II}}$는 대각행렬이며, 따라서 기저 $\{\boldsymbol{\sigma}_u, \boldsymbol{\sigma}_v\}$에 관한 와인가르텐 행렬 $F_{\mathrm{I}}^{-1} F_{\mathrm{II}}$ 입니다.

역으로 만약 모든 매개변수곡선이 곡률선이면 $\dot{u} = 0$, $\dot{v} = 0$일 때 주어진 방정식은 성립한다.

이것으로부터 $EM = FL$, $FN = GM$이며 $(EN - GL)F = EGM - EGM = 0$이고 $F = 0$이며,

따라서 $GM = 0$이고 $M = 0$이다.

만약 연습문제의 방정식에서 $EN = GL$이면 모든 곡선은 곡률선이므로 모든 접선벡터는 주벡터이다.

따라서 (i)이 성립한다.

(i)의 조건으로부터 두 주곡률은 어디에서나 같다.

즉 모든 점이 배꼽점이며, σ는 명제 8.2.9에 의해 평면 또는 구면의 열린 부분집합이다.

예제 6.1.3과 7.1.2로부터 회전면의 제1, 제2 기본형식은 $du^2 + f(u)^2 dv^2$, $(\dot{f}\ddot{g} - \ddot{f}\dot{g})du^2 + f\dot{g}dv^2$이다.

$dudv$항이 없으므로 $\boldsymbol{\sigma}_u$와 $\boldsymbol{\sigma}_v$는 주벡터이다. 그러나 이것들은 경선과 위선에 각각 접한다.

8.2.4 $\mathbf{N}_1$이 S의 단위법벡터라 하면 $K = 0 \Leftrightarrow \dot{\mathbf{N}}_1 \cdot (\mathbf{t} \times \mathbf{N}_1) = 0$

$\dot{\mathbf{N}}_1$이 $\mathbf{N}_1$에 직교하고 $\mathbf{N}_1$이 $\mathbf{t}$에 직교하므로 이 조건은 성립

$\Leftrightarrow \dot{\mathbf{N}}_1$이 $\mathbf{t}$와 평행

$\Leftrightarrow \dot{\mathbf{N}}_1 = -\lambda\dot{\gamma}$ (λ는 스칼라)

그리고 연습문제 8.2.2를 이용한다.

8.2.5 $\mathbf{N}_1$과 $\mathbf{N}_2$를 두 곡면의 단위법선벡터라 하자. 만약 γ가 C의 단위속력 매개변수화이면 연습문제 8.2.2에 의하여 적당한 스칼라 λ_2에 대하여 $\dot{\mathbf{N}}_2 = -\lambda_2\dot{\gamma}$이며, 따라서

$$(\mathbf{N}_1 \cdot \mathbf{N}_2)^{\cdot} = -\lambda_1\dot{\gamma} \cdot \mathbf{N}_2 - \lambda_2\dot{\gamma} \cdot \mathbf{N}_1 = 0$$

이고, $\mathbf{N}_1 \cdot \mathbf{N}_2$는 γ를 따라 상수가 되며, S_1과 S_2 사이의 각은 상수임을 알 수 있다.

역으로, 만약 $\mathbf{N}_1 \cdot \mathbf{N}_2$가 상수이면 $\dot{\mathbf{N}}_1 \cdot \mathbf{N}_2 = -\lambda_1\dot{\gamma} \cdot \mathbf{N}_2 = 0$이므로 $\mathbf{N}_1 \cdot \dot{\mathbf{N}}_2 = 0$이다. 따라서 $\dot{\mathbf{N}}_2$는 $\mathbf{N}$과 직교하며, $\mathbf{N}_2$가 단위벡터이므로 $\mathbf{N}_2$와 직교한다. 그러나 $\dot{\gamma}$ 또한 $\mathbf{N}_1$과 $\mathbf{N}_2$에 직교하므로 $\dot{\mathbf{N}}_2$는 반드시 $\dot{\gamma}$와 평행하며, 따라서 $\dot{\mathbf{N}}_2 = -\lambda_2\dot{\gamma}$가 되는 스칼라 λ_2가 존재한다.

8.2.6 (i) 식 (8.5)에 있는 방정식을 w, u, v로 각각 미분하면

$$\sigma_{uw} \cdot \sigma_v + \sigma_u \cdot \sigma_{vw} = 0,\ \sigma_{uv} \cdot \sigma_w + \sigma_v \cdot \sigma_{uw} = 0,\ \sigma_{vw} \cdot \sigma_u + \sigma_w \cdot \sigma_{uv} = 0.$$

다른 두 식의 합에서 두 번째 방정식을 배면 $\sigma_u \cdot \sigma_{vw} = 0$을 얻으며, 마찬가지 방법으로 $\sigma_v \cdot \sigma_{uw} = \sigma_w \cdot \sigma_{uv} = 0$을 얻는다.

(ii) $\sigma_v \cdot \sigma_w = 0$이므로, $u = u_0$ 곡면에 대한 행렬 Γ_I은 대각행렬이다. 다른 것도 같은 방법으로 얻을 수 있다. $\mathbf{N}$을 $u = u_0$ 곡면의 단위법선벡터라 하면 $\mathbf{N}$은 정의에 의해 $\sigma_v \times \sigma_w$와 평행이다. 따라서 σ_u, σ_u는 σ_w와 직교하므로 σ_u와 평행이다. (i)에 의하여 $\sigma_{vw} \cdot \sigma_u = 0$이며, 따라서 $\sigma_{vw} \cdot \mathbf{N} = 0$이며, $u = u_0$ 곡면에 대한 행렬 Γ_{II}이 대각행렬임을 증명할 수 있다.

(iii) (ii)에 의하여 각 곡면 $u = u_0$의 매개변수곡선은 곡률선이다. 그러나 이 곡면상의 매개변수곡선 $v = v_0$, 예를 들면 $v = v_0$ 곡면과 $u = u_0$ 곡면의 교차곡선이다.

8.2.7 $z \neq 0$인 타원면에서 매개화 $\sigma(x,\ y) = (x,\ y,\ z)$를 이용할 수 있다. 이때 $z = \pm\sqrt{1 - \frac{x^2}{p^2} - \frac{y^2}{q^2}}$ 이다.

제1, 제2 기본형식은 각각 $\left(1 + z_x^2\right)dx^2 + 2z_xz_y dxdy + \left(1 + z_y^2\right)dy^2$과 $\frac{(z_{xx}dx^2 + 2z_{xy}dxdy + z_{yy}dy^2)}{\sqrt{1 + z_x^2 + z_y^2}}$ 이다.

명제 8.2.1 과 명제 8.2.1 다음의 주의에 의하여 배꼽점이 되기 위한 조건은 적당한 스칼라 κ에 대하여 $F_{II} = \kappa F_I$이다. 연습문제 8.1.1 의 해에 의하여

$$z_{xx} = \lambda(1 + z_x^2),\ z_{xy} = \lambda z_x z_y,\ z_{yy} = \lambda(1 + z_y^2)$$

을 얻을 수 있다. 이때 $\lambda = k\sqrt{1 + z_x^2 + z_y^2}$ 이다. 만약 x와 y 모두 영이 아니면, 두 번째 방정식으로부터 $\lambda = \frac{1}{z}$을 얻으며, 이것을 첫 번째 방정식에 대입하면 $p^2 = r^2$이라는 모순이 나온다. 따라서 $x = 0$이거나 $y = 0$이다. 만약 $x = 0$이면, 방정식은 다음 4개의 해를 갖는다.

$$x = 0,\ y = \pm q\sqrt{\frac{q^2 - p^2}{q^2 - r^2}},\ z = \pm r\sqrt{\frac{r^2 - p^2}{r^2 - q^2}}$$

마찬가지로, 배꼽점이 되는 다음 8개의 후보들을 발견할 수 있다.

$$x = \pm p\sqrt{\frac{p^2 - q^2}{p^2 - r^2}},\ y = 0,\ z = \pm r\sqrt{\frac{r^2 - q^2}{r^2 - p^2}},$$

$$x = \pm p\sqrt{\frac{p^2 - r^2}{p^2 - q^2}},\ y = \pm q\sqrt{\frac{q^2 - r^2}{q^2 - p^2}},\ z = 0.$$

12개의 점들 중에서 4개만이 실수이며, p^2, q^2, r^2의 상대적인 크기에 의존한다.

만약 $p = q \neq r$ 이면 유일한 배꼽점은 $(0, 0, \pm r)$ 이다. $p = q = r$ 이면 타원면(지금은 구면)의 모든 점이 배꼽점이다.

8.2.8 명제 8.2.3에 의해 주곡률은 이차방정식 $x^2+2Hx+K=0$의 근이다. 즉 $H+\sqrt{H^2-K}$ 이다. 만약 배꼽점이 없다면 $H^2>K$ 이고 주곡률은 H와 K가 매끄럽기 때문에 (연습문제 8.1.3 참조) 매끄럽다. 두 번째 부분은 연습문제 6.1.4 와 7.1.3, 명제 8.2.6 으로부터 할 수 있다.

8.3.1

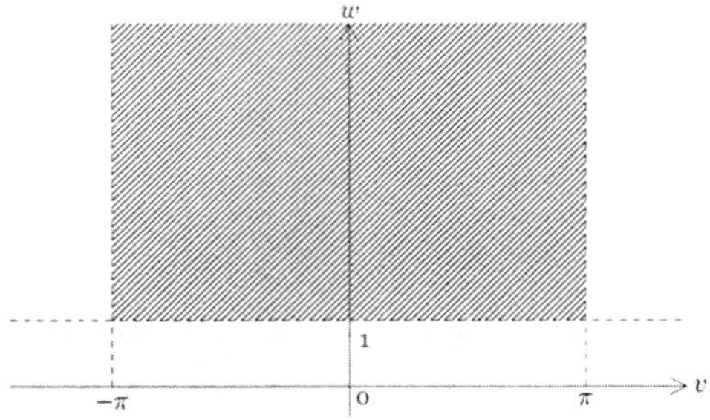

(i) $\tilde{u}=v,\ \tilde{v}=w=e^{-u}$라 놓으면 $u=-\ln\tilde{v},\ v=\tilde{u}$를 얻는다. 따라서 연습문제 5.4의 기호로 $J=\begin{pmatrix}0 & -\frac{1}{\tilde{v}}\\ 1 & 0\end{pmatrix}$이다. J가 가역이므로 $(u,\ v)\mapsto(v,\ w)$는 재매개변수화 사상이다. $v,\ w$의 제1 기본형식은

$$\begin{pmatrix}\tilde{E} & \tilde{F}\\ \tilde{F} & \tilde{G}\end{pmatrix}=J^t\begin{pmatrix}E & F\\ F & G\end{pmatrix}J=\begin{pmatrix}0 & 1\\ -\frac{1}{\tilde{v}} & 0\end{pmatrix}\begin{pmatrix}1 & 0\\ 0 & f(u)^2\end{pmatrix}\begin{pmatrix}0 & -\frac{1}{\tilde{v}}\\ 1 & 0\end{pmatrix}=\begin{pmatrix}\frac{1}{w^2} & 0\\ 0 & \frac{1}{w^2}\end{pmatrix}.$$

따라서 제1기본형식은 $\dfrac{(dv^2+dw^2)}{w^2}$이다.

(ii) $\tilde{J}=\begin{pmatrix}\frac{\partial v}{\partial V} & \frac{\partial v}{\partial W}\\ \frac{\partial w}{\partial V} & \frac{\partial w}{\partial W}\end{pmatrix}=\begin{pmatrix}v(w+1) & \frac{1}{2}(v^2-(w+1)^2)\\ -\frac{1}{2}(v^2-(w+1)^2) & v(w+1)\end{pmatrix}$이므로 U와 V항의 제1 기본형식은 계산에 의해

$$\tilde{J}^t\begin{pmatrix}\frac{1}{w^2} & 0\\ 0 & \frac{1}{w^2}\end{pmatrix}\tilde{J}=\frac{(v^2+(w+1)^2)^2}{4w^2}I=\frac{1}{(1-=U^2-V^2)^2}I,$$

(i)에서 $-\pi<v<1$과 $w>1$에 대응되는 것은 $u<0$과 $-\pi<v<\pi$이며, 이것은 vw-평면의 상반부에 있는 직사각형이다.

(ii)의 대응되는 영역을 구하기 위하여 복소 $z=v+iw,\ Z=U+iV$를 도입하는 것이 편리하다. 이 경우 (ii)의 방정식은 $Z=\dfrac{z-i}{z+i},\ z=\dfrac{Z+1}{i(Z-1)}$과 동치이다. vw-평면상의 직선 $v=\pi$은 UV-평면에서 중심이 $1-\dfrac{i}{\pi}$, 반지름이 $\dfrac{1}{\pi}$인 원에 대응된다. 마찬가지 방법으로 $v=-\pi$는 중심이 $1+\dfrac{i}{\pi}$, 반지름이 $\dfrac{1}{\pi}$인 원에 대응된다.

마지막으로 $w=1$은 $z-\bar{z}=2i$, $\dfrac{Z+1}{i(Z-1)}+\dfrac{\bar{Z}+1}{i(\bar{Z}-1)}=2i$에 대응된다.

이것은 $\left|Z-\dfrac{1}{2}\right|^2=\dfrac{1}{4}$로 단순화할 수 있으며, 따라서 $w=1$은 중심이 $\dfrac{1}{2}$, 반지름이 $\dfrac{1}{2}$인 vw-평면의 원에 대응된다. UV-평면에서 원하는 영역은 이 세 원에 의하여 유계된 부분이다.

(iii)을 위하여 원판 $V=r\cos\theta$, $W=r\sin\theta$, $\bar{V}=\bar{r}\cos\bar{\theta}$, $\bar{W}=\bar{r}\sin\bar{\theta}$ 위의 극 좌표를 이용하고 힌트를 사용한다. 그러면 $\bar{r}=\dfrac{2r}{r^2+1}$, $\bar{\theta}=\theta$를 알 수 있다. 만약 이 매개변수에 의해 제1 기본형식이 $Ed\bar{r}^2+2Fd\bar{r}\,d\bar{\theta}+Gd\bar{\theta}^2$이면 $\dfrac{d\bar{r}}{dr}=\dfrac{2(1-r^2)}{(1+r^2)^2}$이므로 제1 기본형식은

$$\frac{4(1-r^2)^2}{(1+r^2)^4}Edr^2+\frac{4(1-r^2)}{(1+r^2)^2}Fdr\,d\theta+Gd\theta^2$$ 이다. 이것을

$$\frac{4(dV^2+dW^2)}{(1-V^2-W^2)^2}=\frac{4(dr^2+r^2d\theta^2}{(1-r^2)^2}$$ 에 생각하면

$$E=\frac{(1+r^2)^4}{(1-r^2)^3}=\frac{1}{(1-\bar{r}^2)^2},\ F=0,\ G=\frac{4r^2}{(1-r^2)^2}=\frac{\bar{r}^2}{1-\bar{r}^2}$$

이 된다. 매개변수 $(\bar{V}, \bar{W})$로 변환하면 $\bar{r}d\bar{r}=\bar{V}d\bar{V}+\bar{W}d\bar{W}$, $\bar{r}^2d\bar{\theta}=\bar{V}d\bar{w}+\bar{W}d\bar{v}$이며, 따라서 제1 기본형식은

$$\frac{(\bar{V}d\bar{V}+\bar{w}\,d\bar{W})^2+(1-\bar{r}^2)(\bar{V}d\bar{w}-\bar{W}d\bar{v})^2}{\bar{r}^2(1-\bar{r}^2)^2}$$

$$=\frac{(\bar{V}^2+(1-\bar{r}^2)\bar{W}^2)d\bar{V}^2+2\bar{r}^2\bar{V}\bar{W}d\bar{V}d\bar{W}+(\bar{W}^2+(1-\bar{r}^2)\bar{V}^2)d\bar{W}^2}{\bar{r}^2(1-\bar{r}^2)^2}$$

$$=\frac{(1-\bar{W}^2)d\bar{V}^2+2\bar{V}\bar{W}d\bar{V}d\bar{W}+(\bar{W}^2+(1-\bar{r}^2)\bar{V}^2)d\bar{W}^2}{(1-\bar{V}^2-\bar{W}^2)^2}$$

이다.

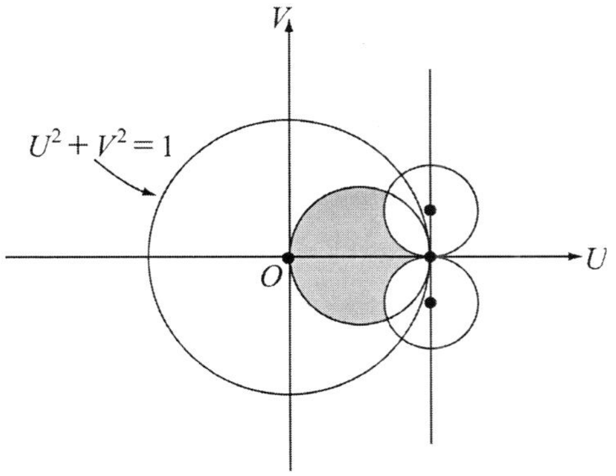

8.4.1 $\tilde{\sigma}(\tilde{u}, \tilde{v})$가 $P=\tilde{\sigma}(\tilde{u}_0, \tilde{v}_0)$를 포함하는 S의 조각사상이라 하자. S의 가우스 곡률 $K(P)<0$이고 K가 $(\tilde{u}, \tilde{v})$에 대한 매끄러운 함수이므로 (연습문제 8.1.3을 참조), $(\tilde{u}_0, \tilde{v}_0)$를 포함하는 적당한 열

린 집합 $\tilde{U}$에 속하는 $(\tilde{u},\ \tilde{v})$에 대하여 $K(\tilde{u},\ \tilde{v})<0$이고 $\tilde{\sigma}(\tilde{U})$의 모든 점은 쌍곡점이다. κ_1과 κ_2를 $\tilde{\sigma}$의 주곡률이라 하고 $\tan\theta=\sqrt{\dfrac{-\kappa_1}{\kappa_2}}$ 가 되는 $0<\theta<\dfrac{\pi}{2}$를 잡고, $\mathbf{e}_1$과 $\mathbf{e}_2$를 κ_1에 대응되는 주벡터와 사잇각이 각각 θ, $-\theta$인 $\tilde{\sigma}$의 접선벡터라 하자. 이제 명제 8.4.3을 적용하면 결과를 얻는다. 마지막 부분에 대해서는 명제 7.3.5에서 κ_n에 대한 공식에 $\dot{v}=0$이라 둔다. 이것으로부터 만약 매개변수곡선 $v=$상수가 점근적이면 $L=0$임을 보일 수 있다. 같은 방법으로 매개변수곡선 $u=$상수가 점근적이면 $N=0$임을 보일 수 있다.

8.5.1 따름정리 8.1.3과 σ가 등각사상이라는 성질에 의하여 σ의 평균곡률은 $H=\dfrac{L+N}{2E}$이며, 따라서 $H=0 \Leftrightarrow L+N=0$ 즉, $\Leftrightarrow(\sigma_{uu}+\sigma_{vv})\cdot \mathrm{N}=0\,(*)$. $\Delta\sigma=\sigma_{uu}+\sigma_{vv}=0$이면 $H=0$은 자명하다. 역을 위해 $(*)$을 만족하면 $\Delta\sigma=0$ 임을 보여야 한다. 이것은 $(\sigma_u, \sigma_v, \mathrm{N})$이 $\mathbb{R}^3$의 기저이므로 $\Delta\sigma\cdot\sigma_u=\Delta\sigma\cdot\sigma_v=0$ 을 보이면 충분하다.

$$\begin{aligned}\Delta\sigma\cdot\sigma_u&=\sigma_{uu}\cdot\sigma_u+\sigma_{vv}\cdot\sigma_u\\&=\frac{1}{2}(\sigma_u\cdot\sigma_u)_u+(\sigma_v\cdot\sigma_u)_v-(\sigma_v\cdot\sigma_{ur})\\&=\frac{1}{2}(\sigma_u\cdot\sigma_v-\sigma_r\cdot\sigma_v)_u+(\sigma_v\cdot\sigma_u)_v\end{aligned}$$

σ가 등각사상이므로 $\sigma_u\cdot\sigma_u=\sigma_r\cdot\sigma_r$, $\sigma_u\cdot\sigma_v=0$ 이다. 따라서 $\Delta\sigma\cdot\sigma_u=0$.

같은 방법으로 $\Delta\sigma\cdot\sigma_u=0$. 주어진 곡면조각의 제1 기본형식은 $(1+u^2+v^2)^2(du^2+dv^2)$이고, 따라서 등각사상이며 $\sigma_{uu}+\sigma_{vv}=(-2u,\ 2v,\ 2)+(2u,\ -2v,\ -2)=0$

8.5.2 연습문제 8.1.1과 $f(u,\ v)=\ln\left(\dfrac{\cos v}{\cos u}\right)$ 에 의하여

$$H=\frac{\sec^2 u(1+\tan^2 v)-\sec^2 v(1+\tan^2 u)}{2(1+\tan^2 u+\tan^2 v)^{3/2}}=0.$$

8.5.3 $\sum_u=\sigma_u+w\mathrm{N}_u$, $\sum_v=\sigma_v+w\mathrm{N}_v$, $\sum_w=\mathrm{N}$. $\sum_u\cdot\sum_w=0$. $\sigma_u\cdot\mathrm{N}=\mathrm{N}_u\cdot\mathrm{N}=0$이므로 $\sum_v\cdot\sum_w=0$이며, 마찬가지로 $\sum_v\cdot\sum_w=0$. 마지막으로

$$\begin{aligned}\textstyle\sum_u\cdot\sum_v&=\sigma_u\cdot\sigma_v+w(\sigma_u\cdot\mathrm{N}_v+\sigma_v\cdot\mathrm{N}_u)+w^2\mathrm{N}_u\cdot\mathrm{N}_v\\&=F-2wM+w^2\mathrm{N}_u\cdot\mathrm{N}_v=w^2\mathrm{N}_u\cdot\mathrm{N}_v\end{aligned}$$

명제 8.1.2의 증명에 의하여

$$\mathrm{N}_u=-\frac{L}{E}\sigma_u,\ \mathrm{N}_v=-\frac{N}{G}\sigma_v,\ \mathrm{N}_u\cdot\mathrm{N}_v=\frac{LN}{EG}F=0.$$

모든 곡면 $u=u_0$(상수)는 $v=$상수로 주어진 직선의 모임으로서 선직되어 있으며, 연습문제 8.2.4에 의하여 이 곡면은 $\gamma(v)=\sigma(u_0,\ v)$가 S의 곡률선이 되면 평탄하다. 즉 σ_v가 주벡터이다. 그러나 이것은 F_{I}과 F_{II}가 대각행렬이므로 사실이다. 마찬가지 방법으로 곡면 $v=$상수에 대해서도 알 수 있다.

제9장 측지선

9.1.1 연습문제 4.1.3에 의하여 $(1, 0, 0)$을 지나는 쌍곡면 위의 직선이 두 개 존재한다. 명제 8.3에 의하여 이것은 측지선이다. $z=0$, $x^2+y^2=1$로 주어진 원과 $y=0$, $x^2-z^2=1$로 주어진 쌍곡선을 둘 다 법단면이며, 명제 9.1.6에 의하여 측지선이다.

9.1.2 $\kappa(\gamma)=\ddot{\gamma}\cdot(\mathrm{N}\times\dot{\gamma})$라 하자. $\Gamma(t)=\gamma(\phi(t))$가 γ의 재매개변수화이면 $\kappa(\Gamma)=\left(\frac{d\phi}{dt}\right)^3\kappa(\gamma)$. 특히 $\kappa(\gamma)=0\Leftrightarrow\kappa(\Gamma)=0$.

(i) γ를 준측지선이라 하고 Γ를 γ의 측지적 재매개변수화라고 하자. 경제 9.1.2에 의해 Γ는 상수 속력 v를 가지며, $\tilde{\Gamma}(t)=\Gamma\left(\frac{t}{v}\right)$는 단위속력 측지선이다. 명제 9.1.3에 의해 $\kappa(\tilde{\Gamma})=0$ 이고 따라서 $\kappa(\Gamma)=0$, $\kappa(\gamma)=0$이다. 역으로 만약 $\kappa(\gamma)=0$이고 Γ가 γ의 단위속력 재매개변수화이면 $\kappa(\Gamma)=0$이며 Γ는 명제 0.1.3에 의해 측지선이다.

(ii) 자명하다

(iii) γ를 상수 속력 v를 가지는 준측지선이라 하자. 그러면 $\Gamma(t)=\gamma\left(\frac{t}{v}\right)$는 단위속력 준측지선이며 (i)과 명제 9.1.3에 의해 측지선이다. $\ddot{\gamma}=v^2\ddot{\Gamma}$ 이므로 $\ddot{\gamma}$는 곡면에 직교하고 γ는 측지선이다.

(iv) (iii)과 명제 9.1.2로부터 증명된다.

9.1.3 Π_s를 $\mathrm{t}(s)$에 직교하고 $\gamma(s)$를 지나는 평면이라 하자. 매개변수곡선 $s=$상수는 Π_s와 곡면과의 공통부분이다. 연습문제 4.2.7의 풀이로부터 σ의 표준단위 법선벡터 $\mathrm{N}=-(\cos\theta\,\mathrm{n}+\sin\theta\,\mathrm{b})$이다. 이것은 t와 직교하므로, 질문의 원들은 법단면이다.

9.1.4 타원면 $\frac{x^2}{p^2}+\frac{y^2}{q^2}+\frac{z^2}{r^2}=1$을 잡으면, 벡터 $\left(\frac{x}{p^2}, \frac{y}{q^2}, \frac{z}{r^2}\right)$는 연습문제 4.16에 의하여 타원면에 법한다.

만약 $\gamma(t)=(f(t), g(t), h(t))$가 타원면 위의 곡선이면

$$R=\left(\frac{\dot{f}^2}{p^2}+\frac{\dot{g}^2}{q^2}+\frac{\dot{h}^2}{r^2}\right)^{-1/2},\quad S=\left(\frac{f^2}{p^4}+\frac{g^2}{q^4}+\frac{h^2}{r^4}\right)^{-1/2}$$

이다. 또한 γ : 측지선 $\Leftrightarrow\ddot{\gamma}$는 법선벡터와 평행

$$\Leftrightarrow(\ddot{f}, \ddot{g}, \ddot{h})=\lambda\left(\frac{f}{p^2}, \frac{g}{q^2}, \frac{h}{r^2}\right),\ \lambda(t)\text{는 스칼라이다.}$$

$\frac{f^2}{p^2}+\frac{g^2}{q^2}+\frac{h^2}{r^2}=1$로부터 $\frac{f\dot{f}}{p^2}+\frac{g\dot{g}}{q^2}+\frac{h\dot{h}}{r^2}=0$을 얻을 수 있으며, 따라서

$$\frac{\dot{f}^2}{p^2}+\frac{\dot{g}^2}{q^2}+\frac{\dot{h}^2}{r^2}+\frac{f\ddot{f}}{p^2}+\frac{g\ddot{g}}{q^2}+\frac{h\ddot{h}}{r^2}=0,$$

$$\frac{\dot{f}^2}{p^2}+\frac{\dot{g}^2}{q^2}+\frac{\dot{h}^2}{r^2}+\lambda\left(\frac{f^2}{p^4}+\frac{g^2}{q^4}+\frac{h^2}{r^4}\right)=0$$

이며, 이것으로부터 $\lambda=-S^2/R^2$을 얻는다. γ의 곡률은

$$\|\ddot{\gamma}\|=(\ddot{f}^2+\ddot{g}^2+\ddot{h}^2)^{1/2}=|\lambda|\left(\frac{f^2}{p^4}+\frac{g^2}{q^4}+\frac{h^2}{r^4}\right)^{1/2}=\frac{|\lambda|}{S}=\frac{S}{R^2}.$$

마지막으로 $\lambda = -\dfrac{S^2}{R^2}$ 이므로

$$\frac{1}{2}\frac{d}{dt}\left(\frac{1}{R^2S^2}\right) = \left(\frac{f\dot{f}}{p^4}+\frac{g\dot{g}}{q^4}+\frac{h\dot{h}}{r^4}\right)\left(\frac{\dot{f}^2}{p^2}+\frac{\dot{g}^2}{q^2}+\frac{\dot{h}^2}{r^2}\right)+\left(\frac{f^2}{p^4}+\frac{g^2}{q^4}+\frac{h^2}{r^4}\right)\left(\frac{\dot{f}\ddot{f}}{p^2}+\frac{\dot{g}\ddot{g}}{q^2}+\frac{\dot{h}\ddot{h}}{r^2}\right)$$
$$= \frac{1}{R^2}\left(\frac{f\dot{f}}{p^4}+\frac{g\dot{g}}{q^4}+\frac{h\dot{h}}{r^4}\right)+\frac{\lambda}{S^2}\left(\frac{f\dot{f}}{p^4}+\frac{g\dot{g}}{q^4}+\frac{h\dot{h}}{r^4}\right)=0.$$

따라서 RS는 상수이다.

9.1.5 측지선 γ가 상수 a, b에 대하여 평면 $\mathbf{v}\cdot\mathbf{a}=b$에 있다고 하면 $\dot{\gamma}\cdot\mathbf{a}=\ddot{\gamma}\cdot\mathbf{a}=0$. $\ddot{\gamma}$가 N에 평행이므로 (N은 곡면의 단위접선벡터), $\mathbf{N}\cdot\mathbf{a}=0$이고 $\dot{\mathbf{N}}\cdot\mathbf{a}=0$이다. N, $\dot{\gamma}$와 $\dot{\mathbf{N}}$은 평면에서 평행이므로 마지막 두벡터는 첫째 벡터에 직교하고, 그것들은 평행이다. 따라서 γ는 연습문제 8.2.2에 의해 곡률선이다. 역으로 만약 γ가 측지선이고 곡률선이라면 γ가 단위속력 (γ의 단위속력재매개변수화는 역시 측지선이고 곡률선이다)이라고 가정할 수 있다. $\mathbf{a}=\mathbf{N}\times\dot{\gamma}$라 하면 $\dot{\mathbf{a}}=\dot{\mathbf{N}}\times\dot{\gamma}+\mathbf{N}\times\ddot{\gamma}=0$이다. 왜냐하면 γ가 곡률선이므로 첫 번째가 성립하고 γ가 측지선이므로 두 번째가 성립한다. 따라서 a는 상수이다. 그리고 $\dot{\gamma}\cdot\mathbf{a}=0$이고 $\gamma\cdot\mathbf{a}$는 상수이다 (예를 들면 b). 따라서 γ는 평면 $\mathbf{v}\cdot\mathbf{a}=b$ 에 놓여있다.

9.1.6 (i)을 위해, $\ddot{\gamma}$ 는 $\mathbf{N}_1$과 $\mathbf{N}_2$에 평행인 영아닌 벡터이므로 $\mathbf{N}_1$과 $\mathbf{N}_2$는 평행이다. 예를 들면 S_1과 S_2를 정리 4.1.6의 구면과 원기둥이라 하고 S_1과 S_2가 수직으로 만난다고 하면 $\mathbf{N}_1$, $\mathbf{N}_2$, $\dot{\gamma}$ 는 서로 직교하는 단위벡터이다. $\dot{\gamma}\cdot\mathbf{N}_2=0$으로부터 $\ddot{\gamma}\cdot\mathbf{N}_2+\dot{\gamma}\cdot\dot{\mathbf{N}}_2=0$. γ와 S_1의 측지선이면 $\ddot{\gamma}$가 $\mathbf{N}_1$에 평행이므로 $\ddot{\gamma}\cdot\mathbf{N}_2=0$이고 $\dot{\mathbf{N}}_2$가 $\dot{\gamma}$와 직교한다. $\dot{\mathbf{N}}_2$가 $\mathbf{N}_2$에 직교하므로 $\mathbf{N}_1$에 평행이다.

역으로 $\dot{\mathbf{N}}_2$가 $\mathbf{N}_1$에 평행이면 $\dot{\gamma}\cdot\mathbf{N}_2=0$이고 따라서 $\ddot{\gamma}$는 $\mathbf{N}_2$에 직교한다. $\ddot{\gamma}$가 $\dot{\gamma}$에 직교하므로 $\mathbf{N}_1$에 평행이다. 마지막으로 γ가 S_1과 S_2의 측지선이면 $\dot{\mathbf{N}}_1$은 $\mathbf{N}_2$에 평행이고 $\dot{\mathbf{N}}_2$는 $\mathbf{N}_1$에 평행이다. 따라서 $(\mathbf{N}_1\times\mathbf{N}_2)^{\cdot}=\dot{\mathbf{N}}_1\times\mathbf{N}_2+\mathbf{N}_1\times\dot{\mathbf{N}}_2=0$이고 $\mathbf{N}_1\times\mathbf{N}_2$는 상수벡터이다. $\dot{\gamma}$가 $\mathbf{N}_1\times\mathbf{N}_2$에 평행인 단위벡터이므로 $\dot{\gamma}$는 상수이며 따라서 c는 직선의 일부분이다.

9.2.1 p와 q가 원기둥의 같은 위선에 있다면, 이것을 연결하는 두 개의 측지선이 있다. 즉 p와 q가 끝점이 되는 위선의 두 개의 원호이다. 만약 p와 q가 같은 위선 위에 있지 않다면 p와 q를 연결하는 무한히 많은 원형나선이 존재한다 (예제 9.2.8참조).

9.2.2 원뿔 $\sigma(u, v)=(u\cos v,\ u\sin v,\ u)$를 잡으면 연습문제 6.2.1에 의하여 σ는

$$\sigma(u, v)\mapsto\left(u\sqrt{2}\cos\frac{v}{\sqrt{2}},\ u\sqrt{2}\sin\frac{v}{\sqrt{2}},\ 0\right)$$

에 의하여 xy-평면의 일부분과 등장변환 관계에 있다. 이것은 따름정리 9.27에 의하여 원뿔 위의 측지선은 xy-평면에 있는 직선과 대응된다. 이를 어떤 선에 대해서도 축 $x=0$과 $y=0$ 이외에서는 상수 a, b에 대하여 방정식 $ax+by=1$가 되며, 이 직선은 다음 곡선과 대응된다.

$$v\mapsto\left(\frac{\cos v}{\sqrt{2}\left(a\cos\frac{v}{\sqrt{2}}+b\sin\frac{v}{2}\right)},\ \frac{\sin v}{\sqrt{2}\left(a\cos\frac{v}{\sqrt{2}}+b\sin\frac{v}{\sqrt{2}}\right)},\right.$$
$$\left.\frac{1}{\sqrt{2}\left(a\cos\frac{v}{\sqrt{2}}+b\sin\frac{v}{\sqrt{2}}\right)}\right\}.$$

여기에서 x축과 y축은 원뿔 위의 직선에 대응된다.

9.2.3 원기둥 $\sigma(u, v)=(\cos u, \sin u, v)$를 생각하면 $E=G=1$, $F=0$이며, 따라서 측지방정식은 $\ddot{u}=\ddot{v}=0$이다. 따라서 $u=a+bt$, $v=c+dt$ (a, b, c, d는 상수)이다. $b=0$이면 이것은 원기둥 위의 직선이며, $b\neq 0$이면 원형나선이다.

9.2.4 $(E\dot{u}^2+2F\dot{u}\dot{v}+G\dot{v}^2)$

$=(E_u\dot{u}+E_v\dot{v})\dot{u}^2+2(F_u\dot{u}+F_v\dot{v})\dot{u}\dot{v}+(G_u\dot{u}+G_v\dot{v})\dot{v}^2+2E\dot{u}\ddot{u}+2F(\dot{u}\ddot{v}+\ddot{u}\dot{v})+2G\dot{v}\ddot{v}$

$=\dot{u}(E_u\dot{u}^2+2F_u\dot{u}\dot{v}+G_u dotv^2)+\dot{v}(E_v\dot{u}^2+2F_v\dot{u}\dot{v}+G_v\dot{v}^2)+2E\dot{u}\ddot{u}+2F(\dot{u}\ddot{v}+\ddot{u}\dot{v})+2G\dot{v}\ddot{v}$

$=2(E_u\dot{u}+F\dot{v})\dot{u}+2(F\dot{u}+G\dot{v})\dot{v}+2(E\dot{u}+F\dot{v})\ddot{u}+2(F\dot{u}+G\dot{v})\ddot{v}$

$=2[(E\dot{u}+F\dot{v})\dot{u}]^{\cdot}+2[(F\dot{u}+G\dot{v})\dot{v}]^{\cdot}$

$=2(E\dot{u}^2+2F\dot{u}\dot{v}+G\dot{v}^2)^{\cdot}$

이다. 따라서 $(E\dot{u}^2+2F\dot{u}\dot{v}+G\dot{v}^2)^{\cdot}=0$이고, 따라서 $\|\dot{\gamma}\|^2=E\dot{u}^2+2F\dot{u}\dot{v}+G\dot{v}^2$는 상수이다.

(i)과 (ii)를 가정하고 $E\dot{u}^2+2F\dot{u}\dot{v}+G\dot{v}^2$=상수를 미분하면

$(E_u\dot{u}+E_v\dot{v})\dot{u}^2+2(F_u\dot{u}+F_v\dot{v})\dot{u}\dot{v}+(G_u\dot{u}+G_v\dot{v})\dot{v}^2-2(E\dot{u}+F\dot{v})\ddot{u}-2(F\dot{u}+G\dot{v})\ddot{v}$

이다. 즉,

$(E_u\dot{u}^2+2F_u\dot{u}\dot{v}+G_u\dot{v}^2)\dot{u}+(E_v\dot{u}^2+2F_v\dot{u}\dot{v}+G_v\dot{v}^2)\dot{v}=-2(E\dot{u}+F\dot{v})\ddot{u}-2(F\dot{u}+G\dot{v})\ddot{v}$,

(ii)를 이용하면

$2\dot{u}\frac{d}{dt}(E\dot{u}+F\dot{v})+2(E\dot{u}+F\dot{v})\ddot{v}=-2(F\dot{u}+G\dot{v})\ddot{v}-(E_v\dot{u}^2+2F_v\dot{u}\dot{v}+G_v\dot{v}^2)\dot{v}$.

이 방정식의 좌변은

$2\frac{d}{dt}(\dot{u}(E\dot{u}+F\dot{v}))=-2\frac{d}{dt}(F\dot{u}\dot{v}+G\dot{v}^2)=-2(F\dot{u}+G\dot{v})\ddot{v}-2\dot{v}\frac{d}{dt}(F\dot{u}+G\dot{v})$

마지막 두 식과 $\dot{v}\neq 0$으로부터 (iii)을 얻는다.

9.2.5 $E=1$, $F=0$, $G=1+u^2$이므로 γ가 단위속력 $\Leftrightarrow \dot{u}+(1+u^2)\dot{v}^2=1$ (9.2)의 두 번째 식으로부터 $\frac{d}{dt}((1+u^2)\dot{v})=0$, 즉 $\dot{u}=\frac{a}{1+u^2}$ (a는 상수), 따라서 $\dot{u}^2=1-\frac{a}{1+u^2}$이고 측지선을 따라

$$\frac{dv}{du}=\frac{\dot{v}}{\dot{u}}=\pm\frac{a}{\sqrt{(1-a^2+u^2)(1+u^2)}}.$$

만약 $a=0$ 이면 v=상수이고 모선을 얻는다. 만약 $a=1$이면 $\frac{dv}{du}=\pm\frac{1}{u\sqrt{1+u^2}}$이고 적분하면

$v=v_0\mp\sinh^{-1}\frac{1}{u}$ (v_0는 상수)이다.

마지막 부분은 $(\frac{du}{dv})^2=\frac{(u^2+1)(u^2+1-a^2)}{a^2}$이므로 (i) $a^2>1$이면 $u=\pm\sqrt{a^2-1}$에 대해 $\frac{du}{dv}=0$이고 z축으로부터 최소거리의 측지선이다.

(ii) $a^2<1$이면 $\left|\frac{du}{dv}\right|>a^{-2}-1$이고 u는 영으로 감소하고 측지선은 z축을 횡단한다.

(iii) $a^2=1$이면 $\frac{du}{dv}=\pm(u^2+1)$이고 따라서 $u=\pm\tan(v+c)$ (c는 상수) 이 정보로부터 $u=D$ 일

때 $\cos\alpha = \dot{\gamma}\cdot\sigma_u = \dot{u}$ ($E=1$, $F=0$이므로) 이고 $a^2 = (1+D^2)\sin^2\alpha$.

따라서 a^2은 D가 $>$, $<$, $= \cot\alpha$에 따라 >1, <1, $=1$이 된다.

9.2.6 바로 보일 수 있다.

9.3.1 그것들은 법단면이다.

9.3.2 (ⅰ) 회전타원면이 z축 주위로 타원 $\frac{x^2}{a^2}+\frac{z^2}{b^2}=1$ (a, b는 상수)를 회전하여 얻었다고 하자. 그러면 a는 z축에서 회전타원면 위의 점까지 최대거리가 되며, 따라서 측지선의 각 운동량 $\Omega \le a$ ($\Omega \ge 0$이라 가정할 수 있다)이다. 만약 $\Omega = 0$이면, 측지선은 경선이다. $0 < \Omega < a$이면 측지선은 원들 $z = \pm b\sqrt{1-\frac{\Omega^2}{a^2}}$ 사이에 포함된 회전타원면의 고리 영역에 제한된다. 그리고 예제 8.9로부터 측지선은 이 두 원 사이의 '반동'이다.

만약 $\Omega = a$이면 식 (9.10)으로부터 측지선은 위선 $z=0$이다.

(ⅱ) 연습문제 4.2.5에서의 원환면을 생각하자. $\Omega = 0$이면 측지선은 경선(원)이다. $0 < \Omega < a-b$이면, 측지선은 원환면 주위로 소용돌이친다.

만약 $\Omega = a-b$이면, 측지선은 반지름 $a-b$인 위선이거나 이 위선에 점근적(절대로 그것과 교차하지는 않는)으로 접근하는 원환면 주위로 소용돌이치는 것이다.

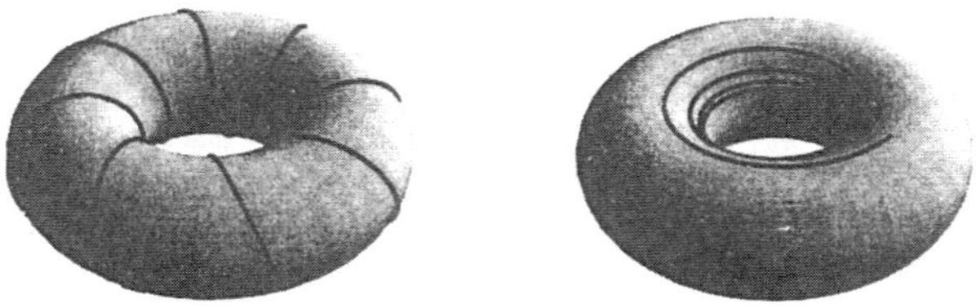

만약 $a-b < \Omega < a+b$이면, 측지선은 z축으로부터 거리가 $\ge \Omega$인 원환면의 일부분으로 구성되는 고리 영역에 제한되며, 이 영역에 유계되는 두 위선 사이의 반동이다.

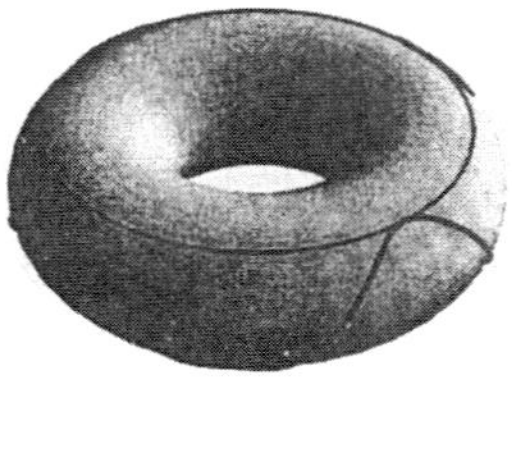

만약 $\Omega=a+b$이면 측지선은 반드시 반지름 $a+b$인 위선이 된다.

9.3.3 식 (9.14)의 두 해는 $v=v_0\pm\sqrt{\frac{1}{\Omega^2}-\omega^2}$이고 자기교차이기 위한 조건은 $\omega>1$과 적당한 정수 $k>0$에 대해 $2\sqrt{\frac{1}{\Omega^2}-\omega^2}=2k\pi$이다. 이것이 될 조건은 $\Leftrightarrow 2\sqrt{\frac{1}{\Omega^2}-1}>2\pi$ 즉 $\Omega<(1+2\pi)^{\frac{-1}{2}}$ 이 경우 k번 자기 교차한다. 이 때 k는 $2k\pi<2\sqrt{\frac{1}{\Omega^2}-1}$ 을 만족하는 제일 큰 정수 이다.

9.3.4 연습문제 8.3.1로부터 $Z=V+iW=\frac{z-i}{z+i}$ $(z=v+iw)$ 이것은 뫼비우스 변환이고 따라서 이것은 직선과 원을 직선과 원으로 보내고 각을 보존한다 (부록 2참조). 의구 위의 VW-평면에서 직선과 원에 대응되는 측지선은 v축에 직교하므로 VW-평면에서 변환 $z\mapsto\frac{z-i}{z+i}$에 의해 V축의 상에 직교하는 직선과 원에 대응된다. 즉 단위원 $V^2+W^2=1$.
$\overline{V}\,\overline{W}$-평면에서 직선 $a\overline{v}+b\overline{w}=c$ $(a,b,c$ 는 상수$)$ 는 VW-평면에서 $2aV+2bW=c$ $(V^2+W^2=1)$에 대응된다. 만약 $c=0$이면 이것은 원점을 통과하는 직선이고 첫 번째 사실에 의해 의구 위의 측지선에 대응된다. $c\neq0$이면 이것은 중심이 $\left(\frac{a}{c},\frac{b}{c}\right)$이고 제곱한 반지름 $\left(a^2-b^2-\frac{c^2}{c^2}\right)$인 원의 방정식이다. 이원은 원 $V^2+W^2=1$의 경계에서 직교하게 만난다. 왜냐하면 두 원의 중심사이의 거리의 제곱은 그들 반지름의 제곱의 합과 같기 때문이다. 따라서 이원은 의구 위의 측지선에 대응된다. 이 사실은 $\overline{VW}$-평면의 모든 직선이 의구의 측지선에 대응된다는 것이다. 이와 같이 $\overline{VW}$-평면상의 직선으로부터 나오는 의구 상의 모든 측지선은 같은 방법 경제 9.2.4 와 원판 $\overline{V}^2+\overline{W}^2<1$ 위의 임의의 점을 통과하는 $\overline{VW}$-평면상의 직선이 존재한다는 사실로부터 증명된다.

9.4.1 연습문제 6.2.1로부터 원뿔은 원점에 꼭지점이 있고 각도가 $\pi\sqrt{2}$ 인 평면의 브채꼴 S와 등장변환 관계에 있다.

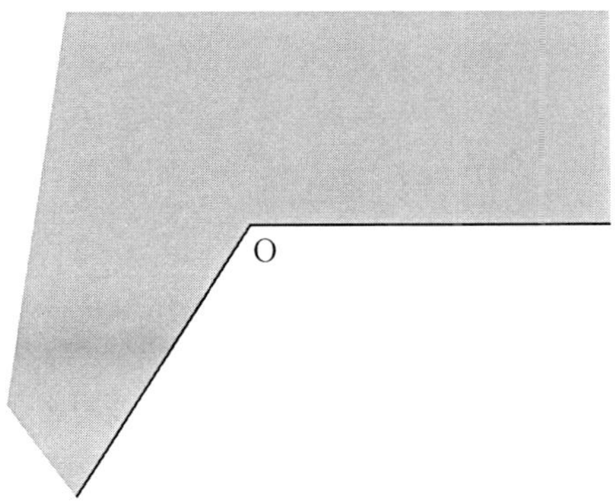

원뿔 위의 측지선은 S의 가능한 부서진 직선조각에 대응된다. 만약 직선조각이 점 A에서 S의 경계와 만나면, 점 B로부터 같은 거리에 있는 다른 경계로 연속될 수 있으며, 원점에서 A까지와 정해진 각들이 같게 연속된다.

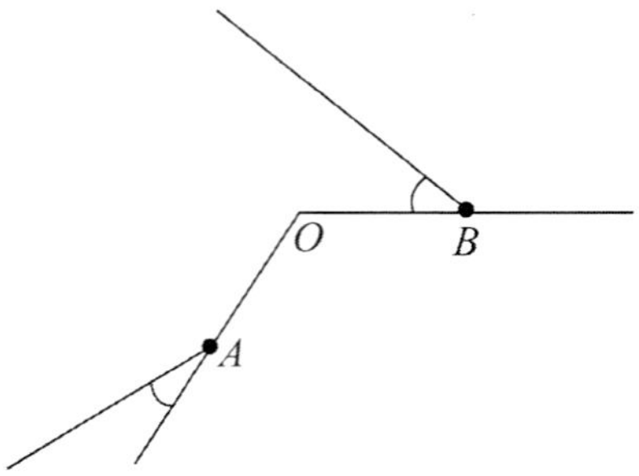

(i) 참 : 만약 두 점 P와 Q가 S 안의 직선조각에 의해 연결되면 문제없다. 그렇지 않다면 P와 Q는 위의 조건을 만족하는 떨어진 직선조각에 의해 연결된다.

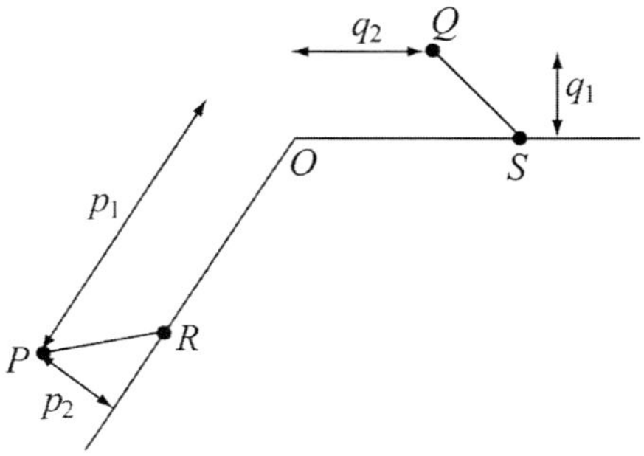

이것이 항상 가능하다는 것을 알기 위하여, p_1, p_2, q_1, q_2를 정해진 거리에 두고 R과 S를 원점으로부터 거리가 $\dfrac{p_2q_1+p_1q_2}{p_2+q_2}$인 부채꼴 위의 경계에 있는 점이라 하자. 그러면 S와 Q를 이어서 P와 R을 잇는 선분이 원하는 측지선이다.

(ii) 거짓 :

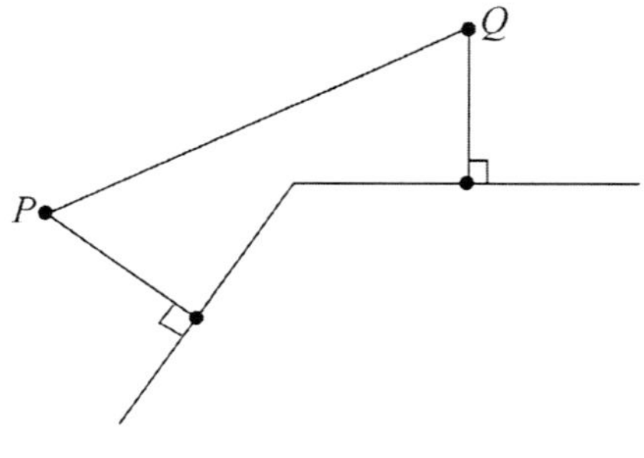

(iii) 거짓 : (ii)에 있는 그림의 P와 Q를 연결하는 두 측지선처럼 두 점과 많은 것이 만난다.

(iv) 참 : 경선은 교차하지 않으며(원뿔의 꼭지점은 제거되었음을 상기), S에 완전히 포함된 평행인 직선들은 교차하지 않는다.

(v) 참 : S 내의 직선조각들은 양방향으로 무한히 연속될 수 있기 때문이다.

(vi) 거짓 : 만약 A와 B가 O로부터 같은 거리에 있는 부채꼴의 경계에 있는 점이고 (앞쪽의 위 그림 참조), C가 선분 AC와 BC가 부채꼴인 부채꼴위의 점이면 AC와 BC는 원뿔위의 같은

두 점을 연결하는 측지선이지만 그것들은 부채꼴의 각도의 이등분선에 C가 놓여있지 않으면 다른 길이를 갖는다.

(vii) 참 : 다음과 같은 상황

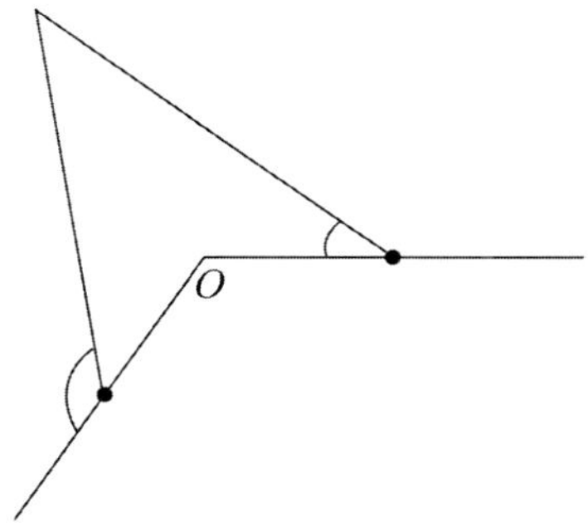

에서 지정된 각들이 같게 되는 것은 불가능하다. 그러나 질문에 대한 답은 원뿔의 각에 의존한다. 만약 각이 α이면, $\frac{\pi}{4}$ 대신에, 직선은 자기 자신과 만나며, $\alpha < \frac{\pi}{6}$이면, 평면에서 대응되는 부채꼴은 각도가 π보다 작게 된다.

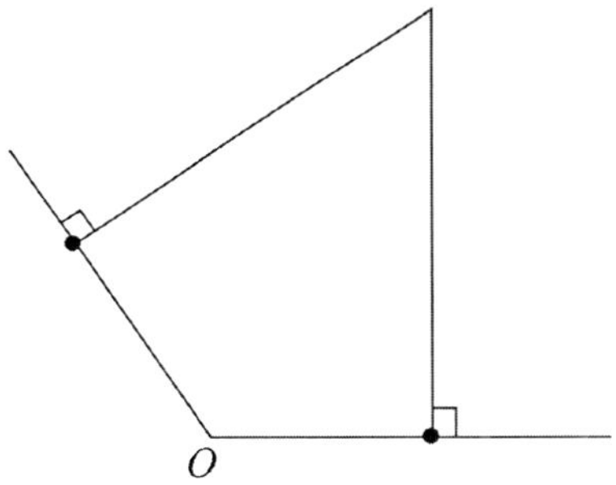

9.4.2 S^2와 p와 q를 지나는 평면으로서 xy-평면과 사잇각이 $\theta(-\frac{\pi}{2} < \theta < \frac{\pi}{2})$인 평면과의 공통부분을 생각하자. 이 공통부분은 원 C_θ이지만 $\theta = 0$이 아니면 대원은 아니다. 따라서 만약 $\theta \neq 0$이면 p와 q를 잇는 C_θ의 짧은 부분은 측지선이 아니며 따라서 $> \frac{\pi}{2}$(p와 q를 잇는 최단 측지선의 길이). C_θ의 길이가 $\leq 2\pi$이므로 p와 q를 잇는 C_θ의 긴 부분의 길이는 $\theta \neq 0$이면 $< \frac{3\pi}{2}$이다. 즉 p와 q를 잇는 측지선 C_0의 긴 부분이 긴 측지선이다. 따라서 긴 측지선 부분은 p와 q를 잇는 곡선의 길이의 극소값이 아니다.

9.4.3 (ⅰ) $t \to 0$일 때 $e^{-\frac{1}{t^2}} \to 0$이므로 $n \geq 0$이면 자명하다. $n \geq 0$에 대한 수학적 귀납법에 의하여 $t \to 0$일 때 $t^{-n}e^{-\frac{1}{t^2}} \to 0$임을 보인다. $n = 0$이면 결과를 알고 있으며, $n > 0$이면 로피탈 정리를 이용하여

$$\lim_{t\to 0}\frac{t^{-n}}{e^{1/t^2}}=\lim_{t\to 0}\frac{nt^{-n-1}}{\frac{2}{t^3}e^{1/t^2}}=\lim_{t\to 0}\frac{n}{2}\frac{t^{-(n-2)}}{e^{1/t^2}}$$

이며, 귀납법의 가정에 의하여 영이 된다.

(ii) θ가 n번 미분가능하며

$$\frac{d^n\theta}{dt^n}=\begin{cases}\frac{P_n(t)}{t^{3n}}e^{-1/t^2}, & t\neq 0,\\ 0, & t=0\end{cases}$$

임을 n에 대한 수학적 귀납법을 이용하여 증명한다. 이때 P_n은 t에 관한 다항식이다. $n=0$이면 $P_0=1$로 성립한다. 적당한 $n\geq 0$에 대해 결과를 가정하고 $t\neq 0$이면

$$\frac{d^{n+1}\theta}{dt^{n+1}}=\left(\frac{-3nP_n}{t^{3n+1}}+\frac{P_n'}{t^{3n}}+\frac{2P_n}{t^{3n+3}}\right)e^{-1/t^2}$$

따라서 $P_{n+1}=(2-3nt^2)P_n+t^3P_n'$를 잡는다. $t=0$이면 (1)에 의하여

$$\frac{d^{n+1}\theta}{dt^{n+1}}=\lim_{t\to 0}\frac{P_n(t)}{t^{3n+1}}e^{-1/t^2}=P_n(0)\lim_{t\to 0}\frac{e^{-1/t^2}}{t^{3n+1}}=0.$$

(iii)과 (iv)는 자명하다.

9.5.1 γ_θ가 단위속력이므로 $\sigma_r\cdot\sigma_r=1$. 따라서 $\int_0^R\sigma_r\cdot\sigma_r dr=R$. θ에 관해서 미분하면 $\int_0^R\sigma_r\cdot\sigma_{r\theta}dr=0$.

부분적분법을 이용하면

$$\sigma_\theta\cdot\sigma_r\Big|_{r=0}^{r=R}-\int_0^R\sigma_\theta\cdot\sigma_{rr}dr=0$$

이제 모든 θ에 대해서 $\sigma(0,\theta)=\mathrm{p}$이고 따라서 $r=0$일 때 $\sigma_\theta=0$이다. 따라서 마지막 식에서 적분이 0이 됨을 보여야 한다. 그러나 $\sigma_{rr}=\ddot{\gamma}^\theta$, 점 $\cdot$는 측지선 γ^θ의 매개변수 r에 관한 도함수를 표시한다. 따라서 $\sigma_\theta\cdot\mathrm{N}=0$이므로 σ_{rr}은 σ의 단위 법선벡터에 평행이고 그 결과 $\sigma_\theta\cdot\sigma_{rr}=0$이다. $\sigma_r\cdot\sigma_r=1$이고 $\sigma_r\cdot\sigma_\theta=0$이므로 제1기본형식은 제시된 바와 같다.

9.5.2 (i) p와 q사이의 γ의 길이는 $\int_0^1\sqrt{\dot{f}^2+G\dot{g}^2}\,dt\geq\int_0^1\sqrt{\dot{f}^2}\,dt=f(1)=f(0)=R$.

(ii) 힌트를 이용하면 p′와 q′를 잇는 γ의 길이는 $\geq R$이다.

(iii) p와 q사이의 γ의 길이가 R이면 (ii)에 의해 그것은 중심이 p이고 반지름이 R인 측지원의 내부에 있게된다. 그리고 $\int_0^1\sqrt{\dot{f}^2+G\dot{g}^2}\,dt=\int_0^1\sqrt{\dot{f}^2}\,dt$를 얻는다. 모든 $t\in(0,1)$에 대해 $G\dot{g}=0$이고 따라서 $\dot{g}=0$ ($G>0$ 참조)이고 g는 γ가 q를 통과함에 따라 상수 α가 되며, 이것은 γ가 방사선 $\theta=\alpha$의 매개변수화임을 의미한다.

제10장 가우스의 위대한 정리

10.1.1 기저 $\{\sigma_u, \sigma_v\}$에 관한 와인가르텐 사상의 행렬은

$$W = F_{\mathrm{I}}^{-1}F_{\mathrm{II}} = \begin{pmatrix} \cos^2 v & 0 \\ 0 & 1 \end{pmatrix}^{-1} \begin{pmatrix} -\cos^2 v & 0 \\ 0 & -1 \end{pmatrix} = -I.$$

따라서 $\mathbf{N}_u = \sigma_u$, $\mathbf{N}_v = \sigma_v$. 따라서 $\mathbf{N} = \sigma - \mathbf{a}$. 여기서 $\mathbf{a}$는 상수벡터이다. 그래서 $\|\sigma - \mathbf{a}\| = 1$이 되고 이것은 곡면이 반지름이 1이고 중심이 $\mathbf{a}$인 구면의 부분임을 말해준다. 단위구면의 위도, 경도에 의한 보편적인 매개변수화의 제1, 제2 기본형식은 둘 다 $du^2 + \cos^2 v\, dv^2$으로 주어진다. 그래서 매개변수화 $\sigma(v, u)$는 주어진 제1, 제2 기본형식을 갖는다($\sigma_v \times \sigma_u = -\sigma_u \times \sigma_v$이므로 제2 기본형식의 부호는 바뀐다).

10.1.2 $\Gamma_{22}^1 = \sin u \cos u$이고 다른 크리스토펠 기호들은 영이다. 그래서 두 번째 코다찌-마이나르디 방정식은 만족되지 않는다.

10.1.3 크리스토펠 기호는 $\Gamma_{11}^1 = 0$, $\Gamma_{11}^2 = \frac{1}{w}$, $\Gamma_{12}^1 = -\frac{1}{w}$, $\Gamma_{12}^2 = 0$, $\Gamma_{12}^2 = 0$, $\Gamma_{22}^2 = -\frac{1}{w}$. 명제 10.1.2의 첫 번째 식을 이용하면 $K = -1$을 얻는다. 코다찌-마이나르디 방정식은 $L_v = -\frac{L+N}{w}$, $N_v = 0$이다. 따라서 N은 w에만 의존하고 $-1 = K = \frac{LN}{EG}$이므로 $LN = -\frac{1}{w^4}$이고 따라서 L은 w에만 의존한다. 코다찌-마이나르디 방정식의 첫 번째 방정식으로부터 $\frac{dL}{dw} = -\frac{L}{w} + \frac{1}{Lw^5}$이며, 미분방정식으로 기술된다. $\mathrm{p} = Lw^2$이라 두면 $\frac{dP}{dw} = \frac{1+\mathrm{p}^2}{w\mathrm{p}}$이고, 이것을 적분하면 $1 + \mathrm{p}^2 = Cw^2$이다.($C > 0$은 상수). 즉 $L = \pm\frac{\sqrt{Cw^2 - 1}}{w^2}$. 따라서 제2 기본형식은 $w \geq c^{-\frac{1}{2}}$이다. $w \leq c^{-\frac{1}{2}}$에서만 정의 된다. 이 연습문제의 제1 기본형식은 의구 (연습문게 8.3.1(i)참조)의 적당한 매개변수화와 같다. 의구가 영역 $w > 1$ (또는 부분)에 대응됨을 알고 있다.

10.1.4 크리스토펠 기호들은

$$\Gamma_{11}^1 = \frac{E_u}{2E},\ \Gamma_{11}^2 = \frac{-E_v}{2G},\ \Gamma_{12}^1 = \frac{E_v}{2E},\ \Gamma_{12}^2 = \frac{G_u}{2G},\ \Gamma_{22}^1 = \frac{-G_u}{2E},\ \Gamma_{22}^2 = \frac{G_v}{2G}.$$

첫 번째 코다찌-마이나르디 방정식은

$$L_v = \frac{LE_v}{2E} - N\left(\frac{-E_v}{2G}\right) = \frac{1}{2}E_v\left(\frac{L}{E} + \frac{N}{G}\right)$$

이고 N_u에 대해서도 비슷한 방법으로 얻을 수 있다. 마지막으로

$$(\kappa_1)_v = \frac{E_v}{2E}\left(\frac{L}{E} + \frac{N}{G}\right) - \frac{LE_v}{E^2} = \frac{E_v}{2E}\left(\frac{N}{G} - \frac{L}{E}\right) = \frac{E_v}{2E}(\kappa_2 - \kappa_1)$$

이고 $(k_2)_u$에 대해서도 비슷한 방법으로 얻을 수 있다.

10.2.1 따름정리 10.2.3(i)에 의하여

$$K = -\frac{1}{2e^\lambda}\left(\frac{\partial}{\partial u}\left(\frac{(e^\lambda)_u}{e^\lambda}\right) + \frac{\partial}{\partial u}\left(\frac{(e^\lambda)_v}{e^\lambda}\right)\right) = -\frac{1}{2e^\lambda}(\lambda_{uu} + \lambda_{vv}).$$

10.2.2 연습문제 6.1.4 에 의하여

$$\begin{pmatrix} \widetilde{E} & \widetilde{F} \\ \widetilde{F} & \widetilde{G} \end{pmatrix} = J^t \begin{pmatrix} E & F \\ F & G \end{pmatrix} J.$$

여기서

$$J = \begin{pmatrix} \dfrac{\partial r}{\partial u} & \dfrac{\partial r}{\partial v} \\ \dfrac{\partial \theta}{\partial u} & \dfrac{\partial \theta}{\partial v} \end{pmatrix} = \begin{pmatrix} \dfrac{u}{r} & \dfrac{v}{r} \\ \dfrac{-v}{r^2} & \dfrac{u}{r^2} \end{pmatrix}$$

이다. 연습문제 8.21에 의하면 $E=1,\ F=0$이고 $\widetilde{E},\ \widetilde{F},\ \widetilde{G}$에 대해 제시된 공식을 얻는다.

$$\widetilde{E}-1 = \frac{v^2}{r^2}\left(\frac{G}{r^2}-1\right),\ \widetilde{G}-1 = \frac{u^2}{r^2}\left(\frac{G}{r^2}-1\right)$$

로부터

$$u^2(\widetilde{E}-1) = v^2(\widetilde{G}-1)$$

을 얻는다. $\widetilde{E}$와 $\widetilde{G}$가 $(u,\ v)$에 관한 매끄러운 함수이므로 테일러 전개식

$$\widetilde{E} = \sum_{i+j\le 2} e_{ij}u^iv^j + o(r^2),\ \widetilde{G} = \sum_{i+j\le 2} g_{ij}u^iv^j + o(r^2)$$

이다. 여기서 $o(r^k)$는 $r\to 0$일 때 $\dfrac{o(r^k)}{r^k}\to 0$인 항을 표시한다.

$u^2(\widetilde{E}-1) = v^2(\widetilde{G}-1)$의 양변의 계수를 비교하면 $e_{02}=g_{20}=k$를 제외하고 $e_{ij},\ g_{ij}$들 모두 영이 된다. $\widetilde{E}=1+kv^2+o(r^2)$으로부터 $G=r^2+kr^4+o(r^4)$임을 알 수 있다. 따름정리 10.2.3 (ii) 로부터

$$K = -\frac{1}{\sqrt{G}}\frac{\partial^2\sqrt{G}}{\partial r^2}$$

이다. 첫 번째 부분으로부터

$$\sqrt{G} = r + \frac{1}{2}kr^3 + o(r^3)$$

이 되어 $K=-3k+o(1)$이고 $r=0$으로 놓으면 $K(P)=-3k$이다.

10.2.3 (i)

$$\begin{aligned} C_R &= \int_0^{2\pi} \|\sigma_\theta\| d\theta \\ &= \int_0^{2\pi} \sqrt{G}\, d\theta \\ &= \int_0^{2\pi} \left(R - \frac{1}{6}K(P)R^3 + o(R^3)\right) d\theta \\ &= 2\pi\left(R - \frac{1}{6}K(P)R^3 + o(R^3)\right). \end{aligned}$$

(ii) $dA_\sigma = \sqrt{G}\, dr d\theta$이므로, 넓이 $A_R = \int_0^R\int_0^{2\pi}\sqrt{G}\, dr d\theta$는

$$2\pi\int_0^R \left(r - \frac{1}{6}K(P)r^3 + o(r^3)\right) dr = \pi R^2\left(1 - \frac{K(P)}{12}R^2 + o(R^2)\right)$$

과 같다.

10.2.4 (i) s를 γ의 호의 길이라 하면 $\dfrac{ds}{d\theta}=\lambda$이며 점 $\cdot$ 로 $\dfrac{d}{ds}$를 표시하자. γ에 첫 번째 측지방정식

(9.2)를 적용하면 $\ddot{r}=\frac{1}{2}G_r\dot{\theta}^2$, $r=f(\theta)$이므로

$$\frac{1}{\lambda}\left(\frac{1}{\lambda}f'\right)'=\frac{1}{2\lambda^2}G_r$$

이다. 이것을 정리하면 제시된 방정식을 얻는다.

(ii) σ_r과 $\dot{\gamma}$은 단위벡터들이므로

$$\cos\psi=\sigma_r\cdot\dot{\gamma}=\frac{1}{\lambda}\sigma_r\cdot(f'\sigma_r+\sigma_\theta)=\frac{f'}{\lambda}$$

또한

$$\sigma_r\times\dot{\gamma}=\frac{1}{\lambda}(\sigma_r\times\sigma_\theta)=\frac{\sqrt{G}}{\lambda}\mathbf{N}$$

이다. 따라서 $\sin\psi=\frac{\sqrt{G}}{\lambda}$이고

$$\left(\frac{f'}{\lambda}\right)'=-\psi'\sin\psi=-\frac{\sqrt{G}}{\lambda}\psi',$$

$$\therefore\ \psi'=-\frac{1}{\sqrt{G}}\left(f''-\frac{f'\lambda'}{\lambda}\right)=-\frac{1}{2\sqrt{G}}\frac{\partial G}{\partial r}=-\frac{\partial\sqrt{G}}{\partial r}$$

이다.

(iii) 따름정리 10.2.3(ii)에 있는 K에 대한 공식과 연습문제 9.5.1에 있는 σ의 제1 기본형식의 표현을 사용하면

$$\int\int_{ABC}Kd\mathrm{A}_\sigma=\int_0^{\angle A}\int_0^{f(\theta)}-\frac{1}{\sqrt{G}}\frac{\partial^2\sqrt{G}}{\partial r^2}\sqrt{G}drd\theta$$

$$=-\int_0^{\angle A}\frac{\partial\sqrt{G}}{\partial r}\bigg|_{r=0}^{r=f(\theta)}d\theta=\int_0^{\angle A}\left(\psi'+\frac{\partial\sqrt{G}}{\partial r}\bigg|_{r=0}\right)d\theta$$

이다. 연습문제 10.2.2에 의해서 $\sqrt{G}=r+o(r)$. 따라서

$$\frac{\partial\sqrt{G}}{\partial r}\bigg|_{r=0}=1.$$

그러므로

$$\int\int_{ABC}Kd\mathrm{A}_\sigma=\psi(\angle A)-\psi(0)+\angle A=\angle C-(\pi-\angle B)+\angle A$$

$$=\angle A+\angle B+\angle C-\pi.$$

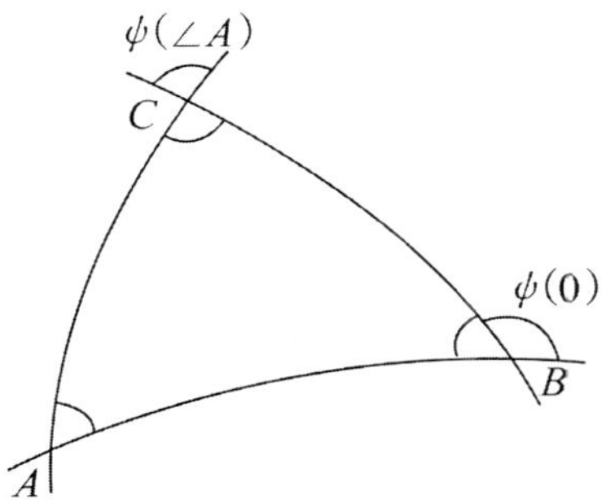

10.2.5 연습문제 4.5.3의 기호를 따르면, 경선으로 된 원 $t=0$에서

$$\sigma_t = (-\sin\frac{\theta}{2}\cos\theta,\ -\sin\frac{\theta}{2}\sin\theta,\ \cos\frac{\theta}{2}),\quad \sigma_\theta = (-\sin\theta, \cos\theta, 0)$$

이며, 따라서

$$E=1,\ F=0,\ G=1,\ N=((-\cos\frac{\theta}{2}\cos\theta,\ \sin\frac{\theta}{2}\sin\theta,\ -\sin\frac{\theta}{2})),\ \sigma_{tt}=0,$$

$$\sigma_{tt}=0,\ \sigma_{t\theta}=(-\frac{1}{2}\cos\frac{\theta}{2}\cos\theta+\sin\frac{\theta}{2},\ -\frac{1}{2}\cos\frac{\theta}{2}\sin\theta-\sin\frac{\theta}{2}\cos\theta,\ -\frac{1}{2}\sin\frac{\theta}{2}),$$

$L=0,\ M=\frac{1}{2}$이다.

따라서 $K=-\frac{1}{4}$이다. $K\neq 0$이므로 위대한 정리로부터 뫼비우스 띠는 평면에 국소적 등장 동형이 아니다.

10.2.6 현수면의 제1 기본형식은 $\cosh^2 u(du^2+dv^2)$이며, 가우스곡률은 $K=-\text{sech}^4 u$이다 (연습문제 8.1.2 참조). f가 현수면의 등장변환이라 하고 $f(\sigma(u,v))=\sigma(\tilde{u},\tilde{v})$라 두면 위대한 정리에 의해 $\text{sech}^4 u=\text{sech}^4\tilde{u}$ 이며 $\tilde{u}=\pm u$이다. 평면 $z=0$에 반사시키면 u는 $-u$가 되고 따라서 부호가 +라 가정하자. $\tilde{v}=f(u,v)$이면 $\sigma(u,f(u,v))$의 제1 기본형식은

$$(\cosh^2 u+fu^2)du^2+2fufrdudr+fr^2\cosh^2 udv^2.$$

이고 따라서

$$\cosh^2 u=\cosh^2 u+fu^2,\ fufr=0,\ fr^2\cosh^2 u=\cosh^2 u$$

즉, $fu=0,\ fv=\pm 1,\ f=\pm v+\alpha$ (α는 상수)이다. 만약 부호가 +이면 우리는 z축 주위로 α만큼의 회전이동을 얻게 되고, 부호가 −이면 z축을 포함하는 평면상의 반사를 얻게 되며 xz-평면과는 각이 $\frac{\alpha}{2}$이다.

10.3.1 정리 10.3.4의 증명에서와 같은 방법으로 S의 조각사상에 포함된 S의 점 p에서 J가 양수인 최댓값을 갖는다고 가정하자. σ의 주곡률들 κ_1, κ_2가 모든 점에서 $\kappa_1>\kappa_2>0$이라고 가정할 수 있다. $H=\frac{1}{2}(\kappa_1+\kappa_2)$이므로 $\kappa_1>H$, $J=4(\kappa_1-H)^2$이다. 따라서 $\kappa_1>H$일때 J는 κ_1을 따라서 증가하고 κ_1은 점 p에서 최댓값을 갖는다. 그리고 그때 $\kappa_2=2H-\kappa_1$가 p에서 최솟값을 갖는다. 보조정리 10.2에 따라서 p에서 $K\leq 0$이 되고 이것은 모든 점에서 $K>0$이라는 가정에 모순이다.

10.3.2 매개변수화 $\sigma(U,V)=(f(U)\cos V,\ f(U)\sin V,\ g(U))$로부터 출발한다. 이때 $f(U)=e^U,\ g(U)=\int\sqrt{1-e^{2U}}dU$이다. 제1, 제2 기본형식은 각각

$$dU^2+e^{2U}dV^2,\quad \frac{-e^U}{\sqrt{1-e^{2U}}}dU^2+e^U\sqrt{1-e^{2U}}dV^2.$$

명제 10.3.2의 기호에 따라, $K_1=-\frac{1}{e^U\sqrt{1-e^{2U}}}$, $K_2=e^{-U}\sqrt{1-e^{2U}}$. 따라서 증명 (ii)를 얻게 되고 $\tan w=\sqrt{e^{-2U}-1}$이다. 또한 $e(U)=\frac{E}{\sin^2 w}=\frac{1}{1-e^{2U}}$, $g(V)=G\sec^2 w=1$. 따라서

$\tilde{V}=V,\ \tilde{U}=\int \frac{dU}{\sqrt{1-e^{2U}}}=-\cosh^{-1}(e^{-U})-c$ (c는 상수), $U=-\ln(\cosh(\tilde{u}+c))$이다.

즉 $\theta=2w=2\tan^{-1}\sqrt{e^{-2U}-1}=2\tan^{-1}\sqrt{\cosh^2(\tilde{U}+c)-1}=2\tan^{-1}\sinh(\tilde{U}+c)$.

마지막으로 $u=\frac{1}{2}(\tilde{U}+\tilde{V}),\ v=\frac{1}{2}(\tilde{V}-\tilde{U})$이며 $\tilde{U}=u-v$이다.

10.4.1 $f:S\to\tilde{S}$ 가 단위속력 측지선을 단위속력 측지선으로 보내는 극소적 미분동형사상이라 하자. $\mathbf{p}\in S$ 이고 $0\neq\mathbf{v}\in T_{\mathbf{p}}S$ 라 하면 $\gamma(0)=\mathbf{p},\ \dot{\gamma}(0)=\frac{\mathbf{v}}{\|\mathbf{v}\|}$ 인 측지선이 유일하게 존재한다. γ가 단위속력으로 $\tilde{\gamma}=f\circ\gamma$ 는 단위속력 측지선이다. 특히 $\dot{\tilde{\gamma}}=D_{\mathbf{p}}f(\frac{v}{\|v\|})$는 단위벡터이다. 즉, $\|D_{\mathbf{p}}f(\mathbf{v})\|=\|\mathbf{v}\|$, 이것은 $D_{\mathbf{p}}f=T_{\mathbf{p}}S\to T_{f(\mathbf{p})}\tilde{S}$가 등장변환이라는 것이며, f는 국소적등장변환이다.

10.4.2 따름정리 9.2.7에 의해 극소적 등장변환은 측지선을 측지선으로 보낸다. 만약 상수 $a\neq 0$에 대해 곡면에 확대 $v\mapsto av$를 시행하면 제1 기본형식은 a^2배가 되며, 크리스토펠 기호는 변하지 않는다 (명제 3.4.4 참조). 명제 9.2.3에 의해 측지방정식은 변하지 않는다. 따라서 확대에 의해 측지선은 측지선으로 옮겨진다. 따라서 등장변환과 확대의 합성은 측지선을 측지선으로 보낸다. 역은 거짓이다. xy-평면에서 자기자신으로 가는 사상은 $(x,y)\mapsto(x,2y)$로 주어지고 측지선을 측지선으로 보낸다 (직선을 직선으로 보내는 것처럼). 그러나 그것이 확대와 등장변환의 합성은 아니다.

10.4.3 (i) 사실이다. 왜냐하면 F가 등각사상이기 때문이다.

(ii) 매개변수곡선 $u\mapsto\sigma(u,v_0)$는 측지조각사상 σ의 구성에 의해 고정된 v_0에 대해 σ상의 측지선이다. F가 극소미분동형사상이므로 측지선이기 때문에 $u\mapsto F(\sigma(u,v_0))$는 $\tilde{\sigma}$상의 준측지선이다. 따라서 적당한 매끄러운 함수 $u(t)$에 대해 $t\mapsto F(\sigma(u(t),v_0))$는 $\tilde{\sigma}$상의 측지선이다. 정의 9.2.1의 두 번째 측지방정식으로부터 $\lambda_u\dot{u}^2=0$이며, 따라서 $\lambda_v=0$이고 λ는 v에 독립이다.

(iii) $\gamma(t)=\sigma(u(t),v(t))$라 두고 γ가 단위속력이라 하자. σ의 제1 기본형식은 du^2+Gdv^2이므로 매개변수곡선 v=상수, u=상수는 수직으로 만나며, 그것들에 평행인 단위벡터는 각각 σ_u와 $\frac{\sigma_v}{\sqrt{G}}$이다. 만약 $\dot{\gamma}$와 v=상수로 정의되는 곡선의 시계회전방향 사잇각이 θ라면,

$$\dot{\gamma}=\cos\theta\sigma_u+\sin\theta\frac{\sigma_v}{\sqrt{G}}=\dot{u}\sigma_u+\dot{v}\sigma_v$$

이다. 따라서 $\dot{u}=\cos\theta,\ \dot{v}=\frac{\sin\theta}{\sqrt{G}}$. 정리 9.2.1의 첫 번째 측지방정식으로부터 $\ddot{u}=\frac{1}{2}G_u\dot{v}^2$, 즉

$\dot{\theta}sin\theta=\frac{1}{2}G_u\dot{v}^2$.

$\dot{v}$에 대입하면 $\frac{d\theta}{dv}=\frac{\dot{\theta}}{\dot{v}}=\frac{G_u\dot{v}}{2\sin\theta}=\frac{G_u}{2\sqrt{G}}$.

(iv) (iii)을 $F\circ\gamma$에 적용하고 F가 등각사상이라는 성질을 이용하면 된다.

(v) (iii)과 (iv)로부터 $((\lambda G)_u=\lambda G_u$이며, 따라서 $\lambda_u G=0$이고 $\lambda_u=0$이다. 즉 λ는 u에 독립이

다. ii)에 의해 λ는 상수이다.

(vi) 만약 $D_{\lambda-1/2}$이 인수 $\lambda^{-\frac{1}{2}}$ 만큼의 확대이면 합성함수 $D_{\lambda-1/2} \circ F$는 제1 기본형식을 보존하고 따라서 극소적 등장변환 g이다. 그러면 $F = D_{\lambda 1/2} \circ g$이다.

제11장 쌍곡기하학

11.1.1 l이 b에서 실수축과 만나고 $\Re e\,(a) > b$라고 가정하자($\Re e\,(a) < b$인 경우도 동일함). 실수축 상에 중심이 d이고 반지름이 $|a-d|$인 반원이 a를 통과하며 $|a-d| \le |d-b|$즉, $d \ge (|a|^2 - b^2)/(\Re e\,(a) - b)$이면 l을 만나지 않는다.

11.1.2 a와 b가 반직선 측지선에 놓여있다고 가정하자. 즉, 실수 r, s, t와$t > s$에 대하여 $a = r + is$, $b = r + it$.

그때 $d_{\mathscr{H}}(a,b) = \int_s^t \frac{dw}{w} = \ln(t/s) = d$즉, $t/s = e^d$.

한편 명제 11.1.4의 공식은 $2\tanh^{-1}(\frac{t-s}{t+s}) = 2\tanh^{-1}\frac{(e^t-1)}{e^t+1} = 2\tanh^{-1}(\tanh\frac{d}{2}) = d$.

11.1.3 요구되는 쌍곡직선은 반직선일 수 없다. 원점을 중심으로 하는 반원이며 반지름이 $|a|$여야한다.

11.1.4 명제 11.1.4에 의해서 $z \in C_{a,R} \Leftrightarrow 2\tanh^{-1}|\frac{z-a}{z-\bar{a}}| = R$. 만일 $\lambda = \tanh(R/2)$라면 이는 곧,

$(1-\lambda^2)|z|^2 - (\bar{a} - \lambda^2 a)z - (a - \lambda^2\bar{a})\bar{z} + (1-\lambda^2)|a|^2 = 0$. 명제 $A.2.3$에 의해서 만일 $\lambda^2 < 1$이고 $|\bar{a} - \lambda^2\bar{a}|^2 > (1-\lambda^2)^2|a|^2$이라면 이는 원의 방정식이다. 이는 결국 $2|a|^2 > a^2 + \bar{a}^2$이다. $a = |a|e^{i\theta}$로 두면, 이는 $\cos 2\theta < 1$가 되고 이는 $a \in \mathscr{H}$이면 $0 < \theta < \pi$이므로 성립한다.

$C_{ic,R}$ 은 허수축에 중심 즉, ib인 원이다. 그때 $C_{a,R}$은 점 $i(b \pm r)$에서 허수축을 만나므로 이들 두 점은 쌍곡거리 $2R$만큼 떨어져있다. 즉, $2R = 2\tanh^{-1}|\frac{2ir}{2ib}|$. 이것으로부터 $r = b\tanh R$이며 이는 $R = \frac{1}{2} ln \frac{b+r}{b-r}$이 된다. 다음으로 점 $i(b \mp r)$은 ic로부터 동일한 쌍곡거리를 갖는다. 그래서 $|\frac{i(b+r)-ic}{i(b+r)+ic}| = |\frac{i(b-r)-ic}{i(b-r)+ic}|$이다. 이로부터 $(b+r-c)(b-r+c) = (c+r-b)(c+r+b)$가 되고 이를 정리하면 $c^2 = b^2 - r^2$를 얻는다. $C_{ic,R}$을 $v = r\cos\theta$, $w = b + r\sin\theta$로 매개변수화하고 $\frac{d}{d\theta}$를 $\cdot$ 로 표시하면 $C_{ic,R}$의 둘레는 $\int_0^{2\pi} \frac{\sqrt{\dot{v}^2 + \dot{w}^2}}{w^2} d\theta = \int_0^{2\pi} \frac{r}{b + r sin\theta} d\theta = \frac{2\pi r}{\sqrt{b^2 - r^2}} = 2\pi \sinh R$이다.

$C_{ic,R}$내부의 넓이는 그린의 정리에 의해서 $\int_{\mathrm{int}(C_{ic,R})} \frac{dvdw}{w} = \int_{C_{ic,R}} \frac{dv}{w}$.

그러나 그것은 $\int_0^{2\pi} \frac{-r\sin\theta}{b + r\sin\theta} d\theta = \frac{2\pi b}{\sqrt{b^2 - r^2}} - 2\pi = 2\pi(\cosh R - 1)$.

둘레는 $2\pi(\frac{1}{2}R^2 + \frac{1}{24}R^4 + o(R^4)))$.

$K=-1$이므로 연습문제 10.2.7에 있는 공식과 일치한다 (기호 $o(\,)$에 대해서는 연습문제 10.2.3 참고).

11.2.1 명제 11.2.3에 의해서 a를 i로 b를 ir로 보내는 등장사상이 있다. 등장사상이 거리를 보존함으로 $a=i, b=ir$인 경우만 증명하면 된다. $r>1$을 가정하자 ($r<1$ 인 경우도 동일함). 그때 $d_{\mathcal{H}}(a,b)=\ln r$이다. 한편 만일 $\gamma(t)=v(t)+iw(t)$가 $\gamma(t_0)=i, \gamma(t_1)=ir$인 $\mathcal{H}$의 임의의 곡선이라면 a와 b사이에 해당하는 γ의 부분의 길이는 $\int_{t_0}^{t_1}\frac{\sqrt{\dot{v}^2+\dot{u}^2}}{w}dt \geq \int_{t_0}^{t_1}\frac{\dot{w}}{w}dt=\int_1^r\frac{dw}{w}=\ln r.$

11.2.2 등장사상을 적용함으로서 l이 반직선이라고 가정할 수 있고 그때 그 결과는 연습문제 11.1.1에서 증명되었다.

11.2.3 등장사상을 적용함으로서 l이 허수축이라고 가정할 수 있다. 그때 m은 원점을 중심으로 하고 반지름이 $|a|$인 반원이다. $\rho>0, -\pi<\theta<\pi$에 대해서 $a=\rho e^{i\theta}$, $t>0$에 대허서 $c=it$라고 하자. $\tanh^{-1}x$가 x에 관해서 순 증가함수이므로 $t\neq\rho$에 대해서 $|\frac{a-it}{a+it}|>|\frac{a-i\rho}{a+i\rho}|$ 임을 밝혀야한다. 두 번째 식은 $\frac{1-\sin\theta}{1+\sin\theta}$이고 $t\neq\rho$에 대하여 그 차는 $\frac{2(\rho-t)^2}{|a+it^2}\frac{\sin\theta}{1+\sin\theta}$ 이다.

11.2.4 (i) 만일 $a\in\mathcal{H}$ 이고 l'과 m'을 각각 l과 m에 수직이고 a를 통과하는 유일한 쌍곡 직선이라고 하자 (연습문제 11.2.3). 또 b와 c를 l'과 m'이 각각 l과 m을 만나는 점이라고 하자. l'과 m'이 각각 l과 m에 수직이고 b와 c를 통과하는 유일한 쌍곡 직선일 때 $F(b)=b$이고 $F(c)=c$이며 따라서 $F(l')=l'$이고 $F(m')=m'$이다. a가 l'과 m'의 유일한 교차점이므로 $F(a)=a$이다.

(ii) F이거나 $I_{0,1}\circ F$가 l, m그리고 반원 m의 내부 점을 보존한다. 다음으로 F, $I_{0,1}\circ F$, $R_0\circ F$, $R_0\circ I_{0,1}\circ F$ 중 하나가 l, m, 반원 m의 내부, l의 오른쪽 영역 $\mathcal{H}_{>0}=\{z\in\mathcal{H}|\Re e(z)>0\}$을 보존한다.

G가 이 등장사상이라면 G는 m의 각 점을 고정시킨다. 영역 $\mathcal{H}_{>0}$에 있는 i로부터 주어진 거리 $d>0$ 가되는 m의 유일한 점이 존재하기 때문이다. 비슷한 이유로 G는 l의 각 점을 고정시킨다. 따라서 (i)에 의해서 G는 항등사상이다. (iii) F를 $\mathcal{H}$의 등장사상이라고 하자. 명제 11.2.3의 증명에 의해서 $F(i)$를 i로 $F(l)$을 l로 택하는 초등 등장사상들의 합성인 등장사상 G가 존재한다. 그때 $G\circ F$는 l과 i를 고정하는 등장사상이다. m이 l을 i에서 직교하는 유일한 쌍곡 직선 이므로 $G\circ F$가 m을 고정한다. (iii)에 의하여 $G\circ F$는 초등 등장사상들 4개의 합성사상들 중의 하나이다. 따라서 F는 초등 등장사상들의 합성함수이다. (iv) (iii)에 의해서 모든 초등 등장사상은 실수축에 수직인 직선과 원에 관한 반사사상과 반전사상의 합성사상임을 밝히면 충분하다. 반전사상과 반사사상인 경우는 증명할 것이 없으며 평행이동과 확산사상인 경우만 증명할 필요가 있다. 그러나 만일 $a\in\mathbb{R}$에 대허서 $T_a=R_0\circ R_1$. 여기서 R_1은 직선 $\Re e(z)=a/2$ 이고 만일 $a>0$이면 $D_a=I_0\circ I$이다. 여기서 I는 반지름이 $\sqrt{a}$이고 원점을 중심으로 갖는 원에 관한 반전사상이다.

11.2.5 (i) 이것은 명제 A.1.2(ii)의 증명으로부터 명백하다. (ii) 만일 $a,b,c,d\in\mathbb{R}$이면 계산으로부터 $\Im m(M(z))=\frac{ad-bc}{|cz+d|^2}\Im m(z)$이며. 만일 $ad-bc>0$이면 $\Im m(z)>0$일 때는 언제나

$\Im\mathrm{m}(M(z))>0$이다. 역으로 M이 $\mathcal{H}$를 $\mathcal{H}$로 보낸다고 가정하자. 또 $c\neq 0,\ d\neq 0$라고 가정하자 ($c=0,\ d=0$인 경우 비슷하거나 더 쉽다). 그때 M은 실수축을 실수축으로 보낸다 (그것이 하반평면 $-\mathcal{H}$를 그 자신으로 보내기 때문이다). 즉, 만일 $z\in\mathbb{R}$이면 $\dfrac{az+b}{cz+d}\in\mathbb{R}$ 이다. 말하자면 $z=0$를 택하면 $b/d=\lambda\in\mathbb{R}$이고 $z\to\infty$라면 $a/c=\mu\in\mathbb{R}$이다.

그때 $\dfrac{az+b}{cz+d}=\mu+\dfrac{\lambda-\mu}{\dfrac{c}{d}z+1}$. z가 실수일 때는 이것은 언제나 실수이다. 따라서 $c/d=\nu\in\mathbb{R}$.

배수까지를 고려한다면 a,b,c,d는 각각 실수 $\mu\nu,\lambda,\nu,1$과 동일하다. 이제 조건 $ad-bc>0$는 앞선 계산으로부터 따라온다.

(iii) 명제 A.2.2의 증명 (기호와 같이)에 따라 $c=0$이면 $c\neq 0$이면 $M=T_{a/c}\circ D_{(ad-bc)/c^2}\circ(-K)\circ T_{d/c}$이다. 따라서 $-K$가 초등 등장사상의 합성함수임을 밝히면 충분하다. 그러나 연습문제 11.2.4의 기호를 사용하면, $-K=R_0\circ T_{0,1}$. (iv) J는 허수축에 관한 반사사상이므로 $\mathcal{H}$의 등장사상이다. 그래서 그 결과는 (i)로부터 온다. (v) 이 사실은 M이 실 뫼비우스 변환이라면 $J\circ M\circ J$가 뫼비우스 변환이라는 사실로부터 온다. 예를 들면 만일 M_1, M_2가 실 뫼비우스변환이면 $(M_1\circ J)\circ(M_2\circ J)=M_1\circ(J\circ M_2\circ J)$는 실 뫼비우스변환의 합성함수이다. 따라서 그것은 (i)에 의해서 실 뫼비우스변환 이다. (vi) (v)와 연습문제 11.2.4(iii)에 의해 $\mathcal{H}$ 의 초등 등장사상이 뫼비우스 등장사상이라는 것을 밝히면 충분하다. 만일 $a\in\mathbb{R}$이면 T_a는 실 뫼비우스 변환이고 $R_a=T_{2a}\circ J$이다. 만일 $a>0$이면 D_a는 실 뫼비우스 변환이다. 마지막으로 만일 $a\in\mathbb{R},\ r>0$이면 그때 $I_{a,r}=T_a\circ D_{r^2}\circ I_{0,1}\circ T_{-a}$ (명제 11.2.1의 증명 참고). 그래서 $I_{0,1}$이 뫼비우스 등장사상임을 밝히면 충분하다. 그러나 $I_{0,1}=(-K)\circ J$이다. 여기서 $-K(z)=-1/z$는 실 뫼비우스 변환이다.

11.3.1 원하는 거리는 $2\tanh^{-1}\left|\dfrac{p^{-1}(b)-p^{-1}(a)}{p^{-1}(b)-p^{-1}(a)}\right|$이다. $p^{-1}(z)=\dfrac{z+1}{i(z-1)}$을 사용하면 대수 계산은 바로 된다.

11.3.2 명제 11.2.3에 의해서 l을 실수축으로 보내고 l과 m의 교차점을 원점으로 보내는 등장사상 F가 있다. 그때 F는 m을 허수축으로 보낸다. 왜냐하면 m은 실수축에 수직이며 원점을 통과하는 유일한 쌍곡직선이기 때문이다. 그러한 등장사상의 개수는 실수축을 실수축으로, 허수축을 허수축으로 보내는 등장사상의 개수이다. 만일 G가 그러한 등장사상 이라면 $G,\ R_0\circ G,\ R_1\circ G, R_1\circ R_0\circ G$ 중 하나는 실수축과 허수축을 보존하고 원판 D_P가 축들에 의해서 나누어지는 각 사분면을 보존한다. 만일 H가 등장사상이면 연습문제 11.2.4(ii)의 풀이에서 사용된 방법은 H가 항등사상임을 밝힌다. 따라서 $G=R_0, R_1, R_0\circ R_1$이거나 혹은 항등사상이다.

11.3.3 연습문제의 문장에 있는 종류의 뫼비우스변환을 쌍곡 뫼비우스 변환이라고 하자. P가 뫼비우스 변환이므로 D_P를 자신으로 보내는 뫼비우스변환은 PMP^{-1}의 형태다. 즉, 실 뫼비우스 변환인 것이다 (연습문제 11.2.5). 만일 $a,b,c,d\in\mathbb{R}$이고 $ad-bc>0$에 대해서 $M(z)=\dfrac{az+b}{cz+d}$이면

$PMP^{-1}(z)=\dfrac{(a+d+i(b-c))z+a-d-i(b+c)}{(a-d+i(b+c))z+a+d-i(b-c)}$이다.

$|a+d+i(b-c)|^2-|a-d-i(b+c)|^2=4(ad-bc)>0$이므로 PMP^{-1}는 쌍곡 뫼비우스 변환이다. 역으로 M이 쌍곡 뫼비우스변환이면, 그때 $P^{-1}MP$가 실 뫼비우스변환임을 밝히면 충분하다. 계산은 이전과 유사하다.

11.3.4 연습문제 11.2.5(iii)에 의하면 $\mathscr{H}$의 등장사상은 실 뫼비우스 변환 M과 $J(z)=-\bar{z}$에 대해서 M이거나 $M\circ J$의 형태이다. 따라서 D_P의 등장사상은 PMP^{-1}와 $P(M\circ J)P^{-1}=PMP^{-1}\circ PJP^{-1}$이다. 그러나 PMP^{-1}은 쌍곡 뫼비우스변환이고

$$PMP^{-1}(z)=PJ\left(\frac{z+1}{i(z-1)}\right)=P\left(\frac{\bar{z}+1}{i(\bar{z}-1)}\right)=P(P^{-1}(\bar{z}))=\bar{z}.$$

11.3.5 $\mathscr{H}$의 등장사상은 $a\in\mathbb{R}$과 $r>0$에 대해서 반사사상 R_a와 반전사상 $I_{a,r}$의 합성사상임을 알고있다 (연습문제 11.2.4(iv)).

이제 $I_{a,r}=T_a\circ D_{r^2}\circ I_{0,1}\circ T_{-a}$이고 임의의 평행이동 $T_a(a\in\mathbb{R})$은 반사사상들의 합성함수 $R_0\circ R_{a/2}$이다. 만일 F가 $R_a(a\in\mathbb{R})$, $D_a(a>0)$ 혹은 $I_{0,1}$형태의 $\mathscr{H}$의 등장사상이라면 그 때 $P\circ F\circ P^{-1}$은 명제 11.3.3에 있는 형태의 D_P의 등장사상의 합성함수이다. 따라서

(a) 만일 $a\neq 0$이면 $P\circ R_a\circ P^{-1}=I_{b,r}$이다. 여기서 $b=\dfrac{1+ia}{ia}$이고 $r=1/|c|$이다.

(b) $P\circ R_{0\,\circ\,P^{-1}}$은 실수축에 관한 반사사상이다.

(c) $P\circ I_{0,1\,\circ\,P^{-1}}$은 허수축에 관한 반사사상이다

(d) 만일 $a>0$이면 $P\circ D_a\circ P^{-1}$ 은 명제 11.3.3(i)에 있는 형태의 두 반전사상의 합성함수 즉, $I_{c,\sqrt{c^2-1}}\circ I_{b,\sqrt{b^2-1}}$이다. 여기서 b,c는 $b^2>1$, $c^2>1$인 실수이고 $a=f(c)/f(b)$, $f(x)=(x+1)/(x-1)$이다. (b를 $1/f(a)$가 아닌 1보다 큰 임의의 실수로 택할 수 있고 그때 $c=f(af(b))$를 선택하면 $x\neq 1$인 모든 x에 대하여 $f(f(x))=x$인 성질을 이용하면 $f(c)=f(f(af(b)))=af(b)$.)

11.3.6 첫째로 $\gamma=\pi/2$라고 가정하자. 코사인 법칙에 의해

$\cosh C=\cosh A\cosh B$, $\cosh A=\cosh B\cosh C-\sinh B\sinh C\cos\alpha$.

$\cosh C$를 소거하면 $\cos\alpha=\cosh A\sinh B/\sinh C$이다. 따라서

$$\sin^2\alpha\sinh^2C=\sinh^2C-\cosh^2A\sinh^2B=\cosh^2A\cosh^2B-1-\cosh^2A\sinh^2B$$
$$=\cosh^2A-1=\sinh^2A.$$

따라서 $\sin\alpha/\sinh A=1/\sinh C$. A와 B의 역할을 바꾸면 $\sin\beta/\sinh B=1/\sinh C$ 이다.

일반적인 경우를 위해 각 α인 삼각형의 꼭지점을 지나는 쌍곡직선이 길이가 A' 과 A'' 인 선분으로 나누는 점에서 대변을 교차한다고 가정하자. 그때 β는 길이가 C 인 변과 A' 인 변사이의 각이다. 또한 이 쌍곡직선 선분의 길이가 D라고 가정하자. 그때 본래의 삼각형은 두 개의 삼각형으로 나눠진다. 그중 하나는 변의 길이가 C, D, A' 이고 각이 $\pi/2$, β, α' 이며 다른 하나는 변의 길이가 B, D, A'' 이고 각이 $\pi/2$, γ, α'' 이다. 이들 삼각형에 첫 번째 부분을 적용하면 $\sin\beta/\sinh D=1/\sinh C$, $\sin\gamma/\sinh D=1/\sinh B$가 된다. 따라서 $\sin\beta/\sinh B=\sin\gamma/\sinh C$이다. 다른 식은 A와 B의 역할을 바꿈으로써 증명된다. 한 꼭지점을 지나는 쌍곡직선이 다른 두 꼭지점을 지나는 쌍곡직선을 삼각형 외부에서 만나는 경우의 증명도 비슷하다.

11.3.7 (i) 사인법칙을 이용하면

$$\cos^2\alpha\sinh^2C=\sinh^2C-\sinh^2A=\cosh^2C-\cosh^2A=\cosh^2A(\cosh^2B-1)$$

(코사인법칙을 이용한다)$=\cosh^2 A \sinh^2 B$.

(ii) 코사인과 사인법칙을 이용하면

$\sin\beta=\sinh B/\sinh C$이고 $\cos\alpha-(\cosh B\cosh C=\cosh A)/\sinh B\sinh C$

이다. 따라서

$\cos\alpha/\sin\beta=(\cosh B\cosh C-\cosh A)/\sinh^2 B$
$=(\cosh^2 B\cosh A-\cosh A)/\sinh^2 B=\cosh A.$

(iii) $\sin\beta=\sinh B/\sinh C$와 $\cos\beta$에 대한 코사인 법칙을 이용하면

$\cot\beta=(\cosh A\cosh C-\cosh B)/(\sinh A\sinh B)$
$=(\sinh^2 A\cosh B)/(\sinh A\sinh B)=\sinh A/\tanh B.$

11.3.8 만일 $\gamma=\pi/2$라면 원하는 공식은 연습문제 11.3.7(ii)에 있다.

일반적인 경우를 위해, 연습문제 11.3.6의 풀이의 방법을 이용하여라. 한 꼭지점을 지나고 대변에 수직인 쌍곡직선이 삼각형 내부점에서 만나는 경우, 연습문제 11.3.7(ii)를 두 개의 직각삼각형에 적용하면 $\cosh A'=\cos\alpha'/\sin\beta$, $\cosh A''=\cos\alpha''/\sin\gamma$이다.

따라서 연습문제 11.3.7(iii)를 이용하면

$$\cosh A=\cosh(A'+A'')=\cosh A'\cosh A''+\sinh A'\sinh A''$$
$$=(\cos\alpha'\cos\alpha'')/(\sin\beta\sin\gamma)+(\tanh^2 D)/(\tan\beta\tan\gamma).$$

11.3.7(ii)에 의해서 $\cosh D=\cos\beta/\sin\alpha'=\cos\gamma/\sin\alpha''$ 이므로

$$\cosh A\sin\beta\sin\gamma=\cos\alpha+\sin\alpha'\sin\alpha''+\tanh^2 D\cos\beta\cos\gamma$$

$$=\cos\alpha+\operatorname{sech}^2 D\cos\beta\cos\gamma+\tanh^2 D\cos\beta\cos\gamma=\cos\alpha+\cos\beta\cos\gamma.$$

수직인 쌍곡직선이 삼각형 외부점에서 그 대변을 만나는 경우의 증명도 같은 방법으로 한다.

11.3.9 $\gamma(t)=(x(t),y(t),z(t))$를 S^2상의 곡선이라고 하자. 그러면

$\Pi(\gamma(t))=(u(t),\ v(t)),\ u=x/(1-z),\ v=y/(1-z).$

$\dfrac{d}{dt}=\cdot$ 라 할 때,

$\dot u=[(1-z)\dot x+x\dot z]/(1-z)^2,\ \ \dot v=[(1-z)\dot y+y\dot z]/(1-z)^2.$

이것으로부터

$4(\dot u^2+\dot v^2)/(1+u^2+v^2)=1/(1-z)^2((1-z)^2(\dot x^2+\dot y^2)+(x^2+y^2)\dot z^2+2(x\dot x+y\dot y)\dot z(1-z)).$

$x^2+y^2=1-z^2$ 으로부터 $x\dot x+y\dot y=-z\dot z$를 얻고 이로부터 $4(\dot u^2+\dot v^2)/(1+u^2+v^2)^2=\dot x^2+\dot y^2+\dot x^2$가 된다. $\mathbb{R}^2$상에 주어진 제1 기본형식을 사용하여 계산된 $\Pi\circ\gamma$의 길이는 $\displaystyle\int 2\frac{\sqrt{\dot u^2+\dot v^2}}{1+u^2+v^2}dt$이며

또 $\displaystyle\int 2\frac{\sqrt{\dot u^2+\dot v^2}}{1+u^2+v^2}dt=\int\sqrt{\dot x^2+\dot y^2+\dot z^2}\,dt$인데 마지막 식은 γ의 길이이다. 따라서 Π는 등장사상이다.

11.4.1 l과 m을 $\mathcal{H}$ 의 어느 점에서도 교차하지 않는 $\mathcal{H}$ 의 두 개의 서로 다른 쌍곡직선이라고 하자. 만일 l과 m이 둘 다 반직선이라면 그들은 공통 수선을 갖지 않게 되고 따라서 평행하다. 만일 l과 m중 적어도 하나가 반원인 경우, 그들이 실수축의 한 점에서 만나면 그들은 평행하고 그렇지 않다면 초평행하다.

11.4.2 l이 $\mathcal{H}$의 실수축이라고 가정하자 (적당한 등장사상을 적용하라). 만일 $a=v+iw$라면 a를 지나

는 반원 측지선은 $i\sqrt{v^2+w^2}=ir$ 에서 l과 만난다. l에서 a까지의 거리는 $2\tanh^{-1}\left|\frac{ir-v-iw}{ir-v+iw}\right|$ 이다. 이를 상수 D로 놓으면 $v^2/w^2=2\sinh^2(D/2)$ 이다. 이는 원점을 통과하는 한 쌍의 직선의 식이다. 만일 $D=0$ 이 아니라면 그들은 실수축에 수직하지 않으므로 그들은 쌍곡직선이 아니다.

11.4.3 D_P에서 a를 원점, $b>0$이라고 가정하자 (적당한 등장사상을 적용하여라). 곡지점으로 a, b, c를 갖는 쌍곡 삼각형이 내각 α, β, γ를 갖고 $\Re e\,(c)>0$이라고 가정하자.

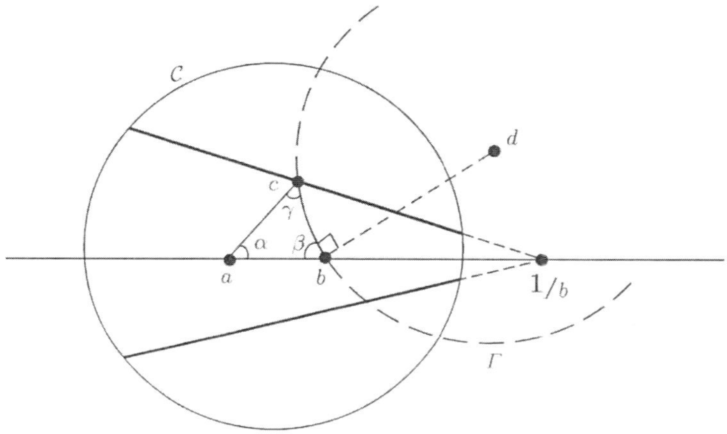

b, c를 지나는 쌍곡직선은 중심을 d로 하고 반지름이 r인 원 Γ의 부분이다. b, d를 지나는 직선은 실수축과 각 $\pi/2-\beta$를 이룬다. 그래서 $d=b+r\sin\beta+ir\cos\beta$. 비슷한 방법으로 $A=\pi-\alpha-\beta-\gamma$를 이용하면

$$d=c+r\sin(\alpha+\gamma)-ir\cos(\alpha+\gamma)=c+r\sin(A+B)+ir\cos(A+B).$$

$c=v+iw$ 라면

$$v=b-r\sin A\cos\beta+r(1-\cos A)\sin\beta,$$

$$w=r(1-\cos A)\cos\beta+r\sin A\sin\beta.$$

그때 $v(1-\cos A)+w\sin A=(b+2r\sin\beta)(1-\cos A)$. 그러나 γ가 D_P의 경계 C를 수직으로 만나므로

$$r^2+1=|d|^2=(b+r\sin\beta)^2+r^2\cos^2\beta=r^2+b^2+2br\sin\beta.$$

그래서 $2br\sin\beta=1-b^2$이다. 따라서 $v(1-\cos A)+w\sin A=\dfrac{1-\cos A}{b}$.

이것은 $1/b$에서 실수축을 만나고 음의 실수축과 각 $A/2$를 이루는 직선의 방정식이다. 꼭지점으로 a,b,c를 갖고 넓이가 A인 점 c들의 집합은 그 직선과 그 직선의 실수축에 관한 반사사상의 이미지의 합집합이다. 이들 직선들은 그들이 원점을 통과하지 않기 때문에 쌍곡직선이 아니다.

11.5.1 예제 6.3.5에 따라서 $\Pi^{-1}(v,w)=\left(\dfrac{2v}{v^2+w^2+1},\ \dfrac{2w}{v^2+w^2+1},\ \dfrac{v^2+w^2-1}{v^2+w^2+1}\right)$이므로

$K(v,w)=\dfrac{2(v,w)}{v^2+w^2+1}$ 이다.

11.5.2 부록 2로부터 모든 뫼비우스변환은 $z\mapsto 1/z$, $z\mapsto z+\lambda$, $z\mapsto \lambda z$ (마지막 경우 $\lambda\neq 0$). 따라서 이러한 모양의 M에 대해서 식 (11.11)을 밝히면 충분하다. 마지막 두 모양에 대해서는 명백하다. 첫 번째 것에 대해서 분자와 분모에 $abcd$를 곱하면

$$(a^{-1}, b^{-1}; c^{-1}, d^{-1}) = \frac{(a^{-1}-c^{-1})(b^{-1}-d^{-1})}{(a^{-1}-d^{-1})(b^{-1}-d^{-1})} = (a, b; c, d).$$

이것은 a, b, c, d들 중 어느 것도 0이나 ∞가 아닐 때 가능하다. 그러나 비슷한 방법이 다른 경우에 적용가능하다. 예를 들면, 만일 $a=\infty$이나 $b,c,d\neq 0$인 경우, $(0, b^{-1}; c^{-1}, d^{-1}) = (\infty, b; c, d)$임을 밝혀야 한다. 이것은

$$(0, b^{-1}; c^{-1}, d^{-1}) = \frac{-c^{-1}(b^{-1}-d^{-1})}{-d^{-1}(b^{-1}-c^{-1})}$$

의 분자와 분모에 bcd를 곱하면 된다.

만일 $M: \mathbb{C}_\infty \to \mathbb{C}_\infty$가 식 (11.11)을 만족하는 전단사 함수라면 $M(b)=1$, $M(c)=0$, $M(d)=\infty$인 $\mathbb{C}_\infty$의 b, c, d에 대하여 $(M(z), 1; 0, \infty) = (M(z), M(b); M(c), M(d)) = (z, b; c, d)$이므로 M은 뫼비우스 변환이다.

11.5.3 $a'=\infty, b'=0, c'=1$일 때 그 존재성을 증명하면 충분하다. 왜냐하면, 만일 M과 M'이 (a,b,c)와 (a',b',c')를 $(\infty,0,1)$로 보내는 뫼비우스변환이라면 $M'^{-1}\circ M$은 (a,b,c)를 (a',b',c')으로 보내는 뫼비우스 변환이기 때문이다. 그러나 $M(z)=(a,b;c,z)$는 (a,b,c)를 $(\infty,0,1)$으로 보내는 뫼비우스 변환이다. 유일성에 대해서는 만일 M이 (a,b,c)를 $(\infty,0,1)$으로 보내는 뫼비우스 변환이라면 $M(z)=(\infty,0;1,M(z))=(a,b;c,z)$임을 주목하여라.

11.5.4 명제 6.5.2에 의해서 $(a, -1/\bar{a}\, b, -1/\bar{b}) = \dfrac{(a-b)(-1/\bar{a}+1/\bar{b})}{(a+1/\bar{b})(-1/\bar{a}-b)} = \dfrac{(a-b)(\bar{b}-\bar{a})}{(1+\bar{a}b)(1+a\bar{b})}$

$$= -\left|\frac{a-b}{1+\bar{a}b}\right|^2 = -\tan^2\frac{1}{2}d.$$

11.5.5 실수축과 각 θ를 이루고 원점을 통과하는 직선에 관한 반사사상은 $R(z)=e^{2i\theta}\bar{z}$이다.

따라서 $K(R(z)) = \dfrac{2e^{2i\theta}\bar{z}}{|z|^2+1} = e^{2i\theta}\overline{K(z)} = R(K(z))$.

11.5.6 연습문제 11.3.5, 11.5.5 그리고 명제 11.5.4로부터 증명된다.

제12장 극소극면

12.1.1 $\kappa_1+\kappa_2=0 \Rightarrow \kappa_2=-\kappa_1 \Rightarrow K=\kappa_1\kappa_2=-\kappa_1^2\leq 0$. $K=0 \Leftrightarrow \kappa_1^2=0$

$\Leftrightarrow \kappa_1=\kappa_2=0 \Leftrightarrow$ 곡면은 평면의 부분이다 (명제 8.2.9에 의함).

12.1.2 식 (8.15)로부터 $\sigma_u^\lambda\times\sigma_v^\lambda=(1-\lambda\kappa_1)(1-\lambda\kappa_2)\sigma_u\times\sigma_v$. 여기서 κ_1,κ_2는 σ의 주곡률이다. σ가 극소이므로 $\kappa_2=-\kappa_1$가되어 $A_\sigma^\lambda(U)=\int_U(1-\lambda^2\kappa_1^2)|\sigma_u\times\sigma_v|dudv=A_\sigma(U)-\lambda^2\int_U\kappa_1^2|\sigma_u\times\sigma_v|dudv$.

마지막 적분의 피적분함수가 0 이상이므로 문제의 부등식이 성립한다. 등호가 성립할 필요충분

조건은 마지막 적분이 0 즉, 피적분함수가 모든 곳에서 0인 경우 즉, $\kappa_1 = 0$이다. 이 경우 $\kappa_2 = -\kappa_1 = 0$이고 명제 8.2.9에 의해서 σ는 평면의 열린 부분집합이다.

12.1.3 명제 8.6.1에 의해 긴밀 극소곡면은 $K > 0$인 점을 갖는다. 이것은 연습문제 12.1.1에 모순이다.

12.1.4 첫 번째 부분은 연습문제 6.1.2와 7.1.4로부터 밝혀진다. 주면을 평면으로도 둘둘 마는 것(예제 6.2.4)은 국지적 등장사상이다. 그러나 평면은 극소곡면이지만 주면은 아니다.

12.2.1 연습문제 8.1.2의 해에 의하여, 나선면 $\sigma(u, v) = (v\cos u,\ v\sin u,\ \lambda u)$에서

$$E = \lambda^2 + v^2,\ F = 0,\ G = 1,\ L = 0,\ M = \frac{\lambda}{(\lambda^2 + v^2)^{1/2}},\ N = 0$$

이다. 따라서 $H = \dfrac{LG - 2MF + NG}{2(EG - F^2)} = 0.$

12.2.2 직접 계산에 의하여 σ^t의 제1, 제2 기본형식이 각각 $\cosh^2 u(du^2 + dv^2)$과 $-\cos t\,du^2 - 2\sin t\,du dv + \cos t\,dv^2$임을 보여준다. 그래서

$$H = \frac{-\cos t \cosh^2 u + \cos t \cosh^2 u}{2\cosh^4 u} = 0\text{이다.}$$

12.2.3 예제 5.3.1으로부터 주면을 $\sigma(u, v) = \gamma(u) + v\mathbf{a}$로 매개변수화한다. 여기서 γ는 단위속력, $\|\mathbf{a}\| = 1$ 그리고 γ는 $\mathbf{a}$에 수직인 평면 Π에 포함된다. 그때 $\sigma_u = \dot{\gamma} = \mathbf{t}$ ($\cdot$은 $\dfrac{d}{du}$를 표시)이고 $\sigma_v = \mathbf{a}$이므로 $E = 1,\ F = 0,\ G = 1$; $\mathbf{N} = \mathbf{t} \times \mathbf{a}$, $\sigma_{uu} = \dot{\mathbf{t}} = \kappa\mathbf{n}$, $\sigma_{uv} = \sigma_{vv} = \mathbf{0}$, 그래서 $L = \kappa\mathbf{n} \cdot (\mathbf{t} \times \mathbf{a})$, $M = N = 0$. 이제 $\mathbf{t} \times \mathbf{a}$는 Π에 평행인 단위벡터이며 $\mathbf{t}$에 수직이다. 그러므로 $\mathbf{n}$에 평행이어서 $L = \pm\kappa$이고 $H = \pm\dfrac{\kappa}{2}$. 따라서 $H = 0 \Leftrightarrow \kappa = 0 \Leftrightarrow \gamma$는 직선의 부분임 $\Leftrightarrow$ 주면은 평면의 열린 부분집합이다.

12.2.4 제1 기본형식은

$(\cosh v + 1)(\cosh v - \cos u)(du^2 + dv^2)$

이므로 σ는 등각사상이다. 연습문제 8.5.1에 의해서 σ가 극소라는 것을 밝히기 위해서 $\sigma_{uu} + \sigma_{vv} = 0$을 밝혀야 한다. 그러나 이것은 사실이다. 왜냐하면

$$\sigma_{uu} = \left(\sin u \cosh v,\ \cos u \cosh v,\ \sin\frac{u}{2}\sinh\frac{v}{2}\right),$$

$$\sigma_{vv} = \left(-\sin u \cosh v,\ -\cos u \cosh v,\ -\sin\frac{u}{2}\sinh\frac{v}{2}\right)$$

이기 때문이다.

(i) $\sigma(0, v) = (0,\ 1 - \cosh v,\ 0)$. 이것은 y축이다. 임의의 직선은 측지선이다.

(ii) $\sigma(\pi, v) = \left(\pi,\ 1 + \cosh v,\ -4\sinh\dfrac{v}{2}\right)$. 이것은 평면 $x = \pi$에 있는 곡선으로 포물선

$z^2 = 16\sinh^2\dfrac{v}{2} = 8(\cosh v - 1) = 8(y - 2)$이다. 측지방정식은

$$\frac{d}{dt}(E\dot{u}) = \frac{1}{2}E_u(\dot{u}^2 + \dot{v}^2),\ \frac{d}{dt}(E\dot{v}) = \frac{1}{2}E_v(\dot{u}^2 + \dot{v}^2).$$

여기서 $\cdot$는 측지선의 매개변수 t에 관한 도함수를 표시하며

$E=(\cosh v+1)(\cosh v-\cos u)$이다. $u=\pi$일 때 단위속력이라는 조건으로부터 $E\dot{v}^2=1$이다. 그래서 $\dot{v}=\dfrac{1}{(\cosh v+1)}$이다. 따라서 제1 측지방정식은 $0=\dfrac{1}{2}E_u\dot{v}^2$이고 이것은 $u=\pi$일 때 $E_u=\sin u(\cosh v+1)=0$이므로 성립한다. 그리고 제2 측지방정식은

$\dfrac{d}{dt}(\cosh v+1)=(\cosh v+1)\sinh v\dot{v}^2=\sinh v\dot{v}$

이며 이것은 명백히 성립된다.

(iii) $\sigma(u,\ 0)=(u-\sin u,\ 1-\cos u,\ 0)$. 이것은 연습문제 1.1.7의 굴렁쇠선이다 (xy-평면에서 $a=1,\ t=u$인 경우). $v=0$일 때 $E_v=\sinh v(2\cosh v+1-\cos u)=0$

이므로 제2 측지방정식이 성립된다. 단위속력조건은 $2(1-\cos u)\dot{u}^2=1$이므로 $\dot{u}=\dfrac{1}{2\sin\dfrac{u}{2}}$

이다. 제1 측지방정식은 $\dfrac{d}{dt}\left(4\sin^2\dfrac{u}{2}\dot{u}\right)=\sin u\,\dot{u}^2$ 즉, $\dfrac{d}{dt}\left(2\sin\dfrac{u}{2}\right)=\cos\dfrac{u}{2}\dot{u}$.

12.3.1 (i) 정리 12.3.2로부터 가우스 사상은 등각사상이다 $\Leftrightarrow W^2=\lambda\cdot id$. 여기서 λ는 S상의 매끄러운 함수이다. 만일 $H(\mathrm{p})\neq 0$라면 p를 포함한 S의 열린 부분집합 O에서 $H\neq 0$이다. 연습문제 8.1.6에 의해서 $W=\dfrac{\lambda^2+K}{2H}\cdot id$이므로 O의 모든 점은 배꼽점이고, 명제 8.9.2에 의해 O는 구면이거나 평면의 열린 부분집합이다. $H\neq 0$이므로 평면인 경우는 불가능한 일이다.

(ii)는 이제 명백하다. (iii)에 대하여, S가 극소가 아니라고 가정하면 S의 어떤 한 점 p에서 $H(p)\neq 0$이고 따라서 $H(p)=\mu$라고 하자. (i), (ii)에서 사용한 방법을 따르면 $H(\mathrm{p})=\mu$인 S의 점들의 집합 S_μ는 또 H가 S상의 연속함수이므로 S의 공집합이 아닌 열린 부분집합이다. S_μ는 닫힌 부분집합이다. S가 연결집합이므로 $S_\mu=S$이다. 따라서 S의 모든 점은 배꼽점 이되고 그래서 S는 구면의 열린 부분집합이다 (평면인 경우는 $\mu\neq 0$이므로 불가능하다).

12.3.2 (i) 예제 12.1.4로부터 $\mathbf{N}=(-\operatorname{sech}u\cos v,\ -\operatorname{sech}u\sin v,\ \tanh u)$이다.

따라서 만일 $\mathbf{N}(u,\ v)=\mathbf{N}(u',\ v')$이면 $u\mapsto\tanh u$가 1:1이므로 $u=u'$이다. 그래서 $\cos v=\cos v'$이고 $\sin v=\sin v'$. 따라서 $v=v'$이다. 그래서 N은 1:1이다. 만일 $\mathbf{N}=(x,\ y,\ z)$이면 그때 $x^2+y^2=\operatorname{sech}^2u\neq 0$이다. 따라서 N의 상은 극점을 포함하지 않는다. 단위구면상의 점으로 $x^2+y^2\neq 0$인 점 $(x,\ y,\ z)$가 주어졌을 때

$u=\pm\operatorname{sech}^{-1}\sqrt{x^2+y^2}$, $\cos v=-\dfrac{x}{\sqrt{x^2+y^2}}$, $\sin v=\dfrac{-y}{\sqrt{x^2+y^2}}$라 하면

$\mathbf{N}(u,\ v)=(x,\ y,\ z)$.

(ii) 연습문제 8.1.2의 풀이에 따르면 $\mathbf{N}=(\lambda^2+v^2)^{-\frac{1}{2}}(-\lambda\sin u,\ \lambda\cos u,\ -v)$이다. 모든 정수 k에 대하여 $\mathbf{N}(u,\ v)=\mathbf{N}(u+2k\pi,\ v)$이므로 나선면의 무한히 많은 점들인

$\sigma(u+2k\pi,\ v)=\sigma(u,\ v)+(0,\ 0,\ 2k\pi)$는 모두 가우스 함수에 의하여 같은 상을 갖는다.

만일 $\mathbf{N}=(x,\ y,\ z)$이면, $x^2+y^2=\dfrac{\lambda^2}{(\lambda^2+v^2)}\neq 0$이 되어, N의 상은 극점들을 포함하지 않는다.

만일 $(x,\ y,\ z)$가 단위구면상의 점으로 $x^2+y^2\neq 0$일 때, $v=\dfrac{-\lambda z}{\sqrt{x^2+y^2}}$이고

$\sin u = \dfrac{-x}{\sqrt{x^2+y^2}}$, $\cos u = \dfrac{-y}{\sqrt{x^2+y^2}}$ 라면 $\mathbf{N}(u, v) = (x, y, z)$이다.

12.4.1 명제 12.3.2에 의해서 만일 $K \neq 0$이면 가우스 사상 $\mathcal{G} : S \to S^2$는 등각, 국소 미분동형사상이다. R을 $\mathcal{G}(\mathrm{p})$를 S^2의 남극점으로 보내는 원점에 관한 $\mathbb{R}^3$의 회전사상이라고 하자. $\mathcal{G}(\mathrm{Q})$가 북극점을 포함하지 않는 p를 포함하지 않는 S의 열린 부분집합 $\mathcal{O}$가 존재한다. 예제 6.3.5에 의해서 $\Pi \circ R \circ \mathcal{G}$ 는 O에서 $\mathbb{R}^2$의 열린 부분 집합 U로의 등각 미분동형사상이다. 이 미분동형사상의 역함수가 우리가 바라는 조각사상 σ이다.

12.5.1 $\varphi = \sigma_u - i\sigma_v = (1-u^2+v^2-2iuv,\ 2uv - i(1-v^2+u^2),\ 2u+2iv) = (1-\zeta^2,\ -i(1+\zeta^2),\ 2\zeta)$.

따라서 컬레곡면은

$$\tilde{\sigma}(u, v) = \Re e \int (i(1-\zeta^2),\ 1+\zeta^2,\ 2i)\,d\zeta$$

$$= \Re e\left(i\left(\zeta - \frac{\zeta^3}{3}\right),\ \zeta + \frac{\zeta^3}{3},\ i\zeta^2\right) \text{ (평행이동까지를 고려함)}$$

$$= \left(-v + u^2 v - \frac{v^3}{3},\ u + \frac{u^3}{3} - uv^2,\ -2uv\right).$$

$U = \dfrac{(u-v)}{\sqrt{2}}$, $V = \dfrac{(u+v)}{\sqrt{2}}$, $\tilde{\sigma}(U, V) = \sigma(u, v)$라고 하면

$$\tilde{\sigma}(U, V) = \left(\frac{1}{\sqrt{2}}\left(U - V + UV^2 - U^2V + \frac{1}{3}V^3 - \frac{1}{3}U^3\right),\right.$$

$$\left.\frac{1}{\sqrt{2}}\left(U + V + UV^2 + U^2V - \frac{1}{3}V^3 - \frac{1}{3}U^3\right),\ U^2 - V^2\right).$$

$\tilde{\sigma}(U, V)$에 $\dfrac{\pi}{4}$만큼 회전, 즉

$$(x, y, z) \mapsto \left(\frac{1}{\sqrt{2}}(x+y),\ \frac{1}{\sqrt{2}}(y-x),\ z\right)$$

을 시행하면

$$\left(U - \frac{1}{3}U^3 + UV^2,\ V - \frac{1}{3}V^3 + U^2V,\ U^2 - V^2\right)$$

을 얻는다. 이것은 에네퍼 곡면이다.

12.5.2 $\varphi = \left(\dfrac{1}{2}(1-\zeta^{-4})(1-\zeta^2),\ \dfrac{i}{2}(1-\zeta^{-4})(1+\zeta^2),\ \zeta(1-\zeta^{-4})\right)$,

$$\sigma = \Re e\left(\frac{1}{2}\left(\zeta - \frac{\zeta^3}{3} - \zeta^{-1} + \frac{\zeta^{-3}}{3}\right),\ \frac{i}{2}\left(\zeta + \frac{\zeta^3}{3} + \zeta^{-1} + \frac{\zeta^{-3}}{3}\right),\ \frac{\zeta^2}{2} + \frac{\zeta^{-2}}{2}\right)$$

$$= \Re e\left(-\frac{1}{6}(\zeta - \zeta^{-1})^3,\ \frac{i}{6}(\zeta + \zeta^{-1})^3,\ \frac{1}{2}(\zeta + \zeta^{-1})^2\right)$$

(평행이동까지를 고려함). $\zeta = e^{\tilde{\zeta}}$, $\tilde{\zeta} = \tilde{u} + i\tilde{v}$라 두면 $\sigma(u, v) = \tilde{\sigma}(\tilde{u}, \tilde{v})$이다. 여기서

$$\tilde{\sigma}(\tilde{u}, \tilde{v}) = \Re e\left(-\frac{4}{3}\sinh^3\tilde{\zeta},\ \frac{4i}{3}\cosh^3\tilde{\zeta},\ 2\cosh^2\tilde{\zeta}\right)$$

$$= \left(4\sinh\tilde{u}\cos\tilde{v}\left(\cosh^2\tilde{u}\sin^2\tilde{v} - \frac{1}{3}\sinh^2\tilde{u}\cos^2\tilde{v}\right),\right.$$

$4\sinh\tilde{u}\sin\tilde{v}\left(\frac{1}{3}\sinh^2\tilde{u}\sin^2\tilde{v}-\cosh^2\tilde{u}\cos^2\tilde{v}\right),\ 2\left(\cosh^2\tilde{u}\cos^2\tilde{v}-\sinh^2\tilde{u}\sin^2\tilde{v}\right)\Big).$

12.5.3 첫 번째 부분은 명백하다. (ⅰ) 만일 $a\in\mathbb{R}$이면 등식 $\sigma_u^a - i\sigma_v^a = a(\sigma_u - i\sigma_v)$로부터 $\sigma^a = a\sigma + \mathbf{a}$이다. 여기서 $\mathbf{a}$는 어떤 상수벡터이다. 따라서 σ^a는 확대사상 D_a를 적용한 후 평행이동 $T_{\mathbf{a}}$ 함으로써 σ로부터 얻어진다 (부록1). (ⅱ) 만일 f와 g가 σ의 바이어스트라스 표현의 함수라면 (명제 12.5.4), σ^a의 바이어스트라스 표현의 함수는 af와 g이다 (식 (12.22) 참고). 식 (12.25)에 의하면 f를 af로 대체시켜도 제1 기본형식은 그대로다. 그래서 $\sigma(u,v)\mapsto\sigma^a(u,v)$는 등장사상이고 식 (12.26)에 의하면 N은 f에 영향받지 않으므로 σ와 σ^a의 대응점에서의 접평면은 평행하다.

12.5.4 $\sigma_u^{e^{it}} - i\sigma_v^{e^{it}} = e^{it}(\sigma_u - i\sigma_v)$. $\sigma(u,v) = (\cosh u\cos v,\ \cosh u\sin v,\ u)$이므로

$\sigma_u^{e^{it}} = (\cos t\sinh u\cos v - \sin t\cosh u\sin v,\ \sin t\cosh u\cos v + \cos t\sinh u\sin v,\ \cos t),$

$\sigma_v^{e^{it}} = (-\cos t\cosh u\sin v - \sin t\sinh u\cos v,\ \cos t\cosh u\cos v - \sin t\sinh u\sin v,\ -\sin t)$

이다. 적분하고 평행이동까지 고려하면

$$\begin{aligned}\sigma^{e^{it}}(u,v) &= \cos t(\cosh u\cos v,\ \cosh u\sin v,\ u) + \sin t(-\sinh u\sin v,\ \sinh u\cos v,\ -v)\\ &= \cos t\,\sigma(u,v) + \sin t\,\hat{\sigma}(u,v).\end{aligned}$$

연습문제 6.2.3의 기호를 사용하면 $\tilde{\sigma}(\sinh u,\ \frac{\pi}{2}+v) = (-\sinh u\sin v,\ \sinh u\cos v,\ \frac{\pi}{2}+v)$. xy-평면에 관한 반사 후 z-축을 따라 $\frac{\pi}{2}$ 평행이동 시키는 것은 $\tilde{\sigma}(\sinh u,\ \frac{\pi}{2}+v)$를 $\hat{\sigma}(u,v)$로 보내는 것이다.

12.5.5 (ⅰ) F'과 G'이 동시에 0이 되지 않도록 했기 때문에 φ는 0이 될 수 없다. 정리 12.5.2의 조건 (ⅱ)는 명백하다. $v=0$일 때 $F'(z) = \frac{\partial}{\partial u}F(u,0) = F_u$ 등. 따라서 $\frac{d}{du}\sigma(u,0) = (\dot{f},\ \dot{g},\ i0) = \dot{\gamma}$ 이므로 (ⅱ)가 증명됨. $v=0$ 일 때 $\varphi = (\dot{f},\dot{g},i\sqrt{\dot{f}^2+\dot{g}^2})$. 식 (12.26)을 이용하면 $\mathrm{N} = (-\dot{g},\ \dot{f},\ 0)/\sqrt{\dot{f}^2+\dot{g}^2}$. 그때 $\mathrm{N}\times\dot{\gamma} = (0,\ 0,\ -\sqrt{\dot{f}^2+\dot{g}^2})$이 되고 그래서

$\ddot{\gamma}\cdot(\mathrm{N}\times\dot{\gamma}) = 0$이 된다. 따라서 γ는 예비 측지선이다 (연습문제 9.1.2). 만일 γ가 굴렁쇠선이라면 $F(z) = z - \sin z,\ G(z) = 1-\cos z$이므로 $\sigma_u - i\sigma_v = \varphi = (1-\cos z,\ \sin z,\ 2i\sin z)$이므로

$\sigma_u = (1-\cos u\cosh v,\ \sin u\cosh v,\ -2\cos(u/2)\sinh(v/2))$

$\sigma_v = (-\sin u\sinh v,\ -\cos u\sinh v,\ -2\sin(u/2)\cosh(v/2))$.

적분하고 평행이동까지를 고려하면

$\sigma(u,v) = (u - \sin u\cosh v,\ -\cos u\cosh v,\ -4\sin(u/2)\sinh(v/2))$.

$(0,1,0)$만큼 평행이동하면 카탈랑 곡면이 된다.

제13장 가우스-본네 정리

13.1.1 만일 γ가 단순 측지폐곡선이라면 정리 13.1.2에 의하여

$$\int_{\text{int}(\gamma)} Kd\mathrm{A} = 2\pi$$

이다. 그러나 $K \le 0$이므로 이것은 불가능하다. 주면의 평행선들은 $\text{int}(\pi)$가 U에 포함되는 평면상의 단순 폐곡선 π의 곡면조각사상 $\sigma : U \to \mathbb{R}^3$의 상들이 아니다. 주면 전체가 U가 원환인 단순조각사상으로 피복될 수 있으나 (연습문제 4.1.4 참고) 평행곡면들은 원환의 가운데 틈 주변을 돌고 있는 원에 대응함을 주목하여라.

13.1.2 S^2의 단위법선 벡터 N은 $\pm$ n이므로 n의 측지곡률은 부호까지를 고려하면 $\mathbf{n}'' \cdot (\mathbf{n} \times \mathbf{n}')$이다. t를 γ의 호장이라면 $\dfrac{ds}{dt} = |\dot{\mathbf{n}}| = |-\kappa\mathbf{t} + \tau\mathbf{b}| = \sqrt{\kappa^2+\tau^2}\mathbb{R}$이다. 여기서 $\mathbf{t} = \dot{\gamma}$이다.

그때 $\mathbf{n}' = (-\kappa\mathbf{t} + \tau\mathbf{b})/R$, $\mathbf{n} \times \mathbf{n}' = (\kappa\mathbf{b} + \tau\mathbf{t})/\mathbb{R}$이고

$$\mathbf{n}'' = (1/R)\frac{d}{dt}\left(\frac{-\kappa\,\mathbf{t} + \tau\mathbf{b}}{R}\right) = -R^{-1}(\kappa/\dot{R})\mathbf{t} + \mathrm{R}^{-1}(\tau/\dot{R})b - R^{-2}(\kappa^2+\tau^2)\mathbf{n}.$$

이 공식으로부터 $\mathbf{n}'' \cdot (\mathbf{n} \times \mathbf{n}') = (\kappa\dot{\tau} - \tau\dot{\kappa})/R^3$.

$\dot{\kappa} = R\kappa'$, 등 이므로 $\kappa_g = \pm \dfrac{\kappa\tau' - \tau\kappa'}{\kappa^2+\tau^2} = \pm \dfrac{d}{ds} tan^{-1}\dfrac{\tau}{\kappa}$ 이다. S^2상의 곡선 n에 정리 13.1.2를 적용하고, S^2에 대해서 $K=1$그리고 κ_g가 폐곡선 n의 길이함수인 $l(n)$의 도함수이그로 $\displaystyle\int_0^{l(n)} \kappa_g dt = 0$라는 사실을 주목하면 n안쪽의 넓이는 2π이다.

13.2.1 평행곡선 $u = u_1$은 곡선

$$\gamma_1(v) = (f(u_1)\cos v,\ f(u_1)\sin v,\ g(u_1))$$

이고 만일 s가 γ_1의 호장이라면 $\dfrac{ds}{dv} = f(u_1) \cdot \dfrac{d}{ds}$를 $\cdot$ 로 $\dfrac{d}{du}$를 $'$로 표시하면

$$\dot{\gamma} = (-\sin v,\ \cos v,\ 0),\ \ddot{\gamma} = -\frac{1}{f(u_1)}(\cos v,\ \sin v,\ 0)$$

이고 곡면의 단위법선벡터는

$$\mathbf{N} = (-g'\cos v,\ -g'\sin v,\ f')$$

이다. 이것으로부터 γ의 측지곡률

$$\kappa_g = \ddot{\gamma} \cdot (\mathbf{N} \times \dot{\gamma}) = \frac{f'(u_1)}{f(u_1)}$$

을 얻는다. $l(\gamma_1) = 2\pi f(u_1)$이므로 $\displaystyle\int_0^{l(\gamma_1)} \kappa_g ds = 2\pi f'(u_1)$. γ_2에 대해서도 비슷한 방법으로 하면 된다. 예제 8.1.4에 의하면 $K = -\dfrac{f''}{f}$이고, 따라서

$$\int_R Kd\mathrm{A}_\sigma = \int_0^{2\pi}\int_{u_1}^{u_2} -\frac{f''}{f} f du dv = 2\pi(f'(u_1) - f'(u_2))$$

이다. 그러므로

$$\int_0^{l(\gamma_1)} \kappa_g ds - \int_0^{l(\gamma_2)} \kappa_g ds = \int_R K dA_\sigma.$$

이 식은 아래의 곡면다각형에 정리 13.2.2를 적용한 결과이다.

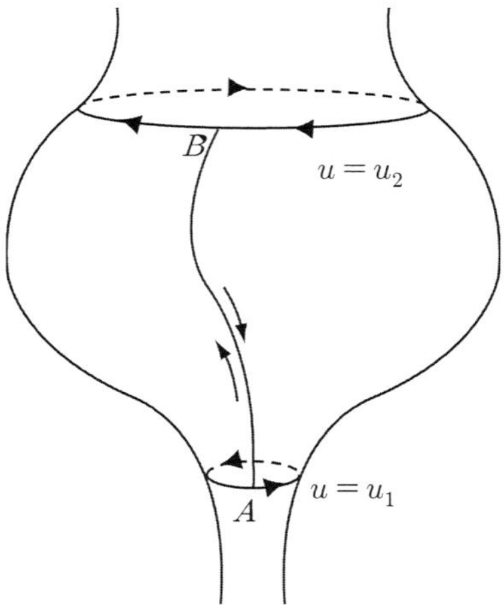

여기서 AB는 자오선 $v=0$(또는 $v=2\pi$)의 부분이고, AB를 따른 κ_g의 적분과 BA를 따른 적분은 상쇄된다 (엄밀히 말하자면 이 곡선은 정의 11.2의 관점에서 곡선다각형이 아니다. 즉 조건 (1)을 만족하지 못한다. 그러나 이러한 문제는 이중경로 AB와 BA를 두 자오선 $v=\epsilon$과 $v=2\pi-\epsilon$으로 대체하고 ϵ을 0으로 접근시킴으로써 우회적으로 해결할 수 있다).

13.3.1 a, b, c를 성분으로 나타내고 양변을 계산하면 증명된다. 그렇지 않으면 방정식의 양쪽이 a, b, c 각각에 관하여 선형이고 a, b, c중 어느 두 개가 교환되면 부호가 바뀐다는 것을 알 수 있을 것이다. 따라서 a = i, b = j, c = k일 때 공식을 증명하면 된다. 그때 양변은 모두 1로 같다.

13.3.2 힌트에서처럼 φ_k를 정의하면 서술된 성질들을 쉽게 알 수 있다.

13.4.1 따름정리 13.4.8에 의해서

$$\int_S K dA = 4\pi(1-g)$$

이고 S가 T_1에 미분동형사상이므로 정리 11.6에 의해서 $g=1$이다. 명제 8.6.1에 의해서 S의 한 점에서 $K>0$이다.

13.4.2 $K>0 \Rightarrow \int_S K dA > 0 \Rightarrow$ 따름정리 13.4.8으로부터 $g<1$이고 g는 음수가 아닌 정수이므로 $g=0$이다. 따라서 S는 구면과 미분동형이다. 그 역은 성립되지 않음. 예를 들면 '담배갑 모양의 튜브'는 구면과 미분동형이나 주면 부분에서 $K=0$이다.

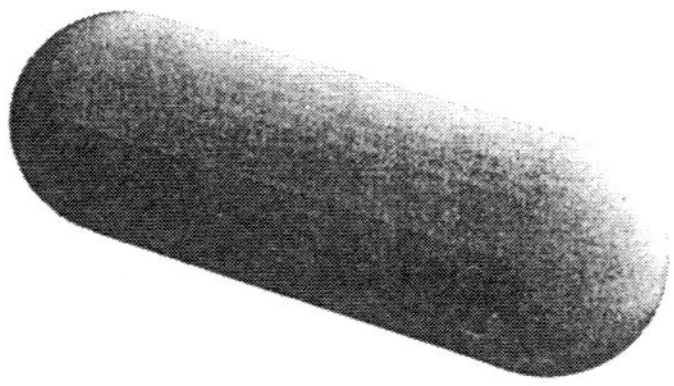

13.5.1 각 나라가 6 이상의 이웃을 가지고 있다고 가정하면 정리 13.5.1의 증경에 있는 방법을 사용하면 $E \geq 3F$이고 $2E \geq 3V$이므로 $V-E+F \leq \frac{2E}{3}-E+\frac{E}{3}=0$가되어 $V-E+F=2$에 모순이다.

13.5.2 각 면이 3개의 변으로 되어 있고 각 변은 두 면의 공통변이므로 $3F=2E$이다. $\chi = V-E+F$로부터 $\chi = V-E+\frac{2}{3}E$가 되어 $E=3(V-\chi)$이다. 각 변은 두 개의 꼭지점을 소유하고 두 변은 단 하나의 꼭지점에서 만나므로 $E \leq \frac{1}{2}V(V-1)$이고, 따라서 $3(V-\chi) \leq \frac{1}{2}V(V-1)$즉, $V^2-7V+6\chi \geq 0$ 이다. 이 부등식을 풀면 $V \leq \frac{1}{2}(7-\sqrt{49-7\chi})$혹은 $V \geq \frac{1}{2}(7+\sqrt{49-7\chi})$. $\chi=2,0,-2,\cdots$이므로 첫 번째 조건으로부터 $V \leq 3$이며 이는 단 하나의 삼각형임을 의미한다. 따라서 두 번째 조건이 성립한다.

13.6.1 원 $\theta=\theta_0$는 z-축에 중심을 갖는 평면 $z=b\sin\theta_0$에 있는 원이다. 그래서 그것의 주법선벡터는 원에 수직인 단위벡터로 이 평면 안에 놓여있다. 따라서 부호까지 고려하면 $(\cos\varphi,\sin\varphi,0)$와 같다. σ의 단위법선벡터는 $\mathrm{N}=(-\cos\theta\cos\varphi,-\cos\theta\sin\varphi,-\sin\theta)$이므로 원 $\theta=\theta_0$의 점에서 N과 n 사이의 각은 θ_0이다. 그 원의 반지름은 $a+b\cos\theta_0$이므로 측지곡률은 $\frac{\sin\theta_0}{a+b\cos\theta_0}$이다. 따라서 $\int \kappa_g ds = 2\pi\sin\theta_0$이며 홀로노미는 $2\pi-2\pi\sin\theta_0$이다. 원 $\varphi=constant$는 측지선이므로 (그들은 회전면의 모선들임) $\kappa_g=0$이고 홀로노미는 $2\pi-0=2\pi$이다.

13.6.2 원뿔상의 원 $v=1$에 대하여 반지름은 1이고 원의 주법선벡터 n과 원뿔의 단위법선벡터 N사이의 각이 $\pi/4$ 이므로 홀로노미는 $2\pi-2\pi/\sqrt{2}=(2-\sqrt{2})\pi$이다. 원뿔은 평탄면이므로 만일 명제 13.6.5의 역이 참이라면 원뿔상의 임의의 폐곡선에 관한 홀로노미는 0이 될 것이다.

13.7.1 기준 접선벡터장을 $\xi=(1,\ 0)$로, 단순폐곡선을 $\gamma(s)=(\cos s,\ \sin s)$로 택하자. $\gamma(s)$에서 $\mathrm{V}=(\alpha,\ \beta)$이다. 여기서

$$\alpha+i\beta=\begin{cases}(\cos s+i\sin s)^k & : \ k>0\\ (\cos s-i\sin s)^{-k} & : \ k<0\end{cases}$$

드므아브르 정리에 의해서 $\alpha=\cos ks,\ \beta=\sin ks$. 그러므로 V와 ξ 사이의 각 ψ는 ks이다. 정의 13.7.2에 따라 중복도는 k이다.

13.7.2 만일 $\sigma(u,\ v)=\tilde{\sigma}(\tilde{u},\ \tilde{v})$, $(\tilde{u},\ \tilde{v})\mapsto(u,\ v)$는 재매개화 함수라면 그때

$$\mathrm{V}=\alpha\sigma_u+\beta\sigma_v=\tilde{\alpha}\tilde{\sigma}_{\tilde{u}}+\tilde{\beta}\tilde{\sigma}_{\tilde{v}} \ \Rightarrow\ \tilde{\alpha}=\alpha\frac{\partial\tilde{u}}{\partial u}+\beta\frac{\partial\tilde{v}}{\partial u},\ \tilde{\beta}=\alpha\frac{\partial\tilde{u}}{\partial v}+\beta\frac{\partial\tilde{v}}{\partial v}.$$

따라서 α와 β가 매끄러운 함수이면 $\tilde{\alpha}$와 $\tilde{\beta}$도 매끄러운 함수이다. 벡터들 σ_u와 σ_v의 각 성분함수들은 매끄러운 함수이므로 만일 V가 매끄러운 벡터장이면 그것의 성분함수들이 매끄럽다. 만일 $\mathrm{V}=\alpha\sigma_v+\beta\sigma_v$의 성분함수들이 매끄러우면 $\mathrm{V}\cdot\sigma_u$와 $\mathrm{V}\cdot\sigma_v$가 매끄러운 함수가 되어서

$$\alpha=\frac{G(\mathrm{V}\cdot\sigma_u)-F(\mathrm{V}\cdot\sigma_v)}{EG-F^2},\quad \beta=\frac{E(\mathrm{V}\cdot\sigma_v)-F(\mathrm{V}\cdot\sigma_u)}{EG-F^2}$$

가 매끄러운 함수가 된다. 따라서 V는 매끄러운 벡터장이다.

13.7.3 만일 $\tilde{\psi}$가 V와 $\tilde{\xi}$ 사이의 각이라고 하면 $\tilde{\psi}-\psi=\theta$ (2π의 배수를 고려함)이다. 따라서 $\int_0^{l(\gamma)}\dot{\theta}\,ds=0$

을 밝히면 된다. θ가 s에 관해서 잘 정의된 함수가 아니므로 (비록 $\frac{d\theta}{ds}$는 잘 정의됨), 이 사실은 자명하지 않다. 그러나 $\rho=\cos\theta$는 잘 정의된 매끄러운 함수이다. 이는 $\rho=\frac{\xi\cdot\tilde{\xi}}{\|\xi\|\,\|\tilde{\xi}\|}$이기 때문이다. $\dot{\rho}=-\dot{\theta}\sin\theta$이므로

$$\int_0^{l(\gamma)}\frac{\dot{\rho}}{\sqrt{1-\rho^2}}ds=0$$

임을 밝히자. 그린 정리를 사용하면 이 적분은 다음과 같다.

$$\int_\pi\frac{\rho_u du+\rho_v dv}{\sqrt{1-\rho^2}}=\int_{\mathrm{int}(\pi)}\left(\frac{\partial}{\partial u}\left(\frac{\rho_v}{\sqrt{1-\rho^2}}\right)-\frac{\partial}{\partial v}\left(\frac{\rho_u}{\sqrt{1-\rho^2}}\right)\right)du\,dv$$

이다. 여기서 π는 $\gamma(s)=\boldsymbol{\sigma}(\pi(s))$인 U에 있는 곡선이다. 그리고 이 선적분의 값은 0이다. 왜냐하면

$$\frac{\partial}{\partial u}\left(\frac{\rho_v}{\sqrt{1-\rho^2}}\right)=\frac{\partial}{\partial v}\left(\frac{\rho_u}{\sqrt{1-\rho^2}}\right)\left(=\frac{\rho_{uv}(1-\rho^2)+\rho\rho_u\rho_v}{(1-\rho^2)^{\frac{3}{2}}}\right)$$

이기 때문이다.

13.8.1 $F: S\to\mathbb{R}$은 곡면 S상의 매끄러운 함수, $\mathbf{p}$를 S의 점, $\boldsymbol{\sigma}$, $\tilde{\boldsymbol{\sigma}}$를 $\mathbf{p}$를 포함하는 S의 조각사상, 즉 $\boldsymbol{\sigma}(u_0, v_0)=\tilde{\boldsymbol{\sigma}}(\tilde{u}_0, \tilde{v}_0)=\mathbf{p}$, 그리고 $f=F\circ\boldsymbol{\sigma}$, $\tilde{f}=F\circ\tilde{\boldsymbol{\sigma}}$라고 하자. 이때

$$\tilde{f}_{\tilde{u}}=f_u\frac{\partial u}{\partial\tilde{u}}+f_v\frac{\partial v}{\partial\tilde{u}},\ \tilde{f}_{\tilde{v}}=f_u\frac{\partial u}{\partial\tilde{v}}+f_v\frac{\partial v}{\partial\tilde{v}}$$

이며 따라서 만일 (u_0, v_0)에서 $f_u=f_v=0$이면 $(\tilde{u}_0, \tilde{v}_0)$에서 $\tilde{f}_{\tilde{u}}=\tilde{f}_{\tilde{v}}=0$이다. $\mathbf{p}$에서 $f_u=f_v=0$이므로

$$\tilde{f}_{\tilde{u}\tilde{u}}=f_{uu}\left(\frac{\partial u}{\partial\tilde{u}}\right)^2+2f_{uv}\frac{\partial u}{\partial\tilde{u}}\frac{\partial v}{\partial\tilde{u}}+f_{vv}\left(\frac{\partial v}{\partial\tilde{u}}\right)^2.$$

$\tilde{f}_{\tilde{u}\tilde{v}}$와 $\tilde{f}_{\tilde{v}\tilde{v}}$도 유사한 식을 갖는다. 자명한 기호를 사용하면 $\tilde{\mathcal{H}}=J^t\mathcal{H}J$이다. 여기서

$$J=\begin{pmatrix}\frac{\partial u}{\partial\tilde{u}} & \frac{\partial u}{\partial\tilde{v}}\\ \frac{\partial v}{\partial\tilde{u}} & \frac{\partial v}{\partial\tilde{v}}\end{pmatrix}$$

는 재매개함수 $(\tilde{u}, \tilde{v})\mapsto(u, v)$의 야코비 행렬이다. J가 가역행렬이므로 $\mathcal{H}$가 가역행렬이면 $\tilde{\mathcal{H}}$도 가역행렬이다. $\mathcal{H}$가 실대칭행렬이므로 고유값 λ_1, λ_2를 가진 고유벡터 v_1, v_2를 갖는다. 즉, $i=j$이면 $\mathbf{v}_i^t v_j=1$. $i\neq j$이면 $\mathbf{v}_i^t v_j=0$. 스칼라 α_1, α_2에 대해서 만일 $\mathbf{v}=\alpha_1\mathbf{v}_1+\alpha_2\mathbf{v}_2$가 임의의 벡터이면

$$\mathbf{v}^t\mathcal{H}\mathbf{v}=\lambda_1\alpha_1^2+\lambda_2\alpha_2^2.$$

따라서 모든 $\mathbf{v}\neq0$에 대하여 $\mathbf{v}^t\mathcal{H}\mathbf{v}>0(<0)\Leftrightarrow\lambda_1$과 λ_2, 모두 양수 (모두 음수) $\Leftrightarrow\mathbf{p}$가 극소점(극대점)이다. 따라서 $\mathbf{p}$가 안장점 $\Leftrightarrow\mathbf{v}^t\mathcal{H}\mathbf{v}$가 $\mathbf{v}$의 선택에 따라서 양수도 될 수 있고 음수도 될 수 있다. J가 가역이므로 벡터 $\tilde{\mathbf{v}}\neq0\Leftrightarrow\mathbf{v}=J\tilde{\mathbf{v}}\neq0$이고 $\tilde{\mathbf{v}}^t\tilde{\mathcal{H}}\tilde{\mathbf{v}}=\tilde{\mathbf{v}}^tJ^t\mathcal{H}J\tilde{\mathbf{v}}=\mathbf{v}^t\mathcal{H}\mathbf{v}$. 연습문제 마지막 문장에 있는 주장은 이러한 사실로부터 명백하다.

13.8.2 (i) $f_x=2x-2y$, $f_y=-2x+8y$. 따라서 원점에서 $f_x=f_y=0$, $f_{xx}=2$, $f_{xy}=-2$, $f_{yy}=8$.

따라서 $\mathscr{H} = \begin{pmatrix} 2 & -2 \\ -2 & 8 \end{pmatrix}$이다. $\mathscr{H}$가 가역이므로 원점은 비퇴화인 임계점이고 $\mathscr{H}$의 고유값 $5 \pm \sqrt{13}$은 모두 양수이므로 극소값이다.

(ii) $f_x = f_y = 0$이고 원점에서 $\mathscr{H} = \begin{pmatrix} 2 & 4 \\ 4 & 0 \end{pmatrix}$이면 $\det \mathscr{H} = -16 < 0$이므로 $\mathscr{H}$의 고유값들은 반대 부호가 되어서 원점은 안장점이다.

(iii) 원점에서 $f_x = f_y = 0$이고 $\mathscr{H} = 0$이므로 원점은 퇴화인 임계점이다.

13.8.3 $a = 2$, $b = 1$로 하여 연습문제 4.2.5에 있는 매개변수화를 사용하면 $f(\theta, \varphi) = F(\sigma(\theta, \varphi)) = (2 + \cos\theta)\cos\varphi + 3$. 그때 $f_\theta = -\sin\theta\cos\varphi$, $f_\varphi = -(2+\cos\theta)\sin\varphi$이고 $2 + \cos\theta > 0$이므로 $f_\varphi = 0 \Rightarrow \varphi = 0$ 혹은 $\varphi = \pi$이고, 그때 $f_\theta = 0 \Rightarrow \theta = 0$ 혹은 $\theta = \pi$. 따라서 4개의 임계점들이 있다. 즉, $\mathrm{p} = (3, 0, 0)$, $\mathrm{q} = (1, 0, 0)$, $\mathrm{r} = (-1, 0, 0)$ 그리고 $\mathrm{s} = (-3, 0, 0)$이다. 다음으로

$$\mathscr{H} = \begin{pmatrix} -\cos\theta\cos\varphi & \sin\theta\sin\varphi \\ \sin\theta\sin\varphi & -(2+\cos\theta)\cos\varphi \end{pmatrix}$$

이므로 p에서 $\begin{pmatrix} -1 & 0 \\ 0 & -3 \end{pmatrix}$, q에서 $\begin{pmatrix} 1 & 0 \\ 0 & -1 \end{pmatrix}$, r에서 $\begin{pmatrix} -1 & 0 \\ 0 & 1 \end{pmatrix}$, s에서 $\begin{pmatrix} 1 & 0 \\ 0 & 3 \end{pmatrix}$이다. 따라서 p는 극대점, q와 r은 안장점, s는 극소점이다 (기하학적으로 명백한 결과임).

찾아보기

ㄱ

ㄴ

ㄷ

ㄹ

ㅈ

역자 소개

전재복: 국민대학교 자연과학대학 수학과 교수

채영도: 성균관대학교 자연과학대학 수학과 교수

김병학: 경희대학교 응용과학대학 응용수학과 교수

제2판

미분기하학 Elementary Differential Geometry

2015년 2월 16일 초판 발행
2022년 10월 20일 초판 2쇄 발행

저 자 / Andrew Pressley
역 자 / 전재복 · 채영도 · 김병학
발행자 / 오판근
발행처 / 교우사

주 소 / 서울특별시 동대문구 약령시로 8 교우빌딩 2층
전 화 / 925-2861(代), 편집부 / 925-2825, 홈쇼핑 / 969-5762
팩 스 / 925-2860

E-mail / kyowoo@kyowoo.co.kr
http://www.kyowoo.co.kr

등록 / 1994. 3. 24 제6-0256호

ISBN 979-11-251-0083-6 (93410)

값 37,000 원